智能科学技术著作丛书

粒计算与数据推理

闫 林 闫 硕 著

科 学 出 版 社

北 京

内 容 简 介

本书内容围绕数据推理展开，旨在采用推理的形式描述数据联系，以支撑问题程序化的算法设计。运作于数据之间是各推理方法的推演特点，是区别于各逻辑推理系统的主要标志。为使不同形式的数据推理融为整体，本书贯穿了粒计算的数据处理理念。第 1 章针对粒计算，设立了粒的形式化框架，统一了各种粒的定义，明确了粒计算的讨论方式。在此基础上，第 2～7 章建立了体现粒计算内涵的数据推理方法，主要包括粗糙数据推理的定义和性质分析、粗糙数据推理蕴含的粗糙数据联系、粗糙数据推理的度量讨论、决策推理与决策系统化简、数据关联推理与数值信息、数据合并的结构表示和粒化处理、结构转换的矩阵变换和代数计算、基于关系结构的三支决策、实际问题描述等。各种方法与数据的关联、蕴含、组合或转换等数据推理问题相关，形成了贯穿粒计算理念的数据推理的内容体系。

本书可作为计算机专业的科研人员、高校师生的参考书，也可供从事粒计算、数据处理、数据挖掘、机器学习等人工智能领域研究的学者参考。

图书在版编目(CIP)数据

粒计算与数据推理 / 闫林，闫硕著. —北京：科学出版社，2019.6
ISBN 978-7-03-061259-5
(智能科学技术著作丛书)
Ⅰ. ①粒…　Ⅱ. ①闫…　②闫…　Ⅲ. ①人工智能-计算方法　Ⅳ. ①TP18

中国版本图书馆CIP数据核字(2019)第094699号

责任编辑：张海娜　纪四稳 / 责任校对：严　娜
责任印制：吴兆东 / 封面设计：陈　敬

科学出版社 出版
北京东黄城根北街 16 号
邮政编码：100717
http://www.sciencep.com

北京虎彩文化传播有限公司 印刷

科学出版社发行　各地新华书店经销

*

2019 年 6 月第　一　版　开本：720 × 1000　1/16
2023 年 2 月第三次印刷　印张：17 3/4
字数：350 000

定价：128.00 元

(如有印装质量问题，我社负责调换)

《智能科学技术著作丛书》序

“智能”是“信息”的精彩结晶，“智能科学技术”是“信息科学技术”的辉煌篇章，“智能化”是“信息化”发展的新动向、新阶段。

“智能科学技术”（intelligence science & technology，IST）是关于“广义智能”的理论方法和应用技术的综合性科学技术领域，其研究对象包括：

• “自然智能”（natural intelligence，NI），包括“人的智能”（human intelligence，HI）及其他“生物智能”（biological intelligence，BI）。

• “人工智能”（artificial intelligence，AI），包括“机器智能”（machine intelligence，MI）与“智能机器”（intelligent machine，IM）。

• “集成智能”（integrated intelligence，II），即“人的智能”与“机器智能”人机互补的集成智能。

• “协同智能”（cooperative intelligence，CI），指“个体智能”相互协调共生的群体协同智能。

• “分布智能”（distributed intelligence，DI），如广域信息网、分散大系统的分布式智能。

“人工智能”学科自1956年诞生以来，在起伏、曲折的科学征途上不断前进、发展，从狭义人工智能走向广义人工智能，从个体人工智能到群体人工智能，从集中式人工智能到分布式人工智能，在理论方法研究和应用技术开发方面都取得了重大进展。如果说当年“人工智能”学科的诞生是生物科学技术与信息科学技术、系统科学技术的一次成功的结合，那么可以认为，现在“智能科学技术”领域的兴起是在信息化、网络化时代又一次新的多学科交融。

1981年，中国人工智能学会（Chinese Association for Artificial Intelligence，CAAI）正式成立，25年来，从艰苦创业到成长壮大，从学习跟踪到自主研发，团结我国广大学者，在“人工智能”的研究开发及应用方面取得了显著的进展，促进了“智能科学技术”的发展。在华夏文化与东方哲学影响下，我国智能科学技术的研究、开发及应用，在学术思想与科学方法上，具有综合性、整体性、协调性的特色，在理论方法研究与应用技术开发方面，取得了具有创新性、开拓性的成果。“智能化”已成为当前新技术、新产品的发展方向和显著标志。

为了适时总结、交流、宣传我国学者在“智能科学技术”领域的研究开发及应用成果，中国人工智能学会与科学出版社合作编辑出版《智能科学技术著作丛书》。需要强调的是，这套丛书将优先出版那些有助于将科学技术转化为生产力以及对社会和国民经济建设有重大作用和应用前景的著作。

我们相信，有广大智能科学技术工作者的积极参与和大力支持，以及编委们的共同努力，《智能科学技术著作丛书》将为繁荣我国智能科学技术事业、增强自主创新能力、建设创新型国家做出应有的贡献。

祝《智能科学技术著作丛书》出版，特赋贺诗一首：

智能科技领域广
人机集成智能强
群体智能协同好
智能创新更辉煌

涂序彦

中国人工智能学会荣誉理事长

2005 年 12 月 18 日

前　言

近年来，人工智能成果可喜，影响程度前所未有。与人工智能相关的产品、服务或技术已渗透到社会的各个方面，使与智能处理联系在一起的信息产业、现代农业、工业制造、服务行业等得到迅猛的发展。

人工智能的名称包含了智能控制或自动处理的内涵，对其研究和开发的目的也是如此。要想达到目标，相关研究方法的构建是任何智能处理必须面对的任务。由于不同的问题涉及不同的策略，例如，机械操控与围棋对弈显然依托不同的方法，加之各类问题纷繁复杂，故人工智能是涵盖众多科研方向的交叉学科领域。在人工智能涉及的众多领域中，信息科学与人工智能密切相关，被视为人工智能领域的核心内容。而计算机科学是信息科学的重要组成部分。

本书针对计算机科学的问题，围绕描述方法展开讨论，与智能处理的基础理论关联在一起。计算机科学包含众多的分支和方向，无论它们针对的问题如何，其目标方向是一致的，即依据一定的方法使问题得到程序化的处理。本书的讨论旨在建立数据处理的方法，主要面对数据之间的组合、关联、转换或蕴含等数据联系问题，并把存在差异的各种数据联系统一称为数据推理。粒计算是许多研究者关注的课题，其核心内涵体现在从数据整体中获取一类构成粒的数据，再通过对粒的操作分析完成数据的处理。本书将粒计算的数据处理方式贯穿始末，使各种数据推理方法在其内涵下得到统一。

本书共 7 章。第 1 章介绍粒计算的概念，其重点集中于粒的定义，同时对粒的组合运算 给予概括性的分析，确立针对数据推理问题撰写的依据。第 2～7 章围绕数据推理这个主题，把推理的方法与粒的组合运算 联系在一起，形成以粒计算为基础、以数据推理为主题的内容体系。

本书通过理论研究，提出数据处理方法，并将其作为算法设计的支撑，以求问题的程序化处理。本书的几种数据推理方法融入粒计算数据处理的思想，可看成粒计算数据处理的途径。尽管本书涉及理论研究，并以推理的形式出现，但是各种数据推演均源于实际中的数据关联现象，这些现象都是数据处理面对的问题。因此，将提出的方法用于实际问题的描述，使理论应用于实际也是撰写本书的初衷。

限于作者水平，书中难免存在疏漏之处，谨与读者交流，希望不吝指正。

前言

目　　录

第1章　粒与粒计算的概念

本书各章节的讨论将针对数据之间的推出、关联、组合或蕴含等涉及数据处理的一些问题，可归结如下研究内容：数据之间的非精确推理、非精确数据推理的度量描述、决策推理与决策系统的分解与化简、基于公共数据的数据关联、结构化的数据合并与矩阵计算、以数学结构为支撑的三支决策推理、实际问题的刻画描述等。这些内容都与数据之间的相互联系或数据的特性密切相关，既涉及信息科学分支中的问题，也源于实际中的数据关联现象。又因为各类数据联系以及针对数据特性的讨论可以广义地看作数据之间的推理，所以本书把涉及的内容统一称为数据推理，数据推理是把各种数据关联形式归为统一主题的名称。虽然数据推理将涉及数据之间不同的联系形式，或涉及数据特性的讨论分析，但各章节的内容将通过粒计算的数据处理方式联系在一起，粒计算的数据处理内涵将作为贯穿本书的主线。

于是我们自然提出这样的问题：什么是粒？粒计算是怎样形式的运算？实际上，虽然粒计算是近年来信息科学关注的研究热点，并从认识方面具有了一定的共识或得到直观意义上的认同，但从数学描述或严格定义方面考虑，粒计算仍需进行深入和系统的研究，以达到建立理论体系的目的。近年来，粒计算的研究取得了许多成果，已建立了粒计算研究的相关方法。因此，为了使各章节针对数据推理的讨论在粒计算数据处理内涵下联系在一起，本章先对数据推理涉及的内容进行概述，然后介绍粒计算的相关概念。

1.1　数据与数据推理概述

在信息技术与社会发展高度融合的今天，针对各类问题的程序化处理与问题涉及的对象密切相关。这里的对象既包括实际中客观存在的各类实物，又涉及各类实物的抽象化表示。例如，问题程序化过程中常常面对的人类、动物、物体、植物等具体存在的实物，以及为了描述这些实物采用的数字、字母、符号、像素等抽象的概念等，它们都是程序化过程不可回避的对象，并与我们的生活息息相关。实际上，对实物的形式化描述是对问题程序化的前提，形式化是指对实际事物的抽象化或符号化表示，只有把实际物体实施抽象化表示后，才可能通过数学方法进行描述，并通过编制程序予以处理。因此，实施程序化处理的前提是对各类对象的形式化或抽象化表示。例如，为了对一类学生（即一群人）进行自动化或程序化的管理，我们往往把每一位学生对应一个学号，数字化的学号就是对具体对象(即学生)的抽象化表示。又如，对实际对象进行计算机识别时，需要记录对象的数字图像信息，数字图像信息就是实际对象的形式化或抽象化的表示，也称为符号化表示。

在下面的讨论中，我们把实际对象的抽象表示称为数据，即数据是实物的形式化的表示。但在讨论问题时，我们往往直接把具体的实物称为数据。例如，把学生、树木、工厂、站点等这些具体存在的对象都视为数据。严格上讲，只有把这些实际对象形式化或符号化后，符号化的表示才称为数据。不过直接把实物称为数据符合人们的习惯，不会产生麻烦，人们也常常如此看待数据。

数据是信息科学研究处理的对象，是程序化过程中各类操作的支撑，是信息科学中各类问题研究、处理、操作、存储的基础信息。

针对数据的各类研究或操作就是数据处理问题，并可给出一般性的概括：数据处理是指对数据之间的联系、数据之间的组合、数据之间的蕴含、数据之间的推理、数据之间的合并、数据信息的识别、数据构成的结构、数据的约简和存储、数据自身的性质等各类涉及数据的问题进行描述、刻画、分析或程序化的方法。因此，涉及对数据的讨论、操作、处理或分析等方面的工作都可以归为数据处理的范畴。

本书的讨论将围绕数据处理的相关问题，虽然涉及不同的方面，但可归结为统一的主题——数据推理。下面各章节的讨论将建立一些数据推理的方法，并体现自身的研究特点。如果直观地给予解释，那么数据推理可包括以下方面：数据之间的联系、数据之间的蕴含、数据之间的依赖、数据之间的关联、数据之间不明确的联系、数据之间的组合、数据的合并化简、数据的特性分析、数据引出的决策等，这些都与数据之间的联系密切相关。在某种意义下，数据联系可以广义地认为是数据之间的推理，称为数据推理。因此，数据推理是讨论研究数据之间明确或不明确联系、蕴含、组合、化简的课题。

后面各章节的讨论都将围绕数据推理问题展开，之所以将数据推理作为讨论的课题，既缘于信息科学包含的问题，又来自实际当中数据之间明确或不明确的数据联系，也与实际中的数据合并重组、数据的分类处理、数据自身的特性等问题相关。例如，如果公交站点 1 与公交站点 2 相连，且公交站点 2 与公交站点 3 相连，那么公交站点 1 与公交站点 3 通过公交站点 2 的相连关系是明确的。如果把公交站点看作数据，则站点之间的连接关系反映了明确的数据联系。又如，如果张三把钱借给李四，并且李四把钱借给王五，则从张三经李四到王五的借贷关系是明确的，而张三的儿子经李四到王五的借贷关系虽然不明确，但是从人们通常的认识方面考虑，这种儿子继承的借贷联系往往被认可，展示为不明确的借贷关系。因此，如果把张三、李四、王五以及张三的儿子看作数据，那么张三的儿子与王五的借贷关系展示了不明确的数据联系。在实际中，明确或不明确的数据联系还存在其他的形式，下面的讨论将对某些形式的数据联系展开研究。如果再对实际问题进行观察，我们还可以看到数据联系的另一现象——数据的合并重组，如两个企业的合并、一些高校的重组、城市群的建设、某群人的归类等，这些都展示了数据联系的另一形式，也常在信息科学的研究中涉及。因此，对数据联系的模式进行刻画，建立描述方法，是算法设计或问题程序化的前提，对于实际问题的智能处理具有理论支撑和实际应用的意义。

同时我们注意到，很多情况下，在数据联系确定的关联之中，包含着联系的方向。例如，从张三经李四到王五明确的借贷关系或从张三的儿子经李四到王五不明确的借贷关系中包含从张三或其儿子到王五的借贷方向，同样公交车从站点到站点的行驶也离不开方向问题。这启发了利用推理方法刻画数据联系的想法，因为推理是从前提推得结论的过程，前提和结论展示了推理的方向。后面各章节涉及的各类数据推理将把推理建立在数据之间，往往与方向相关，如数据 a 推出数据 b 包含了从 a 到 b 的方向，是对某种数据联系的刻画描述。

就推理而言，只要对经典或非经典数理逻辑知识有所了解，必然想到逻辑推理涉及的各类推理形式，如经典形式推理、经典语义推理、各类非经典形式推理、非经典语义推理等。虽然各类逻辑推理之间存在差异，但经典或非经典逻辑推理具有共同的特点，即以逻辑公式作为推理的对象，推理都在公式之间展开。尽管不同的公式或公式之间遵循的推理规则确定了经典或非经典逻辑推理的不同形式，但公式的定义以及推理依托公式的展开使各类逻辑推理得到了统一。现不妨对公式进行适当的解释，公式是对数据（即研究的对象）性质的形式化描述，各类逻辑推理体现了数据性质之间的因果联系。例如，考虑这样的推理：如果天下雨，则地面湿。此例展示了简单且被人们接受的推理因果关系，其中天、雨和地面是涉及的对象，可视为数据。“天下雨”和“地面湿”描述了这些数据的性质，所以“如果天下雨，则地面湿”是数据性质之间的推理。数理逻辑涉及的各类推理都依托公式而展开，描述了数据性质之间的因果联系或蕴含关系。

然而，下述各章节讨论的数据推理不是数据性质之间的相互推出，如性质“天下雨”可以推出性质“地面湿”这种刻画数据性质的推理不是本书讨论的课题。本书的讨论将把推理直接建立在数据之间，将围绕“张三推出李四”、“企业 a 推出企业 b”等这种数据之间的推理展开讨论。数据之间的推理将用以描述数据之间明确或不明确的数据关联或数据联系，这显然与经典数理逻辑和非经典数理逻辑中依托公式、在数据性质之间进行推理的推理模式存在着根本的不同，数据推理将体现本书讨论的特点。

下面的各章节将围绕数据推理展开讨论，数据推理将包括不同的形式，相关的讨论将涉及粗糙数据推理、数据关联推理、决策推理与决策系统的化简、数据的合并与数据的转换、数据推理与三支决策等问题。这些讨论将构成本书的内容，并通过数据推理的主题予以概括或统一。

如何贯穿一条主线，使粗糙数据推理、数据关联推理、决策推理与决策系统的化简、数据的合并与数据的转换、数据推理与三支决策等各类形式的数据联系在主线下连成整体，本书采用的数据处理方法是粒计算 。本书后面各章节的讨论都以粒计算的数据处理内涵或数据处理思想为支撑，使得不同的数据推理形式在粒计算的处理方式下得到统一，形成整体。

什么是粒计算？这正是本章要回答的问题。接下来将对粒计算的概念及其包含的思想进行讨论，希望能够使读者对粒计算问题形成一定的认识。由于不同的研究者对粒计算的认识存在差异，所以我们对粒计算理论及其数据处理方法的看法，或本书针对粒计算的介绍及讨论将体现作者的相关思想和研究手段。不过因为常与粒计算研究者接触和交流，下面的讨论将体现粒计算方法或粒计算研究的主流做法或思想理念。

1.2 粒和粒计算的直观解释

粒计算（granular computing, GrC）的提出已有二十多年的历史，是出于建立数据处理方法或提供数据处理思想的考虑，为问题的算法模拟、智能处理或程序设计提供理论、方法或理念上的支撑。

粒计算涉及简单与复杂问题之间的联系，其主要意图在于通过对问题的粒化分解，使复杂问题得以简化处理，体现了问题处理的思想和数据处理的对策。因此，粒计算一经提出，便得到了专家的认可和学者的关注。多年来，针对粒计算的学术会议、国际论坛、专题研讨、专题征文、基金项目、成果交流等学术活动推进了粒计算研究的进展，活跃了课题研究的氛围，取得了有意义的成果。一些学者之所以对粒计算产生兴趣，大概可以归结为这样几个方面：①它是需要深入和系统研究的课题，就这方面而言，粒计算仍可被视为新的课题；②它从整体到部分，再利用部分之间的关系、性质、组合、运算等讨论或操作，研究整体或完成数据处理的内涵思想，为复杂问题的解决提供了思路，体现了简单与复杂之间的辩证关系；③它面向问题的处理对策或应对策略易于被从事信息处理、计算智能、逻辑推理、算法化简等方向的研究者所接受，而一些学者更将其思想方法称为艺术。正是这些因素引起了许多从事计算机科学研究者的兴趣，促进了粒计算研究热情的高涨。同时针对粒计算的研究成果也不断出现，形成了粒计算研究的初步基础，支撑着粒计算研究的进一步进展。

尽管取得了一定成绩，但如果从理论体系方面考虑，粒计算的理论研究仍有待研究者的努力，对该课题感兴趣的学者都期望系统性的粒计算理论体系的出现。

不过已有的成果具有一定的学术意义，为今后的探究提供了借鉴。本章涉及的粒计算讨论主要针对粒计算的基本概念，包括什么是粒、什么是粒之间的计算、粒度的变化、数据集的粒化处理等。本章将对粒计算中这些基本问题进行讨论，希望能帮助读者对粒和粒之间的计算等概念进行理解，形成认识，从而促进粒计算研究的进展，并期待包容、系统、深入和完整的粒计算理论体系的诞生。

后面各章节的讨论将围绕数据推理展开，将涉及数据推理不同的形式。不过这些不同的数据推理均与粒计算的数据处理内涵相一致，所以后面各章节的讨论将涉及粒计算研究的具体方法，将展示粒计算研究的具体内容。本章将针对粒计算的基本概念，可看作后面工作的准备。后面的讨论将针对具体问题，是基本概念或粒计算数据处理方法的具体体现。本章的讨论具有概括性或介绍性的特点，后面章节的方法具有针对性，可视为粒计算课题的具体内容。

如果把本章和后面各章作为整体考虑，本章是后面各章的基础，后面各章建立的方法是本章的深入。本书的各个章节的整体内容将形成具有自身特点、基于数据推理的粒计算理论体系。

以下对粒和粒之间的运算进行直观的解释。实际上，很多理论体系的产生都源于最初的直观或朴素的认识，我们首先对什么是粒进行解释性的讨论。

1.2.1　直观意义下的粒

我们认为，粒计算的核心是粒的问题。什么是粒，粒的确定产生是粒之间计算或运算（即粒计算）的基础，是粒用于数据处理的支撑。因此，对粒的认识是理解粒计算的前提，是针对粒计算展开讨论的关键环节。

要认识粒计算，需要从对粒的认识开始。从字面可以看出，粒就是颗粒，是从整体中分离出的部分，这就是对粒的直观解释。

所以，粒是相对整体而言的概念。如果稍加注意，则可以看到，粒在实际当中无处不在，也是数据处理或计算机程序化过程中时常应对的问题。现不妨考虑实际中的一些例子：

(1) 如果把一个大学的全体学生看作整体，则该整体中今年考取研究生的学生是整体的部分，该部分可以看作整体的粒，该粒是统计处理、程序化管理时常涉及的对象，该对象也可以看作数据，所以粒也是数据，是由考取研究生的学生（即数据）构成的另一形式的数据。

(2) 如果把一幅照片上的全部像素看作整体，则像素的二进制数值等于某一值的所有像素构成整体的部分，该部分像素的集合可看作全部像素的粒。这是图像处理或图像识别时需要应对的问题。

(3) 如果把某产品（如汽车、高铁或火箭等）制造产业链上的所有企业看作整体，则该产业链中从某一企业到另一企业供货渠道上的企业是整体的部分，并可看作粒。产业链以及产业链上的供货渠道是企业管理程序化需要面对的问题。

(4) 如果把一列高铁中所有的乘客看作整体，则从某一站点上车的乘客或者下车的乘客都是整体的部分，所以上车的乘客以及下车的乘客都可以看作粒，它们都可以通过自动化的购票处理系统进行统计，使人口流动得到智能化的处理。

(5) 如果把国家的所有的城市看作整体，则某些城市构成的城市群（如京津冀城市群、中部地区城市群、粤港澳大湾区城市群等）是整体的部分，一个城市群可以看作粒，且在国家发展战略中具有举足轻重的地位。

(6) 如果把某国家运营航行的所有民航客机看作整体，则在某一机场降落或起飞的飞机构成整体的部分，所以与某一机场相关联的飞机可以看作整体的粒，这样的粒是机场飞行管理的重要组成部分。

(7) 如果把草原上所有的动物看作整体，则位于食物链上某一层的动物是所有动物的部分，该部分是整体的粒。观察和研究该粒包含的动物，对于生态变化、环境保护、生物多样、物种分类等方面的数据处理具有重要的意义。

(8) 如果把某地区的地质岩层结构看作整体，则该整体地质岩层结构中的某一层是整体的部分，可看作整体的粒。该粒包含的信息对于地质岩层的结构演化、环境变迁、地壳隆起、板块碰撞等具有重要的参考价值。

上述列举了整体与部分之间联系的相关例子，利用部分构成的粒探究整体的性质是各类研究常常涉及的问题，由此产生了利用部分探究整体的研究思想，从而提出了粒计算的研究课题。

利用信息技术的手段和方法对上述问题进行程序化的处理是信息社会的必然要求，是智能信息化的发展趋势，这将涉及描述的方法或模型的建立。粒计算就是针对方法的构建产生提出的研究课题，其目的在于通过粒的产生和粒的各类操作，以及对粒的性质进行分析，建立数据处理的数学方法，支撑算法的设计，使计算机程序化处理得以实现。

近年来，国家把人工智能提到了发展战略的层面，希望通过计算机控制或智能处理完成人类承担的工作，快速高效地处置海量的数据。这必然涉及处理方法的问题，如果不能建立计算机程序化的数学方法或应对模型，由此设定算法和编制程序，计算机是不可能自身建立方法，完成相关任务的。因此，人工智能领域的发展，依然离不开处理方法的研究、建立、扩展和完善。没有理论方法和理论体系的支撑，不可能通过计算机技术完成相关的工作。所以人工智能的发展不仅仅是技术上的处理，理论方法和理论体系的支撑才是重要的核心。

粒计算就是关于建立数据处理方法的课题，既与学术研究方面的问题相关，也源于实际中整体与部分之间的联系，其内涵可概括如下。

通过整体中某些部分包含的数据、含有的信息，以及部分与部分、部分与整体之间的联系去刻画描述问题，从而达到数据处理、解决问题的目的。

部分可看作整体的颗粒，简称为粒。粒中往往融入了问题处理的信息，是粒计算研究关注的方面，也是粒计算课题的核心问题。上述几个实际例子中，均涉及了整体的部分，这些部分包含了整体中某类数据的相关信息。所以对整体的部分进行刻画和表示是问题研究的重要方面，为此可以对什么是粒给出直观的描述，是对各类实例共同特性的抽象，也与研究中的一些问题关联，具体如下。

粒的直观解释：如果把某一问题涉及的全部数据看作整体，那么在整体数据中，满足某种性质的数据便构成整体的部分，这样的部分称为整体的粒。

这种对粒的解释并不是严格的定义，只是问题处理时，对整体数据中某一部分数据的通俗称呼，得到了大家的认可。粒是问题探究的重要概念和处理手段，是粒计算课题的研究基础。上述我们已经强调，粒是粒计算课题的核心问题，将支撑着粒计算理论体系的建立。

如何引入粒，给出粒的产生方法是粒计算研究的关键环节，粒的产生与形成将决定粒之间的计算或运算 的运作方式，对应问题的处理方法。粒计算的研究以粒为支撑，粒的确定是进一步工作的重中之重。

上述对粒进行了直观的解释，在 1.3 节和 1.4 节中，将通过数学描述方法针对粒进行严格的描述和定义，也称为粒的形式化定义。通过公式或数学表达式给出的定义往往称为概念的形式化，1.3 节和 1.4 节针对粒的定义将密切关联于公式或数学表达式，即粒的产生将基于公式或数学表达式。

从直观的角度出发，在解释和认识了什么是粒的基础上，需要解释或面对粒计算中的另一问题：什么是粒之间的计算或运算，学术化地称为粒计算。

什么是粒之间的计算或运算呢？我们认为，粒之间的计算或运算可从粒之间的相互关系、粒涉及的信息和以粒为操作对象的某些运算的角度方面进行解释，下面先从直观的角度出发，阐述我们对粒之间计算或运算的认识，直观的认识将决定形式化方法的建立。

1.2.2　直观意义下粒之间的计算或运算

粒计算中含有“计算”二字，所以粒计算的研究内容必然涉及粒之间的计算或运算的操作方式。什么是粒之间的计算或运算是一个较难回答的问题，因为研究者较少给出明确的回答、解释或定义。即便个别情况下进行了定义，具有学术意义，但往往难成共识，或较少给予研究上的关注。

如下对粒之间计算或运算的解释是基于作者自身的理解、看法或认识，可提供一定的参考。同时，希望通过直观解释，使其他研究者给出更为明确或能够得到认可的定义，从而推进粒计算研究的进展。

直观上讲，粒是整体的部分。在粒确定产生的基础上，我们可以对粒之间的计算或运算进行解释和说明。我们认为，粒之间的计算或运算与数之间的运算应该有所区别。例如，3+5=8 是数与数运算后仍然得到数的对应，这已根植于我们的头脑之中。如果把数换为粒，那么粒与粒的某种操作后仍然对应粒，把这种操作看作粒之间的计算或运算当然是可以的，且是无可争议的。不过我们还认为，粒计算所指计算或运算的含义应更为广泛。除粒与粒的组合仍对应粒的操作视为粒之间的计算或运算外，以粒为对象的讨论、涉及粒中数据性质的讨论、以粒刻画问题的讨论、整体的粒化讨论、粒之间各类关系的讨论等都可以看作粒之间的计算或运算。

基于这种思想，我们从直观的角度出发，对粒之间的计算或运算进行相关的解释或说明，包括如下几个方面：

(1) 粒之间的组合确定的粒之间的操作可看作粒之间的计算或运算 。

可以通过实际例子对这类情况进行说明。例如，把一所高校的所有学生看作整体，该整体中身高超过 1.9m 的大学生构成整体的部分，可看作一个粒，不妨称为身高粒。同时该整体中，篮球队成员的学生也是整体的部分，也可看作粒，不妨称为球队粒。当身高粒和球队粒合并在一起后，得到了整体的部分，该部分中的大学生身高超过 1.9m 或是篮球队的成员，这样的部分当然也可看作粒。因此，便有粒与粒组合后仍然得到粒的对应，这种对应过程就是粒之间的计算或运算的一种形式。另外，身高粒和球队粒中的公共部分，即身高超过 1.9m 且还是篮球队成员的学生也构成粒，这也展示了从粒的组合得到另一粒的对应过程，可看作粒计算的一种形式。如果把高校学生的全体看作一个集合，那么身高粒和球队粒就是该集合的两个子集。上述两个粒之间的计算或运算实际就是子集之间的并运算和交运算，这是我们很熟悉的运算方式。所以如何引入或定义粒才是粒之间计算或运算的关键环节，粒的形式决定着粒之间的计算或运算方式。

如果考查上述身高粒和球队粒通过并运算得到另一粒的计算或运算的过程，我们可以看到并运算实际就是作用于两个粒后，对应产生另一粒的二元函数。同样，身高粒和球队粒通过交运算得到另一粒的对应也展示了交运算是另一个二元函数的事实。一般情况下，如果某 n 元函数作用 n 个粒后，得到另一个粒，则该 n 元函数建立了从 n 个粒到另一粒的对应关系，此时函数产生的粒之间的对应可视为粒之间的计算或运算，不妨总结如下。

(2) 一个 n 元函数作用于 n 个粒后，得到另一粒的对应关系可看作粒之间的计算或运算。

实际上，把函数产生的对应关系看作运算或计算与我们通常看到的运算是一致的。例如，对于加法运算“+”，它就是一个二元函数，数学表达式 3+5=8 表达了二元函数“+”作用于数值 3 和 5 得到数值 8 的函数对应关系。因此，把某一函数作用于 n 个粒并得到粒的对应视为粒之间的计算或运算是自然的。

我们认为，把通过函数对应关系产生的粒之间的对应视为粒之间的计算或运算 不能充分反映粒计算的研究初衷。当粒确定产生之后，对粒中的数据讨论分析，产生问题处理的方法也应属于粒计算的研究范围，这涉及另一对粒计算课题的认知，下面解释体现了我们的认识和理解。

(3) 当粒确定产生后，对粒中数据性质的讨论、分析或研究，是对粒的研究，可看作粒之间计算或运算的一种形式。

我们可以对这种形式的粒计算进行解释性的说明，例如，考虑上述身高粒，其中包含了身高超过 1.9m 的学生。在该粒中，如果一个学生是女学生，那么该粒自身也具有一定的意义，因为该女学生的身高非同一般，她可能凭借身高的优势被某专业运动队接纳，在这种情况下，该女学生将给该粒带来关注。所以对粒中数据特性的讨论，也将展示粒的性质。虽然对粒中数据的分析处理仅是对该粒自身的研究，与其他粒无关，但这应该包含在针对粒计算研究的范围之内，因为粒计算是以粒为支撑的，对粒中数据的分析研究可视为粒计算的一种情况。

当粒确定产生后，讨论粒与粒之间的关系或联系是粒计算研究不可回避的课题。所以我们认为对粒之间的关系进行探究应当属于粒计算研究的范围。

(4) 当粒确定产生后，涉及粒与粒之间各类关系的讨论或研究可看作粒之间计算或运算的一种形式。

粒计算的研究时常涉及粒和粒之间的关系，如粒之间的包含关系、某一数据作为桥梁建立的两粒之间的关系、一个粒中数据与另一粒中数据的联系建立的两粒之间的关系、以粒为数据构成的树型结构、粒序列构成的路径、粒与合并数据的关系等，这些均与粒和粒之间关系的讨论密切相关，可认为是粒计算研究的一种形式，并是后面章节讨论的问题。

(5) 当粒确定产生后，对粒实施进一步的分解或细化处理可看作粒之间计算或运算的一种形式。

对粒的分解或细化是对粒中数据进一步细分的处理，这常与实际问题常联系在一起。例如，把学生的班级看作一个粒，并称为班级粒，则班级粒按组分类的处理就是对该粒的分解或细化；把考试成绩的全体看作粒，并称为成绩粒，则成绩粒中成绩按等级的分类是对成绩粒的分解处理等。这些把粒分解细化为更精细粒的处理可视为粒计算的一种形式，这种处理方式将体现在后面章节的讨论中。

(6) 当粒确定产生后，在粒中扩入数据的处理可看作粒之间计算或运算 的一种形式。

把粒进行扩展，使粒包含更多的数据将体现粒的变化，这种变化可视为粒计算的一种形式。这种形式在实际中常常涉及，例如，把 50 岁以下人群构成的粒扩展为 55 岁以下人群构成的粒，把地级城市构成的粒扩展为县级以上城市构成的粒等，这些体现了粒到粒的扩展对应，可视为粒之间的计算或运算 的一种形式。

(7) 当把某一对象视为整体，从整体到部分的分解，以及部分组合成整体的处理可看作粒之间计算或运算的一种形式。

在问题的讨论中，我们常常需要把数据集、公式、系统、模型、样本、树、图形、图像等处理的对象进行分解，以达到问题清晰展示或有效解决的目的。这种把对象视为整体，并分解为部分的处理可认为是粒计算的处理形式。同时部分也常常组合成整体，这种组合运算也可以看作粒计算的处理形式。

(8) 当粒确定产生后，采用粒刻画描述某一概念或某些问题的讨论可看作粒之间计算或运算 的一种形式。

例如，某一粒中包含了相关的数据，则可以采用该粒表示这些数据的组合或合并后形成的新数据；又如，某一粒中的数据既具有这样的性质，又具有那样的性质，即该粒由满足多种性质的数据构成，此时的粒展示了数据的融合信息等。这些利用粒刻画描述数据特性的处理可看作粒计算的一种形式。

上面是对粒之间计算或运算 的直观解释，下面的讨论还将涉及粒和粒计算形式化的定义和分析。直观解释的目的是使读者较容易理解形式化的方法，清楚形式化方法源于研究者对粒计算课题的原始认识或源于朴素的研究思想。这里我们提到的形式化方法或形式化讨论是指可通过公式或数学表达式进行描述的方法或手段，形式化的方法是算法设计和计算机程序化的前提，是信息科学的研究内容或研究分支。直观的理念或思想只有通过形式化描述后，才有可能得到程序化的智能处理。在 1.3 节和 1.4 节中，我们将展开粒的形式化讨论，后面的章节中将涉及粒之间计算或运算的数学方法，将展示粒计算的具体研究途径。

上述 (1)～(8) 对粒之间计算或运算的直观解释表明了粒计算形式的多种情况或不同方式，这些不同的情况能否得到统一的描述是一些学者关心的问题，我们也给予了多方面的考虑。不过我们认为很难建立针对不同情况的统一形式化描述方法，所以我们形成了这样的观点：针对粒之间计算或运算进行统一的形式化定义可能是做不到的难题。

因此，在上述讨论中，我们没有通过一句话或一段表述的方式对什么是粒之间的计算或运算进行解释，而是以逐条列出 (上述的 (1)～(8) 条) 的方式给出了分别说明。

1.2.3 直观意义下的粒度问题

上述是对粒和粒之间的计算或运算含义的直观解释，除此之外，粒度问题也是粒计算课题涉及的重要内容。按照上面的讨论，我们把整体的部分看作粒，粒中包含数据的多少决定着粒的大小或变化，这将引出粒度的概念。为了直观解释粒度问题，我们可以通过如下例子给予讨论：

(1) 设将某大学的全体学生看作整体，在该整体中，数学专业的学生构成整体的部分，该部分就是一个粒，不妨称为数学粒。对于该数学粒，大四的数学专业学生也是整体的部分，不妨称为大四粒。大四粒是从数学粒中分离出来的粒，其包含的数据（即大学生）少于数学粒中的数据，一个粒中包含数据的多少称为该粒的粒度。从数学粒到大四粒体现了粒度从大到小的变化，粒度的变化与粒计算课题密切相关。

(2) 设将某一乡镇的全体人员看作整体。在该整体中，某一村庄的人员构成了整体的部分，可看作粒，不妨称为村庄粒。在该村庄粒中，出外打工人员也形成整体的部分，也可看作粒，不妨称为打工粒。从这两个粒的构成情况可知，村庄粒的粒度大于打工粒的粒度。从村庄粒到打工粒体现了粒度从大到小的变化。

(3) 设将我们国家的国土面积看作整体，则某一省级行政区划的土地面积是整体的部分，可看作粒，不妨称为省级粒。同时该省某一地级市行政区划的土地面积也是整体的部分，也可看作粒，不妨称为地级粒。从省级粒到地级粒展示了粒度从大到小的的变化，反之就是从小到大的变化。

诸如此类粒度和粒度变化的例子不胜枚举，粒度和粒度变化在数据处理时常常涉及，也是粒计算研究涉及的内容，因此为了展开形式化的讨论，可先从直观的角度出发予以解释描述。

粒度和粒度变化的直观解释：当粒确定后，粒中数据的多少称为该粒的粒度。粒中数据的增加或减少称为粒度变化。

在本节中，我们对粒、粒之间的计算或运算 、粒度和粒度变化进行了直观的解释和讨论，其目的在于使读者知晓粒计算课题的研究内容。同时也是为了依据直观的思想，给出形式化的讨论。粒计算包含概念或问题的形式化处理是粒计算研究的根本任务，是研究者关注的主要方面。粒计算研究往往是指形式化方法的建立，粒计算理论也是指基于形式化方法建立起的理论体系。这里的形式化意味着基于数学方法的定义、分析、证明或结论。不过直观上的解释和理解可以指明理论方面的研究方向，使形式化的研究具有明确的针对性。

1.3　粒的形式化讨论

粒计算的提出是出于数据处理的目的，旨在通过粒和针对粒的操作运算建立数据处理的方法。粒计算的讨论与粒密切相关，粒如何产生是形成粒计算数据处理方法的关键，所以对粒的形式化讨论是粒计算研究不可回避的问题，是方法构建的核心环节。本节对粒展开严格意义上的讨论，即给出形式化的方法。这意味着对粒的定义将关联于公式或数学表达式的表示，粒中的数据将通过数学表达式得到刻画。前述讨论已表明，形式化的描述刻画基于数学方法和数学公式，对粒的形式化讨论意味着粒的定义产生与数学概念关联在一起，不只是通过自然语言的直观解释。不过 1.2.1 节～1.2.3 节的直观讨论是重要的，形式化的刻画将以直观的理解为指导。粒的产生方法是粒计算研究的核心内容，针对粒计算涉及的操作、运算、性质以及关系的讨论均以粒的形式化表示为前提，所以本节基于形式化的思想，给出粒的一种架构形式的定义，为 1.4 节更具体的定义设定框架。

在 1.2 节的讨论中，我们频繁提到“整体”的概念。整体应该如何描述？为了应对该问题，我们从数据集的概念开始展开讨论。

1.3.1 数据集

前述例子涉及这样的整体：某大学全体学生的整体，一幅照片上全部像素的整体，某科技产品（如汽车、高铁或火箭等）制造产业链上所有企业的整体，一列高铁中所有乘客的整体，国家的所有城市的整体，航空公司所有航班的整体，草原上所有动物的整体，某地区地质岩层结构的整体等。从这些例子中的整体可以看出，整体就是我们讨论的问题所涉及的全部数据。

全部数据就是一个数据的集合，所以“整体”可用一个集合进行表示。集合属于数学中最基本的概念，是不进行定义的。公理集合论的讨论通过公理系统确定集合的存在。公理系统由若干公理构成，每一公理是以公式表示的性质，满足某一公理（即满足其表示的性质）的数据确定一个集合，有兴趣者可参阅公理集合论的书籍。不过公理集合论的讨论过于理论化，属于纯数学或基础数学的范畴，如果不专门学习和研究，我们并不建议阅读这些内容。但我们可对公理集合论中的公理进行直观的解释。公理就是大家公认的东西，公理意味着公认的道理或共同的认可，公理确定的集合就是大家共同认可或共同接受的数据的整体。例如，当把一列火车中每一乘客看作数据后，所有这些数据的整体视为一个集合是大家共同接受认可的，所以该列火车上的所有乘客可以构成一个集合。因此，可采用如下约定，确定集合的存在。

一些确定的数据的整体可以看作一个集合。

这种确定集合的方法实际是一种认可，且这种认可方式很自然，可以得到大家的接受。大家的接受就是一种公认，是对公理集合论中公理的朴素表示。所以把一些确定的数据的整体视为一个集合是以公理方式确定集合的直观表示方法，体现了公理化的思想，与公理化的理念相一致。

因此下面的讨论中，我们接受这种以直观或朴素思想确定集合的方法，以下集合都是以直观方式确定产生的，这与公理集合论中以公理（即公式）的形式确定集合的做法是一致的，只不过是把公理用直观的方式表达了出来。

于是上述出现的例子：某大学全体学生的整体……每一个这样整体中的数据都是确定的，所以这里的每一个整体都是一个集合。

在 1.1 节的讨论中，我们把各类实物的抽象表示 (即符号化表示，如数值、字母、函数和汉字等)，以及实际对象 (如树木、学生、汽车、城市等) 均看作数据。所以下面讨论中只要涉及相关的对象，这些对象都是数据，无论这些数据是抽象的 (如自然数 1, 2 或字母 a, b 等)，还是具体的 (如学生、汽车、城市等)。

按照集合的确定方法，某一类确定的数据的整体构成一个集合，集合由确定的数据的聚合所产生。为了表述上的方便，我们明确如下概念。

数据集：任何一个集合称为一个数据集，也称为论域，其包含的对象称为数据。

数据集是一个集合，是一类数据的整体，所以一个数据集表示一个整体。这对于我们讨论粒和粒计算问题是重要的，因为按照 1.2.1 节的讨论，粒是整体的部分，这里的整体就是一个数据集，数据集是对上述频繁提到的“整体”的形式化表示。

需要强调的是，整体的范围由研究者确定，例如，当我们关注某大学中的全体学生时，该大学的全体学生就是整体。当我们关注该大学中理工科的学生时，该大学理工科的学生就是整体，此时也可以把该大学所有的学生看作整体，而考虑问题时仅涉及理工科的学生即可。所以整体是相对的。

在下面的讨论中，任一集合都称为数据集，表示一类数据的整体，涉及问题讨论时的所有数据，或问题讨论涉及的数据都属于该数据集。一般采用大写英文字母 A, B, C, D, G, U 等，或加下标的英文字母 A_i, B_j, C_k, D_s, G_t 等表示数据集，采用小写英文字母 a, b, c, x, y, z 等表示数据集中的数据，不过也时常采用大写英文字母表示数据集中的数据，因为数据集本身也是数据。

在实际中，以数据集作为数据的情况经常涉及。例如，当数据集 B_1, B_2, B_3 和 B_4 分别表示一个班上考试成绩优秀、良好、及格和不及格学生的集合时，数据集 $A=\{B_1, B_2, B_3, B_4\}$ 体现了对学生以考试成绩进行分类的处理，此时用大写英文字母表示数据集中的数据。

设 A 和 B 都是数据集，当 B 包含的数据是 A 中数据的一部分时，称 B 是 A 的子集，记作 $B\subseteq A$，也称 B 包含在 A 中，或 A 包含 B。有时往往称 A 和 B 之间具有包含关系。

当 $B\subseteq A$ 时，作为数据集，A 和 B 都是整体，分别汇聚了各自类别的数据，同时 B 表示的数据整体是 A 表示整体的一部分，这也说明整体是相对的。不同的整体反映了所包含数据的特性，且特性也能使数据集之间具有包含关系。例如，A 是某班所有学生的数据集，B 是该班考试成绩优秀学生的数据集，它们都由一类数据的整体构成。由数据的特性或数据满足性质的不同，数据集 B 构成数据集 A 的子集，即 $B\subseteq A$。

当 $B\subseteq A$ 时，B 构成 A 的部分，这对于粒的定义是重要的，因为在 1.2.1 节的讨论中，我们把粒直观地解释为整体的部分。所以，针对粒的形式化定义将基于数据集和其子集的概念，这与数据集及其子集之间的包含关系具有密切的联系。

对数据集及其子集的讨论是出于对粒进行形式化定义的目的，这是展开粒之间计算或运算讨论的基础。如何对粒实施形式化呢？不同的研究者可能会采用不同的方法。尽管方法存在区别，但不同的方法在粒是整体的部分这种直观认识上是一致的。所以下面对粒进行形式化表示或描述时，我们的方法将以粒的直观认识或直观解释为依据，由此展开相关的工作。

1.3.2　粒的形式化方法分析

在 1.2.1 节的讨论中，我们把粒直观地解释为整体的部分。由于集合是数学中的概念，所以数据集是整体的形式化表示。当给定数据集后，整体就确定下来，表示某类数据的全部。针对粒的定义以及粒之间计算或运算 的讨论都将围绕该数据集中的数据展开。

整体是相对的，数据集表示的整体与我们感兴趣的数据相关，或取决于问题涉及的所有数据。例如，当讨论某大学计算机学院的学生时，可以把计算机学院的全部学生看作整体，选定为数据集，当然也可以把该大学的全部学生作为整体，取作数据集，这与具体的研讨情况或与讨论者的关注对象有关。

设 U 是一个数据集，此时可将 U 看作整体，如果 $G\subseteq U$，则 G 是整体 U 的部分，那么 G 是否可定义为粒呢？我们认为，G 可以广义地视为 U 的粒，因为 G 是整体 U 的部分，将整体的部分看作粒是我们的共识。不过这里的广义有勉强的含义，下面针对 U 和 G 的具体情况给出进一步的讨论分析。

设 $U=\{1, 2,\cdots, 10000\}$，即 U 是从 1 到 10000 的自然数构成的数据集。自然数是抽象的概念，所以数据集 U 由抽象的数据构成。实际上，此时的 U 也可用于表示具体数据的整体，例如，若 U 中的每一个自然数表示一个学生的学号，则 U 表示了这些学生的数据集。现在我们不介意 U 中数据的含义，就把 U 看作相关自然数的数据集，由此讨论粒的概念，考虑如下 (1) 和 (2) 中 U 的子集情况：

(1) 设 $G_1\subseteq U$，且 $G_1=\{2, 4, 6,\cdots, 10000\}$，即 G_1 是 U 中所有偶数构成的子集。

(2) 设 $G_2\subseteq U$，且 $G_2=\{1, 5, 24, 127, 236, 412, 505, 732, 8104\}$。

显然，上述 (1) 和 (2) 中的 G_1 和 G_2 都是 U 的子集，按照上述对 U 的任一子集都可以视为粒的广义看法，G_1 和 G_2 都是 U 的粒，但两者存在不同，可总结如下。

G_1 中的数据之间是有规律的，这种规律可概括性地予以描述：G_1 是 U 中所有偶数构成的 U 的子集。

G_2 中的数据之间是无规律的，尽管 G_2 是 U 的子集，但是我们不能对 G_2 中的数据进行概括性的描述。

如果从形式化的角度考虑，G_1 中的数据可以概括性地描述意味着可以通过数学公式描述刻画 G_1 中的数据。G_2 中的数据不能概括描述则说明不能通过数学表达式对 G_2 中的数据实施统一的表示。这种可用公式刻画和不能采用公式描述的说法，可从 G_1 和 G_2 中的数据构成情况明显看出，因为 G_1 的数据中，后面的数据是其前一数据加 2 形成的，而 G_2 的数据之间无规律可循。

能否利用数学公式或数学表达式刻画描述，对于问题的算法设计和程序化处理非常重要。可程序化的问题往往基于数学方法，与数学建模联系在一起。但即便不考虑复杂度的大小，很多问题也是不能通过数学公式建模刻画的，并在可计算性理论中称为不可计算的问题。例如，在图像处理方面，庄稼地中杂草的自动识别是一些研究者关注的问题，该问题涉及如何通过图像信息识别，把杂草与禾苗区分开。尽管存在相关的讨论，但从各种讨论中，读者往往很难明白识别的道理，或搞不懂识别的方法。这是因为读者的理解能力差吗？我们认为不是，其原因在于区分杂草与禾苗的方法或数学描述方法根本就不存在，这是一个不可计算的问题，或无法通过编程达到识别的目的。实际上，我们可以这样直观地进行解释：由于庄稼地中杂草的角度、颜色、形状、大小、遮挡、混合等各方面的原因，我们获取图像后，无法通过像素的排列，建立刻画杂草形状的描述方法。或更直白地说，计算机无法处理毫无规律的东西，最多可对个别的、特殊的、假定的某些情况进行理论上的讨论，或苛刻条件下的识别，这一般是不具有实际应用价值的。

现在我们再考虑上述 U 的子集 G_1 和 G_2，由于 G_1 中的数据之间存在着有规律的联系或排列，很容易通过数学表达式对 G_1 中的数据进行刻画，所以可以对这些数据进行编程处理。但是，G_2 中数据之间的联系无规律可循，使得无法通过数学公式予以刻画表示，所以通过编程处理 G_2 中的数据是难以实现的（实际上，由于 G_2 中的数据是有限的，对有限的东西编程处理是可以做到的。我们这里的难以实现意在表达这样的思想：程序化处理需要基于有规律或基本有规律的算法）。

因此，虽然 G_1 和 G_2 都是数据集 U 的子集，但是 G_1 和 G_2 之间存在很大的差别，G_1 中数据之间的相互联系可以利用数学表达式进行刻画，而 G_2 中数据之间不能通过算法或数学表达式给予描述。鉴于 G_1 和 G_2 中数据之间相互联系的差别，把 G_1 视为 U 的粒是自然的，而把 G_2 视为 U 的粒就显得勉强。基于这样的看法，以下我们给出粒的概念的形式化的定义。

1.3.3　粒的形式化框架及分析

基于上述的讨论分析，以及我们对粒的理解认识，现给出粒的一种定义，它将体现形式化的思想。

定义 1.3.1 设 U 是一数据集，G 是 U 的子集，即 $G\subseteq U$。如果 G 中的数据可通过某一公式或数学表达式刻画描述，则称 G 是 U 粒，并把针对粒的如此定义称为粒的形式化框架。 □

这里对粒的定义，体现了对粒的一种认识或理解。粒计算的研究应基于粒的定义，粒是粒计算的核心问题。在粒确定产生的基础上，才能够有效和规范地探究粒之间的组合操作，建立由函数对应关系产生的粒之间的对应运算、分析粒中数据的特性、确定粒之间的各类关系、考查粒中数据增减引出的粒的计算或粒度变化等问题。这些问题以粒为支撑，与粒计算的研究密切相关。

在定义 1.3.1 中，所强调的公式或数学表达式是指通过相应的规则建立的数学公式。因为数学公式的刻画反映了数据之间的规律，所以公式或数学表达式表达的信息可以通过算法来描述，这正是公式或数学表达式的意义所在。因此，如果按照定义 1.3.1 确定产生了粒，则该粒中的数据必然可以进行编程处理。

按照定义 1.3.1，对于上述的数据集 $U=\{1, 2, 3,\cdots, 10000\}$，其子集 $G_1=\{2, 4, 6,\cdots, 10000\}$是粒，因为我们不难给出一公式且可通过算法刻画描述，使 G_1 中的数据通过该公式或数学表达式表示出来(公式的产生将在后面逐步讨论，现可采用自然语言刻画该公式：大于等于 2 且小于等于 10000 的偶数)。然而，$G_2=\{1, 5, 24, 127, 236, 412, 505, 732, 8104\}$中的数据不能利用一个公式进行描述，直观地，我们不能用一句话把 G_2 中的每一个数据表达清楚，因此按照定义 1.3.1，G_2 不是粒。

之所以把定义 1.3.1 中的粒称为粒的形式化框架，是因为该定义具有指导性的意义，但与完全的形式化还存有距离。更具有针对性的粒的形式化定义将依据该框架逐步展开，1.4 节将涉及几种形式化的粒，它们均与该框架的含义一致。为了理解粒的形式化框架的含义，我们进行相关的分析说明，分为如下几个方面：

(1) 尽管在 1.2.1 节对粒的直观讨论中把粒视为整体的部分，同时也指出这是研究者的共识，但对粒的形式化定义，即在采用数学方法或数学公式对粒进行定义方面，不同研究者的做法往往偏重于某一方面或着重相关领域中的问题，研究方法存在差异，未形成大家共同认可的粒的定义方式。

(2) 因此，自然会提出这样的问题：定义 1.3.1 对粒的定义是否可作为对粒定义的统一方法？我们认为，可以在该框架的内涵下，给出各自粒的形式化定义，并与该框架的含义相一致。在此意义下，各类形式化的定义将达到统一。

(3) 为了对整体和部分进行形式化的表示，在定义 1.3.1 中出现了数据集 U 和子集 G 的概念。此时数据集 U 被视为整体，U 的子集 G 为整体的部分。所以，在形式化方面，这里的定义比 1.2.1 节中直观的解释前进了一步，因为数据集 U 和子集 G 都是集合，集合是数学概念，属于形式化的范畴，整体和部分都利用形式化的概念进行了刻画。然而，定义 1.3.1 与完全的形式化描述仍存在一定的距离，因为该定义中提到了公式或数学表达式，但没有给出公式或数学表达式的产生方法，未指明公式的具体形式，这是形式化方面的欠缺。因此，定义 1.3.1 对粒的定义只能看作粒的形式化框架，不过它为进一步的形式化指明了方向。

(4) 如何定义公式，或引入具体的数学表达式，由此对粒进行定义是下面各节涉及的内容，并在讨论中逐步明确。我们将逐步完善定义 1.3.1 中未具体表明公式或数学表达式的缺失，同时通过公式的引入，给出粒的定义。于是可能出现这样的疑问，既然下面将通过具体的公式对粒进行定义，且更能体现形式化的思想，那么为什么还要给出定义 1.3.1 呢？因为下面粒的形式化定义将涉及不同的背景或不同的问题，引入的粒将存在各方面的差异，难以利用统一的公式或数学表达式进行刻画。然而，不同形式化的粒将在定义 1.3.1 的框架层面上得到统一，所以定义 1.3.1 对粒的定义具有框架性的指导意义，为更具体的定义方法指明了刻画描述的方向。

(5) 在下面的讨论中，将通过公式的引入，弥补定义 1.3.1 中未指明公式的欠缺，对粒的定义将基于公式或数学表达式，使粒完全得到形式化的描述刻画。但针对不同问题的讨论，公式的定义或公式的生成方式可以不同，刻画不同问题的公式或数学表达式很难做到形式统一。我们认为，不同问题的统一描述公式并不存在，这是未就粒的定义达成共识，或未一致认可某种粒的定义方法的原因。

(6) 在各类问题的讨论中，能够完全通过公式或数学表达式描述刻画的问题相对较少，于是我们提出这样的疑问：以定义 1.3.1 为框架，寻求以公式或数学表达式为支撑的粒的形式化定义具有可行性吗？在下面讨论中我们将看到，针对某些问题是可行的，并可以支撑相关的研究工作。同时我们认为，定义 1.3.1 中粒的形式化框架只是我们想法的体现，突破此框架，寻求更宽广并能得到认可的粒的形式化定义当然是值得探求的课题。

(7) 实际上，在定义 1.3.1 中，如果把其中的语句“数据可通过某一公式或数学表达式刻画描述”放宽为“数据可通过某一公式或数学表达式**近似**刻画描述”，且把放宽后的定义记作定义 1.3.1*，那么定义 1.3.1*中粒的形式化框架的内涵将更为宽泛，因为近似刻画描述要比刻画描述更为宽松。不过什么是近似刻画描述也没有严格的界限，研究者可根据自身的理解确定近似的标准。

上述分析表明，就目前而言，针对粒的形式化定义并没有出现统一的、公认的描述方法。定义 1.3.1 对粒的定义提出了形式化定义的框架，更具体的形式化定义方法可依据该框架展开讨论。框架的设定是重要的，为下一步的工作提供了依据。因此，下面针对粒的形式化定义，将在该框架的设定下一步一步展开。

1.4 粒的几种形式化方法

本节给出几种粒的形式化的具体方法，每一种方法确定粒的一种形式。虽然不同的方法在确定粒的方式上存在差异，但它们将在定义 1.3.1 粒的形式化框架下得到统一。这些方法的主要特点在于粒的定义与公式或数学表达式的刻画描述相关，公式或数学表达式将建立在符号系统之上，也关联一些数学概念，所以下面给出将要涉及的符号，同时熟悉一些数学概念。

1.4.1 相关的符号和概念

在定义 1.3.1 中，出现了公式或数学表达式的概念。这里的公式或数学表达式是指通过数学概念、数学符号、联结符号等各类符号联结而成的符号串。当然，针对不同的问题，公式或数学表达式将展示出不同的形式，但均与一定的符号系统以及数学概念联系在一起，具体如下。

1. 逻辑联结符号¬，∧，∨，→

逻辑联结符号¬，∧，∨和→源于数理逻辑，它们表示自然语言中的联结词，其表示的含义分别是：

逻辑联结符号¬表示自然语言中的联结词“否定”、“非”或“不”。

逻辑联结符号∧表示自然语言中的联结词“并且”。

逻辑联结符号∨表示自然语言中的联结词“或者”。

逻辑联结符号→表示自然语言中的联结词“如果…，则…”。

注意：逻辑联结符号∨表示自然语言中的联结词“或者”，该或者意味着“可兼或”，而不是“排斥或”。例如，在“张三学习英语或者张三学习法语”的自然语言语句中出现了联结词“或者”，这里的“或者”就是“可兼或”，因为“张三学习英语”和“张三学习法语”可以同时成立。又如，在“张三正在教室上课或者张三去操场踢球”的自然语言语句中，“或者”就是“排斥或”，因为“张三在教室上课”和“张三去操场踢球”不可能同时成立。我们采用的逻辑联结符号∨表示的是“可兼或”，不是“排斥或”。

2. 量词符号∃和∀

量词符号∃和∀源于数理逻辑，分别称为存在量词符号和全称量词符号。存在量词符号∃表示“存在一个”、“至少存在一个”或“存在一些”。全称量词符号∀表示“对每一个”、“对任意一个”或“对所有的”。存在量词符号∃和全称量词符号∀都称为量词符号，它们常与表示数据的符号 x 组合在一起使用。例如，

$\exists x$ 表示“存在一个 x”、“至少存在一个 x”或“存在一些 x”。$\forall x$ 表示“对每一个 x”、“对任意一个 x”或“对所有的 x”。习惯上，也把“$\exists x$”和“$\forall x$”称为量词符号或简称量词。

3. 数据集上的关系

为了构造公式或数学表达式，由此确定粒的几种形式化定义方法，不仅需要上述的逻辑联结符号和量词符号，还需要考虑一些数学概念，特别是数据集上的关系。因此，需要熟悉了解关系的概念，它与数据集密切相关。

设 U 是一数据集，当 x 是 U 中的数据时，记作 $x\in U$，当 x 不是 U 中的数据时，记作 $x\notin U$，这些都是常用和我们熟知的数学表示方式。在后面的讨论中，如果相关的表示式中涉及了数据集 U、$x\in U$ 或 $x\notin U$ 等这些数学概念或数学表示的形式，则这些表示形式可作为公式或数学表达式的组成部分，由此并通过相应规则生成的字符串可作为定义 1.3.1 粒的形式化框架中所要求的公式或数学表达式。

给定一数据集 U，如果 x 和 y 是 U 中的数据，即 $x\in U$ 且 $y\in U$，我们用 $\langle x, y\rangle$ 表示 x 和 y 的某种联系，称 $\langle x, y\rangle$ 为序偶，其中 x 称为该序偶的始数据，y 称为该序偶的终数据。

序偶 $\langle x, y\rangle$ 表示或具有什么含义与数据集 U 包含的数据和相关的约定相关，例如，设 U 是某些学生的数据集，当 $x\in U$ 且 $y\in U$ 时，x 和 y 都是学生。此时我们可以用序偶 $\langle x, y\rangle$ 表示 x 和 y 是老乡，而在另一场合，我们可以用序偶 $\langle x, y\rangle$ 表示上课时，x 坐在 y 的前面。这与我们用 1 表示他跑 100m 取得第一，而在另一场合，用 1 表示他考试分数第一的做法是一样的。

对于数据集 U，我们采用 $U\times U$ 表示 U 的笛卡儿积，定义如下：

$$U\times U=\{\langle x, y\rangle \mid (x\in U)\wedge(y\in U)\}$$

笛卡儿积 $U\times U$ 是始数据和终数据均取自数据集 U 的所有序偶的集合，当然 $U\times U$ 仍是数据集，是把序偶作为数据的数据集。笛卡儿积 $U\times U$ 的重要之处在于，$U\times U$ 中的数据 $\langle x, y\rangle$ 可以采用数学表达式 $(x\in U)\wedge(y\in U)$ 进行描述。

这里的笛卡儿积 $U\times U$ 涉及一个数据集 U，某些时候笛卡儿积可由两个不同的数据集确定产生。例如，设 A 是另一数据集，则由 U 和 A 可产生笛卡儿积 $U\times A$，如此定义：$U\times A=\{\langle x, y\rangle \mid (x\in U)\wedge(y\in A)\}$。此时的笛卡儿积 $U\times A$ 是始数据取自 U、终数据取自 A 的所有序偶的集合。后面 1.4.3 节的讨论将涉及由 U 和 A 产生的笛卡儿积 $U\times A$ 的情况。

把笛卡儿积 $U\times U$ 作为数据集后，$U\times U$ 的子集将是我们关注的对象，这将引出关系的概念，具体如下。

如果 $R\subseteq U\times U$，则称 R 是 U 上的二元关系，简称 U 上的关系或关系。当 $\langle x, y\rangle\in R$ 时，称 $\langle x, y\rangle$ 满足 R，此时 x 和 y 之间具有 R 描述的性质。

关系 R 是笛卡儿积 $U\times U$ 的子集，关系 R 中的数据是序偶。只要对数据集 U 和关系 R 有目的地选定，关系 R 不仅可以表示数学中常涉及的“大于”、“大于等于”、“小于”、“小于等于”、“包含”等这些反映数学概念的关系，也可以对实际中的各类关系进行描述表示，不妨解释如下：

(1) 设数据集 U 是一些数值的集合，$R\subseteq U\times U$，即 R 是 U 上的关系，且当 $\langle x, y\rangle\in R$ 时，有 x 小于 y，则关系 R 就是 U 中相关数值之间的小于关系（即$<$）。此关系是数学讨论中常常涉及的概念。

(2) 设数据集 U 是一些数据集构成的集合，即 $U=\{S_1, S_2, S_3,\cdots\}$，其中 $S_1, S_2, S_3,\cdots$ 都是数据集。给定关系 $R\subseteq U\times U$，满足 $\langle S_i, S_j\rangle\in R$ 当且仅当 S_i 是 S_j 的子集，则关系 R 就是集合之间的包含关系（即 $\subseteq$）。包含关系是问题讨论中常涉及的数学概念。

(3) 设数据集 U 是学生的集合，且有关系 $R\subseteq U\times U$，满足 $\langle x, y\rangle\in R$ 当且仅当 x 和 y 是同桌，则关系 R 反映了同桌关系，是对实际现象的数学描述。

(4) 设数据集 U 是一些学生和一些房间的集合，对于关系 $R\subseteq U\times U$，当 $\langle x, y\rangle\in R$ 时，则 x 是学生，y 是房间，且 x 住在 y 中。此时关系 R 反映了学生与宿舍之间的关系，是对实际问题的数学描述。

(5) 设数据集 U 是城市的集合，对于关系 $R\subseteq U\times U$，$\langle x, y\rangle\in R$ 当且仅当有河流从城市 x 直接流向城市 y。此时关系 R 反映了城市之间的水系关系，是对实际河流分布情况的数学描述。

所以 U 上的关系不仅可以表示数学中的关系（如$<$和$\subseteq$），也可以表示实际当中的各类关系，使得实际当中对象之间的关系得到了形式化的表示。U 上的关系为我们利用公式表示各类问题或数据之间满足的性质提供了数学工具。

上述我们对逻辑联结符号$\neg$，$\wedge$，$\vee$，$\rightarrow$，量词符号$\exists$和$\forall$，数据集以及数据集上关系的回顾或熟悉是为了构造公式或数学表达式，或是为了应对定义 1.3.1 粒的形式化框架中涉及公式或数学表达式的产生。利用这些符号或数学概念可使我们引入公式或数学表达式，并描述刻画满足公式或数学表达式的一类数据，从而给出几种与定义 1.3.1 中粒的形式化框架要求相一致的粒的定义。

利用这些符号和数学表示，可以得到相应的公式，不妨稍加说明：形如 $x\in U$，$\langle x, y\rangle\in R$，$R\subseteq U\times U$ 等这样的数学表示式都可看作公式。以此为基础，再利用逻辑联结符号$\neg$，$\wedge$，$\vee$或$\rightarrow$，可得到更复杂的公式或数学表达式。例如，$(\langle x, y\rangle\in R)\wedge(\langle y, z\rangle\in R)$ 是公式，表示 $\langle x, y\rangle\in R$ 并且 $\langle y, z\rangle\in R$。又如，$(\langle x, y\rangle\in R)\rightarrow(\langle y, x\rangle\in R)$ 是公式，表示如果 $\langle x, y\rangle\in R$，则 $\langle y, x\rangle\in R$ 等。

如下讨论涉及的公式是在 $x\in U$，$\langle x, y\rangle\in R$，$R\subseteq U\times U$ 等这些基础性数学概

念或表示之上，利用逻辑联结符号$\neg$，$\wedge$，$\vee$ 或 $\rightarrow$，或者利用量词符号$\exists$ 或 $\forall$(可表示为$\exists x$ 或$\forall x$)，按照一定规则生成的字符串。

基于公式或数学表达式，并以定义 1.3.1 中粒的形式化框架为依据，可以给出粒的几种具体的形式化定义方法。因为公式是明确的，所以这些定义比定义 1.3.1 中粒的形式化框架更为具体，并在定义 1.3.1 的框架下得到统一。

1.4.2 粗糙集方法确定的粒

当我们提及粒计算时，很自然联想到粗糙集理论，因为粗糙集研究者都将该理论看作粒计算的一种方法或一种形式。但是，如果把粗糙集理论与粒计算等同，那就局限了粒计算涵盖的范围。如果如此，那么就没有必要提出粒计算的研究课题，直接针对粗糙集理论展开研究就可以了。

我们认为，粒计算课题涵盖粗糙集方法，粗糙集方法是粒计算研究的一种特殊形式。为什么可以把粗糙集方法看作粒计算课题的特殊形式呢？因为粗糙集讨论中涉及了整体与部分之间的联系，产生了粒的形式化方法，该方法涉及的粒与定义 1.3.1 中粒的形式化框架相一致，而且描述粒的公式或数学表达式可以具体展示出来。如下我们将展开这方面的讨论，并将把粗糙集涉及的粒与定义 1.3.1 中粒的形式化框架相一致的含义讲解明白。

设 U 是数据集，且 $R\subseteq U\times U$，即 R 是 U 上的关系。首先需要考虑关系 R 的一些性质：

(1) 如果对于任意的 $x\in U$，均有 $\langle x, x\rangle\in R$，则称 R 是自反的。

(2) 如果 $\langle x, y\rangle\in R$，则 $\langle y, x\rangle\in R$，则称 R 是对称的。

(3) 如果 $(\langle x, y\rangle\in R)\wedge(\langle y, z\rangle\in R)$，则 $\langle x, z\rangle\in R$，则称 R 是传递的。

对于关系 $R\subseteq U\times U$，如果 R 是自反的、对称的和传递的，则称 R 是 U 上的等价关系。并把 U 和等价关系 R 构成的结构记作 $\boldsymbol{M}=(U, R)$，结构 $\boldsymbol{M}=(U, R)$ 称为近似空间，它记录了数据集 U 中的哪些数据满足等价关系的信息。

等价关系在实际当中常常出现，我们的身边常伴随着等价关系，例如，设 U 是某个班级所有学生的数据集，则 U 中数据 (即学生) 之间的这些关系，即同组关系、同姓关系、同乡关系、同性别关系、同宿舍关系等都是 U 上的等价关系。不妨对同组关系进行分析：设 $R=\{\langle x, y\rangle|(x\in U)\wedge(y\in U)\wedge(x$ 与 y 是同一组的学生$)\}$，则 R 是同组关系的数学表示。

此时读者可能会问：“x 与 y 是同一组的学生”是采用自然语言表达的，并不是数学表达式。我们可以做这样的处理，引入一函数 f，当 $f(x, y)=1$ 时，表示 x 与 y 是同一组的学生；当 $f(x, y)\neq 1$ 时，表示 x 与 y 不是同一组的学生，函数表达式 $f(x, y)=1$ 及 $f(x, y)\neq 1$ 是数学表达式无可争议。于是 $(x\in U)\wedge(y\in U)\wedge(x$ 与 y 是同一组的学生$)$ 可以进一步形式化为 $(x\in U)\wedge(y\in U)\wedge(f(x, y)=1)$，此式是数学表达式。因此，通过数学表达式，我们对关系 R 进行了定义，同时关系 R 还满足如下性质：

(1) U 中的每一个学生 x 与自己是同一组的学生，即 $f(x, x)=1$，此时公式 $(x\in U)\wedge(x\in U)\wedge(f(x, x)=1)$ 成立，所以对任意的 $x\in U$，有 $\langle x, x\rangle\in R$，故 R 是自反的。

(2) 如果 x 和 y 是同一组的学生，则 y 和 x 显然也是同一组的学生，因此如果 $\langle x, y\rangle\in R$，则 $\langle y, x\rangle\in R$，所以 R 是对称的。

(3) 如果 x 和 y 是同一组的学生，且 y 和 z 是同一组的学生，则 x 和 z 是同一组的学生，即如果 $(\langle x, y\rangle\in R)\wedge(\langle y, z\rangle\in R)$，则 $\langle x, z\rangle\in R$，所以 R 是传递的。

上述讨论表明 R 是 U 上的等价关系，即同组关系是某班学生数据集 U 上的等价关系。类似这样的讨论，容易得知，同姓关系、同乡关系、同性别关系、同宿舍关系等都是 U 上的等价关系。

近似空间 $\boldsymbol{M}=(U, R)$ 是粗糙集定义产生依赖的结构空间，而粗糙集的定义基于粒的运算，因为在近似空间 $\boldsymbol{M}=(U, R)$ 中，可以给出粒的一种形式化的定义。

定义 1.4.1 设 $\boldsymbol{M}=(U, R)$ 是近似空间，对于 $x\in U$，令

$$[x]_R=\{y|(y\in U)\wedge(\langle x, y\rangle\in R)\}$$

称 $[x]_R$ 为数据集 U 的粒。 □

基于近似空间 $\boldsymbol{M}=(U, R)$，我们给出粒的一种形式化的定义，它是否符合定义 1.3.1 中粒的形式化框架的含义，不妨进行分析：

首先，当 $y\in[x]_R$ 时，由定义 1.4.1 可知 $y\in U$，所以 $[x]_R\subseteq U$，即 $[x]_R$ 是整体 U 的部分，这符合定义 1.3.1 中粒的形式化框架的要求。

其次，由定义 1.4.1 可知，$y\in[x]_R$ 当且仅当 $(y\in U)\wedge(\langle x, y\rangle\in R)$。所以 $[x]_R$ 中的任一数据 y 通过公式或数学表达式 $(y\in U)\wedge(\langle x, y\rangle\in R)$ 得到了刻画描述，这也满足定义 1.3.1 中粒的形式化框架的要求。

最后，定义 1.4.1 与定义 1.3.1 存在差异，因为定义 1.4.1 中刻画数据的公式 $(y\in U)\wedge(\langle x, y\rangle\in R)$ 是具体的，而定义 1.3.1 只是表明了采用公式或数学表达式刻画数据的要求，并未给出具体的公式。

因此定义 1.4.1 对粒的定义不仅与定义 1.3.1 设定的粒的形式化框架相一致，而且通过具体的公式或数学表达式，使对粒的定义完全得到了形式化，展示了粒形式化定义的一种方法。实际上，定义 1.4.1 给出的粒 $[x]_R$ 在等价关系的讨论中称为关于 $\boldsymbol{x}$ 的 R 等价类，或 R 等价类，或更简单地称为等价类，这样的等价类由数据 x 和等价关系 R 共同决定。

由定义 1.4.1 可知，数据集 U 的粒 $[x]_R$ (即等价类) 由数学公式确定产生，在这种情况下，粒 $[x]_R$ 自身显然是一个数学概念。

有了定义 1.4.1 确定的粒，可引出粗糙集的概念，具体如下。

设 $\boldsymbol{M}=(U, R)$ 是近似空间，此时数据集 U 往往称为近似空间的论域，对于论域的子集 $X\subseteq U$，X 的下近似和上近似分别记作 $R_*(X)$ 和 $R^*(X)$，并由如下公式或数学表达式予以定义：

$$R_*(X)=\cup\{[x]_R \mid (x\in U) \wedge [x]_R\subseteq X)\}$$

$$R^*(X)=\cup\{[x]_R \mid (x\in U) \wedge ([x]_R\cap X\neq\varnothing)\}$$

这两个定义式 $\cup\{[x]_R \mid (x\in U) \wedge ([x]_R\subseteq X)\}$ 以及 $\cup\{[x]_R \mid (x\in U) \wedge ([x]_R\cap X\neq\varnothing)\}$是由数学概念形成的公式，且表明 X 的下近似 $R_*(X)$ 由所有包含在 X 中的粒 $[x]_R$ 的并（$\cup$）构成，X 的上近似 $R^*(X)$ 由所有与 X 相交后不等于空集 $\varnothing$ 的粒 $[x]_R$ 的并（$\cup$）构成。现考虑上近似 $R^*(X)$，其中的数据 x 可通过公式 $(x\in U) \wedge ([x]_R \cap X\neq\varnothing)$ 刻画描述，且 $R^*(X)\subseteq U$，所以上近似 $R^*(X)$ 满足定义 1.3.1 粒的形式化框架的含义，就是粒。由于公式 $(x\in U) \wedge ([x]_R\cap X\neq\varnothing)$ 是具体的，所以粒 $R^*(X)$ 更具形式化的特点。同样下近似 $R_*(X)$ 也是形式化的粒。粒 $[x]_R$ 的并运算当然是粒之间的一种计算或运算，所以下近似 $R_*(X)$ 和上近似 $R^*(X)$ 可以视为粒之间运算或计算（即粒计算）的结果或粒计算的一种形式，此时粒作为操作和生成的对象，粒是粒之间运算或计算的基础。

对于近似空间 $\boldsymbol{M}=(U, R)$，当 $X\subseteq U$ 时，利用 X 的下近似 $R_*(X)$ 和上近似 $R^*(X)$，可对 X 是否为粗糙集进行定义：如果 $R_*(X)\neq R^*(X)$，则称 X 是粗糙集，如果 $R_*(X)=R^*(X)$，则称 X 是确定集。

粗糙集是由下近似 $R_*(X)$ 和上近似 $R^*(X)$ 组合在一起定义的，由于下近似 $R_*(X)$ 和上近似 $R^*(X)$ 是粒之间运算或计算得到的粒，一些研究者往往把粗糙集理论视为粒计算的一种情况，也将粗糙集的研究看作粒计算来讨论。不过应当明确指出的是，粗糙集理论不能代表粒计算的全部，粗糙集理论只是粒计算的一种情况，是粒计算研究的一种方法或一个部分。

由于下近似 $R_*(X)$ 和上近似 $R^*(X)$ 由形如$[x]_R$ 的粒通过并（$\cup$）运算确定产生，故粗糙集基于粒和粒之间的运算确定产生。所以下近似 $R_*(X)$ 和上近似 $R^*(X)$ 都可视为粒计算的一种形式。由于粒$[x]_R$ 参与了粗糙集的定义，可以把这样的粒$[x]_R$ 称为粗糙集方法确定的粒，这也是把粒计算与粗糙集联系在一起的原因。

同时应注意，粗糙集方法确定的粒与数据集 U 上的等价关系 R 紧密联系在一起，等价关系是粒 $[x]_R$ 确定产生的基础条件。粗糙集理论不是我们进一步讨论的内容，这里只是关注了其涉及的粒。

1.4.3　信息系统确定的粒

另一针对粒和粒计算的讨论方法与信息系统相关。信息系统是由数据、数据的属性以及数据针对每个属性的反映结果构成的数据库系统。信息系统往往采用结构 **IS**=(U, A, V, f) 表示，即信息系统 **IS**=(U, A, V, f) 是由 U, A, V 和 f 构成的数学结构，它们的含义具体如下。

U 是一数据集，称为论域，是一个有限集合，其中的元素称为数据。

$A=\{a_1, a_2,\cdots, a_n\}$也是有限集，其中的元素 $a_1, a_2,\cdots, a_n$ 称为属性，集合 A 称为属性集。属性集实际也是一数据集，只不过把其中的数据称为属性而已。

V 是一集合，是由数值或对象构成的有限数据集，称为属性值域，其中的每一元素都是某属性作用数据后的取值结果。

$f: U\times A\to V$ 是一从笛卡儿积 $U\times A$ 到 V 的函数，称为信息函数，使对于 $\langle x, a_i\rangle \in U\times A$，有 $f(x, a_i)\in V$(在前面的讨论中，已涉及了由数据集 U 和 A 产生的笛卡儿积，如此定义：$U\times A=\{\langle x, a\rangle | (x\in U)\wedge(a\in A)\}$，即 $U\times A$ 由第一元素 x 取自 U，第二元素 a 取自 A 的所有序偶$\langle x, a\rangle$构成)。

信息系统可以采用表格的形式予以表示，称为信息表。例如，表 1.1 展示了一信息系统。其中 $U=\{x_1, x_2, x_3, x_4, x_5, x_6\}$，$A=\{a_1, a_2, a_3, a_4, a_5\}$，$V=\{1, 2, 3\}$，信息函数 $f: U\times A\to V$ 把 $U\times A$ 中的序偶 $\langle x, a\rangle(\in U\times A)$ 映射为 V 中的某一数值 $v(\in V)$，且由表 1.1 可知，$f(x_1, a_1)=1$，$f(x_2, a_2)=2$，$f(x_4, a_3)=3$，$f(x_6, a_5)=2$，$f(x_3, a_5)=3$ 等。

表 1.1　信息系统 IS

U	a_1	a_2	a_3	a_4	a_5
x_1	1	2	1	3	3
x_2	1	2	1	3	3
x_3	2	3	1	1	3
x_4	2	2	3	1	2
x_5	2	2	3	2	2
x_6	2	2	3	2	2

考查属性集 $A=\{a_1, a_2,\cdots, a_n\}$中的任一属性 $a_i\in A$。对于任意的数据 $x\in U$，因为$\langle x, a_i\rangle\in U\times A$，所以存在 $v\in V$，使得$f(x, a_i)=v$。表示式$f(x, a_i)=v$ 可以表示为 $a_i(x)=v\,(=f(x, a_i))$。这表明属性 a_i 是从 U 到 V 的函数，即属性集 $A=\{a_1, a_2,\cdots, a_n\}$的每一属性是一函数，不妨称为属性函数，这是把 V 称为属性值域的原因。例如，对于表 1.1 的属性集 $A=\{a_1, a_2, a_3, a_4, a_5\}$，从表 1.1 可知，$a_1(x_1)=1$ 或$f(x_1, a_1)=1$，$a_2(x_2)=2$ 或$f(x_2, a_2)=2$，$a_3(x_4)=3$ 或$f(x_4, a_3)=3$，$a_4(x_6)=2$ 或$f(x_6, a_4)=2$，

$a_5(x_3)=3$ 或 $f(x_3, a_5)=3$ 等，这些都反映了从数据集 U 中的数据到属性值域 V 中元素的对应联系。

信息系统 **IS**$=(U, A, V, f)$ 也常常与粒或粒计算的数据处理方法联系在一起。不过信息系统涉及的粒与粗糙集涉及的关于 x 的 R 等价类的粒 $[x]_R$ 在形式或产生方法方面存在差异。信息系统 **IS**$=(U, A, V, f)$ 中粒的产生基于该系统的公式，如下定义给出了基于信息系统 **IS**$=(U, A, V, f)$ 的公式产生规则。

定义 1.4.2　设 **IS**$=(U, A, V, f)$ 是一信息系统，**IS** 上公式递归定义如下：

(1) 对于 $a \in A$ 且 $v \in V$，表示式 (a, v) 称为原子公式，原子公式是 **IS** 上的公式。

(2) 如果 $\mathcal{E}$ 是 **IS** 上的公式，则 $(\neg\mathcal{E})$ 是 **IS** 上的公式。

(3) 如果 $\mathcal{E}$ 和 $\mathcal{F}$ 是 **IS** 上的公式，则 $(\mathcal{E}\wedge\mathcal{F})$, $(\mathcal{E}\vee\mathcal{F})$ 和 $(\mathcal{E}\rightarrow\mathcal{F})$ 是 **IS** 上的公式。

(4) 只有有限步利用 (1), (2) 或 (3) 得到的表达式是 **IS** 上的公式。　□

一般情况下，除原子公式外，公式的最外层括号往往省略，所以公式 $(\neg\mathcal{E})$, $(\mathcal{E}\wedge\mathcal{F})$, $(\mathcal{E}\vee\mathcal{F})$ 和 $(\mathcal{E}\rightarrow\mathcal{F})$ 通常表示为 $\neg\mathcal{E}$, $\mathcal{E}\wedge\mathcal{F}$, $\mathcal{E}\vee\mathcal{F}$ 和 $\mathcal{E}\rightarrow\mathcal{F}$。由于逻辑联结符号 $\wedge$ 和 $\vee$ 分别表示“并且”和“或者”，且在自然语言中，由联结词“并且”联结多个句子，以及由“或者”联结多个句子得到的句子具有可结合性。例如，对于语句“他学习英语并且学习语文，并且学习数学(他学习英语或者学习语文，或者学习数学)”，该语句与这样的语句“他学习英语，并且学习语文并且学习数学(他学习英语，或者学习语文或者学习数学)”的含义是相同的。因此，公式 $(\mathcal{E}_1\wedge\mathcal{E}_2)\wedge\mathcal{E}_3$ (或 $(\mathcal{E}_1\vee\mathcal{E}_2)\vee\mathcal{E}_3$) 与公式 $\mathcal{E}_1\wedge(\mathcal{E}_2\wedge\mathcal{E}_3)$ (或 $\mathcal{E}_1\vee(\mathcal{E}_2\vee\mathcal{E}_3)$) 表示的含义相同，所以可以用 $\mathcal{E}_1\wedge\mathcal{E}_2\wedge\mathcal{E}_3$ 表示 $(\mathcal{E}_1\wedge\mathcal{E}_2)\wedge\mathcal{E}_3$ 或 $\mathcal{E}_1\wedge(\mathcal{E}_2\wedge\mathcal{E}_3)$，用 $\mathcal{E}_1\vee\mathcal{E}_2\vee\mathcal{E}_3$ 表示 $(\mathcal{E}_1\vee\mathcal{E}_2)\vee\mathcal{E}_3$ 或 $\mathcal{E}_1\vee(\mathcal{E}_2\vee\mathcal{E}_3)$。

另外，如果按照 $\neg$，$\wedge$，$\vee$，$\rightarrow$ 的顺序规定这些逻辑联结符号的强弱顺序，即 $\neg$ 联结优先权最强，$\wedge$ 次之，$\vee$ 较弱，$\rightarrow$ 最弱，则一些公式可以简化表示。例如，公式 $((\neg\mathcal{E}_1)\wedge\mathcal{E}_2)\rightarrow(\mathcal{E}_3\wedge\mathcal{E}_4)$ 可以简化为 $\neg\mathcal{E}_1\wedge\mathcal{E}_2\rightarrow\mathcal{E}_3\wedge\mathcal{E}_4$，公式 $((\neg\mathcal{E}_1)\vee\mathcal{E}_2)\rightarrow(\mathcal{E}_3\vee\mathcal{E}_4)$ 可以简化为 $\neg\mathcal{E}_1\vee\mathcal{E}_2\rightarrow\mathcal{E}_3\vee\mathcal{E}_4$ 等。

利用信息系统 **IS**$=(U, A, V, f)$ 上任意的公式 $\mathcal{E}$，我们也可以给出粒的定义，这与论域 U 中满足公式 $\mathcal{E}$ 的数据密切相关，所以我们首先对数据满足公式的概念进行明确，这展示在如下定义中。

定义 1.4.3　设 $\mathcal{E}$ 是信息系统 **IS**$=(U, A, V, f)$ 上的公式，对于数据 $x\in U$，x 满足公式 $\mathcal{E}$ 通过如下方法递归定义：

(1) 当 $\mathcal{E}$ 是原子公式，即 $\mathcal{E}=(a, v)$ 时，x 满足 (a, v) 当且仅当 $a(x)=v$，于是 x 不满足 (a, v) 当且仅当 $a(x)\neq v$。

(2) 当 $\mathcal{E}=\neg\mathcal{E}_1$ 时，x 满足 $\mathcal{E}$ 当且仅当 x 不满足 $\mathcal{E}_1$。

(3) 当 $\mathcal{E}=\mathcal{E}_1\wedge\mathcal{E}_2$ 时，x 满足 $\mathcal{E}$ 当且仅当 x 满足 $\mathcal{E}_1$ 并且 x 满足 $\mathcal{E}_2$。

(4) 当 $\mathcal{E}=\mathcal{E}_1\vee\mathcal{E}_2$ 时，x 满足 $\mathcal{E}$ 当且仅当 x 满足 $\mathcal{E}_1$ 或者 x 满足 $\mathcal{E}_2$。

(5) 当 $\mathcal{E}=\mathcal{E}_1\rightarrow\mathcal{E}_2$ 时，x 满足 $\mathcal{E}$ 当且仅当 x 不满足 $\mathcal{E}_1$ 或者 x 满足 $\mathcal{E}_2$。 □

由定义 1.4.3(2) 可知，逻辑联结符号 $\neg$ 是对自然语言中“不(即否)”的符号表示。定义 1.4.3(3) 表明，逻辑联结符号∧是对自然语言中“且(即并且)”的符号表示。定义 1.4.3(4) 表明，逻辑联结符号∨是对自然语言中“(可兼)或”的符号表示。定义 1.4.3(5) 表明，逻辑联结符号 → 是对自然语言中“不…，或者…”的表示，而“不…，或者…”与“如果…，则…”的含义相同(可结合“天上没有下雨，或地上湿”和“如果天上下雨，则地上湿”两语句的含义相同进行理解)，所以逻辑联结符号 → 是对自然语言中“如果…，则…”的表示。

对于表 1.1 给出的信息系统 **IS**$=(U, A, V, f)$，表达式 $(a_1, 1)\wedge(a_2, 2)\wedge(a_4, 3)$ 是 **IS** 上的公式。由表 1.1 可知 $a_1(x_1)=1$，$a_2(x_1)=2$ 且 $a_4(x_1)=3$，所以由定义 1.4.3(1) 和(3)可知，U 的数据 x_1 满足公式 $(a_1, 1)\wedge(a_2, 2)\wedge(a_4, 3)$。不仅如此，由表 1.1 还可以得到 $a_1(x_2)=1$，$a_2(x_2)=2$ 且 $a_4(x_2)=3$，所以 U 的数据 x_2 也满足公式 $(a_1, 1)\wedge(a_2, 2)\wedge(a_4, 3)$。

需要说明的是，“数据 x 满足公式 $\mathcal{E}$”可以用数学表达式进行表示。例如，“x 满足原子公式 (a, v)”可通过数学表达式 $a(x)=v$ 进行描述表示(见定义 1.4.3(1))，“x_1 满足公式 $(a_1, 1)\wedge(a_2, 2)\wedge(a_4, 3)$”通过数学表达式 $(a_1(x_1)=1)\wedge(a_2(x_1)=2)\wedge(a_4(x_1)=3)$ 得到了刻画，其中的逻辑联结符号∧表示并且。

由上述讨论我们看到，数据 x_1 和 x_2 都满足公式 $(a_1, 1)\wedge(a_2, 2)\wedge(a_4, 3)$，所以论域 U 中满足某一公式的数据可能很多，由此可引出粒的概念。

定义 1.4.4　设 $\mathcal{E}$ 是信息系统 **IS**$=(U, A, V, f)$ 上的公式，引入符号$|\mathcal{E}|$，定义为

$$|\mathcal{E}|=\{x \mid x\in U \text{ 且 } x \text{ 满足 } \mathcal{E}\}$$

称 $|\mathcal{E}|$ 为公式 $\mathcal{E}$ 确定的数据集 U 的粒，或简称 U 的粒。 □

此处定义的粒是否符合定义 1.3.1 中粒的形式化框架的含义呢？回答是肯定的，我们可以进行如下的分析：

(1) 由 $|\mathcal{E}|=\{x \mid x\in U$ 且 x 满足 $\mathcal{E}\}$的定义可知 $|\mathcal{E}|\subseteq U$，所以 $|\mathcal{E}|$ 是整体 U 的部分，这符合定义 1.3.1 中粒的形式化框架的要求。

(2) 在 $|\mathcal{E}|=\{x \mid x\in U$ 且 x 满足 $\mathcal{E}\}$中，“$x\in U$ 且 x 满足 $\mathcal{E}$”就是 x 满足的数学表达式，因为其中“$x\in U$”自身是数学表达式，“且”可用逻辑联结符号∧表示，同时上述分析表明“x 满足 $\mathcal{E}$”可用数学表达式刻画，这些组合在一起就完成了对“$x\in U$ 且 x 满足 $\mathcal{E}$”的数学表达式的描述。实际上，定义 1.4.3 从数据满足原子公式 $\mathcal{E}=(a, v)$ 出发，通过逻辑联结符号逐步联结，得到数据满足更复杂公式的定义体现了数据所满足的具体公式是存在的。例如，上述的 $(a_1, 1)\wedge(a_2, 2)\wedge(a_4, 3)$ 或变换为 $(a_1(x)=1)\wedge(a_2(x)=2)\wedge(a_4(x)=3)$ 就是表 1.1 中数据 x_1 和 x_2 满足的公式，因为 $(a_1(x_1)=1)\wedge(a_2(x_1)=2)\wedge(a_4(x_1)=3)$ 以及 $(a_1(x_2)=1)\wedge(a_2(x_2)=2)\wedge$

$(a_4(x_2)=3)$都成立。因此$|\mathcal{E}|$中的数据可以用一公式或数学表达式刻画描述，这符合定义 1.3.1 中粒的形式化框架的要求，且公式具体明确。因此，这里针对粒的定义比定义 1.3.1 更为具体，更具形式化。

(3) 在定义 1.4.1 中，粒$[x]_R$是关于 x 的 R 等价类，与此相比，定义 1.4.4 给出的粒$|\mathcal{E}|$是通过信息系统上的公式 $\mathcal{E}$ 产生的，两者是不同的。不过定义 1.4.1 给出的粒$[x]_R$和定义 1.4.4 引出的粒$|\mathcal{E}|$均与定义 1.3.1 中粒的形式化框架的含义一致，所以在定义 1.3.1 粒的形式化框架的基础上，这两种形式的粒得到了统一。

在后面章节的讨论中，我们将看到信息系统上公式确定的粒对于问题的讨论将起到重要作用。

1.4.4　关系确定的粒

在定义 1.4.1 中，粒 $[x]_R$ 就是关于 x 的 R 等价类，或 x 确定的 R 等价类，或简称等价类，是利用数据集 U 上的等价关系 R 从整体 U 中分离出来的部分。粒 $[x]_R$ 中的数据可由相关的公式或数学表达式刻画描述，所以粒 $[x]_R$ 满足定义 1.3.1 中粒的形式化框架的要求，且比定义 1.3.1 给出的粒更为具体。

论域 U 上的等价关系 R 满足自反性、对称性和传递性，由此引出了等价类形式的粒 $[x]_R$。如果 U 上的另一关系 S 不同时满足自反性、对称性和传递性，或不满足这三条中的每一条，此时 S 仅是 U 上的关系，即 $S\subseteq U\times U$，利用 S 仍然可以从整体 U 中分离出部分，从而确定粒的产生，请看如下定义。

定义 1.4.5　设 S 是数据集 U 上的关系，即 $S\subseteq U\times U$。对于 $x\in U$，令

$$S(x)=\{y\mid(y\in U)\wedge(\langle x,y\rangle\in S)\}$$

称 $S(x)$ 为数据 x 和关系 S 确定的数据集 U 的粒。□

对于数据 x 和关系 S 确定的数据集 U 的粒 $S(x)$，进行如下分析：

(1) 对于粒 $S(x)$，由该定义可知 $S(x)\subseteq U$，所以 $S(x)$ 是整体 U 的部分。当 $y\in S(x)$时，数据 y 由公式或数学表达式 $(y\in U)\wedge(\langle x,y\rangle\in S)$ 予以刻画描述，所以粒 $S(x)$ 符合定义 1.3.1 粒的形式化框架的要求，且由于公式$(y\in U)\wedge(\langle x,y\rangle\in S)$ 对粒 $S(x)$ 中每一数据进行刻画描述，所以粒 $S(x)$ 的定义比粒的形式化框架的表述更为具体。

(2) 由于 S 是数据集 U 上的任意关系，即 $S\subseteq U\times U$，且可以不是等价关系，所以与定义 1.4.1 给出的粒相比，数据 x 和关系 S 确定的 U 的粒 $S(x)$ 更具一般性。当然 S 可以是 U 上的等价关系，此时粒 $S(x)$ 就是一等价类，与定义 1.4.1 确定的等价类形式的粒相一致。所以定义 1.4.5 是定义 1.4.1 的推广。

(3) 对于 U 上任意的关系 $S\subseteq U\times U$，当 S 满足自反性和对称性时，S 称为 U 上的相容关系，此时粒 $S(x)$ 称为相容类。相容类形式的粒常用于一些问题的讨论，

如基于相容关系的数据集分类、基于相容类的粗糙集方法、覆盖与相容集之间的联系等，这些都是粒计算研究涉及的方面。

1.4.5 融合信息确定的粒

在上述定义 1.4.1 和定义 1.4.5 中，粒的定义都仅涉及数据集 U 上一个关系。定义 1.4.1 中的等价关系 R，定义 1.4.5 中的任意关系 S，它们都利用自身包含的信息促成了粒的产生，与其他信息无关。实际上，数据集 U 上的两个关系的信息可以融合在一起引出粒的定义，使融合信息与粒中的数据关联在一起。

设 $S_1\subseteq U\times U$ 且 $S_2\subseteq U\times U$，即 S_1 和 S_2 都是 U 上的关系，对于 $x\in U$，令 $S_1(x)=\{z\mid(z\in U)\wedge(\langle x, z\rangle\in S_1)\}$，则 $S_1(x)$ 是定义 1.4.5 给出的粒，由数据 x 和关系 S_1 确定产生。此时粒 $S_1(x)$ 仅与关系 S_1 有关，与关系 S_2 并无关联。不过我们可以把粒 $S_1(x)$ 包含的信息与关系 S_2 的信息相融合，使融合信息确定粒的产生，请看如下定义。

定义 1.4.6 设 S_1 和 S_2 是数据集 U 上的两个关系，即 $S_1\subseteq U\times U$ 且 $S_2\subseteq U\times U$。对于 $x\in U$，$S_1(x)$ 是由数据 x 和关系 S_1 确定的粒，即 $S_1(x)=\{z\mid(z\in U)\wedge(\langle x, z\rangle\in S_1)\}$。现用 $[S_1(x)-S_2]$ 和 $[S_2-S_1(x)]$ 表示数据集 U 的两个子集，定义如下：

$$[S_1(x)-S_2]=\{y\mid(y\in U)\wedge\exists z((z\in S_1(x))\wedge(\langle z, y\rangle\in S_2))\}$$

$$[S_2-S_1(x)]=\{y\mid(y\in U)\wedge\exists z((z\in S_1(x))\wedge(\langle y, z\rangle\in S_2))\}$$

称子集 $[S_1(x)-S_2]$ 和 $[S_2-S_1(x)]$ 为数据 x 以及关系 S_1 和 S_2 的融合信息确定的数据集 U 的粒。 □

该定义涉及数据集 U 上的两个关系 S_1 和 S_2，粒 $[S_1(x)-S_2]$ 和 $[S_2-S_1(x)]$ 体现了关系 S_1 和 S_2 包含信息的融合，同时 $[S_1(x)-S_2]$ 和 $[S_2-S_1(x)]$ 是否符合定义 1.3.1 粒的形式化框架的含义当然是需要说明的，不妨进行如下分析：

(1) 由定义 1.4.6 可知，$[S_1(x)-S_2]\subseteq U$ 且 $[S_2-S_1(x)]\subseteq U$，即 $[S_1(x)-S_2]$ 和 $[S_2-S_1(x)]$ 都是整体 U 的部分，这符合定义 1.3.1 粒的形式化框架的要求，且公式 $(y\in U)\wedge\exists z((z\in S_1(x))\wedge(\langle z, y\rangle\in S_2))$ 以及 $(y\in U)\wedge\exists z((z\in S_1(x))\wedge(\langle y, z\rangle\in S_2))$ 分别用于刻画描述粒 $[S_1(x)-S_2]$ 和 $[S_2-S_1(x)]$ 中的数据，所以粒 $[S_1(x)-S_2]$ 和 $[S_2-S_1(x)]$ 比定义 1.3.1 粒的形式化框架下的粒更为形式化或更为具体。

(2) 粒 $[S_1(x)-S_2]$ 和 $[S_2-S_1(x)]$ 中的数据与关系 S_1 和 S_2 的信息融合相关，不妨通过粒 $[S_1(x)-S_2]$ 中的数据进行解释。当 $y\in[S_1(x)-S_2]$ 时，y 满足公式 $(y\in U)\wedge\exists z((z\in S_1(x))\wedge(\langle z, y\rangle\in S_2))$，此公式表明 $\langle z, y\rangle\in S_2$，所以 y 与 S_2 包含的信息相关。同时 $\langle z, y\rangle\in S_2$ 表明数据 y 与数据 z 具有联系，而 $z\in S_1(x)$，即 z 与 S_1 的信息相关，因此 y 必关联于 S_1 的信息。于是粒 $[S_1(x)-S_2]$ 中的数据 y 由关系 S_1 和

S_2中的信息共同确定，体现了S_1和S_2的信息融合。对于粒$[S_2-S_1(x)]$的情况也是如此。

(3)粒$[S_1(x)-S_2]$和$[S_2-S_1(x)]$之间存在一些差异，这可从描述它们数据的公式$(y\in U)\wedge\exists z((z\in S_1(x))\wedge(\langle z, y\rangle\in S_2))$和$(y\in U)\wedge\exists z((z\in S_1(x))\wedge(\langle y, z\rangle\in S_2))$得到体现。这两个公式分别以$\langle z, y\rangle\in S_2$和$\langle y, z\rangle\in S_2$作为公式的一部分，在序偶$\langle z, y\rangle$中，$y$是终数据，而在序偶$\langle y, z\rangle$中，$y$是始数据。这样的不同必然使粒$[S_1(x)-S_2]$和$[S_2-S_1(x)]$包含的数据存在差异。

在第 2 章的讨论中，我们将利用与粒$[S_1(x)-S_2]$和$[S_2-S_1(x)]$形式相类似的粒引出粗糙数据推理的研究课题，使粒计算方法在不明确、非确定、似存在或潜存于数据之间的推理研究方面得到应用。

1.4.6　划分确定的粒

对于给定的数据集U，我们可以通过构造划分的方法引出粒的概念，使数据集U中的数据以组合分类的方式得到粒化处理。在实际当中，对一类数据进行分类的处理无处不在，例如，一所大学的所有学生以院系的分类，或以出生地的分类；某制造产业链上的企业以同类企业的分类；所有山脉以海拔的分类等。虽然这些问题针对的对象(即数据)不同，分别是学生、企业或山脉，但这些处理在分类方面具有相同的特点。如果把学生的全体、企业的全体或山脉的全体视为数据集U，则这些分类可得到统一的描述，这就是对数据集U中的数据进行划分处理。由此可通过划分的概念对粒进行定义。

定义 1.4.7　设U是一数据集，给定另一数据集$G=\{G_1, G_2,\cdots, G_k\}$，其中$G_i\,(i=1, 2,\cdots, k)$是$U$的子集，即$G_i\subseteq U$。如果$G=\{G_1, G_2,\cdots, G_k\}$满足如下条件：

(1) $G_i\neq\varnothing\,(i=1, 2,\cdots, k)$；

(2) $G_i\cap G_j=\varnothing\,(i\neq j)$；

(3) $G_1\cup G_2\cup\cdots\cup G_k=U$。

则称$G=\{G_1, G_2,\cdots, G_k\}$为$U$的划分，其中的$G_i\,(i=1, 2,\cdots, k)$称为$U$的粒。　□

由此我们通过数据集U的划分$G=\{G_1, G_2,\cdots, G_k\}$，引出了粒的定义。数据集$U$的划分$G=\{G_1, G_2,\cdots, G_k\}$就是把$U$中数据分类组合成互不相交的粒$G_1, G_2,\cdots, G_k$的处理。于是自然提出这样的问题，即此处的粒是否与定义 1.3.1 粒的形式化框架的含义相一致，下面进行相关分析：

(1)由定义 1.4.7，如果$G_i\in G\,(i=1, 2,\cdots, k)$，则$G_i\subseteq U$。于是$G_i$是整体$U$的部分，这满足定义 1.3.1 粒是整体的部分的要求。

(2)在定义 1.3.1 中，对粒G_i还有如此要求，即G_i中的数据可通过某一公式或数学表达式刻画描述。因此，我们自然会问，G_i中的数据能否利用一公式刻画？当然是可以的。下面讨论将回答该问题，为此需给出一些结论。

结论 1.4.1 设 $G=\{G_1, G_2,\cdots, G_k\}$是数据集 U 的划分，则划分 $G=\{G_1, G_2,\cdots, G_k\}$可以确定 U 上的等价关系 R（已在 1.4.2 节中对等价关系进行了说明或定义）。

证明 针对数据集 U，在 U 上可以定义关系 R 如下：

对于 $x, y\in U$，$\langle x, y\rangle\in R$ 当且仅当存在 $G_i\in G$，使得 $x, y\in G_i$，即 x 和 y 属于 $G=\{G_1, G_2,\cdots, G_k\}$中的同一粒 G_i。

可以证明如此定义的关系 R 是数据集 U 上的等价关系：

(1) 对任意的数据 $x\in U$，因为 $G=\{G_1, G_2,\cdots, G_k\}$是 U 的划分，所以由定义 1.4.7(3)，存在 $G_i\in G$，使得 $x\in G_i$，所以 $\langle x, x\rangle\in R$。故关系 R 是自反的。

(2) 对于数据 $x, y\in U$，如果 $\langle x, y\rangle\in R$，则存在 $G_i\in G$，使得 $x, y\in G_i$。于是当然有 $y, x\in G_i$，由 R 的定义有 $\langle y, x\rangle\in R$。故关系 R 是对称的。

(3) 对于数据 $x, y, z\in U$，如果$\langle x, y\rangle\in R$ 并且$\langle y, z\rangle\in R$，则存在 $G_i\in G$ 且 $G_j\in G$，使得 $x, y\in G_i$ 及 $y, z\in G_j$。由于 $y\in G_i\cap G_j$，由定义 1.4.7(2)，有 $G_i=G_j$。于是 $x, z\in G_i$，由 R 的定义有 $\langle x, z\rangle\in R$。故关系 R 是传递的。

由(1)、(2)、(3)可知 R 是 U 上的等价关系。 □

此结论表明，数据集 U 的划分 $G=\{G_1, G_2,\cdots, G_k\}$可以确定 U 上的一个等价关系 R。另外，如果 R 是 U 上的等价关系，R 也可以确定 U 的一个划分，具体的讨论展示如下：

设 R 是 U 上的等价关系，于是 U 和 R 构成近似空间 $\boldsymbol{M}=(U, R)$。在定义 1.4.1 中，我们通过近似空间 $\boldsymbol{M}=(U, R)$ 中的等价关系 R，给出了粒 $[x]_R$ 的定义，它实际就是关于 x 的 R 等价类，或 R 等价类，或更简单地称为等价类，定义为$[x]_R=\{y|(y\in U)\wedge(\langle x, y\rangle\in R)\}$。因此，对于 $x\in U$，通过等价关系 R，可得到关于 x 的 R 等价类 $[x]_R$，且是定义 1.4.1 引入的粒，此时 $[x]_R\subseteq U$。利用这些概念，我们可以构造由 U 的粒构成的数据集，记作 U/R，具有如下的形式：

$$U/R=\{[x]_R \mid x\in U\}$$

结论 1.4.2 设 R 是数据集 U 上的等价关系，则由粒构成的数据集 $U/R=\{[x]_R \mid x\in U\}$是 U 的划分，称为 U 基于 R 的划分。

证明 我们证明 $U/R=\{[x]_R \mid x\in U\}$满足定义 1.4.7 中的 (1)、(2)、(3)：

(1) 对于任意的 $[x]_R\in U/R$，此时关于 x 的 R 等价类 $[x]_R$ 涉及的 x 是 U 中的数据，即 $x\in U$，由于等价关系 R 具有自反性，则有$\langle x, x\rangle\in R$。于是数据 x 满足公式 $(x\in U)\wedge(\langle x, x\rangle\in R)$，因此 $x\in[x]_R$，故 $[x]_R\neq\varnothing$。

(2) 对于任意的 $[x_1]_R, [x_2]_R\in U/R$，如果$[x_1]_R\neq[x_2]_R$，则可以证明 $[x_1]_R\cap[x_2]_R=\varnothing$。事实上，假设 $[x_1]_R\cap[x_2]_R\neq\varnothing$，令 $y\in[x_1]_R\cap[x_2]_R$，则 $y\in[x_1]_R$ 且 $y\in[x_2]_R$，于是根据定义 1.4.1 对粒 $[x]_R=\{y \mid (y\in U)\wedge(\langle x, y\rangle\in R)\}$的定义，有 $\langle x_1, y\rangle\in R$ 且 $\langle x_2, y\rangle\in R$。由于等价关系 R 满足对称性，故有 $\langle x_1, y\rangle\in R$ 且 $\langle y, x_2\rangle\in R$。又因为等价关

系 R 满足传递性，所以 $\langle x_1, x_2\rangle\in R$。由 $\langle x_1, x_2\rangle\in R$ 可以证明 $[x_1]_R=[x_2]_R$。

对于任意的 $u\in[x_2]_R$，有 $\langle x_2, u\rangle\in R$，再由 $\langle x_1, x_2\rangle\in R$ 以及 R 的传递性，可推得 $\langle x_1, u\rangle\in R$，所以 $u\in[x_1]_R$，故有 $[x_2]_R\subseteq[x_1]_R$。同理可证 $[x_1]_R\subseteq[x_2]_R$。由 $[x_2]_R\subseteq[x_1]_R$ 和 $[x_1]_R\subseteq[x_2]_R$，可知 $[x_1]_R=[x_2]_R$。这与 $[x_1]_R\neq[x_2]_R$ 的前提矛盾，所以 $[x_1]_R\cap[x_2]_R\neq\varnothing$ 的假设错误，故 $[x_1]_R\cap[x_2]_R=\varnothing$。

(3) 采用“$\cup U/R$”表示 U/R 中所有粒的并，例如，当 $U/R=\{[x_1]_R, [x_2]_R, [x_3]_R\}$ 时，$\cup U/R=[x_1]_R\cup[x_2]_R\cup[x_3]_R$。由于对于 $[x]_R\in U/R$，有 $[x]_R\subseteq U$，所以 $\cup U/R\subseteq U$ 成立。另外，对任意的 $x\in U$，由 (1) 的证明知 $x\in[x]_R$。因为 $[x]_R\subseteq\cup U/R$，所以 $x\in\cup U/R$，因此 $U\subseteq\cup U/R$。由 $\cup U/R\subseteq U$ 及 $U\subseteq\cup U/R$，故 $\cup U/R=U$。

上述 (1)、(2)、(3) 表明 $U/R=\{[x]_R\mid x\in U\}$ 是 U 的划分。 □

由此结论可知，数据集 U 上的等价关系可确定 U 的划分。

设 $G=\{G_1, G_2,\cdots, G_k\}$ 是数据集 U 的划分，则由结论 1.4.1，划分 $G=\{G_1, G_2,\cdots, G_k\}$ 可确定 U 上的等价关系 R。再由结论 1.4.2，该等价关系 R 可确定 U 的划分 $U/R=\{[x]_R\mid x\in U\}$。于是自然要问：数据集 U 划分 $G=\{G_1, G_2,\cdots, G_k\}$ 和 $U/R=\{[x]_R\mid x\in U\}$ 具有怎样的联系？如下的结论给出了回答。

结论 1.4.3　设 $G=\{G_1, G_2,\cdots, G_k\}$ 是数据集 U 的划分，如果 R 是由 $G=\{G_1, G_2,\cdots, G_k\}$ 确定的 U 上的等价关系，则 $U/R=G$，即 $\{[x]_R\mid x\in U\}=\{G_1, G_2,\cdots, G_k\}$。

证明　对任意 $[x]_R\in U/R$，此时 $x\in U$。由于 $G=\{G_1, G_2,\cdots, G_k\}$ 是 U 的划分，所以由定义 1.4.7(3) 可知，存在 $G_i\in G$，使得 $x\in G_i$。可以证明 $[x]_R=G_i$。事实上，对任意的 $y\in[x]_R$，根据定义 1.4.1 对粒 $[x]_R=\{y\mid(y\in U)\wedge(\langle x, y\rangle\in R)\}$ 的定义，有 $\langle x, y\rangle\in R$。再由结论 1.4.1 证明中由划分确定等价关系的定义可知，数据 x 和 y 属于划分 $G=\{G_1, G_2,\cdots, G_k\}$ 中的同一粒，由于 $x\in G_i$，所以 $y\in G_i$。这里的证明表明当 $y\in[x]_R$ 时，有 $y\in G_i$，所以 $[x]_R\subseteq G_i$。另外，对于任意的 $y\in G_i$，因为已有 $x\in G_i$，所以由结论 1.4.1 证明中由划分确定等价关系的定义知 $\langle x, y\rangle\in R$，因此 $y\in[x]_R$，所以 $G_i\subseteq[x]_R$。由于 $[x]_R\subseteq G_i$ 并且 $G_i\subseteq[x]_R$，故 $[x]_R=G_i$。这表明 $[x]_R\in G=\{G_1, G_2,\cdots, G_k\}$。以上给出了如此证明：当 $[x]_R\in U/R$ 时，有 $[x]_R\in G=\{G_1, G_2,\cdots, G_k\}$，因此 $U/R\subseteq G=\{G_1, G_2,\cdots, G_k\}$。

反之，对任意的 $G_i\in G=\{G_1, G_2,\cdots, G_k\}$，由定义 1.4.7(1) 可知 $G_i\neq\varnothing$。令 $x\in G_i$，当然 $x\in U$，于是 $[x]_R\in U/R$。与上述证明相同，可以证得 $G_i=[x]_R$，所以 $G_i\in U/R$，故 $G=\{G_1, G_2,\cdots, G_k\}\subseteq U/R$。

由 $U/R\subseteq G$ 和 $G\subseteq U/R$，有 $U/R=G$，即 $\{[x]_R\mid x\in U\}=\{G_1, G_2,\cdots, G_k\}$。 □

结论 1.4.1 和结论 1.4.2 表明，数据集 U 上的等价关系可确定 U 的划分，反之亦然。于是提出这样的问题：不同等价关系是否确定不同的划分，或不同的划分是否确定不同的等价关系？回答是肯定的，并展示在如下的结论中。

结论 1.4.4　设 R_1 和 R_2 是数据集 U 上的两个等价关系，则 $R_1=R_2$ 当且仅当

$U/R_1=U/R_2$，或等价地表述为 $R_1\neq R_2$ 当且仅当 $U/R_1\neq U/R_2$。

证明 设 $R_1=R_2$，则对任意的 $x\in U$，有 $[x]_{R_1}=[x]_{R_2}$。于是 $U/R_1=\{[x]_{R_1}\mid x\in U\}=\{[x]_{R_2}\mid x\in U\}=U/R_2$。故若 $R_1=R_2$，则 $U/R_1=U/R_2$。

反之，当 $U/R_1=U/R_2$ 时，可以证明 $R_1=R_2$。

对任意的 $\langle x,y\rangle\in R_1$，则 $y\in[x]_{R_1}$。由结论 1.4.2(1) 的证明知 $x\in[x]_{R_1}$，所以 $x, y\in[x]_{R_1}$。因为$[x]_{R_1}\in U/R_1$ 以及 $U/R_1=U/R_2$，所以$[x]_{R_1}\in U/R_2$。于是存在$[u]_{R_2}\in U/R_2$，使得 $[x]_{R_1}=[u]_{R_2}$。于是由 $x, y\in[x]_{R_1}$，有 $x, y\in[u]_{R_2}$。因此根据定义 1.4.1 对粒 $[x]_R=\{y\mid(y\in U)\wedge(\langle x,y\rangle\in R)\}$的定义，有 $\langle u,x\rangle\in R_2$ 且 $\langle u,y\rangle\in R_2$，由等价关系 R_2 的对称和传递性可得 $\langle x,y\rangle\in R_2$。这里的证明表明，当 $\langle x,y\rangle\in R_1$ 时，有 $\langle x,y\rangle\in R_2$，所以 $R_1\subseteq R_2$。同理可证 $R_2\subseteq R_1$。故 $R_1=R_2$。 □

联合结论 1.4.1～结论 1.4.4 的结果，可得到如下结论。

结论 1.4.5 数据集 U 上的等价关系和 U 的划分之间相互确定，或 U 上的等价关系和 U 的划分之间一一对应，或 U 上的等价关系和 U 的划分个数相等。 □

上述针对等价关系和划分之间关系的讨论，是为了对定义 1.4.7 通过数据集 U 的划分产生的粒进行分析，表明粒中的数据可通过公式或数学表达式刻画描述。

实际上，如果 $G=\{G_1, G_2,\cdots, G_k\}$是数据集 U 的划分，则由结论 1.4.1 可知，划分 $G=\{G_1, G_2,\cdots, G_k\}$可确定 U 上的等价关系 R。由结论 1.4.3，$G=\{G_1, G_2,\cdots, G_k\}=U/R=\{[x]_R\mid x\in U\}$。因此对于 $G_i\in G$，有 $[x]_R\in U/R$，使得 $G_i=[x]_R$。这表明 G_i 实际就是定义 1.4.1 给出的粒 $[x]_R$，粒 $[x]_R$ 中的数据可通过公式或数学表达式刻画描述，因此 G_i 中的数据自然也满足该公式或数学表达式表达的性质。所以对于定义 1.4.7 基于划分引入的粒，其中的数据可以通过公式或数学表达式刻画描述。因此，定义 1.4.7 通过数据集 U 的划分 $G=\{G_1, G_2,\cdots, G_k\}$引出的粒一致于定义 1.3.1 粒的形式化框架的含义，且形式化方法更具体。

在上述的 1.4.2 节～1.4.6 节中，我们给出了粒的几种形式化定义，这里形式化的含义意味着粒中的数据可以通过公式或数学表达式刻画描述。虽然刻画这几种粒的公式或数学表达式的具体形式不同或存在差异，但它们在定义 1.3.1 粒的形式化框架下得到了统一，达到了以粒的形式化框架统一各种定义的目的。

能够通过公式这种规范或有规律的表达式刻画的对象是很少的，很多问题难以给出刻画描述的公式。所以在 1.3.3 节的后面，我们提出“近似”利用公式刻画描述的想法，这样或许会使粒的产生更为宽泛，不妨将此作为考虑的问题。

1.5 等价关系和划分

在定义 1.4.1 中，我们通过数据集 U 上的等价关系 R 引入了 U 的粒 $[x]_R$，该粒是一等价类。在定义 1.4.7 中，我们通过数据集 U 的划分 $G=\{G_1, G_2,\cdots, G_k\}$，引

入了 U 的粒 $G_i\,(i=1, 2,\cdots, k)$。U 上的等价关系和 U 的划分在后面章节的讨论中将频繁涉及，所以有必要讨论等价关系和划分之间的联系，以应对后面章节的需要和讨论的可读性、连贯性、整体性和系统性。

结论 1.5.1　如果 R_1 和 R_2 都是数据集 U 上的等价关系，令 $R=R_1\cap R_2$，则 R 仍是 U 上的等价关系。

证明　(1) 对于任意的 $x\in U$，由于等价关系 R_1 和 R_2 都是自反的，有 $\langle x, x\rangle\in R_1$ 且 $\langle x, x\rangle\in R_2$，则 $\langle x, x\rangle\in R_1\cap R_2$，即 $\langle x, x\rangle\in R$。故 R 是自反的。

(2) 如果 $\langle x, y\rangle\in R$，则 $\langle x, y\rangle\in R_1$ 且 $\langle x, y\rangle\in R_2$。由于等价关系 R_1 和 R_2 都是对称的，有 $\langle y, x\rangle\in R_1$ 且 $\langle y, x\rangle\in R_2$，则 $\langle y, x\rangle\in R$。故 R 是对称的。

(3) 如果 $\langle x, y\rangle\in R$ 且 $\langle y, z\rangle\in R$，则 $\langle x, y\rangle\in R_1$ 且 $\langle y, z\rangle\in R_1$，同时 $\langle x, y\rangle\in R_2$ 且 $\langle y, z\rangle\in R_2$。由于等价关系 R_1 和 R_2 都是传递的，有 $\langle x, z\rangle\in R_1$ 并且 $\langle x, z\rangle\in R_2$，则 $\langle x, z\rangle\in R$。故 R 是传递的。

由 (1)、(2)、(3) 可知 $R=R_1\cap R_2$ 是 U 上的等价关系。　□

该结论可进一步推广如下。

结论 1.5.2　如果 $R_1, R_2,\cdots, R_n$ 都是数据集 U 上的等价关系，令 $R=R_1\cap R_2\cap\cdots\cap R_n$，则 R 仍是 U 上的等价关系。　□

当 R_1 和 R_2 是数据集 U 上的等价关系时，由结论 1.4.2，R_1 可确定 U 基于 R_1 的划分 $U/R_1=\{[x]_{R_1}\mid x\in U\}$，同时 R_2 可确定 U 基于 R_2 的划分 $U/R_2=\{[x]_{R_2}\mid x\in U\}$。由于 $R=R_1\cap R_2$ 仍是 U 上的等价关系 (见结论 1.5.1)，故 R 可确定产生 U 基于 R 的划分 $U/R=\{[x]_R|x\in U\}$。不难证明如下结论 (这里仅列出，有兴趣者可自行证明)。

结论 1.5.3　$U/R=\{[x]_R\mid x\in U\}=\{[x]_{R_1}\cap[x]_{R_2}\mid [x]_{R_1}\in U/R_1$ 且 $[x]_{R_2}\in U/R_2$，满足 $[x]_{R_1}\cap[x]_{R_2}\neq\varnothing\}$。　□

定义 1.5.1　如果 $G=\{G_1,G_2,\cdots,G_k\}$ 和 $H=\{H_1,H_2,\cdots,H_n\}$ 都是数据集 U 的划分，且对于任意的粒 $H_j\in H$，存在 $G_i\in G$，使得 $H_j\subseteq G_i$，则称 $H=\{H_1,H_2,\cdots,H_n\}$ 是 $G=\{G_1,G_2,\cdots,G_k\}$ 的细分，并称 H_j 比 G_i 更精细。　□

当 $H=\{H_1,H_2,\cdots,H_n\}$ 是 $G=\{G_1,G_2,\cdots,G_k\}$ 的细分时，对于 $G_i\in G$，有 $G_i=H_{j_1}\cup H_{j_2}\cup\cdots\cup H_{j_t}\ (t\geqslant 1)$，即 $G=\{G_1,G_2,\cdots,G_k\}$ 中任意的粒 G_i 被进一步细分为 $H=\{H_1, H_2,\cdots, H_n\}$ 中的粒 $H_{j_1}, H_{j_2},\cdots, H_{j_t}$。此时由结论 1.4.1，$H=\{H_1,H_2,\cdots,H_n\}$ 可确定 U 上的等价关系 R_1，$G=\{G_1,G_2,\cdots,G_k\}$ 可确定 U 上的等价关系 R_2。由结论 1.4.3，有 $U/R_1=H$ 且 $U/R_2=G$。对于这些讨论，我们有如下结论。

结论 1.5.4　设 $G=\{G_1,G_2,\cdots,G_k\}$ 和 $H=\{H_1,H_2,\cdots,H_n\}$ 是数据集 U 的两个划分，R_1 为 $H=\{H_1,H_2,\cdots,H_n\}$ 确定的 U 上的等价关系，R_2 为 $G=\{G_1,G_2,\cdots,G_k\}$ 确定的 U 上的等价关系，则 $H=\{H_1,H_2,\cdots,H_n\}$ 是 $G=\{G_1,G_2,\cdots,G_k\}$ 的细分当且仅当 $R_1\subseteq R_2$。

证明　设 $H=\{H_1,H_2,\cdots,H_n\}$ 是 $G=\{G_1,G_2,\cdots,G_k\}$ 的细分。对于任意的 $\langle x, y\rangle\in R_1$，由结论 1.4.1 证明过程中划分 $H=\{H_1,H_2,\cdots,H_n\}$ 确定等价关系 R_1 的定义知，存

在 $H_j \in H$，使得 $x, y \in H_j$。由于 $H=\{H_1,H_2,\cdots,H_n\}$是 $G=\{G_1,G_2,\cdots,G_k\}$的细分，必有 $G_i \in G$，满足 $H_j \subseteq G_i$，则 $x, y \in G_i$。再由结论 1.4.1 证明过程中划分 $G=\{G_1, G_2,\cdots,G_k\}$ 确定等价关系 R_2 的定义可知 $\langle x, y\rangle \in R_2$。故 $R_1 \subseteq R_2$。

反之，设 $R_1 \subseteq R_2$。对于任意的粒 $H_j \in H$，如果 $x \in H_j$，则由结论 1.4.1 证明过程中划分 $H=\{H_1,H_2,\cdots,H_n\}$确定等价关系 R_1 的定义可知 $\langle x, x\rangle \in R_1$。由于 $R_1 \subseteq R_2$，所以$\langle x, x\rangle \in R_2$。再由结论 1.4.1 证明过程中划分 $G=\{G_1,G_2,\cdots,G_k\}$确定等价关系 R_2 的定义可知存在 $G_i \in G$，使得 $x \in G_i$。可以证明 $H_j \subseteq G_i$，事实上，对于任意的 $y \in H_j$，由 $x \in H_j$，有$\langle x, y\rangle \in R_1$。由 $R_1 \subseteq R_2$，有$\langle x, y\rangle \in R_2$。按照等价关系 R_2 的定义，x 和 y 应属于 $G=\{G_1,G_2,\cdots,G_k\}$中的同一粒。由 $x \in G_i$，故 $y \in G_i$。这样便证明了 $H_j \subseteq G_i$。总结以上证明可知：对于任意的粒 $H_j \in H$，存在粒 $G_i \in G$，使得 $H_j \subseteq G_i$。故 $H=\{H_1,H_2,\cdots,H_n\}$是 $G=\{G_1,G_2,\cdots,G_k\}$的细分。 □

当 R_1 和 R_2 都是数据集 U 上的等价关系时，由结论 1.5.1，$R=R_1\cap R_2$ 是 U 上的等价关系，此时 $R \subseteq R_1$ 且 $R \subseteq R_2$。如果 $U/R_1=\{[x]_{R_1} \mid x \in U\}$是 U 基于 R_1 的划分，$U/R_2=\{[x]_{R_2} \mid x \in U\}$是 U 基于 R_2 的划分，$U/R=\{[x]_R \mid x \in U\}$是 U 基于 R 的划分，则由结论 1.4.3 和结论 1.5.4，$U/R=\{[x]_R \mid x \in U\}$是 $U/R_1=\{[x]_{R_1} \mid x \in U\}$的细分，同时 $U/R=\{[x]_R \mid x \in U\}$也是 $U/R_2=\{[x]_{R_2} \mid x \in U\}$的细分。

上述结论 1.5.1～结论 1.5.4 涉及等价关系的性质、等价关系及其确定划分之间的性质、划分和细分与等价关系之间的联系等，这些结论将应用于后面章节的讨论。

1.6 粒的进一步讨论

在 1.4 节中，我们通过不同的定义方法，给出了不同形式化的粒。尽管定义的方式不同，但是不同形式化的粒在定义 1.3.1 粒的形式化框架下得到了统一。之所以能统一于共同的框架，是因为从直观角度上考虑，粒被看作整体的部分，不同形式化的定义都将此作为描述粒的依据。

一些研究者也常常提出这样的问题，能否给出粒的统一形式化定义，涵盖 1.4 节不同定义的所有形式。很长一段时间，我们在这方面进行了努力，希望完成这样的工作，然而我们认为这是困难的。同时我们也逐步认识到没有这样的必要，因为不同研究者针对不同问题的理解和处理，很难采用统一的标准或方法刻画描述。不过只要应对处理问题的思想或方法与对粒和粒计算的直观认识相一致，那么就可以把相关的讨论视为粒计算的讨论范围。上述定义 1.3.1 给出的粒的形式化框架，以及 1.4 节针对粒的各种定义在此框架下得到统一的做法，可看作是应对难以给出统一定义的一种处理方法，可以把这种处理看作广义的粒的统一形式化定义。

实际上，尽管不同的定义方法在定义 1.3.1 粒的形式化框架下得到了统一，但

1.4 节针对粒的各种定义并没有涵盖粒的所有情况，我们可以进一步讨论如下。

1.6.1　基于数据集 $U\times U$ 上的粒

在前面的讨论中，我们给定的数据集是 U，把 U 看作整体，各种粒的定义均是整体 U 的部分。现考虑 U 的笛卡儿积 $U\times U$，前述已给出了表示的形式：

$$U\times U=\{\langle x,y\rangle|(x\in U)\wedge(y\in U)\}$$

如果把 $U\times U$ 看作整体，那么把 $U\times U$ 的部分，即 $U\times U$ 的子集看作粒是否可以呢？我们认为可以。在此情况下，如果 $S\subseteq U\times U$，即 S 是 U 上的关系，则 S 是整体 $U\times U$ 的部分。此时只要 S 中的数据(即序偶)能够通过相应的公式或数学表达式进行刻画描述，S 就可以看作粒。若把定义 1.3.1 中的数据集 U 替换为 $U\times U$，把 S 看作粒，则这符合定义 1.3.1 粒的形式化框架的含义，把 S 视为粒是可以接受的。

笛卡儿积 $U\times U=\{\langle x,y\rangle|(x\in U)\wedge(y\in U)\}$中的数据是序偶 $\langle x,y\rangle$，这样的数据通过公式 $(x\in U)\wedge(y\in U)$ 进行了刻画描述，或数据 $\langle x,y\rangle$满足公式 $(x\in U)\wedge(y\in U)$。不仅如此，当把 $U\times U$ 看作整体时，对于子集或关系 $S\subseteq U\times U$，在很多情况下，S 中的数据 (即序偶) 满足的性质也是可以利用公式或数学表达式刻画描述的，不妨具体讨论如下。

(1) 设数据集 U 表示学生的集合，V 是数值集，$f:U\times U\rightarrow V$ 是从 $U\times U$ 到 V 的函数，对于 $\langle x,y\rangle\in U\times U$，$f(x,y)=1$ 当且仅当 x 和 y 是同一年级的学生。现定义 U 上的关系 S 如下：

$$S=\{\langle x,y\rangle|(\langle x,y\rangle\in U\times U)\wedge(f(x,y)=1)\}$$

此时 $S\subseteq U\times U$，且 S 中的数据$\langle x,y\rangle$(即序偶)满足公式$(\langle x,y\rangle\in U\times U)\wedge(f(x,y)=1)$，或可通过公式 $(\langle x,y\rangle\in U\times U)\wedge(f(x,y)=1)$ 给予了刻画描述，S 记录了学生之间同一年级的同学关系。因此，如果把 $U\times U$ 看作数据集或整体，则 $S\subseteq U\times U$ 表明 S 是整体的子集或部分。所以按照定义 1.3.1 粒的形式化框架的含义，S 是 $U\times U$ 的粒。同时粒 S 的定义方式更为具体或清晰，因为 S 中的数据 (即序偶) 满足的公式 $(\langle x,y\rangle\in U\times U)\wedge(f(x,y)=1)$ 是明确的，而定义 1.3.1 没有指明公式或数学表达式的形式。

(2) 对于上述 (1) 给出的粒 $S=\{\langle x,y\rangle|(\langle x,y\rangle\in U\times U)\wedge(f(x,y)=1)\}$，可以通过数据 $\langle x,y\rangle$(即序偶) 所满足的公式 $(\langle x,y\rangle\in U\times U)\wedge(f(x,y)=1)$，讨论 S 具有的一些性质，如下所述。

S 在 U 上是自反的：因为对任意的 $x\in U$，有$\langle x,x\rangle\in U\times U$，同时 $f(x,x)=1$(因为 x 与自身显然是同一年级的学生)，所以数据 (即序偶) $\langle x,x\rangle$满足公式 $(\langle x,x\rangle\in U\times U)\wedge(f(x,x)=1)$，因此 $\langle x,x\rangle\in S$，故 S 是自反的。

S 是对称的：因为如果 $\langle x,y\rangle\in S$，则 $\langle x,y\rangle$满足公式 $(\langle x,y\rangle\in U\times U)\wedge(f(x,$

$y)=1$)，此时由于 $\langle x, y\rangle \in U\times U$，所以 $\langle y, x\rangle \in U\times U$，由 $f(x, y)=1$，即 x 和 y 是同一年级的学生，当然 y 和 x 自然也是同一年级的学生，所以 $f(y, x)=1$。这表明 $\langle y, x\rangle$满足公式（$\langle y, x\rangle \in U\times U$）∧（$f(y, x)=1$），所以 $\langle y, x\rangle \in S$，因此 S 是对称的。

S 是传递的：因为如果 $\langle x, y\rangle \in S$ 且$\langle y, z\rangle \in S$，则有 $f(x, y)=1$ 且 $f(y, z)=1$，即 x 和 y 是同一年级的学生，且 y 和 z 也是同一年级的学生，所以 x 和 z 是同一年级的学生，因此 $f(x, z)=1$。这表明 $\langle x, z\rangle$可通过公式（$\langle x, z\rangle \in U\times U$）∧（$f(x, z)=1$）刻画描述，所以 $\langle x, z\rangle \in S$，因此 S 是传递的。

上述分析表明由公式（$\langle x, y\rangle \in U\times U$）∧（$f(x, y)=1$）确定的 $U\times U$ 粒 S 或关系 S 是 U 上的等价关系。定义 1.4.1 引入的粒 $[x]_R$ 是通过等价关系 R 确定产生的，而这里的讨论表明，等价关系自身也可以视为粒。

(3) 在 (1) 的讨论中，对于函数 f，有这样的要求：对于 $\langle x, y\rangle \in U\times U$，$f(x, y)=1$ 当且仅当 x 和 y 是同一年级的学生。如果把 $f(x, y)=1$ 表示的含义变化调整，则粒 S（即关系）包含的数据（即序偶）将发生变化，使 S 随着公式（$\langle x, y\rangle \in U\times U$）∧（$f(x, y)=1$）中 $f(x, y)=1$ 表示含义的调整而变化。例如，$f(x, y)=1$ 当且仅当 x 和 y 的籍贯相同，$f(x, y)=1$ 当且仅当 x 和 y 同组，$f(x, y)=1$ 当且仅当 x 和 y 同姓，$f(x, y)=1$ 当且仅当 x 和 y 同桌等，由此可产生不同的粒或关系 S，再由定义 1.4.5，利用 S 可得到 U 的粒，此时 $U\times U$ 的粒与 U 的粒之间具有一定的联系。

1.6.2　决策系统的分解与粒的产生

在定义 1.4.4 中，粒 $|\mathcal{E}|$ 的定义基于信息系统 **IS**=（U, A, V, f），由信息系统上的公式 $\mathcal{E}$ 所确定，定义为$|\mathcal{E}|=\{x \mid x\in U$ 且 x 满足 $\mathcal{E}\}$。此时粒 $|\mathcal{E}|$ 是论域 U 的子集，即 $|\mathcal{E}|\subseteq U$。这种对粒的定义与 1.4 节其他对粒的定义一样，均把论域或数据集 U 看作整体，粒是通过一定方法从整体 U 中分离出的部分或子集。

下面的讨论涉及信息系统的一种形式，称为决策系统。决策系统实际就是一信息系统，只是把信息系统 **IS**=（U, A, V, f）中的属性集 A 分成两个部分，此时 $A=C\cup D$ 及 $C\cap D=\varnothing$，这里的 C 和 D 也都是属性集，C 称为条件属性集，其中的属性称为条件属性；D 称为决策属性集，其中的属性称为决策属性。决策系统一般用 **DS** 表示，即 **DS**=（U, A, V, f）=（$U, C\cup D, V, f$）。

如果把一个决策系统 **DS**=（U, A, V, f）看作整体，把决策系统的一部分形成的子系统看作粒，则这与粒是整体的部分的认识相一致，于是决策系统可形成粒确定产生的又一环境。此时把决策系统看作整体，把从决策系统中分解出来的子系统看作粒。下面将给出一种方法，展示从决策系统到子系统的分解处理，并可将此看作粒计算数据处理的一种模式。

按照 1.4.3 节的讨论，信息系统可采用信息表的方法直观地予以表示。决策系统 **DS**=（U, A, V, f）当然也可以如此表示出来，此时的表格称为决策表。例如，

表 1.2 记录了一决策系统。

表 1.2　决策系统 DS

U	c_1	c_2	d_1	d_2
x_1	1	2	2	1
x_2	1	2	2	1
x_3	3	1	2	0
x_4	3	1	3	0
x_5	1	1	1	1

其中论域 $U=\{x_1, x_2, x_3, x_4, x_5\}$包含 5 个数据；属性集 $A=C\cup D$ 由条件属性集 $C=\{c_1, c_2\}$和决策属性集 $D=\{d_1, d_2\}$构成，此时 $C\cap D=\{c_1, c_2\}\cap\{d_1, d_2\}=\varnothing$；属性值域 $V=\{0, 1, 2, 3\}$由有限个数值构成，这里的属性值域仅由数值构成，有些情况下属性值域中可含有符号或字符串等非数值的属性值；信息函数 f 的取值已展示在表 1.2 中，如 $f(x_1, c_1)=1$，$f(x_3, c_1)=3$，$f(x_4, d_2)=0$，$f(x_5, c_2)=1$ 等。

如果把此决策系统 $\mathbf{DS}=(U, \{c_1, c_2\}\cup\{d_1, d_2\}, V, f)$ 看作整体，则整体的部分或子系统可看作整体的粒。由表 1.2 的决策系统，我们可引出两个子系统 $\mathbf{DS}_1=(U,\{c_1, c_2\}\cup\{d_1\}, V, f)$ 和 $\mathbf{DS}_2=(U,\{c_1, c_2\}\cup\{d_2\}, V, f)$，它们分别展示在表 1.3 和表 1.4 的决策表中。这两个子系统的特点在于它们都只包含一个决策属性，分别是 d_1 和 d_2。把子系统 $\mathbf{DS}_1=(U,\{c_1, c_2\}\cup\{d_1\}, V, f)$ 和 $\mathbf{DS}_2=(U,\{c_1, c_2\}\cup\{d_2\}, V, f)$ 看作决策系统 $\mathbf{DS}=(U,\{c_1, c_2\}\cup\{d_1, d_2\}, V, f)$ 的粒是否与定义 1.3.1 粒的形式化框架的含义一致呢？可以认为是一致的，不妨展开进一步的分析。

表 1.3　子系统 $\mathbf{DS}_1$

U	c_1	c_2	d_1
x_1	1	2	2
x_2	1	2	2
x_3	3	1	2
x_4	3	1	3
x_5	1	1	1

表 1.4　子系统 $\mathbf{DS}_2$

U	c_1	c_2	d_2
x_1	1	2	1
x_2	1	2	1
x_3	3	1	0
x_4	3	1	0
x_5	1	1	1

(1) 决策系统 **DS**=(U, A, V, f) 是以数学结构表示的结构整体，这种结构化的表示是计算机可以接受的数据形式，例如，表 1.2 中的决策系统很容易得到存储，并通过程序化的方法对数据的性质实施决策判定。所以把决策系统 **DS**=(U, A, V, f) 作为整体看待是程序化处理可以接受的表示形式，可认为由数学表达式进行了描述。

(2) 决策系统的子系统是该决策系统的部分，例如，表 1.3 和表 1.4 子系统 $\mathbf{DS}_1=(U,\{c_1, c_2\}\cup\{d_1\}, V, f)$ 和 $\mathbf{DS}_2=(U,\{c_1, c_2\}\cup\{d_2\}, V, f)$ 都是表 1.2 决策系统 $\mathbf{DS}=(U,\{c_1, c_2\}\cup\{d_1, d_2\}, V, f)$ 的部分，可以广义地认为 $\mathbf{DS}_1$ 和 $\mathbf{DS}_2$ 都是 **DS** 的子集，同时作为结构化的表示形式，$\mathbf{DS}_1=(U,\{c_1, c_2\}\cup\{d_1\}, V, f)$ 和 $\mathbf{DS}_2=(U,\{c_1, c_2\}\cup\{d_2\}, V, f)$ 也可广义地认为由数学表达式予以刻画描述。因此，把子系统看作决策系统的粒，如把 $\mathbf{DS}_1=(U,\{c_1, c_2\}\cup\{d_1\}, V, f)$ 看作 $\mathbf{DS}=(U,\{c_1, c_2\}\cup\{d_1, d_2\}, V, f)$ 的粒与定义 1.3.1 粒的形式化框架的含义相吻合，这种对粒的引入是可以接受的。

(3) 决策系统 $\mathbf{DS}=(U,\{c_1, c_2\}\cup\{d_1, d_2\}, V, f)$ 的子系统 $\mathbf{DS}_1=(U,\{c_1, c_2\}\cup\{d_1\}, V, f)$ 和 $\mathbf{DS}_2=(U,\{c_1, c_2\}\cup\{d_2\}, V, f)$ 都仅包含一个决策属性，分别是 d_1 和 d_2。之所以把 $\mathbf{DS}_1$ 和 $\mathbf{DS}_2$ 看作 **DS** 的粒，是因为粒 $\mathbf{DS}_1$ 和 $\mathbf{DS}_2$ 与决策系统 **DS** 之间具有密切的联系，这将在 4.1.4 节进行讨论。

(4) 当把子系统 $\mathbf{DS}_1=(U,\{c_1, c_2\}\cup\{d_1\}, V, f)$ 和 $\mathbf{DS}_2=(U,\{c_1, c_2\}\cup\{d_2\}, V, f)$ 作为粒看待时，这两个粒显然可以组合成决策系统 $\mathbf{DS}=(U,\{c_1, c_2\}\cup\{d_1, d_2\}, V, f)$，这体现了粒的一种组合处理方法，可看作粒计算的一种形式。

纵览 1.4 节中给出的粒的形式化定义，如定义 1.4.1、定义 1.4.4～定义 1.4.7，再通过本节以笛卡儿积或决策系统作为整体，以及引出的粒可以看到，依托的环境、涉及的背景、关注的角度或讨论的问题各不相同，很难采用统一的描述方法概括各种不同的定义。因此，不必勉强一味追求涵盖上述各类形式化粒的统一的定义方法，这种统一的定义方法可能是不存在的，在粒的形式化框架层面上得到统一也许是一种很好的处理手段，体现了追求统一化定义的另一思路或途径。

粒和粒计算的研究是为了提供数据处理的方法，提供问题编程设计的理论支撑，是面对信息科学的数据处理问题。所以即便存在粒的统一描述的方法，也可能因为过于抽象或晦涩使从事信息科学（非纯数学）的学者难以认同和接受。因此我们认为，不同的讨论依据自身的理解、方法、问题或环境给出的粒的定义，进而展开粒计算研究的做法应当得到大家的接受和认同。

尽管不同的研究或针对粒的不同定义涉及不同的背景，相应建立了不同的描述方法，但我们认为粒的定义应符合大家针对粒的普遍认识，即粒是整体的部分。上述讨论中尽管涉及各种粒的定义方法，但它们均满足定义 1.3.1 粒的形式化框架设定的含义，使不同方式产生的粒在定义 1.3.1 粒的形式化框架层面上得到统一。

1.7　粒的计算或运算和粒度问题

上述 1.3 节、1.4 节和 1.6 节的讨论完全围绕粒的确定产生而展开，之所以花费篇幅讨论粒的定义方法，是因为我们认为粒是粒计算问题的基础，是粒计算课题的核心。粒之间的计算或运算以粒为操作对象，粒的产生方法对粒之间的运算方式具有决定性的作用，同时也是粒计算研究的重要方面，因此上述各节把粒的定义作为讨论的内容。

除此之外，粒计算课题必然涉及粒之间的计算、运算、组合、分解、粒度和粒度变化等问题，这些问题的处理方法可以认为是粒之间计算或运算的具体形式。下面对这样的计算形式展开一些讨论，这些讨论属于概括性的，并不深入，是层面上的思想。第 2～7 章将把这些层面上的思想或理念与具体问题联系起来，展示粒之间计算或运算的具体方法，以达到为粒计算课题增添研究内容或建立数据处理方法的目的。

1.7.1　粒之间计算或运算的相关问题

在粒确定产生的基础上，对粒之间的计算或运算，以及粒度或粒度变化问题进行探究是粒计算研究的重要内容。尽管粒的定义和产生方法是粒计算研究的核心问题，但引入粒的目的旨在建立数据处理的方法，这与粒之间的计算或运算，以及其他针对粒的探究处理密切相关。所以给出粒的各类定义是为了数据处理方法的建立。

在 1.2.2 节的讨论中，我们从直观角度出发，表明了粒之间的计算或运算所包括的方面，涉及这样的处理思想：①粒之间的组合确定的粒之间的操作可看作粒之间的计算或运算；②一个 n 元函数作用于 n 个粒后，得到另一粒的对应关系可看作粒之间的计算或运算；③当粒确定产生后，对粒中数据性质的讨论、分析或研究，是对粒的研究，可看作粒之间计算或运算的一种形式；④当粒确定产生后，涉及粒与粒之间各类关系的讨论或研究可看作粒之间计算或运算的一种形式；⑤当粒确定产生后，对粒实施进一步的分解或细化处理可看作粒之间计算或运算的一种形式；⑥当粒确定产生后，在粒中扩入数据的处理可看作粒之间计算或运算的一种形式；⑦当把某一对象视为整体，从整体到部分的分解，以及部分组合成整体的处理可看作粒之间计算或运算的一种形式；⑧当粒确定产生后，采用粒刻画描述某一概念或某些问题的讨论可看作粒之间计算或运算的一种形式等。实际上，其他与粒相关的处理方法都可看作粒计算的研究途径或内容。

依据这些直观的认识，在形式化粒确定产生的基础上，对粒之间的计算或运算展开具体的讨论将是后面章节的任务。不过上述①～⑧中的处理思想提供了讨论依据的途径，其重要之处在于确立了研究理念或设定了研究的形式。具体的讨论并不在本章进行，而是从第 2 章开始，将基于上述①～⑧中的认可，逐步展开与粒产生方法密切相关的、针对粒之间计算或运算的讨论，给出与上述①～⑧中处理形式相关的数据处理方法，以展示我们认可的、基于粒计算理念的一些研究方法。我们将看到，定义 1.4.1、定义 1.4.4～定义 1.4.7 中引入的粒，以及 1.6 节涉及的粒等都将在后面章节的讨论中得到具体的体现，并支撑方法的建立。

下面各章节将涉及不同的问题，所以针对粒之间计算或运算的讨论将涉及不同的方法。不过由于讨论将在粒确定产生的基础上，针对数据之间的蕴含、关联、依赖或组合等可视为数据推理的讨论将涉及上述①～⑧中的粒计算问题，故数据推理的不同形式将在粒之间计算或运算的层面上得到统一。为了指明讨论的层次，我们可概述后面章节涉及的粒之间计算或运算的讨论内容，主要涵盖以下方面：

(1) 粗糙数据推理的讨论：该方面的讨论将以定义 1.4.6 中基于的两个关系融合信息确定的粒为支撑，利用粒中的融合信息，给出粗糙数据推理的定义，展开粗糙数据推理理论和应用方面的讨论，并涉及粒之间的联系、粒中融合信息的应用、粒中数据的性质、粒度变化决定的数据推理性质等方面的内容。这些讨论将以融合信息的粒为研究的基础，确定的方法可看作粒计算的一种形式。

(2) 树型空间中的粗糙数据推理：该方面的讨论是粗糙数据推理研究的深入或扩展，将涉及定义 1.4.6 基于两个关系融合信息确定的粒，同时也与定义 1.4.7 通过数据集的划分确定的粒相关。在这些形式化粒的支撑下，并结合树型结构的数据分层信息，以数据推理的方式讨论粗糙数据推理的性质，展示粒的特性和粒中数据的层次特点，从而形成粒之间计算或运算的讨论方法。

(3) 粗糙数据推理内涵度量的讨论：该讨论是粗糙数据推理研究的深入，讨论方法不仅与定义 1.4.6 给出的两个关系融合信息确定的粒相关，也与定义 1.4.1 中给出的关于 x 的 R 等价类形式的粒 $[x]_R$ 存在联系。采用的方法将涉及粒之间的关系和粒中所包含数据的信息，这些都属于上述给定的粒之间计算或运算的讨论范围，由此将确立粒计算研究的另一讨论方式。

(4) 基于决策推理的决策系统化简：该方面的讨论旨在利用决策系统记录的决策信息，确定决策推理的数据推理形式，建立针对决策系统的化简方法。与通过属性约简的传统化简方法不同。我们针对决策系统的化简将涉及定义 1.4.4 基于公式确定的粒，定义 1.4.7 通过划分确定的粒，以及 1.6 节把决策系统分解处理后产生的粒的讨论。相关的工作将涉及粒之间的关系、粒的分解与组合、基于粒之间关系的决策定义和决策结果的判定等问题，这些问题与决策推理具有紧密的联系。因此，该方面的讨论将形成以决策推理为支撑的粒之间计算或运算的讨论方法。

(5) 数据关联形式的数据推理：该方面的推理与粗糙数据推理涉及的推理具有

不同的推理形式，数据关联形式的数据推理将以关联数据为桥梁建立不同数据集之间的关联，这种关联具有似存在或潜存于的特性，这种特性将建立在定义 1.4.7 通过划分确定的粒之上，同时经划分确定粒的粗细变化，建立数据关联的紧密程度的判定方法，并将与 1.5 节中划分的细分，即粒的细化紧密地联系在一起。这种基于划分以及细分确定的粒所形成的数据关联推理，以及把数据关联的紧密程度基于粒度变化的讨论将形成粒之间计算或运算的另一讨论方法。

(6) 基于结构转换的数据合并：该方面的讨论涉及众多数据的合并归一问题，将提供大数据处理的一种方法。此方法与定义 1.4.7 通过划分确定的粒密切相关，由此将给出数据合并定义，并展示以粒刻画数据组合或合并数据的描述。该讨论将把粒化方法与结构之间的转换联系在一起，形成数据合并的结构转换处理，使粒之间的计算或运算与结构转换的粒化过程联系起来。同时为使结构转换得以程序化的实现，将把结构转换采用矩阵的行列计算等价代替，使粒化方法通过代数运算得到描述。

(7) 关系结构与三支决策模型：该方面的讨论针对三支决策问题，其涉及的粒将与定义 1.4.7 由划分确定的粒密切相关，其特点在于对数据集的三分粒化处理，得到的划分称为三支划分。粒的产生将与若干关系形成的数学结构密切相关，并将这种数学结构称为关系结构。以关系结构为支撑可对应产生一系列的三支划分，使数据集得到多层次的三分粒化处理，形成三支决策的讨论环境。在这样的环境中，将给出针对数据决策的定义，对决策结果展开分析，并与实际问题联系在一起。基于关系结构的三支决策讨论将使得粒之间的计算或运算依托于数学模型，形成以数学模型为支撑的粒计算的数据处理方法。

上述关于粒之间计算或运算的问题将是后面各章节讨论的内容，这些内容将以 1.4 节和 1.6 节引入的各种形式化的粒为支撑，以粒中的数据、粒自身的性质、粒之间的关系、粒之间的组合、粒之间的对应、粒的分解细化、粒的数据扩展、粒度的变化等为讨论围绕的主题，以达到建立不同数据推理方法的目的。尽管这些内容涉及的数据推理方式存在差异，但它们都可归结为粒计算课题的数据处理形式，所以各种数据推理方法将在粒计算数据处理的内涵下得到统一。

1.7.2　粒度和粒度变化问题

在 1.2.3 节的讨论中，我们从直观的角度出发，表述了粒度以及粒度变化的含义，即当粒确定后，粒中数据的多少称为该粒的粒度；粒中数据的增加或减少称为粒度变化。之所以称为直观表述，是因为没有通过公式或数学表达式对粒给予形式化的定义，粒中数据的增加或减少自然也未通过形式化的数学公式予以表达，所以粒中数据多少的形式化刻画是有待考虑的问题。同时我们也知晓，要想对粒度和粒度变化编程处理，数学描述或公式表达是不可或缺的支撑，这也自然需要对粒给予形式化的刻画，以达到对粒度和粒度变化形式化讨论的目的，1.4 节中各种形式化的粒为此提供了前提。

不过我们不打算在本节给出粒度和粒度变化描述的形式化方法，具体的方法展示在后面章节的讨论中，并与 1.4 节以及 1.6 节中几种形式化粒的粒度变化密切相关。在后面章节的讨论中，我们将看到如下的内容。

在第 2 章针对粗糙数据推理的讨论中，我们将利用定义 1.4.6 中两个关系融合信息确定的粒和粒度变化，并结合定义 1.4.1 与近似空间或粗糙集方法相关的等价类形式的粒，引出粗糙数据推理的定义，确定讨论的主题。进而通过粗糙数据推理性质的讨论，展示粒度和粒度变化在利用粗糙数据推理描述数据关联紧密程度方面的作用，并讨论与实际问题的联系。

第 2 章还将涉及树型推理空间中粗糙数据推理的讨论，树型推理空间与定义 1.4.7 中划分包含的粒密切相关，也关联于定义 1.5.1 中划分的细分。划分与细分涉及粒度和粒度变化的处理，因此树型推理空间中的粗糙数据推理将与粒度变化的问题联系在一起。

在第 3 章针对粗糙数据推理内涵度量的讨论中，粗糙数据推理的精确度将与定义 1.4.1 关于 x 的 R 等价类形式的粒 $[x]_R$ 密切相关，这将涉及支撑粗糙数据推理的粗糙路径涉及的粒度和粒度变化问题。

在第 4 章中，决策系统的化简讨论涉及 1.6.2 节中决策系统分解后得到的子决策系统形式的粒。决策系统的分解就是粒度的变化问题，这将体现粒度变化与决策系统分解化简之间的联系。

在第 5 章针对数据关联推理的讨论中，由关联数据确定的数据关联的紧密程度将涉及定义 1.4.7 中划分产生的粒以及定义 1.5.1 中划分的细分引起的粒度变化，这源于对实际问题包含的数据关联程度的处理。

在第 6 章中，将通过结构的转换完成数据的合并处理，其过程将涉及权值的相加运算，这与粒之间关联程度的继承或增强问题相关，自然可将此看作粒度和粒度变化的讨论。

在第 7 章针对三支决策问题的讨论中，三支决策结果的变化将依赖于路径改变产生的粒度变化。这样的粒和粒度变化将与定义 1.4.7 由划分确定的粒密切相关。

总之，上述涉及粒度和粒度变化的讨论将基于 1.4 节和 1.6 节中几种形式化的粒，与对粒度和粒度变化的直观解释相比，我们将在下面的章节中给出针对粒度和粒度变化讨论的具体方法，并希望成为粒计算数据处理的研究途径。

在如下章节的讨论中，将涉及 1.4 节和 1.6 节定义的几种形式化的粒，且一些形式化的粒将更具体或更具针对性。在不同形式化粒的支撑下，我们将给出几种不同形式的数据推理，以展示我们针对数据处理的方法。尽管不同的数据推理存在着形式上的差异或不同，但各种数据推理将在粒和粒计算的数据处理理念下得到统一，这是该书命名为“粒计算与数据推理”的原因。

本章的讨论属于层面上的工作，是基于粒计算自身对粒和粒计算问题的解释或讨论，没有体现粒和粒计算在数据处理方面的作用，所以本章属于概括性或准备性的工作。尽管如此，定义 1.3.1 中粒的形式化框架，以及 1.4 节和 1.6 节几种形式化粒在该框架下得到统一的讨论包含了我们对粒计算的一些工作，体现了我们对粒计算的认识，展示了我们的处理方法或手段。

在本章工作的基础上，后面的章节将展示更具体或实质性的方法，我们把这些方法看作粒计算研究的途径，这或许会为粒计算的研究增添内容。同时我们期待读者继续阅读，因为后面的内容是实质性的工作，与本章的几种粒密切相关，希望通过如下工作，进一步引出扩展性的、更深入的讨论。

请读者阅读后面章节的内容，了解数据处理方法的建立过程。

第2章 粗糙数据推理

从本章开始，我们将基于前述引入的形式化的粒和勾勒的粒计算数据处理途径，展开数据推理的讨论，以展示粒计算研究的具体方法。

本章利用定义1.4.6中融合信息引出的粒，定义一种数据推理，旨在描述不明确、非确定、似存在或潜存于数据之间的数据联系。

本章引入的数据推理将运作于数据之间，并称为粗糙数据推理。粗糙数据推理与粗糙集理论的上近似 $R^*(X)$ 联系紧密，而在1.4.2节针对粗糙集方法确定的粒讨论中，我们指出上近似 $R^*(X)$ 可看作粒计算的一种形式。因此，本章涉及的粗糙数据推理与粒计算的数据处理方式存在密切的联系，在下面的讨论中我们将会看到，粒和涉及粒之间关系的处理将与粗糙数据推理的讨论联系在一起。由于上近似 $R^*(X)$ 是粗糙集理论中知识近似描述的数学表达式，故本章的粗糙数据推理是以近似数据处理方法引出非精确数据推理的课题。

如果读者对数理逻辑知识有所了解，那么必然知晓数理逻辑是研究推理的数学分支，数理逻辑的内容均以推理方法为研究的内容，且一些形式推理系统可看作计算机推理的数学模型。所以数理逻辑的各种推理方法得到了计算机科学的青睐，也成为信息科学的研究分支。实际上，可以从两个层面认识数理逻辑：一是纯数理逻辑的层面，此时数理逻辑包括基础部分；二是以基础部分为支撑的四个研究方向，它们是集合论、递归论、模型论和证明论，简称“四论”。四论中的每一个方向均是深奥的数学分支，非专业研究者很难做出创造性的推进。实际上，计算机科学或信息科学关注的数理逻辑并不包含“四论”，而是支撑“四论”这些纯逻辑分支的基础部分。该基础部分可被认为是数理逻辑的基础知识，包括经典命题演算和谓词演算，非经典的模态逻辑、时序逻辑、动态逻辑、构造逻辑、非单调逻辑、模糊逻辑、粗糙逻辑等，这些逻辑系统是许多从事计算机科学或信息科学研究的学者关注的课题。基础知识中的每一种逻辑方法都是研究推理的逻辑系统，虽然在推理方法方面存在一定的差异，但各种推理之间具有共同的特点，就是推理在“命题”之间进行。经典逻辑把可以辨明真假的陈述句看作命题。例如，“14可被2整除”、“地球是方的”、“猫是植物”等都是能够辨明真假的陈述句，它们都是命题。一些非经典的逻辑系统除了将可辨明真假的陈述句看作命题，还把一些难以辨明真假的陈述句看作命题，例如，“张三个头很高”、“李四是个好同学”等虽然都是陈述句，但是很难对它们作出非真即假的明确判定。此时一些非经典逻辑系统把它们看作模糊命题。各逻辑系统在对推理进行讨论时，把这些陈述句用符号进行表示，产生相应的公式，由此形成各自的推理系统。这些讨论表明，各逻辑系统中的推理演算呈现为命题之间的推理形式，是以形式化的符号系统描述的命题之间的推理。需要注意的是，这里强调了“命题”二字。

上述强调“命题”的目的是与“数据”进行区分。命题和数据存在着本质的不同，命题可以表达一种含义，而数据是讨论涉及的对象或对象的符号表示。命题是对数据的性质，或数据之间关系的刻画，例如，“14 可被 2 整除”刻画了数据 14 和数据 2 之间的关系，“地球是方的”和“猫是植物”是对地球和猫 (可以将它们看作数据) 特性的刻画 (尽管刻画得不正确)。而数据仅代表了一个对象、一个数值、一个个体等，不涉及对象、数值或个体的性质以及它们之间的关系，所以数据和命题是不同的两个概念。因此，如果在数据之间展开推理的研究，给出数据 a 推出数据 b，或数据 a 非精确推出数据 b 的定义，那么数据之间的推理必然不同于各个逻辑系统在命题之间展开的推理，数据推理必然是有别于数理逻辑各推理系统的推理模式，这正是本章将要讨论的内容。

2.1　粗糙推理空间和粗糙数据推理的定义

实际中，时常存在不明确、非确定、似存在或潜存于数据之间的数据联系，对这种非精确的数据联系进行描述，给出有针对性的数学模型或描述方法，才有可能建立相应的算法，实现非精确数据联系的程序化处理，从而达到自动判定查询非精确数据联系信息的目的，完成不明确数据联系的智能化处理。这里非精确的含义也可以理解为近似，不妨称为粗糙。所以下面将在数据之间引入一种称为粗糙数据推理的推理形式，从而建立一种针对不明确、非确定、似存在或潜存于数据之间数据联系的描述方法或处理途径。

为了达到此目的，将借助粒计算的数据处理方式。1.4.2 节的讨论表明，上近似 $R^*(X)$ 可看作粒计算的一种形式，下面引入的粗糙数据推理与上近似联系紧密，上近似中所含的近似信息将用于描述实际当中不明确、非确定、似存在或潜存于数据之间的数据联系。因此，对不明确、非确定、似存在或潜存于数据之间的数据联系的形式给予展示是必要的，于是下面首先解释粗糙数据联系的概念。

2.1.1　粗糙数据联系

1.4.2 节的讨论表明，下近似 $R_*(X)$ 和上近似 $R^*(X)$ 是粗糙集定义所依托的数学概念，是知识近似表示的工具，展现了内外逼近的知识描述方法，也可看作粗糙集定义的对偶算子。如果把 X 视为精确知识，那么下近似 $R_*(X)$ 和上近似 $R^*(X)$ 与精确知识 X 的误差，以及它们之间差别的数学表示为知识的近似描述提供了上下逼近的途径，从而引出了粗糙集的概念，并在知识表示或数据处理方面得到了应用。粗糙集的定义将下近似 $R_*(X)$ 和上近似 $R^*(X)$ 联系在一起考虑（见 1.4.2 节的讨论），使得它们彼此依托，相互参照，互为表出，形成一体。若分开来观察，从下近似的定义 $R_*(X)=\cup\{[x]_R \mid (x\in U)\wedge([x]_R\subseteq X)\}$ 不难看到，下近似 $R_*(X)$ 包含的数据信息位于精确知识 X 的内部，给予了 X 更严格的描述，其近似特点可用更为精确进行概括，或者说下近似 $R_*(X)$ 比 X 表示的知识更为规范精细；而从上近似 $R^*(X)=\cup\{[x]_R \mid (x\in U)\wedge([x]_R\cap X\neq\varnothing)\}$ 的定义可知，上近似 $R^*(X)$ 以涵盖 X 的方式对精确知识 X 予以宽松的表示，体现了对 X 的扩展，是更宽泛意义下的近似，此时上近似中往往包含了近似的信息。如果撇开下近似 $R_*(X)$，仅考虑上近似 $R^*(X)$，那么对上近似 $R^*(X)$ 包含的近似信息怎样挖掘与利用，是本章感兴趣和讨论的问题。

前面提到，实际当中时常存在不明确、非确定、似存在或潜存于数据之间的数据联系，这样的情况可以认为是联系的不明确或近似。由于上近似 $R^*(X)$ 是对 X 的扩展，往往包含近似信息，所以能否把上近似 $R^*(X)$ 中的近似信息用于不明确、非确定、似存在或潜存于数据之间数据联系的描述，并展现出数据联系的近似特性是值得探究的问题。下面将把上近似与其他信息进行融合，引出一种非精确的数据推理，称为粗糙数据推理，使上近似中的近似信息得到利用，并使近似推理运作于数据之间。如果数据之间的近似推理方法得以确定产生，那么该方法必然不同于数理逻辑各推理系统中的推理模式，因为那些模式是命题之间的推理，而命题不同于数据。所以把不明确、非确定、似存在或潜存于数据之间的数据联系与上近似中的近似信息关联在一起是值得考虑的研究课题。

在实际当中，不明确、非确定、似存在或潜存于数据之间的数据联系常常存在于我们周围，不妨考虑如下例子：

(1) 设 $A_1, A_2,\cdots, A_n\ (n\geqslant 2)$ 是汽车制造产业链中的 n 个企业，如果这些企业之间存在着从 A_i 向 $A_{i+1}\ (i=1,2,\cdots,n-1)$ 供货的供求关系，那么 A_1 与 A_n 之间通过 $A_2, A_3,\cdots, A_{n-1}$ 建立起联系，构成生产过程中的供货链或供货渠道。此时如果 A_1' 是 A_1 的同类企业，A_1' 与 A_1 生产相同的产品，那么在激烈的生产竞争过程中，A_1' 很可能取代 A_1，形成从 A_1' 到 A_n 的供货链。所以就眼下而言，A_1' 与 A_n 之间存在着潜在的供货联系。同样，如果 A_n' 与 A_n 属于同类型企业，则 A_1 与 A_n' 之间也存在潜在的关联关系。此时 A_1' 与 A_n，以及 A_1 与 A_n' 之间的联系显然是不明确的。

(2) 设 B_1, B_2 和 B_3 表示三个人，他们与商品买卖有关。如果 B_1 把商品卖给 B_2，B_2 把商品卖给 B_3，那么 B_1 与 B_3 之间通过 B_2 建立了商品买卖的渠道。如果 B_3' 是 B_3 的朋友，那么 B_1 与 B_3' 之间存在商品买卖的可能，或从 B_1 经 B_2 到 B_3' 存在可能的买卖渠道，但这种渠道是不明确的。

(3) 对于三个人 C_1, C_2 和 C_3，如果 C_1 借钱给 C_2，C_2 借钱给 C_3，那么 C_1 与 C_3

之间通过 C_2 建立的借贷关系是清晰的，此时，C_1 的儿子 C_1' 与 C_3 之间也似乎存在着借贷关系，但这种关系是非确定的。

(4) 在某单位中，如果 D_1 直接领导 D_2，D_2 直接领导 D_3，则 D_1 与 D_3 之间通过 D_2 具有上下级隶属关系。此时 D_1 的夫人 D_1' 与 D_3 之间也或多或少存在不明确的上下级联系，这种上下级关系似乎是存在的。

(5) 如果张三染上一种传染性病毒，李四与张三是密切接触者，此时可认为张三和李四具有直接的联系，当然李四被感染的可能性很大。如果王五与李四居住在同一个小区，那么尽管王五与张三根本没有见过面，但王五仍有可能感染上此病毒，因此张三与王五有着不明确的染病联系。

显然上述各例中的不明确数据联系具有相同的模式，反映了实际中不明确、非确定、似存在或潜存于数据之间的数据联系，不妨称为粗糙数据联系。粗糙数据联系是实际当中常见的数据关联现象，所以研究粗糙数据联系，给出粗糙数据联系的描述方法，对于该类问题的算法设计、编程处理、智能管控、自动查询等具有理论支撑和实际应用的意义。

对上述 (1) 中从 A_1' 到 A_n 或从 A_1 到 A_n' 的粗糙数据联系进行研究，给出描述的方法，建立问题的数学模型，对于企业生产的评估判定和产业链的自动化管理具有重要的实际意义。对 (5) 中病毒的传播跟踪调查，监测防控，对于疾病数据库的建设将提供有价值的信息。因此，展开对粗糙数据联系的研究，给出描述的方法是理论和应用方面的需要。下面的讨论将把粗糙数据联系的描述与粗糙集理论中的上近似 $R^*(X)$ 联系在一起，将基于上近似 $R^*(X)$ 引入粗糙数据推理，使上近似 $R^*(X)$ 包含的近似信息融入其中。由此可利用粗糙数据推理描述粗糙数据联系，对应产生相应的描述方法。

实际上，就粗糙集知识与逻辑方法相结合，产生推理的讨论而言，粗糙逻辑是研究者关注的课题。不过粗糙逻辑涉及的推理仍依托公式展开，与经典的数理逻辑不无联系。改变传统，追求新颖是永恒的课题。把推理直接建立在数据之间，不涉及刻画数据性质或描述数据间关系的命题，并体现数据推理的近似性预示着求变的思想，是下面讨论围绕的主题。

2.1.2　粗糙推理空间的构建

1.4.2 节的讨论对上近似 $R^*(X)$ 进行了回顾，它依托近似空间 $\boldsymbol{M}=(U, R)$ 确定产生，这里 U 是一数据集，也称为论域，R 是 U 上的等价关系。为了在数据之间定义上述提到的粗糙数据推理，以达到刻画描述粗糙数据联系的目的，我们将利用上近似 $R^*(X)$ 中包含的近似信息引出推理的定义。为此，需要对近似空间 $\boldsymbol{M}=(U, R)$ 予以扩展，以提供粗糙数据推理定义所需要的各类数据信息。实际上粗糙集理论涉及的信息系统就是近似空间 $\boldsymbol{M}=(U, R)$ 的一种扩展，不妨稍做分析。

在 1.4.3 节中，为了讨论基于信息系统的粒，我们已经明确了信息系统的形式。为了便于理解和阅读，不妨再对信息系统进行回顾。信息系统记作 **IS**=(U, A, V, f)，其中 U 称为论域，是一有限的数据集，其元素称为数据；$A=\{a_1, a_2,\cdots, a_n\}$ 是属性集，其中的元素称为属性；V 是属性值域，其中的每一元素都是某属性作用数据后的取值结果；$f: U\times A\to V$ 是信息函数，对于 $\langle x, a_i\rangle\in U\times A$，存在 $v\in V$，使得 $f(x, a_i)=v$，或记作 $a_i(x)=v\ (=f(x, a_i))$，这表明属性 a_i 是从 U 到 V 的函数，可记作 $a_i: U\to V$，称为属性函数。因此，信息函数 $f: U\times A\to V$ 与 n 个属性函数 $a_1: U\to V$，$a_2: U\to V,\cdots,a_n: U\to V$ 反映的信息相同，这里的属性函数 $a_1, a_2,\cdots, a_n$ 就是属性集 $A=\{a_1, a_2,\cdots, a_n\}$ 中的所有属性。所以信息系统 **IS**$=(U, A, V, f)$ 往往也简记为 **IS**$=(U, A)$。同时 **IS**$=(U, A)$ 可变换表示的方式：对于 $a_i\in A\ (i=1, 2,\cdots, n)$，定义 U 上的等价关系 R_i，使当 $x, y\in U$ 时，$\langle x, y\rangle\in R_i$ 当且仅当 $a_i(x)=a_i(y)$（不难证明 R_i 具有自反性、对称性和传递性，即 R_i 是 U 上的等价关系）。这样属性 a_i 可确定等价关系 R_i，属性集 $A=\{a_1, a_2,\cdots, a_n\}$ 可确定等价关系的集合 $\{R_1, R_2,\cdots, R_n\}$。因此，信息系统 **IS**$=(U, A)$ 可确定数学结构 **IS**$'=(U, \{R_1, R_2,\cdots, R_n\})$，不妨称此数学结构为信息空间。当 $n=1$ 时，信息空间 **IS**$'=(U, \{R_1\})$ 就是近似空间 $\boldsymbol{M}=(U, R_1)$；当 $n>1$ 时，信息空间 **IS**$'=(U, \{R_1, R_2,\cdots, R_n\})$ 显然是近似空间 $\boldsymbol{M}=(U, R)$ 的扩展 $(R\in\{R_1, R_2,\cdots, R_n\})$。由于信息系统 **IS**$=(U, A)$ 可以确定信息空间 **IS**$'=(U, \{R_1, R_2,\cdots, R_n\})$，所以信息系统 **IS**$=(U, A)$ 是近似空间 $\boldsymbol{M}=(U, R)$ 的扩展 $(R\in\{R_1, R_2,\cdots, R_n\})$，信息系统比近似空间包含了更多的信息。

虽然信息空间 **IS**$'=(U, \{R_1, R_2,\cdots, R_n\})$ 是近似空间 $\boldsymbol{M}=(U, R)$ 的扩展，且利用其中的每一等价关系 $R_i\ (1\leqslant i\leqslant n)$ 均可获得 X 的上近似 $R_i^*(X)$，这里 $X\subseteq U$。但此时还不能通过上近似 $R_i^*(X)$ 引出推理，因为信息空间 **IS**$'=(U, \{R_1, R_2,\cdots, R_n\})$ 中缺少定义数据之间推出蕴含的信息。为此考虑 U 上的二元关系 $S\subseteq U\times U$，对于数据 $a, b\in U$，如果 $\langle a, b\rangle\in S$，则 a 和 b 满足 S 记录的性质。根据 S 记录的信息，此时的序偶 $\langle a, b\rangle$ 表明了 a 和 b 之间的某种关联、a 和 b 之间的某种蕴含，或 a 和 b 之间的某种依存。例如，令 $U=\{1, 2, 5, 6, 0.5, 0.2\}$ 且 $S=\{\langle 1, 2\rangle, \langle 5, 6\rangle, \langle 0.5, 5\rangle, \langle 0.2, 2\rangle\}$，则 S 是 U 上的二元关系。而对于 $\langle x, y\rangle\in S$，如果 x 是一个整数，则 $y=x+1$；如果 x 是一个小数，则 $y=10x$。因此，数据 y 依赖数据 x 而存在，这种依存关系可以看作从数据 x 到数据 y 的推理。所以二元关系 S 记录了论域 U 中数据之间某种关联的信息，这种关联信息可广义地视为数据之间的推出蕴含。可设想把二元关系 $S\ (\subseteq U\times U)$ 扩展到信息空间 **IS**$'=(U, \{R_1, R_2,\cdots, R_n\})$ 之中，使 S 提供数据之间关联蕴含的信息，这便产生如下定义。

定义 2.1.1　设 U 是有限数据集，称为论域，其中的元素称为数据；令 $\boldsymbol{K}=\{R_1, R_2,\cdots, R_n\}\ (n\geqslant 1)$，这里 $R_1, R_2,\cdots, R_n$ 是 U 上 n 个不同的等价关系；给定 U 上的二元关系 $S\subseteq U\times U$，称 S 为推理关系。采用 $\boldsymbol{W}$ 表示 U, $\boldsymbol{K}$ 和 S 构成的结构整体，记

作 $W=(U, K, S)$，称 $W=(U, K, S)$ 为粗糙推理空间。□

粗糙推理空间 $W=(U, K, S)$ 是为了在数据之间定义粗糙数据推理引入的数学结构，是如下针对粗糙数据推理讨论依托的结构空间，其名称中的“粗糙”二字是出于表达不明确、非确定、似存在或潜存于含义的目的，同时也表明与粗糙集理论的联系。若删去推理关系 S，则得到信息空间 $\mathbf{IS}'=(U, K)$，所以粗糙推理空间 $W=(U, K, S)$ 是信息空间 $\mathbf{IS}'=(U, K)$ 的扩展，更是近似空间 $M=(U, R)$ 的扩展 $(R\in\{R_1, R_2,\cdots, R_n\})$。推理关系 S 是粗糙集理论以外的信息，是扩展的标志。对于任意的等价关系 $R_i\in K$ 及子集 $X\subseteq U$，由 1.4.2 节的讨论可知，上近似 $R_i^*(X)$ 可在粗糙推理空间 $W=(U, K, S)$ 中产生，这是引出粗糙数据推理的必要条件。但仅由等价关系确定的上近似还不能对粗糙数据推理进行定义，还需要利用推理关系 S 包含的信息。这里对 S 无过多的要求，就是 U 上的一个二元关系，当 $\langle a, b\rangle\in S$ 时，表明 a 和 b 具有 S 描述的性质，可反映 a 和 b 之间的蕴含、依赖或关联等信息，是数据之间产生联系、彼此推出的信息展示。

2.1.3　粗糙数据推理的定义

上述把信息系统 $\mathbf{IS}=(U,\{a_1,a_2,\cdots,a_n\})$ 转换为信息空间 $\mathbf{IS}'=(U,\{R_1,R_2,\cdots,R_n\})$，这虽然只是属性到等价关系的形式变化，但由于粗糙集理论的传统讨论把上近似基于等价关系之上，所以上近似可在信息空间 $\mathbf{IS}'=(U,\{R_1,R_2,\cdots,R_n\})$ 中确定产生，当然也可以在粗糙推理空间 $W=(U, K, S)$ 中得以继承，这里 $K=\{R_1,R_2,\cdots,R_n\}$ 是等价关系的集合。

为了在数据之间定义粗糙数据推理，还需要把等价关系 $R_i\,(\in K)$ 确定的上近似 $R_i^*(X)$ 含有的信息与推理关系 S 包含的信息融合在一起，因此有必要明确与推理关系 S 相关的一些概念。

定义 2.1.2　设 $W=(U, K, S)$ 是粗糙推理空间，对于 $a, b\in U$，若 $\langle a, b\rangle\in S$，则称 $\langle a, b\rangle$ 为 S 有向边，a 称为 b 的 S 前驱，b 称为 a 的 S 后继；S 有向边的序列 $\langle a, b_1\rangle, \langle b_1, b_2\rangle,\cdots, \langle b_{n-1}, b_n\rangle, \langle b_n, b\rangle\,(n\geqslant 0)$ 称为从 a 到 b 的 S 路径。□

对于从 a 到 b 的 S 路径：$\langle a, b_1\rangle, \langle b_1, b_2\rangle,\cdots, \langle b_{n-1}, b_n\rangle, \langle b_n, b\rangle$，当 $n=0$ 时，该 S 路径即 S 有向边 $\langle a, b\rangle$，所以 S 有向边是 S 路径的特殊情况。

此定义中的概念仅与推理关系 S 有关，不涉及 K 中的等价关系。但下面定义粗糙数据推理时，将要借用等价关系和推理关系确定的融合信息，这需要对等价关系产生的等价类进行考虑。对于 $R\in K$ 及 $a\in U$，由定义 1.4.1，可产生关于 a 的 R 等价类形式的粒 $[a]_R$，定义为 $[a]_R=\{b\mid (b\in U)\wedge(\langle a, b\rangle\in R)\}$。下述定义把粒 $[a]_R$ 与推理关系 S 联系在一起考虑，确定产生粗糙数据推理依托的融合信息。

定义 2.1.3　设 $W=(U, K, S)$ 是粗糙推理空间，对于 $a\in U$ 及 $R\in K$，$[a]_R$ 是关于 a 的 R 等价类形式的粒，则：

(1) 令 $[R-a]=\{x\mid(x\in U)\wedge\exists z((z\in[a]_R)\wedge(\langle x,z\rangle\in S))\}$，称 $[R-a]$ 为粒 $[a]_R$ 的 S 前驱粒；

(2) 令 $[a-R]=\{x\mid(x\in U)\wedge\exists z((z\in[a]_R)\wedge(\langle z,x\rangle\in S))\}$，称 $[a-R]$ 为粒 $[a]_R$ 的 S 后继粒。 □

由此定义，$[a]_R$ 的 S 前驱粒 $[R-a]$ 和 S 后继粒 $[a-R]$ 可分别描述如下：

$x\in[R-a]$ 当且仅当存在 $z\in[a]_R$，使得 x 是 z 的 S 前驱，即 $\langle x,z\rangle\in S$；

$x\in[a-R]$ 当且仅当存在 $z\in[a]_R$，使得 x 是 z 的 S 后继，即 $\langle z,x\rangle\in S$。

由于 a 的 R 等价类形式的粒 $[a]_R$ 由等价关系 R 确定产生，又因为当 $\langle x,z\rangle\in S$ 或 $\langle z,x\rangle\in S$ 时，数据 x 和 z 之间的关系由 S 记录的信息所决定。所以 S 前驱粒 $[R-a]$ 和 S 后继粒 $[a-R]$ 由等价关系 R 和推理关系 S 共同确定产生，它们基于 R 和 S 的融合信息，这是因为当 $x\in[R-a]$ 或 $x\in[a-R]$ 时，x 与粒 $[a]_R$ 中的数据 $z(\in[a]_R)$ 具有 S 描述的性质，即 $\langle x,z\rangle\in S$ 或 $\langle z,x\rangle\in S$。另外，显然有 $[R-a]\subseteq U$ 且 $[a-R]\subseteq U$。

实际上，粒 $[a]_R$ 的 S 前驱粒 $[R-a]$ 和 S 后继粒 $[a-R]$ 就是定义 1.4.6 由关系 S_1 和 S_2 融合信息确定的粒 $[S_1(x)-S_2]$ 和 $[S_2-S_1(x)]$ 的一种情况，不妨比对说明如下。

对于粗糙推理空间 $\boldsymbol{W}=(U,\boldsymbol{K},S)$，以及 $a\in U$ 和 $R\in\boldsymbol{K}$，如果把 a 看作 $S_1(x)$ 中的 x，把等价关系 R 看作关系 S_1，同时把推理关系 S 看作关系 S_2，则关于 a 的 R 等价类形式的粒 $[a]_R=\{b\mid(b\in U)\wedge(\langle a,b\rangle\in R)\}$ 就是 $S_1(x)=\{y\mid(y\in U)\wedge(\langle x,y\rangle\in S_1)\}$，即 $[a]_R=S_1(x)$。此时比较 $[R-a]=\{x\mid(x\in U)\wedge\exists z((z\in[a]_R)\wedge(\langle x,z\rangle\in S))\}$ 和 $[S_2-S_1(x)]=\{y\mid(y\in U)\wedge\exists z((z\in S_1(x))\wedge(\langle y,z\rangle\in S_2))\}$（见定义 1.4.6），则有 $[R-a]=[S_2-S_1(x)]$。同样分析可知 $[a-R]=[S_1(x)-S_2]$。

所以 $[R-a]$ 和 $[a-R]$ 是等价关系 R 和推理关系 S 融合信息确定的粒，它们将在粗糙数据推理的定义中起重要作用。

从粒 $[a]_R$ 的 S 前驱粒 $[R-a]$ 和 S 后继粒 $[a-R]$ 的表示形式可知，数据 $a(\in U)$ 或等价关系 $R(\in\boldsymbol{K})$ 的变化可能引起 $[R-a]$ 和 $[a-R]$ 的改变。由于推理关系 S 在粗糙推理空间 $\boldsymbol{W}=(U,\boldsymbol{K},S)$ 中是确定不变的，所以粒 $[a]_R$ 的 S 前驱粒 $[R-a]$ 和 S 后继粒 $[a-R]$ 是在 S 固定不变的基础上，应对 a 或 R 各种取值的结果。这也是推理关系 S 无须出现在 $[R-a]$ 和 $[a-R]$ 中的原因。

对于等价关系 $R\in\boldsymbol{K}$，可得到论域 U 基于 R 的划分 $U/R=\{[x]_R\mid x\in U\}$（见结论 1.4.2），且等价关系 R 和划分 U/R 相互唯一确定（见结论 1.4.1～结论 1.4.5），这些将在下面讨论中被频繁使用。当 $X\subseteq U$ 且 $R\in\boldsymbol{K}$ 时，上近似 $R^*(X)$ 自然可在粗糙推理空间 $\boldsymbol{W}=(U,\boldsymbol{K},S)$ 中确定产生，其形式如下：

$$R^*(X)=\cup\{[x]_R\mid(x\in U)\wedge([x]_R\cap X\neq\varnothing)\}$$

这在 1.4.2 节中进行了讨论，由此可知上近似 $R^*(X)$ 由所有与 $X(\subseteq U)$ 相交不为空的等价类形式的粒的并构成，并且 $R^*(X)\subseteq U$。且由上近似的定义形式可知

$R^*(X)=[x_1]_R\cup[x_2]_R\cup\cdots\cup[x_n]_R$ $(n\geqslant1)$，即上近似 $R^*(X)$ 是并运算 $\cup$ 作用于粒 $[x_1]_R$, $[x_2]_R,\cdots,[x_n]_R$ 的结果，是粒计算的一种形式，这里的 $[x_1]_R,[x_2]_R,\cdots,[x_n]_R$ 是所有与 X 相交不为空的粒。这种粒计算的形式在 1.4.2 节针对粗糙集方法确定的粒的讨论中进行了说明。

由上近似 $R^*(X)$ 的定义可知 $X\subseteq R^*(X)$（如下将给出证明），这表明上近似 $R^*(X)$ 是精确知识 X 的扩展，所以上近似 $R^*(X)$ 中往往包含近似信息。将要定义的粗糙数据推理就是希望对上近似中的近似信息进行利用，以达到描述粗糙数据联系的目的。

对于粗糙推理空间 $\boldsymbol{W}=(U,\boldsymbol{K},S)$，当 $a\in U$ 且 $R\in\boldsymbol{K}$ 时，可得到粒 $[a]_R$ 的 S 后继粒 $[a-R]$。由于 $[a-R]\subseteq U$，所以可在 $\boldsymbol{W}=(U,\boldsymbol{K},S)$ 中得到上近似 $R^*([a-R])$。由于 $[a]_R$ 的 S 后继粒 $[a-R]$ 由等价关系 R 和推理关系 S 共同确定，所以粒 $[a-R]$ 中的数据体现了 R 和 S 信息融合的事实。于是上近似 $R^*([a-R])$ 包含的信息也与等价关系 R 和推理关系 S 的融合信息相关。现利用上近似 $R^*([a-R])$ 包含的数据信息，可以引出数据间的一种推理。

定义 2.1.4　设 $\boldsymbol{W}=(U,\boldsymbol{K},S)$ 是粗糙推理空间，对于 $a\in U$ 及 $R\in\boldsymbol{K}$，定义如下：

(1) 设 $b\in U$，如果 $b\in R^*([a-R])$，则称 a 关于 R 直接粗糙推出 b，记作 $a\Rightarrow_R b$。

(2) 设 $b_1,b_2,\cdots,b_n,b\in U$，如果 $a\Rightarrow_R b_1, b_1\Rightarrow_R b_2,\cdots,b_{n-1}\Rightarrow_R b_n, b_n\Rightarrow_R b$ $(n\geqslant0)$，则称 a 关于 R 粗糙推出 b，记作 $a\models_R b$。

(3) 对于 $R\in\boldsymbol{K}$，a 关于 R 粗糙推出 b 的推理称为粗糙推理空间 $\boldsymbol{W}=(U,\boldsymbol{K},S)$ 中关于 R 的粗糙数据推理，简称为粗糙数据推理。□

至此，我们定义了粗糙数据推理的推理形式，粗糙数据推理将是本章讨论围绕的主题。在定义 2.1.4(2) 中，当 $n=0$ 时，$a\models_R b$ 就是 $a\Rightarrow_R b$，所以 $a\Rightarrow_R b$ 是 $a\models_R b$ 的特殊情况，即 a 关于 R 直接粗糙推出 b 是 a 关于 R 粗糙推出 b 的情况之一。因此，$a\models_R b$ 成立时，说明 a 关于 R 直接粗糙推出 b，或 a 关于 R 粗糙推出 b。

该定义引出了本章讨论的主题——粗糙数据推理，其中的“粗糙”二字表明了其与粗糙集方法的联系，这可从基于上近似 $R^*([a-R])$ 的定义中得到体现。由于上近似是粒计算的一种形式，且 $[a-R]$ 是定义 1.4.6 中的粒，所以粗糙数据推理的定义与粒和粒计算的数据处理方法联系在一起。另外，粗糙数据推理中的“粗糙”二字也是对数据之间推理的不明确、非确定、似存在或潜存于含义的表示。在下面的讨论中我们将看到，粗糙数据推理可用于粗糙数据联系(见 2.1.1 节)的描述。

在上述 2.1.1 节中，我们把实际中不明确、非确定、似存在或潜存于数据之间的数据联系称为粗糙数据联系，引入粗糙数据推理的目的是希望对实际中的粗糙数据联系进行刻画描述。

不过我们首先需要表明的是粗糙数据联系可出现在粗糙推理空间 $\boldsymbol{W}=(U,\boldsymbol{K},$

S)中，不妨通过集合 $U, \boldsymbol{K}$ 和 S 的具体情况讨论说明：设 U 是一些企业的集合；$\boldsymbol{K}$ 是 U 上等价关系的集合，且存在 $R\in\boldsymbol{K}$，使对于 $a,b\in U$，$\langle a,b\rangle\in R$ 当且仅当 a 和 b 是同类企业(同类企业确定的关系是具有自反性、对称性和传递性的等价关系)；$S\subseteq U\times U$，定义为 $S=\{\langle u, v\rangle | u, v\in U$ 且企业 u 给企业 v 供货$\}$。这样 $\boldsymbol{W}=(U, \boldsymbol{K}, S)$ 是一粗糙推理空间。对于这个等价关系 $R\in\boldsymbol{K}$ 及数据 $u\in U$，可得到关于 u 的 R 等价类形式的粒 $[u]_R=\{v \mid (v\in U) \wedge (\langle u, v\rangle\in R)\}$。考虑 2.1.1 节例 (1) 中的三个企业 A_1', A_1 和 A_2，假设 $A_1', A_1, A_2\in U$，则由 2.1.1 节例 (1) 可知，A_1' 和 A_1 是同类企业，且企业 A_1 给企业 A_2 供货。因此，$\langle A_1, A_1'\rangle\in R$，$\langle A_1, A_2\rangle\in S$ 以及 $A_1'\in[A_1]_R$。由于企业 A_1 给企业 A_2 供货，从 A_1 到 A_2 具有直接且明确的数据联系，而 A_1' 和 A_1 是同类企业的事实表明，A_1' 有可能取代 A_1 给 A_2 供货，但 A_1' 给 A_2 供货只是具有可能性，是不明确或潜在的。从 A_1' 到 A_2 之间存在粗糙数据联系。如果对此进行总结，在粗糙推理空间 $\boldsymbol{W}=(U, \boldsymbol{K}, S)$ 中，对于 $a, b\in U$，如果 $\langle a, b\rangle$ 是一 S 有向边，即 $\langle a, b\rangle\in S$，则 a 与 b 之间的联系是明确的数据联系。同时对于 $c\in[a]_R$ $(\subseteq U)$，如果 $\langle c, b\rangle$ 不是 S 有向边，即 $\langle c, b\rangle\notin S$，则从 c 到 b 的联系是粗糙数据联系。一般地，对于 S 路径 $\langle a, b_1\rangle, \langle b_1, b_2\rangle, \cdots, \langle b_n, b\rangle$ $(n\geqslant 0)$，该 S 路径表明了从 a 经 $b_1, b_2, \cdots, b_n$ 到 b 的数据联系，由于该 S 路径上所有 S 有向边上的数据是确定的，所以从数据 a 到数据 b 的联系是明确的数据联系。对于 $u\in[a]_R$ 及 $v\in[b]_R$，如果 $\langle u, b_1\rangle\notin S$ 或 $\langle b_n, v\rangle\notin S$，那么序列 $\langle u, b_1\rangle, \langle b_1, b_2\rangle, \cdots, \langle b_n, b\rangle$ 或 $\langle a, b_1\rangle, \langle b_1, b_2\rangle, \cdots, \langle b_n, v\rangle$ 产生的从 u 到 b 或从 a 到 v 的联系是粗糙数据联系。因此，粗糙数据联系可存在于粗糙推理空间 $\boldsymbol{W}=(U, \boldsymbol{K}, S)$ 之中。

粗糙数据推理的引入缘于实际中的数据联系，特别是对粗糙数据联系进行描述的目的。粗糙数据推理的定义基于等价关系与推理关系的信息融合，等价关系可确定产生上近似 $R^*(X)$，这里 $X\subseteq U$，上近似 $R^*(X)$ 中往往包含近似信息，因此近似信息必然融入粗糙数据推理之中，使粗糙数据推理蕴含了不明确、非确定、似存在或潜存于的特性，从下面的讨论中将逐步看清这样的特性。而推理关系 S 记录的数据联系是粗糙数据推理能在数据之间运作推演的支撑。

下面将围绕粗糙数据推理展开讨论，粗糙数据推理不仅是数据之间联系的推理表示，而且从讨论中将看到推理展现出的数据联系具有不明确、非确定、似存在或潜存于的特性。与数理逻辑的各推理系统相比，粗糙数据推理与之存在着两点不同：首先，粗糙数据推理依托于上近似，基于上近似的推理不仅体现了求变的推理思想，同时也表明了与粗糙集方法的联系，这显然不同于数理逻辑中的各种推理模式，因为数理逻辑与上近似无任何联系；其次，粗糙数据推理建立了数据之间的蕴含推出关系，这与数理逻辑将推理建立在公式之间具有根本的不同。推理在数据之间运作也标志着粗糙数据推理与已有的粗糙逻辑推理的区别，因为粗糙逻辑推理仍与公式联系在一起。

另外，上近似是粗糙集理论中的重要概念，依托上近似产生的粗糙数据推理以及下面展开的讨论必然与上近似联系紧密，因此下面的工作也可看作粗糙集理论的相关研究。不过在粗糙集理论的传统研究中，总是把上近似和下近似结合在一起展开工作，以达到对知识近似描述的目的。而粗糙数据推理仅与上近似有关，与下近似无任何联系，且从下面的讨论可知，支撑粗糙数据推理的上近似并不是作为对知识近似表示的工具，而是把上近似作为粒考虑，有效地利用该粒包含的近似信息才是我们的目的。因此，如果把粗糙数据推理的讨论看作粗糙集理论研究的一个方面，那么该研究也将体现自身的特点。

在定义 2.1.4 中，我们对上近似 $R^*([a-R])$ 的应用当然涉及粒 $[a-R]$ 中的数据或数据的性质。在 1.2.2 节和 1.7.1 节的讨论中，我们把对粒中数据或数据性质的讨论看作粒计算研究的内容。同时上述讨论中多次指出上近似 $R^*([a-R])$ 由等价类形式的粒通过并运算 $\cup$ 组合而成，是粒计算的一种形式。因此，我们基于上近似 $R^*([a-R])$ 定义的粗糙数据推理可看作粒计算数据处理的方法，针对粗糙数据推理的讨论将扩展粒计算研究的途径。

关于 $R(\in \boldsymbol{K})$ 的粗糙数据推理与等价关系 R 存在紧密的联系，这在定义 2.1.4 中得到了明确的体现，实际上，$a \Rightarrow_R b$ 和 $a \models_R b$ 中的 R 表明了粗糙数据推理依托等价关系 R 的事实。因此，对关于 R 的粗糙数据推理进行研究必然涉及等价关系 R 的各类情况。由于 $R \in \boldsymbol{K}$，所以当 $R_1, R_2 \in \boldsymbol{K}$ 且 $R_1 \neq R_2$ 时，关于 R_1 的粗糙数据推理与关于 R_2 的粗糙数据推理之间的联系如何也是需要讨论的内容。同时若令 $R=R_1 \cap R_2$，结论 1.5.1 表明 R 仍是等价关系，那么关于 R 的粗糙数据推理与关于 $R_i\ (i=1, 2)$ 的粗糙数据推理具有怎样的联系也值得认真考虑。这些问题都是如下讨论面对的内容，将构成本章的组成部分。

2.2　关于 R 的粗糙数据推理

对粗糙数据推理展开讨论将涉及一些基础性的知识，出于整体性的考虑，我们先回顾和介绍这方面的内容。

2.2.1　准备工作及相关概念

设 $\boldsymbol{W}=(U, \boldsymbol{K}, S)$ 是粗糙推理空间，对于 $R \in \boldsymbol{K}$，关于 R 的粗糙数据推理基于上近似。由 1.4.2 节的讨论可知，上近似由等价类形式的粒通过并运算组合而成，所以下面的讨论将时常用到等价类和上近似的若干性质。为了强调这些性质，将它们列出。为了讨论的连贯性，我们也给出相关的证明，如果读者熟悉这些证明，可以跳过，直接阅读其后的内容。

结论 2.2.1　对于 $R \in \boldsymbol{K}$，即 R 是 U 上的等价关系，则：

(1) 如果 $a\in U$，那么 $a\in[a]_R$。

(2) 如果 $a, b\in U$，那么 $a\in[b]_R$ 当且仅当 $[a]_R=[b]_R$，当且仅当 $b\in[a]_R$。

(3) 如果 $X\subseteq U$，那么 $X\subseteq R^*(X)$。

(4) 如果 $a\in U$ 且 $X\subseteq U$，那么 $a\in R^*(X)$ 当且仅当 $[a]_R\subseteq R^*(X)$，当且仅当 $[a]_R\cap X\neq\varnothing$。

证明　(1) 由定义 1.4.1，$[a]_R=\{b\mid(b\in U)\wedge(\langle a, b\rangle\in R)\}$，此式表明 $b\in[a]_R$ 当且仅当 $\langle a, b\rangle\in R$。由于 R 是 U 上的等价关系，R 是自反的，有 $\langle a,a\rangle\in R$，故 $a\in[a]_R$。

(2) 设 $a\in[b]_R$，则 $\langle b, a\rangle\in R$，此时由等价关系 R 的对称性有 $\langle a, b\rangle\in R$。现证明 $[a]_R=[b]_R$：对于任意的 $x\in[a]_R$，有 $\langle a, x\rangle\in R$，再由 $\langle b, a\rangle\in R$ 和等价关系 R 的传递性得知 $\langle b, x\rangle\in R$，所以 $x\in[b]_R$。这就证明了 $[a]_R\subseteq[b]_R$。反之，对于任意的 $y\in[b]_R$，则有 $\langle b, y\rangle\in R$，再由 $\langle a, b\rangle\in R$ 以及等价关系 R 的传递性可知 $\langle a, y\rangle\in R$，所以 $y\in[a]_R$，这里的证明表明 $[b]_R\subseteq[a]_R$。由于 $[a]_R\subseteq[b]_R$ 以及 $[b]_R\subseteq[a]_R$，故 $[a]_R=[b]_R$。

反之，设 $[a]_R=[b]_R$，则由 $a\in[a]_R$，有 $a\in[b]_R$。

以上的证明表明：$a\in[b]_R$ 当且仅当 $[a]_R=[b]_R$。同理可证：$[a]_R=[b]_R$ 当且仅当 $b\in[a]_R$。故 $a\in[b]_R$ 当且仅当 $[a]_R=[b]_R$，当且仅当 $b\in[a]_R$。

(3) 1.4.2 节的讨论表明上近似 $R^*(X)$ 如此定义：$R^*(X)=\cup\{[x]_R\mid(x\in U)\wedge([x]_R\cap X\neq\varnothing)\}$。对于任意的 $x\in X$，由于 $x\in[x]_R$，故 $[x]_R\cap X\neq\varnothing$。这表明 $[x]_R\subseteq R^*(X)$ $(=\cup\{[x]_R\mid(x\in U)\wedge([x]_R\cap X\neq\varnothing)\})$，则 $x\in R^*(X)$，故 $X\subseteq R^*(X)$。

(4) 设 $a\in R^*(X)$，则由上近似 $R^*(X)$ 的定义，有等价类 $[x]_R$ 且 $[x]_R\subseteq R^*(X)$，使得 $a\in[x]_R$。由于 $a\in[a]_R$，故 $[x]_R\cap[a]_R\neq\varnothing$，于是 $[x]_R=[a]_R$（见结论 1.4.2 的证明）。因此 $[a]_R\subseteq R^*(X)$。反之，设 $[a]_R\subseteq R^*(X)$，则由于 $a\in[a]_R$，故 $a\in R^*(X)$。

以上证明了 $a\in R^*(X)$ 当且仅当 $[a]_R\subseteq R^*(X)$。此外，$[a]_R\subseteq R^*(X)$ 当且仅当 $[a]_R\cap X\neq\varnothing$ 就是上近似 $R^*(X)$ 的定义 $R^*(X)=\cup\{[x]_R\mid(x\in U)\wedge([x]_R\cap X\neq\varnothing)\}$ 展示的事实。故 $a\in R^*(X)$ 当且仅当 $[a]_R\subseteq R^*(X)$，当且仅当 $[a]_R\cap X\neq\varnothing$。　□

结论 2.2.1 中所述的性质可在相关文献中找到，这里列出并给出证明过程的目的在于阅读和使用上的方便。结论 2.2.1 (3) 中的结果 $X\subseteq R^*(X)$ 表明上近似 $R^*(X)$ 是精确知识 X 的扩展，$R^*(X)$ 包含了近似信息。

为了对粗糙数据推理展开研究，需要考虑粗糙数据推理与推理关系 S 包含信息的联系，为此对 S 中的信息进行解释和说明。

对于 S 有向边 $\langle a, b\rangle\in S$，它反映了 a 与 b 之间的直接联系；对于 S 路径 $\langle a, b_1\rangle$, $\langle b_1, b_2\rangle,\cdots,\langle b_{n-1}, b_n\rangle,\langle b_n, b\rangle$，它通过数据 $b_1, b_2,\cdots, b_n$ 建立了 a 与 b 之间的间接联系。由于 S 有向边以及 S 路径上的数据具有明确的关联顺序，所以 S 有向边和 S 路径记录的数据联系反映了明确的数据联系。这种明确的数据联系与上述表明的粗糙数据联系具有较大的区别，因为粗糙数据联系反映的是数据之间不明确、非确定、似存在或潜存于数据之间的数据联系，例如，孩子与父亲朋友之间的联系是不明确的，妻子与丈夫下属之间的隶属是似存在的等。为了与粗糙数据联系进行区分，我们把 S 有向边和 S 路径确定的数据联系称为确定数据联系。保持确定数据联系是对粗糙数据推理的基本要求，描述粗糙数据联系是我们对粗糙数据推理的期望。这些要求或期望是否能够实现呢，如下将给出明确和肯定的回答。

2.2.2　粗糙数据推理的性质

首先可以肯定的是，粗糙数据推理具有保持确定数据联系的特性，相关的结论展示在如下定理中。

定理 2.2.1　设 $\boldsymbol{W}=(U,\boldsymbol{K},S)$ 是粗糙推理空间。

(1) 对于 $a,b\in U$，如果 $\langle a,b\rangle\in S$，即 $\langle a,b\rangle$ 是 S 有向边，则对任意的等价关系 $R\in\boldsymbol{K}$，有 $a\Rightarrow_R b$。

(2) 对于 $a,b\in U$，以及 $b_1,b_2,\cdots,b_{n-1},b_n\in U$，如果 $\langle a,b_1\rangle,\langle b_1,b_2\rangle,\cdots,\langle b_{n-1},b_n\rangle,\langle b_n,b\rangle\,(n\geqslant 0)$ 是从 a 到 b 的 S 路径，则对任意的等价关系 $R\in\boldsymbol{K}$，有 $a\models_R b$。

证明　(1) 对于任意的等价关系 $R\in\boldsymbol{K}$，由结论 2.2.1(1)，有 $a\in[a]_R$。若又有 $\langle a,b\rangle\in S$，则根据 $[a]_R$ 的 S 后继粒 $[a-R]$ 的定义：$[a-R]=\{x\mid(x\in U)\wedge\exists z((z\in[a]_R)\wedge(\langle z,x\rangle\in S))\}$，有 $b\in[a-R]$。又因为 $[a-R]\subseteq R^*([a-R])$（结论 2.2.1(3)），所以 $b\in R^*([a-R])$，故由定义 2.1 4(1)，有 $a\Rightarrow_R b$。

(2) 对于从 a 到 b 的 S 路径 $\langle a,b_1\rangle,\langle b_1,b_2\rangle,\cdots,\langle b_{n-1},b_n\rangle,\langle b_n,b\rangle\,(n\geqslant 0)$，因其中的序偶都是 S 有向边，故对于任意的等价关系 $R\in\boldsymbol{K}$，由 (1) 可知 $a\Rightarrow_R b_1,b_1\Rightarrow_R b_2,\cdots,b_{n-1}\Rightarrow_R b_n,b_n\Rightarrow_R b$，所以由定义 2.1.4(2) 得 $a\models_R b$。□

因此，对于任意的等价关系 $R\in\boldsymbol{K}$，关于 R 的粗糙数据推理保持 S 有向边和 S 路径记录的确定数据联系，这是对粗糙数据推理的基本要求。引入粗糙数据推理的目的不仅仅是保持确定数据联系，而主要是为了描述粗糙数据联系，即对不明确、非确定、似存在或潜存于数据之间的数据联系进行描述，这可看作粗糙数据推理的近似描述功能。实际上，粗糙数据推理名称中的“粗糙”就是对近似描述功能的预示。由于上近似用于了粗糙数据推理的定义，且上近似中往往包含近似的数据信息，所以将上近似中的近似信息传递给粗糙数据推理是希望达到的目的。下面我们将围绕粗糙数据推理的近似描述功能展开讨论。

定理 2.2.2 将给出相关的性质，该性质将在粗糙数据推理近似描述功能的分析证明方面得到应用。

定理 2.2.2　设 $\boldsymbol{W}=(U,\boldsymbol{K},S)$ 是粗糙推理空间，$R\in\boldsymbol{K}$ 且 $a,b\in U$。则 $a\Rightarrow_R b$ 当且仅当 $[b]_R\cap[a-R]\neq\varnothing$，当且仅当 $[a]_R\cap[R-b]\neq\varnothing$。

证明　第一个“当且仅当”容易证明：

$a\Rightarrow_R b$ 当且仅当 $b\in R^*([a-R])$，当且仅当 $[b]_R\cap[a-R]\neq\varnothing$（见结论 2.2.1(4)）。

第二个“当且仅当”的证明：

为了清晰，不妨回顾粒$[a]_R$的 S 后继粒$[a-R]$和粒$[b]_R$的 S 前驱粒$[R-b]$的定义：

$$[a-R]=\{x\mid(x\in U)\wedge\exists z((z\in[a]_R)\wedge(\langle z,x\rangle\in S))\}$$

$$[R-b]=\{x\mid(x\in U)\wedge\exists z((z\in[b]_R)\wedge(\langle x,z\rangle\in S))\}$$

设$[b]_R\cap[a-R]\neq\varnothing$，则有 $v\in U$，使得 $v\in[b]_R\cap[a-R]$，即 $v\in[b]_R$ 且 $v\in[a-R]$。对于 $v\in[a-R]$，根据$[a-R]$的定义可知存在 $z\in[a]_R$，使得$\langle z,v\rangle\in S$。又因为 $v\in[b]_R$，所以由$[R-b]$的定义可知 $z\in[R-b]$。再注意到 $z\in[a]_R$，所以 $z\in[a]_R\cap[R-b]$，即$[a]_R\cap[R-b]\neq\varnothing$。

反之，设$[a]_R\cap[R-b]\neq\varnothing$，则有 $u\in U$，使得 $u\in[a]_R$ 且 $u\in[R-b]$。由 $u\in[R-b]$，并根据$[R-b]$的定义可知存在 $z\in[b]_R$，使得$\langle u,z\rangle\in S$。又因为 $u\in[a]_R$，因此再根据$[a-R]$的定义可得 $z\in[a-R]$。同时注意到 $z\in[b]_R$，这表明 $z\in[b]_R\cap[a-R]$，因此$[b]_R\cap[a-R]\neq\varnothing$。 □

由结论 2.2.1(4)，$[a]_R\cap[R-b]\neq\varnothing$与 $a\in R^*([R-b])$等价，所以定理 2.2.2 表明 $a\Rightarrow_R b$ 也可以通过 $a\in R^*([R-b])$进行定义。利用定理 2.2.2 的结论，可得到体现粗糙数据推理近似描述功能的结论，请看下述定理。

定理 2.2.3　设 $\boldsymbol{W}=(U,\boldsymbol{K},S)$是粗糙推理空间，对于 $R\in\boldsymbol{K}$ 且 $a,b\in U$，如下结论成立：

(1) 如果 $a\Rightarrow_R b$，则当 $u\in[b]_R$ 时，有 $a\Rightarrow_R u$；

(2) 如果 $a\Rightarrow_R b$，则当 $v\in[a]_R$ 时，有 $v\Rightarrow_R b$；

(3) 如果 $a\models_R b$，则当 $u\in[b]_R$ 时，有 $a\models_R u$；

(4) 如果 $a\models_R b$，则当 $v\in[a]_R$ 时，有 $v\models_R b$。

证明　(1) 如果 $a\Rightarrow_R b$，则由定理 2.2.2 可知$[b]_R\cap[a-R]\neq\varnothing$。当 $u\in[b]_R$ 时，由于$[u]_R=[b]_R$（见结论 2.2.1(2)），所以$[u]_R\cap[a-R]\neq\varnothing$，仍由定理 2.2.2 得 $a\Rightarrow_R u$。

(2) 如果 $a\Rightarrow_R b$，由定理 2.2.2 可知$[a]_R\cap[R-b]\neq\varnothing$。当 $v\in[a]_R$ 时，有$[v]_R=[a]_R$（见结论 2.2.1(2)），因此$[v]_R\cap[R-b]\neq\varnothing$，再利用定理 2.2.2 得 $v\Rightarrow_R b$。

(3) 如果 $a\models_R b$，则存在数据 $b_1,b_2,\cdots,b_n\in U\,(n\geqslant 0)$，使得 $a\Rightarrow_R b_1, b_1\Rightarrow_R b_2,\cdots, b_{n-1}\Rightarrow_R b_n, b_n\Rightarrow_R b$。当 $u\in[b]_R$ 时，由(1)可得 $a\Rightarrow_R b_1, b_1\Rightarrow_R b_2,\cdots, b_{n-1}\Rightarrow_R b_n, b_n\Rightarrow_R u$，故 $a\models_R u$。

(4) 如果 $a\models_R b$，则存在数据 $b_1,b_2,\cdots,b_n\in U\,(n\geqslant 0)$，使得 $a\Rightarrow_R b_1, b_1\Rightarrow_R b_2,\cdots, b_{n-1}\Rightarrow_R b_n, b_n\Rightarrow_R b$。当 $v\in[a]_R$ 时，由(2)可得 $v\Rightarrow_R b_1, b_1\Rightarrow_R b_2,\cdots, b_{n-1}\Rightarrow_R b_n, b_n\Rightarrow_R b$，故 $v\models_R b$。 □

依据此定理，可以对粗糙数据推理的近似描述功能进行解释：当$\langle a,b\rangle\in S$ 时，对于任意 $R\in\boldsymbol{K}$，由定理 2.2.1 有 $a\Rightarrow_R b$，这说明粗糙数据推理保持了 S 有向边记录的确定数据联系，可看作对精确性的继承，这只是对粗糙数据推理最基本的要求。进一步，如果 $u\in[b]_R$ 或 $v\in[a]_R$，则由定理 2.2.3(1) 和 (2) 可得 $a\Rightarrow_R u$ 或 $v\Rightarrow_R b$，

此时 $\langle a, u\rangle$ 或 $\langle v, b\rangle$ 可以不是 S 有向边，即 $\langle a, u\rangle\notin S$ 或 $\langle v, b\rangle\notin S$，按照定义 2.1.4 后面的讨论，从 a 到 u 或从 v 到 b 的联系是粗糙数据联系，因此粗糙数据推理 $a\Rightarrow_R u$ 或 $v\Rightarrow_R b$ 刻画描述了粗糙数据联系。粗糙数据联系反映的是不明确、非确定、似存在或潜存于数据之间的数据联系，可看作数据之间的近似联系，所以此时的 $a\Rightarrow_R u$ 或 $v\Rightarrow_R b$ 展示了粗糙数据推理的近似描述功能。定理 2.2.3 是关于粗糙数据推理在近似描述功能方面的结论，这些结论表明，关于 $R(\in \boldsymbol{K})$ 的粗糙数据推理不区分 R 等价类中的数据，R 等价类中的数据被视为相同，它们既可粗糙推出同一数据，又可被同一数据粗糙推出。不区分等价类中的数据是粗糙集理论对知识近似描述体现的特性，该特性在粗糙数据推理中得到了继承，达到了使粗糙数据推理具有近似描述功能的预期。

现回顾 2.1.1 节例 (1) 中的数据联系：三个企业 A_1', A_1 和 A_2，其中 A_1' 和 A_1 是同类企业，且 A_1 给 A_2 供货，此时从 A_1' 到 A_2 的联系是粗糙数据联系，意味着存在从 A_1' 到 A_2 潜在的供货可能。又如，2.1.1 节例 (2) 中的数据联系：三个人 B_2, B_3 和 B_3'，其中 B_2 把商品卖给 B_3，B_3' 是 B_3 的朋友，此时从 B_2 到 B_3' 的联系是粗糙数据联系，意味着存在从 B_2 到 B_3' 可能的商品买卖渠道等。这些粗糙数据联系均可利用粗糙数据推理进行描述，在 2.5 节我们将对企业供货关系的粗糙数据联系予以具体和详尽的讨论分析。

对于粗糙推理空间 $\boldsymbol{W}=(U, \boldsymbol{K}, S)$ 及 $R\in \boldsymbol{K}$，设 $a, b, c\in U$，如果 $a\Rightarrow_R b$ 且 $b\Rightarrow_R c$，由定理 2.2.3(1) 和 (2)，对任意的 $x\in[b]_R$，有 $a\Rightarrow_R x$ 且 $x\Rightarrow_R c$。实际上，等价类 $[b]_R$ 中的数据 x 可能不是使 $a\Rightarrow_R x$ 且 $x\Rightarrow_R c$ 成立的全部，存在着包含 $[b]_R$ 的粒，其中的数据仍能使这样的粗糙数据推理成立。请看如下定理。

定理 2.2.4　设 $\boldsymbol{W}=(U, \boldsymbol{K}, S)$ 是粗糙推理空间，有 $R\in \boldsymbol{K}$ 及 $a, b, c\in U$。如果 $a\Rightarrow_R b$ 并且 $b\Rightarrow_R c$，则 $[b]_R\subseteq R^*([a-R])\cap R^*([R-c])$，此时对于 $y\in R^*([a-R])\cap R^*([R-c])$，有 $a\Rightarrow_R y$ 且 $y\Rightarrow_R c$。

证明　因为 $a\Rightarrow_R b$ 且 $b\Rightarrow_R c$，由定理 2.2.2 知 $[b]_R\cap[a-R]\neq\varnothing$ 且 $[b]_R\cap[R-c]\neq\varnothing$，由结论 2.2.1(4) 得到 $[b]_R\subseteq R^*([a-R])$ 以及 $[b]_R\subseteq R^*([R-c])$，所以 $[b]_R\subseteq R^*([a-R])\cap R^*([R-c])$。

另外，对于 $y\in R^*([a-R])\cap R^*([R-c])$，即 $y\in R^*([a-R])$ 且 $y\in R^*([R-c])$，由 $y\in R^*([a-R])$ 知 $a\Rightarrow_R y$；由 $y\in R^*([R-c])$ 及结论 2.2.1(4) 知 $[y]_R\cap[R-c]\neq\varnothing$，由定理 2.2.2 有 $y\Rightarrow_R c$。故 $a\Rightarrow_R y$ 且 $y\Rightarrow_R c$。□

由于上近似是若干等价类的并集，所以当 $[b]_R\subseteq R^*([a-R])\cap R^*([R-c])$ 时，两个上近似的交 $R^*([a-R])\cap R^*([R-c])$ 至少包含一个等价类，于是 $[b]_R$ 可以是 $R^*([a-R])\cap R^*([R-c])$ 的真子集。

上述定理表明，粗糙数据推理不仅把推理直接建立在数据之间，并具有保持确定数据联系的特性。同时在针对数据联系的描述方面，粗糙数据推理展示了近似描述的功能。实际上，数据之间推理的形成由推理关系 S 记录的信息所确定，粗糙数据推理的近似描述功能基于上近似中的近似信息。关于 R 的粗糙数据推理是等价关系 R 与推理关系 S 相融合的结果，定理 2.2.1～定理 2.2.4 是利用融合信息得到的结论，是本章的部分工作。

上述的工作与粒$[a]_R$和$[a-R]$，以及粒运算后的上近似 $R^*([a-R])$密切相关，因此所完成的工作展示了与粒相关的数据处理方法，可看作粒计算研究的一种途径。

为进一步对粗糙数据推理展开研究，下面通过不同的方法对 R 和 S 包含的信息进行融合，从而形成粗糙数据推理的另一描述方法。

2.3 粗糙关系与粗糙数据推理

本节通过另一种方法对粗糙数据推理展开研究，这与等价关系与推理关系的信息融合有关，这种融合与粒 $[a]_R$ 的 S 后继粒 $[a-R]$和 S 前驱粒 $[R-a]$涉及的信息融合方法不同，我们将采用另一种融合途径，这涉及粗糙关系的概念。

2.3.1 粗糙关系

设 $\boldsymbol{W}=(U, \boldsymbol{K}, S)$ 是粗糙推理空间，此时 S 是 U 上的二元关系，即 $S\subseteq U\times U$。对于 $R\in\boldsymbol{K}$，由结论 1.4.2，可得到论域 U 基于 R 的划分 $U/R=\{[x]_R \mid x\in U\}$。下面将把 U 上的推理关系 S 粒化为 U/R 上的二元关系。

定义 2.3.1 设 $\boldsymbol{W}=(U, \boldsymbol{K}, S)$ 是粗糙推理空间。对于 $R\in\boldsymbol{K}$，$U/R=\{[a]_R \mid a\in U\}$是 U 基于 R 的划分，结合推理关系 S 可产生如下概念：

(1) 令 $S_R=\{\langle[a]_R, [b]_R\rangle \mid [a]_R, [b]_R\in U/R$，且存在 $u\in[a]_R$ 及 $v\in[b]_R$，使得$\langle u, v\rangle\in S\}$，此时 $S_R\subseteq(U/R)\times(U/R)$，称 S_R 为关于 R 的粗糙关系，简称粗糙关系。

(2) 若 $\langle[a]_R, [b]_R\rangle\in S_R$，称 $\langle[a]_R, [b]_R\rangle$为 S_R 有向边。此时有 $u\in[a]_R$ 及 $v\in[b]_R$，使得 $\langle u, v\rangle\in S$，称 S 有向边 $\langle u, v\rangle$为 S_R 有向边 $\langle[a]_R, [b]_R\rangle$的支撑。

(3) 若 $\langle[a]_R, [b_1]_R\rangle\in S_R, \langle[b_1]_R, [b_2]_R\rangle\in S_R,\cdots, \langle[b_n]_R, [b]_R\rangle\in S_R\ (n\geqslant 0)$，称 S_R 有向边的序列 $\langle[a]_R, [b_1]_R\rangle, \langle[b_1]_R, [b_2]_R\rangle,\cdots, \langle[b_n]_R, [b]_R\rangle$为从粒 $[a]_R$ 到粒 $[b]_R$ 的 S_R 路径，其上各 S_R 有向边的支撑按顺序组成的序列称为该 S_R 路径的支撑序列。 □

粗糙关系 S_R 由等价关系 R 和推理关系 S 共同定义产生，体现了两者信息的融合。由于 $S_R\subseteq(U/R)\times(U/R)$ 且 $S\subseteq U\times U$，又因为等价类由相同特性的数据构成，划分 U/R 是将论域 U 中相同特性数据归为一类的粒化表示，所以 U/R 上的粗糙关系 S_R 可认为是对 U 上推理关系 S 的粒化表示。另外，由 S_R 的定义容易看到，R 的改变将引起粗糙关系 S_R 的变化。

对于粗糙关系 S_R，任意的 S_R 有向边 $\langle[a]_R, [b]_R\rangle$至少有一个支撑，即至少存在一条 S 有向边 $\langle u, v\rangle$，使得 $u\in[a]_R$ 及 $v\in[b]_R$，当然 $\langle[a]_R, [b]_R\rangle$也可能存在多个支

撑的情况。支撑是 S_R 有向边形成的保证，是 S_R 有向边的基础。支撑序列是 S_R 路径的基础。由于 S_R 有向边 $\langle[a]_R, [b]_R\rangle$ 记录了粒 $[a]_R$ 和 $[b]_R$ 之间的联系，所以由满足相关条件的 S_R 有向边构成的粗糙关系 S_R 记录描述了粒之间的关系。这种涉及粒之间关系的概念、讨论或方法在 1.2.2 节或 1.7.1 节被视为粒计算的一种形式。因此，粗糙关系 S_R 体现了通过数学方法讨论粒之间计算或运算 的手段，可被视为粒计算数据处理的具体方法。

关于 R 的粗糙关系 S_R 与关于 R 的粗糙数据推理都体现了等价关系 R 与推理关系 S 包含信息相融合的事实。不仅如此，更值得关注的是关于 R 的粗糙关系与关于 R 的粗糙数据推理之间存在着内在的联系，粗糙关系 S_R 为研究关于 R 的粗糙数据推理提供了新的途径。

2.3.2　基于粗糙关系的粗糙数据推理

关于等价关系 R 的粗糙数据推理可以利用关于 R 的粗糙关系 S_R 进行讨论研究，定理 2.3.1 展示了相关的结论。

定理 2.3.1　设 $\boldsymbol{W}=(U, \boldsymbol{K}, S)$ 是粗糙推理空间，$R\in\boldsymbol{K}$ 且 S_R 是关于 R 的粗糙关系。对于 $a, b\in U$，则：

(1) $a\Rightarrow_R b$ 当且仅当 $\langle[a]_R, [b]_R\rangle\in S_R$。

(2) $\langle[a]_R, [b]_R\rangle\in S_R$ 当且仅当对于 $u\in[a]_R$ 及 $v\in[b]_R$，有 $u\Rightarrow_R v$。

(3) $a\models_R b$ 当且仅当存在从粒 $[a]_R$ 到粒 $[b]_R$ 的 S_R 路径。

(4) 从粒 $[a]_R$ 到粒 $[b]_R$ 存在 S_R 路径当且仅当对于 $u\in[a]_R$ 及 $v\in[b]_R$，有 $u\models_R v$。

证明　(1) 设 $a\Rightarrow_R b$，由定理 2.2.2 可知，$[b]_R\cap[a-R]\neq\varnothing$。若令 $x\in[b]_R\cap[a-R]$，则 $x\in[b]_R$ 且 $x\in[a-R]$。对于 $x\in[a-R]$，由于 $[a-R]=\{x\mid(x\in U)\wedge\exists z((z\in[a]_R)\wedge(\langle z, x\rangle\in S))\}$（见定义 2.1.3(2)），则存在 $z\in[a]_R$，使得 $\langle z, x\rangle\in S$。再注意到 $z\in[a]_R$ 及 $x\in[b]_R$，由定义 2.3.1 可知 $\langle[a]_R, [b]_R\rangle\in S_R$。

反之，设 $\langle[a]_R, [b]_R\rangle\in S_R$。则 S_R 有向边 $\langle[a]_R, [b]_R\rangle$ 存在支撑 $\langle u, v\rangle\in S$。由定理 2.2.1(1) 得 $u\Rightarrow_R v$。由支撑的定义知 $u\in[a]_R$ 及 $v\in[b]_R$，所以 $a\in[u]_R$ 及 $b\in[v]_R$（见结论 2.2.1(2)），由定理 2.2.3(1) 和 (2)，便得到 $a\Rightarrow_R b$。

(2) $\langle[a]_R, [b]_R\rangle\in S_R$，当且仅当对于 $u\in[a]_R$ 及 $v\in[b]_R$，有 $\langle[u]_R, [v]_R\rangle\in S_R$（因为由结论 2.2.1(2)，$[u]_R=[a]_R$ 且 $[v]_R=[b]_R$），当且仅当 $u\Rightarrow_R v$（由(1)）。

(3) $a\models_R b$ 当且仅当存在 $b_1, b_2,\cdots, b_n\in U$，使得 $a\Rightarrow_R b_1$，$b_1\Rightarrow_R b_2,\cdots$，$b_n\Rightarrow_R b$ $(n\geqslant 0)$，利用 (1) 的结论，当且仅当 $\langle[a]_R, [b_1]_R\rangle\in S_R, \langle[b_1]_R, [b_2]_R\rangle\in S_R,\cdots, \langle[b_n]_R, [b]_R\rangle\in S_R$，当且仅当存在从粒 $[a]_R$ 到粒 $[b]_R$ 的 S_R 路径。

(4) 当 $u\in[a]_R$ 及 $v\in[b]_R$ 时，由结论 2.2.1(2) 可知 $[u]_R=[a]_R$ 且 $[v]_R=[b]_R$。因此，存在从粒 $[a]_R$ 到粒 $[b]_R$ 的 S_R 路径，当且仅当存在从粒 $[u]_R$ 到粒 $[v]_R$ 的 S_R 路径，利用 (3) 的结论，当且仅当 $u\models_R v$。　□

关于 R 的粗糙数据推理与 S_R 路径通过定理 2.3.1 等价地联系起来，形成了粗糙数据推理的另一描述方法。利用定理 2.3.1 可对 S 路径和 S_R 路径与粗糙数据推理的联系进行分析：

当 $\langle a, b_1\rangle, \langle b_1, b_2\rangle,\cdots, \langle b_n, b\rangle (n\geqslant 0)$ 是从 a 到 b 的 S 路径时，该 S 路径就是 S_R 路径 $\langle [a]_R, [b_1]_R\rangle, \langle [b_1]_R, [b_2]_R\rangle,\cdots, \langle [b_n]_R, [b]_R\rangle$ 的支撑序列。所以 S 路径必可确定 S_R 路径，此时无论由定理 2.2.1(2) 还是定理 2.3.1(3)，均有 $a\models_R b$。

另一方面，当 $\langle [a]_R, [b_1]_R\rangle, \langle [b_1]_R, [b_2]_R\rangle,\cdots, \langle [b_n]_R, [b]_R\rangle$ 是从粒 $[a]_R$ 到粒 $[b]_R$ 的 S_R 路径时，虽然由定理 2.3.1(3) 有 $a\models_R b$，且该 S_R 路径存在支撑序列，但该支撑序列可以不是从 a 到 b 的 S 路径。具体请看如下例子。

例 2.1 给定粗糙推理空间 $\boldsymbol{W}=(U, \boldsymbol{K}, S)$，其中论域 $U=\{1, 2, 3, 4, 5, 6, 7, 8\}$；推理关系 $S=\{\langle 1, 3\rangle, \langle 4, 6\rangle, \langle 5, 7\rangle\}$；并且存在等价关系 $R\in \boldsymbol{K}$，其对应的 U 基于 R 的划分为 $U/R=\{\{1, 2\}, \{3, 4\}, \{5, 6\}, \{7, 8\}\}$。可将这些信息用图 2.1 进行表示，该图中虚线框中的数据对应于 U/R 中的 R 等价类，分别是 $[1]_R, [3]_R, [5]_R, [7]_R$，它们都是定义 1.4.1 确定的 U 的粒，三个箭头表示三条 S 有向边 $\langle 1, 3\rangle, \langle 4, 6\rangle$ 和 $\langle 5, 7\rangle$。

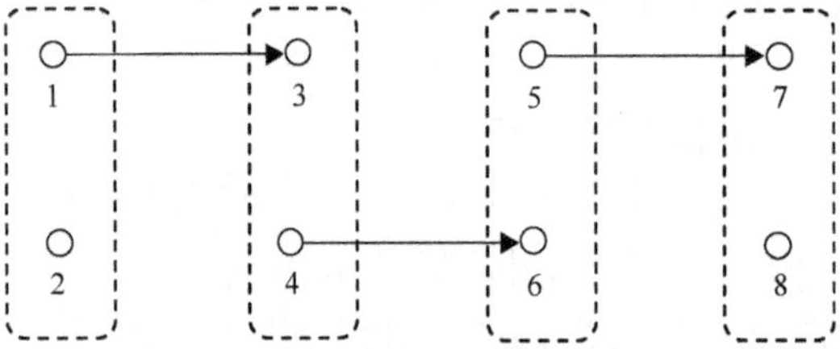

图 2.1 信息示意图

此时从粒 $[1]_R$ 到粒 $[7]_R$ 的 S_R 路径 $\langle [1]_R, [3]_R\rangle, \langle [3]_R, [5]_R\rangle, \langle [5]_R, [7]_R\rangle$ 的支撑序列是 $\langle 1, 3\rangle, \langle 4, 6\rangle, \langle 5, 7\rangle$，它把等价类形式的粒 $[1]_R, [3]_R, [5]_R, [7]_R$ 连在了一起，从而支撑了该 S_R 路径的形成。但由图 2.1 可以看到该支撑序列构不成 S 路径。实际上，图 2.1 中没有 S 有向边数大于 1 的 S 路径。 □

所以 S 路径必可确定 S_R 路径，但 S_R 路径关联的支撑序列不一定是 S 路径。当等价类形式的若干粒由支撑序列连接在一起时（图 2.1），连接起来的等价类形式的粒就构成 S_R 路径，图 2.1 是对此种情况的展示。由于 S_R 路径的支撑序列可能构成 S 路径，也可能不构成 S 路径，所以 S_R 路径涵盖了确定数据联系和粗糙数据联系，是各类数据关联信息的概括性描述。由于定理 2.3.1 把 S_R 路径与粗糙数据推理等价地联系在了一起，所以在图 2.1 中，从粒 $[1]_R$ 到粒 $[7]_R$ 的 S_R 路径 $\langle [1]_R, [3]_R\rangle, \langle [3]_R, [5]_R\rangle, \langle [5]_R, [7]_R\rangle$ 可确定粗糙数据推理：$1\models_R 7$。同时再注意到 $2\in[1]_R$ 以及 $8\in[7]_R$，由定理 2.3.1(4) 可知 $2\models_R 8$，而图 2.1 中不存在从 1 到 7 以及从 2 到 8 的 S 路径。由于 S 路径记录的是确定数据联系，所以 S 路径确定的粗糙数据推理是对确定数据联系的继承。不过这并没有反映粗糙数据推理的全部，而 S_R 路径确定的粗糙数据推理既保持 S 路径记录的确定数据联系，又描述了 S 路径以外的粗糙数据联系，所以 S_R 路径确定的粗糙数据推理是对各类数据联系的完整描述。

若对商空间知识有所了解，则可对定理 2.3.1 进行相关的解释：对于粗糙推理空间 $\boldsymbol{W}=(U, \boldsymbol{K}, S)$ 及 $R\in\boldsymbol{K}$，相关的讨论往往把结构 $(U/R, S_R)$ 看作商空间，而把 $\boldsymbol{W}=(U, \boldsymbol{K}, S)$ 视为原空间。若把 S_R 路径看作商空间 $(U/R, S_R)$ 中确定的数据联系，那么定理 2.3.1 实际上给出了商空间中的确定数据联系与原空间中确定数据联系和粗糙数据联系整体等价的事实。虽是等价，但利用商空间中的确定数据联系返回原空间中展开粗糙数据联系的研究才是上述方法的核心主题，这与商空间理论一般将问题从原空间转换到商空间的处理路线正好相逆。同时，原空间中的粗糙数据推理也是商空间理论不曾涉及的课题，具有讨论的意义。

S_R 路径描述的数据联系可看作粒计算的一种形式，因为 S_R 路径展示了等价类形式的粒之间的关系，涉及粒之间关系的讨论可认为是粒之间计算或运算的一种形式（见 1.2.2 节或 1.7.1 节的讨论）。同时定理 2.3.1 表明，S_R 路径确定的粒之间的关系，形成了刻画粗糙数据推理的另一途径。

在粗糙推理空间 $\boldsymbol{W}=(U, \boldsymbol{K}, S)$ 中，推理关系 S 是不附加任何条件的 U 上的二元关系。实际上，可以对 S 增加相应的性质，并结合粗糙关系 S_R，展开对粗糙数据推理的讨论，从而得到相关的结论，接下来将进行相关的分析。

对于粗糙推理空间 $\boldsymbol{W}=(U, \boldsymbol{K}, S)$，当其推理关系 S 具有自反性、对称性或传递性时，粗糙数据推理具有的性质将展示在下面定理中。同时，为了展开讨论，我们可以考虑推理关系 S 的其他附加特性。

对于等价关系 $R\in\boldsymbol{K}$，以及关于 R 的粗糙关系 S_R，考虑一条 S_R 路径，此时该 S_R 路径的支撑序列可以是一条 S 路径。现引入概念：对于任意的等价关系 $R\in\boldsymbol{K}$，如果每一 S_R 路径都存在一条 S 路径作为支撑序列，则称推理关系 S 是良基的。

定理 2.3.2　设 $\boldsymbol{W}=(U, \boldsymbol{K}, S)$ 是粗糙推理空间，则如下结论成立：

(1) 如果 S 是自反的，则对于任意的 $a\in U$ 且 $R\in\boldsymbol{K}$，有 $a\Rightarrow_R a$。

(2) 如果 S 是对称的，则对于 $a, b\in U$ 且 $R\in\boldsymbol{K}$，当 $a\models_R b$ 时，有 $b\models_R a$。

(3) 如果 S 是传递的和良基的，则对于 $a, b\in U$ 且 $R\in\boldsymbol{K}$，当 $a\models_R b$ 时，有 $a\Rightarrow_R b$。

证明　(1) 设 S 是自反的，则对任意的 $a\in U$，有 $\langle a, a\rangle\in S$。由定理 2.2.1(1) 立刻得到 $a\Rightarrow_R a$。

(2) 设 S 是对称的。对于 $a, b\in U$ 且 $R\in\boldsymbol{K}$，如果 $a\models_R b$，由定理 2.3.1(3)，存在从粒 $[a]_R$ 到粒 $[b]_R$ 的 S_R 路径，设为 $\langle[a]_R, [b_1]_R\rangle, \langle[b_1]_R, [b_2]_R\rangle,\cdots, \langle[b_n]_R, [b]_R\rangle$ $(n\geqslant 0)$。为了表示上的方便，令 $b_0=a$ 及 $b_{n+1}=b$。则该 S_R 路径 $\langle[b_0]_R, [b_1]_R\rangle, \langle[b_1]_R, [b_2]_R\rangle,\cdots, \langle[b_n]_R, [b_{n+1}]_R\rangle$ 存在支撑序列 $\langle x_0, y_1\rangle, \langle x_1, y_2\rangle,\cdots, \langle x_n, y_{n+1}\rangle$，其中 $\langle x_i, y_{i+1}\rangle\in S$ 且 $\langle x_i, y_{i+1}\rangle$ 是 $\langle[b_i]_R\ [b_{i+1}]_R\rangle$ 的支撑，满足 $x_i\in[b_i]_R$ 以及 $y_{i+1}\in[b_{i+1}]_R$ $(i=0,1,\cdots, n)$。

因为 S 是对称的以及 $\langle x_i, y_{i+1}\rangle\in S$，所以 $\langle y_{i+1}, x_i\rangle\in S$。这表明 $\langle y_{i+1}, x_i\rangle$ 是 $\langle[b_{i+1}]_R, [b_i]_R\rangle$ 的支撑，于是 $\langle[b_{n+1}]_R, [b_n]_R\rangle,\cdots,\langle[b_2]_R, [b_1]_R\rangle,\langle[b_1]_R, [b_0]_R\rangle$ 是从粒 $[b_{n+1}]_R$ 到粒 $[b_0]_R$ 的 S_R 路径。仍由定理 2.3.1(3)，可得 $b_{n+1}\models_R b_0$，即 $b\models_R a$。

(3) 设 S 是传递的和良基的。对于 $a, b\in U$ 且 $R\in\boldsymbol{K}$，如果 $a\models_R b$，由定理 2.3.1(3)，存在从粒 $[a]_R$ 到粒 $[b]_R$ 的 S_R 路径：$\langle[a]_R, [b_1]_R\rangle,\langle[b_1]_R, [b_2]_R\rangle,\cdots,\langle[b_n]_R, [b]_R\rangle$ $(n\geqslant 0)$。由于 S 是良基的，该 S_R 路径存在一条 S 路径作为支撑序列，设 $\langle x_0, x_1\rangle,\langle x_1, x_2\rangle,\cdots,\langle x_n, x_{n+1}\rangle$ 是该 S_R 路径的支撑序列且是一条 S 路径。此时 $\langle x_i, x_{i+1}\rangle\in S$ $(i=0,1,\cdots,n)$，利用 S 的传递性可推得 $\langle x_0, x_{n+1}\rangle\in S$。注意到 $x_0\in[a]_R$ 且 $x_{n+1}\in[b]_R$，所以 $\langle[a]_R, [b]_R\rangle$ 是一条 S_R 有向边，即 $\langle[a]_R, [b]_R\rangle\in S_R$。由定理 2.3.1(1)，可得 $a\Rightarrow_R b$。 □

注意：如果 S 不是良基的，则由 S 的传递性不能由 $a\models_R b$ 推得 $a\Rightarrow_R b$。例如，在上述例 2.1 中，推理关系 $S=\{\langle 1, 3\rangle, \langle 4, 6\rangle, \langle 5, 7\rangle\}$ 是传递的（注：一个关系 H 在 U 上是传递的当且仅当对于 $x, y, z\in U$，若 $\langle x, y\rangle\in H$ 且 $\langle y, z\rangle\in H$，则 $\langle x, z\rangle\in H$。现考虑关系 $S=\{\langle 1, 3\rangle, \langle 4, 6\rangle, \langle 5, 7\rangle\}$，因为"$\langle x, y\rangle\in S$ 且 $\langle y, z\rangle\in S$"针对 S 不可能成立，因此命题"如果 $\langle x, y\rangle\in S$ 且 $\langle y, z\rangle\in S$，则 $\langle x, z\rangle\in S$"是真的。这说明关系 $S=\{\langle 1, 3\rangle, \langle 4, 6\rangle, \langle 5, 7\rangle\}$ 在 U 上是传递的）。但关系 $S=\{\langle 1, 3\rangle, \langle 4, 6\rangle, \langle 5, 7\rangle\}$ 不是良基的，因为对于 S_R 路径 $\langle[1]_R, [3]_R\rangle,\langle[3]_R, [5]_R\rangle,\langle[5]_R, [7]_R\rangle$，其仅有的支撑序列 $\langle 1, 3\rangle,\langle 4, 6\rangle,\langle 5, 7\rangle$ 不是 S 路径。所以，虽然有 $1\models_R 7$，但 $1\Rightarrow_R 7$ 不成立，从图 2.1 也可以看到这一点。

粗糙数据推理是通过考查数据是否属于上近似 $R^*([a-R])$ 而定义的（见定义 2.1.4），由于粒 $[a]_R$ 的 S 后继粒 $[a-R]$ 由推理关系 S 和等价关系 R 的融合信息确定产生，所以关于 R 的粗糙数据推理与推理关系 S 和等价关系 R 具有密切的联系。实际上，关于 R 的粗糙数据推理是不明确、非确定、似存在或潜存于数据之间数据联系的推理表示，不明确、非确定、似存在或潜存于的特性由上近似 $R^*([a-R])$ 中包含的近似信息而确定，数据联系基于推理关系 S 记录的数据关联信息，关于 R 的粗糙数据推理是 R 和 S 中信息融合的结果。

由于粒 $[a]_R$ 和 $[a-R]$，以及通过粒的并运算形成的上近似 $R^*([a-R])$ 和粗糙关系 S_R 均与粒或粒计算的数据处理方法相关联，所以上述针对粗糙数据推理的定义和讨论可看作粒计算数据处理的具体方法。这些讨论基于粒计算数据处理的思想，为粒计算课题的探讨增添了内容。

定理 2.3.1 中关于 S_R 路径与粗糙数据推理等价性的结论，为粗糙数据推理的性质分析提供了不同的方法，更为进一步探讨铺垫了道路。

2.4 不同的等价关系与粗糙数据推理

在上述关于 R 的粗糙数据推理的讨论中，等价关系 R 是不变的。由于粗糙推

理空间 $\boldsymbol{W}=(U, \boldsymbol{K}, S)$ 中的 $\boldsymbol{K}$ 是等价关系的集合，所以当等价关系 R 在 $\boldsymbol{K}$ 中变化时，粗糙数据推理展示怎样的特性是需要考虑的问题，这正是本节关注的内容，以下展开这方面的讨论。

设 $\boldsymbol{W}=(U, \boldsymbol{K}, S)$ 是粗糙推理空间，对于确定的推理关系 S，当 $R_1, R_2 \in \boldsymbol{K}$ 时，如果 $R_1 \neq R_2$，那么关于 R_1 的粗糙数据推理与关于 R_2 的粗糙数据推理之间自然存在区别，同时它们的联系也值得考虑。若令 $R=R_1 \cap R_2$，则 R 仍是 U 上的等价关系(见结论 1.5.1)，虽然 R 可能不属于 $\boldsymbol{K}$，但因为 R 依托 $\boldsymbol{K}$ 中的等价关系 R_1 和 R_2 确定产生，所以关于 R 的粗糙数据推理仍可认为是在粗糙推理空间 $\boldsymbol{W}=(U, \boldsymbol{K}, S)$ 中进行。那么关于 R 的粗糙数据推理与关于 R_1 的粗糙数据推理或关于 R_2 的粗糙数据推理具有怎样的联系？这将是下面讨论的问题，是粗糙数据推理讨论的深入。为了证明上的方便，我们先将一些性质作为结论予以总结。

2.4.1　基本性质

结论 2.4.1　设 $\boldsymbol{W}=(U, \boldsymbol{K}, S)$ 是粗糙推理空间，$R_1, R_2 \in \boldsymbol{K}$。如果 $R_1 \subseteq R_2$，则：

(1) 对于 $x \in U$，有 $[x]_{R_1} \subseteq [x]_{R_2}$；

(2) 对于 $x \in U$，有 $[x-R_1] \subseteq [x-R_2]$ 且 $R_1^*([x-R_1]) \subseteq R_2^*([x-R_2])$；

(3) 对于 $x \in U$，有 $[R_1-x] \subseteq [R_2-x]$ 且 $R_1^*([R_1-x]) \subseteq R_2^*([R_2-x])$；

(4) 若 $\langle [a]_{R_1}, [b]_{R_1} \rangle \in S_{R_1}$，则必有 $\langle [a]_{R_2}, [b]_{R_2} \rangle \in S_{R_2}$，且 S_{R_1} 有向边 $\langle [a]_{R_1}, [b]_{R_1} \rangle$ 的支撑 $\langle u, v \rangle$ 必是 S_{R_2} 有向边 $\langle [a]_{R_2}, [b]_{R_2} \rangle$ 的支撑。

证明　(1) 当 $R_1 \subseteq R_2$ 时，有 $[x]_{R_1}=\{y \mid y \in U \text{且} \langle x, y \rangle \in R_1\} \subseteq \{y \mid y \in U \text{且} \langle x, y \rangle \in R_2\}=[x]_{R_2}$。

(2) 利用 (1) 的结论 $[x]_{R_1} \subseteq [x]_{R_2}$，有 $[x-R_1]=\{b \mid (b \in U) \wedge \exists z((z \in [x]_{R_1}) \wedge (\langle z, b \rangle \in S))\} \subseteq \{b \mid (b \in U) \wedge \exists z((z \in [x]_{R_2}) \wedge (\langle z, b \rangle \in S))\}=[x-R_2]$，即 $[x-R_1] \subseteq [x-R_2]$。注意到 $[y]_{R_1} \subseteq [y]_{R_2}$ (由 (1))，于是 $[y]_{R_1} \cap [x-R_1] \subseteq [y]_{R_2} \cap [x-R_2]$，故当 $[y]_{R_1} \cap [x-R_1] \neq \varnothing$ 时，必有 $[y]_{R_2} \cap [x-R_2] \neq \varnothing$。由此再利用 $[y]_{R_1} \subseteq [y]_{R_2}$，可知 $R_1^*([x-R_1])=\cup\{[y]_{R_1} \mid [y]_{R_1} \in U/R_1 \text{且} [y]_{R_1} \cap [x-R_1] \neq \varnothing\} \subseteq \cup\{[y]_{R_2} \mid [y]_{R_2} \in U/R_2 \text{且} [y]_{R_2} \cap [x-R_2] \neq \varnothing\}=R_2^*([x-R_2])$，即 $R_1^*([x-R_1]) \subseteq R_2^*([x-R_2])$。

(3) 证明同 (2)。

(4) 由于 $\langle [a]_{R_1}, [b]_{R_1} \rangle \in S_{R_1}$，则存在支撑 $\langle u, v \rangle \in S$，满足 $u \in [a]_{R_1}$ 以及 $v \in [b]_{R_1}$。由 (1)，$[a]_{R_1} \subseteq [a]_{R_2}$ 并且 $[b]_{R_1} \subseteq [b]_{R_2}$，所以 $u \in [a]_{R_2}$ 并且 $v \in [b]_{R_2}$，由粗糙关系的定义知 $\langle [a]_{R_2}, [b]_{R_2} \rangle \in S_{R_2}$，显然 $\langle u, v \rangle$ 也是 S_{R_2} 有向边 $\langle [a]_{R_2}, [b]_{R_2} \rangle$ 的支撑。 □

此结论中诸条的证明虽然简单，但因为反映的是两个等价关系对应等价类或两个上近似之间的联系，而一般粗糙集理论的书籍主要针对同一等价关系展开讨论，所以需要给出结论 2.4.1 中诸条的证明。

2.4.2　基于不同等价关系的粗糙数据推理

对于粗糙推理空间 $\boldsymbol{W}=(U, \boldsymbol{K}, S)$，设 $R_1, R_2\in\boldsymbol{K}$，令 $R=R_1\cap R_2$。当 $a, b\in U$ 时，定理 2.4.1 反映了 $a\Rightarrow_{R_1}b$，$a\Rightarrow_{R_2}b$ 和 $a\Rightarrow_{R}b$ 之间的某些联系。

定理 2.4.1　设 $\boldsymbol{W}=(U, \boldsymbol{K}, S)$ 是粗糙推理空间，$R_1, R_2\in\boldsymbol{K}$，则：

(1) 当 $R_1\subseteq R_2$ 时，若 $a\Rightarrow_{R_1}b$，则 $a\Rightarrow_{R_2}b$。

(2) 令 $R=R_1\cap R_2$，若 $a\Rightarrow_{R}b$，则 $a\Rightarrow_{R_1}b$ 并且 $a\Rightarrow_{R_2}b$。

(3) 当 $R_1\subseteq R_2$ 时，若 $a\models_{R_1}b$，则 $a\models_{R_2}b$。

(4) 令 $R=R_1\cap R_2$，如果 $a\models_{R}b$，则 $a\models_{R_1}b$ 并且 $a\models_{R_2}b$。

证明　(1) 如果 $a\Rightarrow_{R_1}b$，则 $b\in R_1^*([a-R_1])$。由于 $R_1\subseteq R_2$，利用结论 2.4.1(2) 知 $R_1^*([a-R_1])\subseteq R_2^*([a-R_2])$，所以 $b\in R_2^*([a-R_2])$，因此 $a\Rightarrow_{R_2}b$。

(2) 由于 $R=R_1\cap R_2$，所以 $R\subseteq R_1$ 且 $R\subseteq R_2$。当 $a\Rightarrow_{R}b$ 时，由 (1) 得 $a\Rightarrow_{R_1}b$ 并且 $a\Rightarrow_{R_2}b$。

(3) 若 $a\models_{R_1}b$，由定理 2.3.1(3) 知存在从 $[a]_{R_1}$ 到 $[b]_{R_1}$ 的 S_{R_1} 路径 $\langle[a]_{R_1}, [b_1]_{R_1}\rangle$, $\langle[b_1]_{R_1}, [b]_{R_1}\rangle,\cdots,\langle[b_n]_{R_1}, [b]_{R_1}\rangle$ $(n\geqslant 0)$，所以有 $\langle[a]_{R_1}, [b_1]_{R_1}\rangle\in S_{R_1}$，$\langle[b_1]_{R_1}, [b_2]_{R_1}\rangle\in S_{R_1},\cdots,\langle[b_n]_{R_1}, [b]_{R_1}\rangle\in S_{R_1}$。由于 $R_1\subseteq R_2$，由结论 2.4.1(4) 有 $\langle[a]_{R_2}, [b_1]_{R_2}\rangle\in S_{R_2}$，$\langle[b_1]_{R_2}, [b_2]_{R_2}\rangle\in S_{R_2},\cdots$，$\langle[b_n]_{R_2}, [b]_{R_2}\rangle\in S_{R_2}$，即 $\langle[a]_{R_2}, [b_1]_{R_2}\rangle$, $\langle[b_1]_{R_2}, [b]_{R_2}\rangle,\cdots,\langle[b_n]_{R_2}, [b]_{R_2}\rangle$ 是从 $[a]_{R_2}$ 到 $[b]_{R_2}$ 的 S_{R_2} 路径，仍由定理 2.3.1(3) 即得 $a\models_{R_2}b$。

(4) 当 $R=R_1\cap R_2$ 时，有 $R\subseteq R_1$ 且 $R\subseteq R_2$。如果 $a\models_{R}b$，则由 (3) 可得 $a\models_{R_1}b$，并且 $a\models_{R_2}b$。　□

当 $R=R_1\cap R_2$ 时，由于 $R\subseteq R_1$ 且 $R\subseteq R_2$，由结论 2.4.1(2) 有 $R^*([a-R])\subseteq R_1^*([a-R_1])$ 并且 $R^*([a-R])\subseteq R_2^*([a-R_2])$，于是 $R^*([a-R])\subseteq R_1^*([a-R_1])\cap R_2^*([a-R_2])$，此式可以是真包含（见例 2.2）。所以当 $a\Rightarrow_{R_1}b$ 且 $a\Rightarrow_{R_2}b$ 时，虽然 $b\in R_1^*([a-R_1])\cap R_2^*([a-R_2])$，但这不足以保证 $b\in R^*([a-R])$，此时 $a\Rightarrow_{R}b$ 可以不成立。

例 2.2　设 $\boldsymbol{W}=(U, \boldsymbol{K}, S)$ 是粗糙推理空间，其中 $U=\{1, 2, 3, 4, 5, 6\}$，$S=\{\langle 1, 6\rangle, \langle 3, 5\rangle, \langle 4, 5\rangle\}$，$R_1, R_2\in\boldsymbol{K}$，满足 $U/R_1=\{\{1, 2, 3\}, \{4, 5\}, \{6\}\}$，$U/R_2=\{\{3\}, \{1, 2, 4\}, \{5, 6\}\}$。此时 $[2]_{R_1}=\{1, 2, 3\}$，$[2-R_1]=\{5, 6\}$，$R_1^*([2-R_1])=\{4, 5, 6\}$；并且 $[2]_{R_2}=\{1, 2, 4\}$，$[2-R_2]=\{5, 6\}$，$R_2^*([2-R_2])=\{5, 6\}$。由于 $5\in R_1^*([2-R_1])$ 并且 $5\in R_2^*([2-R_2])$，所以 $2\Rightarrow_{R_1}5$ 且 $2\Rightarrow_{R_2}5$。令 $R=R_1\cap R_2$，则 $U/R=\{\{1, 2\}, \{3\}, \{4\}, \{5\}, \{6\}\}$，此时 $[2]_R=\{1, 2\}$，$[2-R]=\{6\}$ 及 $R^*([2-R])=\{6\}$。由于 $5\notin R^*([2-R])$，故 $2\Rightarrow_R 5$ 不成立。上述的讨论也表明 $R^*([a-R])$ $(=\{6\})$ 真包含在 $R_1^*([a-R_1])\cap R_2^*([a-R_2])$ $(=\{5, 6\})$ 之中。　□

当 $R=R_1\cap R_2$ 时，根据例 2.2，可对 $a\Rightarrow_{R_1}b$ 且 $a\Rightarrow_{R_2}b$ 成立，但 $a\Rightarrow_R b$ 不成立的情况进一步予以分析：若 $a\Rightarrow_{R_1}b$ 且 $a\Rightarrow_{R_2}b$ 成立，由定理 2.3.1(1)，$\langle[a]_{R_1}, [b]_{R_1}\rangle\in S_{R_1}$ 且 $\langle[a]_{R_2}, [b]_{R_2}\rangle\in S_{R_2}$。对于 S_{R_1} 有向边 $\langle[a]_{R_1}, [b]_{R_1}\rangle$，存在支撑 $\langle u_1, v_1\rangle\in S$，满足 $u_1\in[a]_{R_1}$ 且 $v_1\in[b]_{R_1}$；对于 S_{R_2} 有向边 $\langle[a]_{R_2}, [b]_{R_2}\rangle$，存在支撑 $\langle u_2, v_2\rangle\in S$，满足 $u_2\in[a]_{R_2}$ 且 $v_2\in[b]_{R_2}$。由于 $a\Rightarrow_R b$ 不成立，这样必有 $\langle u_1, v_1\rangle\neq\langle u_2, v_2\rangle$，即 $u_1\neq u_2$ 或 $v_1\neq v_2$。具体地，在例 2.2 中，由 $2\Rightarrow_{R_1}5$ 且 $2\Rightarrow_{R_2}5$ 及定理 2.3.1(1) 有 $\langle[2]_{R_1}, [5]_{R_1}\rangle\in S_{R_1}$ 且 $\langle[2]_{R_2}, [5]_{R_2}\rangle\in S_{R_2}$。此时 S_{R_1} 有向边 $\langle[2]_{R_1}, [5]_{R_1}\rangle$ 的支撑是 $\langle 3, 5\rangle$；S_{R_2} 有向边 $\langle[2]_{R_2}, [5]_{R_2}\rangle$ 的支撑是 $\langle 4, 5\rangle$ 或 $\langle 1, 6\rangle$。由于 $\langle 3, 5\rangle\neq\langle 4, 5\rangle$ 且 $\langle 3, 5\rangle\neq\langle 1, 6\rangle$，所以 $2\Rightarrow_R 5$ 不成立。然而，一旦 $\langle u_1, v_1\rangle=\langle u_2, v_2\rangle$ 成立，即 $u_1=u_2$ 并且 $v_1=v_2$，那么一定有 $a\Rightarrow_R b$ 成立，请看如下定理。

定理 2.4.2　设 $\boldsymbol{W}=(U, \boldsymbol{K}, S)$ 是粗糙推理空间，$R_1, R_2\in\boldsymbol{K}$ 及 $R=R_1\cap R_2$。对于 $a, b\in U$，$a\Rightarrow_R b$ 当且仅当 S_{R_1} 有向边 $\langle[a]_{R_1}, [b]_{R_1}\rangle$ 和 S_{R_2} 有向边 $\langle[a]_{R_2}, [b]_{R_2}\rangle$ 存在共同的支撑 $\langle u, v\rangle\in S$。

证明　设 $a\Rightarrow_R b$，由定理 2.3.1(1)，$\langle[a]_R, [b]_R\rangle\in S_R$。若令 $\langle u, v\rangle$ ($\in S$) 是此 S_R 有向边 $\langle[a]_R, [b]_R\rangle$ 的支撑，则因 $R\subseteq R_1$ 且 $R\subseteq R_2$，由结论 2.4.1(4) 知 $\langle u, v\rangle$ 既是 S_{R_1} 有向边 $\langle[a]_{R_1}, [b]_{R_1}\rangle$ 的支撑，又是 S_{R_2} 有向边 $\langle[a]_{R_2}, [b]_{R_2}\rangle$ 的支撑，故它们存在共同的支撑 $\langle u, v\rangle$。

反之，设 S_{R_1} 有向边 $\langle[a]_{R_1}, [b]_{R_1}\rangle$ 和 S_{R_2} 有向边 $\langle[a]_{R_2}, [b]_{R_2}\rangle$ 存在共同的支撑 $\langle u, v\rangle\in S$，则 $u\in[a]_{R_1}\cap[a]_{R_2}$ 且 $v\in[b]_{R_1}\cap[b]_{R_2}$。注意到当 $R=R_1\cap R_2$ 时，必有 $[a]_{R_1}\cap[a]_{R_2}=[a]_R$ 以及 $[b]_{R_1}\cap[b]_{R_2}=[b]_R$，所以 $u\in[a]_R$ 且 $v\in[b]_R$。由于 $\langle u, v\rangle\in S$，则由粗糙关系的定义知 $\langle[a]_R, [b]_R\rangle\in S_R$，再利用定理 2.3.1(1) 得 $a\Rightarrow_R b$。　□

该定理的证明利用了定理 2.3.1，而定理 2.3.1 的证明使用了定理 2.2.1～定理 2.2.3，所以定理 2.4.2 基于前述结论。由此表明讨论工作逐步推进，相互联系，构成了整体。

2.4.3　嵌入算法与粗糙数据推理的判定

对于粗糙推理空间 $\boldsymbol{W}=(U, \boldsymbol{K}, S)$，当 $R_1, R_2\in\boldsymbol{K}$ 且 $R=R_1\cap R_2$ 时，如果 $a\models_{R_1}b$ 不成立，或者 $a\models_{R_2}b$ 不成立，由定理 2.4.1(4)，$a\models_R b$ 必定不成立。不过即便 $a\models_{R_1}b$ 成立以及 $a\models_{R_2}b$ 也成立，$a\models_R b$ 也未必成立，例 2.2 中 $2\Rightarrow_{R_1}5$ 和 $2\Rightarrow_{R_2}5$ 成立，而 $2\Rightarrow_R 5$ 不成立就是一个例证。但一些情况下，$a\models_{R_1}b$ 的成立和 $a\models_{R_2}b$ 的成立可以满足 $a\models_R b$ 成立的条件，这可以通过算法进行判定，为此先做预备性的说明。

设 $R_1, R_2\in\boldsymbol{K}$，令 $R=R_1\cap R_2$。考虑 S_{R_1} 有向边 $\langle[a]_{R_1}, [b]_{R_1}\rangle$，设其支撑为 $\langle x, y\rangle\in S$，于是 $x\in[a]_{R_1}$ 且 $y\in[b]_{R_1}$。如果又有 $x\in[a]_{R_2}$ 并且 $y\in[b]_{R_2}$，那么 $\langle x, y\rangle$

也是 S_{R_2} 有向边 $\langle[a]_{R_2}, [b]_{R_2}\rangle$ 的支撑。此时称 S_{R_1} 有向边 $\langle[a]_{R_1}, [b]_{R_1}\rangle$ 的支撑 $\langle x, y\rangle$ 可被 S_{R_2} 嵌入。这种情况下，S_{R_1} 有向边 $\langle[a]_{R_1}, [b]_{R_1}\rangle$ 和 S_{R_2} 有向边 $\langle[a]_{R_2}, [b]_{R_2}\rangle$ 存在共同的支撑 $\langle x, y\rangle$，利用定理 2 4.2 可得 $a\Rightarrow_R b$。

当 $a\models_{R_1} b$ 成立时，由定理 2.3.1(3)，存在从粒 $[a]_{R_1}$ 到粒 $[b]_{R_1}$ 的 S_{R_1} 路径，这样的 S_{R_1} 路径可能不止一条。选取一条这样的 S_{R_1} 路径 $\langle[a]_{R_1}, [u_1]_{R_1}\rangle, \langle[u_1]_{R_1}, [u_2]_{R_1}\rangle, \cdots, \langle[u_n]_{R_1}, [b]_{R_1}\rangle$ $(n\geqslant 0)$，记 $u_0=a$ 及 $u_{n+1}=b$。若 S_{R_1} 有向边 $\langle[u_k]_{R_1}, [u_{k+1}]_{R_1}\rangle$ 的支撑 $\langle x_k, y_{k+1}\rangle$ $(\in S)$ 对于 $k=0, 1,\cdots, n$ 均可被 S_{R_2} 嵌入，则称该 S_{R_1} 路径的支撑序列可被 S_{R_2} 嵌入。此时根据上述讨论有 $u_0\Rightarrow_R u_1, u_1\Rightarrow_R u_2,\cdots, u_n\Rightarrow_R u_{n+1}$，其中 $R=R_1\cap R_2$，这表明 $u_0\models_R u_{n+1}$，即 $a\models_R b$。现将上述讨论总结为如下结论。

定理 2.4.3　设 $\boldsymbol{W}=(U, \boldsymbol{K}, S)$ 是粗糙推理空间，$R_1, R_2\in\boldsymbol{K}$ 及 $R=R_1\cap R_2$。对于 $a, b\in U$，当 $\langle[a]_{R_1}, [b]_{R_1}\rangle$ 是 S_{R_1} 有向边，且 $\langle[a]_{R_1}, [u_1]_{R_1}\rangle, \langle[u_1]_{R_1}, [u_2]_{R_1}\rangle, \cdots, \langle[u_n]_{R_1}, [b]_{R_1}\rangle$ $(n\geqslant 0)$ 是 S_{R_1} 路径时，下述结论成立：

(1) 如果 S_{R_1} 有向边 $\langle[a]_{R_1}, [b]_{R_1}\rangle$ 的一支撑 $\langle u, v\rangle$ $(\in S)$ 可被 S_{R_2} 嵌入，则 $a\Rightarrow_R b$。

(2) 如果 S_{R_1} 路径 $\langle[a]_{R_1}, [u_1]_{R_1}\rangle, \langle[u_1]_{R_1}, [u_2]_{R_1}\rangle, \cdots, \langle[u_n]_{R_1}, [b]_{R_1}\rangle$ 的一支撑序列可被 S_{R_2} 嵌入，则 $a\models_R b$。□

下述算法基于定理 2.4.2 或定理 2.4.3，由于涉及支撑序列是否可被 S_{R_2} 嵌入的判定，故称为嵌入算法，其行进步骤是以 $a\models_{R_1} b$ 和 $a\models_{R_2} b$ 的成立为前提，判定 $a\models_R b$ 是否也成立，这里 $R=R_1\cap R_2$。嵌入算法如下：

(1) 判定 $a\models_{R_1} b$ 和 $a\models_{R_2} b$ 是否都成立，并令 $R=R_1\cap R_2$。如果两者不全部成立，即 $a\models_{R_1} b$ 不成立，或 $a\models_{R_2} b$ 不成立，则输出 $a\models_R b$ 不成立的信息，算法结束（此处利用了定理 2.4.1(4)）；否则，执行(2)。

(2) 求出从粒 $[a]_{R_1}$ 到粒 $[b]_{R_1}$ 所有的 S_{R_1} 路径。

(3) 选取 (2) 中未被选取的 S_{R_1} 路径，判定该 S_{R_1} 路径的支撑序列可否被 S_{R_2} 嵌入，若是，由定理 2.4.3(2)，输出 $a\models_R b$ 成立的信息，算法结束；否则执行(4)。

(4) 若 (2) 中的所有 S_{R_1} 路径均被选取，则输出 $a\models_R b$ 不成立的信息，算法结束；否则执行(3)。□

该算法的引入是为了对 S_{R_1} 路径的支撑序列可否被 S_{R_2} 嵌入进行判定，当可被嵌入时，有 $a\models_R b$ 成立，这里 $R=R_1\cap R_2$。其判定过程实际是以定理 2.4.2 给出的结论为依据。不过定理 2.4.2 针对的是直接粗糙推出，而嵌入算法针对粗糙推出，后者更具一般性。另外，如果把嵌入算法中的 R_1 全部换为 R_2，且 R_2 也全部换为 R_1，则算法仍然可行。

本节以前面的讨论为基础，将探究推进了一步，形成了讨论的重要部分。

2.5　粗糙数据推理的应用

上述工作集中于理论方面的探讨，理论探讨是为了应用。但是，应用需建立在理论分析之上，应基于对理论方法系统的研究。上述 2.1 节～2.4 节针对粗糙推理空间 $\boldsymbol{W}=(U, \boldsymbol{K}, S)$ 中粗糙数据推理的讨论就是基于这种思想完成的工作，从而为实际问题的刻画描述提供了数学方法。下面以粗糙推理空间为数学模型，展示粗糙数据推理描述实际中的粗糙数据联系的功能。

2.5.1　实际问题讨论

本节将针对实际问题涉及的数据联系和粗糙数据联系，构建描述刻画实际问题的粗糙推理空间，其中包含的数据表示实际中的企业，粗糙数据联系将体现企业之间潜在的供货渠道。这种潜在的供货渠道可采用粗糙数据推理得到描述，从而展示前述理论结果的实际应用，为实际问题的程序化处理提供算法基础。

例 2.3　构造粗糙推理空间 $\boldsymbol{W}=(U, \boldsymbol{K}, S)$ 如下。

U：论域 U 是某类汽车制造产业链上所有企业的集合。汽车制造涉及各类企业，使各类企业形成了相互联系的产业链条。该产业链上包含众多企业，如钢铁、化工、石油、机械、塑料、橡胶、轮胎、玻璃、电器、金融、服务等，它们相互关联，形成了庞大的产业集群。

$\boldsymbol{K}$：令 $\boldsymbol{K}=\{R_1, R_2\}$，其中 R_1 和 R_2 都是等价关系，它们分别通过 U 的划分确定产生，因为由结论 1.4.5，U 上的等价关系和 U 的划分一一对应。具体地，R_1 对应于同类企业归为一类所形成的 U 的划分，即 $U/R_1=\{A \mid A\subseteq U$，且对于 $a, b\in A$，企业 a 和 b 是同类企业$\}$；R_2 对应于同一地区企业归为一类所形成的 U 的划分，即 $U/R_2=\{B \mid B\subseteq U$，且对于 $a, b\in B$，企业 a 和 b 是同一地区的企业$\}$。分类的粗或细可根据需要确定，同类企业的标准可以严格或宽松，地区的范围可以按市、县或区等划定。当然也可取 $\boldsymbol{K}=\{R_1, R_2, R_3, R_4\}$，其中 R_1 和 R_2 如上，R_3 对应的划分是 R_1 对应划分的细分(其定义见定义 1.5.1)，R_4 对应的划分是 R_2 对应划分的细分。为了简单，本例选取 $\boldsymbol{K}=\{R_1, R_2\}$。

S：推理关系 S 由企业间的供货关系确定，即 $S=\{\langle u, v\rangle | u, v\in U$，且企业 u 向企业 v 供货$\}$。由于产业链上企业之间的业务来往频繁，供货渠道使其彼此联系，这自然提供了定义推理关系的信息。

于是我们得到了粗糙推理空间 $\boldsymbol{W}=(U, \boldsymbol{K}, S)$，它记录了汽车制造产业链中企业以不同方式归类，以及企业之间供货联系的信息，是描述企业分类和供货渠道的结构模型。在该粗糙推理空间 $\boldsymbol{W}=(U, \boldsymbol{K}, S)$ 中，通过粗糙数据推理，可对供货渠道的情况进行描述，并提供潜在供货渠道的信息，从而为企业管理、供货监控提供有价值的信息，辅助企业生产的顺利进行。请看如下的讨论：

(1) 对于 $u, v\in U$，若存在从 u 到 v 的 S 路径 $\langle u, b_1\rangle, \langle b_1, b_2\rangle,\cdots, \langle b_{n-1}, b_n\rangle, \langle b_n, v\rangle$ $(n\geqslant 1)$，则表明通过企业 $b_1, b_2,\cdots, b_n$，存在从企业 u 向企业 v 确定的供货渠道。对于 $R\in\boldsymbol{K}$，利用定理 2.2.1(2)，可知有 $u\models_R v$，这反映了粗糙数据推理保持 S 路径记录的确定数据联系，即保持 S 路径记录的确定供货渠道。了解这些信息可使管理者对企业间的供货关系做到胸中有数。

(2) 对于 (1) 中 S 路径 $\langle u, b_1\rangle, \langle b_1, b_2\rangle,\cdots, \langle b_{n-1}, b_n\rangle, \langle b_n, v\rangle$ 记录的确定数据联系，考虑该路径中的数据 b_i $(1\leqslant i\leqslant n)$，通过数据 b_i，可将该路径分解为两个子 S 路径 $\langle u, b_1\rangle, \langle b_1, b_2\rangle,\cdots, \langle b_{i-1}, b_i\rangle$ 以及 $\langle b_i, b_{i+1}\rangle,\cdots, \langle b_{n-1}, b_n\rangle, \langle b_n, v\rangle$，它们分别是 u 到 b_i 的 S 路径和从 b_i 到 v 的 S 路径。仍由定理 2.2.1(2)，对于 $R\in\boldsymbol{K}$，有 $u\models_R b_i$ 以及 $b_i\models_R v$，它们表明存在从 u 到 b_i 的确定数据联系，以及存在从 b_i 到 v 的确定数据联系，或存在从 u 经 b_i 到 v 的确定的供货渠道。当 b_i 表示的企业出现了供货问题时，考虑 R 等价类 $[b_i]_R$，由定理 2.2.3(3) 及 (4)，对于 $w\in[b_i]_R$，由 $u\models_R b_i$ 和 $b_i\models_R v$，推得 $u\models_R w$ 及 $w\models_R v$，即 u 关于 R 粗糙推出 w，且 w 关于 R 粗糙推出 v。此时，有可能 $\langle b_{i-1}, w\rangle\notin S$ 或 $\langle w, b_{i+1}\rangle\notin S$，所以序列 $\langle u, b_1\rangle, \langle b_1, b_2\rangle,\cdots, \langle b_{i-1}, w\rangle$ 或 $\langle w, b_{i+1}\rangle,\cdots, \langle b_{n-1}, b_n\rangle, \langle b_n, v\rangle$ 可能表示从 u 到 w，或从 w 到 v 的粗糙数据联系（见定义 2.1.4 下面的讨论）。这样的粗糙数据联系由粗糙数据推理 $u\models_R w$ 或 $w\models_R v$ 得到了刻画描述，所以粗糙数据推理可被用于描述粗糙数据联系。同时 $u\models_R w$ 及 $w\models_R v$ 提供了供货渠道的潜在信息。了解这些信息可使管理者掌握企业之间供货渠道的关联情况，或企业之间的竞争关系，以便制定下一步的生产安排。

(3) 在 (2) 中，我们得到了粗糙数据推理的表示式 $u\models_R w$ 及 $w\models_R v$，这里 $w\in[b_i]_R$。考虑在 $u\models_R w$ 及 $w\models_R v$ 中出现的等价关系 R，此时 $R\in\boldsymbol{K}$，即 $R\in\{R_1, R_2\}$。当 $R=R_1$ 时，由于 R_1 对应同类企业归为一类的 U 的划分，所以等价类 $[b_i]_{R_1}$ 中的企业（即数据）是同类企业，w 与 b_i 生产的产品相同。于是用 w 替换 b_i 后，关于 R_1 的粗糙数据推理 $u\models_{R_1} w$ 及 $w\models_{R_1} v$ 反映了从 u 通过 w 向 v 的供货渠道，这与从 u 通过 b_i 向 v 的供货关系是一致的，因为 w 与 b_i 生产相同的产品。于是序列 $\langle u, b_1\rangle$, $\langle b_1, b_2\rangle,\cdots, \langle b_{i-1}, w\rangle, \langle w, b_{i+1}\rangle,\cdots, \langle b_{n-1}, b_n\rangle, \langle b_n, v\rangle$ 展示的供货渠道可以替代 S 路径 $\langle u, b_1\rangle, \langle b_1, b_2\rangle,\cdots, \langle b_{i-1}, b_i\rangle, \langle b_i, b_{i+1}\rangle,\cdots, \langle b_{n-1}, b_n\rangle, \langle b_n, v\rangle$ 记录的确定的供货链。因此，当 b_i 出现供货问题时，关于 R_1 的粗糙数据推理提供了保证供货渠道畅通的推理描述方法。

(4) 对于 (2) 中的 $u\models_R w$ 及 $w\models_R v$，这里 $w\in[b_i]_R$，当 $R=R_2$ $(\in\boldsymbol{K}=\{R_1, R_2\})$ 时，由于 R_2 对应同地区企业归为一类的 U 的划分，此时 w 和 b_i 是同地区的企业，它们生产的产品可能不同。于是关于 R_2 的粗糙数据推理 $u\models_{R_2} w$ 及 $w\models_{R_2} v$ 反映的从 u 通过 w 向 v 供货的路径可能因为 w 与 b_i 产品的不同而造成中断。如何既能使供货渠道保持畅通，又能照顾到同地区企业的利益呢？为了达到此目的，我们可以

考虑关于 R 的粗糙数据推理，这里 $R=R_1\cap R_2$。

(5) 令 $R=R_1\cap R_2$，则$[b_i]_R=[b_i]_{R_1}\cap[b_i]_{R_2}$。选取 $w\in[b_i]_R$ ($w\neq b_i$)，于是 $w\in[b_i]_{R_1}$ 并且 $w\in[b_i]_{R_2}$。上述讨论表明，$u\models_{R_1}w$ 及 $w\models_{R_1}v$ 成立，并且 $u\models_{R_2}w$ 及 $w\models_{R_2}v$ 也成立。利用 2.4.3 节的嵌入算法判定当 $R=R_1\cap R_2$ 时，是否有 $u\models_R w$ 及 $w\models_R v$ 成立。若成立，因为 $w\in[b_i]_{R_1}$ 并且 $w\in[b_i]_{R_2}$，所以 w 和 b_i 生产的产品不仅相同，而且 w 和 b_i 还是同一地区的企业。因此，由粗糙数据推理 $u\models_R w$ 及 $w\models_R v$ 表示的从 u 通过 w 向 v 的供货渠道不仅畅通，而且还照顾到了同一地区企业的利益。

(6) 考虑(5)中的粗糙数据推理 $u\models_R w$ 及 $w\models_R v$，这里 $R=R_1\cap R_2$。其实，出现在 $u\models_R w$ 及 $w\models_R v$ 中的数据 w ($\in[b_i]_R$ 且 $w\neq b_i$) 并不在 S 路径$\langle u, b_1\rangle, \langle b_1, b_2\rangle,\cdots, \langle b_{i-1}, b_i\rangle, \langle b_i, b_{i+1}\rangle,\cdots, \langle b_{n-1}, b_n\rangle, \langle b_n, v\rangle$中出现。该 S 路径展示了从 u 经过 b_i 到 v 的供货渠道，也可看作从 u 经过 b_i 到 v 的确定数据联系。如果用 w 替换 b_i，那么$\langle b_{i-1}, w\rangle$或$\langle w, b_{i+1}\rangle$可能不是 S 有向边，于是序列$\langle u, b_1\rangle, \langle b_1, b_2\rangle,\cdots, \langle b_{i-1}, w\rangle$或$\langle w, b_{i+1}\rangle,\cdots, \langle b_{n-1}, b_n\rangle, \langle b_n, v\rangle$可能不是 S 路径。但由于 w 和 b_i 同属于等价类$[b_i]_R$，即 $w\in[b_i]_R$ 且 $b_i\in[b_i]_R$，所以按照定义 2.1.4 下面讨论的解释说明，由$\langle u, b_1\rangle, \langle b_1, b_2\rangle,\cdots, \langle b_{i-1}, w\rangle$表示的从 u 到 w 的数据联系往往是粗糙数据联系，或由$\langle w, b_{i+1}\rangle,\cdots, \langle b_{n-1}, b_n\rangle, \langle b_n, v\rangle$表示的从 w 到 v 的数据联系是粗糙数据联系。这样的粗糙数据联系由粗糙数据推理 $u\models_R w$ 及 $w\models_R v$ 得到了刻画描述，因此本例进行的讨论展示了利用粗糙数据推理刻画粗糙数据联系的过程，表明了前述理论方法的近似描述功能。 □

如果观察上述 (5) 中的讨论，嵌入算法用于了对 $u\models_R w$ 及 $w\models_R v$ 的判定。嵌入算法与定理 2.4.2 具有密切的联系，又因为定理 2.4.2 建立在前期的工作之上，所以本例的讨论表明了理论用于实际的过程，粗糙数据推理用于粗糙数据联系描述的讨论是前边理论研究的实际应用。

2.5.2　进一步的说明

在例 2.3 中，粗糙数据推理 $u\models_{R_1}w$ 及 $w\models_{R_1}v$ 提供了企业之间潜在的供货渠道。具体而言，由于 S 有向边 $\langle a, b\rangle$ ($\in S$) 表示了从 a 到 b 的直接供货关系，所以 S 路径$\langle u, b_1\rangle, \langle b_1, b_2\rangle,\cdots, \langle b_{i-1}, b_i\rangle, \langle b_i, b_{i+1}\rangle,\cdots, \langle b_{n-1}, b_n\rangle, \langle b_n, v\rangle$ ($n\geqslant 1$) 展示了从 u 经 b_i ($1\leqslant i\leqslant n$) 到 v 的实际供货渠道。对于 $w\in[b_i]_{R_1}$，因为可能有 $\langle b_{i-1}, w\rangle\notin S$ 或者 $\langle w, b_{i+1}\rangle\notin S$，所以 b_{i-1} 可能不给 w 供货，或 w 可能不给 b_{i+1} 供货。然而，w 和 b_i 同属于等价类 $[b_i]_{R_1}$ (即 $w\in[b_i]_{R_1}$ 且 $b_i\in[b_i]_{R_1}$) 意味着 w 和 b_i 生产的产品相同，用 w 取代 b_i 是可行的。由此得到的新的供货渠道 $\langle u, b_1\rangle, \langle b_1, b_2\rangle,\cdots, \langle b_{i-1}, w\rangle, \langle w, b_{i+1}\rangle,\cdots, \langle b_{n-1}, b_n\rangle, \langle b_n, v\rangle$可通过关于 R_1 的粗糙数据推理 $u\models_{R_1}w$ 及 $w\models_{R_1}v$ 进行刻画。这样的刻画实际上展示了从 u 经 w 到 v 的潜在的供货路径，提供了供货路径的潜在信息，因为就目前而言可能有 $\langle b_{i-1}, w\rangle\notin S$ 或者 $\langle w, b_{i+1}\rangle\notin S$。同样，对于等价关系 R_2 或 R ($=R_1\cap R_2$)，可通过关于 R_2 或关于 R 的粗糙数据推理提供潜在的供

货渠道信息。因此，粗糙数据推理的数学推演，提供了潜在供货路径的判定方法，为企业管理、今后生产和规划制定提供了可参考的信息。同时也是对前述反复提及的粗糙数据推理可对不明确、非确定、似存在或潜存于数据之间的数据联系刻画描述的实例展示。

此外，为了使供货渠道具有更优化的潜在信息，对于 $w\in[b_i]_{R_1}$，可以给 w 赋予一个权，记作 $W(w)$。$W(w)$ 是一个正数，是对企业 w 综合信息的数值表示。对于 $w_1, w_2\in[b_i]_{R_1}$，由该例的讨论可知 $u\models_{R_1}w_1$ 及 $w_1\models_{R_1}v$ 并且 $u\models_{R_1}w_2$ 及 $w_2\models_{R_1}v$，它们分别表示从 u 经 w_1 到 v 的潜在供货渠道，以及从 u 经 w_2 到 v 的潜在供货渠道。如果 $W(w_2)>W(w_1)$，则可认为从 u 经 w_2 到 v 的渠道优于从 u 经 w_1 到 v 的渠道。因此加权的方法可以更有效地确定更优的供货路径，这将为企业管理、今后生产和规划的制定提供更有价值的参考信息。同时，该例的讨论也展示了作为数学工具的粗糙数据推理在粗糙数据联系描述方面的独特功能。

粗糙数据推理建立在等价关系和推理关系包含信息的融合处理之上，针对粗糙数据推理的研究以及得到的相关性质提供了粗糙数据联系的描述方法。由于粗糙数据推理与上近似密切相关，且推理建立在数据之间，所以粗糙数据推理不同于各种逻辑推理模式，针对粗糙数据推理的讨论展示了自身的研究思想。

由于粗糙数据推理紧密关联于上近似，所以上近似包含的近似信息必然融入到了一个数据粗糙推出另一数据的推理过程中，这是其他推理没有涉及的方面。另外，粗糙数据推理与下近似无任何联系，且传统粗糙集的研究中总是把上近似和下近似组合在一起展开讨论，所以粗糙数据推理的讨论建立了粗糙集理论不同的研究方法。同时对上近似的利用，以及由此建立的粗糙数据推理体现了对上近似所含信息的进一步认识。

需要强调的是，粗糙数据推理与定义 1.4.1 中的粒 $[a]_R$、与定义 1.4.6 关系融合形式的粒 $[a–R]$ 和 $[R–a]$，以及与上近似 $R^*([a–R])$ 包含的粒计算模式具有非常密切的联系。同时用于判定一个数据粗糙推出另一数据的 S_R 有向边或 S_R 路径由粒之间明确的关联信息确定产生，因此针对粗糙数据推理课题的讨论可以看作粒计算研究的一种方法。这种方法的特点体现在对粒 $[a]_R$，$[a–R]$ 或 $[R–a]$ 中数据和数据性质的利用，对上近似 $R^*([a–R])$ 包含信息的应用和针对上近似 $R^*([a–R])$ 中数据性质的分析等，这些都可以归为粒计算研究的范畴。

针对粗糙数据推理的讨论缘于实际当中的粗糙数据联系。虽然上述 2.1 节～2.4 节的讨论主要集中于理论方面的探索，但理论上的讨论是为了实际应用的目的。本节例 2.3 中的粗糙推理空间是产业链上企业按不同方法分类，企业供货之间的联系等各类信息组合为整体的数学模型，且基于该模型的粗糙数据推理不仅刻画了企业之间的供货路径，更提供了企业之间潜在的供货渠道，是粗糙数据推理描述不明确、非确定、似存在或潜存于数据之间数据联系的实例展示。因此上述的工作体现了理论联系实际、应用基于理论的研究理念。

同时有必要强调的是，例 2.3 中讨论的内容完全可以形成算法，由此可使产业链上的企业按不同方式进行分类，企业之间的供货渠道，以及通过粗糙数据推理形成的潜在供货路径等实际信息得到程序化处理，使企业管理智能化成为可能。因此，理论研究的结果，数学方法的产生是算法设计、程序编制的基础，是编程处理链条上最重要的环节。

2.6　树型推理空间与粗糙数据推理

在定义 2.1.1 中，我们构造了粗糙推理空间 $\boldsymbol{W}=(U, \boldsymbol{K}, S)$，这里 $\boldsymbol{K}=\{R_1, R_2,\cdots, R_n\}$是由等价关系 $R_1, R_2,\cdots, R_n\ (n\geqslant 1)$ 构成的集合。显然粗糙推理空间 $\boldsymbol{W}=(U, \boldsymbol{K}, S)$ 是粗糙集理论中近似空间 $\boldsymbol{M}=(U, R_i)$ 的扩展 $(R_i\in\{R_1, R_2,\cdots, R_n\})$，其中的推理关系 S 是结构扩展的具体体现。前述讨论中，最初对 S 没有过多的要求，只是论域 U 上的二元关系。进一步的讨论赋予了 S 一些特殊的性质，例如，在定理 2.3.2 中，推理关系 S 被赋予了自反的、对称的、传递的或良基的性质等，由此对粗糙数据推理展开了相关的讨论，得到了与对应性质相关联的结论。

除了要求推理关系 S 具有自反性、对称性、传递性或良基性外，如果对推理关系 S 进行特殊的要求，使 S 与树的概念联系起来，则粗糙推理空间 $\boldsymbol{W}=(U, \boldsymbol{K}, S)$ 中粗糙数据推理的特性是值得探究的问题。为了展开这方面的讨论，不妨通过下述例子进行直观的解释。

设 U 是某制造企业所有职工的集合，此时 U 构成一数据集。在生产实践中，为了生产、制造、产出、供货等生产管理方面的需要，往往针对数据集 U 中的数据(职工)实施有目的的分类，由此将对应产生数据集 U 的一种划分 P，由结论 1.4.1 可知，划分 P 可决定 U 上的等价关系 R，并由结论 1.4.3 有 $U/R=P$。利用这些信息可确定产生近似空间 $\boldsymbol{M}=(U, R)$，它记录了论域 U 中的数据，以及通过划分 $U/R\,(=P)$ 对数据集 U 实施分类的信息。除此之外，近似空间 $\boldsymbol{M}=(U, R)$ 往往还与其他信息存在联系。例如，U 中数据(即人员)的上下级关系就是一类重要的信息，这类信息没有在近似空间 $\boldsymbol{M}=(U, R)$ 中反映出来。从数学角度考虑，U 中人员的上下级关系可用 U 上的关系 $T(\subseteq U\times U)$ 进行表示，使得$\langle u, v\rangle\in T$ 当且仅当 u 是 v 的直接上级。进一步对上下级关系进行观察分析，可以看到企业主管、企业副主管、部门主管、部门副主管、团组主管，以及企业职工之间的上下级关系构成一棵树。所以可把 T 称为树型关系，它是近似空间 $\boldsymbol{M}=(U, R)$ 以外的信息。如果把树 T 引入近似空间 $\boldsymbol{M}=(U, R)$，那么可得到结构 $\boldsymbol{M}'=(U, R, T)$，它是粗糙推理空间 $\boldsymbol{W}=(U, \boldsymbol{K}, S)$ 中等价关系的集合，$\boldsymbol{K}$ 仅由一个等价关系构成，且推理关系是树的特殊情况。此时 $\boldsymbol{M}'=(U, R, T)$ 构成一粗糙推理空间，其中的推理关系是树型关系 T。

如此的粗糙推理空间 $\boldsymbol{M}'=(U, R, T)$ 使我们产生了引入树型推理空间，以及在其中讨论粗糙数据推理的想法。首先我们针对树型推理空间的结构和定义展开讨论。

2.6.1 树型推理空间

树型推理空间是粗糙推理空间的一种特殊形式。它的构成与论域 U、等价关系 R 和树 T 密切相关。论域 U 是数据的集合，即数据集；R 将确定 U 的划分；树 T 是 U 上一满足相应条件的二元关系。所以，为了定义树型近似空间，树的构成是需要明确和熟悉的内容。首先，我们对与树相关的一些概念进行讨论。

定义 2.6.1 设 U 是一数据集，T 是 U 上的关系，即 $T\subseteq U\times U$。

(1) 对于 $\langle a, b\rangle\in T$，序偶 $\langle a, b\rangle$ 称为 T 有向边，a 和 b 分别称为该 T 有向边的始数据和终数据。

(2) T 有向边的序列 $\langle a, b_1\rangle, \langle b_1, b_2\rangle, \langle b_2, b_3\rangle,\cdots, \langle b_{n-1}, b_n\rangle, \langle b_n, b\rangle\ (n\geqslant 0)$ 称为从 a 到 b 的 T 路径，a 和 b 分别称为该 T 路径的始数据和终数据。

(3) 对于数据 $u\in U$，如果存在数据 $v\in U$，使得 $\langle v, u\rangle\in T$ 或 $\langle u, v\rangle\in T$，则称数据 u 与 T 相关。 □

当数据 u 与 T 相关时，存在数据 $v\in U$，使得 $\langle v, u\rangle\in T$ 或 $\langle u, v\rangle\in T$，这也表明数据 v 也与 T 相关。

实际上，这里的 T 有向边和 T 路径与定义 2.1.2 中的 S 有向边和 S 路径是一致的，再次表明这些概念是出于整体性和可读性的考虑，也是为了用 T 对树进行表示。当 T 满足一定条件时，T 便形成树型的二元关系，我们给出如下定义。

定义 2.6.2 设 T 是 U 上的关系，即 $T\subseteq U\times U$，如果 T 满足下述的条件 (1) 和 (2)，则称 T 是 U 上的树：

(1) 存在唯一的数据 $r\in U$，使得 r 与 T 相关，同时 r 只作为 T 有向边的始数据，不作为终数据，即对于任意的 $b\in U$，有 $\langle b, r\rangle\notin T$，并且存在 $a\in U$，使得 $\langle r, a\rangle\in T$。此时称 r 为 T 的根。

(2) 除根 r 外，对于与 T 相关的其他任意数据 u，有且仅有唯一一条 T 路径以根 r 为始数据，以 u 为终数据。 □

树还有其他定义方法，这里不再赘述。按上述定义，图 2.2 就是一棵树。

如果将该树记作 T，那么 r 就是根，带有箭头的线段是 T 有向边，如 $\langle r, 1\rangle$, $\langle r, 2\rangle, \langle 1, 5\rangle, \langle 10, 15\rangle\ (\in T)$ 等都是 T 有向边。而且易见，从根 r 到与 T 相关的其他数据均存在唯一的 T 路径，如 $\langle r, 3\rangle, \langle 3, 7\rangle, \langle 7, 13\rangle$ 是从 r 到 13 的唯一的 T 路径。

在图 2.2 中，如果增加一条 T 有向边 $\langle 10, 6\rangle$，则从根 r 到 6 就存在两条 T 路径 $\langle r, 1\rangle, \langle 1, 4\rangle, \langle 4, 10\rangle, \langle 10, 6\rangle$ 和 $\langle r, 1\rangle, \langle 1, 6\rangle$，此时 T 就不满足定义 2.6.2(2) 的条件，所以图 2.2 中增加一条 T 有向边后新得到的关系将不再是树。实际上，在

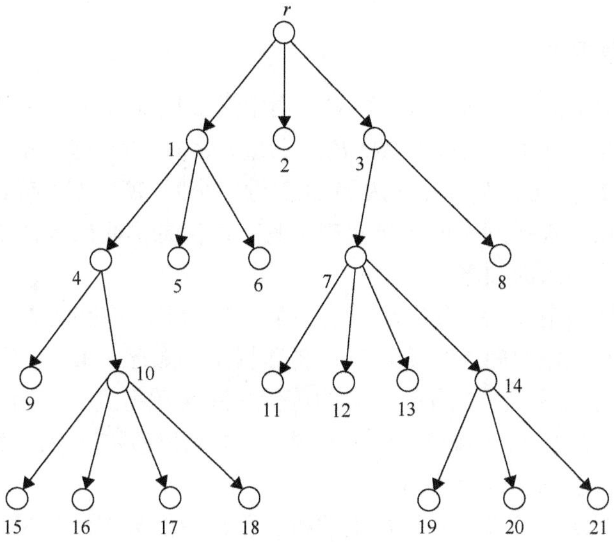

图 2.2　树 T

图 2.2 中增加 T 有向边 ⟨10, 6⟩后，如果无视 T 有向边的方向，则可对应产生 T 无向边，在这种情况下，T 无向边的序列 (1, 4), (4, 10), (10, 6), (6, 1) 构成了回路，这里 (1, 4), (4, 10), (10, 6) 和 (6, 1) 分别是对应于 T 有向边 ⟨1, 4⟩, ⟨4, 10⟩, ⟨10, 6⟩ 和 ⟨1, 6⟩的 T 无向边，注意 T 有向边 ⟨1, 6⟩对应的 T 无向边为 (6, 1) 和 (6, 1) 均可以，因为无视方向后，(6, 1) 和 (6, 1) 是相同的。所以在对树 T 进行定义时，也可以把无回路作为条件之一。下面的讨论将围绕 T 是树的情况展开。

在定义 2.6.2(1) 中，对于根 r，要求存在 $a \in U$，使得 $\langle r, a\rangle \in T$。此条件意味着除了根 r 外，树 T 还需涉及其他数据，即我们不考虑仅涉及一个数据 (即仅存在根) 的树，因为此时的树过于简单，无考虑的价值。

设 T 是 U 上的树，此时 U 中的任意数据均可与 T 相关 (见定义 2.6.1(3))，即对任意的 $u \in U$，存在 $v \in U$，使得 $\langle u, v\rangle \in T$ 或 $\langle v, u\rangle \in T$；也可以存在数据 $u \in U$，使对任意的 $v \in U$，有 $\langle u, v\rangle \notin T$ 且 $\langle v, u\rangle \notin T$，此时数据 u 不与 T 相关。下面的讨论中，当 U 中的任意数据均与 T 相关时，将会明确指出，否则 U 中的任意数据均可与 T 相关，或存在 U 中的数据不与 T 相关的种情况都许可。

定义 2.6.3　给定论域 U，设 R 是 U 上的等价关系，T 是 U 上的树，称 U, R 和 T 组成的结构为树型推理空间，记作 $\boldsymbol{M}=(U, R, T)$，其中树 T 仍称为推理关系。　□

树型推理空间 $\boldsymbol{M}=(U, R, T)$ 是粗糙推理空间 $\boldsymbol{W}=(U, \boldsymbol{K}, S)$ 的特殊情况。树型推理空间 $\boldsymbol{M}=(U, R, T)$ 仅涉及一个等价关系 R，而在粗糙推理空间 $\boldsymbol{W}=(U, \boldsymbol{K}, S)$ 中，$\boldsymbol{K}$ 是等价关系的集合。同时在树型推理空间 $\boldsymbol{M}=(U, R, T)$ 中，推理关系 T 是树，与粗糙推理空间 $\boldsymbol{W}=(U, \boldsymbol{K}, S)$ 的推理关系 S 相比，树 T 需要满足更多的条件。

2.6.2　分层推理空间

对于一粗糙推理空间 $\boldsymbol{W}=(U, \boldsymbol{K}, S)$，由定义 2.1.1 可知，$\boldsymbol{W}=(U, \boldsymbol{K}, S)$ 是把推理关系 S 扩入信息空间 $\mathbf{IS}'=(U, \{R_1, R_2,\cdots, R_n\})$ 后得到的，这里 $\boldsymbol{K}=\{R_1, R_2,\cdots, R_n\}$。由于信息空间 $\mathbf{IS}'=(U, \{R_1, R_2,\cdots, R_n\})$ 涵盖近似空间 $\boldsymbol{M}=(U, R_i)$，其中 $R_i\in\{R_1, R_2,\cdots, R_n\}$，所以粗糙推理空间的确定产生具有以信息空间或近似空间为基础、再在其中引入推理关系的顺序。

对于树型推理空间 $\boldsymbol{M}=(U, R, T)$，在某些情况下，该空间 $\boldsymbol{M}=(U, R, T)$ 的产生可以不具有在近似空间 $\boldsymbol{M}'=(U, R)$ 中扩入树 T 的顺序。$\boldsymbol{M}=(U, R, T)$ 的构建可以是在树 T 确定之后，由 T 确定 U 上的等价关系 R 后得到的空间结构，这体现了从结构 $\boldsymbol{W}'=(U, T)$ 出发，确定等价关系 R，再得到树型推理空间 $\boldsymbol{M}=(U, R, T)$ 的顺序。现不妨通过例子说明该问题。

设 U 是论域或数据集，T 是 U 上的树，且 U 中的数据均与树 T 相关，即对任意的 $u\in U$，存在 $v\in U$，使得 $\langle u, v\rangle\in T$ 或 $\langle v, u\rangle\in T$。等价关系 R 由树 T 对节点的分层得到的划分予以确定：T 的根构成第 0 层，由根出发通过一条 T 有向边到达的数据子集构成第 1 层，由第 1 层的数据出发通过一条 T 有向边到达的数据子集构成第 2 层，…，各层的子集构成 U 的划分，等价关系 R 由此划分确定产生（见结论 1.4.1），这样树型推理空间 $\boldsymbol{M}=(U, R, T)$ 就得以确定。定义 1.4.7 把划分中的子集称为粒，所以树型推理空间 $\boldsymbol{M}=(U, R, T)$ 的构造体现了粒计算的数据处理方式。具体地，考虑图 2.2 中的树 T，T 的第 0 层对应着粒$\{r\}$，仅由根 r 构成，第 1 层的数据子集或粒是$\{1, 2, 3\}$，第 2 层的数据子集或粒是$\{4, 5, 6, 7, 8\}$，第 3 层的数据子集或粒是$\{9, 10, 11, 12, 13, 14\}$，第 4 层的数据子集或粒是$\{15, 16, 17, 18, 19, 20, 21\}$，各层的构成情况可从图 2.2 一目了然。此时各层粒的集合$\{\{r\}, \{1, 2, 3\}, \{4, 5, 6, 7, 8\}, \{9, 10, 11, 12, 13, 14\}, \{15, 16, 17, 18, 19, 20, 21\}\}$是论域 U 的一种划分，子集$\{r\}, \{1, 2, 3\}, \{4, 5, 6, 7, 8\}, \{9, 10, 11, 12, 13, 14\}$和$\{15, 16, 17, 18, 19, 20, 21\}$都是定义 1.4.7 确定的粒。此划分可确定论域 U 上的等价关系 R，使对于 $u, v\in U$，$\langle u, v\rangle\in R$ 当且仅当 u 和 v 属于同一粒（见结论 1.4.1 的证明）。此种处理展示了从结构 $\boldsymbol{W}'=(U, T)$ 出发，到树型推理空间 $\boldsymbol{M}=(U, R, T)$ 的构建形成过程。

一般情况下，对于树型推理空间 $\boldsymbol{M}=(U, R, T)$，当论域 U 中的数据均与树 T 相关时，T 各层粒构成的子集$\{S\mid S$ 是 T 中某层的数据子集构成的粒$\}$是 U 的划分。若等价关系 R 由此划分确定产生，则等价关系 R 依树 T 而存在，我们对此类树型推理空间给予专门的考虑。

定义 2.6.4　设 $\boldsymbol{M}=(U, R, T)$ 是树型推理空间，且论域 U 中的数据均与树 T 相关。若 $U/R=\{S\mid S$ 是 T 中某层的数据子集构成的粒$\}$，即等价关系 R 由划分$\{S\mid S$ 是 T 中某层的数据子集构成的粒$\}$所确定，则称等价关系 R 基于树 T 确定产生，

此时称结构 $\boldsymbol{M}=(U, R, T)$ 为分层推理空间，划分 $\{S \mid S$ 是 T 中某层的数据子集构成的粒$\}$ 称为树 T 确定的 U 的分层划分。 □

分层推理空间 $\boldsymbol{M}=(U, R, T)$ 一定是树型推理空间，其中的等价关系 R 由树 T 确定的 U 的分层划分所确定，即 R 基于树 T 确定产生。此时的等价关系 R 与树 T 确定的 U 的分层划分联系在一起，所以把 $\boldsymbol{M}=(U, R, T)$ 称为分层推理空间。而当 $\boldsymbol{M}=(U, R, T)$ 是树型推理空间时，定义 2.6.3 仅表明 R 是 U 上的等价关系，并未要求 R 与树 T 之间具有一个确定另一个的联系，此时树型推理空间可以不是分层推理空间。这表明分层推理空间是树型推理空间的一种特殊形式。又因为树型推理空间是粗糙推理空间的特殊情况，所以分层推理空间也是特殊的粗糙推理空间。

由于分层推理空间 $\boldsymbol{M}=(U, R, T)$ 中的等价关系 R 基于树 T 确定产生，即由树 T 确定的 U 的分层划分所确定，而划分中的子集是定义 1.4.7 确定的粒，因此分层推理空间 $\boldsymbol{M}=(U, R, T)$ 的构建与粒计算的数据处理方法密切相关。

鉴于分层推理空间 $\boldsymbol{M}=(U, R, T)$ 的产生特点，其中的粗糙数据推理必然也呈现自身的特性，这正是如下将要展开的讨论。

2.6.3　分层推理空间中的粗糙数据推理

在分层推理空间 $\boldsymbol{M}=(U, R, T)$ 中，树 T 的每一层构成一 R 等价类形式的粒，且任意一 R 等价类形式的粒对应树 T 的某一层。我们约定：由树 T 的根 r 构成的粒称为第 0 层，由根出发通过一条 T 有向边到达的数据构成的粒称为第 1 层，由第 1 层的数据出发通过一条 T 有向边到达的数据构成的粒称为第 2 层等。对于层次，称第 1 层的层次 1 小于第 2 层的层次 2 等。对于分层推理空间中的粗糙数据推理，数据在树 T 中的位置将起决定作用，下述定理给予了明确的答案。

定理 2.6.1　设树型推理空间 $\boldsymbol{M}=(U, R, T)$ 是分层推理空间。对于 $a, b \in U$，如下结论成立：

(1) 如果数据 a 位于树 T 的第 i 层，数据 b 位于树 T 的第 j 层，并且 a 的层次小于 b 的层次，即 $i<j$，则 $a \models_R b$。

(2) 如果 $a \models_R b$，则 a 的层次小于 b 的层次，即数据 a 位于树 T 的第 i 层，数据 b 位于树 T 的第 j 层，且 $i<j$。

证明　(1) 在树 T 中，从根 r 到数据 b 存在 T 路径。若 $a=r$，则由定理 2.2.1(2) 可知，$a \models_R b$。

设 $a \neq r$，并设从根 r 到数据 b 的 T 路径为 $\langle r, b_1\rangle, \langle b_1, b_2\rangle, \cdots, \langle b_n, b\rangle$。由于该 T 路径经过从根 r 到 b 所在第 j 层之间的每一层，而数据 a 位于第 i 层，同时由于 $i<j$，故有如下两种情况：

① 数据 a 在 T 路径 $\langle r, b_1\rangle, \langle b_1, b_2\rangle, \cdots, \langle b_n, b\rangle$ 中出现，设 $a=b_i\ (1 \leqslant i \leqslant n)$。此时，$\langle a, b_{i+1}\rangle, \langle b_{i+1}, b_{i+2}\rangle, \cdots, \langle b_n, b\rangle$ 是从数据 a 到数据 b 的 T 路径。于是由定理

2.2.1(2)，可得 $a \models_R b$。

②数据 a 不在 T 路径 $\langle r, b_1\rangle, \langle b_1, b_2\rangle, \cdots, \langle b_n, b\rangle$ 中出现，此时该 T 路径中含有与 a 位于同一层的数据 b_i $(1 \leqslant i \leqslant n)$，且 $\langle b_i, b_{i+1}\rangle, \langle b_{i+1}, b_{i+2}\rangle, \cdots, \langle b_n, b\rangle$ 是从数据 b_i 到数据 b 的 T 路径，利用定理 2.2.1(2)，可得 $b_i \models_R b$。由于分层推理空间中每一 R 等价类形式的粒对应树 T 的某一层，且数据 a 与数据 b_i 位于同一层，所以 $a \in [b_i]_R$。由定理 2.2.3(4) 即可推得 $a \models_R b$。

(2) 设 $a \models_R b$，则由定理 2.3.1(3)，存在从粒 $[a]_R$ 到粒 $[b]_R$ 的 T_R 路径 $\langle [a]_R, [u_{i+1}]_R\rangle$, $\langle [u_{i+1}]_R, [u_{i+2}]_R\rangle, \cdots, \langle [u_{j-1}]_R, [b]_R\rangle$ $(j \geqslant 1)$。此时 R 等价类 $[a]_R$ 和 $[b]_R$ 都是树 T 中某层构成的粒，且 $[a]_R$ 和 $[b]_R$ 必定是不同的层，因为在树 T 中，T 有向边都是从上一层的数据指向下一层的数据，所以每一 T_R 有向边也是从上一层指向下一层。因此，如果 R 等价类 $[a]_R$ 是第 i 层的粒，$[b]_R$ 是第 j 层的粒，则 $i < j$。由于 $a \in [a]_R$ 以及 $b \in [b]_R$，所以 a 所在的层次 i 小于 b 所在的层次 j，即 $i < j$。 □

对于数据 $a, b \in U$，当 a 位于树 T 的第 i 层，b 位于第 j 层，且 $i < j$ 时，称数据 a 在数据 b 之上。因此该定理表明，在分层推理空间 $\boldsymbol{M} = (U, R, T)$ 中，如果数据 a 在数据 b 之上，那么 $a \models_R b$ 成立。反之，当 $a \models_R b$ 时，数据 a 必然在数据 b 之上。故在分层推理空间 $\boldsymbol{M} = (U, R, T)$ 中，数据之间的位置与数据关于 R 是否粗糙推出另一数据的粗糙数据推理是等价的。如果与 T 路径相比，仅对数据位置的考虑意味着条件的宽松，因为从数据 a 到数据 b 的 T 路径不仅表明 a 在 b 之上，即位置得到了确定，同时还记录了数据 a 与数据 b 之间数据关联的确定数据联系。此时的推理 $a \models_R b$ (由定理 2.2.1(2)) 是粗糙数据推理保持确定数据联系的体现，是对粗糙数据推理的基本要求。如果把 T 路径对应的粗糙数据推理看作对确定数据联系的继承，那么数据位置关系确定的粗糙数据推理便是确定数据联系的推广，是粗糙数据推理描述粗糙数据联系，建立近似描述方法所希望达到的目标。

在实际中，当分层推理空间 $\boldsymbol{M} = (U, R, T)$ 中的树 T 反映上下级隶属关系时，数据 a 关于 R 粗糙推出数据 b，即 $a \models_R b$，表示 a 的职务高于 b 的职务。此时如果 b 不明确隶属于 a，即不存在从 a 到 b 的 T 路径，则可认为 b 近似或粗糙隶属于 a，即 b 某种程度上隶属于职务高于自身的 a，这种情况在实际当中往往是可以接受的。例如，教育系统的人员虽不隶属于文化局局长，但由于文化局局长和教育局局长是同一级别的领导，两局长在上下级隶属关系的树型表示中位于相同的层次，所以文化局局长对教育系统的人员往往具有行政影响力。

2.6.4 分层推理空间的扩展及粗糙数据推理

粗糙数据推理刻画粗糙数据联系的描述功能还可通过对分层推理空间的扩展得以推广，由此通过粗糙数据推理，可以刻画描述实际当中具有一定特点的粗糙数据联系，下面展开这方面的讨论分析。

设 $\boldsymbol{M}=(U, R, T)$ 是分层推理空间，此时 $U/R=\{S_0, S_1,\cdots, S_k\}$，其中 $S_0=\{r\}$，即 r 是树 T 的根，$S_i(i=1, 2,\cdots, k)$ 是 T 的第 i 层数据构成的粒，实际上，$S_0, S_1,\cdots, S_k$ 就是定义 1.4.7 确定的粒。现将 U 进行扩展，选取 U 以外的数据 u 和 v，并令 $U'=U\cup\{u, v\}$，则 U 被扩展成了 U'。再将 U 上的等价关系 R 扩展为 U' 上的等价关系 R'，使得 $R\subseteq R'$。这只要考虑 U' 的某一划分即可，因为 U' 上的等价关系与 U' 的划分之间一一对应（见结论 1.4.5）。由于 $U/R=\{S_0, S_1,\cdots, S_k\}$，此时通过 U 的划分 $U/R=\{S_0, S_1,\cdots, S_k\}$ 可确定 U' 的划分 S'，具体做法如下：

(1) $S'=\{S_0', S_1,\cdots, S_{k-1}, S_k'\}$，其中 $S_0'=S_0\cup\{u\}=\{r, u\}$，$S_k'=S_k\cup\{v\}$，而粒 $S_1, S_2,\cdots, S_{k-1}$ 与 $U/R=\{S_0, S_1,\cdots, S_k\}$ 中的对应粒相同。

(2) 则 $S'=\{S_0', S_1,\cdots, S_{k-1}, S_k'\}$ 是 U' 的划分，是将新增添的数据 u 加入 $U/R=\{S_0, S_1,\cdots, S_k\}$ 的粒 S_0 中得到 S_0'，将新增添的数据 v 加入 $U/R=\{S_0, S_1,\cdots, S_k\}$ 的粒 S_k 中得到 S_k'，且 $U/R=\{S_0, S_1,\cdots, S_k\}$ 中其他粒仍保留的结果。

(3) 令 R' 是划分 $S'=\{S_0', S_1,\cdots, S_{k-1}, S_k'\}$ 确定的 U' 上的等价关系，则由结论 1.4.3，$U'/R'=S'=\{S_0', S_1,\cdots, S_{k-1}, S_k'\}$。注意到 $S_0\subseteq S_0'$ 且 $S_k\subseteq S_k'$，以及划分 $U/R=\{S_0, S_1,\cdots, S_k\}$ 确定等价关系 R，划分 $U'/R'=\{S_0', S_1,\cdots, S_{k-1}, S_k'\}$ 确定等价关系 R' 的事实，根据结论 1.4.1 证明过程中划分确定等价关系的定义，容易推得 $R\subseteq R'$。

(4) 此时得到树型推理空间 $\boldsymbol{M}'=(U', R', T)$，与分层推理空间 $\boldsymbol{M}=(U, R, T)$ 相比，U' 和 R' 分别是 U 和 R 的扩展，这是通过把新增数据 u 和 v 分别添加到 $U/R=\{S_0, S_1,\cdots, S_k\}$ 的粒 S_0 和 S_k 中后的处理结果。数据 u 和 v 与树 T 无关，树 T 没有改变，所以在 $\boldsymbol{M}'=(U', R', T)$ 中，树 T 仍作为推理关系。此时划分 $U'/R'=\{S_0', S_1,\cdots, S_{k-1}, S_k'\}$ 的粒 S_0' 和 S_k' 并不是树 T 的某一层，所以 $\boldsymbol{M}'=(U', R', T)$ 是树型推理空间，并不满足分层推理空间的定义，因为按照定义 2.6.4，分层推理空间中等价关系 R 的每一 R 等价类形式的粒一定是树 T 的某一层。

(5) 不过可以肯定的是，树型推理空间 $\boldsymbol{M}'=(U', R', T)$ 由分层推理空间 $\boldsymbol{M}=(U, R, T)$ 确定产生，是分层推理空间 $\boldsymbol{M}=(U, R, T)$ 的扩展，可将 $\boldsymbol{M}'=(U', R', T)$ 称为扩展分层推理空间。此时由于 $U'/R'=\{S_0', S_1,\cdots, S_{k-1}, S_k'\}$，且 S_0' 是 T 的第 0 层 S_0 的扩展，所以可以把 S_0' 称为扩展分层推理空间 $\boldsymbol{M}'=(U', R', T)$ 的第 0 层；由于 S_k' 是树 T 第 k 层 S_k 的扩展，可以把 S_k' 称为扩展分层推理空间 $\boldsymbol{M}'=(U', R', T)$ 的第 k 层；S_i $(i=1, 2,\cdots, k-1)$ 与树 T 的第 i 层相同，所以可把 S_i $(i=1, 2,\cdots, k-1)$ 称为扩展分层推理空间 $\boldsymbol{M}'=(U', R', T)$ 的第 i 层。

(6) 现可在扩展分层推理空间 $\boldsymbol{M}'=(U', R', T)$ 中讨论粗糙数据推理：

考虑 U' 中的两个数据 r 和 b，即 $r, b\in U'$，这里 r 是树 T 的根，即 $r\in S_0'$，数据 b 不是新扩入的数据 u 和 v，且 $b\in S_k'$，即 b 属于扩展分层推理空间 $\boldsymbol{M}'=(U', R', T)$ 的第 k 层。此时数据 r 和 b 均与树 T 相关，由树 T 的构造可知，存在从根 r 到 b 的 T 路径。因此由定理 2.2.1(2)，有 $r\models_{R'} b$。

由数据 r 和 b 有目的选取可知：$[r]_{R'}=S_0'(=\{r, u\})$ 且 $[b]_{R'}=S_k'(=S_k\cup\{v\})$，于是 $u\in[r]_{R'}=S_0'$ 且 $v\in[b]_{R'}=S_k'$。因为 $r\models_{R'}b$，所以由定理 2.2.3(3)和(4)，可以推得 $r\models_{R'}v$，$u\models_{R'}b$ 以及 $u\models_{R'}v$。由于数据 u 和 v 与树 T 无关，这些粗糙数据推理并不是从 r 到 v，从 u 到 b，以及从 u 到 v 的 T 路径所确定，而是把粗糙数据联系寓于粗糙数据推理之中，体现了粗糙数据推理的近似描述特性。

(7) 从分层推理空间 $\boldsymbol{M}=(U, R, T)$ 到扩展分层推理空间 $\boldsymbol{M}'=(U', R', T)$，以及 $\boldsymbol{M}'=(U', R', T)$ 中的粗糙数据推理可与实际例子相联系，请看如下讨论。

例如，设分层推理空间 $\boldsymbol{M}=(U, R, T)$ 中的树 T 反映上下级隶属关系，其中 $U/R=\{S_0, S_1,\cdots, S_k\}$，$S_0=\{r\}$ 且 r 是树 T 的根，根 r 表示树 T 反映的上下级隶属关系的最高领导。考虑 U 以外的两个数据 u 和 v，其中 u 是 r 的妻子，v 是 S_k 中某人员 b 的妻子。令 $U'=U\cup\{u, v\}$，使得 $U'/R'=\{S_0', S_1,\cdots, S_{k-1}, S_k'\}$，其中 $S_0'=S_0\cup\{u\}=\{r, u\}$，$S_k'=S_k\cup\{v\}$，于是得到扩展分层推理空间 $\boldsymbol{M}'=(U', R', T)$，由(6)中的讨论可知 $r\models_{R'}v$，$u\models_{R'}b$ 以及 $u\models_{R'}v$。这些粗糙数据推理反映的粗糙数据联系可以在实际中得到解释，$r\models_{R'}v$ 表示领导 r 对员工 b 的妻子 v 具有行政影响力；$u\models_{R'}b$ 表示领导 r 的妻子 u 对员工 b 具有行政影响力；$u\models_{R'}v$ 表示领导 r 的妻子 u 对员工 b 的妻子 v 具有行政影响力。这些行政影响力在实际中是客观存在的，甚至是被接受的。

(8) 上述的扩展分层推理空间 $\boldsymbol{M}'=(U', R', T)$ 仅是在分层推理空间 $\boldsymbol{M}=(U, R, T)$ 中扩入两个数据 u 和 v 后的结果。这种做法可以一般化，使得从 $\boldsymbol{M}=(U, R, T)$ 到扩展分层推理空间 $\boldsymbol{M}'=(U', R', T)$ 的扩展更具一般性，具体做法如下。

设 $\boldsymbol{M}=(U, R, T)$ 是分层推理空间，且 $U/R=\{S_0, S_1,\cdots, S_k\}$。对于 $S_i\in U/R\ (i=0, 1,\cdots, k)$，把 S_i 扩展为 $S_i'=S_i\cup D_i$，其中 $D_i\ (i=0, 1,\cdots, k)$ 是数据的集合。

在数据集 $D_0, D_1,\cdots, D_k$ 中，可以存在某些 $D_i=\varnothing$ 的情况 $(0\leqslant i\leqslant k)$。令 $U'=U\cup D_0\cup D_1\cup\cdots\cup D_k$，$S'=\{S_0', S_1',\cdots, S_k'\}$ 以及 $R'=(S_0'\times S_0')\cup(S_1'\times S_1')\cup\cdots\cup(S_k'\times S_k')$。此时如果 $S'=\{S_0', S_1',\cdots, S_k'\}$ 是 U' 的划分(即当 $i\neq j$ 时，$S_i'\cap S_j'=\varnothing$)，则 R' 是 S' 确定的 U' 上的等价关系；如果 $S'=\{S_0', S_1',\cdots, S_k'\}$ 是 U' 的覆盖(即存在 i 和 j，使得 $S_i'\cap S_j'\neq\varnothing$)，则 R' 是 S' 确定的 U' 上的相容关系(即 R' 在 U' 上满足自反性和对称性)。因此，R' 是 U' 上的等价关系或相容关系，且有 $R\subseteq R'$，于是得到 $\boldsymbol{M}'=(U', R', T)$，如下仍把 $\boldsymbol{M}'=(U', R', T)$ 称为 $\boldsymbol{M}=(U, R, T)$ 的扩展分层推理空间。

由 $\boldsymbol{M}=(U, R, T)$ 得到 $\boldsymbol{M}'=(U', R', T)$ 的做法主要体现在对树 T 每一层的扩展，使 T 的第 $i\ (i=0, 1,\cdots, k)$ 层构成的粒 S_i 扩展为 $S_i'=S_i\cup D_i$。下面把 S_i' 称为扩展分层推理空间 $\boldsymbol{M}'=(U', R', T)$ 的第 $i\ (i=0, 1,\cdots, k)$ 层。与定理 2.6.1 的结论相同，扩展分层推理空间 $\boldsymbol{M}'=(U', R', T)$ 中的粗糙数据推理由数据位于的层次所决定，不妨总结为如下定理。

定理 2.6.2 设 $\boldsymbol{M}=(U, R, T)$ 是分层推理空间，$\boldsymbol{M}'=(U', R', T)$ 是 $\boldsymbol{M}=(U, R, T)$ 的扩展分层推理空间，对于 $a, b\in U$，如下结论成立：

如果数据 a 位于 $\boldsymbol{M}'=(U', R', T)$ 的第 i 层，数据 b 位于 $\boldsymbol{M}'=(U', R', T)$ 的第 j 层，则 $a\models_{R'} b$ 当且仅当 $i<j$。

证明 当扩展分层推理空间 $\boldsymbol{M}'=(U', R', T)$ 中的关系 R' 是 U' 上的等价关系时，其证明过程与定理 2.6.1 的证明完全相同。

当扩展分层推理空间 $\boldsymbol{M}'=(U', R', T)$ 中的关系 R' 是 U' 上的相容关系时，这涉及等价关系拓展为相容关系的理论研究，该理论研究可作为今后探究的内容。此时不妨认可 $a\models_{R'} b$ 当且仅当 $i<j$ 的结论。如此认可是可以接受的，因为这不仅与定理 2.6.1 的结论相一致，同时利用了 R' 蕴含的层次信息。特别地，这样的认可可以在具体问题讨论中得到应用（见接下来的讨论）。 □

(9) 分层推理空间以及扩展分层推理空间可以与实际例子联系在一起，不妨考虑如下具体问题。

设 U 是中华人民共和国各级行政区划的数据集，且 $U=S_0\cup S_1\cup S_2\cup S_3\cup S_4$，其中 S_0, S_1, S_2, S_3 和 S_4 的数据组成如下：

$S_0=\{r\}$，r 表示中华人民共和国；

$S_1=\{x\mid x$ 是国家的省、自治区或直辖市$\}$；

$S_2=\{x\mid x$ 是国家的地区或地级市$\}$；

$S_3=\{x\mid x$ 是国家的县或县级市$\}$；

$S_4=\{x\mid x$ 是国家的乡或镇$\}$。

于是 $U=S_0\cup S_1\cup S_2\cup S_3\cup S_4$ 由国家的各级行政区域构成，现构造 U 上的树 $T\subseteq U\times U$：

$T=\{\langle u, v\rangle\mid u, v\in U$ 且 v 直接隶属于 $u\}$。

这里的直接隶属意味着无中间环节，如某地级市 v 直接隶属于某省 u，而该地级市 v 下辖的一个县 x 不直接隶属于该省 u，因为 u 和 x 之间含有地级市 v 这个中间环节，于是 $|u, v|\in T$。由于省或直辖市直接隶属于国家，所以如果 a 表示一个省，则 $|r, a|\in T$。这种直接隶属关系使 T 形成一棵树，S_i $(i=0, 1, 2, 3, 4)$ 分别是树 T 的第 i 层。

令 $S=\{S_0, S_1, S_2, S_3, S_4\}$，则 S 是数据集 U 的划分，由此确定产生 U 上的等价关系 R，于是得到分层推理空间 $\boldsymbol{M}=(U, R, T)$。

如果 $\boldsymbol{M}'=(U', R', T)$ 是 $\boldsymbol{M}=(U, R, T)$ 的扩展分层推理空间，则 $\boldsymbol{M}'=(U', R', T)$ 可以反映行政区划的变化情况。此时 U' 上的等价关系或相容关系 R' 由 U' 的划分或覆盖 $S'=\{S_0', S_1', S_2', S_3', S_4'\}$ 确定产生，S_i' 可以是 S_i 的扩展，也可以有 $S_i'=S_i$ $(0\leqslant i\leqslant 4)$，且 $R'=(S_0'\times S_0')\cup(S_1'\times S_1')\cup\cdots\cup(S_k'\times S_k')$。现考虑 S_1'，令 $S_1'=S_1\cup\{$海南省，重庆市$\}$，这里 S_1 表示多年前的省级行政区划。多年前，海南不是省（1988 年海

南省成立)，重庆市也不是直辖市(1997 年重庆成为直辖市)，所以 S_1 中不包含海南省和重庆市。目前它们已成为省或直辖市，所以 $S_1'=S_1\cup\{$海南省，重庆市$\}$。同样 S_2' 是 S_2 的扩展或两者相同，S_3' 是 S_3 的扩展或两者相同，S_4' 是 S_4 的扩展或两者相同。

在扩展分层推理空间 $\boldsymbol{M}'=(U', R', T)$ 中，树 T 没有变化，与 $\boldsymbol{M}=(U, R, T)$ 中的树 T 相同。此时由于重庆市既位于 $\boldsymbol{M}'=(U', R', T)$ 的第 1 层 S_1' 中，也位于 $\boldsymbol{M}'=(U', R', T)$ 的第 2 层 S_2' 中(因为未将重庆市从 S_2 中删除)。如果用 a 表示重庆市，则由定理 2.6.2 有 $a\models_{R'} a$，该粗糙数据推理提供了 a 是升格不久行政区划的信息。

所以在扩展分层推理空间 $\boldsymbol{M}'=(U', R', T)$ 中，对于 $x, y\in U'$，如果 $x\models_{R'} y$，无论 y 是否存在于隶属 x 的隶属关系，但可以肯定的是，x 位于 y 之上，这意味着 x 是比 y 更大的行政区划，或当 $x=y$ 时，x 是升格不久的行政区划。

在分层推理空间 $\boldsymbol{M}=(U, R, T)$ 的基础上，得到扩展分层推理空间 $\boldsymbol{M}'=(U', R', T)$ 的方法与树 T 确定的 U 的分层划分密切相关，是对树 T 每一层数据构成的粒实施扩展的结果。因此，从分层推理空间 $\boldsymbol{M}=(U, R, T)$ 到扩展分层推理空间 $\boldsymbol{M}'=(U', R', T)$ 的拓展与粒度变化的数据处理密切相关。粒度变化是粒计算关注的问题，这里的讨论为粒度和粒度变化的讨论增添了内容。

在分层推理空间 $\boldsymbol{M}=(U, R, T)$ 中，仅涉及一个等价关系 R，其扩展分层推理空间 $\boldsymbol{M}'=(U', R', T)$ 中，也仅涉及一个等价或相容关系 R'。关于 R 或 R' 的粗糙数据推理由数据位于的层次所决定，上层的数据粗糙推出下层的数据(见定理 2.6.1 和定理 2.6.2)。这使粗糙数据推理显得过于粗糙，或欠缺精确。为了使粗糙数据推理更趋于精确信息，可拓展 $\boldsymbol{M}=(U, R, T)$ 中等价关系的个数，使得分层推理空间中涉及多个等价关系，这是 2.7 节展开的讨论。

2.7　分层推理空间的细化

本节将对分层推理空间 $\boldsymbol{M}=(U, R, T)$ 进行细化，细化意味着对树 T 的每一层进行适当的处理，得到 U 的分层划分的细分，从而产生细化分层空间。在细化分层空间中，我们将讨论粗糙数据推理的性质，当然这需要对细化分层空间进行构造。

2.7.1　细化分层空间

为了构造细化分层空间，需要考虑划分和细分的概念。实际上，定义 1.5.1 已给出了划分的细分的定义，细分仍是数据集的划分，其粒比原划分中的粒更精细。为了便于阅读和讨论的连贯性，这里再给予熟悉。

定义 2.7.1　设 U 是数据集，$S=\{S_1, S_2,\cdots, S_r\}$ 和 $T=\{T_1, T_2,\cdots, T_s\}$ 是 U 的两个

划分，如果对于任意的 $S_i \in S(i=1, 2,\cdots,r)$，存在 $T_j \in T$（$1\leqslant j\leqslant s$），使得 $S_i \subseteq T_j$，则称 $S=\{S_1, S_2,\cdots, S_r\}$ 是 $T=\{T_1, T_2,\cdots, T_s\}$ 的细分。 □

当 $S=\{S_1, S_2,\cdots, S_r\}$ 是 $T=\{T_1, T_2,\cdots, T_s\}$ 的细分时，$T=\{T_1, T_2,\cdots, T_s\}$ 中任意的粒 T_j 被细分为 $S_{j1}, S_{j2},\cdots, S_{jt}(t\geqslant 1)$，且 $S_{j1}, S_{j2},\cdots, S_{jt}$ 都是 $S=\{S_1, S_2,\cdots, S_r\}$ 中的粒，此时 $T_j=S_{j1}\cup S_{j2}\cup\cdots\cup S_{jt}$。

设 $S=\{S_1, S_2,\cdots, S_r\}$ 和 $T=\{T_1, T_2,\cdots, T_s\}$ 是 U 的两个划分，则 $S=\{S_1, S_2,\cdots, S_r\}$ 和 $T=\{T_1, T_2,\cdots, T_s\}$ 可以分别确定 U 上的等价关系 R_1 和 R_2（见结论 1.4.1）。同时等价关系 R_1 和 R_2 又可分别确定 U 基于 R_1 的划分 $U/R_1=\{[x]_{R_1} | x\in U\}$ 和 U 基于 R_2 的划分 $U/R_2=\{[x]_{R_2} | x\in U\}$。由结论 1.4.3 可知：$U/R_1=\{S_1, S_2,\cdots, S_r\}$ 且 $U/R_2=\{T_1, T_2,\cdots, T_s\}$。同时结论 1.5.4 给出了划分和细分与它们确定的等价关系之间的联系，但为了讨论的可读性和连贯性，这里再列出该结论，且给出证明。这里的证明与结论 1.5.4 给出的证明稍有区别。如果认为多余，可跳过这里证明，直接阅读接下来的内容。

结论 2.7.1　设 R_1 和 R_2 是数据集 U 上的两个等价关系，则如下结论成立：$R_1\subseteq R_2$ 当且仅当 U/R_1 是 U/R_2 的细分。

证明　设 $R_1\subseteq R_2$。对于 $[x]_{R_1}\in U/R_1$，可以证明 $[x]_{R_1}\subseteq [x]_{R_2}$，这里 $[x]_{R_2}\in U/R_2$。事实上，如果 $u\in [x]_{R_1}$，则由定义 1.4.1，有 $\langle x, u\rangle\in R_1$。由于 $R_1\subseteq R_2$，所以 $\langle x, u\rangle\in R_2$。再由定义 1.4.1，得 $u\in [x]_{R_2}$，因此 $[x]_{R_1}\subseteq [x]_{R_2}$。故 U/R_1 是 U/R_2 的细分。

反之，设 U/R_1 是 U/R_2 的细分。对于 $\langle x, y\rangle\in R_1$，则 $y\in [x]_{R_1}$。由于 $[x]_{R_1}\in U/R_1$ 且 U/R_1 是 U/R_2 的细分，所以存在 $[u]_{R_2}\in U/R_2$，满足 $[x]_{R_1}\subseteq [u]_{R_2}$，于是 $y\in [u]_{R_2}$。再注意到 $x\in [x]_{R_1}$，所以 $x\in [u]_{R_2}$。于是由 $x\in [u]_{R_2}$ 以及 $y\in [u]_{R_2}$，有 $\langle u, x\rangle\in R_2$ 且 $\langle u, y\rangle\in R_2$。利用等价关系 R_2 的对称性和传递性可得 $\langle x, y\rangle\in R_2$。故 $R_1\subseteq R_2$。 □

等价关系与划分的对应，以及结论 2.7.1 中的结果为分层推理空间的细化提供了支撑，由此可从分层推理空间出发，讨论细化分层空间的构建方法。

给定分层推理空间 $\boldsymbol{M}=(U, R, T)$，此时 T 是论域 U 上的树，且论域 U 中的数据均与树 T 相关，即对任意的 $u\in U$，存在 $v\in U$，使得 $\langle u, v\rangle\in T$ 或 $\langle v, u\rangle\in T$，这是分层推理空间定义时的要求（见定义 2.6.4）。由分层推理空间的定义可知，等价关系 R 与树 T 关联在一起，满足 $U/R=\{S_0, S_1,\cdots, S_k\}$，其中 $S_0=\{r\}$，此处 r 是树 T 的根，S_i $(i=1,2,\cdots, k)$ 是 T 的第 i 层数据构成的粒，此时 $U/R=\{S_0, S_1,\cdots, S_k\}$ 称为树 T 确定的 U 的分层划分（见定义 2.6.4）。同时按照结论 1.4.2 中的约定，$U/R=\{S_0, S_1,\cdots, S_k\}$ 也称为论域 U 基于 R 的划分。分层推理空间 $\boldsymbol{M}=(U, R, T)$ 的重要特性在于等价关系 R 与树 T 密切相关，R 基于树 T 确定产生。

现考虑论域 U 基于 R 的划分 $U/R=\{S_0, S_1,\cdots, S_k\}$，设 $G_1, G_2,\cdots, G_n$ 都是 U/R 的细分。根据定义 1.4.7 以及定义 2.7.1，G_i $(i=1, 2,\cdots, n)$ 满足下述四个条件：

(1) 对于任意 $E \in G_i$，有 $E \neq \varnothing$，此时 $E \subseteq U$。

(2) 对于 $E, F \in G_i$，当 $E \neq F$ 时，有 $E \cap F \neq \varnothing$。

(3) $\cup G_i = U$。

(4) 对于任意的 $E \in G_i$，存在 $S_j \in U/R$，使得 $E \subseteq S_j$。

上述 (1)～(3) 表明 $G_i\ (i=1, 2,\cdots, n)$ 是 U 的划分，(4) 表明 G_i 是 U/R 的细分。此时由结论 1.4.1，划分 G_i 可以确定 U 上的等价关系 R_i，由此给出如下定义。

定义 2.7.2 设 $\boldsymbol{M}=(U, R, T)$ 是分层推理空间，$G_1, G_2,\cdots, G_n\ (n \geqslant 2)$ 是 U/R 的不同的细分，这里 $U/R=\{S \mid S$ 是 T 中某层的数据子集构成的粒$\}$。令 $G_1, G_2,\cdots, G_n$ 确定的 U 上的等价关系分别是 $R_1, R_2,\cdots, R_n$。称粗糙推理空间 $\boldsymbol{W}=(U, \{R_1, R_2,\cdots, R_n\}, T)$ 是分层推理空间 $\boldsymbol{M}=(U, R, T)$ 的细化分层空间。 □

细化分层空间 $\boldsymbol{W}=(U, \{R_1, R_2,\cdots, R_n\}, T)$ 是在分层推理空间 $\boldsymbol{M}=(U, R, T)$ 的基础上构造完成的，细化分层空间 $\boldsymbol{W}=(U, \{R_1, R_2,\cdots, R_n\}, T)$ 中的等价关系 $R_i\ (i=1, 2,\cdots, n)$ 由划分 $G_i\ (i=1, 2,\cdots, n)$ 确定产生。由于 G_i 是 $U/R\ (=\{S \mid S$ 是 T 中某层的数据子集构成的粒$\})$ 的细分，所以 G_i 中的粒一定是树 T 某层数据构成的粒的子集。因此，细化分层空间 $\boldsymbol{W}=(U, \{R_1, R_2,\cdots, R_n\}, T)$ 中等价关系 R_i 与划分 G_i 对应的事实仍然展示了按层分类的数据处理方式，且进一步对树 T 的某些层实施了细分。

这样的细分是将树 T 某些层构成的粒分解处理的结果，由于粒的细化分解可看作粒计算的一种形式（见 1.2.2 节或 1.7.1 节的讨论），所以从分层推理空间 $\boldsymbol{M}=(U, R, T)$ 到细化分层空间 $\boldsymbol{W}=(U, \{R_1, R_2,\cdots, R_n\}, T)$ 的过程可看作粒计算的数据处理方法。对粒的细化分解可看作对粒度的细化处理，属于粒度变化的讨论内容。

对于分层推理空间 $\boldsymbol{M}=(U, R, T)$，其细化分层空间 $\boldsymbol{W}=(U, \{R_1, R_2,\cdots, R_n\}, T)$ 中的推理关系仍是树 T，因此仍可把 $\boldsymbol{W}=(U, \{R_1, R_2,\cdots, R_n\}, T)$ 视为树型推理空间，当然也是粗糙推理空间。

对于分层推理空间 $\boldsymbol{M}=(U, R, T)$，以及其细化分层空间 $\boldsymbol{W}=(U, \{R_1, R_2,\cdots, R_n\}, T)$，可以有 $R \in \{R_1, R_2,\cdots, R_n\}$。这可以如此进行解释：定义 2.7.2 表明，$R_1, R_2,\cdots, R_n$ 分别是划分 $G_1, G_2,\cdots, G_n$ 确定产生的 U 上的等价关系，这里 $G_1, G_2,\cdots, G_n$ 都是 U/R 的细分。由于划分 U/R 是自身的细分，U/R 可以包含在 $G_1, G_2,\cdots, G_n$ 之中，此时划分 U/R 确定的等价关系就是 R，所以 $R \in \{R_1, R_2,\cdots, R_n\}$ 是允许的。

例 2.4 设 $\boldsymbol{M}=(U, R, T)$ 是分层推理空间，其中 $U=\{1, 2,\cdots, 21\}$；T 是 2.6.1 节图 2. 2 中的树。参阅该图的数据信息可知，树 T 确定的 U 的分层划分是 $G=\{\{r\}, \{1, 2, 3\}, \{4, 5, 6, 7, 8\}, \{9, 10, 11, 12, 13, 14\}, \{15, 16, 17, 18, 19, 20, 21\}\}$，$R$ 就是对应于划分 G 的等价关系。现构造 G 两个细分 G_1 和 G_2 如下：

$G_1=\{\{r\}, \{1, 2, 3\}, \{4, 5, 6\}, \{7, 8\}, \{9, 10, 11\}, \{12, 13, 14\}, \{15, 16, 17, 18, 19, 20, 21\}\}$。

G_2={{r}, {1, 2, 3}, {4, 5}, {6, 7, 8}, {9, 10}, {11, 12, 13, 14}, {15, 16, 17, 18, 19, 20, 21}}。

划分 G_1 是将 G 的中粒{4, 5, 6, 7, 8}细分为{4, 5, 6}和{7, 8}，并将 G 的中粒{9, 10, 11, 12, 13, 14}细分为{9, 10, 11}和{12, 13, 14}，同时 G 中其他的粒在 G_1 中仍然保留的结果，显然 G_1 是 G 的细分。划分 G_2 是将 G 的中粒{4, 5, 6, 7, 8}细分为{4, 5}和{6, 7, 8}，并将 G 中的粒{9, 10, 11, 12, 13, 14}细分为{9, 10}和{11, 12, 13, 14}，同时 G 中的其他粒在 G_2 中仍然保留的结果，这表明 G_2 也是 G 的细分。

设 R_1 和 R_2 分别是由划分 G_1 和 G_2 确定的等价关系，则 $\boldsymbol{W}=(U, \{R_1, R_2\}, T)$ 就是分层推理空间 $\boldsymbol{M}=(U, R, T)$ 的细化分层空间。当然 $\boldsymbol{W}=(U, \{R, R_1, R_2\}, T)$ 也是 $\boldsymbol{M}=(U, R, T)$ 的细化分层空间。 □

2.7.2　细化分层空间中的粗糙数据推理

设 $\boldsymbol{M}=(U, R, T)$ 是分层推理空间，$\boldsymbol{W}=(U, \{R_1, R_2,\cdots, R_n\}, T)$ 是 $\boldsymbol{M}=(U, R, T)$ 的细化分层空间。此时树 T 是推理关系，对于等价关系 $R_i\in\{R_1, R_2,\cdots, R_n\}$ $(1\leqslant i\leqslant n)$，根据定义 2.3.1(1)，得到关于 R_i 的粗糙关系 T_{R_i}：

$T_{R_i}=\{<[a]_{R_i}, [b]_{R_i}> \mid [a]_{R_i}, [b]_{R_i}\in U/R_i$，且存在 $u\in[a]_{R_i}$ 及 $v\in[b]_{R_i}$，使得 $\langle u, v\rangle\in T\}$，此时 T_{R_i} 是 U/R_i 上的关系，即 $T_{R_i}\subseteq(U/R_i)\times(U/R_i)$。

对于数据 $a, b\in U$，设 a 位于树 T 的第 i 层，b 位于树 T 的第 j 层，且 $i<j$。对于关于 R_i 的粗糙关系 T_{R_i}，为了展开讨论，可分析约定如下：

(1) 如果 $a\Rightarrow_{R_i}b$，则由定理 2.3.1(1) 可知，$a\Rightarrow_{R_i}b$ 等价于 $<[a]_{R_i}, [b]_{R_i}>\in T_{R_i}$。此时，$T_{R_i}$ 有向边 $<[a]_{R_i}, [b]_{R_i}>$ 具有支撑 $\langle u, v\rangle\in T$，支撑 $\langle u, v\rangle$ 是 T 有向边。为了讨论的需要，如下称 T 有向边 $\langle u, v\rangle$ 为直接粗糙推出或粗糙数据推理 $a\Rightarrow_{R_i}b$ 的支撑，所以 T 有向边 $\langle u, v\rangle$ 为 $a\Rightarrow_{R_i}b$ 的支撑当且仅当 $\langle u, v\rangle$ 为 T_{R_i} 有向边 $<[a]_{R_i}, [b]_{R_i}>$ 的支撑。支撑 $\langle u, v\rangle$ 的存在是直接粗糙推出 $a\Rightarrow_{R_i}b$ 成立的基础。

(2) 如果 $a\models_{R_i}b$，则由定理 2.3.1(3) 可知，$a\models_{R_i}b$ 等价于存在从粒 $[a]_{R_i}$ 到粒 $[b]_{R_i}$ 的 T_{R_i} 路径：$<[a]_{R_i}, [b_1]_{R_i}>, <[b_1]_{R_i}, [b_2]_{R_i}>,\cdots, <[b_n]_{R_i}, [b]_{R_i}>$ $(n\geqslant 0)$，此时 $<[a]_{R_i}, [b_1]_{R_i}>\in T_{R_i}$，$<[b_1]_{R_i}, [b_2]_{R_i}>\in T_{R_i}$，…，$<[b_n]_{R_i}, [b]_{R_i}>\in T_{R_i}$。由定理 2.3.1(1) 有 $a\Rightarrow_{R_i}b_1, b_1\Rightarrow_{R_i}b_2, \cdots, b_n\Rightarrow_{R_i}b$。根据上述 (1) 的讨论，直接粗糙推出 $a\Rightarrow_{R_i}b_1, b_1\Rightarrow_{R_i}b_2, \cdots, b_n\Rightarrow_{R_i}b$ 分别有支撑 $\langle u_0, v_1\rangle$，$\langle u_1, v_2\rangle$，…，$\langle u_n, v_{n+1}\rangle$。这些支撑的序列 $\langle u_0, v_1\rangle, \langle u_1, v_2\rangle,\cdots, \langle u_n, v_{n+1}\rangle$ 实际就是 T_{R_i} 路径 $<[a]_{R_i}, [b_1]_{R_i}>, <[b_1]_{R_i}, [b_2]_{R_i}>,\cdots, <[b_n]_{R_i}, [b]_{R_i}>$ 的支撑序列。下面称 T 有向边的序列 $\langle u_0, v_1\rangle, \langle u_1, v_2\rangle,\cdots, \langle u_n, v_{n+1}\rangle$ 为粗糙数据推理 $a\models_{R_i}b$ 的支撑序列。所以 $\langle u_0, v_1\rangle, \langle u_1, v_2\rangle,\cdots, \langle u_n, v_{n+1}\rangle$ 是 $a\models_{R_i}b$ 的支撑序列当且仅当 $\langle u_0, v_1\rangle$，$\langle u_1, v_2\rangle,\cdots$，$\langle u_n, v_{n+1}\rangle$ 是 T_{R_i} 路径 $<[a]_{R_i}$，

$[b_1]_{R_i}$>, <$[b_1]_{R_i}$, $[b_2]_{R_i}$>,…, <$[b_n]_{R_i}$, $[b]_{R_i}$>的支撑序列。支撑序列〈u_0, v_1〉, 〈u_1, v_2〉,…, 〈u_n, v_{n+1}〉是粗糙数据推理 $a \models_{R_i} b$ 成立的基础。

当在细化分层空间 $\boldsymbol{W}=(U, \{R_1, R_2,\cdots, R_n\}, T)$ 中讨论粗糙数据推理时，粗糙数据推理 $a \Rightarrow_{R_i} b$ 的支撑〈u, v〉, 以及 $a \models_{R_i} b$ 的支撑序列〈u_0, v_1〉, 〈u_1, v_2〉,…, 〈u_n, v_{n+1}〉与粗糙数据推理的一些性质联系紧密，现展开此方面的讨论：

对于给定的分层推理空间 $\boldsymbol{M}=(U, R, T)$，设 $\boldsymbol{W}=(U, \{R_1, R_2,\cdots, R_n\}, T)$ 是其细化分层空间。对于 $a, b\in U$，数据 a 位于树 T 的第 i 层，数据 b 位于树 T 的第 j 层，并且 $i<j$。对于$\{R_1, R_2,\cdots, R_n\}$中不同的等价关系 R_i 和 R_j，即 $R_i, R_j\in\{R_1, R_2,\cdots, R_n\}$并且 $R_i\neq R_j$，令 $R'=R_i\cap R_j$，考虑如下粗糙数据推理：

当 $a\Rightarrow_{R_i} b$ 且 $a\Rightarrow_{R_j} b$ 时，是否有 $a\Rightarrow_{R'} b$?

当 $a\models_{R_i} b$ 且 $a\models_{R_j} b$ 时，是否有 $a\models_{R'} b$?

为了回答这些问题，给出如下定理。

定理 2.7.1 设 $\boldsymbol{M}=(U, R, T)$是分层推理空间，$\boldsymbol{W}=(U, \{R_1, R_2,\cdots, R_n\}, T)$是 $\boldsymbol{M}=(U, R, T)$的细化分层空间。设 $a, b\in U$，数据 a 位于树 T 的第 i 层，数据 b 位于树 T 的第 j 层，并且 $i<j$。对于 $R_i, R_j\in\{R_1, R_2,\cdots, R_n\}$且 $R_i\neq R_j$，令 $R'=R_i\cap R_j$。则：

(1) $a\Rightarrow_{R'} b$ 当且仅当粗糙数据推理 $a\Rightarrow_{R_i} b$ 和 $a\Rightarrow_{R_j} b$ 存在共同的支撑〈u, v〉。

(2) $a\models_{R'} b$ 当且仅当粗糙数据推理 $a\models_{R_i} b$ 和 $a\models_{R_j} b$ 存在共同的支撑序列〈u_0, v_1〉, 〈u_1, v_2〉,…, 〈u_n, v_{n+1}〉。

证明 (1) 由定理 2.4.2，$a\Rightarrow_{R'} b$ 当且仅当 T_{R_i} 有向边<$[a]_{R_i}$, $[b]_{R_i}$>($\in T_{R_i}$)和 T_{R_j} 有向边<$[a]_{R_j}$, $[b]_{R_j}$>($\in T_{R_j}$)存在共同的支撑<u, v>$\in T$。由于<$[a]_{R_i}$, $[b]_{R_i}$>$\in T_{R_i}$ 和<$[a]_{R_j}$, $[b]_{R_j}$>$\in T_{R_j}$ 分别与 $a\Rightarrow_{R_i} b$ 和 $a\Rightarrow_{R_j} b$ 等价(见定理 2.3.1(1))，按照上述(1)中讨论的约定，〈u, v〉是粗糙数据推理 $a\Rightarrow_{R_i} b$ 和 $a\Rightarrow_{R_j} b$ 的共同支撑。故 $a\Rightarrow_{R'} b$ 当且仅当粗糙数据推理 $a\Rightarrow_{R_i} b$ 和 $a\Rightarrow_{R_j} b$ 存在共同的支撑〈u, v〉。

(2) 由定理 2.3.1(3)，$a\models_{R'} b$ 当且仅当存在从粒 $[a]_{R'}$ 到粒 $[b]_{R'}$ 的 $T_{R'}$ 路径<$[a]_{R'}$, $[b_1]_{R'}$>, <$[b_1]_{R'}$, $[b_2]_{R'}$>,…, <$[b_n]_{R'}$, $[b]_{R'}$>($n\geqslant 0$)；由定理 2.3.1(1)，当且仅当 $a\Rightarrow_{R'} b_1$, $b_1\Rightarrow_{R'} b_2$,…, $b_n\Rightarrow_{R'} b$；由定理 2.4.2，当且仅当 T_{R_i} 有向边<$[a]_{R_i}$, $[b_1]_{R_i}$>和 T_{R_j} 有向边<$[a]_{R_j}$, $[b_1]_{R_j}$>存在共同的支撑<u_0, v_1>，T_{R_i} 有向边<$[b_1]_{R_i}$, $[b_2]_{R_i}$>和 T_{R_j} 有向边<$[b_1]_{R_j}$, $[b_2]_{R_j}$>存在共同的支撑<u_1, v_2>, …, 以及 T_{R_i} 有向边<$[b_n]_{R_i}$, $[b]_{R_i}$>和 T_{R_j} 有向边<$[b_n]_{R_j}$, $[b]_{R_j}$>存在共同的支撑<u_n, v_{n+1}>；当且仅当 T_{R_i} 路径<$[a]_{R_i}$, $[b_1]_{R_i}$>, <$[b_1]_{R_i}$, $[b_2]_{R_i}$>,…, <$[b_n]_{R_i}$, $[b]_{R_i}$>和 T_{R_j} 路径<$[a]_{R_j}$, $[b_1]_{R_j}$>, <$[b_1]_{R_j}$, $[b_2]_{R_j}$>,…, <$[b_n]_{R_j}$, $[b]_{R_j}$>存在共同的支撑序列<u_0, v_1>, <u_1, v_2>,…, <u_n, v_{n+1}>；由定理 2.3.1(3)和上述(2)的约定，当且仅当 $a\models_{R_i} b$ 和 $a\models_{R_j} b$ 存在共同的支撑序列〈u_0,

$v_1\rangle, \langle u_1, v_2\rangle, \cdots, \langle u_n, v_{n+1}\rangle$。故 $a \models_{R'} b$ 当且仅当粗糙数据推理 $a \models_{R_i} b$ 和 $a \models_{R_j} b$ 存在共同的支撑序列 $\langle u_0, v_1\rangle, \langle u_1, v_2\rangle, \cdots, \langle u_n, v_{n+1}\rangle$，这里 $R'=R_i \cap R_j$。 □

所以当 $R'=R_i \cap R_j$ 时，该定理把粗糙数据推理 $a \Rightarrow_{R'} b$ 与粗糙数据推理 $a \Rightarrow_{R_i} b$ 和 $a \Rightarrow_{R_j} b$ 的共同支撑联系在一起，同时也把粗糙数据推理 $a \models_{R'} b$ 与粗糙数据推理 $a \models_{R_i} b$ 和 $a \models_{R_j}$ 的共同支撑序列联系在一起。实际上，定理 2.7.1 的结论是定理 2.4.2 和定理 2.4.3 结论的另一表示形式。基于以上理论分析，如下展开应用的讨论。

2.8　实际问题描述

本节通过实际问题讨论分层推理空间到细化分层空间的产生过程，并在细化分层空间中讨论粗糙数据推理的性质。首先给出一个例子，然后把它与实际问题联系起来。如下的例子将展示利用分层推理空间产生细化分层空间的方法，然后在细化分层空间中，针对不同的等价关系，讨论粗糙数据推理的性质或差异。进而在该例的基础上，结合实际情况，展示如何利用分层推理空间及其细化分层空间对实际问题进行描述，并展开粗糙数据推理描述实际数据联系的讨论。

2.8.1　分层推理空间和细化分层空间的构建实例

我们将通过如下的例子，讨论分层推理空间和细化分层空间的构建过程，由此将产生粗糙数据推理的讨论环境。

例 2.5　设 $\boldsymbol{M}=(U, R, T)$ 是分层推理空间，其中 U 是数据集，且 $U=\{r, a, b, c, d, e, \cdots, p, q, s, t, u, v, w\}$；树 T 在图 2.3 中给出，其中 r 表示根；等价关系 R 基于树 T

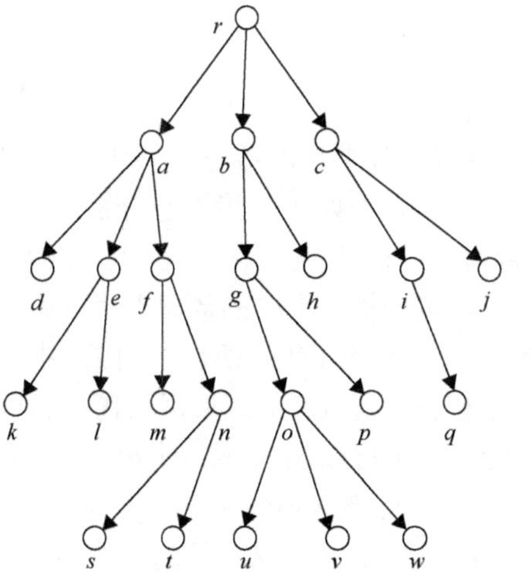

图 2.3　树 T

确定产生，即 R 是由 U 的分层划分确定的等价关系。对于树 T 全部或某些层的数据实施进一步细分后，可在图 2.3 所示树 T 的基础上产生图 2.4 和图 2.5 所示的树 T_1 和 T_2。

实际上，从树的结构上讲，图 2.4 中的树 T_1 和图 2.5 中的树 T_2 均与图 2.3 中的树 T 是相同的，它们不存在结构上的差异，或作为 U 上的关系考虑时，有 $T_1=T_2=T$。它们的不同在于图 2.4 和图 2.5 的树中都增加了矩形框，这些矩形框把图 2.3 树 T 每一层（除第 0 层）的数据子集构成的粒实施了进一步的分类。现根据图 2.4 和图 2.5，对树 T_1 和 T_2 确定的粒和对应产生的划分进行分析。树 T_1 和 T_2 是针对 T 的每一层（除第 0 层）构成的粒实施细分的结果，这种细分并没有改变 T 中序偶的多少，即对于 $x, y\in U$，$\langle x, y\rangle\in T_1$ 当且仅当 $\langle x, y\rangle\in T$，以及 $\langle x, y\rangle\in T_2$ 当且仅当 $\langle x, y\rangle\in T$。

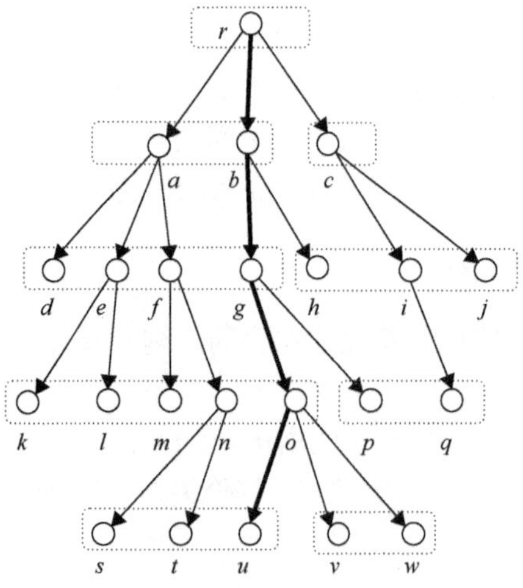

图 2.4　树 T_1

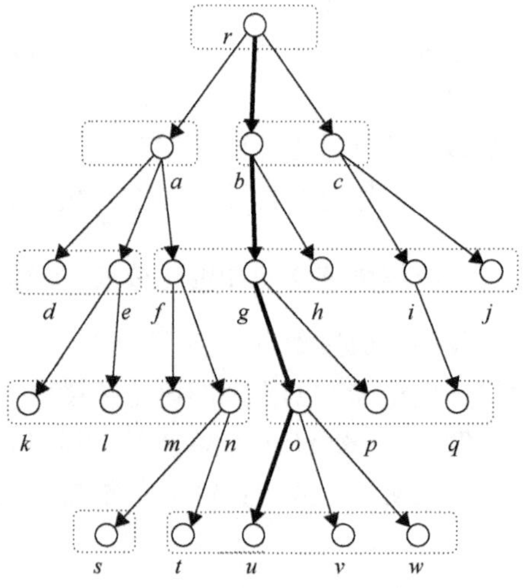

图 2.5　树 T_2

不过从对树 T 每一层粒的分类角度考虑，T_1 和 T 存在差异，T_2 和 T 存在差异，同时 T_1 和 T_2 之间也存在差异，不妨进一步给予分析。

首先针对树 T_1 进行讨论：树 T_1 是在树 T 每一层作为粒的基础上，对粒进一步细分的结果。在图 2.4 中，每一矩形框中的数据表示一类，由于每一矩形框中的数据都是树 T 某一层数据构成的粒的子集，所以在图 2.4 中，如果以一矩形框中的数据作为一类，并称为矩形框粒，则所有的矩形框粒构成的集合是论域 U 的划分。如果该划分用 S_1 表示，则从图 2.4 可知 $S_1=\{\{r\}, \{a, b\}, \{c\}, \{d, e, f, g\}, \{h, i, j\}, \{k, l, m, n, o\}, \{p, q\}, \{s, t, u\}, \{v, w\}\}$，可将该划分 S_1 称为基于树 T_1 确定产生。在图 2.3 中，如果把树 T 的每一层作为粒考虑，且把这样粒的全体构成的分层划分用 S 表示，则从图 2.3 可知 $S=\{\{r\}, \{a, b, c\}, \{d, e, f, g, h, i, j\}, \{k, l, m, n, o, p, q\}, \{s, t, u, v, w\}\}$。此时显然 S_1 是 S 的细分。由于 U 的每一划分可确定 U 上的一个等价关系（见结论

1.4.1)，所以 U 的划分 S_1 可确定 U 上的等价关系 R_1。此时等价关系 R_1 与树 T_1 密切相关，并可采用定义 2.6.4 的表述方式，称 R_1 基于树 T_1 确定产生。

其次针对树 T_2 进行讨论：树 T_2 也是在树 T 每一层作为粒的基础上，对粒进一步细分的结果。在图 2.5 中，每一矩形框粒都是树 T 某一层粒的子集，且图 2.5 中所有矩形框粒的集合是论域 U 的划分。如果该划分用 S_2 表示，则从图 2.5 可知 $S_2=\{\{r\}, \{a\}, \{b, c\}, \{d, e\}, \{f, g, h, i, j\}, \{k, l, m, n\}, \{o, p, q\}, \{s\}, \{t, u, v, w\}\}$，可将该划分 S_2 称为基于树 T_2 确定产生。显然 S_2 是图 2.3 中分层划分 $S=\{\{r\}, \{a, b, c\}, \{d, e, f, g, h, i, j\}, \{k, l, m, n, o, p, q\}, \{s, t, u, v, w\}\}$的细分。此时划分 S_2 也确定了 U 上的等价关系 R_2。等价关系 R_2 与树 T_2 密切相关，因此可称 R_2 基于树 T_2 确定产生。

从划分 $S_1=\{\{r\}, \{a, b\}, \{c\}, \{d, e, f, g\}, \{h, i, j\}, \{k, l, m, n, o\}, \{p, q\}, \{s, t, u\}, \{v, w\}\}$和 $S_2=\{\{r\}, \{a\}, \{b, c\}, \{d, e\}, \{f, g, h, i, j\}, \{k, l, m, n\}, \{o, p, q\}, \{s\}, \{t, u, v, w\}\}$中粒的构成可知，$S_1$ 和 S_2 是两个不同的划分，所以它们确定产生的等价关系 R_1 和 R_2 必然也不相同，这是由 T_1 和 T_2 中矩形框粒的不同决定的。

对于分层推理空间 $\boldsymbol{M}=(U, R, T)$，这里 T 是图 2.3 中给出的树，我们考虑其中的等价关系 R，R 基于树 T 确定产生，U 基于 R 的划分 U/R 就是树 T 确定的 U 的分层划分 S，即 $U/R=S=\{\{r\}, \{a, b, c\}, \{d, e, f, g, h, i, j\}, \{k, l, m, n, o, p, q\}, \{s, t, u, v, w\}\}$。由于基于树 T_1 确定的划分 S_1 和基于树 T_2 确定的划分 S_2 都是 U/R 的细分，且 R_1 和 R_2 分别是 S_1 和 S_2 确定的等价关系，按照定义 2.7.2，$\boldsymbol{W}=(U, \{R_1, R_2\}, T)$ 是分层推理空间 $\boldsymbol{M}=(U, R, T)$ 的细化分层空间。由于划分 U/R 是其自身的细分，所以如果把等价关系 R 添加到细化分层空间 $\boldsymbol{M}=(U, \{R_1, R_2\}, T)$ 中得到 $\boldsymbol{W}=(U, \{R, R_1, R_2\}, T)$，则 $\boldsymbol{W}=(U, \{R, R_1, R_2\}, T)$ 也是分层推理空间 $\boldsymbol{M}=(U, R, T)$ 的细化分层空间。

下面在细化分层空间 $\boldsymbol{W}=(U, \{R, R_1, R_2\}, T)$ 中展开粗糙数据推理的讨论：

(1) 从图 2.4 可知，粗糙数据推理 $r \models_{R_1} u$ 成立。事实上，因为 $\langle [r]_{R_1}, [b]_{R_1} \rangle$, $\langle [b]_{R_1}, [g]_{R_1} \rangle$, $\langle [g]_{R_1}, [o]_{R_1} \rangle$, $\langle [o]_{R_1}, [u]_{R_1} \rangle$是从粒$[r]_{R_1}$ 到粒$[u]_{R_1}$ 的 T_{R_1} 路径，所以利用定理 2.3.1(3) 可得 $r \models_{R_1} u$。观察图 2.4 可知，序列$\langle r, b\rangle, \langle b, g\rangle, \langle g, o\rangle, \langle o, u\rangle$是 T_{R_1} 路径$\langle [r]_{R_1}, [b]_{R_1} \rangle, \langle [b]_{R_1}, [g]_{R_1} \rangle, \langle [g]_{R_1}, [o]_{R_1} \rangle, \langle [o]_{R_1}, [u]_{R_1} \rangle$的支撑序列，该支撑序列 $\langle r, b\rangle, \langle b, g\rangle, \langle g, o\rangle, \langle o, u\rangle$也是一条 T_1 路径，这是一种特殊的情况，一般情况下，支撑序列可能不是 T_1 路径。此时 T_1 路径或 T_1 有向边的序列 $\langle r, b\rangle, \langle b, g\rangle, \langle g, o\rangle, \langle o, u\rangle$就是粗糙数据推理 $r \models_{R_1} u$ 的支撑序列。由于 $r \models_{R_1} u$，所以当 $x \in [u]_{R_1}$ 时，有 $r \models_{R_1} x$（见定理 2.2.3(3)）。

再考虑图 2.5，从该图可知，粗糙数据推理 $r \models_{R_2} u$ 成立。事实上，因为$\langle [r]_{R_2}, [b]_{R_2} \rangle, \langle [b]_{R_2}, [g]_{R_2} \rangle, \langle [g]_{R_2}, [o]_{R_2} \rangle, \langle [o]_{R_2}, [u]_{R_2} \rangle$是从粒 $[r]_{R_2}$ 到粒 $[u]_{R_2}$ 的

T_{R_2} 路径，所以由定理 2.3.1(3)可得 $r \models_{R_2} u$。由图 2.5 可知，序列$\langle r, b\rangle$, $\langle b, g\rangle$, $\langle g, o\rangle$, $\langle o, u\rangle$是 T_{R_2} 路径$\langle [r]_{R_2}, [b]_{R_2}\rangle$, $\langle [b]_{R_2}, [g]_{R_2}\rangle$, $\langle [g]_{R_2}, [o]_{R_2}\rangle$, $\langle [o]_{R_2}, [u]_{R_2}\rangle$的支撑序列，所以序列$\langle r, b\rangle$, $\langle b, g\rangle$, $\langle g, o\rangle$, $\langle o, u\rangle$是粗糙推出或粗糙数据推理 $r \models_{R_2} u$ 的支撑序列。由于 $r \models_{R_2} u$，所以当 $x \in [u]_{R_2}$ 时，有 $r \models_{R_2} x$（见定理 2.2.3(3)）。

上述讨论表明：粗糙数据推理 $r \models_{R_1} u$ 的支撑序列为$\langle r, b\rangle$, $\langle b, g\rangle$, $\langle g, o\rangle$, $\langle o, u\rangle$，且粗糙数据推理 $r \models_{R_2} u$ 的支撑序列也为$\langle r, b\rangle$, $\langle b, g\rangle$, $\langle g, o\rangle$, $\langle o, u\rangle$。这表明 $r \models_{R_1} u$ 和 $r \models_{R_2} u$ 存在共同的支撑序列$\langle r, b\rangle$, $\langle b, g\rangle$, $\langle g, o\rangle$, $\langle o, u\rangle$。该支撑序列就是图 2.4 和图 2.5 中从 r 到 u 的粗箭头的序列。于是若令 $R'=R_1 \cap R_2$，则由定理 2.7.1(2)可知 $r \models_{R'} u$。此时当 $x \in [u]_{R'}$时，有 $r \models_{R'} x$（见定理 2.2.3(3)）。

(2)考虑图 2.4 中的树 T_1，细化分层空间 $\boldsymbol{W}=(U, \{R, R_1, R_2\}, T)$中的等价关系 R_1 基于树 T_1 确定产生。此时关于 R_1 数据 a 直接粗糙推出数据 h，即 $a \Rightarrow_{R_1} h$。事实上，在图 2.4 中，由于$\langle b, h\rangle \in T_1$，所以由定理 2.2.1(1)有 $b \Rightarrow_{R_1} h$。考查树 T_1 中数据 b 所在的矩形框粒$[b]_{R_1}$，由图 2.4 中的矩形框粒可知$[b]_{R_1}=\{a, b\}$，所以 $a \in [b]_{R_1}$。因此，由定理 2.2.3(2)，由 $b \Rightarrow_{R_1} h$，有 $a \Rightarrow_{R_1} h$。同时由图 2.4 可知，直接粗糙推出 $a \Rightarrow_{R_1} h$ 的支撑是$\langle b, h\rangle$，且 $a \Rightarrow_{R_1} h$ 不存在其他支撑，即$\langle b, h\rangle$是其唯一的支撑。

再考虑图 2.5 中的树 T_2，细化分层空间 $\boldsymbol{W}=(U, \{R, R_1, R_2\}, T)$中的等价关系 R_2 基于树 T_2 确定产生。此时关于 R_2 数据 a 直接粗糙推出数据 h，即 $a \Rightarrow_{R_2} h$。事实上，在图 2.5 中，由于$\langle a, f\rangle \in T_2$，所以由定理 2.2.1(1)有 $a \Rightarrow_{R_2} f$。考查树 T_2 中数据 f 所在的矩形框粒$[f]_{R_2}$，由图 2.5 可知$[f]_{R_2}=\{f, g, h, i, j\}$。由于 $h \in [f]_{R_2}$，则由 $a \Rightarrow_{R_2} f$，并利用定理 2.2.3(1)，推得 $a \Rightarrow_{R_2} h$。同时由图 2.5 可知，直接粗糙推出 $a \Rightarrow_{R_2} h$ 的支撑是$\langle a, f\rangle$，且 $a \Rightarrow_{R_2} h$ 不存在其他的支撑，即$\langle a, f\rangle$是 $a \Rightarrow_{R_2} h$ 的唯一的支撑。

上述讨论表明：在细化分层空间 $\boldsymbol{W}=(U, \{R, R_1, R_2\}, T)$中，关于 R_1 的直接粗糙推出 $a \Rightarrow_{R_1} h$ 的唯一支撑是$\langle b, h\rangle$。而关于 R_2 的直接粗糙推出 $a \Rightarrow_{R_2} h$ 的唯一支撑是$\langle a, f\rangle$。由于$\langle b, h\rangle \neq \langle a, f\rangle$，所以如果令 $R'=R_1 \cap R_2$，则由定理 2.7.1(1)可知，直接粗糙推出 $a \Rightarrow_{R'} h$ 不成立，因为定理 2.7.1(1)表明 $a \Rightarrow_{R'} h$ 的充分必要条件是 $a \Rightarrow_{R_1} h$ 和 $a \Rightarrow_{R_2} h$ 存在共同支撑。该讨论表明，尽管关于 R_1 和关于 R_2 的粗糙数据推理均成立，但关于 R'的粗糙数据推理可以不成立，这里 $R'=R_1 \cap R_2$。

(3)在细化分层空间 $\boldsymbol{W}=(U, \{R, R_1, R_2\}, T)$中，考虑等价关系 R_1，它基于图 2.4 中的树 T_1 确定产生。此时关于 R_1 的粗糙数据推理 $c \models_{R_1} w$ 不成立，因为若考查

图 2.4 中的树 T_1，从其矩形框粒的构成可知，不存在从粒 $[c]_{R_1}$ 到粒 $[w]_{R_1}$ 的 T_{R_1} 路径，因此由定理 2.3.1(3) 知 $c\models_{R_1}w$ 不成立。可具体考查不存在从粒 $[c]_{R_1}$ 到粒 $[w]_{R_1}$ 的 T_{R_1} 路径的事实：在图 2.4 中，关于等价关系 R_1 的等价类 $[c]_{R_1}$，$[i]_{R_1}$，$[q]_{R_1}$，$[w]_{R_1}$ 不能构成从 $[c]_{R_1}$ 到 $[w]_{R_1}$ 的 T_{R_1} 路径，这里 $[c]_{R_1}=\{c\}$，$[i]_{R_1}=\{h, i, j\}$，$[q]_{R_1}=\{p, q\}$ 及 $[w]_{R_1}=\{v, w\}$。事实上，尽管 $\langle[c]_{R_1}, [i]_{R_1}\rangle$ 和 $\langle[i]_{R_1}, [q]_{R_1}\rangle$ 都是 T_{R_1} 有向边，它们的支撑分别是 $\langle c, i\rangle\in T\ (=T_1)$ 和 $\langle i, q\rangle\in T\ (=T_1)$，但是 $\langle[q]_{R_1}, [w]_{R_1}\rangle$ 不能构成 T_{R_1} 有向边，因为观察图 2.4 后容易看到，不存在从粒 $[q]_{R_1}=\{p, q\}$ 中的数据到粒 $[w]_{R_1}=\{v, w\}$ 中数据的 T 有向边，即对任意的 $x\in[q]_{R_1}$ 以及 $y\in[w]_{R_1}$，均有 $\langle x, y\rangle\notin T\ (=T_1)$。这表明 $\langle[q]_{R_1}, [w]_{R_1}\rangle$ 构不成 T_{R_1} 有向边的原因是缺少支撑（见定义 2.3.1(1) 和(2)）。再注意到 $\langle[c]_{R_1}, [d]_{R_1}\rangle$ 不是 T_{R_1} 有向边，因此从粒 $[c]_{R_1}$ 到粒 $[w]_{R_1}$ 不存在 T_{R_1} 路径，所以关于 R_1 的粗糙数据推理 $c\models_{R_1}w$ 不成立。

在细化分层空间 $\boldsymbol{W}=(U, \{R, R_1, R_2\}, T)$ 中，考虑等价关系 R_2，它基于图 2.5 中的树 T_2 确定产生。不同于上述关于 R_1 的粗糙数据推理 $c\models_{R_1}w$ 不成立的情况，关于 R_2 的粗糙数据推理 $c\models_{R_2}w$ 是成立的。事实上，考查图 2.5 中的树 T_2，从其矩形框粒的构成可知，存在从粒 $[c]_{R_2}$ 到粒 $[w]_{R_2}$ 的 T_{R_2} 路径 $\langle[c]_{R_2}, [i]_{R_2}\rangle, \langle[i]_{R_2}, [q]_{R_2}\rangle, \langle[q]_{R_2}, [w]_{R_2}\rangle$，因此由定理 2.3.1(3) 知 $c\models_{R_2}w$。不妨对 $\langle[c]_{R_2}, [i]_{R_2}\rangle, \langle[i]_{R_2}, [q]_{R_2}\rangle, \langle[q]_{R_2}, [w]_{R_2}\rangle$ 构成从粒 $[c]_{R_2}$ 到粒 $[w]_{R_2}$ 的 T_{R_2} 路径的事实给予分析：由图 2.5 中的矩形框粒构成可知 $[c]_{R_2}=\{b, c\}$，$[i]_{R_2}=\{f, g, h, i, j\}$，$[q]_{R_2}=\{o, p, q\}$ 及 $[w]_{R_2}=\{t, u, v, w\}$。注意到 $c\in[c]_{R_2}$，$i\in[i]_{R_2}$ 且 $\langle c, i\rangle\in T\ (=T_2)$，所以 $\langle c, i\rangle$ 是 $\langle[c]_{R_2}, [i]_{R_2}\rangle$ 的支撑，因此 $\langle[c]_{R_2}, [i]_{R_2}\rangle$ 构成 T_{R_2} 有向边；同时因为 $i\in[i]_{R_2}$，$q\in[q]_{R_2}$ 且 $\langle i, q\rangle\in T\ (=T_2)$，所以 $\langle i, q\rangle$ 是 $\langle[i]_{R_2}, [q]_{R_2}\rangle$ 的支撑，因此 $\langle[i]_{R_2}, [q]_{R_2}\rangle$ 构成 T_{R_2} 有向边；再注意到 $o\in[q]_{R_2}$，$w\in[w]_{R_2}$ 且 $\langle o, w\rangle\in T_2$，所以 $\langle o, w\rangle$ 是 $\langle[q]_{R_2}, [w]_{R_2}\rangle$ 的支撑，因此 $\langle[q]_{R_2}, [w]_{R_2}\rangle$ 构成 T_{R_2} 有向边。这表明 $\langle[c]_{R_2}, [i]_{R_2}\rangle, \langle[i]_{R_2}, [q]_{R_2}\rangle, \langle[q]_{R_2}, [w]_{R_2}\rangle$ 构成从粒 $[c]_{R_2}$ 到粒 $[w]_{R_2}$ 的 T_{R_2} 路径，序列 $\langle c, i\rangle, \langle i, q\rangle, \langle o, w\rangle$ 是其支撑序列。从粒 $[c]_{R_2}$ 到粒 $[w]_{R_2}$ 的 T_{R_2} 路径的存在，确定了粗糙数据推理 $c\models_{R_2}w$ 的成立。

上述讨论表明，在细化分层空间 $\boldsymbol{W}=(U, \{R, R_1, R_2\}, T)$ 中，关于 R_1 的粗糙数据推理 $c\models_{R_1}w$ 不成立，而关于 R_2 的粗糙数据推理 $c\models_{R_2}w$ 成立。

如果在分层推理空间 $\boldsymbol{M}=(U, R, T)$ 考虑粗糙数据推理，则必有 $c\models_R w$ 成立，因为考查图 2.3 中数据的分布情况可知，数据 c 位于树 T 的第 1 层，数据 w 位于树 T 的第 4 层。显然 $1<4$，因此由定理 2.6.1(1)，有 $c\models_R w$。

对于分层推理空间 $\boldsymbol{M}=(U,\ R,\ T)$，由等价关系 R 可确定划分 U/R，称为 U 基于 R 的划分。当对划分 U/R 有目的实施不同的细分，并由这些细分分别确定等价关系后，可得到相应的细化分层空间 $\boldsymbol{W}=(U, \{R_1, R_2,\cdots, R_n\}, T)$。实际上，本例中的细化分层空间 $\boldsymbol{W}=(U, \{R, R_1, R_2\}, T)$ 就是如此处理的结果，其中等价关系 R_1 和 R_2 与等价关系 R 密切相关，可将 R_1 和 R_2 称为 R 的细化。上述分析表明，对于分层推理空间 $\boldsymbol{M}=(U, R, T)$ 及其细化分层空间 $\boldsymbol{W}=(U, \{R, R_1, R_2\}, T)$，关于 R 成立的粗糙数据推理(如 $c\models_R w$)，在 R 被细化，得到 R_1 和 R_2 后，关于 R_1 或关于 R_2 的粗糙数据推理可能成立(如 $c\models_{R_2} w$ 成立)，也可能不成立(如 $c\models_{R_1} w$ 不成立)。

这些讨论说明在分层推理空间 $\boldsymbol{M}=(U, R, T)$ 中，关于 R 的粗糙数据推理所描述的粗糙数据联系过于粗糙(即不精确)，把一些较为松散的数据联系关联在一起。例如，在上述讨论中，对于数据 $c, w\in U$，关于 R 的粗糙数据推理 $c\models_R w$ 虽然把数据 c 和数据 w 联系了起来，但这种联系比较粗糙或松散。当 R 被细化为等价关系 R_1 和 R_2 后，关于 R_1 的粗糙数据推理 $c\models_{R_1} w$ 便不成立，这种不成立表明了如此的事实：作为 R 的细化，等价关系 R_1 记录了更多的信息，将 c 和 w 之间由等价关系 R 确定的粗糙数据联系排除在外。另外，对于等价关系 R_2，关于 R_2 的粗糙数据推理 $c\models_{R_2} w$ 成立，这种成立与关于 R 的粗糙数据推理 $c\models_R w$ 的成立相比存在区别，因为 R_2 是 R 的细化，R_2 记录了数据之间的更多信息。所以若把 $c\models_{R_2} w$ 与 $c\models_R w$ 相比，前者粗糙描述了数据 c 和 w 之间更紧密的某种联系。

最后可对等价关系的细化进行相关的解释，可以明确这样的事实：细化后的等价关系包含了更多的数据信息。上述等价关系 R_1 和 R_2 都是 R 的细化，不妨通过 R 和 R_1 的联系进行说明。R 与图 2.3 中树 T 确定的 U 的分层划分相联系，或与其包含相同的信息。R_1 与图 2.4 中树 T_1 的矩形框粒构成的划分相联系，R_1 与此划分包含相同的信息。树 T 的某一层与该层被细化为矩形框粒后，该层数据集包含的信息多还是矩形框粒包含的信息多？可以肯定回答的是，矩形框粒包含了更多的信息。不妨通过对树 T 第 1 层的数据集$\{a, b, c\}$与树 T_1 第 1 层矩形框粒$\{a, b\}$或$\{c\}$的比较对此进行说明：$\{a, b, c\}$包含三个数据，$\{a, b\}$包含两个数据，似乎$\{a, b, c\}$包含了更多的信息。实际上，把数据 c 从$\{a, b, c\}$中消除得到$\{a, b\}$的处理需要数据 a 和 b 满足更多的条件，才能把不满足这些条件的数据 c 消除。所以$\{a, b\}$中的数据较少是因为其中的数据满足了更多的条件，而$\{a, b, c\}$中的数据较多是因为其中的数据仅需满足较少的条件。如同正方形的集合是矩形集合的子集一样，与矩形相比，正方形需要满足更多的条件。这些讨论说明，细化需要条件的保证，作为 R 的细化，R_1 和 R_2 都包含了比 R 更多的信息。 □

该例通过给定的数据集 $U=\{r, a, b, c, d, e,\cdots, p, q, s, t, u, v, w\}$，以及图 2.3 中的树 T，构造了分层推理空间 $\boldsymbol{M}=(U,\ R,\ T)$。进而，通过图 2.4 中的树 T_1 和图 2.5

中的树 T_2，得到了等价关系 R_1 和 R_2，它们分别基于树 T_1 和树 T_2 确定产生，由此构造了分层推理空间 $\boldsymbol{M}=(U, R, T)$ 的细化分层空间 $\boldsymbol{W}=(U, \{R, R_1, R_2\}, T)$。由于等价关系 R_1 和 R_2 是对等价关系 R 的细化，所以 R_1 和 R_2 都包含了比 R 更多的信息，这使得细化分层空间 $\boldsymbol{W}=(U, \{R, R_1, R_2\}, T)$ 中关于 R_1 或关于 R_2 的粗糙数据推理更趋于精确。

实际上，例 2.5 属于不涉及具体问题的数学例子，因为数据集 $U=\{r, a, b, c, d, e,\cdots, p, q, s, t, u, v, w\}$ 中的数据未表明具体的含义。同时图 2.4 中的树 T_1 和图 2.5 中的树 T_2 也未明确是对什么实际问题的树型表示，因此分别由 T_1 和 T_2 确定产生的等价关系 R_1 和 R_2 自然未与具体问题产生联系。这为进一步的应用讨论提供了空间，接下来的讨论将面对实际应用问题。

2.8.2　实际问题讨论

下面将把例 2.5 中的数据集 U，树 T、T_1 和 T_2，等价关系 R、R_1 和 R_2，分层推理空间 $\boldsymbol{M}=(U, R, T)$ 及其细化分层空间 $\boldsymbol{W}=(U, \{R, R_1, R_2\}, T)$ 与实际问题联系在一起，通过粗糙数据推理，分析讨论以及刻画描述实际中的相关问题，为实际问题的智能判定或自动化管理提供模型支撑和算法基础。

例 2.6　考虑例 2.5 中的分层推理空间 $\boldsymbol{M}=(U, R, T)$ 及其细化分层空间 $\boldsymbol{W}=(U, \{R, R_1, R_2\}, T)$，其中论域 $U=\{r, a, b, c, d, e,\cdots, p, q, s, t, u, v, w\}$，树 T 在图 2.3 中给定，等价关系 R 基于树 T 确定产生，等价关系 R_1 基于图 2.4 中的树 T_1 确定产生，等价关系 R_2 基于图 2.5 中的树 T_2 确定产生。从分层推理空间 $\boldsymbol{M}=(U, R, T)$ 到细化分层空间 $\boldsymbol{W}=(U, \{R, R_1, R_2\}, T)$ 的处理与树 T 确定的 U 的分层划分，以及对其的细分紧密相连，这些都体现了粒计算的处理内涵，展示了粒计算的具体讨论途径。不过在例 2.5 中，这些概念是出于性质的讨论分析给定的，没有与实际问题相联系。

在细化分层空间 $\boldsymbol{W}=(U, \{R, R_1, R_2\}, T)$ 中，上述针对关于 R、R_1 或 R_2 粗糙数据推理的讨论也都针对性质或理论上的分析。实际上，可以把这些概念与实际问题联系在一起，从而引出应用方面的讨论。下面仍依据图 2.3～图 2.5 中各树的信息展开讨论，可不时地回溯参阅，以求明确和清晰。

现把例 2.5 中的相关概念与实际问题相联系，以展示理论方法的应用。如下是具体的讨论分析：

(1) 对于数据集 $U=\{r, a, b, c, d, e,\cdots, p, q, s, t, u, v, w\}$，可用其中的每一数据表示一类企业，即 r 表示一类企业，a 表示一类企业，c 表示一类企业等。一类企业意味着若干企业的集合，用一数据符号表示。具体地，U 中各数据的含义如此：r 表示若干汽车制造企业构成的企业类，a 表示若干发动机制造企业构成的企业类，b 表示若干轮胎企业构成的企业类，e 表示若干铸造企业构成的企业类，g 表示若干橡胶企业构成的企业类等。这里仅指明了 U 中几个数据表示的企业类，未指明的数据也表示相应的一类企业。在 U 中的企业类构成中，允许不同的数据表示相同类别的企业类，但相同企业类中的企业不完全相同。例如，与 b 表示的轮胎企业类一样，数据 c 也表示若干轮胎企业构成的企业类，但 b 和 c 中的企业不完全相同，b 表示中部地区的轮胎企业类，c 表示长江以南地区的轮胎企业类。此时 b 和 c 表示了不同的企业类，但 b 和 c 这两个企业类中可能有相同的企业，因为中部地区和长江以南有重叠的区域。下面仍把 U 中的元素称为数据，只不过用数据表示若干企业的集合或若干企业构成的企业类。此时数据集 U 与汽车制造产业链上的企业相关联，是该产业链上许多企业类构成的数据集。同时 U 中的数据不一定涵盖汽车制造产业链上的所有企业，U 中数据的选定具有代表性或目的性，是为了构成树的需要，产业链上的某类企业可以不予以关注。

(2) 图 2.3 中的树 T 是 U 上的关系，即 $T\subseteq U\times U$。此时的树 T 可用于描述 U 中数据之间的这种关系：使对于 $x, y\in U$，$\langle x, y\rangle\in T$ 当且仅当 x 表示的企业类对 y 表示的企业类具有直接的供货依赖关系，直接供货依赖关系意味着企业之间的直接供货联系。由于 U 中的数据与汽车制造产业链上的企业有关，各类企业在产业链上高端、中高端、中端、中低端或低端的位置决定了上端企业对下端企业的供货依赖，适当选取该产业链上的各类企业，可使选取的各类企业之间的直接供货依赖形成的关系以一树的形式体现，且呈现出图 2.3 中树 T 的结构形态。数据集 U 中的数据或企业类就是为了树 T 的构成选定的，使得 T 有向边的形成是对直接供货依赖关系的记录。为了对图 2.3 树中 T 有向边记录的信息进行理解，不妨对其中的某些 T 有向边进行直观的解释分析，其他 T 有向边记录的信息与之类似。

考查图 2.3 中树 T 包含的 T 有向边的信息，由树 T 的构成可知 $\langle r, a\rangle\in T$，这表明数据 r 表示的企业类对数据 a 表示的企业类具有直接的供货依赖关系。上述讨论指出，数据 r 表示若干汽车制造企业构成的企业类，数据 a 表示若干发动机制造企业构成的企业类。汽车制造企业依赖发动机制造企业的直接供货是实际生产中必需和正常的业务活动，T 有向边 $\langle r, a\rangle$ 正是对这种生产活动的刻画描述。

考查图 2.3 中树 T 的构成后可知 $\langle a, e\rangle\in T$，这表明数据 a 表示的企业类对数据 e 表示的企业类具有直接的供货依赖关系。由于数据 a 表示若干发动机制造企业构成的企业类，数据 e 表示若干铸造企业构成的企业类，且在实际生产活动中，发动机制造企业直接依赖铸造企业供货的生产活动是实际存在的，所以 T 有向边 $\langle a, e\rangle$ 是对这两类企业之间直接供货依赖关系的记录。

考查图 2.3 中树 T 的组成可知 $\langle r, b\rangle\in T$ 且 $\langle r, c\rangle\in T$，这表明数据 r 表示的企业类对数据 b 表示的企业类具有直接的供货依赖关系，同时数据 r 表示的企业类对数据 c 表示的企业类也具有直接的供货依赖关系。由于 r 表示汽车制造的企业类，b 和 c 都表示轮胎的企业类，所以 T 有向边 $\langle r, b\rangle$ 和 $\langle r, c\rangle$ 记录了 r 表示的汽

车制造企业类与 b 和 c 表示的轮胎企业类都具有直接供货依赖关系的事实。这种供货情况是实际存在的，此时 r 中的某些企业与 b 中的企业具有直接供货依赖关系，T 有向边 $\langle r, b\rangle$ 是对如此供货信息的记录；同时 r 中的另一些企业与 c 中的企业具有直接供货依赖关系，T 有向边 $\langle r, c\rangle$ 是对这样供货信息的记录。

上述仅是对树 T 中某些 T 有向边记录信息的解释，其他 T 有向边同样记录了汽车制造产业链上企业之间的直接供货依赖关系。按照这样的供货依赖信息，使得描述该依赖关系的数学描述形成数据集 U 上的二元关系，展示为树 T 的表示形式。树 T 把数据集 U 中的数据以树的结构关联在一起，描述了汽车制造产业链上相关企业类之间的供货联系。U 中数据的选定与树 T 的构成有关，这意味着并非汽车制造产业链上所有的企业都与 U 中的数据类有关。可能存在产业链上的企业，使得该企业不包含在 U 中的任一个企业类中。U 中的数据或企业类的选定具有目的性、关键性、代表性、重要性等。

树 T 中，由于 T 有向边记录了汽车制造产业链上企业类之间的直接供货依赖关系，例如，在图 2.3 中，T 有向边 $\langle a, e\rangle$ 记录了这样的信息：在产业链上，a 针对 e 具有直接的供货依赖。于是树 T 的 T 路径记录了汽车制造产业链上企业类之间的供货依赖渠道，例如，在图 2.3 中，T 路径 $\langle r, a\rangle, \langle a, e\rangle, \langle e, l\rangle$ 记录了从 r 经 a 和 e 到 l 的供货依赖渠道，表明了产业链上实际的供货路径。

在 (1) 的讨论中指出，数据集 U 中的每一数据表示汽车制造产业链上的一类企业。对于 U 中的两个数据 $x, y\in U$，x 表示了一类企业，y 也表示了一类企业。同时 x 和 y 还可以表示同类企业，这是指 x 和 y 表示的企业类中，企业的产品特性相同，且 x 和 y 包含的企业也可以有相同者，但不完全相同。例如，(1) 中表明，U 中的数据 b 和 c 都表示轮胎制造企业的企业类，此时 b 和 c 表示的企业类别相同，但 b 是轮胎制造企业 1, 2 和 3 的企业类，c 是轮胎制造企业 3, 4, 5 和 6 的企业类，此时 b 和 c 仍是两个不同的企业类，因为包含的企业不完全相同 (尽管轮胎制造企业 3 同时含在两个企业类中)。例如，考虑图 2.3 中的树 T，因为 $\langle r, b\rangle\in T$ 且 $\langle r, c\rangle\in T$，所以 r 表示的企业类对 b 表示的企业类具有供货依赖关系，同时 r 表示的企业类对 c 表示的企业类也具有供货依赖关系。这种情况在实际中可以出现，因为 r 表示汽车制造企业的企业类，可包含企业 1、企业 2 等多个汽车制造企业，b 表示的企业类给企业 1 供货，c 表示的企业类给企业 2 供货，这在实际中是正常的生产业务往来。

于是数据集 U 中数据之间的直接供货依赖关系决定了图 2.3 中的树 T。从图 2.3 可知，树 T 把 U 中的数据进行了层次分类。具体地，数据的层次把 U 中的数据分为这样的粒，即 $\{r\}$，$\{a, b, c\}$，$\{d, e, f, g, h, i, j\}$，$\{k, l, m, n, o, p, q\}$ 和 $\{s, t, u, v, w\}$，它们展示了汽车制造产业链上企业从高端到低端的分布情况。这些粒构成的集合 $S=\{\{r\}, \{a, b, c\}, \{d, e, f, g, h, i, j\}, \{k, l, m, n, o, p, q\}, \{s, t, u, v, w\}\}$ 是数据

集 U 的划分。

(3) 考虑图 2.3 中树 T 确定的 U 的分层划分 $S=\{\{r\}, \{a, b, c\}, \{d, e, f, g, h, i, j\}, \{k, l, m, n, o, p, q\}, \{s, t, u, v, w\}\}$，其中粒$\{r\}$，$\{a, b, c\}$，$\{d, e, f, g, h, i, j\}$，$\{k, l, m, n, o, p, q\}$和$\{s, t, u, v, w\}$分别由树 T 每一层的数据构成。令 R 是划分 S 确定的等价关系，按照前述表述称 R 基于树 T 确定产生(见定义 2.6.4)，此时 R 可看作划分 S 的另一表示形式，R 同样记录了树 T 的层次信息。这种通过树或关系 T 确定等价关系 R 的做法，体现了分层粒化的粒计算数据处理特性，可看作粒计算数据处理的具体方法。

(4) 通过上述 (1)～(3) 中的讨论，我们分别对数据集 U、图 2.3 中的树 T，以及等价关系 R 进行了含义的指定。U 表示汽车制造产业链上相关企业类构成的数据集；树 T 记录了数据集 U 中数据之间的直接供货的依赖关系；等价关系 R 是树 T 层次信息的关系表示，R 与分层划分 $S=\{\{r\}, \{a, b, c\}, \{d, e, f, g, h, i, j\}, \{k, l, m, n, o, p, q\}, \{s, t, u, v, w\}\}$包含了相同的数据信息。

于是数据集 U、树 T 和等价关系 R 构成了分层推理空间 $\boldsymbol{M}=(U, R, T)$，该分层推理空间是实际问题的数学模型，记录了汽车制造产业链上的相关信息，包括涉及的企业类、企业类之间直接供货的依赖关系、按照直接供货关系对企业类的层次分类等信息。所以，分层推理空间 $\boldsymbol{M}=(U, R, T)$ 是对汽车制造产业链上相关企业类直接供货和对企业类的高低端分层的结构化表示。

(5) 在分层推理空间 $\boldsymbol{M}=(U, R, T)$ 中，可展开关于等价关系 R 的粗糙数据推理的讨论。从关于 R 的粗糙数据推理的结论中，可以知晓论域 U 中数据之间在产业链上高低端的差异。不妨进行如下的分析：

对于 $x, y\in U$，如果 $x\Rightarrow_R y$，由定理 2.6.1，数据 x 位于树 T 的第 i 层，数据 y 位于树 T 的第 j 层，且 $i<j$。这说明数据 x 在数据 y 之上，此时 x 位于产业链的高端位置，y 位于产业链的低端位置。因此，当 $x\Rightarrow_R y$ 时，x 相比于 y 位于产业链的较高端。同时 $x\Rightarrow_R y$ 表示 x 关于 R 直接粗糙推出 y，这表明 x 和 y 在产业链中的位置是相邻的。因此，如果 $x\Rightarrow_R y$，则在产业链上 x 位于 y 的高端且层次相邻。

对于 $x, y\in U$，如果 $x\models_R y$，则由定理 2.6.1，数据 x 位于树 T 的第 i 层，数据 y 位于树 T 的第 j 层，且 $i<j$。所以数据 x 在数据 y 之上，x 相比于 y 位于产业链的较高端，这种较高端意味着两者相邻或两者不相邻的较高位置。

在分层推理空间 $\boldsymbol{M}=(U, R, T)$ 中，对于 $x, y\in U$，如果 $x\Rightarrow_R y$ 或者 $x\models_R y$，则说明 x 位于产业链的高端位置，y 位于产业链的低端位置。此时并不说明存在 x 依赖 y 的供货渠道，或不能说明存在从 x 到 y 的 T 路径。例如，在图 2.3 的树 T 中，数据 a 位于第 1 层 (注：根 r 所在的层称为第 0 层)，数据 p 位于第 3 层，于是由定理 2.6.1，有 $a\models_R p$。此时仅表明 a 相比于 p 位于产业链的较高端，不表明存在 a 依赖 p 的供货渠道，因为在图 2.3 的树 T 中，不存在从 a 到 p 的 T 路径。

产生这种情况的原因是由于在分层推理空间 $\boldsymbol{M}=(U,R,T)$ 中，关于 R 的粗糙数据推理过于粗糙很不精确。于是可以考虑对树 T 每一层的数据类进行细化，以使粗糙数据推理建立的数据联系趋于精确，因此产生如下讨论。

(6) 考虑分层推理空间 $\boldsymbol{M}=(U, R, T)$ 的细化分层空间 $\boldsymbol{W}=(U, \{R, R_1, R_2\}, T)$，其中等价关系 R_1 和 R_2 都是对等价关系 R 的细化，它们分别是图 2.4 的树 T_1 和图 2.5 的树 T_2 中所有矩形框粒构成的 U 的划分所确定的 U 上的等价关系。由于树 T_1 和树 T_2 中每一矩形框粒是图 2.3 中树 T 某层数据类的子集，是细化处理的结果，所以在细化分层空间 $\boldsymbol{W}=(U, \{R, R_1, R_2\}, T)$ 中，关于 R_1 或关于 R_2 的粗糙数据推理比关于 R 的粗糙数据推理更精确。为了表明这方面的特性，不妨对树 T 细化为树 T_1 以及树 T_2 的做法进行合理性的分析，解释把图 2.3 中树 T 的每一层进行细分的原因。

在图 2.3 的树 T 中，第 1 层的数据子集为 $\{a, b, c\}$。图 2.4 树 T_1 的第一层由两个矩形框粒 $\{a, b\}$ 和 $\{c\}$ 构成，是对的 $\{a, b, c\}$ 细化。这种细化可认为是基于分布区域对 $\{a, b, c\}$ 的细分，由于 a 和 b 表示的企业类位于同一分布区域，所以采用粒 $\{a, b\}$ 予以表示。同样，c 表示的企业类位于另一分布区域，采用粒 $\{c\}$ 予以表示。这两个粒 $\{a, b\}$ 和 $\{c\}$ 在图 2.4 树 T_1 的第一层中，分别形成两个矩形框粒。

而在图 2.5 的树 T_2 的第一层中，图 2.3 中树 T 第 1 层的数据子集 $\{a, b, c\}$ 被细化为 $\{a\}$ 和 $\{b, c\}$，这也可认为是基于分布区域对 $\{a, b, c\}$ 的细分，此时 a 表示的企业类位于一分布区域，b 和 c 表示的企业类位于另一分布区域。

于是出现了如此现象：按照分布区域实施的分类，树 T_1 的第 1 层把数据子集 $\{a, b, c\}$ 细化为粒 $\{a, b\}$ 和 $\{c\}$，而树 T_2 的第 1 层把数据子集 $\{a, b, c\}$ 细化为粒 $\{a\}$ 和 $\{b, c\}$。b 同时出现在两个不同的分布区域 $\{a, b\}$ 和 $\{b, c\}$ 中，似乎显得异常。这样的情况是实际情况的反映，因为分布区域的划定时常存在着重复的地域，b 表示的企业类可能既包含属于这个分布区域的企业，也包含属于另一分布区域的企业。树 T_1 第 1 层的矩形框粒是依据 T_1 的分布区域划定的，此时 b 被分在了 $\{a, b\}$ 之中。而树 T_2 第 1 层的矩形框粒是依据 T_2 的分布区域设置划定的，此时 b 被分在了 $\{b, c\}$ 之中。因此，b 既被分在 $\{a, b\}$ 中，又被分在 $\{b, c\}$ 中是因为 b 既含有与 a 表示的企业类位于相同分布区域的企业，也含有与 c 表示的企业类位于相同分布区域的企业，这与国家的中部地区和长江以南地区存在重复的地域情况是类似的。

树 T 的其他各层数据集被细化为树 T_1 或树 T_2 相应层次矩形框粒的原因与做法与第 1 层的处理思想相同，不再具体分析。

这样通过分层推理空间 $\boldsymbol{M}=(U, R, T)$，得到了细化分层空间 $\boldsymbol{W}=(U, \{R, R_1, R_2\}, T)$。分层推理空间 $\boldsymbol{M}=(U, R, T)$ 是把汽车制造产业链上相关企业类的信息，企业类之间供货依赖关系的信息，以及由供货依赖关系形成的分层粒的信息聚合在一起的结构化描述。细化分层空间 $\boldsymbol{W}=(U, \{R, R_1, R_2\}, T)$ 是对分层推理空间

$\boldsymbol{M}=(U, R, T)$包含信息进一步细化的结构化表示，R_1和R_2分别是基于树T_1和树T_2确定产生的等价关系，是对R的细化。由于等价关系R仍然出现在$\boldsymbol{W}=(U, \{R, R_1, R_2\}, T)$中，所以在$\boldsymbol{M}=(U, R, T)$中关于$R$的粗糙数据推理仍然可在$\boldsymbol{W}=(U, \{R, R_1, R_2\})$中完成。在细化分层空间$\boldsymbol{W}=(U, \{R, R_1, R_2\}, T)$中，关于$R_1$或关于$R_2$的粗糙数据推理比关于$R$的粗糙数据更趋于精确。下面以推理的结论为依据分析企业之间的供货依赖关系。

(7) 下面在细化分层空间$\boldsymbol{W}=(U, \{R, R_1, R_2\}, T)$中展开粗糙数据推理的讨论：

①对于等价关系R，关于R的粗糙数据推理$c\Rightarrow_R d$成立，这是因为等价关系R基于树T确定产生，又因为c位于树T的第1层，d位于树T的第2层，同时$1<2$，所以由定理2.6.1(1)，有$c\Rightarrow_R d$。针对等价关系R，关于R的粗糙数据推理由数据位于树T的层次位置决定。数据的层次位置是过于粗糙的数据信息，此时粗糙数据推理确定的数据联系自然很不精确。对等价关系R细化的等价关系R_1和R_2包含了更多的信息，于是把$c\Rightarrow_R d$中的等价关系R换为R_1或R_2后，关于R_1粗糙数据推理$c\Rightarrow_{R_1} d$或关于R_2粗糙数据推理$c\Rightarrow_{R_2} d$还成立吗？下面进行相关分析。

②对于等价关系R_1，关于R_1粗糙数据推理$c\Rightarrow_{R_1} d$不成立。这可通过图2.4中树T_1的矩形框粒构成的R_1等价类的情况予以分析说明：在图2.4的树T_1中，数据c位于第1层，c所在矩形框粒构成的R_1等价类为$[c]_{R_1}=\{c\}$；数据d位于第2层，数据d所在矩形框粒构成的R_1等价类为$[d]_{R_1}=\{d, e, f, g\}$。由于不存在数据$x\in[c]_{R_1}$以及数据$y\in[d]_{R_1}$，使得$\langle x, y\rangle\in T\ (=T_1)$，所以$\langle[c]_{R_1}, [d]_{R_1}\rangle\notin T_{R_1}$，这实际上是说$\langle[c]_{R_1}, [d]_{R_1}\rangle$不存在支撑(见定义2.3.1(1)和(2))，所以$\langle[c]_{R_1}, [d]_{R_1}\rangle$不能构成$T_{R_1}$有向边。因此，由定理2.3.1(1)可知，关于$R_1$粗糙数据推理$c\Rightarrow_{R_1} d$不成立。在①的讨论中，关于$R$的粗糙数据推理$c\Rightarrow_R d$成立，而此时关于$R_1$粗糙数据推理$c\Rightarrow_{R_1} d$不成立。其原因是$R$中的信息过于粗糙，这导致关于$R$的粗糙数据推理建立的粗糙数据联系的疏密程度非常松散。由于R_1是R的细化，R_1记录的信息更为精确，利用R_1可以分清R分不清的数据联系，从而得到$c\Rightarrow_{R_1} d$不成立的结论。

③与②中的讨论相同，关于R_2的粗糙数据推理$c\Rightarrow_{R_2} d$也不成立。这可通过图2.5中树T_2的矩形框粒构成R_2等价类的情况予以说明：在图2.5的树T_2中，数据c位于第1层，数据c所在矩形框粒构成的R_2等价类为$[c]_{R_2}=\{b, c\}$；数据d位于第2层，数据d所在矩形框粒构成的R_2等价类为$[d]_{R_2}=\{d, e\}$。由于不存在数据$x\in[c]_{R_2}$以及数据$y\in[d]_{R_2}$，使得$\langle x, y\rangle\in T\ (=T_2)$，所以$\langle[c]_{R_2}, [d]_{R_2}\rangle\notin T_{R_2}$，所以$\langle[c]_{R_2}, [d]_{R_2}\rangle$不是$T_{R_2}$有向边。由定理2.3.1(1)，关于$R_2$的粗糙数据推理$c\Rightarrow_{R_2} d$不成立。关于$R$的粗糙数据推理$c\Rightarrow_R d$成立，而关于$R_2$的粗糙数据推理

$c\Rightarrow_{R_2}d$ 不成立的原因是 R_2 是对 R 的细化，使得 R_2 分清粗糙数据联系的功能得到了提高。

④上述讨论表明，关于 R 的粗糙数据推理 $c\Rightarrow_R d$ 成立。而对等价关系 R 细化得到等价关系 R_1 和 R_2 后，关于 R_1 的粗糙数据推理 $c\Rightarrow_{R_1}d$ 不成立，同时关于 R_2 的粗糙数据推理 $c\Rightarrow_{R_2}d$ 也不成立。这不是关于 R_1 或 R_2 粗糙数据推理功能的减退，而是经过细化后，关于 R_1 或 R_2 的粗糙数据推理给出了更精确的判定处理。

⑤对于粗糙数据推理 $c\Rightarrow_R d$ 的成立，以及粗糙数据推理 $c\Rightarrow_{R_1}d$ 和 $c\Rightarrow_{R_2}d$ 的不成立，如果与供货依赖关系进行联系，则可以给出如此的解释：$c\Rightarrow_R d$ 的成立意味着 c 表示的企业类针对 d 表示的企业类具有可能的供货依赖关系，这仅是依据这样的条件，在树 T 中，数据 c 在数据 d 之上，该条件反映的信息过于粗糙。当把 R 细化为 R_1 和 R_2 后，R_1 和 R_2 都包含了更多的信息，利用更多的信息可以判定 c 针对 d 不具有供货依赖关系，展示为关于 R_1 的粗糙数据推理 $c\Rightarrow_{R_1}d$ 不成立，且关于 R_2 的粗糙数据推理 $c\Rightarrow_{R_2}d$ 也不成立的结论。

(8) 如下仍在细化分层空间 $\boldsymbol{W}=(U, \{R, R_1, R_2\}, T)$ 中展开粗糙数据推理的讨论：

①对于等价关系 R_1，关于 R_1 的粗糙数据推理 $c\models_{R_1}o$ 不成立。因为在图 2.4 的树 T_1 中，数据 c 所在矩形框粒构成的 R_1 等价类为 $[c]_{R_1}=\{c\}$，且 $[c]_{R_1}=\{c\}$ 位于树 T_1 的第 1 层。数据 o 所在矩形框粒构成的 R_1 等价类为 $[o]_{R_1}=\{k, l, m, n, o\}$，且位于树 T_1 的第 3 层。在树 T_1 的第 2 层中，矩形框粒构成的 R_1 等价类为 $[d]_{R_1}=\{d, e, f, g\}$ 和 $[h]_{R_1}=\{h, i, j\}$。由于 $\langle[c]_{R_1}, [d]_{R_1}\rangle\notin T_{R_1}$（因为不存在 $x\in[c]_{R_1}$ 以及 $y\in[d]_{R_1}$，使得 $\langle x, y\rangle\in T(=T_1)$，即 $\langle[c]_{R_1}, [d]_{R_1}\rangle$ 不存在支撑），以及 $\langle[h]_{R_1}, [o]_{R_1}\rangle\notin T_{R_1}$（因为不存在 $x\in[h]_{R_1}$ 以及 $y\in[o]_{R_1}$，使得 $\langle x, y\rangle\in T(=T_1)$，即 $\langle[h]_{R_1}, [o]_{R_1}\rangle$ 不存在支撑），所以序列 $\langle[c]_{R_1}, [d]_{R_1}\rangle, \langle[d]_{R_1}, [o]_{R_1}\rangle$ 以及序列 $\langle[c]_{R_1}, [h]_{R_1}\rangle, \langle[h]_{R_1}, [o]_{R_1}\rangle$ 都不能构成 T_{R_1} 路径。则从粒 $[c]_{R_1}$ 到粒 $[o]_{R_1}$ 不存在 T_{R_1} 路径，由此利用定理 2.3.1(3)，得知 $c\models_{R_1}o$ 不成立。

②对于等价关系 R_2，关于 R_2 的粗糙数据推理 $c\models_{R_2}o$ 成立。因为考查图 2.5 的树 T_2 可知，$\langle[c]_{R_2}, [f]_{R_2}\rangle, \langle[f]_{R_2}, [o]_{R_2}\rangle$ 构成 T_{R_2} 路径，因为 $\langle c, i\rangle, \langle g, o\rangle$ 为其支撑序列。由定理 2.3.1(3)，得知关于 R_2 的粗糙数据推理 $c\models_{R_2}o$ 成立。

③如果把粗糙数据推理与企业之间的供货依赖关系相联系，则关于 R_1 的粗糙数据推理 $c\models_{R_1}o$ 的不成立说明，按照树 T_1 中矩形框粒针对数据的分类处理，c 表示的企业类针对 o 表示的企业类不存在供货依赖关系的可能。实际上，如果观察图 2.4 树 T_1 中数据之间的关联情况，则从各数据表示企业类位于矩形框粒中的位置分布状况容易看到，c 针对 o 不具有供货依赖的可能。这种事实通过关于 R_1 的

粗糙数据推理 $c\models_{R_1}o$ 的不成立予以体现。

④另外，关于 R_2 的粗糙数据推理 $c\models_{R_2}o$ 成立，表明按照树 T_2 中矩形框粒对于数据的分类处理，c 表示的企业类针对 o 表示的企业类存在供货依赖关系的可能。这里的“可能”意味着 c 针对 o 存在潜在的供货依赖关系。如果观察图 2.5 树 T_2 中数据之间的关联信息，则从各数据表示企业类位于矩形框粒中的位置分布状况可以看到，尽管目前 c 针对 o 不具有供货依赖关系，但 o 所在的矩形框粒构成的 R_2 等价类为 $[o]_{R_2}=\{o, p, q\}$。对于其中的 q，图 2.5 树 T_2 中存在从 c 到 q 的 T 路径 $\langle c, i\rangle, \langle i, q\rangle$，这说明 c 针对 q 存在着供货依赖关系。由于 o 和 q 位于同一分布区域，即 $o\in[o]_{R_2}$ $(=\{o, p, q\})$ 且 $q\in[o]_{R_2}$ $(=\{o, p, q\})$，所以 o 和 q 表示企业类的类别可能相同。因此，在激烈的企业之间竞争中，由于企业分布区域的优势，o 很可能取代 q，形成 c 针对 o 的供货依赖关系，并通过关于 R_2 的粗糙数据推理 $c\models_{R_2}o$ 予以展示。

(9) 下面仍在细化分层空间 $\boldsymbol{W}=(U, \{R, R_1, R_2\}, T)$ 中展开粗糙数据推理的讨论：

①对于等价关系 R_1，关于 R_1 的粗糙数据推理 $a\models_{R_1}q$ 成立。因为如果考查图 2.4 的树 T_1，则 $\langle[a]_{R_1}, [f]_{R_1}\rangle, \langle[f]_{R_1}, [q]_{R_1}\rangle$ 构成 T_{R_1} 路径，因为 $\langle a, f\rangle$ 和 $\langle g, p\rangle$ 是其支撑序列。由定理 2.3.1(3) 知关于 R_1 的粗糙数据推理 $a\models_{R_1}q$ 成立，其支撑序列为 $\langle a, f\rangle, \langle g, p\rangle$。粗糙数据推理 $a\models_{R_1}q$ 的成立表明，按照树 T_1 中矩形框粒的企业分布情况，a 表示的企业类针对 q 表示的企业类存在着潜在的供货依赖关系。

②对于等价关系 R_2，关于 R_2 的粗糙数据推理 $a\models_{R_2}q$ 也成立。因为如果考查图 2.5 的树 T_2，则序列 $\langle[a]_{R_2}, [f]_{R_2}\rangle, \langle[f]_{R_2}, [q]_{R_2}\rangle$ 构成 T_{R_2} 路径，其支撑序列为 $\langle a, f\rangle, \langle g, p\rangle$。由定理 2.3.1(3) 可知，关于 R_2 的粗糙数据推理 $a\models_{R_2}q$ 成立，其支撑序列也为 $\langle a, f\rangle, \langle g, p\rangle$。粗糙数据推理 $a\models_{R_2}q$ 成立表明，按照树 T_2 中矩形框粒划定的企业分布区域，a 表示的企业类针对 q 表示的企业类存在可能的供货依赖关系。

③对于等价关系 R_1 和 R_2，令 $R'=R_1\cap R_2$，则 R' 仍是 U 上的等价关系。虽然 R' 不属于细化分层空间 $\boldsymbol{W}=(U, \{R, R_1, R_2\}, T)$，但由于 R_1 和 R_2 均来自 $\boldsymbol{W}=(U, \{R, R_1, R_2\}, T)$，所以关于 R' 的粗糙数据推理仍可认为是在 $\boldsymbol{W}=(U, \{R, R_1, R_2\}, T)$ 中进行。在上述①和②的讨论中，已得到这样的结论：关于 R_1 的粗糙数据推理 $a\models_{R_1}q$ 成立，同时关于 R_2 的粗糙数据推理 $a\models_{R_2}q$ 也成立，且存在共同的支撑序列 $\langle a, f\rangle$, $\langle g, p\rangle$。由定理 2.7.1(2) 可知，关于 R' 的粗糙数据推理 $a\models_{R'}q$ 成立，其中 $R'=R_1\cap R_2$。由于 $a\models_{R'}q$ 的成立由 $a\models_{R_1}q$ 和 $a\models_{R_2}q$ 的成立，以及它们存在共同的支撑序列 $\langle a, f\rangle$, $\langle g, p\rangle$ 所决定，所以关于 R' 的粗糙数据推理 $a\models_{R'}q$ 提供了这样的信息：把树 T_1 和

树 T_2 中矩形框粒划定的企业分布区域综合在一起考虑时，a 表示的企业类针对 q 表示的企业类存在着潜在的供货依赖关系。

④由例 2.5(1) 的讨论可知，关于 R_1 的粗糙数据推理 $r\models_{R_1}u$，以及关于 R_2 的粗糙数据推理 $r\models_{R_2}u$ 均成立。同时 $r\models_{R_1}u$ 和 $r\models_{R_2}u$ 存在着共同的支撑序列 $\langle r,b\rangle$, $\langle b,g\rangle$, $\langle g,o\rangle$, $\langle o,u\rangle$，该支撑序列就是图 2.4 和图 2.5 中从 r 到 u 的粗箭头序列。于是若令 $R'=R_1\cap R_2$，则由定理 2.7.1(2)，可得 $r\models_{R'}u$。此时关于 R' 的粗糙数据推理表明：把树 T_1 和 T_2 中矩形框粒划定的企业分布区域综合在一起考虑时，r 表示的企业类针对 u 表示的企业类存在着可能的供货依赖关系。实际上，此时 r 针对 u 存在的供货依赖关系是明确的，因为树 T_1 和 T_2 中从 r 到 u 的粗箭头 T 路径 $\langle r,b\rangle$, $\langle b,g\rangle$, $\langle g,o\rangle$, $\langle o,u\rangle$ 在两种企业分布区域中同时存在。此时的粗糙数据推理是对精确信息的继承。

⑤对于等价关系 R_1，关于 R_1 的粗糙数据推理 $a\Rightarrow_{R_1}i$ 成立，因为考查图 2.4 的树 T_1 可知，$\langle [a]_{R_1}, [i]_{R_1}\rangle$ 构成 T_{R_1} 有向边，其支撑为 $\langle b,h\rangle\in T_1$，因此由定理 2.3.1(1) 可知，关于 R_1 的粗糙数据推理 $a\Rightarrow_{R_1}i$ 成立，且 $a\Rightarrow_{R_1}i$ 的唯一的支撑为 $\langle b,h\rangle$。此时按照树 T_1 中矩形框粒划定的企业分布情况，a 表示的企业类针对 i 表示的企业类存在着可能或潜在的供货依赖关系。

⑥对于等价关系 R_2，关于 R_2 的粗糙数据推理 $a\Rightarrow_{R_2}i$ 成立，因为考查图 2.5 的树 T_2 可知，$\langle [a]_{R_2}, [i]_{R_2}\rangle$ 构成 T_{R_2} 有向边，其支撑为 $\langle a,f\rangle\in T_2$，因此由定理 2.3.1(1) 可知，关于 R_2 的粗糙数据推理 $a\Rightarrow_{R_2}i$ 成立，且 $a\Rightarrow_{R_2}i$ 唯一的支撑为 $\langle a,f\rangle$。在这种情况下，按照树 T_2 中矩形框粒划定的企业分布情况，a 表示的企业类针对 i 表示的企业类存在着可能或潜在的供货依赖关系。

⑦在上述⑤和⑥的讨论中，关于 R_1 的粗糙数据推理 $a\Rightarrow_{R_1}i$，以及关于 R_2 的粗糙数据推理 $a\Rightarrow_{R_2}i$ 均成立。尽管如此，如果令 $R'=R_1\cap R_2$，那么关于 R' 的粗糙数据推理 $a\Rightarrow_{R'}i$ 不成立，因为 $a\Rightarrow_{R_1}i$ 的唯一支撑为 $\langle b,h\rangle$，而 $a\Rightarrow_{R_2}i$ 唯一的支撑为 $\langle a,f\rangle$，此时 $\langle b,h\rangle\neq\langle a,f\rangle$，即 $a\Rightarrow_{R_1}i$ 和 $a\Rightarrow_{R_2}i$ 不存在共同的支撑，由定理 2.7.1(1)，便可推得 $a\Rightarrow_{R'}i$ 不成立的结论。此结论提供了这样的信息：把树 T_1 和树 T_2 中矩形框粒划定的企业分布区域综合在一起考虑时，a 表示的企业类针对 i 表示的企业类不存在供货和潜在的供货依赖关系。□

例 2.6 把汽车制造产业链上企业类之间的供货依赖关系，以及企业类分布区域的各类信息用一树型推理空间——细化分层空间 $\boldsymbol{W}=(U,\{R,R_1,R_2\},T)$ 进行了结构化的表示或描述。进而，以粗糙数据推理的理论方法为基础，针对细化分层空间 $\boldsymbol{W}=(U,\{R,R_1,R_2\},T)$ 中的等价关系，讨论了关于等价关系的粗糙数据推理，分析了关于不同等价关系粗糙数据推理之间的联系，从而增强了对细化分层空间中粗糙数据推理性质的认识。粗糙数据推理的推理结果提供了涉及企业类分布区域的企业供货依赖关系的信息，可作为企业管理、自动处理、智能操控、程序设计等方面的数学模型和算法基础。

2.1 节～2.5 节的讨论确立了粗糙数据推理的研究课题，并围绕该课题展开了系统的讨论，建立粗糙数据推理的理论体系。2.6 节～2.8 节的讨论把树作为推理关系，产生了树型推理空间。进而在树型推理空间中讨论了粗糙数据推理的性质，并把粗糙数据推理的性质融入了特殊的树型推理空间——分层推理空间和细化分层空间。进而利用这些性质，通过粗糙数据推理的讨论，在分层推理空间和细化分层空间对实际问题进行了分析，形成了以树型推理空间为依托环境，并与应用相结合的研究内容。这部分内容是 2.1 节～2.5 节粗糙数据推理研究的扩展，是理论和应用研究的深入。

纵览本章的内容，我们可以看到，等价类形式的粒、划分中包含的粒、融合信息形式的粒、上近似的粒计算形式、粗糙关系记录的粒之间的联系以及粗糙关系确定的路径、各种粒的粒度变化、划分被细分的处理、分层推理空间或细化分层空间中基于树的层次确定的粒，树的层次细化后确定的更精细的粒等是支撑粗糙数据推理讨论的粒化基础。这些涉及粒计算数据处理形式的数学概念在推理形成、性质分析、结论产生、实际应用等方面起到了重要的作用。所以可以认为，本章的讨论提供了粒计算的讨论途径，展示了粒计算数据处理的具体方法。

第 3 章　粗糙数据推理的度量

在第 2 章中，我们构造了粗糙推理空间，它包括树型推理空间、分层推理空间和细化分层空间这些粗糙推理空间的特殊形式。在粗糙推理空间中，给出了粗糙数据推理的定义，引出了第 2 章讨论的主题，并通过不同的方法对粗糙数据推理进行了讨论，给出了相关的结论，也涉及树型推理空间、分层推理空间和细化分层空间中粗糙数据推理的性质，展示了粗糙数据推理描述粗糙数据联系的功能。同时把理论上的结论用于实际问题的描述，将汽车制造产业链上企业之间的分类信息和供货联系表示成了粗糙推理空间或细化分层空间，其中的粗糙数据推理用于刻画描述企业之间的供货路径或潜在的供货渠道，使理论方法得到了应用。

本章将继续在粗糙推理空间中讨论粗糙数据推理涉及的问题，把重点放在粗糙数据推理的度量方面，现进行相关的解释和说明。

设 $\boldsymbol{W}=(U, \boldsymbol{K}, S)$ 是粗糙推理空间，对于 $R\in\boldsymbol{K}$，以及 $a, b\in U$，第 2 章的讨论表明，关于 R 的粗糙数据推理 $a\models_R b$ 保持数据 a 和数据 b 之间的确定数据联系，不仅如此，更重要的是粗糙数据推理可用于描述 a 和 b 之间的粗糙数据联系。定理 2.3.1(3)给出了粗糙数据推理 $a\models_R b$ 与存在从粒 $[a]_R$ 到粒 $[b]_R$ 的 S_R 路径等价的结论，由于从粒 $[a]_R$ 到粒 $[b]_R$ 的 S_R 路径可能不止一条，而且不同的 S_R 路径确定的粗糙数据推理均表示为 $a\models_R b$ 的形式。另外，从粒 $[a]_R$ 到粒 $[b]_R$ 的 S_R 路径的支撑序列可以是 S 路径，也可以不是 S 路径（见 2.3.2 节的讨论），且如下的讨论将表明，支撑序列是 S 路径或支撑序列不是 S 路径的 S_R 路径都可以确定同一形式的粗糙数据推理 $a\models_R b$。于是提出这样的问题：支撑序列是 S 路径，以及支撑序列不是 S 路径的 S_R 路径确定的同一形式的粗糙数据推理之间是否存在差异？此问题也可以如此表述：使得同一形式的粗糙数据推理 $a\models_R b$ 成立背后的不同支撑信息应该如何体现？对该问题的应对将引出本章的讨论，将建立解答问题的方法，且可使问题得到程序化的处理。

3.1　粗糙数据推理的内涵问题

采用 $a\models_R b$ 的形式表示数据 a 关于 R 粗糙推出 b 的粗糙数据推理仅表明了 a 和 b 之间的粗糙数据联系，并未体现出 a 和 b 之间粗糙数据联系的疏密信息。因此，当粗糙数据推理 $a\models_R b$ 成立时，它展示的 a 和 b 之间粗糙数据联系当然包括确定数据联系的情况。粗糙数据联系意味着不明确、非确定、似存在或潜存于数据之间的数据联系，确定数据联系表示的是明确或精确的数据联系信息，所以粗糙数据推理 $a \models_R b$ 的结论具有不同的内涵。如何描述粗糙数据推理 $a \models_R b$ 表示的内涵，或描述刻画粗糙数据联系的疏密程度是本章讨论的问题。

为了讨论该问题，不妨对第 2 章在粗糙推理空间 $\boldsymbol{W}=(U, \boldsymbol{K}, S)$ 中得到的粗糙数据推理的一些性质予以回忆：

(1) 如果 $\langle a, b_1\rangle, \langle b_1, b_2\rangle, \cdots, \langle b_{n-1}, b_n\rangle, \langle b_n, b\rangle$ $(n \geqslant 0)$ 是从 a 到 b 的 S 路径，则对于任意的等价关系 $R \in \boldsymbol{K}$，有 $a \models_R b$（见定理 2.2.1(2)）。此时 $a \models_R b$ 展示的粗糙数据推理实际是确定数据联系，因为 S 路径表示的数据联系称为确定数据联系。

(2) 考虑 2.3.2 节中的例 2.1，该例中给出了如下信息(图 3.1)。

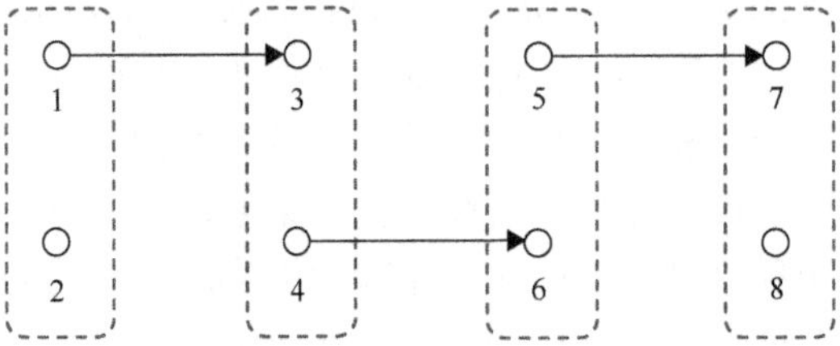

图 3.1　信息示意图

在图 3.1 表示的粗糙推理空间 $\boldsymbol{W}=(U, \boldsymbol{K}, S)$ 中，论域 $U=\{1, 2, 3, 4, 5, 6, 7, 8\}$；推理关系 $S=\{\langle 1, 3\rangle, \langle 4, 6\rangle, \langle 5, 7\rangle\}$，且存在等价关系 $R \in \boldsymbol{K}$，使得 U 基于 R 的划分为 $U/R=\{\{1, 2\}, \{3, 4\}, \{5, 6\}, \{7, 8\}\}$。按照例 2.1 下面讨论具有 $1 \models_R 7$ 的结论，实际上，利用第 2 章关于粗糙数据推理的性质容易推得 $1 \models_R 7$ 成立，但与 (1) 中的粗糙数据推理 $a \models_R b$ 不同，推理关系 $S=\{\langle 1, 3\rangle, \langle 4, 6\rangle, \langle 5, 7\rangle\}$不包含 S 路径，这可从该信息图中看出。(1) 中粗糙数据推理 $a \models_R b$ 反映的是由 S 路径 $\langle a, b_1\rangle, \langle b_1, b_2\rangle, \cdots, \langle b_{n-1}, b_n\rangle, \langle b_n, b\rangle$建立的确定数据联系，我们认为该粗糙数据推理 $a \models_R b$ 具有精确的内涵精度。对于粗糙数据推理 $1 \models_R 7$，由于 1 是 S 有向边 $\langle 1,3\rangle$ 的始数据，7 是 S 有向边$\langle 5, 7\rangle$ 的终数据，且 S 有向边记录的是确定数据联系或精确信息，所以 1 和 7 均包含在精确信息之中，$1 \models_R 7$ 表示的 1 与 7 之间的联系与精确信息存在某些联系。我们认为这样的粗糙数据推理 $1 \models_R 7$ 具有部分精确的内涵精度。

(3) 要说 (2) 中的粗糙数据推理 $1 \models_R 7$ 与精确信息尚存在关联，我们现在可给出一粗糙数据推理的表示式，它与精确信息之间存在更大的差距，或与精确信息无任何关联。例如，由图 3.1 可知 $2 \in [1]_R$ 并且 $8 \in [7]_R$，由于 $1 \models_R 7$，所以由定理 2.2.3(3) 和(4) 可推得 $2 \models_R 8$。数据 2 和 8 与推理关系 $S=\{\langle 1, 3\rangle, \langle 4, 6\rangle, \langle 5, 7\rangle\}$中的 S 有向边无任何联系，因此如果把粗糙数据推理 $1 \models_R 7$ 与 $2 \models_R 8$ 相比较，显然粗糙数据推理 $1 \models_R 7$ 比 $2 \models_R 8$ 包含了更多的精确信息。

这里 (1)～(3) 的讨论表明，虽然上述关于 R 的粗糙数据推理 $a \models_R b$、$1 \models_R 7$ 以及 $2 \models_R 8$ 都具有 $x \models_R y$ 的表示形式，但是它们包含的精确信息存在一定的差异。许多情况下，即使粗糙数据推理 $a \models_R b$ 中的数据 a 和 b 是确定的，但使 $a \models_R b$ 成立的条件也可以存在差异。如何描述这种差异是本章讨论的问题，针对该问题的讨论需要基于相应的方法，这将涉及对粗糙数据推理 $a \models_R b$ 包含精确信息的讨论与描述。所以给出粗糙数据推理蕴含精确信息的描述方法是讨论面对的工作，这将引出粗糙数据推理内涵精度的概念。对该内涵精度问题的讨论，将涉及粗糙路径的定义及性质的分析，3.2 节的工作将围绕粗糙路径展开。

3.2 粗 糙 路 径

设 $\boldsymbol{W}=(U, \boldsymbol{K}, S)$ 是粗糙推理空间，对于推理关系 S，2.2.1 节把 S 有向边 $\langle a,b\rangle\,(\in S)$ 记录的数据 a 和数据 b 之间的直接联系，以及把 S 路径 $\langle a, b_1\rangle, \langle b_1,b_2\rangle,\cdots, \langle b_{n-1}, b_n\rangle, \langle b_n, b\rangle$ 通过数据 $b_1, b_2,\cdots, b_n$ 建立起的数据 a 与数据 b 之间的间接联系都称为确定数据联系，因为 S 有向边和 S 路径上的数据具有确定的顺序，它们展示了明确的数据关联信息。由定理 2.2.1，有 $a \models_R b$，这是对确定数据联系的继承。

在 2.1.1 节的讨论中，把不明确、非确定、似存在或潜存于数据之间的数据联系称为粗糙数据联系。定理 2.3.1 表明 S_R 路径与粗糙数据推理是等价的，而粗糙数据推理可以描述粗糙数据联系。于是当粗糙数据推理 $a \models_R b$ 成立时，如果仅从 $a \models_R b$ 的形式考虑，不能反映出该粗糙数据推理 $a \models_R b$ 表示的是确定数据联系，还是粗糙数据联系。这涉及粗糙数据推理的精度问题，为了讨论该问题，本节引入粗糙路径的概念，它与 S 路径不同，但与 S_R 路径具有密切的联系。

3.2.1 粗糙路径的定义

为了定义粗糙路径，不妨对 S_R 路径的概念稍作回忆（见定义 2.3.1）。设 $\boldsymbol{W}=(U, \boldsymbol{K}, S)$ 是粗糙推理空间，对于 $R\in\boldsymbol{K}$，可得到 U 基于 R 的划分 $U/R=\{[a]_R \mid a\in U\}$。令 $S_R=\{\langle[a]_R, [b]_R\rangle \mid [a]_R, [b]_R\in U/R$，且存在 $u\in[a]_R$ 及 $v\in[b]_R$，使得 $\langle u, v\rangle\in S\}$，称 S_R 为关于 R 的粗糙关系，S_R 是 U/R 上的关系。当 $\langle[a]_R, [b]_R\rangle\in S_R$ 时，$\langle[a]_R, [b]_R\rangle$ 称为 S_R 有向边。S_R 有向边的序列 $\langle[a]_R, [b_1]_R\rangle, \langle[b_1]_R, [b_2]_R\rangle,\cdots, \langle[b_n]_R, [b]_R\rangle$ 形成从粒 $[a]_R$ 到粒 $[b]_R$ 的 S_R 路径。当 $\langle[a]_R, [b]_R\rangle\in S_R$ 时，S_R 有向边 $\langle[a]_R, [b]_R\rangle$ 至少有一支撑 $\langle u, v\rangle\in S$，满足 $u\in[a]_R$ 及 $v\in[b]_R$。因此，在从粒 $[a]_R$ 到粒 $[b]_R$ 的 S_R 路径上，每一条 S_R 有向边都有一支撑，这样的支撑按 S_R 有向边的顺序形成一序列，称该序列为该 S_R 路径的支撑序列。所以从粒 $[a]_R$ 到粒 $[b]_R$ 的 S_R 路径至少存在一条支撑序列。对这些概念的回顾是为了对粗糙路径的定义，具体如下。

定义 3.2.1　设 $\boldsymbol{W}=(U, \boldsymbol{K}, S)$ 是粗糙推理空间，对于 $R\in\boldsymbol{K}$，S_R 是关于 R 的粗糙关系，则：

(1) 令 $\langle [x]_R, [y]_R\rangle \in S_R$，即 $\langle [x]_R, [y]_R\rangle$ 是一 S_R 有向边（见定义 2.3.1(2)）。那么对于 $a\in[x]_R$ 及 $b\in[y]_R$，序偶 $\langle a, b\rangle$ 称为关于 R 的 S 粗糙边，简称为 S 粗糙边或粗糙边，数据 a 和 b 分别称为该粗糙边 $\langle a, b\rangle$ 的始数据和终数据。

(2) 令 $\langle [x_0]_R, [x_1]_R\rangle$, $\langle [x_1]_R, [x_2]_R\rangle,\cdots$, $\langle [x_{n-1}]_R, [x_n]_R\rangle$ $(n\geqslant 1)$ 是从粒 $[x_0]_R$ 到粒 $[x_n]_R$ 的 S_R 路径。对于 U 中的数据 a，数据 x_{i1} 和 x_{i2} $(i=1, 2,\cdots, n-1)$，以及数据 b，如果满足 $a\in[x_0]_R$，$b\in[x_n]_R$ 且 $x_{i1}, x_{i2}\in[x_i]_R$ $(i=1, 2,\cdots, n-1)$，则称关于 R 的 S 粗糙边的序列 $\langle a, x_{11}\rangle$, $\langle x_{12}, x_{21}\rangle$, $\langle x_{22}, x_{31}\rangle,\cdots$, $\langle x_{(n-2)2}, x_{(n-1)1}\rangle$, $\langle x_{(n-1)2}, b\rangle$ 为从数据 a 到数据 b 关于 R 的 S 粗糙路径，简称 S 粗糙路径或粗糙路径，数据 a 和 b 分别称为该粗糙路径的始数据和终数据，其上的 S 粗糙边的数目称为该 S 粗糙路径的长度。

(3) 对于 S 粗糙路径 $\langle a, x_{11}\rangle$, $\langle x_{12}, x_{21}\rangle$, $\langle x_{22}, x_{31}\rangle,\cdots$, $\langle x_{(n-2)2}, x_{(n-1)1}\rangle$, $\langle x_{(n-1)2}, b\rangle$，以及 S_R 路径 $\langle [x_0]_R, [x_1]_R\rangle$, $\langle [x_1]_R, [x_2]_R\rangle,\cdots$, $\langle [x_{n-1}]_R, [x_n]_R\rangle$，其中 $a\in[x_0]_R$，$b\in[x_n]_R$ 且 $x_{i1}, x_{i2}\in[x_i]_R$ $(i=1,2,\cdots,n-1)$，称该 S 粗糙路径基于该 S_R 路径确定产生。 □

由该定义可以看出，从数据 a 到数据 b 关于 R 的 S 粗糙路径 $\langle a, x_{11}\rangle$, $\langle x_{12}, x_{21}\rangle$, $\langle x_{22}, x_{31}\rangle,\cdots$, $\langle x_{(n-2)2}, x_{(n-1)1}\rangle$, $\langle x_{(n-1)2}, b\rangle$ 与从粒 $[x_0]_R$ 到粒 $[x_n]_R$ 的 S_R 路径 $\langle [x_0]_R, [x_1]_R\rangle$, $\langle [x_1]_R, [x_2]_R\rangle,\cdots$, $\langle [x_{n-1}]_R, [x_n]_R\rangle$ 密切相关，这里 $a\in[x_0]_R$，$b\in[x_n]_R$ 且 $x_{i1}, x_{i2}\in[x_i]_R$ $(i=1,2,\cdots,n-1)$，此时 S 粗糙路径 $\langle a, x_{11}\rangle$, $\langle x_{12}, x_{21}\rangle$, $\langle x_{22}, x_{31}\rangle,\cdots$, $\langle x_{(n-2)2}, x_{(n-1)1}\rangle$, $\langle x_{(n-1)2}, b\rangle$ 与 R 等价类形式的粒 $[x_0]_R, [x_1]_R, [x_2]_R,\cdots, [x_{n-1}]_R, [x_n]_R$ 联系在一起。

当 $\langle c, y_{11}\rangle$, $\langle y_{12}, y_{21}\rangle$, $\langle y_{22}, y_{31}\rangle,\cdots$, $\langle y_{(n-2)2}, y_{(n-1)1}\rangle$, $\langle y_{(n-1)2}, d\rangle$ 是从 c 到 d 关于 R 的 S 粗糙路径，且也基于 S_R 路径 $\langle [x_0]_R, [x_1]_R\rangle$, $\langle [x_1]_R, [x_2]_R\rangle,\cdots$, $\langle [x_{n-1}]_R, [x_n]_R\rangle$ 确定产生时，必然有 $c\in[x_0]_R$，$d\in[x_n]_R$ 且 $y_{i1}, y_{i2}\in[x_i]_R$ $(i=1, 2,\cdots, n-1)$。此时 S 粗糙路径 $\langle c, y_{11}\rangle$, $\langle y_{12}, y_{21}\rangle$, $\langle y_{22}, y_{31}\rangle,\cdots$, $\langle y_{(n-2)2}, y_{(n-1)1}\rangle$, $\langle y_{(n-1)2}, d\rangle$ 也与 R 等价类形式的粒 $[x_0]_R, [x_1]_R, [x_2]_R,\cdots, [x_{n-1}]_R, [x_n]_R$ 联系在一起。

关于 R 的 S 粗糙路径 $\langle a, x_{11}\rangle$, $\langle x_{12}, x_{21}\rangle$, $\langle x_{22}, x_{31}\rangle,\cdots$, $\langle x_{(n-2)2}, x_{(n-1)1}\rangle$, $\langle x_{(n-1)2}, b\rangle$ 和 $\langle c, y_{11}\rangle$, $\langle y_{12}, y_{21}\rangle$, $\langle y_{22}, y_{31}\rangle,\cdots$, $\langle y_{(n-2)2}, y_{(n-1)1}\rangle$, $\langle y_{(n-1)2}, d\rangle$ 的始数据都属于粒 $[x_0]_R$，终数据都属于粒 $[x_n]_R$，且都基于同一 S_R 路径确定产生。它们均与 R 等价类形式的粒 $[x_0]_R, [x_1]_R, [x_2]_R,\cdots, [x_{n-1}]_R, [x_n]_R$ 联系在一起。不同之处在于始数据 a 和 c 可能不同，或终数据 b 和 d 可能不同，或数据 x_{i1} 和 y_{i1} 可能不同，或数据 x_{i2} 和 y_{i2} 可能不同，不过 a 和 c 同属于粒 $[x_0]_R$，b 和 d 同属于粒 $[x_n]_R$，x_{i1} 和 y_{i1} 同属于粒 $[x_i]_R$，x_{i2} 和 y_{i2} 同属于粒 $[x_i]_R$ $(i=1, 2,\cdots, n-1)$。所以基于 S_R 路径可确定产生多条不同的关于 R 的 S 粗糙路径，该 S_R 路径是这些关于 R 的 S 粗糙路径的基础。下面把 S 粗糙路径 $\langle a, x_{11}\rangle$, $\langle x_{12}, x_{21}\rangle$, $\langle x_{22}, x_{31}\rangle,\cdots$, $\langle x_{(n-2)2}, x_{(n-1)1}\rangle$, $\langle x_{(n-1)2}, b\rangle$ 和 S 粗糙路径 $\langle c, y_{11}\rangle$, $\langle y_{12}, y_{21}\rangle$, $\langle y_{22}, y_{31}\rangle,\cdots$, $\langle y_{(n-2)2}, y_{(n-1)1}\rangle$, $\langle y_{(n-1)2}, d\rangle$ 称为是同类的 S 粗糙路径。

上述 S_R 路径 $\langle[x_0]_R, [x_1]_R\rangle, \langle[x_1]_R, [x_2]_R\rangle, \cdots, \langle[x_{n-1}]_R, [x_n]_R\rangle$ 涉及了 R 等价类形式的粒 $[x_0]_R, [x_1]_R, [x_2]_R, \cdots, [x_{n-1}]_R, [x_n]_R$。实际上，可能存在另一条从粒 $[x_0]_R$ 到粒 $[x_n]_R$ 的 S_R 路径 $\langle[y_0]_R, [y_1]_R\rangle, \langle[y_1]_R, [y_2]_R\rangle, \cdots, \langle[y_{m-1}]_R, [y_m]_R\rangle$，其中 $[y_0]_R=[x_0]_R$ 且 $[y_m]_R=[x_n]_R$，但 R 等价类 $[y_1]_R, [y_2]_R, \cdots, [y_{m-1}]_R$ 与 R 等价类 $[x_1]_R, [x_2]_R, \cdots, [x_{n-1}]_R$ 之间可能不完全相同，包括自然数 m 和 n 的不同，或 R 等价类 $[y_1]_R$ 与 R 等价类 $[x_1]_R$ 的不同，或 R 等价类 $[y_2]_R$ 与 R 等价类 $[x_2]_R$ 的不同等。在这种情况下，基于 S_R 路径 $\langle[x_0]_R, [x_1]_R\rangle, \langle[x_1]_R, [x_2]_R\rangle, \cdots, \langle[x_{n-1}]_R, [x_n]_R\rangle$ 确定产生的 S 粗糙路径与基于 S_R 路径 $\langle[y_0]_R, [y_1]_R\rangle, \langle[y_1]_R, [y_2]_R\rangle, \cdots, \langle[y_{m-1}]_R, [y_m]_R\rangle$ 确定产生的 S 粗糙路径就不是同类的。

3.2.2　粗糙路径的解释

定义 2.1.2 给出了 S 路径的定义。定义 2.3.1 通过粗糙关系 S_R，引出了 S_R 路径，并把 S_R 路径与支撑序列紧密地联系在一起。在上述定义 3.2.1 中，我们又给出了从 a 到 b 关于 R 的 S 粗糙路径的概念。现在可以对 S 粗糙路径与 S 路径、S_R 路径以及支撑序列的区别进行分析说明，在后面 3.3 节中，进一步给予理论讨论。

定义 2.1.2 给出了 S 路径的定义，如果 $\langle a, b_1\rangle, \langle b_1, b_2\rangle, \cdots, \langle b_{n-1}, b_n\rangle, \langle b_n, b\rangle$ $(n\geqslant 0)$ 是从 a 到 b 的 S 路径，则 $\langle a, b_1\rangle\in S$，$\langle b_{i-1}, b_i\rangle\in S$ $(i=2, 3, \cdots, n)$ 且 $\langle b_n, b\rangle\in S$，同时对于该 S 路径上相邻的两个 S 有向边，前一 S 有向边的终数据与后一 S 有向边的始数据是相同的，例如，$\langle a, b_1\rangle$ 的终数据 b_1 与 $\langle b_1, b_2\rangle$ 的始数据 b_1 相同，不妨把此种情况称为 S 路径上各 S 有向边的首尾相连。

现考虑 S 粗糙路径，由 S 粗糙边和 S 粗糙路径的定义可知，S 粗糙边是 S 粗糙路径的特殊情况，是长度为 1 的 S 粗糙路径。

对于从 a 到 b 关于 R 的 S 粗糙路径 $\langle a, x_{11}\rangle, \langle x_{12}, x_{21}\rangle, \langle x_{22}, x_{31}\rangle, \cdots, \langle x_{(n-2)2}, x_{(n-1)1}\rangle, \langle x_{(n-1)2}, b\rangle$ 上的 S 粗糙边，从定义 3.2.1 可以看到这样的特性：首先，各粗糙边可以属于 S，也可以不属于 S，既可以 $\langle a, x_{11}\rangle\in S$，也可以 $\langle a, x_{11}\rangle\notin S$；既可以 $\langle x_{i2}, x_{(i+1)1}\rangle\in S$，也可以 $\langle x_{i2}, x_{(i+1)1}\rangle\notin S$ $(1\leqslant i\leqslant n-2)$；既可以 $\langle x_{(n-1)2}, b\rangle\in S$，也可以 $\langle x_{(n-1)2}, b\rangle\notin S$。其次，对于两相邻 S 粗糙边，前一 S 粗糙边的终数据与后一 S 粗糙边的始数据可以不相同，所以关于 R 的 S 粗糙路径上各相邻 S 粗糙边的首尾可能不连接在一起。例如，对于该 S 粗糙路径上相邻的 S 粗糙边 $\langle x_{(i-1)2}, x_{i1}\rangle$ 和 $\langle x_{i2}, x_{(i+1)1}\rangle$ $(1\leqslant i\leqslant n-1)$，$\langle x_{(i-1)2}, x_{i1}\rangle$ 的终数据 x_{i1} 与 $\langle x_{i2}, x_{(i+1)1}\rangle$ 的始数据 x_{i2} 可能不同，但也包括相同的情况，这里当 $i=1$ 时，把 $x_{(i-1)2}$ 视为数据 a，即 $x_{(i-1)2}=x_{02}=a$；当 $i=n-1$ 时，把 $x_{(i+1)1}$ 视为数据 b，即 $x_{(i+1)1}=x_{n1}=b$。当 $x_{i1}=x_{i2}$ 时，称相邻的 S 粗糙边 $\langle x_{(i-1)2}, x_{i1}\rangle$ 和 $\langle x_{i2}, x_{(i+1)1}\rangle$ 首尾相连。不管相邻的 S 粗糙边 $\langle x_{(i-1)2}, x_{i1}\rangle$ 和 $\langle x_{i2}, x_{(i+1)1}\rangle$ 的首尾相连与否，有一点是肯定的，就是 x_{i1} 和 x_{i2} 属于同一等价类形式的粒，即 $x_{i1}, x_{i2}\in[x_i]_R$（见定义 3.2.1(2)），同一等价类中的两个数

据 x_{i1} 和 x_{i2} 可被认为是不可区分的。所以尽管关于 R 的 S 粗糙路径上相邻 S 粗糙边的首尾可以不相连，但它们属于同一 R 等价类或不可区分的特性使得这些 S 粗糙边粗糙连接成首尾具有等价性或首尾具有不可区分性的路径，并在定义 3.2.1(2) 中被定义为关于 R 的 S 粗糙路径。之所以这样做，是因为同一 R 等价类中数据的不可区分可认为粗糙相同，S 粗糙路径上 S 粗糙边的不首尾相连也可以认为是粗糙相连的，粗糙相连的 S 粗糙边的序列组合成一类路径，定义为粗糙路径。

关于 R 的 S 粗糙路径的与粗糙推理空间 $\boldsymbol{W}=(U, \boldsymbol{K}, S)$ 中的等价关系 $R(\in\boldsymbol{K})$ 密切相关，当 $R_1\in\boldsymbol{K}$ 且 $R_1\neq R$ 时，可产生关于 R_1 的 S 粗糙路径。一般情况下，如果等价关系非常明确时，仅用 S 粗糙路径的表述表示关于 R 的 S 粗糙路径或表示关于 R_1 的 S 粗糙路径等，这在定义 3.2.1(2) 中已有约定。

由定义 3.2.1(2) 可知，从数据 a 到数据 b 关于 R 的 S 粗糙路径 $\langle a, x_{11}\rangle, \langle x_{12}, x_{21}\rangle, \langle x_{22}, x_{31}\rangle,\cdots, \langle x_{(n-2)2}, x_{(n-1)1}\rangle, \langle x_{(n-1)2}, b\rangle$ 与从粒 $[x_0]_R$ 到粒 $[x_n]_R$ 的 S_R 路径 $\langle[x_0]_R, [x_1]_R\rangle, \langle[x_1]_R, [x_2]_R\rangle,\cdots, \langle[x_{n-1}]_R, [x_n]_R\rangle$ 关联在一起，满足 $a\in[x_0]_R$，$b\in[x_n]_R$ 以及 $x_{i1}, x_{i2}\in[x_i]_R$ $(i=1, 2,\cdots, n-1)$，S_R 路径 $\langle[x_0]_R, [x_1]_R\rangle, \langle[x_1]_R, [x_2]_R\rangle,\cdots, \langle[x_{n-1}]_R, [x_n]_R\rangle$ 决定了关于 R 的 S 粗糙路径 $\langle a, x_{11}\rangle, \langle x_{12}, x_{21}\rangle, \langle x_{22}, x_{31}\rangle,\cdots, \langle x_{(n-2)2}, x_{(n-1)1}\rangle, \langle x_{(n-1)2}, b\rangle$ 的存在。由于 $\langle[x_{i-1}]_R, [x_i]_R\rangle\in S_R$，即 $\langle[x_{i-1}]_R, [x_i]_R\rangle$ 是 S_R 有向边，由定义 2.3.1(2) 可知，存在 $\langle u_{i-1}, v_i\rangle\in S$，使得 $\langle u_{i-1}, v_i\rangle$ 是 S_R 有向边 $\langle[x_{i-1}]_R, [x_i]_R\rangle$ 的支撑 $(i=1, 2,\cdots, n)$，此时 $u_{i-1}\in[x_{i-1}]_R$ 且 $v_i\in[x_i]_R$。支撑 $\langle u_{i-1}, v_i\rangle$ 一定是 S 有向边，即 $\langle u_{i-1}, v_i\rangle\in S$。而 S 粗糙路径 $\langle a, x_{11}\rangle, \langle x_{12}, x_{21}\rangle, \langle x_{22}, x_{31}\rangle,\cdots, \langle x_{(n-2)2}, x_{(n-1)1}\rangle, \langle x_{(n-1)2}, b\rangle$ 上的任一 S 粗糙边可能属于 S，也可能不属于 S。当某一 S 粗糙边是 S 有向边时，如当 S 粗糙边 $\langle x_{12}, x_{21}\rangle$ 是 S 有向边时，有 $\langle x_{12}, x_{21}\rangle\in S$，又因为 $x_{12}\in[x_1]_R$ 并且 $x_{21}\in[x_2]_R$，此时 $\langle x_{12}, x_{21}\rangle$ 不仅是 S 粗糙边，也是 S_R 有向边 $\langle[x_1]_R, [x_2]_R\rangle$ 的支撑。

从上述分析可知，S_R 路径 $\langle[x_0]_R, [x_1]_R\rangle, \langle[x_1]_R, [x_2]_R\rangle,\cdots, \langle[x_{n-1}]_R, [x_n]_R\rangle$ 的支撑序列 $\langle u_0, v_1\rangle, \langle u_1, v_2\rangle, \langle u_2, v_3\rangle,\cdots, \langle u_{n-2}, v_{n-1}\rangle, \langle u_{n-1}, v_n\rangle$ 一定是关于 R 的 S 粗糙路径，此时每一条 S 粗糙边都是 S 有向边。反之如果 $\langle a, x_{11}\rangle, \langle x_{12}, x_{21}\rangle, \langle x_{22}, x_{31}\rangle,\cdots, \langle x_{(n-2)2}, x_{(n-1)1}\rangle, \langle x_{(n-1)2}, b\rangle$ 是基于该 S_R 路径确定产生的关于 R 的 S 粗糙路径，则此 S 粗糙路径上可能存在不是 S 有向边的 S 粗糙边。

为了直观地给予解释，可以用图示的方法进行说明，如图 3.2 所示。

图 3.2 表示粗糙推理空间 $\boldsymbol{W}=(U, \boldsymbol{K}, S)$ 的相关信息，如 $a, x_{11}, x_{12}, x_{21}, x_{22}, x_{31}, x_{32}, b$ 以及 $u_0, v_1, u_1, v_2, u_2, v_3, u_3, v_4$ 都是论域 U 中的数据；存在等价关系 $R\in\boldsymbol{K}$，使得每一矩形框中的数据表示一 R 等价类，这些等价类分别是 $[x_0]_R, [x_1]_R, [x_2]_R, [x_3]_R, [x_4]_R$，当然 x_0, x_1, x_2, x_3, x_4 也都是论域 U 中的数据；实线箭头分别用序偶 $\langle u_0, v_1\rangle, \langle u_1, v_2\rangle, \langle u_2, v_3\rangle, \langle u_3, v_4\rangle$ 表示，它们都是推理关系 S 中的 S 有向边。同时该图展示了基于 S_R 路径 $\langle[x_0]_R, [x_1]_R\rangle, \langle[x_1]_R, [x_2]_R\rangle, \langle[x_2]_R, [x_3]_R\rangle, \langle[x_3]_R, [x_4]_R\rangle$ 的关于 R 的

S 粗糙路径，点画线箭头的序列即表示一粗糙路径，实线箭头的序列是该 S_R 路径的支撑序列，不妨进一步说明如下。

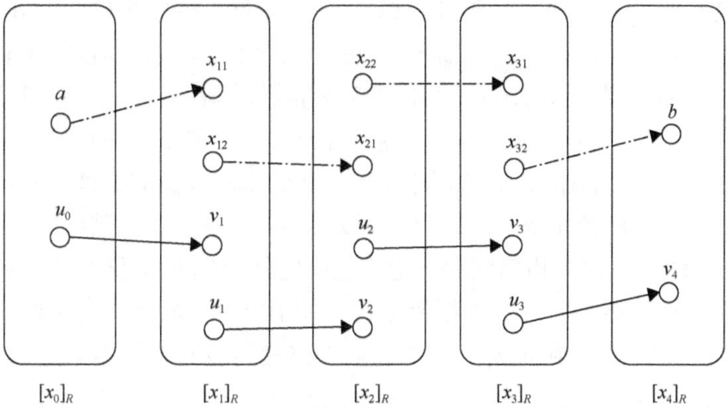

图 3.2　S 粗糙路径和支撑序列示意图

在图 3.2 中，每一矩形框表示一 R 等价类形式的粒。$[x_0]_R$, $[x_1]_R$, $[x_2]_R$, $[x_3]_R$, $[x_4]_R$ 表示五个 R 等价类形式的粒，且 $a\in[x_0]_R$，$b\in[x_4]_R$ 以及 $x_{i1}, x_{i2}\in[x_i]_R\,(i=1, 2, 3)$。实线箭头表示 S 有向边，即 $\langle u_{j-1}, v_j\rangle\in S\,(j=1,2,3,4)$，且 $\langle u_{j-1}, v_j\rangle$ 是 S_R 有向边 $\langle[x_{j-1}]_R, [x_j]_R\rangle$ 的支撑，满足 $u_{j-1}\in[x_{j-1}]_R$ 且 $v_j\in[x_j]_R\,(j=1,2,3,4)$，于是 $\langle[x_0]_R, [x_1]_R\rangle$, $\langle[x_1]_R, [x_2]_R\rangle$, $\langle[x_2]_R, [x_3]_R\rangle$, $\langle[x_3]_R, [x_4]_R\rangle$ 是一 S_R 路径。点画线箭头表示 S 粗糙边，序偶 $\langle a, x_{11}\rangle$, $\langle x_{12}, x_{21}\rangle$, $\langle x_{22}, x_{31}\rangle$ 和 $\langle x_{32}, b\rangle$ 都是 S 粗糙边。由于 $a\in[x_0]_R$，$b\in[x_4]_R$ 以及 $x_{i1}, x_{i2}\in[x_i]_R\,(i=1,2,3)$，所以 S 粗糙边的序列 $\langle a, x_{11}\rangle, \langle x_{12}, x_{21}\rangle, \langle x_{22}, x_{31}\rangle, \langle x_{32}, b\rangle$ 就是一条从 a 到 b 关于 R 的 S 粗糙路径。图 3.2 中显示该 S 粗糙路径中相邻 S 粗糙边的首尾不相连。由于数据 x_{i1} 和 $x_{i2}\,(i=1,2,3)$ 属于同一 R 等价类，所以 $x_{i1}=x_{i2}\,(1\leqslant i\leqslant 3)$ 的情况当然是许可的。

考查图 3.2 中 S 有向边的序列 $\langle u_0, v_1\rangle, \langle u_1, v_2\rangle, \langle u_2, v_3\rangle, \langle u_3, v_4\rangle$，它是 S_R 路径 $\langle[x_0]_R, [x_1]_R\rangle$, $\langle[x_1]_R, [x_2]_R\rangle$, $\langle[x_2]_R, [x_3]_R\rangle$, $\langle[x_3]_R, [x_4]_R\rangle$ 的支撑序列。由于 $u_{j-1}\in[x_{j-1}]_R$ 且 $v_j\in[x_j]_R\,(j=1, 2, 3, 4)$，所以 S 有向边的序列 $\langle u_0, v_1\rangle, \langle u_1, v_2\rangle, \langle u_2, v_3\rangle, \langle u_3, v_4\rangle$ 也是一条关于 R 的 S 粗糙路径，即支撑序列是一条 S 粗糙路径。特别地，当 $u_i=v_i\,(i=1,2,3)$ 时，支撑序列 $\langle u_0, v_1\rangle, \langle u_1, v_2\rangle, \langle u_2, v_3\rangle, \langle u_3, v_4\rangle$ 变为一条从 u_0 到 v_4 的 S 路径：$\langle u_0, u_1\rangle, \langle u_1, u_2\rangle, \langle u_2, u_3\rangle, \langle u_3, v_4\rangle$。所以，对于粗糙推理空间 $\boldsymbol{W}=(U, \boldsymbol{K}, S)$ 中的任一等价关系 $R(\in\boldsymbol{K})$，S_R 路径的支撑序列一定是关于 R 的 S 粗糙路径，但反之不然。

所以关于 R 的 S 粗糙路径 $\langle a, x_{11}\rangle$, $\langle x_{12}, x_{21}\rangle$, $\langle x_{22}, x_{31}\rangle,\cdots$, $\langle x_{(n-2)2}, x_{(n-1)1}\rangle$, $\langle x_{(n-1)2}, b\rangle$ 中的每一条 S 粗糙边都可以是 S 有向边，这种情况下，该 S 粗糙路径 $\langle a, x_{11}\rangle$, $\langle x_{12}, x_{21}\rangle$, $\langle x_{22}, x_{31}\rangle,\cdots$, $\langle x_{(n-2)2}, x_{(n-1)1}\rangle$, $\langle x_{(n-1)2}, b\rangle$ 就是 S_R 路径 $\langle[x_0]_R$,

$[x_1]_R\rangle, \langle[x_1]_R, [x_2]_R\rangle, \cdots, \langle[x_{n-1}]_R, [x_n]_R\rangle$的支撑序列，其中 $a\in[x_0]_R$，$b\in[x_n]_R$ 以及 x_{i1}，$x_{i2}\in[x_i]_R$ $(i=1, 2, \cdots, n-1)$，图 3.2 中的支撑序列 $\langle u_0, v_1\rangle, \langle u_1, v_2\rangle, \langle u_2, v_3\rangle, \langle u_3, v_4\rangle$ 是一条关于 R 的 S 粗糙路径。另外，虽然关于 R 的 S 粗糙路径 $\langle a, x_{11}\rangle, \langle x_{12}, x_{21}\rangle, \langle x_{22}, x_{31}\rangle, \cdots, \langle x_{(n-2)2}, x_{(n-1)1}\rangle, \langle x_{(n-1)2}, b\rangle$ 基于 S_R 路径 $\langle[x_0]_R, [x_1]_R\rangle, \langle[x_1]_R, [x_2]_R\rangle, \cdots, \langle[x_{n-1}]_R, [x_n]_R\rangle$ 确定产生，满足 $a\in[x_0]_R$，$b\in[x_n]_R$ 以及 $x_{i1}, x_{i2}\in[x_i]_R$ $(i=1, 2, \cdots, n-1)$，但该 S 粗糙路径 $\langle a, x_{11}\rangle, \langle x_{12}, x_{21}\rangle, \langle x_{22}, x_{31}\rangle, \cdots, \langle x_{(n-2)2}, x_{(n-1)1}\rangle, \langle x_{(n-1)2}, b\rangle$ 一般不是该 S_R 路径 $\langle[x_0]_R, [x_1]_R\rangle, \langle[x_1]_R, [x_2]_R\rangle, \cdots, \langle[x_{n-1}]_R, [x_n]_R\rangle$ 的支撑序列，对于图 3.2 中关于 R 的 S 粗糙路径 $\langle a, x_{11}\rangle, \langle x_{12}, x_{21}\rangle, \langle x_{22}, x_{31}\rangle, \langle x_{32}, b\rangle$，当其中的某一条 S 粗糙边不是 S 有向边时，该 S 粗糙路径一定不是确定其产生的 S_R 路径的支撑序列。

上述讨论同时还表明，对于粗糙推理空间 $\boldsymbol{W}=(U, \boldsymbol{K}, S)$，数据 $a, b\in U$，以及等价关系 $R\in\boldsymbol{K}$，从 a 到 b 关于 R 的 S 粗糙路径可以存在许多条。就图 3.2 而言，其中给出的 S 粗糙边的序列 $\langle a, x_{11}\rangle, \langle x_{12}, x_{21}\rangle, \langle x_{22}, x_{31}\rangle, \langle x_{32}, b\rangle$ 就是一条从 a 到 b 关于 R 的 S 粗糙路径。同时图 3.2 中还包含着其他从 a 到 b 关于 R 的 S 粗糙路径，例如，$\langle a, x_{11}\rangle, \langle x_{12}, x_{21}\rangle, \langle u_2, v_3\rangle, \langle x_{32}, b\rangle$ 是从 a 到 b 关于 R 的 S 粗糙路径，$\langle a, u_1\rangle, \langle u_1, v_2\rangle, \langle u_2, v_3\rangle, \langle x_{32}, b\rangle$ 也是从 a 到 b 关于 R 的 S 粗糙路径等，它们都与图 3.2 中点画线箭头表示的从 a 到 b 关于 R 的 S 粗糙路径不同。

粗糙路径反映的信息就是不明确、非确定、似存在或潜存于数据之间的粗糙数据联系，并可与实际问题相联系。例如，在图 3.2 中，假设等价类形式的粒 $[x_0]_R$, $[x_1]_R$, $[x_2]_R$, $[x_3]_R$, $[x_4]_R$ 分别表示学校 5 个班级学生的集合，学生 u_0 位于粒 $[x_0]_R$ 中，学生 u_1 和 v_1 位于粒 $[x_1]_R$ 中，学生 u_2 和 v_2 位于粒 $[x_2]_R$ 中，学生 u_3 和 v_3 位于粒 $[x_3]_R$ 中，学生 v_4 位于粒 $[x_4]_R$ 中。设 S 有向边 $\langle u_0, v_1\rangle$ 表示 u_0 认识 v_1，S 有向边 $\langle u_1, v_2\rangle$ 表示 u_1 认识 v_2，S 有向边 $\langle u_2, v_3\rangle$ 表示 u_2 认识 v_3，S 有向边 $\langle u_3, v_4\rangle$ 表示 u_3 认识 v_4。对于 S 有向边 $\langle u_0, v_1\rangle$ 和 $\langle u_1, v_2\rangle$，虽然它们的首尾可能不相连，即 v_1 和 u_1 可能不同，但由于 $v_1, u_1\in[x_1]_R$，即 u_1 和 v_1 同属于粒 $[x_1]_R$ 表示的班级，所以 u_1 和 v_1 必然相识。在这种情况下，由 u_0 认识 v_1，再通过 v_1 和 u_1 相识以及 u_1 认识 v_2 的事实，从 u_0 通过 v_1 和 u_1 的相识关系到 v_2 的相识渠道是很可能存在的，实际中也常出现人托人的相识联系。对于 S 有向边 $\langle u_1, v_2\rangle$ 和 $\langle u_2, v_3\rangle$ 以及 $\langle u_2, v_3\rangle$ 和 $\langle u_3, v_4\rangle$ 首尾是否相连的讨论与此相同。因此，支撑序列表示的关于 R 的 S 粗糙路径 $\langle u_0, v_1\rangle, \langle u_1, v_2\rangle, \langle u_2, v_3\rangle, \langle u_3, v_4\rangle$ 反映了学生之间或许相识的粗糙数据联系。由于支撑序列中的 S 有向边表示精确的信息，所以支撑序列表示的关于 R 的 S 粗糙路径 $\langle u_0, v_1\rangle, \langle u_1, v_2\rangle, \langle u_2, v_3\rangle, \langle u_3, v_4\rangle$ 反映的学生之间或许相识的联系往往被认可。但对于图 3.2 中点画线箭头表示的从 a 到 b 关于 R 的 S 粗糙路径 $\langle a, x_{11}\rangle, \langle x_{12}, x_{21}\rangle, \langle x_{22}, x_{31}\rangle, \langle x_{32}, b\rangle$，由于其上的每一条 S 粗糙边可能不是 S 有向边，所以粗糙路径 $\langle a, x_{11}\rangle, \langle x_{12}, x_{21}\rangle, \langle x_{22}, x_{31}\rangle, \langle x_{32}, b\rangle$ 反映的学生之间或许相识的联系更为粗糙。不过这种更粗糙的相识联系蕴含了相识的可能，例如，考虑该粗糙路径上的粗糙边 $\langle a, x_{11}\rangle$，在

图 3.2 中该粗糙边用点画线箭头表示，意味着班级 $[x_0]_R$ 中学生 a 与班级 $[x_1]_R$ 中学生 x_{11} 可能不相识，但由于 a 与 u_0 是同班，x_{11} 与 v_1 是同班，且 u_0 认识 v_1，所以借助同班同学的关系，使得 a 认识 x_{11} 的可能性是存在的，这说明粗糙路径 $\langle a, x_{11}\rangle$, $\langle x_{12}, x_{21}\rangle$, $\langle x_{22}, x_{31}\rangle$, $\langle x_{32}, b\rangle$ 反映的学生之间相识的联系虽然很粗糙，但相识的可能性存在。

所以粗糙路径描述的是不明确、非确定、似存在或潜存于数据之间的粗糙数据联系，粗糙路径是粗糙数据联系的另一描述形式。

当关于 R 的 S 粗糙路径 $\langle a, x_{11}\rangle$, $\langle x_{12}, x_{21}\rangle$, $\langle x_{22}, x_{31}\rangle,\cdots$, $\langle x_{(n-2)2}, x_{(n-1)1}\rangle$, $\langle x_{(n-1)2}, b\rangle$ 基于 S_R 路径 $\langle [x_0]_R, [x_1]_R\rangle$, $\langle [x_1]_R, [x_2]_R\rangle,\cdots$, $\langle [x_{n-1}]_R, [x_n]_R\rangle$ 确定产生时，该粗糙路径不仅与等价类 $[x_0]_R, [x_1]_R, [x_2]_R,\cdots, [x_{n-1}]_R, [x_n]_R$ 相关，也与该 S_R 路径的支撑序列存在联系，因为支撑序列保证了 S_R 路径的存在。等价类由等价关系 R 确定产生，支撑序列由推理关系 S 的 S 有向边组合构成，所以关于 R 的 S 粗糙路径是等价关系 R 和推理关系 S 信息融合的结果。

因此，关于 R 的 S 粗糙路径记录的信息是粗糙数据联系的另一表示形式。第 2 章的讨论表明粗糙数据推理 $a\models_R b$ 是对数据 a 和 b 之间粗糙数据联系的描述，不过该描述方法没有指明 a 和 b 之间的数据。关于 R 的 S 粗糙路径 $\langle a, x_{11}\rangle$, $\langle x_{12}, x_{21}\rangle$, $\langle x_{22}, x_{31}\rangle$, $\langle x_{32}, b\rangle$ 也是对数据之间粗糙数据联系的描述，这种描述表明了把 a 和 b 粗糙联系在一起的数据 $x_{11}, x_{12}, x_{21}, x_{22}, x_{31}$ 和 x_{32}。粗糙路径上包含了把始数据和终数据粗糙联系在一起的数据，因此粗糙路径为粗糙数据推理的精度探究提供了途径，这是我们引入粗糙路径的目的。

为了利用粗糙路径讨论粗糙数据推理的精度问题，粗糙路径具有怎样的性质是必须考虑的方面，对该问题的讨论将为粗糙数据推理的度量分析奠定基础。

3.3　粗糙路径的性质

3.2.2 节对粗糙路径特点的分析可以帮助我们更为规范或从理论角度讨论粗糙路径的性质，本节将给出涉及粗糙路径性质的相关定理。

设 $\boldsymbol{W}=(U, \boldsymbol{K}, S)$ 是粗糙推理空间，对于 $R\in\boldsymbol{K}$，如果 $\langle x_0, x_{11}\rangle$, $\langle x_{12}, x_{21}\rangle$, $\langle x_{22}, x_{31}\rangle,\cdots$, $\langle x_{(n-2)2}, x_{(n-1)1}\rangle$, $\langle x_{(n-1)2}, x_n\rangle$ 是从 x_0 到 x_n 关于 R 的 S 粗糙路径，则 S 粗糙边 $\langle x_0, x_{11}\rangle$, $\langle x_{i2}, x_{(i+1)1}\rangle$ $(i=1, 2,\cdots, n-2)$ 或 $\langle x_{(n-1)2}, x_n\rangle$ 可能不是 S 有向边，即有可能 $\langle x_0, x_{11}\rangle\notin S$, $\langle x_{i2}, x_{(i+1)1}\rangle\notin S$ 或 $\langle x_{(n-1)2}, x_n\rangle\notin S$。但也可以有 $\langle x_0, x_{11}\rangle\in S$, $\langle x_{i2}, x_{(i+1)1}\rangle\in S$ 或 $\langle x_{(n-1)2}, x_n\rangle\in S$ 的情况，即 S 粗糙边可能是 S 有向边。

同时，对于相邻的两条 S 粗糙边，如 $\langle x_{12}, x_{21}\rangle$, $\langle x_{22}, x_{31}\rangle$，$S$ 粗糙边 $\langle x_{12}, x_{21}\rangle$ 的终数据 x_{21} 可能不同于 S 粗糙边 $\langle x_{22}, x_{31}\rangle$ 的始数据 x_{22}，但也包含 $x_{21}=x_{22}$ 的情况。

因此，作为不明确、非确定、似存在或潜存于数据之间数据联系的表示方法，

关于 R 的 S 粗糙路径是 S 路径的扩展。S 有向边一定是 S 粗糙边，S 路径一定是 S 粗糙路径，这可总结为如下的定理。

定理 3.3.1 设 $W=(U, \boldsymbol{K}, S)$ 是粗糙推理空间，则：

(1) 如果 $\langle x, y\rangle$ 是一 S 有向边，则对于 $R\in\boldsymbol{K}$，$\langle x, y\rangle$ 是关于 R 的 S 粗糙边。

(2) 如果 $\langle x_0, x_1\rangle, \langle x_1, x_2\rangle,\cdots, \langle x_{n-1}, x_n\rangle$ 是一条从 x_0 到 $x_n(n\geqslant 1)$ 的 S 路径，则对于 $R\in\boldsymbol{K}$，序列 $\langle x_0, x_1\rangle, \langle x_1, x_2\rangle,\cdots, \langle x_{n-1}, x_n\rangle$ 是一条从 x_0 到 x_n 关于 R 的 S 粗糙路径。

证明 (1) 设 $\langle x, y\rangle$ 是一 S 有向边，则 $\langle x, y\rangle\in S$。对于任意 $R\in\boldsymbol{K}$，因为 $x\in[x]_R$ 且 $y\in[y]_R$（见结论 2.2.1(1)），则有 $\langle[x]_R, [y]_R\rangle\in S_R$（见定义 2.3.1(1)）。同时因为 $x\in[x]_R$ 以及 $y\in[y]_R$，由定义 3.2.1(1) 可知 $\langle x, y\rangle$ 是一关于 R 的 S 粗糙边。

(2) 设 $\langle x_0, x_1\rangle, \langle x_1, x_2\rangle,\cdots, \langle x_{n-1}, x_n\rangle$ 是一条从 x_0 到 x_n 的 S 路径，则序偶 $\langle x_0, x_1\rangle, \langle x_1, x_2\rangle,\cdots, \langle x_{n-1}, x_n\rangle$ 都是 S 有向边，即 $\langle x_0, x_1\rangle\in S, \langle x_1, x_2\rangle\in S,\cdots, \langle x_{n-1}, x_n\rangle\in S$。由于 $x_0\in[x_0]_R$, $x_i\in[x_i]_R\,(i=1,2,\cdots,n-1)$ 且 $x_n\in[x_n]_R$（见结论 2.2.1(1)），于是 $\langle[x_0]_R, [x_1]_R\rangle\in S_R$, $\langle[x_1]_R, [x_2]_R\rangle\in S_R,\cdots$, $\langle[x_{n-1}]_R, [x_n]_R\rangle\in S_R$，故序列 $\langle[x_0]_R, [x_1]_R\rangle$, $\langle[x_1]_R, [x_2]_R\rangle,\cdots$, $\langle[x_{n-1}]_R, [x_n]_R\rangle$ 一条 S_R 路径。取 $x_0\in[x_0]_R$ 且 $x_{i1}, x_{i2}\in[x_i]_R$，这里 $x_{i1}=x_{i2}=x_i$ $(i=1, 2,\cdots, n-1)$，$x_n\in[x_n]_R$，由定义 3.2.1(2)，序列 $\langle x_0, x_1\rangle, \langle x_1, x_2\rangle,\cdots, \langle x_{n-1}, x_n\rangle$ 是一条从 x_0 到 x_n 关于 R 的 S 粗糙路径。 □

由关于 R 的 S 粗糙边和 S 粗糙路径的定义不难得知，定理 3.3.1 的逆是不成立的，即一条关于 R 的 S 粗糙边一般不是 S 有向边，一条关于 R 的 S 粗糙路径一般也不是 S 路径。因此，S 路径是 S 粗糙路径的特殊情况，S 粗糙路径是 S 路径的扩展。

下面给出一个定理，该定理表明关于 R 的 S 粗糙边与 S_R 有向边之间的联系，以及关于 R 的 S 粗糙边与 S 有向边之间的联系。

定理 3.3.2 设 $W=(U, \boldsymbol{K}, S)$ 是粗糙推理空间，且 $a, b\in U$ 及 $R\in\boldsymbol{K}$，则：

(1) $\langle a, b\rangle$ 是一关于 R 的 S 粗糙边当且仅当 $\langle[a]_R, [b]_R\rangle$ 是一 S_R 有向边。

(2) $\langle a, b\rangle$ 是一关于 R 的 S 粗糙边当且仅当存在 $c\in[a]_R$ 及 $d\in[b]_R$，使得 $\langle c, d\rangle$ 是一 S 有向边。

证明 (1) 设 $\langle a, b\rangle$ 是一关于 R 的 S 粗糙边，则由定义 3.2.1(1)，存在 S_R 有向边 $\langle[x]_R, [y]_R\rangle$，即 $\langle[x]_R, [y]_R\rangle\in S_R$，使得 $a\in[x]_R$ 及 $b\in[y]_R$。由结论 2.2.1(2)，有 $[a]_R=[x]_R$ 且 $[b]_R=[y]_R$，因此 $\langle[a]_R, [b]_R\rangle\in S_R$，即 $\langle[a]_R, [b]_R\rangle$ 是一 S_R 有向边。

反之，设 $\langle[a]_R, [b]_R\rangle$ 是一 S_R 有向边，则 $\langle[a]_R, [b]_R\rangle\in S_R$。由结论 2.2.1(1) 有 $a\in[a]_R$ 及 $b\in[b]_R$，所以 $\langle a, b\rangle$ 是一关于 R 的 S 粗糙边。

(2) 设 $\langle a, b\rangle$ 是一关于 R 的 S 粗糙边。由 (1) 得 $\langle[a]_R, [b]_R\rangle$ 是一 S_R 有向边，即 $\langle[a]_R, [b]_R\rangle\in S_R$。由定义 2.3.1(1) 和 (2) 可知，存在 $c\in[a]_R$ 及 $d\in[b]_R$，使得 $\langle c, d\rangle$ 是 $\langle[a]_R, [b]_R\rangle$ 的支撑，此时 $\langle c, d\rangle\in S$，即 $\langle c, d\rangle$ 是一 S 有向边。

反之，设存在 $c\in[a]_R$ 及 $d\in[b]_R$，使得 $\langle c,d\rangle$ 是一 S 有向边，即 $\langle c,d\rangle\in S$。因为 $c\in[c]_R$ 且 $d\in[d]_R$（见结论 2.2.1(1)），再由 $\langle c, d\rangle\in S$，有 $\langle[c]_R, [d]_R\rangle\in S_R$，即

$\langle [c]_R, [d]_R\rangle$ 是一 S_R 有向边。由于 $c\in[a]_R$ 及 $d\in[b]_R$，利用结论 2.2.1(2) 可得 $a\in[c]_R$ 及 $b\in[d]_R$，所以 $\langle a, b\rangle$ 是一关于 R 的 S 粗糙边（见定义 3.2.1 (1)）。□

定理 3.3.3 的结论针对关于 R 的 S 粗糙路径与 S_R 路径之间的联系，以及关于 R 的 S 粗糙路径与若干 S 有向边之间的联系。

定理 3.3.3　设 $\boldsymbol{W}=(U, \boldsymbol{K}, S)$ 是粗糙推理空间，$R\in\boldsymbol{K}$ 且 $a,b\in U$ 及 $x_{i1},x_{i2}\in U\,(i=1, 2,\cdots, n-1)$，则：

(1) $\langle a, x_{11}\rangle, \langle x_{12}, x_{21}\rangle,\cdots, \langle x_{(n-2)2}, x_{(n-1)1}\rangle, \langle x_{(n-1)2}, b\rangle$ 是一关于 R 的 S 粗糙路径当且仅当 $\langle [a]_R, [x_{11}]_R\rangle, \langle [x_{12}]_R, [x_{21}]_R\rangle,\cdots, \langle [x_{(n-2)2}]_R, [x_{(n-1)1}]_R\rangle, \langle [x_{(n-1)2}]_R, [b]_R\rangle$ 是一 S_R 路径，其中 $[x_{i1}]_R=[x_{i2}]_R$ $(i=1, 2,\cdots, n-1)$。

(2) $\langle a, x_{11}\rangle, \langle x_{12}, x_{21}\rangle,\cdots, \langle x_{(n-2)2}, x_{(n-1)1}\rangle, \langle x_{(n-1)2}, b\rangle$ 是一关于 R 的 S 粗糙路径当且仅当 $[x_{i1}]_R=[x_{i2}]_R\,(i=1,2,\cdots,n-1)$，且存在 $c\in[a]_R$, $y_{i1}\in[x_{i1}]_R$, $y_{i2}\in[x_{i2}]_R\,(i=1, 2,\cdots, n-1)$ 以及 $d\in[b]_R$，使得 $\langle c, y_{11}\rangle, \langle y_{12}, y_{21}\rangle,\cdots, \langle y_{(n-2)2}, y_{(n-1)1}\rangle$ 和 $\langle y_{(n-1)2}, d\rangle$ 都是 S 有向边。

证明　(1) 假设 $\langle a, x_{11}\rangle, \langle x_{12}, x_{21}\rangle,\cdots, \langle x_{(n-2)2}, x_{(n-1)1}\rangle, \langle x_{(n-1)2}, b\rangle$ 是一关于 R 的 S 粗糙路径。由定义 3.2.1(2) 可知，存在 S_R 路径 $\langle [x_0]_R, [x_1]_R\rangle, \langle [x_1]_R, [x_2]_R\rangle,\cdots, \langle [x_{n-2}]_R, [x_{n-1}]_R\rangle, \langle [x_{n-1}]_R, [x_n]_R\rangle$，满足 $a\in[x_0]_R$, $b\in[x_n]_R$ 及 $x_{i1}, x_{i2}\in[x_i]_R\,(i=1, 2,\cdots, n-1)$。利用结论 2.2.1(2) 可得 $[a]_R=[x_0]_R$, $[x_{i1}]_R=[x_{i2}]_R=[x_i]_R\,(i=1,2,\cdots,n-1)$ 且 $[b]_R=[x_n]_R$。因此，序列 $\langle [a]_R, [x_{11}]_R\rangle, \langle [x_{12}]_R, [x_{21}]_R\rangle,\cdots, \langle [x_{(n-2)2}]_R, [x_{(n-1)1}]_R\rangle, \langle [x_{(n-1)2}]_R, [b]_R\rangle$ 是一 S_R 路径，其中 $[x_{i1}]_R=[x_{i2}]_R$ $(i=1, 2,\cdots, n-1)$。

反之，假设 $\langle [a]_R, [x_{11}]_R\rangle, \langle [x_{12}]_R, [x_{21}]_R\rangle,\cdots, \langle [x_{(n-2)2}]_R, [x_{(n-1)1}]_R\rangle, \langle [x_{(n-1)2}]_R, [b]_R\rangle$ 是一 S_R 路径，其中 $[x_{i1}]_R=[x_{i2}]_R$ $(i=1,2,\cdots,n-1)$。令 $[x_i]_R=[x_{i1}]_R=[x_{i2}]_R$ $(i=1, 2,\cdots, n-1)$，则 $x_{i1}, x_{i2}\in[x_i]_R$。注意到 $a\in[a]_R$, $b\in[b]_R$（见结论 2.2.1(1)），由定义 3.2.1(2) 可知序列 $\langle a, x_{11}\rangle, \langle x_{12}, x_{21}\rangle,\cdots, \langle x_{(n-2)2}, x_{(n-1)1}\rangle, \langle x_{(n-1)2}, b\rangle$ 是一关于 R 的 S 粗糙路径。

(2) 假设 $\langle a, x_{11}\rangle, \langle x_{12}, x_{21}\rangle,\cdots, \langle x_{(n-2)2}, x_{(n-1)1}\rangle, \langle x_{(n-1)2}, b\rangle$ 是一关于 R 的 S 粗糙路径。则由 (1) 可知，$\langle [a]_R, [x_{11}]_R\rangle, \langle [x_{12}]_R, [x_{21}]_R\rangle,\cdots, \langle [x_{(n-2)2}]_R, [x_{(n-1)1}]_R\rangle, \langle [x_{(n-1)2}]_R, [b]_R\rangle$ 是一条 S_R 路径，其中 $[x_{i1}]_R=[x_{i2}]_R\,(i=1,2,\cdots,n-1)$。因此，$\langle [a]_R, [x_{11}]_R\rangle\in S_R, \langle [x_{12}]_R, [x_{21}]_R\rangle\in S_R,\cdots, \langle [x_{(n-2)2}]_R, [x_{(n-1)1}]_R\rangle\in S_R$ 且 $\langle [x_{(n-1)2}]_R, [b]_R\rangle\in S_R$。由定义 2.3.1(1) 和 (2) 可知，$\langle [a]_R, [x_{11}]_R\rangle$ 存在支撑 $\langle c, y_{11}\rangle\in S$，且 $c\in[a]_R$ 及 $y_{11}\in[x_{11}]_R$；$\langle [x_{i2}]_R, [x_{(i+1)1}]_R\rangle$ 存在支撑 $\langle y_{i2}, y_{(i+1)1}\rangle\in S$，且 $y_{i2}\in[x_{i2}]_R$ 及 $y_{(i+1)1}\in[x_{(i+1)1}]_R\,(i=1,2,\cdots,n-2)$；$\langle [x_{(n-1)2}]_R, [b]_R\rangle$ 存在支撑 $\langle y_{(n-1)2}, d\rangle\in S$，且 $y_{(n-1)2}\in[x_{(n-1)2}]_R$ 以及 $d\in[b]_R$。此即证明了 $\langle c, y_{11}\rangle, \langle y_{12}, y_{21}\rangle,\cdots, \langle y_{(n-2)2}, y_{(n-1)1}\rangle$ 和 $\langle y_{(n-1)2}, d\rangle$ 都是 S 有向边。

反之，假设存在 $c\in[a]_R$, $y_{i1}\in[x_{i1}]_R$, $y_{i2}\in[x_{i2}]_R\,(i=1, 2,\cdots, n-1)$ 及 $d\in[b]_R$，这里 $[x_{i1}]_R=[x_{i2}]_R$，使得 $\langle c, y_{11}\rangle, \langle y_{12}, y_{21}\rangle,\cdots, \langle y_{(n-2)2}, y_{(n-1)1}\rangle$ 和 $\langle y_{(n-1)2}, d\rangle$ 都是 S

有向边，即$\langle c, y_{11}\rangle \in S$, $\langle y_{12}, y_{21}\rangle \in S,\cdots$, $\langle y_{(n-2)2}, y_{(n-1)1}\rangle \in S$ 和$\langle y_{(n-1)2}, d\rangle \in S$。由$c\in [a]_R$, $y_{i1}\in [x_{i1}]_R$, $y_{i2}\in [x_{i2}]_R\,(i=1, 2,\cdots, n-1)$ 及 $d\in [b]_R$，并注意到$[x_{i1}]_R=[x_{i2}]_R$，于是利用结论 2.2.1(2) 可得 $a\in [c]_R$, $x_{i1}\in [y_{i1}]_R$, $x_{i2}\in [y_{i2}]_R\,(i=1, 2,\cdots, n-1)$ 及 $b\in [d]_R$，其中$[y_{i1}]_R=[y_{i2}]_R$(这由$[x_{i1}]_R=[x_{i2}]_R\,(i=1,2,\cdots,n-1)$推得)，这样$\langle [c]_R, [y_{11}]_R\rangle$, $\langle [y_{12}]_R, [y_{21}]_R\rangle,\cdots$, $\langle [y_{(n-2)2}]_R, [y_{(n-1)1}]_R\rangle$, $\langle [y_{(n-1)2}]_R, [d]_R\rangle$是一条 S_R 路径，$\langle c, y_{11}\rangle$, $\langle y_{12}, y_{21}\rangle,\cdots$, $\langle y_{(n-2)2}, y_{(n-1)1}\rangle$, $\langle y_{(n-1)2}, d\rangle$是其支撑序列。于是由定义 3.2.1(2)便知$\langle a, x_{11}\rangle$, $\langle x_{12}, x_{21}\rangle,\cdots,\langle x_{(n-2)2}, x_{(n-1)1}\rangle$, $\langle x_{(n-1)2}, b\rangle$是基于 S_R 路径$\langle [c]_R, [y_{11}]_R\rangle$, $\langle [y_{12}]_R, [y_{21}]_R\rangle,\cdots$, $\langle [y_{(n-2)2}]_R, [y_{(n-1)1}]_R\rangle$, $\langle [y_{(n-1)2}]_R, [d]_R\rangle$确定产生的一条关于 R 的 S 粗糙路径。 □

因此，关于 R 的 S 粗糙路径与 S_R 路径密切相关，同时关于 R 的 S 粗糙路径与一系列 S 有向边存在紧密的联系。

定理 3.3.4　设 $\boldsymbol{W}=(U, \boldsymbol{K}, S)$ 是粗糙推理空间，$R\in \boldsymbol{K}$。如果$\langle [x_0]_R, [x_1]_R\rangle$, $\langle [x_1]_R, [x_2]_R\rangle,\cdots$, $\langle [x_{n-1}]_R, [x_n]_R\rangle\ (n\geqslant 1)$ 是一条 S_R 路径，则该 S_R 路径的支撑序列是一条关于 R 的 S 粗糙路径。

证明　对于 S_R 路径$\langle [x_0]_R, [x_1]_R\rangle$, $\langle [x_1]_R, [x_2]_R\rangle,\cdots$, $\langle [x_{n-1}]_R, [x_n]_R\rangle$，由 S_R 路径的定义(见定义 2.3.1(3))，存在 $y_{i-1}\in [x_{i-1}]_R$ 且 $z_i\in [x_i]_R$，满足$\langle y_{i-1}, z_i\rangle \in S$，即$\langle y_{i-1}, z_i\rangle$是$\langle [x_{i-1}]_R, [x_i]_R\rangle$的支撑 $(i=1, 2,\cdots, n)$，于是$\langle y_0, z_1\rangle$, $\langle y_1, z_2\rangle,\cdots$, $\langle y_{n-1}, z_n\rangle$是 S_R 路径$\langle [x_0]_R, [x_1]_R\rangle$, $\langle [x_1]_R, [x_2]_R\rangle,\cdots$, $\langle [x_{n-1}]_R, [x_n]_R\rangle$的支撑序列。由于 $y_0\in [x_0]_R$，$z_n\in [x_n]_R$ 且 $y_i, z_i\in [x_i]_R\,(i=1, 2,\cdots, n-1)$，由定义 3.2.1(2) 可知，支撑序列$\langle y_0, z_1\rangle$, $\langle y_1, z_2\rangle,\cdots$, $\langle y_{n-1}, z_n\rangle$是基于$S_R$路径$\langle [x_0]_R, [x_1]_R\rangle$, $\langle [x_1]_R, [x_2]_R\rangle,\cdots$, $\langle [x_{n-1}]_R, [x_n]_R\rangle$确定产生的 S 粗糙路径。因此，S_R 路径$\langle [x_0]_R, [x_1]_R\rangle$, $\langle [x_1]_R, [x_2]_R\rangle,\cdots$, $\langle [x_{n-1}]_R, [x_n]_R\rangle$的支撑序列是一条关于 R 的 S 粗糙路径。 □

上述讨论给出了关于 R 的 S 粗糙路径的相关性质，作为定理给出，说明这些性质比 3.2.2 节对粗糙路径的分析解释更为正式或规范。给出这些性质，也表明了它们的重要作用。在下面的讨论中，我们将利用这些性质，针对关于 R 的粗糙数据推理的度量问题展开研究。从下述讨论中我们将看到，数据 x 关于 R 粗糙推出数据 y 的粗糙数据推理可通过关于 R 的 S 粗糙路径进行精确度方面的刻画描述。虽然关于 R 粗糙数据推理与关于 R 的 S 粗糙路径定义的方式不同，但两者之间存在着紧密的联系，3.4 节的讨论将针对这方面的内容展开讨论。

3.4　粗糙路径与粗糙数据推理

设 $\boldsymbol{W}=(U, \boldsymbol{K}, S)$ 是粗糙推理空间，对于 $R\in \boldsymbol{K}$，在定义 2.1.4 中，我们引入了数据之间相互推出的关于 R 的粗糙数据推理，把推理建立在了数据之间。在定义 3.2.1 中，我们又引入了关于 R 的 S 粗糙路径的概念，对 S 路径进行了扩展。尽管粗糙数据推理和粗糙路径的定义方法不同，但是两者之间存在着内在的联系，下面将展开这方面的讨论，为此先熟悉和回忆定理 2.2.1 的结论：

(1) 在粗糙推理空间 $\boldsymbol{W}=(U, \boldsymbol{K}, S)$ 中，对于 $a, b\in U$，如果 $\langle a, b\rangle\in S$，即 $\langle a, b\rangle$ 是 S 有向边，则对任意的等价关系 $R\in\boldsymbol{K}$，有 $a\Rightarrow_R b$。

(2) 在粗糙推理空间 $\boldsymbol{W}=(U, \boldsymbol{K}, S)$ 中，对于 $a, b\in U$ 及 $b_1, b_2,\cdots, b_{n-1}, b_n\in U$，如果 $\langle a, b_1\rangle, \langle b_1, b_2\rangle,\cdots, \langle b_{n-1}, b_n\rangle, \langle b_n, b\rangle$ $(n\geqslant 0)$ 是从 a 到 b 的 S 路径，则对任意的等价关系 $R\in\boldsymbol{K}$，有 $a\models_R b$。

我们把 S 有向边和 S 路径表示的数据联系称为确定数据联系，因此上述结论表明确定数据联系在粗糙数据推理的过程中得到了保持或继承。确定数据联系反映的是明确或精确的关联信息，因为 S 有向边和 S 路径上的数据具有确定的顺序关系。不过我们引入粗糙数据推理的目的不仅仅是保持精确，主要是为了描述近似，即描述不明确、非确定、似存在或潜存于数据之间的粗糙数据联系。S 粗糙边或 S 粗糙路径实际是从另一角度对粗糙数据联系的刻画描述，这可以从如下定理中得到明确的肯定。

首先给出一定理，它表明了关于 R 的 S 粗糙边 $\langle a, b\rangle$ 与关于 R 的粗糙数据推理 $a\Rightarrow_R b$ 之间的等价联系。

定理 3.4.1　设 $\boldsymbol{W}=(U,\boldsymbol{K},S)$ 是粗糙推理空间，$R\in\boldsymbol{K}$ 且 $a,b\in U$。则 $a\Rightarrow_R b$ 当且仅当 $\langle a, b\rangle$ 是关于 R 的 S 粗糙边。

证明　设 $a\Rightarrow_R b$。由定理 2.2.2，有 $[b]_R\cap[a-R]\neq\varnothing$，令 $v\in[b]_R\cap[a-R]$，则 $v\in[b]_R$ 且 $v\in[a-R]$。对于 $v\in[a-R]$，根据 $[a-R]$ 的定义（见定义 2.1.3(2)），存在 $z\in[a]_R$，使得 $\langle z, v\rangle\in S$。总结这些讨论可知这样的事实：$z\in[a]_R$，$v\in[b]_R$ 且 $\langle z, v\rangle\in S$。因此由定义 2.3.1(1) 有 $\langle [a]_R, [b]_R\rangle\in S_R$。又因为 $a\in[a]_R$ 及 $b\in[b]_R$（见结论 2.2.1(1)），所以 $\langle a, b\rangle$ 是关于 R 的 S 粗糙边（见定义 3.2.1(1)）。

反之，设 $\langle a, b\rangle$ 是关于 R 的 S 粗糙边，则由定理 3.3.2(2)，存在 $c\in[a]_R$ 及 $d\in[b]_R$，使得 $\langle c, d\rangle$ 是一 S 有向边，即 $\langle c, d\rangle\in S$。利用定理 2.2.1(1)，可得 $c\Rightarrow_R d$。再注意到 $c\in[a]_R$ 及 $d\in[b]_R$，所以 $a\in[c]_R$ 及 $b\in[d]_R$（见结论 2.2.1(2)）。因此，由 $c\Rightarrow_R d$ 及定理 2.2.3(1) 和 (2)，得 $a\Rightarrow_R b$。 □

这表明 a 关于 R 直接粗糙推出 b，即 $a\Rightarrow_R b$，等价于判定 $\langle a, b\rangle$ 是否为关于 R 的 S 粗糙边，这给出了判定 $a\Rightarrow_R b$ 的另一方法，建立了直接粗糙推出与粗糙边之间的联系，同时该结论与定理 2.3.1(1) 的结论存在区别。在定理 2.3.1(1) 中，$a\Rightarrow_R b$ 的判定与 $\langle [a]_R, [b]_R\rangle$ 是否为 S_R 有向边（即 $\langle [a]_R, [b]_R\rangle\in S_R$）等价地联系在一起。实际上，利用定理 3.3.2(1) 和定理 2.3.1(1) 也可以推得定理 3.4.1 的结论，这里给出详尽的证明是为了进一步理解和认识关于 R 的粗糙数据推理 $a\Rightarrow_R b$ 与关于 R 的 S 粗糙边 $\langle a, b\rangle$ 之间的联系，关于 R 的 S 粗糙边提供了直接粗糙推出判定的另一渠道。

粗糙数据推理与粗糙路径之间也存在着密切的联系，定理 3.4.2 展示了 a 关于 R 粗糙推出 b（即 $a\models_R b$）与存在从 a 到 b 的关于 R 的 S 粗糙路径之间的关系。

定理 3.4.2　设 $\boldsymbol{W}=(U, \boldsymbol{K}, S)$ 是粗糙推理空间，$R\in\boldsymbol{K}$ 且 $a, b\in U$，则 $a\models_R b$ 当且仅当存在从 a 到 b 关于 R 的 S 粗糙路径。

证明　假设 $a\models_R b$，则存在数据 $x_1, x_2,\cdots, x_n\in U$ $(n\geqslant 0)$，使得 $a\Rightarrow_R x_1, x_1\Rightarrow_R x_2,\cdots, x_{n-1}\Rightarrow_R x_n$，$x_n\Rightarrow_R b$。由定理 2.3.1(1)，有 $\langle[a]_R, [x_1]_R\rangle\in S_R$，$\langle[x_1]_R, [x_2]_R\rangle\in S_R,\cdots, \langle[x_{n-1}]_R, [x_n]_R\rangle\in S_R$ 以及 $\langle[x_n]_R, [b]_R\rangle\in S_R$，因此序列 $\langle[a]_R, [x_1]_R\rangle, \langle[x_1]_R, [x_2]_R\rangle,\cdots, \langle[x_{n-1}]_R, [x_n]_R\rangle, \langle[x_n]_R, [b]_R\rangle$ 是一条 S_R 路径。由于 $a\in[a]_R$，$x_i\in[x_i]_R$ $(i=1, 2,\cdots, n)$ 及 $b\in[b]_R$（见结论 2.2.1(1)），并且令 $x_{i1}=x_{i2}=x_i$ $(i=1, 2,\cdots, n)$，则由粗糙路径的定义（见定义 3.2.1(2)），便知 $\langle a, x_1\rangle, \langle x_1, x_2\rangle,\cdots, \langle x_{n-1}, x_n\rangle, \langle x_n, b\rangle$ 是从 a 到 b 关于 R 的 S 粗糙路径，即存在从 a 到 b 关于 R 的 S 粗糙路径。

反之，假设序列 $\langle a, x_{11}\rangle, \langle x_{12}, x_{21}\rangle,\cdots, \langle x_{(n-1)2}, x_{n1}\rangle, \langle x_{n2}, b\rangle$ $(n\geqslant 0)$ 是一条从 a 到 b 关于 R 的 S 粗糙路径。则由定理 3.3.3(1) 可知 $\langle[a]_R, [x_{11}]_R\rangle, \langle[x_{12}]_R, [x_{21}]_R\rangle,\cdots, \langle[x_{(n-1)2}]_R, [x_{n1}]_R\rangle, \langle[x_{n2}]_R, [b]_R\rangle$ 是一 S_R 路径，其中 $[x_{i1}]_R=[x_{i2}]_R$ $(i=1, 2,\cdots, n)$。利用定理 2.3.1(3) 可得 $a\models_R b$。□

因此，数据 a 关于 R 粗糙推出 b 等价于存在从 a 到 b 关于 R 的 S 粗糙路径。从粗糙数据推理的定义（见定义 2.1.4）可知，粗糙数据推理基于上近似定义产生。由于上近似往往融入了近似信息，所以上近似包含的近似信息必然反映在粗糙数据推理之中。由于粗糙数据推理与粗糙路径具有等价的对应联系，则关于 R 的 S 粗糙路径所蕴含的非精确信息是上近似包含近似信息的另一表示形式。

由于 S 粗糙边是 S 粗糙路径的特殊情况，所以定理 3.4.1 是定理 3.4.2 的特殊情况。不过分别给出这两个定理，并给出相应的证明对于认识和理解 S 粗糙边和 S 粗糙路径建立的非精确的数据联系是有益的。

粗糙数据推理的表示形式 $a\Rightarrow_R b$ 或 $a\models_R b$ 表明了数据 a 关于 R 直接粗糙推出或粗糙推出数据 b 的事实，但没有展示出直接粗糙推出（即 $a\Rightarrow_R b$）或粗糙推出（即 $a\models_R b$）的内涵或内涵精度。我们所说的 $a\Rightarrow_R b$ 或 $a\models_R b$ 的内涵或内涵精度是指它们表示的粗糙数据推理的精确程度，因为粗糙数据推理既涵盖确定数据联系的精确，更包括粗糙数据联系的近似，且粗糙数据联系的近似情况是不同的。定理 3.4.1 把直接粗糙推出 $a\Rightarrow_R b$ 与关于 R 的 S 粗糙边 $\langle a, b\rangle$ 等价地联系在一起，以及定理 3.4.2 把粗糙推出 $a\models_R b$ 与关于 R 的 S 粗糙路径 $\langle a, x_{11}\rangle, \langle x_{12}, x_{21}\rangle,\cdots, \langle x_{(n-1)1}, x_{n1}\rangle, \langle x_{n2}, b\rangle$ 等价地联系在一起就是分别对 $a\Rightarrow_R b$ 和 $a\models_R b$ 包含的内涵或内涵精度信息的揭示。这为通过 S 粗糙路径研究粗糙数据推理的精度问题提供了途径，为后面的工作奠定了基础。

3.5　粗糙数据推理的精度

设 $\boldsymbol{W}=(U, \boldsymbol{K}, S)$ 是粗糙推理空间，定理 3.4.2 把粗糙路径与粗糙数据推理等价地联系了起来。于是提出了这样的问题：从 a 到 b 关于 R 的 S 粗糙路径一般存在多条，不同粗糙路径的粗糙程度有何区别？

例如，3.2.2 节给出了 S 粗糙路径、S_R 路径和其支撑序列的示意图，见图 3.2，参阅该图，可以得到如下 S 粗糙路径：

(1) $\langle a, x_{11}\rangle, \langle x_{12}, x_{21}\rangle, \langle x_{22}, x_{31}\rangle, \langle x_{32}, b\rangle$。

(2) $\langle a, x_{11}\rangle, \langle x_{12}, x_{21}\rangle, \langle u_2, v_3\rangle, \langle x_{32}, b\rangle$。

(3) $\langle a, u_1\rangle, \langle u_1, v_2\rangle, \langle u_2, v_3\rangle, \langle x_{32}, b\rangle$。

这三个序列都满足定义 3.2.1 关于 R 的 S 粗糙路径的定义，自然都是从 a 到 b 关于 R 的 S 粗糙路径。

另外，图 3.2 中还涉及了从 u_0 到 v_4 关于 R 的 S 粗糙路径 $\langle u_0, v_1\rangle, \langle u_1, v_2\rangle, \langle u_2, v_3\rangle, \langle u_3, v_4\rangle$，它是 S_R 路径 $\langle [x_0]_R, [x_1]_R\rangle, \langle [x_1]_R, [x_2]_R\rangle, \langle [x_2]_R, [x_3]_R\rangle, \langle [x_3]_R, [x_4]_R\rangle$ 的支撑序列，不妨把该支撑序列形成的粗糙路径记录如下：

(4) $\langle u_0, v_1\rangle, \langle u_1, v_2\rangle, \langle u_2, v_3\rangle, \langle u_3, v_4\rangle$。

实际上，(4) 中的支撑序列是从 u_0 到 v_4 关于 R 的 S 粗糙路径，并非从 a 到 b 关于 R 的 S 粗糙路径。不过 (4) 中从 u_0 到 v_4 关于 R 的 S 粗糙路径与 (1)～(3) 中从 a 到 b 关于 R 的 S 粗糙路径具有密切的联系，它支撑着 S_R 路径 $\langle [x_0]_R, [x_1]_R\rangle, \langle [x_1]_R, [x_2]_R\rangle, \langle [x_2]_R, [x_3]_R\rangle, \langle [x_3]_R, [x_4]_R\rangle$ 的存在，而 (1)～(3) 中的 S 粗糙路径基于该 S_R 路径确定产生。比较 (1)～(3) 中 S 粗糙路径与 (4) 中 S 粗糙路径的联系将从某一方面展示出 (1)～(3) 中 S 粗糙路径的粗糙程度，因为 (4) 记录的从 u_0 到 v_4 关于 R 的 S 粗糙路径 $\langle u_0, v_1\rangle, \langle u_1, v_2\rangle, \langle u_2, v_3\rangle, \langle u_3, v_4\rangle$ 中每一条 S 粗糙边都是 S 有向边，即 $\langle u_0, v_1\rangle\in S$，$\langle u_1, v_2\rangle\in S$，$\langle u_2, v_3\rangle\in S$ 以及 $\langle u_3, v_4\rangle\in S$。而在 (1)～(3) 记录的从 a 到 b 关于 R 的 S 粗糙路径中，有些 S 粗糙边是 (4) 中粗糙路径中出现的 S 有向边，而有些与 (4) 中 S 粗糙路径中出现的任一 S 有向边都不同。

由于推理关系 S 记录了明确清晰的数据联系，且每一 S 有向边属于 S，所以可以把 S 有向边视为精确信息，或把推理关系 S 记录的数据联系视为精确的。基于此观点，我们把 (4) 中 S 粗糙路径中的每一 S 粗糙边视为精确信息。如果把 (1)～(3) 中的 S 粗糙路径与 (4) 中 S 粗糙路径进行比对，则将展示出这些 S 粗糙路径与精确信息之间的差距，不妨比对如下：

在 (1) 中，S 粗糙路径 $\langle a, x_{11}\rangle, \langle x_{12}, x_{21}\rangle, \langle x_{22}, x_{31}\rangle, \langle x_{32}, b\rangle$ 中的每一 S 粗糙边都不同于 (4) 中 S 粗糙路径中出现的任一 S 有向边，所以 (1) 中粗糙路径与 (4) 中包含的精确信息存在很大差距。

在 (2) 中，S 粗糙路径 $\langle a, x_{11}\rangle, \langle x_{12}, x_{21}\rangle, \langle u_2, v_3\rangle, \langle x_{32}, b\rangle$ 中的 S 粗糙边 $\langle u_2, v_3\rangle$ 是 (4) 中 S 粗糙路径的一条 S 有向边，所以 (2) 中的 S 粗糙路径与 (4) 中包含的精确信息存在着重合之处。

在 (3) 中，S 粗糙路径 $\langle a, u_1\rangle, \langle u_1, v_2\rangle, \langle u_2, v_3\rangle, \langle x_{32}, b\rangle$ 中的 S 粗糙边 $\langle u_1, v_2\rangle$ 和 $\langle u_2, v_3\rangle$ 都在 (4) 的 S 粗糙路径上出现，所以 (3) 中的 S 粗糙路径与 (4) 中精确信息的重合之处又进了一步。

由于关于 R 的 S 粗糙路径与关于 R 的粗糙数据推理具有紧密的联系，且定理 3.4.1 和定理 3.4.2 展示了这方面的结论，所以关于 R 的粗糙数据推理不仅与 S_R 路径密切相关（见定理 2.3.1(3)），而且与关于 R 的 S 粗糙路径联系紧密。例如，考虑上述 (1)～(3) 中从 a 到 b 关于 R 的 S 粗糙路径：

(1) $\langle a, x_{11}\rangle, \langle x_{12}, x_{21}\rangle, \langle x_{22}, x_{31}\rangle, \langle x_{32}, b\rangle$；

(2) $\langle a, x_{11}\rangle, \langle x_{12}, x_{21}\rangle, \langle u_2, v_3\rangle, \langle x_{32}, b\rangle$；

(3) $\langle a, u_1\rangle, \langle u_1, v_2\rangle, \langle u_2, v_3\rangle, \langle x_{32}, b\rangle$。

由定理 3.4.2 可知，无论利用这三条 S 粗糙路径中的哪一条，均可推得 $a \models_R b$。于是出现这样的问题：不同的 S 粗糙路径确定的粗糙数据推理是否存在区别？这自然是需要考虑和讨论的问题，由此将引出粗糙数据推理精度的概念。

由于 (4) 中支撑序列构成的 S 粗糙路径中的每一条 S 粗糙边都是 S 有向边，每一条 S 有向边记录的是确定数据联系或精确的关联信息，所以 (1) 中的 S 粗糙路径与 (4) 中的 S 粗糙路径之间无重合信息的事实说明，(1) 中的 S 粗糙路径与精确信息相距甚远或非常粗糙。(2) 中的 S 粗糙路径与 (4) 中的 S 粗糙路径之间存在一条相同 S 粗糙边的情况说明，(2) 中的 S 粗糙路径包含了精确的信息，比 (1) 中 S 粗糙路径的精确程度有了提升。(3) 中的 S 粗糙路径与 (4) 中的 S 粗糙路径之间存在两条相同的 S 有向边表明 (3) 中 S 粗糙路径的精确性比 (2) 中的 S 粗糙路径又有了扩展。

由于关于 R 的 S 粗糙路径与关于 R 的粗糙数据推理之间具有等价的对应关系（见定理 3.4.2），所以基于上述分析讨论，可考虑利用关于 R 的 S 粗糙路径靠近精确关联信息的程度，来描述关于 R 粗糙数据推理的精确程度。为此考虑定理 3.3.2(2) 的结论：$\langle a, b\rangle$ 是一关于 R 的 S 粗糙边当且仅当存在 $c\in[a]_R$ 及 $d\in[b]_R$，使得 $\langle c, d\rangle$ 是一 S 有向边，即 $\langle c, d\rangle\in S$。依据该结论的结果，引出如下定义。

定义 3.5.1　设 $\boldsymbol{W}=(U, \boldsymbol{K}, S)$ 是粗糙推理空间，且 $R\in\boldsymbol{K}$，则：

(1) 对于一条关于 R 的 S 粗糙边 $\langle a, b\rangle$，这里 $a, b\in U$，如果存在一条 S 有向边 $\langle c, d\rangle$，即 $\langle c, d\rangle\in S$，满足 $c\in[a]_R$ 及 $d\in[b]_R$，则称 S 有向边 $\langle c, d\rangle$ 是该 S 粗糙边 $\langle a, b\rangle$ 的支撑。

(2) 设 $\langle [x_0]_R, [x_1]_R\rangle, \langle [x_1]_R, [x_2]_R\rangle, \langle [x_2]_R, [x_3]_R\rangle, \cdots, \langle [x_{n-2}]_R, [x_{n-1}]_R\rangle, \langle [x_{n-1}]_R, [x_n]_R\rangle$ $(n\geqslant 1)$ 是一条 S_R 路径，且 $\langle a, x_{11}\rangle, \langle x_{12}, x_{21}\rangle, \langle x_{22}, x_{31}\rangle, \cdots, \langle x_{(n-2)2}, x_{(n-1)1}\rangle$,

$\langle x_{(n-1)2}, b\rangle$是基于该 S_R 路径确定产生的关于 R 的 S 粗糙路径，由该 S 粗糙路径上每一条 S 粗糙边的支撑按顺序构成的序列称为该 S 粗糙路径的支撑序列。□

当$\langle c, d\rangle\in S$，同时 $c\in[a]_R$ 及 $d\in[b]_R$ 时，根据定义 2.3.1(2)，$\langle[a]_R, [b]_R\rangle$是 S_R 有向边，在这种情况下，S 有向边$\langle c, d\rangle$就是 S_R 有向边$\langle[a]_R, [b]_R\rangle$的支撑（见定义 2.3.1(1)和(2)）。因此，对于关于 R 的 S 粗糙边$\langle a, b\rangle$，如果 S 有向边$\langle c, d\rangle$是$\langle a, b\rangle$的支撑，则$\langle c, d\rangle$实际就是 S_R 有向边$\langle[a]_R, [b]_R\rangle$的支撑。反之，当 S 有向边$\langle c, d\rangle$是 S_R 有向边$\langle[a]_R, [b]_R\rangle$的支撑时，该 S 有向边$\langle c, d\rangle$也是关于 R 的 S 粗糙边$\langle a, b\rangle$的支撑。所以 S 有向边$\langle c, d\rangle$是 S 粗糙边$\langle a, b\rangle$的支撑当且仅当$\langle c, d\rangle$是 S_R 有向边$\langle[a]_R, [b]_R\rangle$的支撑。

同样，当$\langle a, x_{11}\rangle$, $\langle x_{12}, x_{21}\rangle$, $\langle x_{22}, x_{31}\rangle$,…, $\langle x_{(n-2)2}, x_{(n-1)1}\rangle$, $\langle x_{(n-1)2}, b\rangle$是基于 S_R 路径$\langle[x_0]_R, [x_1]_R\rangle$, $\langle[x_1]_R, [x_2]_R\rangle$, $\langle[x_2]_R, [x_3]_R\rangle$,…, $\langle[x_{n-2}]_R, [x_{n-1}]_R\rangle$, $\langle[x_{n-1}]_R, [x_n]_R\rangle$ $(n\geqslant 1)$确定产生的关于 R 的 S 粗糙路径时，对于 S 有向边的序列$\langle u_0, v_1\rangle$, $\langle u_1, v_2\rangle$, $\langle u_2, v_3\rangle$,…, $\langle u_{n-2}, v_{n-1}\rangle$, $\langle u_{n-1}, v_n\rangle$，则有结论$\langle u_0, v_1\rangle$, $\langle u_1, v_2\rangle$, $\langle u_2, v_3\rangle$,…, $\langle u_{n-2}, v_{n-1}\rangle$, $\langle u_{n-1}, v_n\rangle$是 S 粗糙路径$\langle a, x_{11}\rangle$, $\langle x_{12}, x_{21}\rangle$, $\langle x_{22}, x_{31}\rangle$,…, $\langle x_{(n-2)2}, x_{(n-1)1}\rangle$, $\langle x_{(n-1)2}, b\rangle$的支撑序列当且仅当$\langle u_0, v_1\rangle$, $\langle u_1, v_2\rangle$, $\langle u_2, v_3\rangle$,…, $\langle u_{n-2}, v_{n-1}\rangle$, $\langle u_{n-1}, v_n\rangle$是 S_R 路径$\langle[x_0]_R, [x_1]_R\rangle$, $\langle[x_1]_R, [x_2]_R\rangle$, $\langle[x_2]_R, [x_3]_R\rangle$,…, $\langle[x_{n-2}]_R, [x_{n-1}]_R\rangle$, $\langle[x_{n-1}]_R, [x_n]_R\rangle$的支撑序列。

可以把这些分析讨论总结为如下定理。

定理 3.5.1　给定粗糙推理空间 $\boldsymbol{W}=(U, \boldsymbol{K}, S)$，设 $R\in\boldsymbol{K}$，则：

(1) 设$\langle a, b\rangle$是关于 R 的 S 粗糙边，且$\langle c, d\rangle$是 S 有向边，则$\langle c, d\rangle$是 S 粗糙边$\langle a, b\rangle$的支撑当且仅当$\langle c, d\rangle$是 S_R 有向边$\langle[a]_R, [b]_R\rangle$的支撑。

(2) 设$\langle a, x_{11}\rangle$, $\langle x_{12}, x_{21}\rangle$,…, $\langle x_{(n-1)2}, b\rangle$是基于 S_R 路径$\langle[x_0]_R, [x_1]_R\rangle$, $\langle[x_1]_R, [x_2]_R\rangle$,…, $\langle[x_{n-1}]_R, [x_n]_R\rangle$ $(n\geqslant 1)$确定产生的 S 粗糙路径，$\langle u_0, v_1\rangle$, $\langle u_1, v_2\rangle$,…, $\langle u_{n-1}, v_n\rangle$是 S 有向边的序列，则$\langle u_0, v_1\rangle$, $\langle u_1, v_2\rangle$,…, $\langle u_{n-1}, v_n\rangle$是 S 粗糙路径$\langle a, x_{11}\rangle$, $\langle x_{12}, x_{21}\rangle$,…, $\langle x_{(n-1)2}, b\rangle$的支撑序列当且仅当$\langle u_0, v_1\rangle$, $\langle u_1, v_2\rangle$,…, $\langle u_{n-1}, v_n\rangle$是 S_R 路径$\langle[x_0]_R, [x_1]_R\rangle$, $\langle[x_1]_R, [x_2]_R\rangle$,…, $\langle[x_{n-1}]_R, [x_n]_R\rangle$的支撑序列。□

当$\langle c, d\rangle$是 S_R 有向边$\langle[a]_R, [b]_R\rangle$的支撑时，$\langle c, d\rangle$支撑着 S_R 有向边$\langle[a]_R, [b]_R\rangle$的存在。当$\langle c, d\rangle$是关于 R 的 S 粗糙边$\langle a, b\rangle$的支撑时，$\langle c, d\rangle$支撑着该粗糙边$\langle a, b\rangle$的存在。同样，支撑序列支撑着 S_R 路径和粗糙路径的存在。

因此，对于粗糙推理空间 $\boldsymbol{W}=(U, \boldsymbol{K}, S)$，如果 $R\in\boldsymbol{K}$ 且 $a, b\in U$，以及$\langle a, b\rangle$是关于 R 的 S 粗糙边，则$\langle a, b\rangle$至少有一支撑$\langle c, d\rangle\in S$，这由定理 3.3.2(2) 予以保证。另外，定理 3.3.1(1) 表明，如果$\langle c, d\rangle$是一 S 有向边，即$\langle c, d\rangle\in S$，则$\langle c, d\rangle$是关于 R 的 S 粗糙边，此时$\langle c, d\rangle$是其自身的支撑。

例如，在 3.2.2 节的图 3.2 中，从 a 到 b 关于 R 的三条 S 粗糙路径，以及从 u_0 到 v_4 关于 R 的 S 粗糙路径，前述已表示为：

(1) $\langle a, x_{11}\rangle, \langle x_{12}, x_{21}\rangle, \langle x_{22}, x_{31}\rangle, \langle x_{32}, b\rangle$；

(2) $\langle a, x_{11}\rangle, \langle x_{12}, x_{21}\rangle, \langle u_2, v_3\rangle, \langle x_{32}, b\rangle$；

(3) $\langle a, u_1\rangle, \langle u_1, v_2\rangle, \langle u_2, v_3\rangle, \langle x_{32}, b\rangle$；

(4) $\langle u_0, v_1\rangle, \langle u_1, v_2\rangle, \langle u_2, v_3\rangle, \langle u_3, v_4\rangle$。

由于 (4) 中从 u_0 到 v_4 关于 R 的 S 粗糙路径 $\langle u_0, v_1\rangle, \langle u_1, v_2\rangle, \langle u_2, v_3\rangle, \langle u_3, v_4\rangle$ 上的每一条 S 粗糙边都是 S 有向边，所以 S 粗糙边 $\langle u_0, v_1\rangle, \langle u_1, v_2\rangle, \langle u_2, v_3\rangle$ 和 $\langle u_3, v_4\rangle$ 分别是其自身的支撑。同时 $\langle u_0, v_1\rangle, \langle u_1, v_2\rangle, \langle u_2, v_3\rangle$ 和 $\langle u_3, v_4\rangle$ 也分别是 (1) 中 S 粗糙路径上 S 粗糙边 $\langle a, x_{11}\rangle, \langle x_{12}, x_{21}\rangle, \langle x_{22}, x_{31}\rangle$ 和 $\langle x_{32}, b\rangle$ 的支撑。对于 (2) 中的 S 粗糙路径 $\langle a, x_{11}\rangle, \langle x_{12}, x_{21}\rangle, \langle u_2, v_3\rangle, \langle x_{32}, b\rangle$，其上 S 粗糙边 $\langle u_2, v_3\rangle$ 的支撑是其自身，S 粗糙边 $\langle x_{32}, b\rangle$ 的支撑是 $\langle u_3, v_4\rangle$；对于 (3) 中的 S 粗糙路径 $\langle a, u_1\rangle, \langle u_1, v_2\rangle, \langle u_2, v_3\rangle, \langle x_{32}, b\rangle$，$S$ 粗糙边 $\langle a, u_1\rangle$ 的支撑是 $\langle u_0, v_1\rangle$，S 粗糙边 $\langle u_1, v_2\rangle$ 是其自身的支撑等。

对于粗糙推理空间 $\boldsymbol{W}=(U, \boldsymbol{K}, S)$，设 $R\in\boldsymbol{K}$ 并且 $a, b\in U$。如果 $\langle a, x_{11}\rangle, \langle x_{12}, x_{21}\rangle,\cdots, \langle x_{(n-1)1}, x_{n1}\rangle, \langle x_{n2}, b\rangle$ $(n\geqslant 0)$ 是一条从 a 到 b 关于 R 的 S 粗糙路径，则由定理 3.4.2，粗糙数据推理 $a\models_R b$ 成立。由于从 a 到 b 关于 R 的 S 粗糙路径具有多条，如果 $\langle a, y_{11}\rangle, \langle y_{12}, y_{21}\rangle,\cdots, \langle y_{(n-1)1}, y_{n1}\rangle, \langle y_{n2}, b\rangle$ 是另一条不同于 $\langle a, x_{11}\rangle, \langle x_{12}, x_{21}\rangle,\cdots, \langle x_{(n-1)1}, x_{n1}\rangle, \langle x_{n2}, b\rangle$，但与之是同类的从 a 到 b 关于 R 的 S 粗糙路径，由定理 3.4.2 仍有 $a\models_R b$。不同的是从 a 到 b 关于 R 的 S 粗糙路径对应相同的关于 R 的粗糙数据推理 $a\models_R b$，此形式掩盖了粗糙数据推理之间的差异。由于 $a\models_R b$ 与从 a 到 b 关于 R 的 S 粗糙路径相互对应 (见定理 3.4.2)，粗糙路径不同时，如何体现对应粗糙数据推理的差异是如下讨论的问题。

定义 3.5.2　给定粗糙推理空间 $\boldsymbol{W}=(U, \boldsymbol{K}, S)$，设 $R\in\boldsymbol{K}$ 且 $a, b\in U$。对于一条从 a 到 b 关于 R 的 S 粗糙路径 $\langle a, x_{11}\rangle, \langle x_{12}, x_{21}\rangle,\cdots, \langle x_{(n-1)1}, x_{n1}\rangle, \langle x_{n2}, b\rangle$，给出如下表示方法：

(1) 对于该关于 R 的 S 粗糙路径，用 $P_R(a, b)$：$\langle a, x_{11}\rangle, \langle x_{12}, x_{21}\rangle,\cdots, \langle x_{(n-1)1}, x_{n1}\rangle, \langle x_{n2}, b\rangle$ 予以表示，$P_R(a, b)$ 中的 R 表示 $P_R(a, b)$ 是关于 R 的 S 粗糙路径，a 和 b 表示 $P_R(a, b)$ 是从始数据 a 到终数据 b 关于 R 的 S 粗糙路径。在不强调始数据和终数据时，把 $P_R(a, b)$ 简记作 P_R，并用 $|P_R|$ 表示 P_R 的长度，即 P_R 上 S 粗糙边的数目。

(2) 令 $\{P_R\}=\{\langle x, y\rangle \mid \langle x, y\rangle$ 是 P_R 上的 S 粗糙边且 $\langle x, y\rangle$ 的支撑是其自身$\}$，即 $\{P_R\}=\{\langle x, y\rangle \mid \langle x, y\rangle$ 是 P_R 上的 S 粗糙边且 $\langle x, y\rangle\in S\}$，称 $\{P_R\}$ 是 P_R 的精确信息集。

(3) 对于关于 R 的 S 粗糙路径 P_R 的精确信息集 $\{P_R\}$，用表示式 $|\{P_R\}|$ 表示 $\{P_R\}$ 中元素的多少或个数，称 $|\{P_R\}|$ 为 $\{P_R\}$ 的基数。　□

该定义的 (1) 采用了如下记法表示从 a 到 b 关于 R 的 S 粗糙路径 $\langle a, x_{11}\rangle, \langle x_{12}, x_{21}\rangle,\cdots, \langle x_{(n-1)1}, x_{n1}\rangle, \langle x_{n2}, b\rangle$：

$P_R(a, b)$：$\langle a, x_{11}\rangle, \langle x_{12}, x_{21}\rangle, \cdots, \langle x_{(n-1)1}, x_{n1}\rangle, \langle x_{n2}, b\rangle$，或简记为 P_R：$\langle a, x_{11}\rangle, \langle x_{12}, x_{21}\rangle, \cdots, \langle x_{(n-1)1}, x_{n1}\rangle, \langle x_{n2}, b\rangle$。

一般情况下并不强调始数据 a 和终数据 b，所以往往用 P_R 表示关于 R 的 S 粗糙路径，其中 P 是 path 的首字母，表示路径的意思。

当 $\langle a, y_{11}\rangle, \langle y_{12}, y_{21}\rangle, \cdots, \langle y_{(n-1)1}, y_{n1}\rangle, \langle y_{n2}, b\rangle$ 是另一条不同于 P_R：$\langle a, x_{11}\rangle, \langle x_{12}, x_{21}\rangle, \cdots, \langle x_{(n-1)1}, x_{n1}\rangle, \langle x_{n2}, b\rangle$ 的从 a 到 b 关于 R 的 S 粗糙路径时，则采用如下记法：

$$P_{1R}(a, b)\text{：}\langle a, y_{11}\rangle, \langle y_{12}, y_{21}\rangle, \cdots, \langle y_{(n-1)1}, y_{n1}\rangle, \langle y_{n2}, b\rangle$$

或

$$P_{1R}\text{：}\langle a, y_{11}\rangle, \langle y_{12}, y_{21}\rangle, \cdots, \langle y_{(n-1)1}, y_{n1}\rangle, \langle y_{n2}, b\rangle$$

此表示形式意味着，P_R 和 P_{1R} 虽然不同，但 P_R 和 P_{1R} 中的下标 R 表明它们的都是关于 R 的 S 粗糙路径，例如：

$$P_R\text{：}\langle a, x_{11}\rangle, \langle x_{12}, x_{21}\rangle, \cdots, \langle x_{(n-1)1}, x_{n1}\rangle, \langle x_{n2}, b\rangle$$

$$P_{1R}\text{：}\langle a, y_{11}\rangle, \langle y_{12}, y_{21}\rangle, \cdots, \langle y_{(n-1)1}, y_{n1}\rangle, \langle y_{n2}, b\rangle$$

是两条不同的关于 R 的 S 粗糙路径，不过我们约定，P_R 和 P_{1R} 中的下标 R 表示它们均基于同一 S_R 路径确定产生，是同类的。因此，可用 P_{2R} 表示一条既不同于 P_R，也不同于 P_{1R} 的关于 R 的 S 粗糙路径，不过 P_R 和 P_{2R} 的下标 R 表明 P_{2R} 与 P_R（或 P_{2R} 与 P_{1R}）是同类的，也基于该 S_R 路径确定产生。

对于粗糙推理空间 $\boldsymbol{W}=(U, \boldsymbol{K}, S)$，设 $R_1\in\boldsymbol{K}$ 且 R_1 是不同于 R 的等价关系，当 $\langle a, z_{11}\rangle, \langle z_{12}, z_{21}\rangle, \cdots, \langle z_{(m-1)1}, z_{m1}\rangle, \langle z_{m2}, b\rangle$ 是从 a 到 b 关于 R_1 的 S 粗糙路径时，则该粗糙路径可表示如下：

$$P_{R_1}\text{：}\langle a, z_{11}\rangle, \langle z_{12}, z_{21}\rangle, \cdots, \langle z_{(m-1)1}, z_{m1}\rangle, \langle z_{m2}, b\rangle$$

于是 P_{1R_1} 可表示另一条不同于 P_{R_1} 的关于 R_1 的 S 粗糙路径，不过 P_{1R_1} 和 P_{R_1} 中的下标 R_1 表明它们是同类的，均基于同一 S_{R_1} 路径确定产生。此时 P_{1R_1} 和 P_{R_1} 与上述的 P_R（或 P_{1R}, P_{2R}）不是同类的。

定义 3.5.2(2) 给出了关于 R 的 S 粗糙路径 P_R 的精确信息集的概念，并记作 $\{P_R\}$。对于 $\langle x, y\rangle\in\{P_R\}$，$\langle x, y\rangle$ 不仅是 P_R 上的关于 R 的 S 粗糙边，同时 $\langle x, y\rangle\in S$。$\langle x, y\rangle\in S$ 意味着关于 R 的 S 粗糙边 $\langle x, y\rangle$ 的支撑就是其自身。由于推理关系 S 记录了确定或明确的数据关联信息，所以 S 中的 S 有向边被视为精确信息。当 $\langle x, y\rangle\in\{P_R\}$ 时，有 $\langle x, y\rangle\in S$，所以 $\{P_R\}$ 中的信息是精确的，精确信息集 $\{P_R\}$ 记录了粗糙路径 P_R 上的精确信息。

在定义 3.5.2(3) 中，引入了符号 $|\{P_R\}|$，称为 $\{P_R\}$ 的基数，表示 $\{P_R\}$ 中元素的多少或个数，所以 $|\{P_R\}|$ 是一个数值。由于 $\{P_R\}$ 是对 S 粗糙路径 P_R 上精确信息的记录，所以数值 $|\{P_R\}|$ 是对 S 粗糙路径 P_R 上精确信息的数值表示，这为度量 S 粗

糙路径 P_R 上的精确信息提供了依据。

设关于 R 的 S 粗糙路径 P_R 基于一条 S_R 路径 $\langle[x_0]_R, [x_1]_R\rangle$, $\langle[x_1]_R, [x_2]_R\rangle,\cdots$, $\langle[x_{n-1}]_R, [x_n]_R\rangle$ 确定产生。当 P_{1R} 也是基于该 S_R 路径确定产生的关于 R 的 S 粗糙路径时，P_R 和 P_{1R} 均与 R 等价类形式的粒 $[x_0]_R, [x_1]_R, [x_2]_R,\cdots, [x_{n-1}]_R, [x_n]_R$ 联系在一起。此时数值 $|\{P_{1R}\}|$ 是对 S 粗糙路径 P_{1R} 上精确信息的数值表示。因为 P_R 和 P_{1R} 均基于 S_R 路径 $\langle[x_0]_R, [x_1]_R\rangle$, $\langle[x_1]_R, [x_2]_R\rangle,\cdots$, $\langle[x_{n-1}]_R, [x_n]_R\rangle$ 确定产生，所以比较数值 $|\{P_R\}|$ 和 $|\{P_{1R}\}|$ 的大小能够确定 S 粗糙路径 P_R 上的精确信息与 S 粗糙路径 P_{1R} 上精确信息之间的差别。

因此，给定从 a 到 b 关于 R 的 S 粗糙路径 P_R，此时 $\{P_R\}$ 和 $|\{P_R\}|$ 均已确定。由于从 a 到 b 关于 R 的 S 粗糙路径 P_R 与关于 R 的粗糙数据推理 $a\models_R b$ 之间相互对应（见定理 3.4.2），于是可考虑利用数值 $|\{P_R\}|$ 对此时的粗糙数据推理 $a\models_R b$ 进行精确的度量。于是给出如下定义。

定义 3.5.3 设 $\boldsymbol{W}=(U, \boldsymbol{K}, S)$ 是粗糙推理空间，$R\in\boldsymbol{K}$ 且 $a, b\in U$。如果 P_R 是从 a 到 b 关于 R 的 S 粗糙路径，且 P_R 基于 S_R 路径 $\langle[x_0]_R, [x_1]_R\rangle$, $\langle[x_1]_R, [x_2]_R\rangle,\cdots$, $\langle[x_{n-1}]_R, [x_n]_R\rangle$ 确定产生，则定义如下：

(1) 引入表示式 $a\models_{P_R}b$，表示在定理 3.4.2 意义下，由 S 粗糙路径 P_R 确定的粗糙数据推理，称为 P_R 确定的粗糙数据推理。

(2) 数值 $\dfrac{|\{P_R\}|}{|P_R|}$ 称为由 P_R 确定的粗糙数据推理 $a\models_{P_R}b$ 的内涵精度或简称精度，记作 $\gamma(a\models_{P_R}b)$，即 $\gamma(a\models_{P_R}b)=\dfrac{|\{P_R\}|}{|P_R|}$。

(3) 对于基于 S_R 路径 $\langle[x_0]_R, [x_1]_R\rangle$, $\langle[x_1]_R, [x_2]_R\rangle,\cdots$, $\langle[x_{n-1}]_R, [x_n]_R\rangle$ 确定产生的另一从 a 到 b 关于 R 的 S 粗糙路径 P_{1R}，设 $a\models_{P_{1R}}b$ 是 P_{1R} 确定的粗糙数据推理。如果 $\gamma(a\models_{P_R}b)<\gamma(a\models_{P_{1R}}b)$，则称 $a\models_{P_R}b$ 的精度小于 $a\models_{P_{1R}}b$ 的精度。 □

把 $a\models_R b$ 中的等价关系 R 换为 S 粗糙路径 P_R 后得到 $a\models_{P_R}b$，使从 a 到 b 关于 R 的 S 粗糙路径 P_R 与 P_R 确定的粗糙数据推理 $a\models_{P_R}b$ 之间具有了一一对应的联系，也使 P_R 包含的信息融入粗糙数据推理之中。由此利用了 P_R 对应的精确信息集 $\{P_R\}$，对粗糙数据推理的精度进行了定义。这种做法的理论依据是定理 3.4.2，并以数值化 $\dfrac{|\{P_R\}|}{|P_R|}$ 的形式明确了粗糙数据推理精度的含义。

数值 $\dfrac{|\{P_R\}|}{|P_R|}$ 是对 S 粗糙路径 P_R 包含精确信息的度量，并通过 $a\models_{P_R}b$ 的表示方法把精确信息的度量结果传递给 P_R 确定的粗糙数据推理 $a\models_{P_R}b$。

由粗糙数据推理 $a\models_{P_R}b$ 的精度定义可知，精度值 $\gamma(a\models_{P_R}b)$ 位于数值 0 和 1 之间，即 $0\leqslant\gamma(a\models_{P_R}b)\leqslant 1$。粗糙数据推理的精度是粗糙数据推理精确信息的体

现，并随 S 粗糙路径 P_R 的变化而变化。由于粗糙数据推理是对粗糙数据联系的刻画，且粗糙数据联系也可能包含精确信息的成分，所以粗糙数据推理的内涵精度也是对其表达的粗糙数据联系中精确信息量的反映。

3.6　精度的性质

第 2 章中的粗糙数据推理均采用 $a\models_R b$ 的表示形式，这种表示形式仅仅表明了从 a 到 b 的粗糙推出关系，并未体现出 a 关于 R 粗糙推出 b 的内涵情况或内涵的变化，这在 3.1 节进行了讨论分析。3.5 节建立了应对粗糙数据推理内涵精度及其变化的描述方法，该方法在定理 3.4.2 的支撑下，利用从 a 到 b 关于 R 的 S 粗糙路径 P_R，把 $a\models_R b$ 表示成 $a\models_{P_R} b$ 的形式。这实际是对 $a\models_R b$ 表示的数据 a 关于 R 粗糙推出数据 b 所含精确信息的表示，从而建立了度量粗糙数据推理所含精确信息的方法。定义 3.5.2 和定义 3.5.3 是对 P_R 确定的粗糙数据推理在精确性方面的定义，于是必然产生相关的性质，下面工作是针对 P_R 确定的粗糙数据推理相关性质的讨论。

为了讨论分析粗糙数据推理的精确信息及其变化情况，先对 S 粗糙路径的形式给予分析说明。

设 $\boldsymbol{W}=(U, \boldsymbol{K}, S)$ 是粗糙推理空间，且 $R\in\boldsymbol{K}$。如果 $\langle[x_0]_R, [x_1]_R\rangle, \langle[x_1]_R, [x_2]_R\rangle,\cdots, \langle[x_{n-1}]_R, [x_n]_R\rangle$ $(n\geqslant 1)$ 是一条 S_R 路径，则基于该 S_R 路径可确定产生关于 R 的 S 粗糙路径。设 $\langle a, x_{11}\rangle, \langle x_{12}, x_{21}\rangle,\cdots, \langle x_{(n-1)2}, b\rangle$ 和 $\langle c, y_{11}\rangle, \langle y_{12}, y_{21}\rangle,\cdots, \langle y_{(n-1)2}, d\rangle$ 是基于该 S_R 路径确定产生的两条关于 R 的 S 粗糙路径，当然它们是同类的。于是它们有共同的支撑序列 $\langle u_0, v_1\rangle, \langle u_1, v_2\rangle,\cdots, \langle u_n, v_{n+1}\rangle$，该支撑序列就是 S_R 路径 $\langle[x_0]_R, [x_1]_R\rangle, \langle[x_1]_R, [x_2]_R\rangle,\cdots, \langle[x_{n-1}]_R, [x_n]_R\rangle$ 的支撑序列（见定理 3.5.1(2)）。对于这两条关于 R 的 S 粗糙路径，它们的始数据 a 和 c 可能不同也可能相同，终数据 b 和 d 可能不同也可以相同，数据 x_{i1} 和 y_{i1} 以及数据 x_{i2} 和 y_{i2} $(i=1, 2,\cdots, n-1)$ 可能不同也可能相同。不过可以肯定的是，a 和 c 同属于 R 等价类形式的粒 $[x_0]_R$，b 和 d 同属于 R 等价类形式的粒 $[x_n]_R$，x_{i1} 和 y_{i1} 以及 x_{i2} 和 y_{i2} 同属于 R 等价类形式的粒 $[x_i]_R$ $(i=1, 2,\cdots, n-1)$。现将这两条关于 R 的 S 粗糙路径分别表示如下：

$$P_{1R}\text{：}\ \langle a, x_{11}\rangle, \langle x_{12}, x_{21}\rangle,\cdots, \langle x_{(n-1)2}, b\rangle$$

$$P_{2R}\text{：}\ \langle c, y_{11}\rangle, \langle y_{12}, y_{21}\rangle,\cdots, \langle y_{(n-1)2}, d\rangle$$

它们确定的粗糙数据推理分别表示为 $a\models_{P_{1R}} b$ 和 $c\models_{P_{2R}} d$，对应的精度分别是 $\gamma(a\models_{P_{1R}} b)$ 和 $\gamma(a\models_{P_{2R}} b)$。对于数据 a 和 c 以及 b 和 d，可以有 $a=c$ 且 $b=d$，此时的粗糙数据推理 $a\models_{P_{1R}} b$ 和 $c\models_{P_{2R}} d$ 均表达了 a 和 b 之间的粗糙数据联系，并可利用数值 $\gamma(a\models_{P_{1R}} b)$ 和 $\gamma(a\models_{P_{2R}} b)$ 的大小比较它们的精度。即便 $a\neq c$ 或者 $b\neq d$，由

于 P_{1R} 和 P_{2R} 是同类的关于 R 的 S 粗糙路径，此时比较 $a\models_{P_{1R}}b$ 和 $c\models_{P_{2R}}d$ 反映的粗糙数据联系的内涵精度也具有意义，因为这两种粗糙数据联系中的数据按顺序分别位于粒 $[x_0]_R, [x_1]_R, [x_2]_R,\cdots, [x_{n-1}]_R, [x_n]_R$ 之中，这是对依托这些粒的两种粗糙数据联系的比较。

下面的讨论将涉及 S_R 路径 $\langle[x_0]_R, [x_1]_R\rangle, \langle[x_1]_R, [x_2]_R\rangle,\cdots, \langle[x_{n-1}]_R, [x_n]_R\rangle\,(n\geqslant 1)$，为了表示上的简单，我们把该 S_R 路径记作 P_{S_R}，即有如下的表示：

$$P_{S_R}\text{：}\langle[x_0]_R, [x_1]_R\rangle, \langle[x_1]_R, [x_2]_R\rangle,\cdots, \langle[x_{n-1}]_R, [x_n]_R\rangle, \quad n\geqslant 1$$

这种表示在如下定理中均这样约定，即 P_{S_R} 表示 S_R 路径 $\langle[x_0]_R, [x_1]_R\rangle, \langle[x_1]_R, [x_2]_R\rangle,\cdots, \langle[x_{n-1}]_R, [x_n]_R\rangle\,(n\geqslant 1)$。首先给出如下定理。

定理 3.6.1 设 $\boldsymbol{W}=(U, \boldsymbol{K}, S)$ 是粗糙推理空间，且 $R\in\boldsymbol{K}$。令 P_R 是基于 S_R 路径 P_{S_R} 确定产生的从 a 到 b 关于 R 的 S 粗糙路径，$a\models_{P_R}b$ 是 P_R 确定的粗糙数据推理。如果 $\gamma(a\models_{P_R}b)=0$，则 S 粗糙路径 P_R 上的每一条 S 粗糙边都不是其自身的支撑。

证明 因为 $\gamma(a\models_{P_R}b)=0$，即 $\dfrac{|\{P_R\}|}{|P_R|}=0$，所以 $|\{P_R\}|=0$。由于 $|\{P_R\}|$ 表示 $\{P_R\}$ 的基数，即表示 $\{P_R\}$ 中元素的个数，所以 $\{P_R\}=\varnothing$。由 $\{P_R\}$ 的定义 $\{P_R\}=\{\langle x, y\rangle \mid \langle x, y\rangle$ 是 P_R 上的 S 粗糙边，且 $\langle x, y\rangle\in S\}$（见定义 3.5.2(2)），故在 S 粗糙路径 P_R 上，每一条 S 粗糙边都不是其自身的支撑。 □

当 S 粗糙路径 P_R 上的每一条 S 粗糙边都不是其自身的支撑时，P_R 上不包含精确信息，P_R 是最不精确的 S 粗糙路径。由 P_R 确定的粗糙数据推理 $a\models_{P_R}b$ 记录的 a 和 b 之间的粗糙数据联系是最粗糙或最不精确的数据联系。因此，当 $a\models_{P_R}b$ 的精度是 0，即 $\gamma(a\models_{P_R}b)=0$ 时，粗糙数据推理 $a\models_{P_R}b$ 反映的是非常粗糙的数据关联信息。

定理 3.6.2 设 $\boldsymbol{W}=(U, \boldsymbol{K}, S)$ 是粗糙推理空间，且 $R\in\boldsymbol{K}$，则存在基于 S_R 路径 P_{S_R} 确定产生的从 a 到 b 关于 R 的 S 粗糙路径 P_R，使得 $\gamma(a\models_{P_R}b)=1$。

证明 由定理 3.3.4，S_R 路径 P_{S_R}：$\langle[x_0]_R, [x_1]_R\rangle, \langle[x_1]_R, [x_2]_R\rangle,\cdots, \langle[x_{n-1}]_R, [x_n]_R\rangle$ 的支撑序列 $\langle y_0, z_1\rangle, \langle y_1, z_2\rangle,\cdots, \langle y_{n-1}, z_n\rangle$ 是一 S 粗糙路径，且基于该 S_R 路径 P_{S_R} 确定产生，现用 P_R 表示，即 P_R：$\langle y_0, z_1\rangle, \langle y_1, z_2\rangle,\cdots, \langle y_{n-1}, z_n\rangle$。令 $a=y_0$ 且 $b=z_n$，则 S 粗糙路径 P_R：$\langle a, z_1\rangle, \langle y_1, z_2\rangle,\cdots, \langle y_{n-1}, b\rangle$ 可确定粗糙数据推理 $a\models_{P_R}b$（见定义 3.5.3(1)）。由于支撑序列由 S 有向边构成，即 $\langle a, z_1\rangle\in S, \langle y_1, z_2\rangle\in S,\cdots, \langle y_{n-1}, b\rangle\in S$，所以 S 粗糙路径 P_R 上每一 S 粗糙边都是其自身的支撑，于是 $\{P_R\}=\{\langle a, z_1\rangle, \langle y_1, z_2\rangle,\cdots, \langle y_{n-1}, b\rangle\}$，则 $|\{P_R\}|=|P_R|$。此时 $\gamma(a\models_{P_R}b)=\dfrac{|\{P_R\}|}{|P_R|}=1$，即 $a\models_{P_R}b$ 的精度为 1。所以存在基于 S_R 路径 P_{S_R} 确定产生的从 a 到 b 关于 R 的 S 粗糙路径 P_R：$\langle a, z_1\rangle, \langle y_1, z_2\rangle,\cdots, \langle y_{n-1}, b\rangle$，使得 $\gamma(a\models_{P_R}b)=1$。 □

对于粗糙数据推理 $a\models_{P_R}b$，如果 $a\models_{P_R}b$ 的精度为 1，即 $\gamma(a\models_{P_R}b)=1$，则说明

粗糙数据推理 $a \models_{P_R} b$ 建立起的粗糙数据联系由精确信息所确定，此时的 S 粗糙路径 P_R 就是 S_R 路径 P_{S_R} 的支撑序列，该支撑序列中的每一粗糙边都是一 S 有向边，记录了确定数据联系，反映的是数据关联的精确信息。

定理 3.6.3　设 $\boldsymbol{W}=(U, \boldsymbol{K}, S)$ 是粗糙推理空间，$R \in \boldsymbol{K}$。令 P_R 是基于 S_R 路径 P_{S_R} 确定产生的从 a 到 b 关于 R 的 S 粗糙路径，满足 $\gamma(a \models_{P_R} b) < 1$。则存在基于 P_{S_R} 确定产生的从 c 到 d 关于 R 的 S 粗糙路径 P_{1R}，使得 $\gamma(a \models_{P_R} b) < \gamma(c \models_{P_{1R}} d) \leqslant 1$。这表明 P_{1R} 确定的粗糙数据推理 $c \models_{P_{1R}} d$ 比 P_R 确定的粗糙数据推理 $a \models_{P_R} b$ 的精度更高。

证明　由于 $\gamma(a \models_{P_R} b) = \dfrac{|\{P_R\}|}{|P_R|}$（见定义 3.5.3(2)）且 $\gamma(a \models_{P_R} b) < 1$，所以 $|\{P_R\}| < |P_R|$。对于 S 粗糙路径 P_R，由于 $|\{P_R\}|$ 是其精确信息集 $\{P_R\}$ 的基数，即 $|\{P_R\}|$ 是精确信息集 $\{P_R\}$ 中元素的个数，同时 $|P_R|$ 表示 P_R 的长度，即 $|P_R|$ 是 P_R 上 S 粗糙边的个数，由此可展开如下讨论。

由于 $|\{P_R\}| < |P_R|$，所以在 S 粗糙路径 P_R 上，可找到 S 粗糙边 $\langle w, z\rangle$，使得 $\langle w, z\rangle$ 的支撑不是其自身，即 $\langle w, z\rangle \notin S$。考虑 P_R 的精确信息集 $\{P_R\}=\{\langle x, y\rangle \mid \langle x, y\rangle$ 是 P_R 上的 S 粗糙边，且 $\langle x, y\rangle \in S\}$（见定义 3.5.2(2)），由于 $\langle w, z\rangle \notin S$，所以 $\langle w, z\rangle \notin \{P_R\}$。

由于 P_R 是基于 S_R 路径 P_{S_R}：$\langle [x_0]_R, [x_1]_R\rangle, \langle [x_1]_R, [x_2]_R\rangle, \cdots, \langle [x_{n-1}]_R, [x_n]_R\rangle$ 确定产生的从 a 到 b 关于 R 的 S 粗糙路径，所以对于上述 P_R 上的 S 粗糙边 $\langle w, z\rangle$，有 $w \in [x_{i-1}]_R$ 且 $z \in [x_i]_R$ $(1 \leqslant i \leqslant n)$。令 $\langle u, v\rangle$ 是 $\langle w, z\rangle$ 的支撑（见定义 3.5.1(1)），此时 $\langle u, v\rangle \in S$。由定理 3.5.1(1)，$\langle u, v\rangle$ 也是 S_R 有向边 $\langle [x_{i-1}]_R, [x_i]_R\rangle$ $(1 \leqslant i \leqslant n)$ 的支撑，满足 $u \in [x_{i-1}]_R$ 且 $v \in [x_i]_R$。现构造一条关于 R 的 S 粗糙路径 P_{1R}，使得 P_{1R} 是把 P_R 上的 S 粗糙边 $\langle w, z\rangle$ 用其支撑 $\langle u, v\rangle$ 替换的结果，除该替换外，P_{1R} 和 P_R 上的其他 S 粗糙边以及相应的排列顺序均相同，此时 P_{1R} 是基于 S_R 路径 P_{S_R} 确定产生的从 c 到 d 关于 R 的 S 粗糙路径，其始数据 c 和终数据 d 的情况可分析如下：

(1) P_{1R} 的始数据 c 与 P_R 的始数据 a 可以相同，即 $a=c$，只要上述 P_R 上的 S 粗糙边 $\langle w, z\rangle$ 不是 P_R 的第一条 S 粗糙边即有 $a=c$。

(2) P_{1R} 的终数据 d 与 P_R 的终数据 b 可以相同，即 $b=d$，只要上述 P_R 上的 S 粗糙边 $\langle w, z\rangle$ 不是 P_R 的最后一条 S 粗糙边即有 $b=d$。

由于 P_{1R} 和 P_R 均基于 S_R 路径 P_{S_R} 确定产生，所以它们是同类的。显然 P_{1R} 和 P_R 的长度相同，即 $|P_{1R}|=|P_R|$，同时 P_{1R} 的精确信息集 $\{P_{1R}\}$ 和 P_R 的精确信息集 $\{P_R\}$ 之间满足 $\{P_{1R}\}=\{P_R\} \cup \{\langle u, v\rangle\}$。因此得到 $|\{P_{1R}\}|=|\{P_R\}|+1$，故 $\gamma(a \models_{P_R} b) = \dfrac{|\{P_R\}|}{|P_R|} < \dfrac{|\{P_{1R}\}|}{|P_{1R}|} = \gamma(c \models_{P_{1R}} d) \leqslant 1$。 □

该定理涉及两条同类的 S 粗糙路径 P_R 和 P_{1R}，P_R 是从 a 到 b 关于 R 的 S 粗糙路径，P_{1R} 是从 c 到 d 关于 R 的 S 粗糙路径。它们均基于 S_R 路径 P_{S_R} 确定产生，分别确定粗糙数据推理 $a\models_{P_R}b$ 和 $c\models_{P_{1R}}d$，其精度满足 $\gamma(a\models_{P_R}b)<\gamma(c\models_{P_{1R}}d)$。定理的证明表明，可以有 $a=c$ 且 $b=d$，此时 $a\models_{P_R}b$ 以及 $c\models_{P_{1R}}d$ 都记录了 a 和 b 之间的粗糙数据联系，且 $\gamma(a\models_{P_R}b)$ 和 $\gamma(c\models_{P_{1R}}d)$ 的精度有所不同。同时证明也表明，可以有 $a\neq c$ 或 $b\neq d$，此时 $a\models_{P_R}b$ 和 $c\models_{P_{1R}}d$ 分别记录了 a 和 b 以及 c 和 d 之间的粗糙数据联系。由于 a 和 c 以及 b 和 d 属于同一 R 等价类形式的粒，所以 a 和 c 是同类数据，c 和 d 是同类数据。这样即便 $a\neq c$ 或 $b\neq d$，粗糙数据推理 $a\models_{P_R}b$ 和 $c\models_{P_{1R}}d$ 展示的是同类别的数据形成的不同粗糙数据联系之间精确信息的比较。

定理 3.6.4 设 $\boldsymbol{W}=(U, \boldsymbol{K}, S)$ 是粗糙推理空间，$R\in\boldsymbol{K}$。如果存在基于 S_R 路径 P_{S_R} 确定产生的从 a 到 b 关于 R 的 S 粗糙路径 P_{1R} 和 P_{2R}，且 $0=\gamma(a\models_{P_{1R}}b)<\gamma(a\models_{P_{2R}}b)$，则存在基于 P_{S_R} 确定产生的从 c 到 d 关于 R 的 S 粗糙路径 P_R，满足

$$0=\gamma(a\models_{P_{1R}}b)<\gamma(c\models_{P_R}d)\leqslant\gamma(a\models_{P_{2R}}b)$$

这表明 P_R 确定的粗糙数据推理 $c\models_{P_R}d$ 的精度位于 P_{1R} 和 P_{2R} 确定的粗糙数据推理 $a\models_{P_{1R}}b$ 和 $a\models_{P_{2R}}b$ 的精度之间。

证明 由于 $\gamma(a\models_{P_{1R}}b)=\dfrac{|\{P_{1R}\}|}{|P_{1R}|}$ 且 $\gamma(a\models_{P_{2R}}b)=\dfrac{|\{P_{2R}\}|}{|P_{2R}|}$，又因为 $\gamma(a\models_{P_{1R}}b)<\gamma(a\models_{P_{2R}}b)$，所以 $\dfrac{|\{P_{1R}\}|}{|P_{1R}|}<\dfrac{|\{P_{2R}\}|}{|P_{2R}|}$。由于 P_{1R} 和 P_{2R} 是同类的 S 粗糙路径，所以 $|P_{1R}|=|P_{2R}|$，故有 $|\{P_{1R}\}|<|\{P_{2R}\}|$，即 $\{P_{1R}\}$ 中的元素个数少于 $\{P_{2R}\}$ 中元素的个数。这样存在 $\langle x, y\rangle\in\{P_{2R}\}$，此时 $\langle x, y\rangle\in S$，但 $\langle x, y\rangle\notin\{P_{1R}\}$。于是 $\langle x, y\rangle$ 是 P_{2R} 上的 S 粗糙边且是其自身的支撑，但 $\langle x, y\rangle$ 不是 P_{1R} 上的 S 粗糙边，即 $\langle x, y\rangle$ 不在 S 粗糙路径 P_{1R} 上出现。

对于 P_{2R} 上的该 S 粗糙边 $\langle x, y\rangle$，由于 P_{2R} 基于 S_R 路径 P_{S_R}: $\langle[x_0]_R, [x_1]_R\rangle, \langle[x_1]_R, [x_2]_R\rangle, \cdots, \langle[x_{n-1}]_R, [x_n]_R\rangle$ 确定产生，则一定有 $i\,(1\leqslant i\leqslant n)$，使得 $x\in[x_{i-1}]_R$ 且 $y\in[x_i]_R$。此时 $\langle x, y\rangle$ 是 S_R 有向边 $\langle[x_{i-1}]_R, [x_i]_R\rangle$ 的支撑（因为 $\langle x, y\rangle\in S$）。又因为 P_{1R} 基于 S_R 路径 P_{S_R}: $\langle[x_0]_R, [x_1]_R\rangle, \langle[x_1]_R, [x_2]_R\rangle, \cdots, \langle[x_{n-1}]_R, [x_n]_R\rangle$ 确定产生，所以存在 P_{1R} 上 S 粗糙边 $\langle u, v\rangle$，满足 $u\in[x_{i-1}]_R$ 且 $v\in[x_i]_R$。由于 $\gamma(a\models_{P_{1R}}b)=\dfrac{|\{P_{1R}\}|}{|P_{1R}|}=0$，所以 $|\{P_{1R}\}|=0$，于是 $\langle u, v\rangle\notin S$。

现构造一条关于 R 的 S 粗糙路径 P_R：P_R 是把 P_{1R} 上 S 粗糙边 $\langle u, v\rangle$ 用 P_{2R} 上的 S 粗糙边 $\langle x, y\rangle$ 替换后的结果，除该替换外，P_R 与 P_{1R} 上的其他 S 粗糙边及其顺序均相同。此时 P_R 是基于 S_R 路径 P_{S_R} 确定产生的从 c 到 d 关于 R 的 S 粗糙路径，其始数据 c 和终数据 d 的情况可分析如下：

(1) P_R 的始数据 c 与 P_{1R} 的始数据 a 可以相同，即 $a=c$，此时只要 P_{1R} 上的 S

粗糙边 $\langle u, v\rangle$ 不是 P_{1R} 的第一条 S 粗糙边即有 $a=c$。

(2) P_R 的终数据 d 与 P_{1R} 的终数据 b 可以相同，即 $b=d$，此时只要 P_{1R} 上的 S 粗糙边 $\langle u, v\rangle$ 不是 P_{1R} 的最后一条 S 粗糙边即有 $b=d$。

由于 P_R，P_{1R} 和 P_{2R} 均基于 S_R 路径 P_{S_R} 确定产生，所以它们是同类的。此时它们的长度相同，即 $|P_R|=|P_{1R}|=|P_{2R}|$。再考虑 P_R 的精确信息集 $\{P_R\}$ 与 P_{1R} 的精确信息集 $\{P_{1R}\}$ 之间的关系，以及 P_R 的精确信息集 $\{P_R\}$ 与 P_{2R} 的精确信息集 $\{P_{2R}\}$ 之间的关系。

对于 $\{P_R\}$ 和 $\{P_{1R}\}$，由于 $\gamma(a\models_{P_{1R}}b)=0$，所以 $\{P_{1R}\}=\varnothing$，即 $|\{P_{1R}\}|=0$。由 P_R 构造可知 $\{P_R\}=\{P_{1R}\}\cup\{\langle x, y\rangle\}=\varnothing\cup\{\langle x, y\rangle\}=\{\langle x, y\rangle\}$，因此 $|\{P_R\}|=1$。于是 $0<\dfrac{|\{P_R\}|}{|P_R|}=\gamma(c\models_{P_R}d)$，故 $0=\gamma(a\models_{P_{1R}}b)<\gamma(c\models_{P_R}d)$。

对于 $\{P_R\}$ 和 $\{P_{2R}\}$，由 S 粗糙路径 P_R 的构造可知 $\{P_R\}\subseteq\{P_{2R}\}$，所以 $|\{P_R\}|\leqslant|\{P_{2R}\}|$。于是 $\dfrac{|\{P_R\}|}{|P_R|}\leqslant\dfrac{|\{P_{2R}\}|}{|P_{2R}|}$，即 $\gamma(c\models_{P_R}d)\leqslant\gamma(a\models_{P_{2R}}b)$。

总结以上结论可知：$0=\gamma(a\models_{P_{1R}}b)<\gamma(c\models_{P_R}d)\leqslant\gamma(a\models_{P_{2R}}b)$。 □

如果把定理 3.6.3 和定理 3.6.4 中的结论一般化，则可以得到如下定理。

定理 3.6.5　设 $\boldsymbol{W}=(U, \boldsymbol{K}, S)$ 是粗糙推理空间，$R\in\boldsymbol{K}$。如果存在基于 S_R 路径 P_{S_R} 确定产生的从 a 到 b 关于 R 的 S 粗糙路径 P_{1R} 和 P_{2R}，且 $\gamma(a\models_{P_{1R}}b)<\gamma(a\models_{P_{2R}}b)$，则存在基于 P_{S_R} 确定产生的从 c 到 d 关于 R 的 S 粗糙路径 P_R，满足

$$\gamma(a\models_{P_{1R}}b)\leqslant\gamma(c\models_{P_R}d)\leqslant\gamma(a\models_{P_{2R}}b)$$

该表达式表明 P_R 确定的粗糙数据推理 $c\models_{P_R}d$ 的精度位于 P_{1R} 确定的粗糙数据推理 $a\models_{P_{1R}}b$ 的精度和 P_{2R} 确定的粗糙数据推理 $a\models_{P_{2R}}b$ 的精度之间。

证明　其证法与定理 3.6.3 和定理 3.6.4 的证明基本相同，略去。 □

上述各定理的结论针对粗糙数据推理的精度问题，完成的工作体现了利用 S 粗糙路径蕴含的精确信息刻画粗糙数据推理内涵精度的思想，建立的方法以及给出的性质形成了精度分析的研究内容。

粗糙数据推理的精度分析依据粗糙路径的各类信息，如粗糙路径的长度、粗糙路径的精确信息集、精确信息集的基数、基数与长度的比值等。这些信息使粗糙路径的粗糙程度或精确与否得到了刻画，再通过粗糙路径融入粗糙数据推理的处理，使粗糙路径提供了衡量粗糙数据推理内涵精度的标准，从而完成了对推理精度的度量。所以粗糙数据推理内涵精度的度量与粗糙路径密切相关，粗糙路径的引入使精度度量成为可能，因此粗糙路径支撑着度量方法的建立。

讨论粗糙数据推理的精度问题具有实际意义，不妨回顾考查例 2.3，该例讨论了汽车制造产业链上企业之间的供货联系或潜在的供货联系。对于企业 a 和企业

b，如果 $a\models_R b$，则该粗糙数据推理表明从企业 a 经过若干企业到企业 b 具有潜在的供货可能。不过例 2.3 的讨论仅表明了潜在供货链的存在，未对这种供货链形成供货渠道的可能性大小进行分析。利用本章的讨论，可以把粗糙数据推理 $a\models_R b$ 与一粗糙路径 P_R 联系在一起，使之表示为 $a\models_{P_R} b$，从而通过对其精度 $\gamma(a\models_{P_R} b)$ 大小的判定，对 $a\models_{P_R} b$ 反映的从 a 到 b 的潜在供货链进行评估。当 $\gamma(a\models_{P_R} b)$ 较大时，潜在的供货链变为实际供货渠道的可能性自然就大。当 $\gamma(a\models_{P_R} b)$ 较小时，潜在的供货链变为实际供货渠道的可能性相对较小。因此，对粗糙数据推理精度问题的研究分析具有理论和实际方面的意义。

上述针对粗糙数据推理精度问题的讨论与粗糙路径 P_R 的精确信息集 $\{P_R\}$ 密切相关，涉及 $\{P_R\}$ 中的精确信息。当 $|\{P_R\}|=|P_R|$ 时，表明粗糙路径 P_R 上的信息都是精确的，且 P_R 是其基于的 S_R 路径的支撑序列。此时如果 $a\models_{P_R} b$ 是 P_R 确定的粗糙数据推理，则其精度最大，即 $\gamma(a\models_{P_R} b)=1$。尽管如此，并不意味 $a\models_{P_R} b$ 表示的从 a 到 b 的数据联系就是完全精确的。这是因为 P_R 是粗糙路径，粗糙路径中粗糙边的首尾可能是不相连的。例如，考查本章开始时借用的例 2.1 中的信息示意图，为了方便查看信息，不妨把该图再展示如下(图 3.3)。

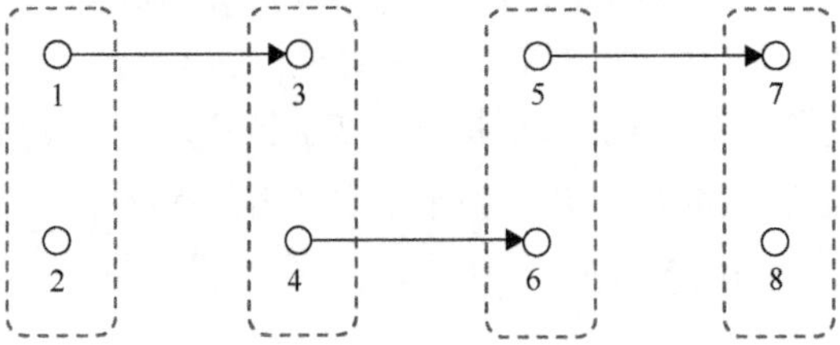

图 3.3　信息示意图

在图 3.3 中，箭头的序列 $\langle 1, 3\rangle, \langle 4, 6\rangle, \langle 5, 7\rangle$ 是相应 S_R 路径 $\langle [1]_R, [3]_R\rangle, \langle [3]_R, [5]_R\rangle, \langle [5]_R, [7]_R\rangle$ 的支撑序列，是精确信息的汇集。但 $\langle 1, 3\rangle, \langle 4, 6\rangle, \langle 5, 7\rangle$ 不是 S 路径，仍是一条粗糙路径，因为箭头之间是断开的，未能首尾相连。

因此，如果粗糙路径的两条粗糙边不仅具有精确信息，而且还首尾相连，则由粗糙路径确定的粗糙数据推理的精度将进一步提升。该问题涉及粗糙路径的连接度的讨论，是 3.7 节讨论的问题。

3.7　粗糙数据推理的连接度

设 $\boldsymbol{W}=(U, \boldsymbol{K}, S)$ 是粗糙推理空间，对于 $R\in\boldsymbol{K}$，令 P_{S_R}：$\langle [x_0]_R, [x_1]_R\rangle, \langle [x_1]_R, [x_2]_R\rangle, \cdots, \langle [x_{n-1}]_R, [x_n]_R\rangle$ $(n\geqslant 1)$ 是一条 S_R 路径，且 P_R 是基于 P_{S_R} 确定产生的从 a 到 b 关于 R 的 S 粗糙路径，这里 $a, b\in U$。在前面几节的讨论中，我们把粗糙路径 P_R 融入粗糙数据推理之中，并采用 $a\models_{P_R} b$ 的表示方法予以表示，称为 P_R 确定的

粗糙数据推理 (见定义 3.5.3(1))。于是，利用 S 粗糙路径 P_R 蕴含的信息 $\frac{|\{P_R\}|}{|P_R|}$ 定义粗糙数据推理 $a \models_{P_R} b$ 的精度，记作 $\gamma(a \models_{P_R} b)$，即 $\gamma(a \models_{P_R} b) = \frac{|\{P_R\}|}{|P_R|}$。

粗糙数据推理 $a \models_{P_R} b$ 的精度 $\gamma(a \models_{P_R} b) = \frac{|\{P_R\}|}{|P_R|}$ 实际就是 S 粗糙路径 P_R 包含的精确信息。由于从 a 到 b 关于 R 的 S 粗糙路径 P_R 表示的是从 a 到 b 的粗糙数据联系，所以粗糙数据推理 $a \models_{P_R} b$ 表达的粗糙数据联系就是 S 粗糙路径 P_R 记录的从 a 到 b 的粗糙数据联系。由于从 a 到 b 关于 R 的 S 粗糙路径 P_R 指明了 a 和 b 之间的具体数据，从而使粗糙数据推理 $a \models_{P_R} b$ 融入了数据的信息。

当 $\gamma(a \models_{P_R} b) = \frac{|\{P_R\}|}{|P_R|} = 1$，此时 P_R 中的每一条 S 粗糙边都是 S 有向边，或 S 粗糙路径 P_R 是其自身的支撑序列时，粗糙数据推理 $a \models_{P_R} b$ 的精度达到最大值。但是，由于支撑序列上各 S 有向边的首尾可以不相连，所以即便 $\gamma(a \models_{P_R} b) = \frac{|\{P_R\}|}{|P_R|} = 1$，粗糙数据推理 $a \models_{P_R} b$ 反映的粗糙数据联系也存在数据之间是否首尾相连的判定问题。由于 S 粗糙路径 P_R 上涉及的数据明确给出，这就为展开 S 粗糙路径 P_R 上 S 粗糙边之间是否首尾相连的讨论创造了条件，下面就是这方面的讨论。

3.7.1　连接度的定义

对于粗糙推理空间 $\boldsymbol{W}=(U, \boldsymbol{K}, S)$ 及 $R \in \boldsymbol{K}$，考虑 S_R 路径 P_{S_R}: $\langle [x_0]_R, [x_1]_R \rangle, \langle [x_1]_R, [x_2]_R \rangle, \cdots, \langle [x_{i-1}]_R, [x_i]_R \rangle, \langle [x_i]_R, [x_{i+1}]_R \rangle, \cdots, \langle [x_{n-2}]_R, [x_{n-1}]_R \rangle, \langle [x_{n-1}]_R, [x_n]_R \rangle$ $(n \geqslant 1)$，设 P_R 是基于该 S_R 路径 P_{S_R} 确定产生的从 a 到 b 关于 R 的 S 粗糙路径，且具有形式 P_R: $\langle a, x_{11} \rangle, \langle x_{12}, x_{21} \rangle, \cdots, \langle x_{(i-1)2}, x_{i1} \rangle, \langle x_{i2}, x_{(i+1)1} \rangle, \cdots, \langle x_{(n-2)2}, x_{(n-1)1} \rangle, \langle x_{(n-1)2}, b \rangle$。

前面讨论表明，S 粗糙路径中相邻 S 粗糙边可能首尾相连，也可能不首尾相连。例如，在关于 R 的 S 粗糙路径 P_R: $\langle a, x_{11} \rangle, \langle x_{12}, x_{21} \rangle, \cdots, \langle x_{(i-1)2}, x_{i1} \rangle, \langle x_{i2}, x_{(i+1)1} \rangle, \cdots, \langle x_{(n-2)2}, x_{(n-1)1} \rangle, \langle x_{(n-1)2}, b \rangle$ 中，S 粗糙边 $\langle x_{(i-1)2}, x_{i1} \rangle$ 的终数据 x_{i1} 与 S 粗糙边 $\langle x_{i2}, x_{(i+1)1} \rangle$ 的始数据 x_{i2} 可以不同，也可以相同，即 $x_{i1} \neq x_{i2}$ 或 $x_{i1} = x_{i2}$ $(1 \leqslant i \leqslant n-1)$。当 $x_{i1} = x_{i2}$ 时，数据 x_{i1} (或 x_{i2}) 是我们关注的对象。在前面的讨论中，把 $x_{i1} = x_{i2}$ 的情况称为相邻 S 粗糙边 $\langle x_{(i-1)1}, x_{i1} \rangle$ 和 $\langle x_{i2}, x_{(i+1)1} \rangle$ 是首尾相连的。

现回忆定义 3.5.2(1) 中引入的表示方式，我们用 $|P_R|$ 表示 P_R 的长度，即 P_R 上 S 粗糙边的数目。当 $|P_R| = n$ 时，表明 S 粗糙路径 P_R 上包含了 n 条 S 粗糙边。此时如果 P_R 中每一对相邻 S 粗糙边的首尾都连接在一起，则把这 n 条 S 粗糙边连接在一起的数据的个数应为 $n-1 = |P_R|-1$。例如，当 P_R 由 3 条 S 粗糙边 $\langle a, x_{11} \rangle, \langle x_{12}, x_{21} \rangle$,

$\langle x_{22}, b\rangle$构成时，3 条 S 粗糙边涉及两对 $\langle a, x_{11}\rangle, \langle x_{12}, x_{21}\rangle$ 以及 $\langle x_{12}, x_{21}\rangle, \langle x_{22}, b\rangle$ 相邻的 S 粗糙边，当 $x_{11}=x_{12}$ 以及 $x_{21}=x_{22}$ 时，S 粗糙路径 $\langle a, x_{11}\rangle, \langle x_{12}, x_{21}\rangle, \langle x_{22}, b\rangle$ 中每一对相邻 S 粗糙边的首尾都连接在一起，这种情况涉及 2 个首尾连在一起的数据。一般情况下，一条关于 R 的 S 粗糙路径上首尾相连的数据个数小于等于 $|P_R|-1$。根据这些讨论，我们给出如下定义。

定义 3.7.1　设 $W=(U, \boldsymbol{K}, S)$ 是粗糙推理空间。对于等价关系 $R\in\boldsymbol{K}$，以及数据 $a, b\in U$，令 P_{S_R}：$\langle [x_0]_R, [x_1]_R\rangle, \langle [x_1]_R, [x_2]_R\rangle,\cdots, \langle [x_{i-1}]_R, [x_i]_R\rangle, \langle [x_i]_R, [x_{i+1}]_R\rangle,\cdots, \langle [x_{n-1}]_R, [x_n]_R\rangle$ $(n\geqslant 1)$ 是一条 S_R 路径，P_R：$\langle a, x_{11}\rangle, \langle x_{12}, x_{21}\rangle,\cdots, \langle x_{(i-1)2}, x_{i1}\rangle, \langle x_{i2}, x_{(i+1)1}\rangle,\cdots, \langle x_{(n-2)2}, x_{(n-1)1}\rangle, \langle x_{(n-1)2}, b\rangle$ 是基于 P_{S_R} 确定产生的从 a 到 b 关于 R 的 S 粗糙路径。现引入相关的概念如下：

(1) 对于 S 粗糙路径 P_R 上的相邻 S 粗糙边 $\langle x_{(i-1)2}, x_{i1}\rangle$ 和 $\langle x_{i2}, x_{(i+1)1}\rangle$ $(1\leqslant i\leqslant n-1)$，当 $x_{i1}=x_{i2}$ 时，数据 x_{i1}（或 x_{i2}）称为 S 粗糙路径 P_R 上的一个连接数据（注：当 $i=1$ 时，令 $x_{(i-1)2}=x_{02}=a$；当 $i=n-1$ 时，令 $x_{(i+1)1}=x_{n1}=b$）。

(2) 令 $\langle P_R\rangle=\{ x \mid x$ 是 P_R 上的连接数据$\}$，称 $\langle P_R\rangle$ 为连接数据集，用 $|\langle P_R\rangle|$ 表示 $\langle P_R\rangle$ 中数据的个数，也称 $|\langle P_R\rangle|$ 为 $\langle P_R\rangle$ 的基数。

(3) 数值 $\dfrac{|\langle P_R\rangle|}{|P_R|-1}$ 称为 S 粗糙路径 P_R 确定的粗糙数据推理 $a\models_{P_R}b$ 的连接度，记作 $\delta(a\models_{P_R}b)$，即 $\delta(a\models_{P_R}b)=\dfrac{|\langle P_R\rangle|}{|P_R|-1}$。　□

由于从 a 到 b 关于 R 的 S 粗糙路径 P_R 表示的是从 a 到 b 的粗糙数据联系，且 a 和 b 之间粗糙数据联系涉及的数据是具体的，所以由该 S 粗糙路径 P_R 确定的粗糙数据推理 $a\models_{P_R}b$ 的连接度 $\delta(a\models_{P_R}b)=\dfrac{|\langle P_R\rangle|}{|P_R|-1}$ 反映了 S 粗糙路径 P_R 上相邻的两条 S 粗糙边首尾相连的连接数据的个数相对于该粗糙路径长度的信息。

由该定义可知 $0\leqslant\delta(a\models_{P_R}b)\leqslant 1$。当 $\delta(a\models_{P_R}b)=0$ 时，S 粗糙路径 P_R 上任意两条相邻的 S 粗糙边都不首尾相连，此时可认为该粗糙数据推理 $a\models_{P_R}b$ 反映的粗糙数据联系针对数据首尾相连而言是最粗糙的。当 $\delta(a\models_{P_R}b)=1$ 时，S 粗糙路径 P_R 上任意两条相邻的 S 粗糙边都首尾相连，此时的 S 粗糙路径 P_R 或粗糙数据推理 $a\models_{P_R}b$ 反映的粗糙数据联系针对数据首尾相连而言可认为是“光滑”的。这里的“光滑”只意味着各相邻的 S 粗糙边都首尾相连，与关于 R 的 S 粗糙路径 P_R 或粗糙数据推理 $a\models_{P_R}b$ 包含的精确信息并不相关。

因此 P_R 确定的粗糙数据推理 $a\models_{P_R}b$ 的连接度 $\delta(a\models_{P_R}b)$ 与 P_R 确定的粗糙数据推理 $a\models_{P_R}b$ 的精度 $\gamma(a\models_{P_R}b)$ 描述了粗糙数据推理 $a\models_{P_R}b$ 的不同信息，这些信息由 S 粗糙路径 P_R 确定产生，或是对 S 粗糙路径 P_R 上相关信息的反映。因此，以 $a\models_{P_R}b$ 的形式表示粗糙数据推理，可以借助 S 粗糙路径 P_R 包含的信息进一步

讨论粗糙数据推理 $a\models_{P_R}b$ 的性质，这也是本章引入粗糙路径的目的所在。

3.7.2　连接度的性质

连接度 $\delta(a\models_{P_R}b)$ 反映了粗糙数据推理 $a\models_{P_R}b$ 描述的粗糙数据联系涉及的连接数据的信息，对此，我们可以讨论相关的性质，这些性质关联于如下概念：

(1) 粗糙推理空间 $\boldsymbol{W}=(U,\boldsymbol{K},S)$；

(2) 等价关系 $R\in\boldsymbol{K}$；

(3) S_R 路径 P_{S_R}：$\langle[x_0]_R,[x_1]_R\rangle,\langle[x_1]_R,[x_2]_R\rangle,\cdots,\langle[x_{i-1}]_R,[x_i]_R\rangle,\langle[x_i]_R,[x_{i+1}]_R\rangle,\cdots,\langle[x_{n-2}]_R,[x_{n-1}]_R\rangle,\langle[x_{n-1}]_R,[x_n]_R\rangle\ (n\geqslant 1)$；

(4) 基于 S_R 路径 P_{S_R} 的从 a 到 b 关于 R 的 S 粗糙路径 P_R：$\langle a,x_{11}\rangle,\langle x_{12},x_{21}\rangle,\cdots,\langle x_{(i-1)2},x_{i1}\rangle,\langle x_{i2},x_{(i+1)1}\rangle,\cdots,\langle x_{(n-2)2},x_{(n-1)1}\rangle,\langle x_{(n-1)2},b\rangle$；

(5) P_R 确定的粗糙数据推理 $a\models_{P_R}b$。

下面各定理中的结论均建立在上述概念之上。首先考虑如下定理。

定理 3.7.1　如果 $\delta(a\models_{P_R}b)<1$，则存在基于 S_R 路径 P_{S_R} 确定产生的从 a 到 b 关于 R 的 S 粗糙路径 P_{1R}，使得 $\delta(a\models_{P_R}b)<\delta(a\models_{P_{1R}}b)$。

证明　由于 $\delta(a\models_{P_R}b)<1$，即 $\dfrac{|\langle P_R\rangle|}{|P_R|-1}<1$，所以 $|\langle P_R\rangle|<|P_R|-1$，这表明 S 粗糙路径 P_R 上连接数据的个数小于 $|P_R|-1$。由于一条长度为 $|P_R|$ 的 S 粗糙路径 P_R 上包含 $|P_R|-1$ 对相邻的 S 粗糙边，所以在该 S 粗糙路径 P_R 上，存在一对相邻的 S 粗糙边 $\langle x_{(i-1)2},x_{i1}\rangle$ 和 $\langle x_{i2},x_{(i+1)1}\rangle$ $(1\leqslant i\leqslant n-1)$，使得 $x_{i1}\neq x_{i2}$（这里当 $i=1$ 时，令 $x_{(i-1)2}=x_{02}=a$；当 $i=n-1$ 时，令 $x_{(i+1)1}=x_{n1}=b$）。由于 $x_{i1},x_{i2}\in[x_i]_R$，所以把从 a 到 b 关于 R 的 S 粗糙路径 P_R：$\langle a,x_{11}\rangle,\langle x_{12},x_{21}\rangle,\cdots,\langle x_{(i-1)2},x_{i1}\rangle,\langle x_{i2},x_{(i+1)1}\rangle,\cdots,\langle x_{(n-2)2},x_{(n-1)1}\rangle,\langle x_{(n-1)2},b\rangle$ 中的数据 x_{i2} 用 x_{i1} 替换后，得到的仍是基于 P_{S_R} 的从 a 到 b 关于 R 的 S 粗糙路径，若用 P_{1R} 表示，则该粗糙路径具有这样的形式，即 P_{1R}：$\langle a,x_{11}\rangle,\langle x_{12},x_{21}\rangle,\cdots,\langle x_{(i-1)2},x_{i1}\rangle,\langle x_{i1},x_{(i+1)1}\rangle,\cdots,\langle x_{(n-2)2},x_{(n-1)1}\rangle,\langle x_{(n-1)2},b\rangle$。此时 P_{1R} 和 P_R 是同类的，所以 $|P_{1R}|=|P_R|$，当然 $|P_{1R}|-1=|P_R|-1$。同时与 P_R 相比，S 粗糙路径 P_{1R} 上增添了一个连接数据 x_{i1}。于是 $|\langle P_R\rangle|<|\langle P_{1R}\rangle|$。所以 $\dfrac{|\langle P_R\rangle|}{|P_R|-1}<\dfrac{|\langle P_{1R}\rangle|}{|P_{1R}|-1}$，故 $\delta(a\models_{P_R}b)<\delta(a\models_{P_{1R}}b)$。□

当 $\delta(a\models_{P_R}b)<1$ 时，反复利用定理 3.7.1，可以得到如下定理。

定理 3.7.2　如果 $\delta(a\models_{P_R}b)<1$，则存在基于 S_R 路径 P_{S_R} 确定产生的从 a 到 b 关于 R 的 S 粗糙路径 P_{2R}，使得 $\delta(a\models_{P_{2R}}b)=1$。□

尽管 $\delta(a\models_{P_{2R}}b)=1$，也不表示由 P_{2R} 确定的粗糙数据推理 $a\models_{P_{2R}}b$ 反映的粗糙数据联系关包含较多的精确信息。

粗糙数据推理 $a\models_{P_R}b$ 的精度 $\gamma(a\models_{P_R}b)$ 和连接度 $\delta(a\models_{P_R}b)$ 之间并无内在的联

系。可以存在基于 S_R 路径 P_{S_R} 确定产生的从 a 到 b 关于 R 的 S 粗糙路径 P_R，满足 $\gamma(a\models_{P_R}b)=1$，但 $\delta(a\models_{P_R}b)=0$。也可能存在基于 S_R 路径 P_{S_R} 确定产生的从 a 到 b 关于 R 的 S 粗糙路径 P_{1R}，使得 $\gamma(a\models_{P_{1R}}b)=0$，而 $\delta(a\models_{P_{1R}}b)=1$。为了表明这些事实，下面借助图 3.2 针对粗糙路径的图示信息进行解释，现把该图再展示如下，以便方便的参阅，不过这里的点画线箭头与原来图 3.2 中的点画线箭头有所不同，这是为了分析讨论问题的需要，此时把该图记作图 3.4。

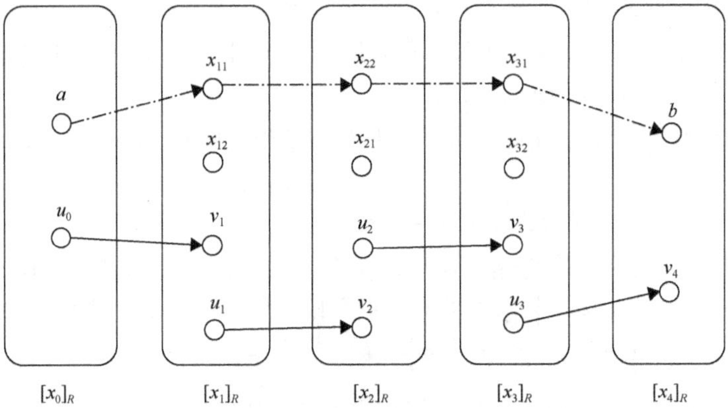

图 3.4　S 粗糙路径和支撑序列示意图

图 3.4 表示了粗糙推理空间 $\boldsymbol{W}=(U, \boldsymbol{K}, S)$ 的相关信息，如 $a, x_{11}, x_{12}, x_{21}, x_{22}, x_{31}, x_{32}, b$ 以及 $u_0, v_1, u_1, v_2, u_2, v_3, u_3, v_4$ 都是论域 U 中的数据，当然粒 $[x_0]_R, [x_1]_R, [x_2]_R, [x_3]_R, [x_4]_R$ 中的代表元 x_0, x_1, x_2, x_3, x_4 也都属于 U；等价关系 $R\in\boldsymbol{K}$，且 U 基于 R 的划分为 $U/R=\{[x_0]_R, [x_1]_R, [x_2]_R, [x_3]_R, [x_4]_R\}$，其中的粒 $[x_0]_R, [x_1]_R, [x_2]_R, [x_3]_R, [x_4]_R$ 分别由图 3.4 中矩形框中的数据构成；实线箭头分别用序偶 $\langle u_0, v_1\rangle, \langle u_1, v_2\rangle, \langle u_2, v_3\rangle, \langle u_3, v_4\rangle$ 表示，它们都是推理关系 S 中的 S 有向边。图 3.4 展示了 S_R 路径 P_{S_R}: $\langle[x_0]_R, [x_1]_R\rangle, \langle[x_1]_R, [x_2]_R\rangle, \langle[x_2]_R, [x_3]_R\rangle, \langle[x_3]_R, [x_4]_R\rangle$，并且 P_R: $\langle u_0, v_1\rangle, \langle u_1, v_2\rangle, \langle u_2, v_3\rangle, \langle u_3, v_4\rangle$ 是基于 P_{S_R} 确定产生的从 u_0 到 v_4 关于 R 的 S 粗糙路径，P_R 实际就是 P_{S_R} 的支撑序列。同时 P_{1R}: $\langle a, x_{11}\rangle, \langle x_{11}, x_{22}\rangle, \langle x_{22}, x_{31}\rangle, \langle x_{31}, b\rangle$ 是基于 P_{S_R} 确定产生的从 a 到 b 关于 R 的 S 粗糙路径，由图中点画线箭头的序列构成。现对这两条粗糙路径确定的粗糙数据推理的精度和连接度分析如下：

(1) 对于 S 粗糙路径 P_R: $\langle u_0, v_1\rangle, \langle u_1, v_2\rangle, \langle u_2, v_3\rangle, \langle u_3, v_4\rangle$，其长度 $|P_R|=4$。由于 $\langle u_0, v_1\rangle\in S$，$\langle u_1, v_2\rangle\in S$，$\langle u_2, v_3\rangle\in S$ 及 $\langle u_3, v_4\rangle\in S$，所以 $|\{P_R\}|=4$，于是 $\dfrac{|\{P_R\}|}{|P_R|}=1$。因此，$P_R$ 确定的粗糙数据推理 $u_0\models_{P_R}v_4$ 的精度 $\gamma(u_0\models_{P_R}v_4)=\dfrac{|\{P_R\}|}{|P_R|}=1$。另外，在 S 粗糙路径 P_R: $\langle u_0, v_1\rangle, \langle u_1, v_2\rangle, \langle u_2, v_3\rangle, \langle u_3, v_4\rangle$ 中，由图中的信息可知 $v_1\neq u_1$，$v_2\neq u_2$ 及 $v_3\neq u_3$，所以 P_R 上不存在连接数据，因此 $|\langle P_R\rangle|=0$，由此可知

$\dfrac{|\langle P_R\rangle|}{|P_R|-1}=0$，即 P_R 确定的粗糙数据推理 $u_0 \models_{P_R} v_4$ 的连接度 $\delta(u_0 \models_{P_R} v_4)=\dfrac{|\langle P_R\rangle|}{|P_R|-1}=0$。这些讨论表明 P_R 确定的粗糙数据推理 $u_0 \models_{P_R} v_4$ 的精度为 1，即 $\gamma(u_0 \models_{P_R} v_4)=1$，而 P_R 确定的粗糙数据推理的连接度为 0，即 $\delta(u_0 \models_{P_R} v_4)=0$。

(2) 对于 S 粗糙路径 P_{1R}: $\langle a, x_{11}\rangle, \langle x_{11}, x_{22}\rangle, \langle x_{22}, x_{31}\rangle, \langle x_{31}, b\rangle$，其长度 $|P_{1R}|=4$。从图 3.4 可知，序偶 $\langle a, x_{11}\rangle, \langle x_{11}, x_{22}\rangle, \langle x_{22}, x_{31}\rangle$ 和 $\langle x_{31}, b\rangle$ 都采用点画线箭头表示，意味着它们都不是 S 有向边，因此 $|\{P_{1R}\}|=0$，故 P_{1R} 确定的粗糙数据推理 $a \models_{P_{1R}} b$ 的精度 $\gamma(a \models_{P_{1R}} b)=\dfrac{|\{P_{1R}\}|}{|P_{1R}|}=0$。另外，在 S 粗糙路径 P_{1R}: $\langle a, x_{11}\rangle, \langle x_{11}, x_{22}\rangle, \langle x_{22}, x_{31}\rangle, \langle x_{31}, b\rangle$ 上，数据 x_{11}, x_{22}, x_{31} 都是连接数据，所以 $\dfrac{|\langle P_{1R}\rangle|}{|P_{1R}|-1}=1$，即 S 粗糙路径 P_{1R} 确定的粗糙数据推理 $a \models_{P_{1R}} b$ 的连接度 $\delta(a \models_{P_{1R}} b)=\dfrac{|\langle P_{1R}\rangle|}{|P_{1R}|-1}=1$。这些讨论表明 P_{1R} 确定的粗糙数据推理 $a \models_{P_{1R}} b$ 的精度为 0，即 $\gamma(a \models_{P_{1R}} b)=0$，而连接度为 1，即 $\delta(a \models_{P_{1R}} b)=1$。

上述讨论分析说明粗糙数据推理的精度和连接度之间不存在相互影响的联系，它们彼此之间是独立的。

定理 3.7.3　设 P_R 是基于 S_R 路径 P_{S_R} 确定产生的从 a 到 b 关于 R 的 S 粗糙路径，$a \models_{P_R} b$ 是 P_R 确定的粗糙数据推理。如果 $\gamma(a \models_{P_R} b)=\dfrac{|\{P_R\}|}{|P_R|}=1$ 且 $\delta(a \models_{P_R} b)=\dfrac{|\langle P_{1R}\rangle|}{|P_{1R}|-1}=1$，则 P_R 是从 a 到 b 的 S 路径。

证明　设 S 粗糙路径 P_R 具有这样的形式，即 P_R: $\langle a, x_{11}\rangle, \langle x_{12}, x_{21}\rangle, \cdots, \langle x_{(i-1)2}, x_{i1}\rangle, \langle x_{i2}, x_{(i+1)1}\rangle, \cdots, \langle x_{(n-2)2}, x_{(n-1)1}\rangle, \langle x_{(n-1)2}, b\rangle$。现对 P_R 分析如下。

(1) 如果 $\gamma(a \models_{P_R} b)=\dfrac{|\{P_R\}|}{|P_R|}=1$，则 $|\{P_R\}|=|P_R|$。这说明 S 粗糙路径 P_R 上的每一条 S 粗糙边 $\langle x_{(i-1)2}, x_{i1}\rangle$ 都是 S 有向边，即 $\langle x_{(i-1)2}, x_{i1}\rangle \in S$ ($i=1, 2, \cdots, n$)（注：当 $i=1$ 时，约定 $x_{(i-1)2}=x_{02}=a$；当 $i=n$ 时，约定 $x_{i1}=x_{n1}=b$）。

(2) 如果 $\delta(a \models_{P_R} b)=\dfrac{|\langle P_{1R}\rangle|}{|P_{1R}|-1}=1$，则 $|\langle P_R\rangle|=|P_R|-1$。这说明 S 粗糙路径 P_R 上的每一对相邻的 S 粗糙边 $\langle x_{(i-1)2}, x_{i1}\rangle$ 和 $\langle x_{i2}, x_{(i+1)1}\rangle$ 都是首尾相连的，即 $x_{i1}=x_{i2}$ ($i=1, 2, \cdots, n-1$)。令 $x_i=x_{i1}=x_{i2}$ ($i=1, 2, \cdots, n-1$)，此时 P_R 可表示为 P_R: $\langle a, x_1\rangle, \langle x_1, x_2\rangle, \cdots, \langle x_{i-1}, x_i\rangle, \langle x_i, x_{i+1}\rangle, \cdots, \langle x_{n-2}, x_{n-1}\rangle, \langle x_{n-1}, b\rangle$。再由 (1) 可知 $\langle x_{i-1}, x_i\rangle \in S$ ($i=1, 2, \cdots, n$)。故 P_R 是从 a 到 b 的 S 路径。□

对于 S 粗糙路径 P_R: $\langle a, x_{11}\rangle, \langle x_{12}, x_{21}\rangle, \cdots, \langle x_{(i-1)2}, x_{i1}\rangle, \langle x_{i2}, x_{(i+1)1}\rangle, \cdots, \langle x_{(n-2)2},$

$x_{(n-1)1}\rangle$, $\langle x_{(n-1)2}, b\rangle$，由 P_R 确定的粗糙数据推理 $a\models_{P_R}b$ 与 P_R 表示的从 a 到 b 的粗糙数据有机地关联在了一起，并可通过 P_R 确定的粗糙数据推理 $a\models_{P_R}b$ 的精度 $\gamma(a\models_{P_{1R}}b)$ 和连接度 $\delta(a\models_{P_R}b)$ 得到精确信息的反映和光滑程度的刻画。粗糙数据推理 $a\models_{P_R}b$ 的精度与其反映的粗糙数据联系的精确信息联系在一起，粗糙数据推理 $a\models_{P_R}b$ 的连接度反映 S 粗糙路径 P_R 上相邻 S 粗糙边首尾连接的相关信息。粗糙数据推理的连接度是通过粗糙路径探究粗糙数据推理性质的一种方法，是对粗糙数据推理的又一种度量。

3.7.3　度量与粒计算之间的联系

如果考查粗糙数据推理的精度或连接度涉及的方法，不难看到相关的讨论与粒或粒计算的数据处理内涵密切相关。现依托粗糙推理空间 $\boldsymbol{W}=(U, \boldsymbol{K}, S)$ 分析如下：

(1) 度量方法与 S_R 路径的联系：一条 S_R 路径 $\langle[x_0]_R, [x_1]_R\rangle$, $\langle[x_1]_R, [x_2]_R\rangle,\cdots$, $\langle[x_{n-2}]_R, [x_{n-1}]_R\rangle$, $\langle[x_{n-1}]_R, [x_n]_R\rangle$ 中的 S_R 有向边 $\langle[x_{i-1}]_R, [x_i]_R\rangle$ $(i=1,2,\cdots,n)$ 记录了粒 $[x_{i-1}]_R$ 和 $[x_i]_R$ 之间的关系，这种涉及粒之间关系的讨论在 1.2.2 节或 1.7.1 节视为粒计算的一种形式。所以基于 S_R 路径确定产生的 S 粗糙路径与粒计算的数据处理方法密切相关。由于粗糙数据推理的精度和连接度基于 S 粗糙路径上的信息，所以这两种度量方法可看作粒计算数据处理的一种途径。

(2) 精度与精确信息集 $\{P_R\}$ 的联系：由粗糙路径 P_R 确定的粗糙数据推理 $a\models_{P_R}b$ 的精度 $\gamma(a\models_{P_R}b)$ 由 $\dfrac{|\{P_R\}|}{|P_R|}$ 所定义，因此精度与精确信息集 $\{P_R\}$ 密切相关。设 P_R 是基于 S_R 路径 P_{S_R} 确定产生的从 a 到 b 关于 R 的 S 粗糙路径，且具有形式 P_R: $\langle a, x_{11}\rangle$, $\langle x_{12}, x_{21}\rangle,\cdots$, $\langle x_{(n-2)2}, x_{(n-1)1}\rangle$, $\langle x_{(n-1)2}, b\rangle$，此时把该粗糙路径记作集合的形式 P_R: $\{\langle a, x_{11}\rangle, \langle x_{12}, x_{21}\rangle,\cdots, \langle x_{(n-2)2}, x_{(n-1)1}\rangle, \langle x_{(n-1)2}, b\rangle\}$ 是可以的，因为集合 $\{\langle a, x_{11}\rangle, \langle x_{12}, x_{21}\rangle,\cdots, \langle x_{(n-2)2}, x_{(n-1)1}\rangle, \langle x_{(n-1)2}, b\rangle\}$ 与序列 $\langle a, x_{11}\rangle$, $\langle x_{12}, x_{21}\rangle,\cdots$, $\langle x_{(n-2)2}, x_{(n-1)1}\rangle$, $\langle x_{(n-1)2}, b\rangle$ 并无实质的区别。于是 P_R 上的 S 粗糙边 $\langle x_{(i-1)2}, x_{i1}\rangle$ 可以表示为 $\langle x_{(i-1)2}, x_{i1}\rangle\in P_R$ $(i=1, 2,\cdots, n)$（注：当 $i=1$ 时，约定 $x_{(i-1)2}=x_{02}=a$；当 $i=n$ 时，约定 $x_{i1}=x_{n1}=b$）。再考虑精确信息集 $\{P_R\}$，由定义 3.5.2(2) 有 $\{P_R\}=\{\langle x, y\rangle \mid \langle x, y\rangle$ 是 P_R 上的 S 粗糙边，且 $\langle x, y\rangle\in S\}=\{\langle x, y\rangle \mid (\langle x, y\rangle\in P_R)\wedge(\langle x, y\rangle\in S)\}$。于是对于任意的 $\langle x, y\rangle\in\{P_R\}$，由于 $x, y\in U$，所以 $\{P_R\}\subseteq U\times U$。如果把 $U\times U$ 看作整体，则 $\{P_R\}$ 是整体的部分。又因为 $\{P_R\}$ 中数据 $\langle x, y\rangle$ 可以通过公式 $(\langle x, y\rangle\in P_R)\wedge(\langle x, y\rangle\in S)$ 刻画描述，所以按照 1.6.1 节的讨论，$\{P_R\}$ 可以看作粒。因此，由粗糙路径 P_R 确定的粗糙数据推理 $a\models_{P_R}b$ 的精度 $\gamma(a\models_{P_R}b)$ 与粒 $\{P_R\}$ 联系在一起。

(3) 连接度与连接数据集 $\langle P_R\rangle$ 的联系：由 S 粗糙路径 P_R 确定的粗糙数据推理

$a\models_{P_R}b$ 的连接度 $\delta(a\models_{P_R}b)$ 由 $\dfrac{|\langle P_{1R}\rangle|}{|P_{1R}|-1}$ 所定义，因此连接度与连接数据集 $\langle P_R\rangle$ 密切相关。由定义 3.7.1(2) 可知，$\langle P_R\rangle=\{x\mid x$ 是 P_R 上的一个连接数据$\}=\{x_{i1}\mid(\langle x_{(i-1)2},x_{i1}\rangle\in P_R)\wedge(\langle x_{i2},x_{(i+1)1}\rangle\in P_R)\wedge(x_{i1}=x_{i2})\}$，所以 $\langle P_R\rangle\subseteq U$。又因为当 $x_{i1}\in\langle P_R\rangle$ 时，数据 x_{i1} 可由公式 $(\langle x_{(i-1)2},x_{i1}\rangle\in P_R)\wedge(\langle x_{i2},x_{(i+1)1}\rangle\in P_R)\wedge(x_{i1}=x_{i2})$ 刻画描述，因此由定义 1.3.1 可知，$\langle P_R\rangle$ 是 U 的粒。此时 $\langle P_R\rangle$ 作为 U 的粒不仅与定义 1.3.1 给定的粒的形式化框架的含义相一致，而且比粒的形式化框架的要求更具体，因为此处我们利用公式 $(\langle x_{(i-1)2},x_{i1}\rangle\in P_R)\wedge(\langle x_{i2},x_{(i+1)1}\rangle\in P_R)\wedge(x_{i1}=x_{i2})$ 对连接数据集 $\langle P_R\rangle$ 中的数据进行了刻画。所以粗糙数据推理 $a\models_{P_R}b$ 的连接度 $\delta(a\models_{P_R}b)$ 与粒 $\langle P_R\rangle$ 相关。

上述分析表明粗糙数据推理 $a\models_{P_R}b$ 的精度 $\gamma(a\models_{P_R}b)$ 和连接度 $\delta(a\models_{P_R}b)$ 的定义都涉及粒或粒的计算，所以本章给出的讨论可认为是探究粒计算的一种途径。

第 4 章 决策推理与决策系统的化简

在第 2 章的讨论中，我们通过等价关系和推理关系的信息融合，得到了融合信息构成的粒 $[R-a]$和 $[a-R]$（见定义 2.1.3）。基于粒 $[a-R]$的上近似运算，给出了粗糙数据推理的定义，产生了第 2 章讨论的主题。针对粗糙数据推理的讨论涉及粗糙数据推理的性质、基于粗糙关系的粗糙数据推理分析、粗糙数据推理描述粗糙数据联系的功能、不同等价关系下粗糙数据推理之间的联系、粗糙数据推理的实际应用等。在这些工作的基础上，我们把粗糙数据推理的讨论延伸到树型推理空间，表明在树型推理空间中，粗糙数据推理确定的推演依托数据在树中的层次位置。进而，把树型推理空间中的粗糙数据推理进一步拓展到分层推理空间和细化分层空间，同时把细化分层空间中的粗糙数据推理用于了实际问题的描述，产生了针对粗糙数据推理的研究方法。这些工作筑起了继续探究粗糙数据推理的理论体系。

在第 2 章的基础上，第 3 章引入了粗糙路径的概念，并把粗糙路径融入粗糙数据推理之中，给出了粗糙数据推理精度和连接度的表示方法，使粗糙数据推理确定的粗糙数据联系得到了精度和连接度的刻画，并讨论了精度和连接度方面的性质，使粗糙数据推理的探究内容得到了扩展。

第 2 章和第 3 章的工作建立了粗糙数据推理的理论体系，体现了运作于数据之间的推演特点，与运作于公式之间的各数理逻辑的推理系统存在着根本的区别。粗糙数据推理具有描述不明确、非确定、似存在或潜存于数据之间的粗糙数据联系的功能，其精度和连接度的引入和讨论，使粗糙数据推理蕴含的精确信息以及连接信息得到了刻画，支撑了粗糙数据推理理论体系的完整性。粗糙数据推理是本书讨论的重要内容，各方面的工作与粒和粒计算数据处理方式联系紧密，所以粗糙数据推理的讨论和体系的建立为粒计算的探究增添了内容。

本章的讨论仍将围绕推理展开，并将建立的推理方法称为决策推理。与粗糙数据推理的推演方式不同，决策推理将基于决策系统。尽管决策推理也将体现数据之间的蕴含关系，但决策推理的推演与公式有关。这样的公式将基于决策系统定义产生，其确定的数据处理方法可用于决策系统的分解和化简处理，由此将形成不同于粗糙数据推理的数据推演方法。

4.1　基于决策推理的决策系统分解

在 1.4.3 节关于信息系统确定的粒的讨论中，我们展示了信息系统的结构化表示，记作 **IS**=(U, A, V, f) 的形式。本章涉及的决策系统是信息系统的一种情况，且在 1.6.2 节的讨论中，我们简要说明了决策系统分解以后粒的产生方法。不过 1.6.2 节的讨论属于说明性的工作，没有进行详尽的探究和分析。本节将对 1.6.2 节的问题展开系统的讨论，因此必须熟悉决策系统的组成结构。

4.1.1　决策系统的结构与数据的取值

1.6.2 节已表明了决策系统的形式，表示为 **DS**=$(U, A, V, f)=(U, C\cup D, V, f)$，其中 $A=C\cup D$ 且 $C\cap D=\varnothing$。实际上，$U, A\,(=C\cup D)$ 和 V 都是数据集，f 是一函数，不妨对它们的构成或含义解释如下。

数据集 U 也称为论域，其中的元素称为数据。

数据集 A 称为属性集，这里 $A=C\cup D$ 及 $C\cap D=\varnothing$，其中 C 称为条件属性集，D 称为决策属性集。当 $a\in A$ 时，称 a 为属性，此时如果 $a\in C$，则 a 称为条件属性；如果 $a\in D$，则 a 称为决策属性。

数据集 V 由 A 中属性取得的值构成，称为属性值域，其中的元素称为属性值。

函数 f 是从 $U\times A$ 到 V 的映射，记作 $f: U\times A\to V$，称为信息函数。对于 $\langle x, a\rangle\in U\times A$，这里 $x\in U$ 且 $a\in A$，存在唯一的 $v\in V$，使得 $f(x, a)=v$。函数表达式 $f(x, a)=v$ 可以记作 $a(x)=v\,(=f(x, a))$，因此任一属性 $a\,(\in A)$ 实际是从 U 到 V 的函数，这也是把 V 称为属性值域的原因。对于 $a\in A$，如果 $a(x)=v$，则当 a 是条件属性时，也称 a 为条件属性函数，此时 v 称为条件函数值；当 a 是决策属性时，也称 a 为决策属性函数，此时 v 称为决策函数值。

决策系统 **DS**=$(U, C\cup D, V, f)$ 可以采用表格的形式进行直观的表示，称为决策表，如表 4.1 所示。

表 4.1　决策系统 DS

U	c_1	c_2	d_1	d_2	d_3
x_1	1	2	1	0	2
x_2	1	2	1	0	2
x_3	2	1	1	1	2
x_4	2	2	3	1	3
x_5	2	2	3	0	3
x_6	2	2	3	0	3

在该决策表中，论域 $U=\{x_1, x_2, x_3, x_4, x_5, x_6\}$ 包含 6 个数据；属性集 $A=C\cup D$ 由条件属性集 $C=\{c_1, c_2\}$ 和决策属性集 $D=\{d_1, d_2, d_3\}$ 构成；属性值域 $V=\{0, 1, 2, 3\}$ 由有限个数值构成；信息函数 f 的取值展示在表 4.1 中，如 $f(x_1, c_1)=1$ 或 $c_1(x_1)=1$，$f(x_2, c_2)=2$ 或 $c_2(x_2)=2$，$f(x_4, d_1)=3$ 或 $d_1(x_4)=3$，$f(x_6, d_2)=0$ 或 $d_2(x_6)=0$，$f(x_3, d_3)=2$ 或 $d_3(x_3)=2$ 等，它们展示了数据的取值对应关系。

决策系统 $\mathbf{DS}=(U, C\cup D, V, f)$ 汇集了数据满足条件和对应结论的信息，从条件到结论的对应就是决策的过程。如果从 U 中的数据取得属性值的角度考虑，决策的过程体现在根据数据的条件函数值，对数据决策函数值的选取确定，从而确定数据所应满足的性质。为了直观，不妨通过表 4.1 的决策系统进行讨论。

对于表 4.1 的决策系统 $\mathbf{DS}=(U, C\cup D, V, f)$，可通过对其各类数据信息赋予具体含义的处理，展示出数据性质之间的联系。具体地，假设论域 $U=\{x_1, x_2, x_3, x_4, x_5, x_6\}$ 中的数据表示 6 个学生，对于属性集 $A=\{c_1, c_2\}\cup\{d_1, d_2, d_3\}$ 中的属性，设定条件属性 c_1 表示数学，条件属性 c_2 表示语文，决策属性 d_1 表示等级，决策属性 d_2 表示获奖，决策属性 d_3 表示综合评定。在这种约定下，条件属性 c_1 和 c_2，以及决策属性 d_1, d_2 和 d_3 可分别表示学生 x_i (i=1, 2, 3, 4, 5, 6) 在学校的数学和语文成绩，以及由此确定的整体学习、获奖和综合评定的情况，并通过条件函数值和决策函数值得到反映。表 4.1 中的条件函数值和决策函数值与数据 x_i 之间的联系可如下定义：

如果 $c_1(x_i)=k$，则表示学生 x_i 的数学成绩是第 k 等。

如果 $c_2(x_i)=k$，则表示学生 x_i 的语文成绩是第 k 等。

如果 $d_1(x_i)=k$，则表示学生 x_i 的整体成绩是第 k 级。

如果 $d_2(x_i)=1$，则表示学生 x_i 获得奖励；如果 $d_2(x_i)=0$，则学生 x_i 不获得奖励。

如果 $d_3(x_i)=k$，则学生 x_i 被综合评定为 k 级。

于是可对表 4.1 决策系统反映的学生信息进行分析。

考虑 x_1 所在的行，由于 $c_1(x_1)=1$ 并且 $c_2(x_1)=2$，所以学生 x_1 的数学成绩是第 1 等，语文成绩是第 2 等，展示了 x_1 满足的条件。同时 $d_1(x_1)=1$，$d_2(x_1)=0$ 且 $d_3(x_1)=2$，表明 x_1 的整体成绩是第 1 级，综合评定为 2 级，未获得奖励，这些确定了对 x_1 的评估结果。于是，条件函数值和决策函数值的取值结果表达了这样的信息：当学生 x_1 的数学和语文成绩一个是 1 等、一个是 2 等时，该生的整体成绩是 1 级，综合评定为 2 级，未得到奖励。这样的过程就是根据条件做出的决策，体现了学生 x_1 数学和语文成绩与评判结果之间的联系。

又如，在表 4.1 中，x_3 所在行反映了 x_3 的数学成绩是 2 等，语文成绩是 1 等，通过条件函数值 $c_1(x_3)=2$ 以及 $c_2(x_3)=1$ 予以展示。在这样的前提下，决策以 x_3 的整体成绩归为 1 级，综合评定为 2 级，同时给予奖励，并通过决策函数值 $d_1(x_3)=1$，$d_2(x_3)=1$ 以及 $d_3(x_3)=2$ 予以体现。

类似地，对论域 U 中的其他数据 (即学生)，利用表 4.1 提供的信息，可以根据数据满足的条件，做出评判的结论。一般地，设 $\mathbf{DS}=(U, C\cup D, V, f)$ 是决策系统，$x\in U$，下面给出涉及数据 x 的一些概念。

定义 4.1.1　设 $\mathbf{DS}=(U, A, V, f)=(U, C\cup D, V, f)$ 是决策系统，则定义如下：

(1) 对于属性 $a\in A(=C\cup D)$，如果 $a(x)=v(\in V)$，则称 v 是属性 a 作用于数据 x 后的取值。

(2) C 中所有条件属性作用于 x 后的取值全体称为数据 $\boldsymbol{x}$ 的条件函数值。

(3) D 中所有决策属性作用于 x 后的取值全体称为数据 $\boldsymbol{x}$ 的决策函数值。　□

因此，决策系统 $\mathbf{DS}=(U, C\cup D, V, f)$ 记录的信息反映了数据在条件函数值取定的前提下，取得对应决策函数值的情况。如果把一个决策系统 $\mathbf{DS}=(U, C\cup D, V, f)$ 作为参照模型，针对一数据 x (x 是论域 U 涉及类型的数据) 进行判定，如果 x 对应的条件函数值与 U 某数据对应的条件函数值相同，则 U 中该数据对应的决策函数值可取作 x 对应的决策函数值。这种由 x 对应的条件函数值确定 x 对应的决策函数值的过程可视为针对数据 x 进行的决策，即对 x 满足性质的判定。

根据数据的条件函数值，确定数据决策函数值的判定就是数据性质之间的一种推理，可以看作数据推理。在下述讨论中，我们将明确该数据推理的推演方式。

通过数据的条件函数值，确定数据决策函数值的数据推理将引出对决策系统实施分解的讨论。之所以对决策系统进行分解，是因为在一些情况下，根据数据的条件函数值，我们难以对该数据的决策函数值给予明确的确定，可能遇到决策函数值不确定选择的问题，通过分解决策系统，可以帮助我们看清决策函数值的性质。什么是决策函数值的不确定选择呢，不妨通过表 4.1 的决策系统进行讨论。

对于表 4.1 决策系统的论域 $U=\{x_1, x_2, x_3, x_4, x_5, x_6\}$，其中数据 x_4 和 x_5 对应的条件函数值是相同的，即 $c_1(x_4)=c_1(x_5)=2$ 且 $c_2(x_4)=c_2(x_5)=2$，但它们的决策函数值不完全相同，分别是 $d_1(x_4)=3$, $d_2(x_4)=1$, $d_3(x_4)=3$ 和 $d_1(x_5)=3$, $d_2(x_5)=0$, $d_3(x_5)=3$。因此，如果把表 4.1 的决策系统作为参照模型，对于数据 x，如果 $c_1(x)=2$ 且 $c_2(x)=2$，即 x 满足数据 x_4 和 x_5 对应的条件函数值，那么 x 的决策函数值将遇到选择 x_4 对应的决策函数值，还是选择 x_5 对应的决策函数值的问题。于是给出如下概念。

定义 4.1.2　设 $\mathbf{DS}=(U, A, V, f)=(U, C\cup D, V, f)$ 是决策系统，则定义如下：

(1) 对于数据 x (x 的数据类型包含在论域 U 涉及的数据类型之中)，如果与 x 的条件函数值相对应的决策函数值恰有唯一一组，则称 x 的决策函数值是确定的。

(2) 对于数据 x (x 的数据类型包含在论域 U 涉及的数据类型之中)，如果与 x 的条件函数值相对应的决策函数值非唯一一组，则称 x 的决策函数值是不确定的。　□

如果把决策系统作为参照比对的模型，对数据满足的性质进行判定，那么数据决策函数值的确定或不确定，与数据满足怎样的性质密切相关。在实际当中我们常常遇到性质的选择问题，对决策函数值是否确定的判定具有实际的意义。

当决策系统 **DS** = $(U, C\cup D, V, f)$ 的决策属性集 D 中包含很多决策属性时，数据对应的决策函数值将涉及每一决策属性的取值，此时针对该数据的决策函数值是否确定的判定可能较为烦琐，或众多决策属性的取值会使数据的决策函数值是否确定的判定呈现出模糊不清的情形。

因此当把决策系统 **DS** = $(U, C\cup D, V, f)$ 作为参照模型时，根据数据的条件函数值，建立相应的方法，给出数据的决策函数值是否确定的判定方法是值得探究的问题。为了展开这方面的讨论，我们将通过在决策系统 **DS** = $(U, C\cup D, V, f)$ 中引入公式，以及通过公式对应的粒，建立分解决策系统的方法，使数据的决策函数值确定或不确定的情况能够在分解得到的子系统中得以有效的判定，以达到使判定过程直观清晰的目的。同时该判定方法将与数据之间的推理联系在一起，这种数据推理与第 2 章的粗糙数据推理不同，将引出数据推理的另一种形式，并基于相应公式。实际上，在 1.4.3 节的讨论中，我们已在信息系统中定义了公式，同时在定义 1.4.4 中，通过公式，我们给出了粒的概念。决策系统 **DS**=$(U, C\cup D, V, f)$ 是信息系统的一种形式，因此决策系统中的公式与信息系统中的公式是一致的。不过为了讨论的可读性、连贯性、整体性、系统性，给出决策系统上公式的定义并非多余，由此也可以对粒的概念给予更清晰的讨论和强化性的熟悉。

4.1.2 公式和粒

设 **DS** = (U, A, V, f) 是决策系统，下面引入的每一公式将由 A 中的属性和 V 中的属性值，通过或不通过逻辑联结符号 $\neg$，$\wedge$，$\vee$ 或 $\rightarrow$（见 1.4.1 节），按照给定的规则归纳产生，不涉及逻辑联结符号 $\neg$，$\wedge$，$\vee$ 和 $\rightarrow$ 的公式将称为原子公式。

定义 4.1.3 设 **DS** = (U, A, V, f) 是决策系统，**DS** 上的**公式**归纳产生如下：

(1) 对于 $a\in A$ 且 $v\in V$，表示式 (a, v) 称为**原子公式**，原子公式是 **DS** 上的公式。

(2) 如果 $\mathcal{E}$ 是 **DS** 上的公式，则 $(\neg\mathcal{E})$ 是 **DS** 上的公式。

(3) 如果 $\mathcal{E}$ 和 $\mathcal{F}$ 是 **DS** 上的公式，则 $(\mathcal{E}\wedge\mathcal{F})$，$(\mathcal{E}\vee\mathcal{F})$ 和 $(\mathcal{E}\rightarrow\mathcal{F})$ 是 **DS** 上的公式。

(4) 有限步使用 (1)，(2) 或 (3) 得到的表达式是 **DS** 上的公式。 □

从构成上看，**DS** = (U, A, V, f) 上的任一公式由属性集 A 中的属性和属性值域 V 中的属性值，利用或不利用逻辑联结符号，按规则组合生成。不涉及逻辑联结符号的公式就是原子公式，任一公式与论域 U 中的数据和信息函数 f 无关。一般情况下，往往省略公式的最外层括号，所以公式 $(\neg\mathcal{E})$，$(\mathcal{E}\wedge\mathcal{F})$，$(\mathcal{E}\vee\mathcal{F})$ 和 $(\mathcal{E}\rightarrow\mathcal{F})$ 通常分别表示为 $\neg\mathcal{E}$，$\mathcal{E}\wedge\mathcal{F}$，$\mathcal{E}\vee\mathcal{F}$ 和 $\mathcal{E}\rightarrow\mathcal{F}$。

给出决策系统上的公式是为了引入粒的概念，由此建立判定的方法，对数据的决策函数值是否确定进行判定。实际上，针对信息系统上的公式，定义 1.4.4 已经给出了对应于公式的粒的定义，但再给出粒的定义可增强对概念的熟悉。

设 (a, v) 是决策系统 $\mathbf{DS}=(U, A, V, f)$ 上的原子公式。对于 $x \in U$，可能有 $a(x)=v$。当 $a(x)=v$ 时，称 x 满足 (a, v)。一般情况下，对于 **DS** 上的公式 $\mathcal{E}$ 及 $x \in U$，我们可以给出 x 满足 $\mathcal{E}$ 的定义，由此引出粒的概念。

定义 4.1.4　设 $\mathcal{E}$ 是决策系统 $\mathbf{DS}=(U, A, V, f)$ 上的公式，对于 $x \in U$，x 满足 $\mathcal{E}$ 的定义如下递归完成：

(1) 如果 $\mathcal{E}=(a, v)$ 是一原子公式，则 x 满足 (a, v) 当且仅当 $a(x)=v$。等价地，x 不满足 (a, v) 当且仅当 $a(x) \neq v$。

(2) 如果 $\mathcal{E}=\neg \mathcal{E}_1$，则 x 满足 $\mathcal{E}$ 当且仅当 x 不满足 $\mathcal{E}_1$。

(3) 如果 $\mathcal{E}=\mathcal{E}_1 \wedge \mathcal{E}_2$，则 x 满足 $\mathcal{E}$ 当且仅当 x 满足 $\mathcal{E}_1$，且 x 满足 $\mathcal{E}_2$。

(4) 如果 $\mathcal{E}=\mathcal{E}_1 \vee \mathcal{E}_2$，则 x 满足 $\mathcal{E}$ 当且仅当 x 满足 $\mathcal{E}_1$，或 x 满足 $\mathcal{E}_2$。

(5) 如果 $\mathcal{E}=\mathcal{E}_1 \rightarrow \mathcal{E}_2$，则 x 满足 $\mathcal{E}$ 当且仅当 x 不满足 $\mathcal{E}_1$，或 x 满足 $\mathcal{E}_2$。

(6) 令 $|\mathcal{E}|=\{x \mid x \in U$ 且 x 满足 $\mathcal{E}\}$，称 $|\mathcal{E}|$ 为公式 $\mathcal{E}$ 对应的粒，简称粒。　□

这里给出的粒与定义 1.4.4 中的粒是一致的，粒 $|\mathcal{E}|=\{x \mid x \in U$ 且 x 满足 $\mathcal{E}\}$ 是 U 的子集，即 $|\mathcal{E}| \subseteq U$，或粒 $|\mathcal{E}|$ 是通过公式 $\mathcal{E}$ 从数据集 U 中分离出的子类，这与定义 1.3.1 给出的粒的形式化框架的含义相一致。同时由此定义可知：$x \in |\mathcal{E}|$ 当且仅当 x 满足 $\mathcal{E}$，因此粒 $|\mathcal{E}|$ 由所有满足公式 $\mathcal{E}$ 的数据构成产生。

对于原子公式 $\mathcal{E}=(a, v)$，由定义 4.1.4(1) 和 (6)，有 $|\mathcal{E}|=|(a, v)|=\{x \mid x \in U$ 且 x 满足 $(a, v)\}=\{x \mid x \in U$ 且 $a(x)=v\}=\{x \mid (x \in U) \wedge (f(x, a)=v)\}$。所以粒 $|\mathcal{E}|=|(a, v)|$ 是利用信息函数 f 从论域 U 中分离出的数据子集，粒 $|\mathcal{E}|=|(a, v)|$ 中的数据 x 由公式 $(x \in U) \wedge (f(x, a)=v)$ 得到了刻画描述，这与定义 1.3.1 中粒的形式化框架的要求一致，且由于公式 $(x \in U) \wedge (f(x, a)=v)$ 明确给出，所以它比框架的要求更具体。

对于 $\mathbf{DS}=(U, A, V, f)$ 上的一般公式 $\mathcal{E}$，$\mathcal{E}$ 由原子公式通过逻辑联结符号联结而成，因此，粒 $|\mathcal{E}|$ 中的数据也是通过信息函数 f 从 U 中分离出的 U 的子集，且子集中的数据可由具体的公式刻画描述。实际上，粒 $|\mathcal{E}|$ 是通过信息函数 f 从论域 U 中分离出的数据子集，即粒 $|\mathcal{E}|$ 与 U 和 f 密切相关，而公式 $\mathcal{E}$ 自身仅涉及 A 和 V 中的属性和属性值，所以公式 $\mathcal{E}$ 及其粒 $|\mathcal{E}|$ 关联决策系统 $\mathbf{DS}=(U, A, V, f)$ 中所有组成部分的信息。

下面的讨论将涉及粒的一些性质，因此我们给出如下定理。

定理 4.1.1　如下关于粒的性质成立：

(1) $|(a, v)|=\{x \mid x \in U$ 且 $a(x)=v\}$。

(2) $|\neg \mathcal{E}_1|=\sim|\mathcal{E}_1|=U-|\mathcal{E}_1|$，其中 $\sim|\mathcal{E}_1|$ 表示 $|\mathcal{E}_1|$ 的补集。

(3) $|\mathcal{E}_1 \wedge \mathcal{E}_2|=|\mathcal{E}_1| \cap |\mathcal{E}_2|$。

(4) $|\mathcal{E}_1 \vee \mathcal{E}_2|=|\mathcal{E}_1| \cup |\mathcal{E}_2|$。

(5) $|\mathcal{E}_1\to\mathcal{E}_2|=|\neg\mathcal{E}_1\vee\mathcal{E}_2|=\sim|\mathcal{E}_1|\cup|\mathcal{E}_2|$。

证明　(1) 由定义 4.1.4(1) 和(6)，显然有 $|(a, v)|=\{x\mid x\in U$ 且 $a(x)=v\}$。

(2) 由定义 4.1.4(6)，$x\in|\neg\mathcal{E}_1|$ 当且仅当 x 满足 $\neg\mathcal{E}_1$，当且仅当 x 不满足 $\mathcal{E}_1$（见定义 4.1.4(2)），当且仅当 $x\notin|\mathcal{E}_1|$，当且仅当 $x\in\sim|\mathcal{E}_1|$。这表明 $|\neg\mathcal{E}_1|=\sim|\mathcal{E}_1|$。由于 $\sim|\mathcal{E}_1|=U-|\mathcal{E}_1|$，所以 $|\neg\mathcal{E}_1|=\sim|\mathcal{E}_1|=U-|\mathcal{E}_1|$。

(3) $x\in|\mathcal{E}_1\wedge\mathcal{E}_2|$ 当且仅当 x 满足 $\mathcal{E}_1\wedge\mathcal{E}_2$，当且仅当 x 满足 $\mathcal{E}_1$ 且 x 满足 $\mathcal{E}_2$（见定义 4.1.4(3)），当且仅当 $x\in|\mathcal{E}_1|$ 且 $x\in|\mathcal{E}_2|$，当且仅当 $x\in|\mathcal{E}_1|\cap|\mathcal{E}_2|$。于是得到 $|\mathcal{E}_1\wedge\mathcal{E}_2|=|\mathcal{E}_1|\cap|\mathcal{E}_2|$。

(4) $x\in|\mathcal{E}_1\vee\mathcal{E}_2|$ 当且仅当 x 满足 $\mathcal{E}_1\vee\mathcal{E}_2$，当且仅当 x 满足 $\mathcal{E}_1$ 或 x 满足 $\mathcal{E}_2$（见定义 4.1.4(4)），当且仅当 $x\in|\mathcal{E}_1|$ 或 $x\in|\mathcal{E}_2|$，当且仅当 $x\in|\mathcal{E}_1|\cup|\mathcal{E}_2|$。于是得到 $|\mathcal{E}_1\vee\mathcal{E}_2|=|\mathcal{E}_1|\cup|\mathcal{E}_2|$。

(5) $x\in|\mathcal{E}_1\to\mathcal{E}_2|$ 当且仅当 x 满足 $\mathcal{E}_1\to\mathcal{E}_2$，当且仅当 x 不满足 $\mathcal{E}_1$ 或 x 满足 $\mathcal{E}_2$（见定义 4.1.4(5)），当且仅当 $x\notin|\mathcal{E}_1|$ 或 $x\in|\mathcal{E}_2|$，当且仅当 $x\in\sim|\mathcal{E}_1|$ 或 $x\in|\mathcal{E}_2|$，当且仅当 $x\in\sim|\mathcal{E}_1|\cup|\mathcal{E}_2|$。因此，$|\mathcal{E}_1\to\mathcal{E}_2|=\sim|\mathcal{E}_1|\cup|\mathcal{E}_2|$。由于 $\sim|\mathcal{E}_1|=|\neg\mathcal{E}_1|$（由上述(2)），故利用上述(4)可得 $\sim|\mathcal{E}_1|\cup|\mathcal{E}_2|=|\neg\mathcal{E}_1|\cup|\mathcal{E}_2|=|\neg\mathcal{E}_1\vee\mathcal{E}_2|$，所以 $|\mathcal{E}_1\to\mathcal{E}_2|=|\neg\mathcal{E}_1\vee\mathcal{E}_2|=\sim|\mathcal{E}_1|\cup|\mathcal{E}_2|$。□

表达式 $|\mathcal{E}_1\wedge\mathcal{E}_2|=|\mathcal{E}_1|\cap|\mathcal{E}_2|$ 和 $|\mathcal{E}_1\vee\mathcal{E}_2|=|\mathcal{E}_1|\cup|\mathcal{E}_2|$（见定理 4.1.1(3) 和(4)）表明逻辑联结符号 $\wedge$ 和 $\vee$ 满足可结合性，这是因为集合的交运算 $\cap$ 和并运算 $\cup$ 满足可结合性。所以，公式 $(\mathcal{E}_1\wedge\mathcal{E}_2)\wedge\mathcal{E}_3$ 和 $\mathcal{E}_1\wedge(\mathcal{E}_2\wedge\mathcal{E}_3)$ 可认为是相同的公式，它们都对应粒 $|\mathcal{E}_1|\cap|\mathcal{E}_2|\cap|\mathcal{E}_3|$，这两个公式往往都简单表示为 $\mathcal{E}_1\wedge\mathcal{E}_2\wedge\mathcal{E}_3$。具体地，公式 $((a_1, v_1)\wedge(a_2, v_2))\wedge(a_3, v_3)$ 或 $(a_1, v_1)\wedge((a_2, v_2)\wedge(a_3, v_3))$ 可表示为 $(a_1, v_1)\wedge(a_2, v_2)\wedge(a_3, v_3)$。同样公式 $\mathcal{E}_1\vee\mathcal{E}_2\vee\mathcal{E}_3$ 用于表示 $(\mathcal{E}_1\vee\mathcal{E}_2)\vee\mathcal{E}_3$ 或 $\mathcal{E}_1\vee(\mathcal{E}_2\vee\mathcal{E}_3)$。

此外逻辑联结符号从强到弱的优先权以 $\neg$，$\wedge$，$\vee$，$\to$ 的顺序约定，这样结合 $\wedge$ 和 $\vee$ 的可结合性，我们可进一步省略公式的某些括号。例如，公式 $((c_1, u_1)\wedge(c_2, u_2))\to((d_1, v_1)\wedge(d_2, v_2))$ 可以简单表示为 $(c_1, u_1)\wedge(c_2, u_2)\to(d_1, v_1)\wedge(d_2, v_2)$ 等。

4.1.3　决策公式和决策推理

设 $\mathbf{DS}=(U, C\cup D, V, f)$ 是决策系统，如果把 $\mathbf{DS}=(U, C\cup D, V, f)$ 作为比对参照的模型，则对于任意的数据 x，当 x 对应的条件函数值与 U 中某数据对应的条件函数值相同时，那么该数据的决策函数值作为 x 对应的决策函数值是否确定将涉及相应的判定方法。该方法与决策系统 $\mathbf{DS}=(U, A, V, f)$ 上的一类公式及其产生的粒密切相关。因此，我们给出如下定义。

定义 4.1.5　设 $\mathbf{DS}=(U, A, V, f)=(U, \{c_1,\cdots, c_m\}\cup\{d_1,\cdots, d_n\}, V, f)$ 是一决策系统，其中 $A=\{c_1,\cdots, c_m\}\cup\{d_1,\cdots, d_n\}$。如果 $u_1,\cdots, u_m\in V$ 且 $v_1,\cdots, v_n\in V$，则：

(1) 令 $\mathcal{E}=(c_1, u_1)\wedge\cdots\wedge(c_m, u_m)$，若$|\mathcal{E}|\neq\varnothing$，则称公式 $\mathcal{E}=(c_1, u_1)\wedge\cdots\wedge(c_m, u_m)$ 为 **DS** 上的条件公式。

(2) 令 $\mathcal{F}=(d_1, v_1)\wedge\cdots\wedge(d_n, v_n)$，若$|\mathcal{F}|\neq\varnothing$，则称公式 $\mathcal{F}=(d_1, v_1)\wedge\cdots\wedge(d_n, v_n)$ 为 **DS** 上的结论公式。

(3) 对于条件公式 $\mathcal{E}=(c_1, u_1)\wedge\cdots\wedge(c_m, u_m)$ 和结论公式 $\mathcal{F}=(d_1, v_1)\wedge\cdots\wedge(d_n, v_n)$，如果$|\mathcal{E}|\cap|\mathcal{F}|\neq\varnothing$，则称公式 $\mathcal{E}\rightarrow\mathcal{F}=(c_1, u_1)\wedge\cdots\wedge(c_m, u_m)\rightarrow(d_1, v_1)\wedge\cdots\wedge(d_n, v_n)$ 为 **DS** 上的决策公式。 □

每一条件公式 $\mathcal{E}=(c_1, u_1)\wedge\cdots\wedge(c_m, u_m)$涉及所有的条件属性 $c_1,\cdots, c_m$，每一结论公式 $\mathcal{F}=(d_1, v_1)\wedge\cdots\wedge(d_n, v_n)$涉及所有的决策属性 $d_1,\cdots, d_n$。因此，一决策公式 $\mathcal{E}\rightarrow\mathcal{F}=(c_1, u_1)\wedge\cdots\wedge(c_m, u_m)\rightarrow(d_1, v_1)\wedge\cdots\wedge(d_n, v_n)$关联 A 中的所有属性，并随属性值 $u_1,\cdots, u_m$ 或 $v_1,\cdots, v_n$ 的变化而变化。

例如，对于表 4.1 中的决策系统 $\mathbf{DS}=(U, \{c_1, c_2\}\cup\{d_1, d_2, d_3\}, V, f)$，该决策系统上的决策公式如下：

$$\mathcal{E}_1\rightarrow\mathcal{F}_1=(c_1, 1)\wedge(c_2, 2)\rightarrow(d_1, 1)\wedge(d_2, 0)\wedge(d_3, 2)$$
$$\mathcal{E}_2\rightarrow\mathcal{F}_2=(c_1, 2)\wedge(c_2, 1)\rightarrow(d_1, 1)\wedge(d_2, 1)\wedge(d_3, 2)$$
$$\mathcal{E}_3\rightarrow\mathcal{F}_3=(c_1, 2)\wedge(c_2, 2)\rightarrow(d_1, 3)\wedge(d_2, 1)\wedge(d_3, 3)$$
$$\mathcal{E}_4\rightarrow\mathcal{F}_4=(c_1, 2)\wedge(c_2, 2)\rightarrow(d_1, 3)\wedge(d_2, 0)\wedge(d_3, 3)$$

它们均满足$|\mathcal{E}_i|\cap|\mathcal{F}_i|\neq\varnothing(i=1, 2, 3, 4)$。实际上，由表 4.1 可知，$|\mathcal{E}_1|\cap|\mathcal{F}_1|=|(c_1, 1)\wedge(c_2, 2)|\cap|(d_1, 1)\wedge(d_2, 0)\wedge(d_3, 2)|=\{x_1, x_2\}\neq\varnothing$，$|\mathcal{E}_2|\cap|\mathcal{F}_2|=|(c_1, 2)\wedge(c_2, 1)|\cap|(d_1, 1)\wedge(d_2, 1)\wedge(d_3, 2)|=\{x_3\}\neq\varnothing$，$|\mathcal{E}_3|\cap|\mathcal{F}_3|=|(c_1, 2)\wedge(c_2, 2)|\cap|(d_1, 3)\wedge(d_2, 1)\wedge(d_3, 3)|=\{x_4\}\neq\varnothing$ 且$|\mathcal{E}_4|\cap|\mathcal{F}_4|=|(c_1, 2)\wedge(c_2, 2)|\cap|(d_1, 3)\wedge(d_2, 0)\wedge(d_3, 3)|=\{x_5, x_6\}\neq\varnothing$。

以上给出了决策系统 $\mathbf{DS}=(U, C\cup D, V, f)$ 的公式，并由公式引出了粒的概念，与定义 1.4.4 给出的粒是一致的。决策公式是一类重要的公式，这类公式及其涉及的粒将在决策函数值确定与否的判定中起到重要的作用。

决策系统 $\mathbf{DS}=(U, C\cup D, V, f)$ 记录了一系列的决策信息，利用这些信息，可依据数据的条件函数值，确定数据的决策函数值。这种通过条件函数值，确定决策函数值的过程可以认为是完成的决策。对这样的决策给予数学的定义是需要的，由此可以建立判定数据的决策函数值是否确定的规范方法。

对于决策系统 $\mathbf{DS}=(U, C\cup D, V, f)$ 上的条件公式 $\mathcal{E}=(c_1, u_1)\wedge\cdots\wedge(c_m, u_m)$ 和结论公式 $\mathcal{F}=(d_1, v_1)\wedge\cdots\wedge(d_n, v_n)$，它们对应的粒$|\mathcal{E}|$和$|\mathcal{F}|$都是论域 U 的子集，即$|\mathcal{E}|\subseteq U$ 且$|\mathcal{F}|\subseteq U$。此时可能有$|\mathcal{E}|\subseteq|\mathcal{F}|$，由此可对决策的概念进行定义。

定义 4.1.6　设 $\mathbf{DS}=(U, A, V, f)=(U, \{c_1,\cdots, c_m\}\cup\{d_1,\cdots, d_n\}, V, f)$ 是决策系统，这里 $A=\{c_1,\cdots, c_m\}\cup\{d_1,\cdots, d_n\}$。对于 $u_1,\cdots, u_m\in V$ 以及 $v_1,\cdots, v_n\in V$，考虑 **DS** 上的决策公式 $\mathcal{E}\rightarrow\mathcal{F}$，其中 $\mathcal{E}=(c_1, u_1)\wedge\cdots\wedge(c_m, u_m)$，$\mathcal{F}=(d_1, v_1)\wedge\cdots\wedge(d_n, v_n)$，则：

(1) 判定 $|\mathcal{E}|\subseteq|\mathcal{F}|$ 是否成立的过程称为对应于 $\mathcal{E}\to\mathcal{F}$ 的决策，简称决策。

(2) 若 $|\mathcal{E}|\subseteq|\mathcal{F}|$ 成立，则称对应于 $\mathcal{E}\to\mathcal{F}$ 的决策在 **DS**$=(U, A, V, f)$ 中是确定的。

(3) 若 $|\mathcal{E}|\not\subseteq|\mathcal{F}|$ 成立，则称对应于 $\mathcal{E}\to\mathcal{F}$ 的决策在 **DS**$=(U, A, V, f)$ 中是不确定的。

(4) 判定决策是确定的或不确定的过程称为决策系统 **DS**$=(U, A, V, f)$ 中的决策推理，简称决策推理。 □

决策系统 **DS**$=(U, A, V, f)$ 中的决策推理基于 **DS**$=(U, A, V, f)$ 上的决策公式，决策推理显然不同于第 2 章的粗糙数据推理，是基于决策系统上的决策公式，通过判定粒之间的包含成立与否引出的推演形式。

对应于决策公式 $\mathcal{E}\to\mathcal{F}$ 的决策是否是确定的，依赖于粒 $|\mathcal{E}|$ 和 $|\mathcal{F}|$ 之间是否满足 $|\mathcal{E}|\subseteq|\mathcal{F}|$，这涉及了粒之间关系的讨论。在 1.2.2 节或 1.7.1 节中，我们把涉及粒之间包含关系的讨论视为粒计算的一种形式。因此，粒计算的数据处理方法融入了对应于 $\mathcal{E}\to\mathcal{F}$ 的决策的判定之中。

考虑决策公式 $\mathcal{E}\to\mathcal{F}$，其中 $\mathcal{E}=(c_1, u_1)\wedge\cdots\wedge(c_m, u_m)$ 并且 $\mathcal{F}=(d_1, v_1)\wedge\cdots\wedge(d_n, v_n)$。当对应于决策公式 $\mathcal{E}\to\mathcal{F}$ 的决策在 **DS**$=(U, A, V, f)$ 中确定，即 $|\mathcal{E}|\subseteq|\mathcal{F}|$ 时，如果 x 满足公式 $\mathcal{E}$（即 $x\in|\mathcal{E}|$），则 x 必满足公式 $\mathcal{F}$（即 $x\in|\mathcal{F}|$），这种情况与数据 x 的条件函数值和决策函数值密切相关，不妨进一步分析如下。

数据 x 满足公式 $\mathcal{E}$ 意味着 $x\in|\mathcal{E}|$，由于 $\mathcal{E}=(c_1, u_1)\wedge\cdots\wedge(c_m, u_m)$，于是由定理 4.1.1(3) 可知，$|\mathcal{E}|=|(c_1, u_1)\wedge\cdots\wedge(c_m, u_m)|=|(c_1, u_1)|\cap\cdots\cap|(c_m, u_m)|$，则有 $x\in|(c_1, u_1)|,\cdots, x\in|(c_m, u_m)|$。由定理 4.1.1(1) 可知，$c_1(x)=u_1,\cdots, c_m(x)=u_m$，这说明数据 x 的条件函数值为 $u_1,\cdots, u_m$。在这种情况下，x 的决策函数值必定是确定的，因为我们已知 $|\mathcal{E}|\subseteq|\mathcal{F}|$，所以由 $x\in|\mathcal{E}|$，得 $x\in|\mathcal{F}|$。由于 $\mathcal{F}=(d_1, v_1)\wedge\cdots\wedge(d_n, v_n)$，因此再由定理 4.1.1(3) 可得 $|\mathcal{F}|=|(d_1, v_1)\wedge\cdots\wedge(d_n, v_n)|=|(d_1, v_1)|\cap\cdots\cap|(d_n, v_n)|$。于是再由定理 4.1.1(1)，有 $d_1(x)=v_1,\cdots, d_n(x)=v_n$，即数据 x 的决策函数值为 $v_1,\cdots, v_n$，这组属性值 $v_1,\cdots, v_n$ 是唯一的，所以定义 4.1.2(1) 表明 x 的决策函数值是确定的，这是由条件 $|\mathcal{E}|\subseteq|\mathcal{F}|$ 保证的。因此，$|\mathcal{E}|\subseteq|\mathcal{F}|$ 的条件使决策公式 $\mathcal{E}\to\mathcal{F}$ 记录的信息不会产生异议，故我们称对应于 $\mathcal{E}\to\mathcal{F}$ 的决策在 **DS**$=(U, A, V, f)$ 中是确定的。

另外，当对应于决策公式 $\mathcal{E}\to\mathcal{F}$ 的决策在 **DS**$=(U, A, V, f)$ 中不确定，即 $|\mathcal{E}|\not\subseteq|\mathcal{F}|$ 时，如果 x_1 和 x_2 满足 $\mathcal{E}$，即 $x_1, x_2\in|\mathcal{E}|$，则 x_1 可以满足 $\mathcal{F}$，即 $x_1\in|\mathcal{F}|$，而 x_2 可以不满足 $\mathcal{F}$，即 $x_2\notin|\mathcal{F}|$。此时在数据 x_1 和 x_2 的条件函数值都由条件公式 $\mathcal{E}$ 确定的情况下，数据 x_1 的决策函数值由结论公式 $\mathcal{F}$ 确定，而 x_2 的决策函数值并非由结论公式 $\mathcal{F}$ 确定，往往由另一结论公式 $\mathcal{F}_1$ 确定。此时将出现 x 的决策函数值是由结论公式 $\mathcal{F}$ 确定，还是由 $\mathcal{F}_1$ 确定的问题，按照定义 4.1.2(2)，x 的决策函数值是不确定的。因此，$|\mathcal{E}|\not\subseteq|\mathcal{F}|$ 的条件使决策公式 $\mathcal{E}\to\mathcal{F}$ 记录的信息具有歧义性，故我们称对应于 $\mathcal{E}\to\mathcal{F}$ 的决策在 **DS**$=(U, A, V, f)$ 中是不确定的。

上述分析表明，对应于决策公式 $\mathcal{E}\to\mathcal{F}$ 的决策确定或不确定与定义 4.1.2 中数据的决策函数值确定或不确定的含义是相同的。决策的确定或不确定是数据决策函数值确定或不确定的推理表示形式，使判定过程以决策推理的形式予以展示。

决策推理与$|\mathcal{E}|\subseteq|\mathcal{F}|$密切相关，这意味着决策推理的推演是在$x\in|\mathcal{E}|$前提下，判定是否$x\in|\mathcal{F}|$成立的过程。由于这种推演判定紧密关联于数据$x$，所以我们认为决策推理是一种数据推理，该推理基于粒包含的支撑，或依托粒包含形式的粒计算进行推演，与第 2 章的粗糙数据推理具有完全不同的推理形式。

4.1.4　决策系统的分解

设$\mathbf{DS}=(U, C\cup D, V, f)$是决策系统，决策推理展示了数据之间这样的推理过程：对于数据$x\in U$，如果x的条件函数值取定后，如何根据条件函数值得到数据x的决策函数值，或决策推理着眼于这样的判定：当x属于某条件公式确定的粒后，如何判定x属于哪一决策公式确定的粒。这把决策推理与数据的决策函数值确定或不确定（见定义 4.1.2）的判定联系起来。因此，如何利用决策推理，有效地、清晰地、等价地、更易地给予x的决策函数值是确定的或不确定的判定是值得考虑的问题。下面我们将根据决策属性集D中包含决策属性的数目，对决策系统$\mathbf{DS}=(U, C\cup D, V, f)$进行分解，并把分解方法与决策推理联系在一起。

对于决策系统$\mathbf{DS}=(U, C\cup D, V, f)=(U, C\cup\{d_1, d_2,\cdots, d_n\}, V, f)$，其中的决策属性集$D$中包含$n$个决策属性，即$D=\{d_1, d_2,\cdots, d_n\}$，对于这$n$个决策属性$d_1, d_2,\cdots, d_n$中的每一个，我们可以构造相应的决策系统，不妨给出如下定义。

定义 4.1.7　设$\mathbf{DS}=(U, C\cup\{d_1\ d_2,\cdots, d_n\}, V, f)$是决策系统，对应$n$个决策属性$d_1, d_2,\cdots, d_n$，可构造$n$决策决策系统如下：

$$\mathbf{DS}_1=(U, C\cup\{d_1\}, V, f)$$
$$\mathbf{DS}_2=(U, C\cup\{d_2\}, V, f)$$
$$\vdots$$
$$\mathbf{DS}_n=(U, C\cup\{d_n\}, V, f)$$

称所构造的决策系统$\mathbf{DS}_j=(U, C\cup\{d_j\}, V, f)$ $(j=1,2,\cdots,n)$为原决策系统$\mathbf{DS}=(U, C\cup D, V, f)$的子系统。□

于是利用决策系统$\mathbf{DS}=(U, C\cup\{d_1\ d_2,\cdots, d_n\}, V, f)$，我们构造了$n$个子系统，如下对这些子系统进行分析说明：

(1) 子系统$\mathbf{DS}_j=(U, C\cup\{d_j\}, V, f)$中仅包含一个决策属性$d_j$ $(j=1,2,\cdots,n)$，而原决策系统$\mathbf{DS}=(U, C\cup\{d_1, d_2,\cdots, d_n\}, V, f)$中含有$n$个决策属性$d_1, d_2,\cdots, d_n$，因此子系统$\mathbf{DS}_j=(U, C\cup\{d_j\}, V, f)$比原决策系统$\mathbf{DS}=(U, C\cup\{d_1, d_2,\cdots, d_n\}, V, f)$更简单。

(2) 决策系统$\mathbf{DS}=(U, C\cup\{d_1, d_2,\cdots, d_n\}, V, f)$和子系统$\mathbf{DS}_j=(U, C\cup\{d_j\}, V,$

f) (j=1, 2,$\cdots$, n) 的论域 U 和条件属性集 C 是相同的，而它们中的属性值域 V 和信息函数 f 虽然采用了相同的符号，但原决策系统和子系统的属性值域之间，以及信息函数之间还是存在差异的，不妨进行下述的分析。

(3) 考查子系统 $\mathbf{DS}_j=(U, C\cup\{d_j\}, V, f)$ (j=1, 2,$\cdots$, n) 中的属性值域 V。严格地讲，该属性值域应表示为 V_j，此时的 V_j 应是原决策系统 $\mathbf{DS}=(U, C\cup\{d_1, d_2,\cdots, d_n\}, V, f)$ 中属性值域 V 的子集，即 $V_j\subseteq V$。事实上，因为属性值域由属性作用数据后的取值构成，而子系统 $\mathbf{DS}_j=(U, C\cup\{d_j\}, V, f)$ 的属性集 $C\cup\{d_j\}$是原决策系统 $\mathbf{DS}=(U, C\cup\{d_1, d_2,\cdots, d_n\}, V, f)$ 中属性集 $C\cup\{d_1, d_2,\cdots, d_n\}$的子集，所以属性集 $C\cup\{d_j\}$中每一属性作用数据后取值产生的集合 V_j 应当包含在属性集 $C\cup\{d_1, d_2,\cdots, d_n\}$中每一属性作用数据后取值产生的集合 V 中，即 $V_j\subseteq V$。不过为了简单，下面仍采用原属性值域 V 表示 V_j (j=1, 2,$\cdots$, n)。

(4) 考查子系统 $\mathbf{DS}_j=(U, C\cup\{d_j\}, V, f)$ (j=1, 2,$\cdots$, n) 中的信息函数 f。此时该子系统中的 f 应表示为 f_j，与原决策系统 $\mathbf{DS}=(U, C\cup\{d_1, d_2,\cdots, d_n\}, V, f)$ 中的信息函数 f 所有不同。事实上，f_j：$U\times(C\cup\{d_j\})\to V$ 是从 $U\times(C\cup\{d_j\})$ 到 V 的函数，而 f：$U\times(C\cup\{d_1, d_2,\cdots, d_n\})\to V$ 是从 $U\times(C\cup\{d_1, d_2,\cdots, d_n\})$ 到 V 的函数，它们的定义域分别是 $U\times(C\cup\{d_1\})$ 和 $U\times(C\cup\{d_1, d_2,\cdots, d_n\})$，这两个定义域显然是不同的。由此说明函数 f_j 和 f 之间存在差异，因为定义域对函数的形成是非常重要的。不过 f_j 和 f 之间具有紧密的联系，f_j 是 f 在 $U\times(C\cup\{d_1\})$ 上的限制。在这种情况下，一般的讨论都采用 f 表示 f_j，因此我们也采用 f 表示 f_j 的方法。

(5) 子系统 $\mathbf{DS}_j=(U, C\cup\{d_j\}, V, f)$ (j=1, 2,$\cdots$, n) 显然是原决策系统 $\mathbf{DS}=(U, C\cup\{d_1, d_2,\cdots, d_n\}, V, f)$ 的子部分。我们把原决策系统 $\mathbf{DS}=(U, C\cup\{d_1, d_2,\cdots, d_n\}, V, f)$ 与子系统 $\mathbf{DS}_1=(U, C\cup\{d_1\}, V, f)$, $\mathbf{DS}_2=(U, C\cup\{d_2\}, V, f)$,$\cdots$, $\mathbf{DS}_n=(U, C\cup\{d_n\}, V, f)$ 之间的关系称为从决策系统 $\mathbf{DS}=(U, C\cup\{d_1, d_2,\cdots, d_n\}, V, f)$ 到子系统 $\mathbf{DS}_1=(U, C\cup\{d_1\}, V, f)$, $\mathbf{DS}_2=(U, C\cup\{d_2\}, V, f)$,$\cdots$, $\mathbf{DS}_n=(U, C\cup\{d_n\}, V, f)$ 的分解。

(6) 在 1.6.2 节的讨论中，子系统 $\mathbf{DS}_j=(U, C\cup\{d_j\}, V, f)$ (j=1, 2,$\cdots$, n) 被视为原决策系统 $\mathbf{DS}=(U, C\cup\{d_1, d_2,\cdots, d_n\}, V, f)$ 的粒。这与定义 1.3.1 中粒的形式化框架的含义相一致，并可这样解释：子系统 $\mathbf{DS}_j=(U, C\cup\{d_j\}, V, f)$ 是原决策系统 $\mathbf{DS}=(U, C\cup\{d_1, d_2,\cdots, d_n\}, V, f)$ 的部分，因此可广义地把 $\mathbf{DS}_j=(U, C\cup\{d_j\}, V, f)$ 视为 $\mathbf{DS}=(U, C\cup\{d_1, d_2,\cdots, d_n\}, V, f)$ 的子集。同时 $\mathbf{DS}_j=(U, C\cup\{d_j\}, V, f)$ 和 $\mathbf{DS}=(U, C\cup\{d_1, d_2,\cdots, d_n\}, V, f)$ 都是数学结构，这种结构化的表示可认为是由数学表达式予以刻画描述。所以把 $\mathbf{DS}_j=(U, C\cup\{d_j\}, V, f)$ 视为 $\mathbf{DS}=(U, C\cup\{d_1, d_2,\cdots, d_n\}, V, f)$ 的粒可广义地认为满足定义 1.3.1 中粒的形式化框架的含义。

现考查表 4.1 中的决策系统 $\mathbf{DS}=(U, C\cup\{d_1, d_2, d_3\}, V, f)$，其中决策属性集 $\{d_1, d_2, d_3\}$中包含 3 个决策属性 d_1, d_2, d_3。按照定义 4.1.7 的分解处理，我们可把

该决策系统分解成 3 个子系统，并可用决策表进行表示，见表 4.2～表 4.4。

表 4.2　子系统 $\mathbf{DS}_1$

U	c_1	c_2	d_1
x_1	1	2	1
x_2	1	2	1
x_3	2	1	1
x_4	2	2	3
x_5	2	2	3
x_6	2	2	3

表 4.3　子系统 $\mathbf{DS}_2$

U	c_1	c_2	d_2
x_1	1	2	0
x_2	1	2	0
x_3	2	1	1
x_4	2	2	1
x_5	2	2	0
x_6	2	2	0

表 4.4　子系统 $\mathbf{DS}_3$

U	c_1	c_2	d_3
x_1	1	2	2
x_2	1	2	2
x_3	2	1	2
x_4	2	2	3
x_5	2	2	3
x_6	2	2	3

这 3 个子系统以数学结构的形式展示为 $\mathbf{DS}_1=(U, C\cup\{d_1\}, V, f)$, $\mathbf{DS}_2=(U, C\cup\{d_2\}, V, f)$, $\mathbf{DS}_3=(U, C\cup\{d_3\}, V, f)$，它们都仅包含一个决策属性，并可看作原决策系统 $\mathbf{DS}=(U, C\cup\{d_1, d_2, d_3\}, V, f)$ 的粒。因此，从决策系统 $\mathbf{DS}=(U, C\cup\{d_1, d_2, d_3\}, V, f)$ 到子系统 $\mathbf{DS}_1=(U, C\cup\{d_1\}, V, f)$, $\mathbf{DS}_2=(U, C\cup\{d_2\}, V, f)$, $\mathbf{DS}_3=(U, C\cup\{d_3\}, V, f)$ 的分解处理，以及这些子系统显然能使决策系统得以还原的组合与粒计算的数据处理内涵相一致，可看作粒计算数据处理方法的具体展示。

从决策系统到其子系统的分解与决策的确定或不确定判定具有紧密的联系，决策在决策系统中是确定或不是确定的判定可等价地转换到子系统中完成，或决策推理可从决策系统等价地转换到子系统中，下面展开这方面的讨论。

4.1.5　决策确定与否的判定

设 $\mathbf{DS}=(U, \{c_1, c_2,\cdots, c_m\}\cup\{d_1, d_2,\cdots, d_n\}, V, f)=(U, C\cup\{d_1, d_2,\cdots, d_n\}, V, f)$ 是决策系统，这里 $C=\{c_1, c_2,\cdots, c_m\}$。它可以分解为如下子系统：

$$\mathbf{DS}_1=(U, C\cup\{d_1\}, V, f)$$
$$\mathbf{DS}_2=(U, C\cup\{d_2\}, V, f)$$
$$\vdots$$
$$\mathbf{DS}_n=(U, C\cup\{d_n\}, V, f)$$

设 $\mathcal{E}\to\mathcal{F}$ 是决策系统 $\mathbf{DS}=(U, C\cup\{d_1, d_2,\cdots, d_n\}, V, f)$ 上的决策公式，其中 $\mathcal{E}=(c_1, u_1)\wedge(c_2, u_2)\wedge\cdots\wedge(c_m, u_m)$ 是条件公式，$\mathcal{F}=(d_1, v_1)\wedge(d_2, v_2)\wedge\cdots\wedge(d_n, v_n)$ 是结论公式，这里 $u_i, v_j\in V\,(i=1, 2,\cdots, m;\ j=1, 2,\cdots, n)$。在下面的讨论中，条件公式 $\mathcal{E}=(c_1, u_1)\wedge(c_2, u_2)\wedge\cdots\wedge(c_m, u_m)$ 将整体考虑，不被拆分，而结论公式 $\mathcal{F}=(d_1, v_1)\wedge(d_2, v_2)\wedge\cdots\wedge(d_n, v_n)$ 将被拆解处理。所以决策公式 $\mathcal{E}\to\mathcal{F}=(c_1, u_1)\wedge(c_2, u_2)\wedge\cdots\wedge(c_m, u_m)\to(d_1, v_1)\wedge(d_2, v_2)\wedge\cdots\wedge(d_n, v_n)$ 将以 $\mathcal{E}\to\mathcal{F}=\mathcal{E}\to(d_1, v_1)\wedge(d_2, v_2)\wedge\cdots\wedge(d_n, v_n)$ 的形式展示，目的在于表明条件公式 $\mathcal{E}\,(=(c_1, u_1)\wedge(c_2, u_2)\wedge\cdots\wedge(c_m, u_m))$ 的固定不变，而结论公式 $(d_1, v_1)\wedge(d_2, v_2)\wedge\cdots\wedge(d_n, v_n)$ 的完整展示是出于对它分解的考虑。

由于决策系统 $\mathbf{DS}=(U, C\cup\{d_1, d_2,\cdots, d_n\}, V, f)$ 及其子系统 $\mathbf{DS}_j=(U, C\cup\{d_j\}, V, f)\ (j=1, 2,\cdots, n)$ 具有相同的条件属性集 C，所以 $\mathbf{DS}=(U, C\cup\{d_1, d_2,\cdots, d_n\}, V, f)$ 上的条件公式 $\mathcal{E}=(c_1, u_1)\wedge(c_2, u_2)\wedge\cdots\wedge(c_m, u_m)$ 显然也是子系统 $\mathbf{DS}_j=(U, C\cup\{d_j\}, V, f)$ 上的条件公式。由于子系统 $\mathbf{DS}_j=(U, C\cup\{d_j\}, V, f)\ (j=1, 2,\cdots, n)$ 仅包含一个决策属性 d_j，所以 $\mathbf{DS}=(U, C\cup\{d_1, d_2,\cdots, d_n\}, V, f)$ 上结论公式 $\mathcal{F}=(d_1, v_1)\wedge(d_2, v_2)\wedge\cdots\wedge(d_n, v_n)$ 中的原子公式 (d_j, v_j) 是子系统 $\mathbf{DS}_j=(U, C\cup\{d_j\}, V, f)$ 上的结论公式。于是公式 $\mathcal{E}\to(d_j, v_j)$ 是子系统 $\mathbf{DS}_j=(U, C\cup\{d_j\}, V, f)$ 上的决策公式，因而可以总结如下：

如果 $\mathcal{E}\to(d_1, v_1)\wedge(d_2, v_2)\wedge\cdots\wedge(d_n, v_n)$ 是决策系统 $\mathbf{DS}=(U, C\cup\{d_1, d_2,\cdots, d_n\}, V, f)$ 上的决策公式，则：

$\mathcal{E}\to(d_1, v_1)$ 是子系统 $\mathbf{DS}_1=(U, C\cup\{d_1\}, V, f)$ 上的决策公式；

$\mathcal{E}\to(d_2, v_2)$ 是子系统 $\mathbf{DS}_2=(U, C\cup\{d_2\}, V, f)$ 上的决策公式；

$$\vdots$$

$\mathcal{E}\to(d_n, v_n)$ 是子系统 $\mathbf{DS}_n=(U, C\cup\{d_n\}, V, f)$ 上的决策公式。

定义 4.1.8　称 $\mathcal{E}\to(d_j, v_j)\ (j=1, 2,\cdots, n)$ 是决策公式 $\mathcal{E}\to(d_1, v_1)\wedge(d_2, v_2)\wedge\cdots\wedge(d_n, v_n)$ 的子决策公式。　□

于是决策公式 $\mathcal{E}\to(d_1, v_1)\wedge(d_2, v_2)\wedge\cdots\wedge(d_n, v_n)$ 分解成子决策公式 $\mathcal{E}\to(d_1, v_1)$, $\mathcal{E}\to(d_2, v_2)$,…, $\mathcal{E}\to(d_n, v_n)$。如下的定理表明对应于 $\mathcal{E}\to(d_1, v_1)\wedge(d_2, v_2)\wedge\cdots\wedge(d_n, v_n)$ 的决策和对应于 $\mathcal{E}\to(d_j, v_j)$ 的决策在确定或不确定的判定方面具有紧密的联系，我们给出如下的结论。

定理 4.1.2　设 $\mathbf{DS}=(U, C\cup\{d_1, d_2,\cdots, d_n\}, V, f)$ 是决策系统，考虑其分解成的子系统 $\mathbf{DS}_1=(U, C\cup\{d_1\}, V, f)$, $\mathbf{DS}_2=(U, C\cup\{d_2\}, V, f)$,…, $\mathbf{DS}_n=(U, C\cup\{d_n\}, V, f)$。如果 $\mathcal{E}\to(d_1, v_1)\wedge(d_2, v_2)\wedge\cdots\wedge(d_n, v_n)$ 是 $\mathbf{DS}=(U, C\cup\{d_1, d_2,\cdots, d_n\}, V, f)$ 上的决策公式，此时 $\mathcal{E}\to(d_j, v_j)$ 是子系统 $\mathbf{DS}_j=(U, C\cup\{d_j\}, V, f)$ $(j=1, 2,\cdots, n)$ 上的决策公式，则：

(1) 对应于 $\mathcal{E}\to(d_1, v_1)\wedge(d_2, v_2)\wedge\cdots\wedge(d_n, v_n)$ 的决策在 $\mathbf{DS}=(U, C\cup\{d_1, d_2,\cdots, d_n\}, V, f)$ 中是确定的当且仅当对于每一子系统 $\mathbf{DS}_j=(U, C\cup\{d_j\}, V, f)$ $(j=1, 2,\cdots, n)$，对应于子决策公式 $\mathcal{E}\to(d_j, v_j)$ 的决策在子系统 $\mathbf{DS}_j=(U, C\cup\{d_j\}, V, f)$ 中是确定的。

(2) 对应于 $\mathcal{E}\to(d_1, v_1)\wedge(d_2, v_2)\wedge\cdots\wedge(d_n, v_n)$ 的决策在 $\mathbf{DS}=(U, C\cup\{d_1, d_2,\cdots, d_n\}, V, f)$ 中是不确定的当且仅当存在一子系统 $\mathbf{DS}_j=(U, C\cup\{d_j\}, V, f)$ $(1\leqslant j\leqslant n)$，使对应于子决策公式 $\mathcal{E}\to(d_j, v_j)$ 的决策在子系统 $\mathbf{DS}_j=(U, C\cup\{d_j\}, V, f)$ 中是不确定的。

证明　(1) 设对应于 $\mathcal{E}\to(d_1, v_1)\wedge(d_2, v_2)\wedge\cdots\wedge(d_n, v_n)$ 的决策在决策系统 $\mathbf{DS}=(U, C\cup\{d_1, d_2,\cdots, d_n\}, V, f)$ 中是确定的。由定义 4.1.6(2) 可知 $|\mathcal{E}|\subseteq|(d_1, v_1)\wedge(d_2, v_2)\wedge\cdots\wedge(d_n, v_n)|$，再由定理 4.1.1(3)，可得 $|(d_1, v_1)\wedge(d_2, v_2)\wedge\cdots\wedge(d_n, v_n)|=|(d_1, v_1)|\cap|(d_2, v_2)|\cap\cdots\cap|(d_n, v_n)|$。由于 $|(d_1, v_1)|\cap|(d_2, v_2)|\cap\cdots\cap|(d_n, v_n)|\subseteq|(d_j, v_j)|$ $(j=1, 2,\cdots, n)$，所以 $|\mathcal{E}|\subseteq|(d_j, v_j)|$ $(j=1, 2,\cdots, n)$。故对于每一 j $(j=1, 2,\cdots, n)$，对应于 $\mathcal{E}\to(d_j, v_j)$ 的决策在子系统 $\mathbf{DS}_j=(U, C\cup\{d_j\}, V, f)$ 中是确定的。

反之，设对于每一 j $(j=1, 2,\cdots, n)$，对应于子决策公式 $\mathcal{E}\to(d_j, v_j)$ 的决策在子系统 $\mathbf{DS}_j=(U, C\cup\{d_j\}, V, f)$ 中是确定的。于是 $|\mathcal{E}|\subseteq|(d_j, v_j)|$ $(j=1, 2,\cdots, n)$，因此 $|\mathcal{E}|\subseteq|(d_1, v_1)|\cap|(d_2, v_2)|\cap\cdots\cap|(d_n, v_n)|$。由于 $|(d_1, v_1)|\cap|(d_2, v_2)|\cap\cdots\cap|(d_n, v_n)|=|(d_1, v_1)\wedge(d_2, v_2)\wedge\cdots\wedge(d_n, v_n)|$（见定理 4.1.1(3)），所以 $|\mathcal{E}|\subseteq|(d_1, v_1)\wedge(d_2, v_2)\wedge\cdots\wedge(d_n, v_n)|$。故对应于决策公式 $\mathcal{E}\to(d_1, v_1)\wedge(d_2, v_2)\wedge\cdots\wedge(d_n, v_n)$ 的决策在决策系统 $\mathbf{DS}=(U, C\cup\{d_1, d_2,\cdots, d_n\}, V, f)$ 中是确定的。

(2) 由 (1) 的结论，可推得该结论成立。　□

该定理展示了决策推理在决策系统及其子系统中的转换联系，明确了决策的确定或不确定性在决策系统和子系统中可等价判定的结论。为了直观理解定理的结论，我们可以对其进行相关的解释和分析：

(1) 该定理把对应于决策公式的决策在决策系统中的判定等价地转换到子系统中，由于每一子系统仅包含一个决策属性，所以在子系统中完成的判定必然更清晰明了，使对决策的确定或不确定的辨别变得更为容易。也可以这样解释定理的结论：决策系统中的决策推理可以等价地转换到子系统中，由于子系统的结构简单，所以子系统中由决策推理表达的数据性质必然清晰明确。

(2) 当决策系统的决策属性集包含众多决策属性时，对于决策确定或不确定的判定可能因为决策函数值个数的众多呈现出模糊不清，难以有效判定的状况。如果把判定决策确定或不确定的决策推理转换到子系统中，那么唯一的决策属性及其产生的决策函数值个数的唯一性将使判定变得直观明了，决策推理也将变得清晰易行。

(3) 当对应于决策公式的决策在决策系统中不确定时，由定理 4.1.2(2)，只要能够在一个子系统中判明决策是不确定的，则就得到决策在原决策系统中不确定的结论。由于子系统仅包含唯一的决策属性，此时在具有一个决策属性的子系统中实施的判定处理必然简单易行，使复杂问题得到简化处理。因此，从决策系统中的决策推理到子系统中决策推理的转换，必然会简化决策确定或不确定的判定过程。粒计算的数据处理理念包含通过粒化处理达到简化求解过程的目的，从决策系统到子系统的分解，以及决策推理的等价转换就是这种理念的体现，且展示了具体的方法。

(4) 决策的确定或不确定判定与粒之间的包含关系密切相关，例如，$|\mathcal{E}|\subseteq|\mathcal{F}|$ 或 $|\mathcal{E}|\not\subseteq|\mathcal{F}|$ 展示的粒包含或非包含的事实是粒之间关系在判定方面的体现，这种涉及粒之间关系的讨论在 1.2.2 节或 1.7.1 节被视为粒计算的一种形式。所以，判定决策确定与否的决策推理与粒计算的数据处理方式密切相关。

(5) 在 1.6.2 节的讨论中，我们把分解出的子系统看作决策系统的粒，所以从子系统的粒到原决策系统的组合可认为是粒计算的一种形式，这在 1.6.2 节的讨论中也给予了明确和说明。

(6) 可通过具体的例子对定理 4.1.2 的结论进行说明或验证。考虑表 4.1 中的决策系统 $\mathbf{DS}=(U, C\cup\{d_1, d_2, d_3\}, V, f)$，其中 $U=\{x_1, x_2, x_3, x_4, x_5, x_6\}$；条件属性集 C 中包含两个条件属性且 $C=\{c_1, c_2\}$；决策属性包含 3 个，分别是 d_1, d_2 和 d_3；属性值域 $V=\{0, 1, 2, 3\}$ 由有限个数值构成；信息函数 f 的取值已在表 4.1 中给定。

决策系统 $\mathbf{DS}=(U, C\cup\{d_1, d_2, d_3\}, V, f)$ 中的 3 个决策属性 d_1, d_2 和 d_3 可使其分解为 3 个子系统 $\mathbf{DS}_1=(U, C\cup\{d_1\}, V, f)$，$\mathbf{DS}_2=(U, C\cup\{d_2\}, V, f)$ 和 $\mathbf{DS}_3=(U, C\cup\{d_3\}, V, f)$，它们分别展示在表 4.2～表 4.4 中。决策系统 $\mathbf{DS}=(U, C\cup\{d_1, d_2, d_3\}, V, f)$ 及其子系统 $\mathbf{DS}_1=(U, C\cup\{d_1\}, V, f)$，$\mathbf{DS}_2=(U, C\cup\{d_2\}, V, f)$ 和 $\mathbf{DS}_3=(U, C\cup\{d_3\}, V, f)$ 之间的关系体现了从整体到部分的分解，以及组合部分构成整体的粒计算数据处理的思想，且展示为具体的方法。下面将利用决策系统 $\mathbf{DS}=(U, C\cup\{d_1, d_2, d_3\}, V, f)$ 及其子系统 $\mathbf{DS}_1=(U, C\cup\{d_1\}, V, f)$，$\mathbf{DS}_2=(U, C\cup\{d_2\}, V, f)$ 和 $\mathbf{DS}_3=(U, C\cup\{d_3\}, V, f)$ 包含的信息，验证定理 4.1.2 中的结论。下面的讨论将参

阅该决策系统和这些子系统决策表中的信息，见表 4.1～表 4.4。

(7) 对于表 4.1 的决策系统 $\mathbf{DS}=(U, C\cup\{d_1, d_2, d_3\}, V, f)$，公式 $\mathcal{E}_1\to\mathcal{F}_1=(c_1, 1)\wedge(c_2, 2)\to(d_1, 1)\wedge(d_2, 0)\wedge(d_3, 2)$ 是该决策系统的决策公式，其中 $\mathcal{E}_1=(c_1, 1)\wedge(c_2, 2)$，$\mathcal{F}_1=(d_1, 1)\wedge(d_2, 0)\wedge(d_3, 2)$。利用表 4.1 记录的信息，容易求得 $|\mathcal{E}_1|=|(c_1, 1)\wedge(c_2, 2)|=\{x_1, x_2\}$，$|\mathcal{F}_1|=|(d_1, 1)\wedge(d_2, 0)\wedge(d_3, 2)|=\{x_1, x_2\}$。此时 $|\mathcal{E}_1|=|\mathcal{F}_1|$，当然 $|\mathcal{E}_1|\subseteq|\mathcal{F}_1|$，所以对应于 $\mathcal{E}_1\to\mathcal{F}_1=(c_1, 1)\wedge(c_2, 2)\to(d_1, 1)\wedge(d_2, 0)\wedge(d_3, 2)$ 的决策在表 4.1 的决策系统 $\mathbf{DS}=(U, C\cup\{d_1, d_2, d_3\}, V, f)$ 中是确定的。

再考虑该决策公式 $\mathcal{E}_1\to\mathcal{F}_1=(c_1, 1)\wedge(c_2, 2)\to(d_1, 1)\wedge(d_2, 0)\wedge(d_3, 2)=\mathcal{E}_1\to(d_1, 1)\wedge(d_2, 0)\wedge(d_3, 2)$，其中 $\mathcal{E}_1=(c_1, 1)\wedge(c_2, 2)$，它可分解为子决策公式 $\mathcal{E}_1\to(d_1, 1)$, $\mathcal{E}_1\to(d_2, 0)$ 和 $\mathcal{E}_1\to(d_3, 2)$，这些子决策公式分别是子系统 $\mathbf{DS}_1=(U, C\cup d_1\}, V, f)$, $\mathbf{DS}_2=(U, C\cup\{d_2\}, V, f)$, $\mathbf{DS}_3=(U, C\cup\{d_3\}, V, f)$ 上的决策公式。现讨论对应于子决策公式的决策在相应子系统中的确定性：

①在表 4.2 的子系统 $\mathbf{DS}_1=(U, C\cup\{d_1\}, V, f)$ 中，容易求得 $|\mathcal{E}_1|=|(c_1, 1)\wedge(c_2, 2)|=\{x_1, x_2\}$，$|(d_1, 1)|=\{x_1, x_2, x_3\}$。由于 $|\mathcal{E}_1|\subseteq|(d_1, 1)|$，所以对应于 $\mathcal{E}_1\to(d_1, 1)$ 的决策在表 4.2 的子系统 $\mathbf{DS}_1=(U, C\cup\{d_1\}, V, f)$ 中是确定的。

②在表 4.3 的子系统 $\mathbf{DS}_2=(U, C\cup\{d_2\}, V, f)$ 中，容易求得 $|\mathcal{E}_1|=|(c_1, 1)\wedge(c_2, 2)|=\{x_1, x_2\}$，$|(d_2, 0)|=\{x_1, x_2, x_5, x_6\}$。此时 $|\mathcal{E}_1|\subseteq|(d_2, 0)|$，所以对应于 $\mathcal{E}_1\to(d_2, 0)$ 的决策在表 4.3 的子系统 $\mathbf{DS}_2=(U, C\cup\{d_2\}, V, f)$ 中是确定的。

③在表 4.4 的子系统 $\mathbf{DS}_3=(U, C\cup\{d_3\}, V, f)$ 中，容易求得 $|\mathcal{E}_1|=|(c_1, 1)\wedge(c_2, 2)|=\{x_1, x_2\}$，$|(d_3, 2)|=\{x_1, x_2, x_3\}$。这表明 $|\mathcal{E}_1|\subseteq|(d_3, 2)|$，所以对应于 $\mathcal{E}_1\to(d_3, 2)$ 的决策在表 4.4 的子系统 $\mathbf{DS}_3=(U, C\cup\{d_3\}, V, f)$ 中是确定的。

上述讨论表明，对于决策公式 $(c_1, 1)\wedge(c_2, 2)\to(d_1, 1)\wedge(d_2, 0)\wedge(d_3, 2)$ 以及分解成的子决策公式 $(c_1, 1)\wedge(c_2, 2)\to(d_1, 1)$，$(c_1, 1)\wedge(c_2, 2)\to(d_2, 0)$ 和 $(c_1, 1)\wedge(c_2, 2)\to(d_3, 2)$，对应于它们的决策在决策系统或相应的子系统中都是确定的。确定的相同性是对定理 4.1.2 (1) 结论的验证。

(8) 考虑表 4.1 决策系统 $\mathbf{DS}=(U, C\cup\{d_1, d_2, d_3\}, V, f)$ 上的另一决策公式 $\mathcal{E}_4\to\mathcal{F}_4=(c_1, 2)\wedge(c_2, 2)\to(d_1, 3)\wedge(d_2, 0)\wedge(d_3, 3)$，其中 $\mathcal{E}_4=(c_1, 2)\wedge(c_2, 2)$，$\mathcal{F}_4=(d_1, 3)\wedge(d_2, 0)\wedge(d_3, 3)$。由表 4.1 容易求得 $|\mathcal{E}_4|=|(c_1, 2)\wedge(c_2, 2)|=\{x_4, x_5, x_6\}$，$|\mathcal{F}_4|=|(d_1, 3)\wedge(d_2, 0)\wedge(d_3, 3)|=\{x_5, x_6\}$。此时 $|\mathcal{E}_4|\not\subseteq|\mathcal{F}_4|$，所以对应于 $\mathcal{E}_4\to\mathcal{F}_4=(c_1, 2)\wedge(c_2, 2)\to(d_1, 3)\wedge(d_2, 0)\wedge(d_3, 3)$ 的决策在表 4.1 的决策系统 $\mathbf{DS}=(U, C\cup\{d_1, d_2, d_3\}, V, f)$ 中是不确定的。

同时决策公式 $\mathcal{E}_4\to\mathcal{F}_4=(c_1, 2)\wedge(c_2, 2)\to(d_1, 3)\wedge(d_2, 0)\wedge(d_3, 3)=\mathcal{E}_4\to(d_1, 3)\wedge(d_2, 0)\wedge(d_3, 3)$ 可分解出子决策公式 $\mathcal{E}_4\to(d_2, 0)$，此时 $\mathcal{E}_4\to(d_2, 0)$ 是表 4.3 子系统 $\mathbf{DS}_2=(U, C\cup\{d_2\}, V, f)$ 上的决策公式。由表 4.3 容易求得 $|\mathcal{E}_4|=|(c_1, 2)\wedge(c_2, 2)|=\{x_4, x_5, x_6\}$，$|(d_2, 0)|=\{x_1, x_2, x_5, x_6\}$。由于 $|\mathcal{E}_4|\not\subseteq|(d_2, 0)|$，所以对应于 $\mathcal{E}_4\to(d_2, 0)$

的决策在 $\mathbf{DS}_2=(U, C\cup\{d_2\}, V, f)$ 中是不确定的。

上述讨论表明，对于决策公式 $\mathcal{E}_4\to(d_1, 3)\wedge(d_2, 0)\wedge(d_3, 3)$ 及其分解出来的子决策公式 $\mathcal{E}_4\to(d_2, 0)$，对应于它们的决策在决策系统和相应的子系统中都是不确定的。这种相同的不确定性是对定理 4.1.2(2)结论的验证。子系统和子决策公式具有更简单的形式，在一个子系统中讨论决策的不确定性可使判定工作得到简化。

(9) 我们可以把决策系统分解成一系列仅涉及一个决策属性的子系统，同时这些子系统还可以组合或还原成为原来的决策系统。这样我们可以利用在子系统中获得的结论，去判定决策系统满足的性质。

(10) 决策系统到一系列子系统的分解是本节建立的方法，使对应于决策公式的决策是确定或不确定的判定等价地转换到子系统中。实际上，在涉及决策系统的一些研究中，我们常常看到所采用的决策系统中仅含有一个决策属性，但那些研究通常不表明仅涉及一个决策属性的原因或理论依据，使得我们常会提出为什么仅涉及一个决策属性的疑问，上述针对决策系统分解组合的讨论为该疑问提供了理论上的解答。

由于决策系统是各类信息的汇集，决策系统的主要功能就是依据数据满足的条件确定数据满足的结论，这可看作决策的过程。再考虑到定理 4.1.2 关于决策判定可在子系统中等价完成的结论，因此当遇到涉及决策系统的研究问题时，我们可以在仅包含一个决策属性的决策系统中进行讨论，定理 4.1.2 为决策系统中的工作转化到仅包含一个决策属性的子系统中实施完成提供了理论依据。特别是当决策系统中的决策属性较多时，决策属性将与较多的属性值联系在一起，此时可能会使决策确定与否的判定含混不清。但当依据决策属性使决策系统分解为一系列的子系统后，由于每一子系统仅包含一个决策属性，所以在子系统中对决策确定与否的判定必然清晰易行。这体现了把决策系统分解为子系统，将决策的判定转换到子系统中的意义。

决策系统分解为子系统的处理涉及了两种形式的粒计算运作，其一是决策系统及其子系统之间的分解与组合的粒计算形式，其二是对公式对应的粒之间实施包含判定的粒计算方法。两种形式的粒计算融合，促成了决策在决策系统和子系统之间等价转换的判定。

4.2 样本的分解匹配处理

4.1 节给出了基于决策推理的决策系统的分解方法，使决策系统分解成为一系列仅涉及一个决策属性的子系统，同时将决策在决策系统中确定或不确定的判定等价转换到子系统中的结论(见定理 4.1.2)展示了决策推理与分解转换之间的联系。

基于 4.1 节的工作，本节把决策系统记录的决策信息与样本的概念联系起来，以决策系统作为参照模型，以决策系统到子系统的分解作为简化处理的途径，把决策推理用于条件样本和样本匹配的讨论，从而展示决策推理的另一种表示形式。这样的讨论也可看作是对决策推理的一种应用。

4.2.1　决策系统和样本

设 **DS** = $(U, C\cup D, V, f)$ 是决策系统，它可以采用决策表的方式直观地表示。如 4.1.1 节表 4.1 的决策系统，其中论域 $U=\{x_1, x_2, x_3, x_4, x_5, x_6\}$，条件属性集 $C=\{c_1, c_2\}$，决策属性集 $D=\{d_1, d_2, d_3\}$，属性值域 $V=\{0, 1, 2, 3\}$，信息函数的取值已在表 4.1 中给予了明确的展示。

对于决策系统 **DS** = $(U, C\cup D, V, f)$，除第一行记录的论域、所有的条件属性和所有的决策属性外，其他每一行记录了数据和该数据的条件函数值及决策函数值的信息。这样的信息可采用向量的形式表示。例如，在表 4.1 中，数据 x_2 所在的行可表示为向量 $(x_2, 1, 2;\ 1, 0, 2)$。该向量记录了数据 x_2 的相关信息，其中用分号“;”把条件函数值和决策函数值区分开来。

一般情况下，当讨论决策系统 **DS** = $(U, C\cup D, V, f)$ 某一行记录的信息时，约定该行不是决策表中记录论域及所有条件属性和所有决策属性的第一行。当提到决策系统的某一行时，指的是该决策系统的决策表中该行的数据，以及该数据的条件函数值和决策函数值构成的向量。为了表述上的明确，我们给出如下定义。

定义 4.2.1　设 **DS** = $(U, C\cup D, V, f)$ 是决策系统，引入向量 $(x, u_1, u_2,\cdots, u_m;\ v_1, v_2,\cdots, v_n)$，表示该决策系统的决策表中数据 x 所在的行，涉及如下概念：

(1) 向量 $(x, u_1, u_2,\cdots, u_m;\ v_1, v_2,\cdots, v_n)$ 称为该决策系统的一个样本。

(2) 样本 $(x, u_1, u_2,\cdots, u_m;\ v_1, v_2,\cdots, v_n)$ 中的 x 称为样本数据。

(3) 样本 $(x, u_1, u_2,\cdots, u_m;\ v_1, v_2,\cdots, v_n)$ 中分号左边的属性值组 $u_1, u_2,\cdots, u_m$ 称为样本数据 x 的条件函数值。

(4) 样本 $(x, u_1, u_2,\cdots, u_m;\ v_1, v_2,\cdots, v_n)$ 中分号右边的属性值组 $v_1, v_2,\cdots, v_n$ 称为样本数据 x 的决策函数值。

(5) 设 $(y, w_1, w_2,\cdots, w_m)$ 是一向量，其中 y 是数据，$w_1, w_2,\cdots, w_m$ 是属性值域 V 中的 m 个属性值，其个数 (m 个) 与样本 $(x, u_1, u_2,\cdots, u_m;\ v_1, v_2,\cdots, v_n)$ 中的条件函数值 $u_1, u_2,\cdots, u_m$ 的个数相同，此时 $(y, w_1, w_2,\cdots, w_m)$ 称为决策系统的条件样本，y 称为条件样本数据，$w_1, w_2,\cdots, w_m$ 称为条件组。

(6) 设 $(x, u_1, u_2,\cdots, u_m;\ v_1, v_2,\cdots, v_n)$ 是决策系统的样本，对于决策系统的任意一样本 $(y, u'_1, u'_2,\cdots, u'_m;\ v'_1, v'_2,\cdots, v'_n)$，如果当它们的条件函数值 $u_1, u_2,\cdots, u_m$ 和 $u'_1, u'_2,\cdots, u'_m$ 完全相同时，它们的决策函数值 $v_1, v_2,\cdots, v_n$ 和 $v'_1, v'_2,\cdots, v'_n$ 也完全相同，则称样本 $(x, u_1, u_2,\cdots, u_m;\ v_1, v_2,\cdots, v_n)$ 具有确定性，否则称样本 $(x, u_1, u_2,\cdots, u_m;$

$v_1, v_2,\cdots, v_n)$ 具有不确定性。 □

我们先对定义 4.2.1(6) 中样本的不确定性进行解释说明：当决策系统的样本 $(x, u_1, u_2,\cdots, u_m;\ v_1, v_2,\cdots, v_n)$ 具有不确定性时，按照定义 4.2.1(6)，一定存在该决策系统的另一样本 $(y, u_1', u_2',\cdots, u_m';\ v_1', v_2',\cdots, v_n')$，它们的条件函数值 $u_1, u_2,\cdots, u_m$ 和 $u_1', u_2',\cdots, u_m'$ 完全相同，但决策函数值 $v_1, v_2,\cdots, v_n$ 和 $v_1', v_2',\cdots, v_n'$ 不完全相同。此时样本 $(y, u_1', u_2',\cdots, u_m';\ v_1', v_2',\cdots, v_n')$ 显然也具有不确定性，所以一个样本的不确定性必然关联另一样本的不确定性。

为了对定义 4.2.1 中的其他概念进行解释，我们可以给出样本和条件样本的具体例子。考虑表 4.1 表示的决策系统，数据 x_1 所在行的向量 $(x_1, 1, 2;\ 1, 0, 2)$ 是该决策系统的样本，其中 x_1 是样本数据，属性值组 1, 2 是条件函数值，属性值组 1, 0, 2 是决策函数值。

现给定向量 (y, u_1, u_2)，其中 y 是数据，u_1, u_2 的个数与样本 $(x_2, 1, 2;\ 1, 0, 2)$ 中条件函数值 1, 2 的个数相同，所以对于表 4.1 决策系统，(y, u_1, u_2) 是条件样本，此时 y 是定义 4.2.1(5) 中所称的条件样本数据，u_1, u_2 是定义 4.2.1(5) 所称的条件组。实际上，按照条件样本的定义，$(x_1, 1, 2)$ 也是条件样本。

决策系统 $\mathbf{DS}=(U, C\cup D, V, f)=(U, \{c_1, c_2,\cdots, c_m\}\cup\{d_1, d_2,\cdots, d_n\}, V, f)$ 的样本 $(x, u_1, u_2,\cdots, u_m;\ v_1, v_2,\cdots, v_n)$ 可以确定决策系统 $\mathbf{DS}=(U, C\cup D, V, f)$ 上的决策公式 $\mathcal{E}\to\mathcal{F}$，这里 $\mathcal{E}=(c_1, u_1)\wedge(c_2, u_2)\wedge\cdots\wedge(c_m, u_m)$，$\mathcal{F}=(d_1, v_1)\wedge(d_2, v_2)\wedge\cdots\wedge(d_n, v_n)$。所以决策公式 $\mathcal{E}\to\mathcal{F}$ 与样本 $(x, u_1, u_2,\cdots, u_m;\ v_1, v_2,\cdots, v_n)$ 密切相关，条件公式 $\mathcal{E}=(c_1, u_1)\wedge(c_2, u_2)\wedge\cdots\wedge(c_m, u_m)$ 与条件函数值 $u_1, u_2,\cdots, u_m$ 相关，结论公式 $\mathcal{F}=(d_1, v_1)\wedge(d_2, v_2)\wedge\cdots\wedge(d_n, v_n)$ 与决策函数值 $v_1, v_2,\cdots, v_n$ 相关。

由于样本 $(x, u_1, u_2,\cdots, u_m;\ v_1, v_2,\cdots, v_n)$ 是决策系统 $\mathbf{DS}=(U, C\cup D, V, f)=(U, \{c_1, c_2,\cdots, c_m\}\cup\{d_1, d_2,\cdots, d_n\}, V, f)$ 决策表中的某一行，所以 $c_1(x)=u_1, c_2(x)=u_2,\cdots, c_m(x)=u_m$ 并且 $d_1(x)=v_1, d_2(x)=v_2,\cdots, d_n(x)=v_n$。由定理 4.1.1(1)，$x\in|(c_1, u_1)|, x\in|(c_2, u_2)|,\cdots, x\in|(c_m, u_m)|$，因此 $x\in|(c_1, u_1)|\cap|(c_2, u_2)|\cap\cdots\cap|(c_m, u_m)|=|(c_1, u_1)\wedge(c_2, u_2)\wedge\cdots\wedge(c_m, u_m)|=|\mathcal{E}|$，即 $x\in|\mathcal{E}|$ 或 x 满足 $\mathcal{E}$。同样有 $x\in|\mathcal{F}|$ 或 y 满足 $\mathcal{F}$。

对于决策系统 $\mathbf{DS}=(U, C\cup D, V, f)=(U, \{c_1, c_2,\cdots, c_m\}\cup\{d_1, d_2,\cdots, d_n\}, V, f)$ 的条件样本 $(y, w_1, w_2,\cdots, w_m)$，利用条件组 $w_1, w_2,\cdots, w_m$ 可构造条件公式 $\mathcal{E}=(c_1, w_1)\wedge(c_2, w_2)\wedge\cdots\wedge(c_m, w_m)$，所以条件组可确定条件公式。此时我们认为条件样本数据 y 满足条件公式 $\mathcal{E}$，即 $y\in|\mathcal{E}|$。对条件样本 $(y, w_1, w_2,\cdots, w_m)$ 的引入就是希望对 y 满足条件公式 $\mathcal{E}=(c_1, w_1)\wedge(c_2, w_2)\wedge\cdots\wedge(c_m, w_m)$ 的情况给予另一方式的表示。

4.2.2　样本和匹配

决策系统 $\mathbf{DS}=(U, A, V, f)=(U, C\cup D, V, f)$ 汇集了数据满足的条件和对应结

论的信息，从条件到结论的对应就是决策的过程。如果从样本的角度考虑，决策是根据样本的条件函数值确定样本数据的性质，并通过决策函数值予以反映的过程。为了直观，不妨通过 4.1.1 节表 4.1 中的决策系统进行讨论。

在 4.1.1 节的讨论中，我们把该决策系统中的数据、条件函数值和决策函数值赋予了如下含义：

如果 $c_1(x_i)=k$，则表示学生 x_i 的数学成绩是第 k 等。

如果 $c_2(x_i)=k$，则表示学生 x_i 的语文成绩是第 k 等。

如果 $d_1(x_i)=k$，则表示学生 x_i 的整体成绩是第 k 级。

如果 $d_2(x_i)=1$，则表示学生 x_i 获得奖励；如果 $d_2(x_i)=0$，则表示学生 x_i 不获得奖励。

如果 $d_3(x_i)=k$，则表示学生 x_i 被综合评定为第 k 级。

这样表 4.1 中数据的条件函数值和决策函数值与实际意义进行了绑定，并给我们展示了满足条件，应对结论的决策过程。例如：

(1) 在表 4.1 中，考查样本 $(x_1, 1, 2;\ 1, 0, 2)$，它提供了 $c_1(x_1)=1$ 和 $c_2(x_1)=2$ 的信息，表明了学生 x_1 的数学成绩是第 1 等，语文成绩是第 2 等，展示了 x_1 满足的条件。同时从该样本可知 $d_1(x_1)=1$，$d_2(x_1)=0$ 和 $d_3(x_1)=2$，这表明 x_1 的整体成绩是第 1 级，综合评定为第 2 级，未获得奖励，这些确定了对 x_1 的评估结果。此过程是根据条件作出的决策，体现了学生 x_1 数学和语文成绩与评判结果之间的联系。

(2) 在表 4.1 中，考查样本 $(x_5, 2, 2; 3, 0, 3)$，该样本提供了条件函数值 $c_1(x_5)=2$ 以及 $c_2(x_5)=2$ 的信息，表明了学生 x_5 的数学和语文成绩都是第 2 等。由此样本可看到这样的决策：x_5 的整体成绩为第 3 级，综合评定为第 3 级，不给予奖励，这通过决策函数值 $d_1(x_5)=3$，$d_2(x_5)=0$ 和 $d_3(x_5)=3$ 得到了明确。

上述 (1) 和 (2) 中的样本 $(x_1, 1, 2;\ 1, 0, 2)$ 和 $(x_5, 2, 2;\ 3, 0, 3)$ 均来自表 4.1 决策系统中对应行记录的信息，且条件函数值和决策函数值之间的对应关系是明确的。此时条件样本 $(x_1, 1, 2)$ 和 $(x_5, 2, 2)$ 中的条件样本数据 x_1 和 x_5，以及条件组 1, 2 和 2, 2 分别与样本 $(x_1, 1, 2;\ 1, 0, 2)$ 和 $(x_5, 2, 2;\ 3, 0, 3)$ 中的样本数据 x_1 和 x_5，以及条件函数值 1, 2 和 2, 2 相一致。由此通过比对条件函数值，可确定条件样本数据对应的决策函数值。例如，当 $(x_1, 1, 2)$ 和 $(x_1, 1, 2;\ 1, 0, 2)$ 比对后，我们自然把 $(x_1, 1, 2)$ 中条件样本数据 x_1 的决策函数值指定为 1, 0, 2；当 $(x_5, 2, 2)$ 和 $(x_5, 2, 2;\ 3, 0, 3)$ 比对后，我们必然把 $(x_5, 2, 2)$ 中条件样本数据 x_5 的决策函数值指定为 3, 0, 3。可以这样做的原因是条件样本和样本中的数据都是 x_1，或都是 x_5。

如果随机给出一条件样本，那么当以决策系统作为比对参照的模型时，如何依据条件做出决策呢？为此我们给出如下定义。

定义 4.2.2　设 $\mathbf{DS}=(U, C\cup D, V, f)=(U, \{c_1, c_2,\cdots, c_m\}\cup\{d_1, d_2,\cdots, d_n\}, V, f)$

是决策系统，$(y, w_1, w_2, \cdots, w_m)$ 是该决策系统的条件样本，则：

(1) 如果存在决策系统的样本 $(x, u_1, u_2, \cdots, u_m; v_1, v_2, \cdots, v_n)$，使得 $(y, w_1, w_2, \cdots, w_m)$ 的条件组 $w_1, w_2, \cdots, w_m$ 与该样本的条件函数值 $u_1, u_2, \cdots, u_m$ 完全相同，则称条件样本 $(y, w_1, w_2, \cdots, w_m)$ 与样本 $(x, u_1, u_2, \cdots, u_m;\ v_1, v_2, \cdots, v_n)$ 在 $\mathbf{DS} = (U, C \cup D, V, f)$ 中是相匹配的，简称 $(y, w_1, w_2, \cdots, w_m)$ 与 $(x, u_1, u_2, \cdots, u_m;\ v_1, v_2, \cdots, v_n)$ 相匹配。

(2) 如果条件样本 $(y, w_1, w_2, \cdots, w_m)$ 与决策系统的样本 $(x, u_1, u_2, \cdots, u_m;\ v_1, v_2, \cdots, v_n)$ 相匹配，则称决策函数值 $v_1, v_2, \cdots, v_n$ 为条件样本数据 y 在 $\mathbf{DS} = (U, C \cup D, V, f)$ 中的决策结论。

(3) 如果与条件样本 $(y, w_1, w_2, \cdots, w_m)$ 相匹配的 $\mathbf{DS} = (U, C \cup D, V, f)$ 的样本 $(x, u_1, u_2, \cdots, u_m;\ v_1, v_2, \cdots, v_n)$ 具有确定性（见定义 4.2.1(6)），则称条件样本 $(y, w_1, w_2, \cdots, w_m)$ 的匹配在 $\mathbf{DS} = (U, C \cup D, V, f)$ 中是确定的，否则称条件样本 $(y, w_1, w_2, \cdots, w_m)$ 的匹配在 $\mathbf{DS} = (U, C \cup D, V, f)$ 中是不确定的。 □

我们先对条件样本 $(y, w_1, w_2, \cdots, w_m)$ 的匹配在 $\mathbf{DS} = (U, C \cup D, V, f)$ 中是不确定的含义进行说明：此时与条件样本 $(y, w_1, w_2, \cdots, w_m)$ 相匹配的样本 $(x, u_1, u_2, \cdots, u_m;\ v_1, v_2, \cdots, v_n)$ 具有不确定性。由定义 4.2.1(6)，存在决策系统 $\mathbf{DS} = (U, C \cup D, V, f)$ 的另一样本 $(y, u_1', u_2', \cdots, u_m';\ v_1', v_2', \cdots, v_n')$，它们的条件函数值 $u_1, u_2, \cdots, u_m$ 和 $u_1', u_2', \cdots, u_m'$ 完全相同，但决策函数值 $v_1, v_2, \cdots, v_n$ 和 $v_1', v_2', \cdots, v_n'$ 不完全相同，即 $(x, u_1, u_2, \cdots, u_m;\ v_1, v_2, \cdots, v_n)$ 和 $(y, u_1', u_2', \cdots, u_m';\ v_1', v_2', \cdots, v_n')$ 是两个不同的样本。按照定义 4.2.2(1)，条件样本 $(y, w_1, w_2, \cdots, w_m)$ 与样本 $(y, u_1', u_2', \cdots, u_m';\ v_1', v_2', \cdots, v_n')$ 也相匹配。所以条件样本 $(y, w_1, w_2, \cdots, w_m)$ 的匹配在 $\mathbf{DS} = (U, C \cup D, V, f)$ 中是不确定的意味着与条件样本 $(y, w_1, w_2, \cdots, w_m)$ 相匹配的样本不是唯一的。

因此，条件样本 $(y, w_1, w_2, \cdots, w_m)$ 的匹配在决策系统 $\mathbf{DS} = (U, C \cup D, V, f)$ 中是确定的意味着与条件样本 $(y, w_1, w_2, \cdots, w_m)$ 相匹配的样本是唯一的。此时存在决策系统的唯一的样本 $(x, u_1, u_2, \cdots, u_m;\ v_1, v_2, \cdots, v_n)$，使得条件组 $w_1, w_2, \cdots, w_m$ 与条件函数值 $u_1, u_2, \cdots, u_m$ 完全相同，于是条件样本数据 y 的决策结论 $v_1, v_2, \cdots, v_n$ 是唯一的。

条件样本 $(y, w_1, w_2, \cdots, w_m)$ 与样本 $(x, u_1, u_2, \cdots, u_m;\ v_1, v_2, \cdots, v_n)$ 在 $\mathbf{DS} = (U, C \cup D, V, f)$ 中相匹配，以及决策函数值 $v_1, v_2, \cdots, v_n$ 作为条件样本数据 y 在 $\mathbf{DS} = (U, C \cup D, V, f)$ 中决策结论的定义与定义 4.1.6 表明的决策推理的概念相一致。条件样本与样本的相匹配实际是决策推理的另一种形式，下面展开进一步的分析。

在定义 4.1.6(1) 中，对于决策系统 $\mathbf{DS} = (U, C \cup D, V, f) = (U, \{c_1, c_2, \cdots, c_m\} \cup \{d_1, d_2, \cdots, d_n\}, V, f)$ 上的决策公式 $\mathcal{E} \to \mathcal{F}$，我们把判定 $|\mathcal{E}| \subseteq |\mathcal{F}|$ 是否成立的过程称为对应于 $\mathcal{E} \to \mathcal{F}$ 的决策。实际上，定义 4.2.2(3) 中条件样本 $(y, w_1, w_2, \cdots, w_m)$ 在 $\mathbf{DS} = (U, C \cup D, V, f)$ 中的匹配是否具有确定性的含义与定义 4.1.6 给出的对应于决策公式的决策在 $\mathbf{DS} = (U, C \cup D, V, f)$ 中的确定或不确定性密切相关，下面我们

将通过定理给出相应的结论。为此，首先明确相关的概念。

定义 4.2.3　设 $(y, w_1, w_2,\cdots, w_m)$ 是决策系统 $\mathbf{DS}=(U, \{c_1, c_2,\cdots, c_m\}\cup\{d_1, d_2,\cdots, d_n\}, V, f)$ 的条件样本，$(x, u_1, u_2,\cdots, u_m; v_1, v_2,\cdots, v_n)$ 是决策系统 $\mathbf{DS}=(U, \{c_1, c_2,\cdots, c_m\}\cup\{d_1, d_2,\cdots, d_n\}, V, f)$ 的样本，则定义如下：

(1) 对于样本 $(x, u_1, u_2,\cdots, u_m; v_1, v_2,\cdots, v_n)$，$\mathbf{DS}=(U, C\cup D, V, f)$ 上的公式 $\mathcal{E}\to\mathcal{F}$ 称为该样本确定的决策公式，其中 $\mathcal{E}=(c_1, u_1)\wedge(c_2, u_2)\wedge\cdots\wedge(c_m, u_m)$，$\mathcal{F}=(d_1, v_1)\wedge(d_2, v_2)\wedge\cdots\wedge(d_n, v_n)$。

(2) 对于条件样本 $(y, w_1, w_2,\cdots, w_m)$，称公式 $\mathcal{E}_1=(c_1, w_1)\wedge(c_2, w_2)\wedge\cdots\wedge(c_m, w_m)$ 为 $(y, w_1, w_2,\cdots, w_m)$ 确定的条件公式。

(3) 当 $(y, w_1, w_2,\cdots, w_m)$ 与 $(x, u_1, u_2,\cdots, u_m; v_1, v_2,\cdots, v_n)$ 在 $\mathbf{DS}=(U, \{c_1, c_2,\cdots, c_m\}\cup\{d_1, d_2,\cdots, d_n\}, V, f)$ 中相匹配时，称 $(x, u_1, u_2,\cdots, u_m; v_1, v_2,\cdots, v_n)$ 确定的决策公式 $\mathcal{E}\to\mathcal{F}=(c_1, u_1)\wedge(c_2, u_2)\wedge\cdots\wedge(c_m, u_m)\to(d_1, v_1)\wedge(d_2, v_2)\wedge\cdots\wedge(d_n, v_n)$ 是与条件样本 $(y, w_1, w_2,\cdots, w_m)$ 相对应的决策公式。

(4) 设 $\mathcal{E}\to\mathcal{F}=(c_1, u_1)\wedge(c_2, u_2)\wedge\cdots\wedge(c_m, u_m)\to(d_1, v_1)\wedge(d_2, v_2)\wedge\cdots\wedge(d_n, v_n)$ 是决策系统 $\mathbf{DS}=(U, \{c_1, c_2,\cdots, c_m\}\cup\{d_1, d_2,\cdots, d_n\}, V, f)$ 中的决策公式，且 $x\in|\mathcal{E}|\cap|\mathcal{F}|$，即 x 满足条件公式 $\mathcal{E}=(c_1, u_1)\wedge(c_2, u_2)\wedge\cdots\wedge(c_m, u_m)$，同时 x 也满足结论公式 $\mathcal{F}=(d_1, v_1)\wedge(d_2, v_2)\wedge\cdots\wedge(d_n, v_n)$。此时称 $(x, u_1, u_2,\cdots, u_m; v_1, v_2,\cdots, v_n)$ 为决策公式 $\mathcal{E}\to\mathcal{F}$ 确定的样本，称 $(x, u_1, u_2,\cdots, u_m)$ 为决策公式 $\mathcal{E}\to\mathcal{F}$ 确定的条件样本。　□

在上述讨论中，我们给出了条件样本和样本相匹配的定义，且明确了匹配确定和不确定的含义。同时我们把样本和条件样本与决策公式和条件公式关联在了一起，目的在于建立决策的确定或不确定与匹配的确定或不确定之间的联系。

4.2.3　样本和决策

对于决策系统 $\mathbf{DS}=(U, \{c_1, c_2,\cdots, c_m\}\cup\{d_1, d_2,\cdots, d_n\}, V, f)$ 的条件样本 $(y, w_1, w_2,\cdots, w_m)$ 和样本 $(x, u_1, u_2,\cdots, u_m; v_1, v_2,\cdots, v_n)$，设 $\mathcal{E}_1=(c_1, w_1)\wedge(c_2, w_2)\wedge\cdots\wedge(c_m, w_m)$ 是条件样本 $(y, w_1, w_2,\cdots, w_m)$ 确定的条件公式，并设 $\mathcal{E}\to\mathcal{F}=(c_1, u_1)\wedge(c_2, u_2)\wedge\cdots\wedge(c_m, u_m)\to(d_1, v_1)\wedge(d_2, v_2)\wedge\cdots\wedge(d_n, v_n)$ 是样本 $(x, u_1, u_2,\cdots, u_m; v_1, v_2,\cdots, v_n)$ 确定的决策公式。当 $(y, w_1, w_2,\cdots, w_m)$ 与 $(x, u_1, u_2,\cdots, u_m; v_1, v_2,\cdots, v_n)$ 相匹配时，条件组 $w_1, w_2,\cdots, w_m$ 与条件函数值 $u_1, u_2,\cdots, u_m$ 完全相同，于是 $\mathcal{E}_1=(c_1, w_1)\wedge(c_2, w_2)\wedge\cdots\wedge(c_m, w_m)=(c_1, u_1)\wedge(c_2, u_2)\wedge\cdots\wedge(c_m, u_m)=\mathcal{E}$，此时 $\mathcal{E}\to\mathcal{F}=(c_1, u_1)\wedge(c_2, u_2)\wedge\cdots\wedge(c_m, u_m)\to(d_1, v_1)\wedge(d_2, v_2)\wedge\cdots\wedge(d_n, v_n)$ 是与条件样本 $(y, w_1, w_2,\cdots, w_m)$ 相对应的决策公式。

定理 4.2.1　设 $(y, w_1, w_2,\cdots, w_m)$ 是决策系统 $\mathbf{DS}=(U, \{c_1, c_2,\cdots, c_m\}\cup\{d_1, d_2,\cdots, d_n\}, V, f)$ 的条件样本，如果条件样本 $(y, w_1, w_2,\cdots, w_m)$ 的匹配在 **DS** 中是确

定的，则对于与条件样本 $(y, w_1, w_2,\cdots, w_m)$ 相对应的决策公式 $\mathcal{E}\to\mathcal{F}=(c_1, u_1)\wedge(c_2, u_2)\wedge\cdots\wedge(c_m, u_m)\to(d_1, v_1)\wedge(d_2, v_2)\wedge\cdots\wedge(d_n, v_n)$，对应于 $\mathcal{E}\to\mathcal{F}$ 的决策在 **DS** 中是确定的。

证明 由于 $\mathcal{E}\to\mathcal{F}=(c_1, u_1)\wedge(c_2, u_2)\wedge\cdots\wedge(c_m, u_m)\to(d_1, v_1)\wedge(d_2, v_2)\wedge\cdots\wedge(d_n, v_n)$ 是与条件样本 $(y, w_1, w_2,\cdots, w_m)$ 相对应的决策公式，由定义 4.2.3(3)，存在样本 $(x, u_1, u_2,\cdots, u_m; v_1, v_2,\cdots, v_n)$，使得 $(y, w_1, w_2,\cdots, w_m)$ 与 $(x, u_1, u_2,\cdots, u_m; v_1, v_2,\cdots, v_n)$ 相匹配，且 $\mathcal{E}\to\mathcal{F}$ 是 $(x, u_1, u_2,\cdots, u_m; v_1, v_2,\cdots, v_n)$ 确定的决策公式。此时条件组 $w_1, w_2,\cdots, w_m$ 与条件函数值 $u_1, u_2,\cdots, u_m$ 完全相同。

假设对应于 $\mathcal{E}\to\mathcal{F}$ 的决策在 $\mathbf{DS}=(U, \{c_1, c_2,\cdots, c_m\}\cup\{d_1, d_2,\cdots, d_n\}, V, f)$ 中是不确定的，即 $|\mathcal{E}|\not\subseteq|\mathcal{F}|$。则存在数据 $z\in U$，使得 $z\in|\mathcal{E}|$，即 z 满足条件公式 $\mathcal{E}=(c_1, u_1)\wedge(c_2, u_2)\wedge\cdots\wedge(c_m, u_m)$，此时 $c_1(z)=u_1, c_2(z)=u_2,\cdots, c_n(z)=u_n$，但是 $z\notin|\mathcal{F}|$，即 z 不满足结论公式 $\mathcal{F}=(d_1, v_1)\wedge(d_2, v_2)\wedge\cdots\wedge(d_n, v_n)$。由于 $z\in U$，故决策属性函数 $d_1, d_2,\cdots, d_n$ 作用于数据 z 后对应属性值域 V 中的 n 个属性值 $t_1, t_2,\cdots, t_n$，即 $d_1(z)=t_1, d_2(z)=t_2,\cdots, d_n(z)=t_n$。令 $\mathcal{H}=(d_1, t_1)\wedge(d_2, t_2)\wedge\cdots\wedge(d_n, t_n)$，则 $\mathcal{H}$ 是与决策函数值 $t_1, t_2,\cdots, t_n$ 相关的结论公式，且 $z\in|\mathcal{H}|$。这样 $z\in|\mathcal{E}|\cap|\mathcal{H}|$，于是 $(z, u_1, u_2,\cdots,u_m;\ t_1, t_2,\cdots, t_n)$ 是决策公式 $\mathcal{E}\to\mathcal{H}$ 确定的样本（见定义 4.2.3(4)），且条件样本 $(y, w_1, w_2,\cdots, w_m)$ 与 $(z, u_1, u_2,\cdots, u_m;\ t_1, t_2,\cdots, t_n)$ 相匹配，因为条件组 $w_1, w_2,\cdots, w_m$ 与条件函数值 $u_1, u_2,\cdots, u_m$ 完全相同。

由于 z 满足结论公式 $\mathcal{H}=(d_1, t_1)\wedge(d_2, t_2)\wedge\cdots\wedge(d_n, t_n)$，而不满足结论公式 $\mathcal{F}=(d_1, v_1)\wedge(d_2, v_2)\wedge\cdots\wedge(d_n, v_n)$，所以决策函数值 $v_1, v_2,\cdots, v_n$ 与 $t_1, t_2,\cdots, t_n$ 不完全相同，故 $(x, u_1, u_2,\cdots, u_m;\ v_1, v_2,\cdots, v_n)$ 和 $(z, u_1, u_2,\cdots, u_m;\ t_1, t_2,\cdots, t_n)$ 是决策系统 $\mathbf{DS}=(U, \{c_1, c_2,\cdots, c_m\}\cup\{d_1, d_2,\cdots, d_n\}, V, f)$ 的两个不同的样本，此时条件样本 $(y, w_1, w_2,\cdots, w_m)$ 与两个样本 $(x, u_1, u_2,\cdots, u_m;\ v_1, v_2,\cdots, v_n)$ 和 $(z, u_1, u_2,\cdots, u_m;\ t_1, t_2,\cdots, t_n)$ 都相匹配，矛盾于条件样本 $(y, w_1, w_2,\cdots, w_m)$ 的匹配在 $\mathbf{DS}=(U, \{c_1, c_2,\cdots, c_m\}\cup\{d_1, d_2,\cdots, d_n\}, V, f)$ 中是确定的。故上述 $|\mathcal{E}|\not\subseteq|\mathcal{F}|$ 的假设错误，因此 $|\mathcal{E}|\subseteq|\mathcal{F}|$，即对应于 $\mathcal{E}\to\mathcal{F}=(c_1, u_1)\wedge(c_2, u_2)\wedge\cdots\wedge(c_m, u_m)\to(d_1, v_1)\wedge(d_2, v_2)\wedge\cdots\wedge(d_n, v_n)$ 的决策在 $\mathbf{DS}=(U, \{c_1, c_2,\cdots, c_m\}\cup\{d_1, d_2,\cdots, d_n\}, V, f)$ 中是确定的。 □

另外，定理 4.2.1 的逆也是成立的，我们有如下结论。

定理 4.2.2 设 $\mathcal{E}\to\mathcal{F}=(c_1, u_1)\wedge(c_2, u_2)\wedge\cdots\wedge(c_m, u_m)\to(d_1, v_1)\wedge(d_2, v_2)\wedge\cdots\wedge(d_n, v_n)$ 是决策系统 $\mathbf{DS}=(U, \{c_1, c_2,\cdots, c_m\}\cup\{d_1, d_2,\cdots, d_n\}, V, f)$ 上的决策公式，$(x, u_1, u_2,\cdots, u_m)$ 是 $\mathcal{E}\to\mathcal{F}$ 确定的条件样本。如果对应于 $\mathcal{E}\to\mathcal{F}$ 的决策在 **DS** 中是确定的，则条件样本 $(x, u_1, u_2,\cdots, u_m)$ 的匹配在 **DS** 中是确定的。

证明 设 $(y, u_1, u_2,\cdots, u_m;\ v_1, v_2,\cdots, v_n)$ 是决策公式 $\mathcal{E}\to\mathcal{F}=(c_1, u_1)\wedge(c_2, u_2)\wedge\cdots\wedge(c_m, u_m)\to(d_1, v_1)\wedge(d_2, v_2)\wedge\cdots\wedge(d_n, v_n)$ 确定的样本。显然条件样本 $(x, u_1, u_2,\cdots, u_m)$ 与样本 $(y, u_1, u_2,\cdots, u_m;\ v_1, v_2,\cdots, v_n)$ 相匹配，因为条件样本 $(x, u_1, u_2,\cdots, u_m)$ 中

的条件组 $u_1, u_2, \cdots, u_m$ 与样本 $(y, u_1, u_2, \cdots, u_m; v_1, v_2, \cdots, v_n)$ 中的条件函数值 $u_1, u_2, \cdots, u_m$ 完全相同（见定义 4.2.2(1)）。

如果条件样本 $(x, u_1, u_2, \cdots, u_m)$ 的匹配在 $\mathbf{DS}=(U, \{c_1, c_2, \cdots, c_m\} \cup \{d_1, d_2, \cdots, d_n\}, V, f)$ 中是不确定的，下面证明矛盾的存在。

由定义 4.2.2(3)，存在决策系统 $\mathbf{DS}=(U, \{c_1, c_2, \cdots, c_m\} \cup \{d_1, d_2, \cdots, d_n\}, V, f)$ 的不同于 $(y, u_1, u_2, \cdots, u_m; v_1, v_2, \cdots, v_n)$ 的样本 $(z, u_1, u_2, \cdots, u_m; t_1, t_2, \cdots, t_n)$，使得条件样本 $(x, u_1, u_2, \cdots, u_m)$ 与 $(z, u_1, u_2, \cdots, u_m; t_1, t_2, \cdots, t_n)$ 也相匹配。此时样本 $(y, u_1, u_2, \cdots, u_m; v_1, v_2, \cdots, v_n)$ 和 $(z, u_1, u_2, \cdots, u_m; t_1, t_2, \cdots, t_n)$ 的决策函数值 $v_1, v_2, \cdots, v_n$ 和 $t_1, t_2, \cdots, t_n$ 不完全相同，即存在必有 v_i 和 t_i $(1 \leqslant i \leqslant n)$，使得 $v_i \neq t_i$。

样本 $(y, u_1, u_2, \cdots, u_m; v_1, v_2, \cdots, v_n)$ 确定的决策公式当然是 $\mathcal{E} \to \mathcal{F} = (c_1, u_1) \wedge (c_2, u_2) \wedge \cdots \wedge (c_m, u_m) \to (d_1, v_1) \wedge (d_2, v_2) \wedge \cdots \wedge (d_n, v_n)$。设样本 $(z, u_1, u_2, \cdots, u_m; t_1, t_2, \cdots, t_n)$ 确定的决策公式是 $\mathcal{E} \to \mathcal{F}_1$，其中 $\mathcal{F}_1 = (d_1, t_1) \wedge (d_2, t_2) \wedge \cdots \wedge (d_n, t_n)$。对于样本 $(z, u_1, u_2, \cdots, u_m; t_1, t_2, \cdots, t_n)$ 中的样本数据 z，有 $z \in |\mathcal{E}| \cap |\mathcal{F}_1|$，此时当然 $z \in |\mathcal{F}_1| = |(d_1, t_1) \wedge (d_2, t_2) \wedge \cdots \wedge (d_n, t_n)| = |(d_1, t_1)| \cap |(d_2, t_2)| \cap \cdots \cap |(d_n, t_n)|$（见定理 4.1.1(3)）。所以 $z \in |(d_1, t_1)|, z \in |(d_2, t_2)|, \cdots, z \in |(d_n, t_n)|$，因此 $d_1(z) = t_1, d_2(z) = t_2, \cdots, d_n(z) = t_n$（见定理 4.1.1(1)）。于是 $d_i(z) = t_i \neq v_i$，所以 $z \notin |(d_i, v_i)|$，因此 $z \notin |(d_1, v_1)| \cap |(d_2, v_2)| \cap \cdots \cap |(d_i, v_i)| \cap \cdots \cap |(d_n, v_n)| = |(d_1, v_1) \wedge (d_2, v_2) \wedge \cdots \wedge (d_i, v_i) \wedge \cdots \wedge (d_n, v_n)| = |\mathcal{F}|$，即 $z \notin |\mathcal{F}|$。再注意到 $z \in |\mathcal{E}|$（因为 $z \in |\mathcal{E}| \cap |\mathcal{F}_1|$），所以 $|\mathcal{E}| \nsubseteq |\mathcal{F}|$。这说明对应于 $\mathcal{E} \to \mathcal{F}$ 的决策在 $\mathbf{DS}=(U, \{c_1, c_2, \cdots, c_m\} \cup \{d_1, d_2, \cdots, d_n\}, V, f)$ 中是不确定的，与前提矛盾。

故条件样本 $(x, u_1, u_2, \cdots, u_m)$ 的匹配在 $\mathbf{DS}=(U, \{c_1, c_2, \cdots, c_m\} \cup \{d_1, d_2, \cdots, d_n\}, V, f)$ 中是确定的。 □

在 4.2.2 节的讨论中，决策系统 $\mathbf{DS}=(U, C \cup \{d_1, d_2, \cdots, d_n\}, V, f)$ 可分解成子系统 $\mathbf{DS}_1=(U, C \cup \{d_1\}, V, f)$，$\mathbf{DS}_2=(U, C \cup \{d_2\}, V, f)$，$\cdots$，$\mathbf{DS}_n=(U, C \cup \{d_n\}, V, f)$。按照 1.6.2 节的讨论，这些子系统可以看作原决策系统的粒，决策系统的分解体现了粒计算的数据处理思想。此时如果 $\mathcal{E} \to (d_1, v_1) \wedge (d_2, v_2) \wedge \cdots \wedge (d_n, v_n)$ 是决策系统 $\mathbf{DS}=(U, C \cup \{d_1, d_2, \cdots, d_n\}, V, f)$ 上的决策公式，那么 $\mathcal{E} \to (d_j, v_j)$ 是子系统 $\mathbf{DS}_j=(U, C \cup \{d_j\}, V, f)$ $(j=1, 2, \cdots, n)$ 上的决策公式。同时定理 4.1.2 表明：对应于 $\mathcal{E} \to (d_1, v_1) \wedge (d_2, v_2) \wedge \cdots \wedge (d_n, v_n)$ 的决策在 $\mathbf{DS}=(U, C \cup \{d_1, d_2, \cdots, d_n\}, V, f)$ 中是确定的当且仅当对于每一子系统 $\mathbf{DS}_j=(U, C \cup \{d_j\}, V, f)$ $(j=1, 2, \cdots, n)$，对应于 $\mathcal{E} \to (d_j, v_j)$ 的决策在 $\mathbf{DS}_j=(U, C \cup \{d_j\}, V, f)$ 中是确定的。决策公式 $\mathcal{E} \to (d_1, v_1) \wedge (d_2, v_2) \wedge \cdots \wedge (d_n, v_n)$ 到子决策公式 $\mathcal{E} \to (d_1, v_1)$，$\mathcal{E} \to (d_2, v_2)$，$\cdots$，$\mathcal{E} \to (d_n, v_n)$ 的处理也体现了整体与部分之间分解和组合的联系，这也可以广义地视为粒计算的一种形式。

现结合定理 4.2.1 和定理 4.2.2，可以把决策系统的分解与匹配的确定和不确定的判定联系在一起，为此先对条件样本进行相关的讨论。

考虑决策系统 $\mathbf{DS}=(U, C\cup\{d_1, d_2,\cdots, d_n\}, V, f)$ 及其分解成的子系统 $\mathbf{DS}_1=(U, C\cup\{d_1\}, V, f)$，$\mathbf{DS}_2=(U, C\cup\{d_2\}, V, f)$，…，$\mathbf{DS}_n=(U, C\cup\{d_n\}, V, f)$。由于决策系统 $\mathbf{DS}=(U, C\cup\{d_1, d_2,\cdots, d_n\}, V, f)$ 和子系统 $\mathbf{DS}_j=(U, C\cup\{d_j\}, V, f)$ $(j=1, 2,\cdots, n)$ 中的条件属性集 C 相同，所以如果 $(y, w_1, w_2,\cdots, w_m)$ 是决策系统 $\mathbf{DS}=(U, C\cup\{d_1, d_2,\cdots, d_n\}, V, f)$ 的条件样本，则 $(y, w_1, w_2,\cdots, w_m)$ 也是子系统 $\mathbf{DS}_j=(U, C\cup\{d_j\}, V, f)$ $(j=1, 2,\cdots, n)$ 的条件样本，反之亦然。

于是根据决策系统及其子系统上条件样本的形式，结合定理 4.1.2，以及定理 4.2.1 和定理 4.2.2，可以得到如下结论。

定理 4.2.3 设 $\mathbf{DS}=(U, \{c_1, c_2,\cdots, c_m\}\cup\{d_1, d_2,\cdots, d_n\}, V, f)=(U, C\cup\{d_1, d_2,\cdots, d_n\}, V, f)$ 是决策系统，$(y, w_1, w_2,\cdots, w_m)$ 是 $\mathbf{DS}$ 的条件样本。则：

(1) 条件样本 $(y, w_1, w_2,\cdots, w_m)$ 的匹配在 $\mathbf{DS}=(U, C\cup\{d_1, d_2,\cdots, d_n\}, V, f)$ 中是确定的当且仅当对于每一子系统 $\mathbf{DS}_j=(U, C\cup\{d_j\}, V, f)$ $(j=1, 2,\cdots, n)$，条件样本 $(y, w_1, w_2,\cdots, w_m)$ 的匹配在子系统 $\mathbf{DS}_j=(U, C\cup\{d_j\}, V, f)$ $(j=1, 2,\cdots, n)$ 中是确定的。

(2) 条件样本 $(y, w_1, w_2,\cdots, w_m)$ 的匹配在 $\mathbf{DS}=(U, C\cup\{d_1, d_2,\cdots, d_n\}, V, f)$ 中是不确定的当且仅当存在一子系统 $\mathbf{DS}_j=(U, C\cup\{d_j\}, V, f)$ $(1\leqslant j\leqslant n)$，使得条件样本 $(y, w_1, w_2,\cdots, w_m)$ 的匹配在该子系统 $\mathbf{DS}_j=(U, C\cup\{d_j\}, V, f)$ 中是不确定的。

证明 (1) 设条件样本 $(y, w_1, w_2,\cdots, w_m)$ 的匹配在 $\mathbf{DS}=(U, C\cup\{d_1, d_2,\cdots, d_n\}, V, f)$ 中是确定的。由定理 4.2.1，对于与条件样本 $(y, w_1, w_2,\cdots, w_m)$ 相对应的决策公式 $\mathcal{E}\to\mathcal{F}=(c_1,u_1)\wedge(c_2,u_2)\wedge\cdots\wedge(c_m,u_m)\to(d_1,v_1)\wedge(d_2,v_2)\wedge\cdots\wedge(d_n, v_n)=\mathcal{E}\to(d_1, v_1)\wedge(d_2, v_2)\wedge\cdots\wedge(d_n, v_n)$，对应于 $\mathcal{E}\to\mathcal{F}$ 的决策在 $\mathbf{DS}=(U, C\cup\{d_1, d_2,\cdots, d_n\}, V, f)$ 中是确定的。由定理 4.1.2(1)，对于每一子系统 $\mathbf{DS}_j=(U, C\cup\{d_j\}, V, f)$ $(j=1, 2,\cdots, n)$，对应于子决策公式 $\mathcal{E}\to(d_j, v_j)$ 的决策在 $\mathbf{DS}_j=(U, C\cup\{d_j\}, V, f)$ 中是确定的。此时 $(y, w_1, w_2,\cdots, w_m)$ 是子决策公式 $\mathcal{E}\to(d_j, v_j)$ 确定的条件样本，由定理 4.2.2，条件样本 $(y, w_1, w_2,\cdots, w_m)$ 的匹配在子系统 $\mathbf{DS}_j=(U, C\cup\{d_j\}, V, f)$ $(j=1, 2,\cdots, n)$ 中是确定的。

反之，设条件样本 $(y,w_1,w_2,\cdots,w_m)$ 的匹配在子系统 $\mathbf{DS}_j=(U, C\cup\{d_j\}, V, f)$ $(j=1, 2,\cdots, n)$ 中是确定的。由定理 4.2.1，对于与条件样本 $(y, w_1, w_2,\cdots, w_m)$ 相对应决策公式 $\mathcal{E}\to(d_j, v_j)$，对应于 $\mathcal{E}\to(d_j, v_j)$ 的决策在 $\mathbf{DS}_j=(U, C\cup\{d_j\}, V, f)$ $(j=1, 2,\cdots, n)$ 中是确定的。由定理 4.1.2(1)，对应于 $\mathcal{E}\to(d_1, v_1)\wedge(d_2, v_2)\wedge\cdots\wedge(d_n, v_n)$ 的决策在 $\mathbf{DS}=(U, C\cup\{d_1, d_2,\cdots, d_n\}, V, f)$ 中是确定的。由定理 4.2.2 可知，条件样本 $(y, w_1, w_2,\cdots, w_m)$ 的匹配在 $\mathbf{DS}=(U, C\cup\{d_1, d_2,\cdots, d_n\}, V, f)$ 中是确定的。

(2) 由 (1) 直接推得该结论成立。 □

如果把定理 4.1.2 和定理 4.2.3 的结论进行比较，前者面对决策推理，后者针对样本的匹配。尽管表述上存在差异，但是如果把定理 4.1.2 和定理 4.2.3 联系起来考虑，那么容易得知决策推理和样本匹配并无本质的不同。不过形式上差异可在问题讨论的环境方面体现出优势。

当关注决策系统的结构时，把决策系统分解成为一系列子系统，以及把决策推理从决策系统等价地转换到子系统中的结论更能使我们看清决策系统的结构，了解决策推理与系统分解之间的转换联系。这样的转换以定理 4.1.2 为支撑，确定了决策系统和子系统可以分解，也可以组合的事实，展示了决策推理在子系统中更清晰的推演过程。

当关注方法应用时，由于样本和条件样本是常被采用的数据表示形式，且实际中的数据以及数据的性质常采用样本或条件样本的形式进行表示，所以在问题的刻画描述过程中，通过样本匹配的方法完成模型构建，实现相关问题的程序化处理是被大家认同，且广泛采用的方法。因此，条件样本与样本的匹配讨论更适用于问题的刻画描述，符合人们的思维方式，容易与实际问题联系在一起。

4.2.4　具体的匹配讨论

为了对定理 4.2.3 的结论进行直观的理解，现通过具体的决策系统以及分解成的子系统，对条件样本和样本的相匹配，以及匹配从决策系统到子系统中的转换进行验证性的讨论。

考虑表 4.1 中的决策系统 $\mathbf{DS}=(U, C\cup\{d_1, d_2, d_3\}, V, f)$，它可以分解成子系统 $\mathbf{DS}_1=(U, C\cup\{d_1\}, V, f)$，$\mathbf{DS}_2=(U, C\cup\{d_2\}, V, f)$ 和 $\mathbf{DS}_3=(U, C\cup\{d_3\}, V, f)$，表 4.2～表 4.4 分别是这些子系统的决策表。在接下来的讨论中可以回溯参阅这些决策表中的信息。

这些决策表清晰地展示了数据的条件函数值和决策函数值的信息，我们可以把这些决策表中决策系统和子系统中的数据、属性、属性值以及属性值的因果对应与实际问题相联系，4.2.2 节已经如此进行了实施。不过这里我们主要关注数据、属性、属性值以及属性值的因果对应的形式，不考虑它们的含义。

根据这些决策表列出的信息，我们可以对定理 4.2.3 关于条件样本的匹配在决策系统中的确定或不确定，以及等价转换到子系统中的结论进行验证性的讨论，以增加对定理 4.2.3 结论的理解和认识。下面我们通过具体的决策系统及其分解成的子系统，验证定理 4.2.3 的结论，具体如下：

(1) 考虑表 4.1 决策系统 $\mathbf{DS}=(U, C\cup\{d_1, d_2, d_3\}, V, f)$ 的条件样本 $(y, 1, 2)$ 和样本 $(x_1, 1, 2;\ 1, 0, 2)$。由于条件样本 $(y, 1, 2)$ 中的条件组 1, 2 与样本 $(x_1, 1, 2;\ 1, 0, 2)$ 中的条件函数值 1, 2 完全相同，所以条件样本 $(y, 1, 2)$ 与样本 $(x_1, 1, 2; 1, 0, 2)$ 在 $\mathbf{DS}=(U, C\cup\{d_1, d_2, d_3\}, V, f)$ 中是相匹配的（见定义 4.2.2 (1)）。由于样本 $(x_1, 1, 2;\ 1, 0, 2)$ 是确定的，事实上，对于仅有的与 $(x_1, 1, 2;\ 1, 0, 2)$ 的条件函数值 1, 2 相同的该决策系统的另一样本 $(x_2, 1, 2;\ 1, 0, 2)$，它们的决策函数值都是 1, 0, 2，

所以样本 $(x_1, 1, 2;\ 1, 0, 2)$ 是确定的（见定义 4.2.1(6)）。因此，条件样本 $(y, 1, 2)$ 的匹配在决策系统 $\mathbf{DS}=(U, C\cup\{d_1, d_2, d_3\}, V, f)$ 中是确定的（见定义 4.2.2(3)）。

另外，作为表 4.2～表 4.4 中子系统的条件样本，$(y, 1, 2)$ 与样本 $(x_1, 1, 2;\ 1)$ 在表 4.2 的子系统 $\mathbf{DS}_1=(U, C\cup\{d_1\}, V, f)$ 中是相匹配的，与样本 $(x_1, 1, 2;\ 0)$ 在表 4.3 的子系统 $\mathbf{DS}_2=(U, C\cup\{d_2\}, V, f)$ 中是相匹配的，与样本 $(x_1, 1, 2;\ 2)$ 在表 4.4 的子系统 $\mathbf{DS}_3=(U, C\cup\{d_3\}, V, f)$ 中是相匹配的。同时样本 $(x_1, 1, 2;\ 1)$ 在子系统 $\mathbf{DS}_1=(U, C\cup\{d_1\}, V, f)$ 中是确定的（事实上，对于仅有的与 $(x_1, 1, 2;\ 1)$ 的条件函数值 1, 2 相同的子系统 $\mathbf{DS}_1=(U, C\cup\{d_1\}, V, f)$ 中的另一样本 $(x_2, 1, 2;\ 1)$，它们的决策函数值都是 1，所以样本 $(x_1, 1, 2;\ 1)$ 是确定的），样本 $(x_1, 1, 2;\ 0)$ 在子系统 $\mathbf{DS}_2=(U, C\cup\{d_2\}, V, f)$ 中是确定的，同时样本 $(x_1, 1, 2;\ ,2)$ 在子系统 $\mathbf{DS}_3=(U, C\cup\{d_3\}, V, f)$ 中是确定的。所以条件样本 $(y, 1, 2)$ 的匹配在子系统 $\mathbf{DS}_1=(U, C\cup\{d_1\}, V, f)$，$\mathbf{DS}_2=(U, C\cup\{d_2\}, V, f)$ 和 $\mathbf{DS}_3=(U, C\cup\{d_3\}, V, f)$ 中都是确定的。

上述讨论表明，条件样本 $(y, 1, 2)$ 的匹配在决策系统 $\mathbf{DS}=(U, C\cup\{d_1, d_2, d_3\}, V, f)$ 中是确定的，同时条件样本 $(y, 1, 2)$ 的匹配在子系统 $\mathbf{DS}_1=(U, C\cup\{d_1\}, V, f)$，$\mathbf{DS}_2=(U, C\cup\{d_2\}, V, f)$ 和 $\mathbf{DS}_3=(U, C\cup\{d_3\}, V, f)$ 中也都是确定的。匹配的确定性在决策系统及其子系统中是相同的，这是对定理 4.2.3(1) 中结论的验证。这里决策系统 $\mathbf{DS}=(U, C\cup\{d_1, d_2, d_3\}, V, f)$ 到子系统 $\mathbf{DS}_1=(U, C\cup\{d_1\}, V, f)$，$\mathbf{DS}_2=(U, C\cup\{d_2\}, V, f)$ 和 $\mathbf{DS}_3=(U, C\cup\{d_3\}, V, f)$ 的分解，展示了粒计算数据处理的一种方法。

同时决策系统 $\mathbf{DS}=(U, C\cup\{d_1, d_2, d_3\}, V, f)$ 中的样本 $(x_1, 1, 2; 1, 0, 2)$ 分解成子系统中样本 $(x_1, 1, 2;\ 1)$，$(x_1, 1, 2;\ 0)$ 和 $(x_1, 1, 2;\ 2)$ 的做法展示了整体与部分之间的联系，与粒计算的数据处理思想一致。

(2) 再考虑表 4.1 决策系统 $\mathbf{DS}=(U, C\cup\{d_1, d_2, d_3\}, V, f)$ 的条件样本 $(y, 2, 2)$ 以及样本 $(x_4, 2, 2;\ 3, 1, 3)$ 和 $(x_5, 2, 2;\ 3, 0, 3)$，由于条件样本 $(y, 2, 2)$ 的条件组 2, 2 与样本 $(x_4, 2, 2;\ 3, 1, 3)$ 和 $(x_5, 2, 2;\ 3, 0, 3)$ 的条件函数值 2, 2 相同，所以 $(y, 2, 2)$ 与 $(x_4, 2, 2;\ 3, 1, 3)$，以及 $(y, 2, 2)$ 与 $(x_5, 2, 2;\ 3, 0, 3)$ 在 $\mathbf{DS}=(U, C\cup\{d_1, d_2, d_3\}, V, f)$ 中都是匹配的。但是由于样本 $(x_4, 2, 2;\ 3, 1, 3)$ 是不确定的（$(x_5, 2, 2;\ 3, 0, 3)$ 也是不确定的，因为 $(x_4, 2, 2;\ 3, 1, 3)$ 和 $(x_5, 2, 2;\ 3, 0, 3)$ 的条件函数值 2, 2 相同，但决策函数值 3, 1, 3 和 3, 0, 3 不完全相同，见定义 4.2.1(6)），所以条件样本 $(y, 2, 2)$ 的匹配在决策系统 $\mathbf{DS}=(U, C\cup\{d_1, d_2, d_3\}, V, f)$ 中是不确定的（见定义 4.2.2(3)）。

实际上，按照定理 4.2.3(2) 的结论，上述条件样本 $(y, 2, 2)$ 的匹配在 $\mathbf{DS}=(U, C\cup\{d_1, d_2, d_3\}, V, f)$ 中不确定的判定只要在某一子系统中进行讨论即可。现考虑表 4.3 中的子系统 $\mathbf{DS}_2=(U, C\cup\{d_2\}, V, f)$，此时 $(y, 2, 2)$ 是该子系统的条件样本，

$(x_4, 2, 2 ; 1)$ 和 $(x_5, 2, 2 ; 0)$ 是 $\mathbf{DS}_2 = (U, C \cup \{d_2\}, V, f)$ 的两个样本。由于条件样本 $(y, 2, 2)$ 的条件组 2, 2 与样本 $(x_4, 2, 2 ; 1)$ 和 $(x_5, 2, 2; 0)$ 的条件函数值 2, 2 相同，所以 $(y, 2, 2)$ 与 $(x_4, 2, 2 ; 1)$，以及 $(y, 2, 2)$ 与 $(x_5, 2, 2 ; 0)$ 在子系统 $\mathbf{DS}_2 = (U, C \cup \{d_2\}, V, f)$ 中都是匹配的。不过由于样本 $(x_4, 2, 2 ; 1)$ 是不确定的（$(x_5, 2, 2; 0)$ 也是不确定的），所以条件样本 $(y, 2, 2)$ 的匹配在子系统 $\mathbf{DS}_2 = (U, C \cup \{d_2\}, V, f)$ 中是不确定的。

上述讨论表明，针对条件样本 $(y, 2, 2)$ 的匹配在决策系统 $\mathbf{DS} = (U, C \cup \{d_1, d_2, d_3\}, V, f)$ 中的不确定性与在子系统 $\mathbf{DS}_2 = (U, C \cup \{d_2\}, V, f)$ 中的不确定性是相同的，这是对定理 4.2.3(2) 结论的验证。值得说明的是，只要在一个子系统中能判定条件样本的匹配是不确定的，就可以确认该条件样本的匹配在决策系统中是不确定的。子系统比决策系统的结构简单，在一个子系统中的工作必然使判定工作清晰简明。所以定理 4.2.3(2) 结论的重要性在于简化了匹配不确定性的判定过程。

本节最后的定理 4.2.3 展示了把决策系统分解为一系列子系统，并可在子系统中等价地判定条件样本的匹配确定或不确定的结论。与 4.1 节基于公式的决策推理不同，本节是从样本与条件样本匹配的角度出发进行的讨论。不过定理 4.2.1 和定理 4.2.2 表明，基于决策公式的决策推理同条件样本与样本的相匹配具有相互对应的等价性，因此本节基于样本或条件样本的讨论建立了决策推理的另一种形式。

但是样本的表示形式体现了把数据和属性值（即数据具有的性质）组合在一起的特点，这种表示形式是大家接受并常采用的数据信息的表示方法，在数据处理的讨论和应用过程中频繁使用。因此 4.1 节基于公式的决策推理可看作理论上的工作，基于样本匹配的判定更接近数据处理的通常做法，可认为是理论方法的应用，匹配的判定为决策问题的判定提供了更易接受的方法。

把匹配问题从决策系统等价地转换到子系统中，把复杂的问题实施分解处理的讨论体现了复杂问题的化简处理理念，也是粒计算包含的实施粒化数据处理方式的具体展示。因此，本节把匹配问题从决策系统转换到子系统的工作包含了粒计算的数据处理思想，可看作粒计算数据处理的一种途径。

4.3　基于决策推理的数据合并及其决策系统化简

前面两节的工作主要体现在给出了决策系统的分解方法，使得每一子系统仅包含一个决策属性，并使决策确定与否的判定在决策系统和子系统之间的等价转换成为可能。不仅如此，基于决策系统记录的各类信息，通过引入样本和条件样本，产生了条件样本匹配确定和不确定的判定，使得匹配问题从决策系统等价地转换到了子系统中，展示了决策推理的另一种形式。由于每一子系统中仅包含一个决策属性，具有更简单的形式，所以在子系统中进行决策确定与否的决策推理，以及匹配确定和不确定的分析必然会使问题更加清晰简明，更容易看清决策推理或匹配分析所得的结果。从决策系统到一系列子系统的分解或从子系统到决策系统的组合不仅体现了粒计算的数据处理思想，同时简单的子系统可使相关工作得到化简。所以，基于决策属性的决策系统分解体现了问题简化处理的研究理念，这与粒计算的数据处理内涵相一致。粒计算研究者就是把建立粒化方法，追求简化处理作为课题研究的目的。在前两节的讨论中，决策系统与子系统之间的分解和组合、决策推理在决策系统和子系统之间的转换、匹配确定与否的判定等价转换到子系统中的讨论正是基于简化处理的思想所完成的工作。

在前两节的讨论中，决策系统分解为子系统的处理使决策系统得到了化简，从而形成了化简决策系统的一种方法。本节继续针对决策系统展开讨论，建立另一种决策系统化简的方法。如果对属性约简有所了解，则必然知晓属性约简是决策系统化简的途径。不过这里事先强调，本节针对决策系统的化简与属性约简无任何关联，我们将建立与属性约简完全不同的针对决策系统的化简方法。同时与上述 4.1 节和 4.2 节把决策系统分解为更简单的子系统的化简处理不同，我们将把注意力集中于决策系统的论域所包含数据的处理之上，通过对数据的合并，并借助决策推理，建立决策系统的化简方法，同时将体现粒计算的数据处理思想。

4.3.1　属性约简概述

上述已经明确，下面针对决策系统的化简讨论与属性约简无关，不过对属性约简的了解，可以更好地认识我们将要建立的方法，同时可以比较属性约简与如下化简方法的不同。所以本节将对属性约简给予概括性的介绍，并以我们习惯的方法进行描述。如果读者熟悉属性约简，可以不予理会，直接阅读 4.3.2 节的内容。

前面我们把决策系统分解成了一系列子系统，使每一子系统中仅包含一个决策属性。这样的处理展示了化简决策系统的一种方法，该方法由我们建立给出，并对决策系统和子系统涉及问题的等价转换进行了证明，使子系统中的简明工作得到理论上的肯定。

决策系统及其子系统之间的分解和组合与相关的问题联系在一起，如决策的判定和样本的匹配都与分解和组合相联系。此时我们把决策系统分解为子系统，不只是为了分解，而主要是为了使其他问题的等价讨论更为简明清晰。

本节将建立一种方法，可完成对决策系统的化简。这种化简仅针对决策系统自身，不与其他问题捆绑在一起。实际上，对于决策系统化简，不考虑其他问题，仅关注决策系统自身化简处理的讨论也是存在的，属性约简就是这方面的课题，并得到很多研究者的关注。为了表明我们的方法与属性约简的区别，下面借助等价关系，解释属性约简的含义。

设 $\mathbf{DS}=(U,A,V,f)=(U,C\cup D,V,f)$ 为决策系统，这里 $A=C\cup D$ 及 $C\cap D=\varnothing$。

如果 $a\in A$，4.1 节的讨论表明属性 a 是从 U 到 V 的函数。不仅如此，a 还可确定 U 上的等价关系 $R_a\subseteq U\times U$，定义如下：

$$\text{对于 } x_i, x_j\in U, \langle x_i, x_j\rangle\in R_a \text{ 当且仅当 } a(x_i)=a(x_j) \qquad (*)$$

由式(*)定义的 U 上的关系 R_a 是 U 上的等价关系，即 R_a 满足自反性、对称性和传递性（注：1.4.2 节含有等价关系的定义）。实际上，在一些文献中可以找到 R_a 是 U 上等价关系的证明，不过为了讨论的整体性、可读性、连贯性和系统性，如下我们列出 R_a 是 U 上等价关系的证明方法，熟悉的读者可不予理会。

(1) 自反性：对于任意的 $x\in U$，a 作为 U 上的函数，显然有 $a(x_i)=a(x_j)$，因此由式(*)可知 $\langle x, x\rangle\in R_a$，因此 R_a 具有自反性。

(2) 对称性：对于 $x_i, x_j\in U$，如果 $\langle x_i, x_j\rangle\in R_a$，则由式(*)有 $a(x_i)=a(x_j)$，此时当然也有 $a(x_j)=a(x_i)$，于是 $\langle x_j, x_i\rangle\in R_a$，因此 R_a 具有对称性。

(3) 传递性：对于 $x_i, x_j, x_k\in U$，如果 $\langle x_i, x_j\rangle\in R_a$ 且 $\langle x_j, x_k\rangle\in R_a$，则 $a(x_i)=a(x_j)$ 且 $a(x_j)=a(x_k)$。于是 $a(x_i)=a(x_k)$ 或 $\langle x_i, x_k\rangle\in R_a$，因此 R_a 具有传递性。

上述(1)～(3)表明 R_a 是 U 上的等价关系。

为了表示上的方便，我们把等价关系 R_a 直接表示为 a。于是对于 x_i, $x_j\in U$，$\langle x_i, x_j\rangle\in a$ 当且仅当 $a(x_i)=a(x_j)$。从上下文的表述，我们很容易判明 a 是函数，还是等价关系，不会引起误解。下面通过等价关系解释属性约简的含义。

对于 a, $b\in A$，两个等价关系 a 和 b 的交 $a\cap b$ 仍是 U 上的等价关系（见结论 1.5.1）。一般地，对于属性子集 $A_1\subseteq A$，设 $A_1=\{a_1, a_2,\cdots, a_k\}$，如果 $a_1, a_2,\cdots, a_k$ 都视为 U 上的等价关系，则 $a_1\cap a_2\cap\cdots\cap a_k$ 仍是 U 上的等价关系（见结论 1.5.2），并采用符号 $\cap A_1$ 予以表示，即 $\cap A_1=\cap\{a_1, a_2,\cdots, a_k\}=a_1\cap a_2\cap\cdots\cap a_k$。

对于决策系统 $\mathbf{DS}=(U, A, V, f)=(U, C\cup D, V, f)$，令 $C=\{c_1, c_2,\cdots, c_m\}$，则 $\cap C=c_1\cap c_2\cap\cdots\cap c_m$ 是 U 上的等价关系。如果 $C_1=\{c_{i1}, c_{i2},\cdots, c_{ir}\}$ 是 C 的真子集，即 $C_1\subseteq C$ 且 $C_1\neq C$。则 $\cap C_1=c_{i1}\cap c_{i2}\cap\cdots\cap c_{ir}$ 是 U 上的等价关系。我们可以通过 C_1 和 C 解释属性约简的含义，这与 $\cap C_1$ 和 $\cap C$ 相关，具体如下。

如果 $\cap C_1=\cap C$，并且对于 C_1 的任意真子集 C_2（即 $C_2\subseteq C_1$ 且 $C_2\neq C_1$），有 $\cap C_2\neq\cap C_1$，则称 C_1 是 C 的约简。

因此 C_1 是 C 的约简与 $\cap C_1=\cap C$ 以及 $C-C_1\neq\varnothing$ 密切相关。条件 $\cap C_1=\cap C$ 意味着 C_1 和 C 包含相同的信息，或 C_1 和 C 具有相同的功能；条件 $C-C_1\neq\varnothing$ 意味着 $C-C_1$ 中的属性冗余。同时由于 $\cap C_2\neq\cap C_1$，其中 $C_2\subseteq C_1$ 且 $C_2\neq C_1$，这表明 C_1 中无冗余的属性。所以从 C 求其真子集 C_1 的过程就是消除 $C-C_1$ 中冗余属性的处理，该过程往往称为属性约简。属性约简使条件属性集 C 得到了化简处理。

同样，对于决策属性集 D，令 $D_1\subseteq D$ 且 $D_1\neq D$，即 D_1 是 D 的真子集。此时如果 $\cap D_1=\cap D$ 且对于 D_1 的任意真子集 D_2，有 $\cap D_2\neq\cap D_1$，则称 D_1 是 D 的约简。

所以属性约简就是消除条件属性集中的冗余属性，或消除决策属性集中的冗余属性，使条件属性集或决策属性集得到等价性的化简。一般情况下，条件属性集 C 的约简往往不是唯一的。当 C 的真子集 C_1 是 C 的约简时，还可以存在 C 的不同于 C_1 的真子集 C_1'，且 C_1' 也是 C 的约简。同样，对于决策属性集 D，其约简一般也不是唯一的。这里我们不打算再进一步讨论获取条件属性集或决策属性集所有约简的方法，我们只是为了对属性约简的含义进行解释和说明。如果希望了解详尽的方法和完整的讨论，读者可参阅相关的文献。

当 C_1 是 C 的一种约简，D_1 是 D 的一种约简时，C_1 中的属性必然少于 C 的属性，D_1 中的属性一定也少于 D 的属性。此时由于 C_1 和 C 以及 D_1 和 D 包含了相同的信息或具有相同的功能，所以决策系统 $\mathbf{DS}=(U, C\cup D, V, f)$ 可以化简成决策系统 $\mathbf{DS}_1=(U, C_1\cup D, V, f)$，$\mathbf{DS}_2=(U, C\cup D_1, V, f)$ 或 $\mathbf{DS}_3=(U, C_1\cup D_1, V, f)$。与原属性集 $C\cup D$ 相比，属性集 $C_1\cup D$，$C\cup D_1$ 或 $C_1\cup D_1$ 包含更少的属性，且与 $C\cup D$ 的功能相同，所以决策系统 $\mathbf{DS}_1=(U, C_1\cup D, V, f)$，$\mathbf{DS}_2=(U, C\cup D_1, V, f)$ 或 $\mathbf{DS}_3=(U, C_1\cup D_1, V, f)$ 与原决策系统 $\mathbf{DS}=(U, C\cup D, V, f)$ 包含相同的决策信息，或与决策系统 $\mathbf{DS}=(U, C\cup D, V, f)$ 的决策功能完全相同。

严格上讲，$\mathbf{DS}_1=(U, C_1\cup D, V, f)$ 中的信息函数 f 应该记作 f_1，这里 f_1 是从 $U\times(C_1\cup D)$ 到 V 的函数，而决策系统 $\mathbf{DS}=(U, C\cup D, V, f)$ 中的信息函数 f 是从 $U\times(C\cup D)$ 到 V 的函数，f_1 和 f 的定义域有所不同，分别为 $U\times(C_1\cup D)$ 和 $U\times(C\cup D)$，所以函数 f_1 和 f 当然也有所不同。不过 f_1 和 f 之间存在着紧密的联系，这是因为 f_1 的定义域 $U\times(C_1\cup D)$ 是 f 定义域 $U\times(C\cup D)$ 的子集，即 $U\times(C_1\cup D)\subseteq U\times(C\cup D)$，此时我们往往把 f_1 称作 f 在 $U\times(C_1\cup D)$ 上的限制。不过为了方便，我们仍把 f_1 记作 f。对于决策系统 $\mathbf{DS}_2=(U, C\cup D_1, V, f)$ 和 $\mathbf{DS}_3=(U, C_1\cup D_1, V, f)$ 中的信息函数，它与决策系统 $\mathbf{DS}=(U, C\cup D, V, f)$ 中信息函数之间的异同也如此理解。

属性约简是决策系统研究涉及的课题，相关的工作对应着不同的方法，产生了有意义的成果。虽然下面建立的针对决策系统的化简方法与属性约简无关，但我们将从不能再实施属性约简的决策系统出发，展开化简方法的讨论，所以理解属性约简的含义是必要的。下面不妨通过具体的决策系统讨论属性约简的过程。

例如，表 4.5 给出了一决策系统，其中 $U=\{x_1, x_2, x_3, x_4, x_5, x_6\}$；$A=C\cup D=\{c_1, c_2\}\cup\{d_1, d_2, d_3\}$；$V=\{1, 2, 3\}$；信息函数 f 把每一序偶 $\langle x, a\rangle\ (\in U\times A)$ 映射为某属性值 $v\ (\in V)$，表 4.5 给出了 f 的取值情况，如 $f(x_1, c_1)=1$ 或 $c_1(x_1)=1$，$f(x_2, c_2)=2$ 或 $c_2(x_2)=2$，$f(x_4, d_1)=3$ 或 $d_1(x_4)=3$，$f(x_6, d_2)=2$ 或 $d_2(x_6)=2$，$f(x_3, d_3)=3$ 或 $d_3(x_3)=3$ 等。

表 4.5　决策系统 DS

U	c_1	c_2	d_1	d_2	d_3
x_1	1	2	1	3	3
x_2	1	2	1	3	3
x_3	2	3	1	1	3
x_4	2	2	3	1	2
x_5	2	2	3	2	2
x_6	2	2	3	2	2

对于表 4.5 的决策系统 $\mathbf{DS}=(U, C\cup D, V, f)$，考虑决策属性集 $D=\{d_1, d_2, d_3\}$，决策属性 d_k (k=1, 2, 3) 对应的等价关系为 $d_k=\{\langle x_i, x_j\rangle \mid x_i, x_j\in U$ 且 $d_k(x_i)=d_k(x_j)\}$。对于 d_1 和 d_3，以及 $x_i, x_j\in U$，由表 4.5 可知 $d_1(x_i)=d_1(x_j)$ 当且仅当 $d_3(x_i)=d_3(x_j)$，因此作为等价关系，我们得到 $d_1=d_3$，于是 $d_1\cap d_2\cap d_3=d_1\cap d_2$。再考虑等价关系 d_1 和 d_2，由表 4.5，$\langle x_2, x_3\rangle\in d_1$ 但 $\langle x_2, x_3\rangle\notin d_2$，同时$\langle x_3, x_4\rangle\notin d_1$ 但 $\langle x_3, x_4\rangle\in d_2$。所以 $d_1\neq d_1\cap d_2$ 并且 $d_2\neq d_1\cap d_2$，因此$\{d_1, d_2\}$是$\{d_1, d_2, d_3\}$的约简，表 4.5 的决策系统 $\mathbf{DS}=(U, C\cup\{d_1, d_2, d_3\}, V, f)$ 可简化为 $\mathbf{DS}_1=(U, C\cup\{d_1, d_2\}, V, f)$，并由表 4.6 表示。

表 4.6　决策系统 $\mathbf{DS}_1$

U	c_1	c_2	d_1	d_2
x_1	1	2	1	3
x_2	1	2	1	3
x_3	2	3	1	1
x_4	2	2	3	1
x_5	2	2	3	2
x_6	2	2	3	2

化简后的决策系统 $\mathbf{DS}_1=(U, C\cup\{d_1, d_2\}, V, f)$ 包含更少的决策属性，比原决策系统 $\mathbf{DS}=(U, C\cup\{d_1, d_2, d_3\}, V, f)$ 更为简单，使表 4.5 的决策系统得到了化简。不过由于 $d_1\cap d_2=d_1\cap d_2\cap d_3$，两者的功能相同或包含相同的信息，当然在化简后的决策系统中，根据数据满足的条件，确定数据对应结论的判定肯定相对简单。

在下面的讨论中，我们将借助表 4.5 或表 4.6 中的决策系统，解释说明以其他方法对决策系统实施化简的讨论。

对决策系统，属性约简是化简处理的有效方式。但如果不能再通过属性约简对决策系统进一步化简，那么建立其他化简方法自然成为研究者关注的课题。

4.3.2　数据合并及其简化系统

在下面的讨论中，我们将给出一种不涉及属性约简的数据合并方法，以实现对决策系统的化简处理。设 $\mathbf{DS}=(U, A, V, f)=(U, C\cup D, V, f)$ 是一决策系统，其中 $A=C\cup D$。假设 $\mathbf{DS}=(U, C\cup D, V, f)$ 已不能再通过属性约简方法进行化简，此时属性集 $A=C\cup D$ 中的每一个属性都非冗余。实际上，表 4.6 的决策系统已不能再通过属性约简进一步实施化简处理。

当不能进行属性约简时，为了对决策系统 $\mathbf{DS}=(U, C\cup D, V, f)$ 进一步实施化简，我们转向考虑论域 U 中的数据，希望通过对 U 中数据的合并或粒化处理，达到化简决策系统的目的。为此我们关注论域 U 的划分。在定义 1.4.7 中，我们给出了划分的定义，U 的划分是一个集合 $G=\{G_1, G_2,\cdots, G_k\}$，其中 $G_i\ (i=1, 2,\cdots, k)$ 是 U 的子集，即 $G_i\subseteq U$，称为 U 的粒，并且满足下述三个条件：

(1) $G_i\neq\varnothing\ (i=1, 2,\cdots, k)$；

(2) $G_i\cap G_j=\varnothing\ (i\neq j)$；

(3) $G_1\cup G_2\cup\cdots\cup G_k=U$。

论域 U 的划分 $G=\{G_1,G_2,\cdots,G_k\}$ 是对 U 中数据分类的结果，或是对 U 的粒化处理。定义 1.4.7 把子集 $G_i\ (i=1, 2,\cdots, k)$ 称为数据集 U 的粒。对于粒 $G_i\in G$，令 $G_i=\{x_{i1}, x_{i2},\cdots, x_{ir}\}$，当然 $x_{i1}, x_{i2},\cdots, x_{ir}\in U$。此时如果把 $x_{i1}, x_{i2},\cdots, x_{ir}$ 合并成一个数据，则可考虑用粒 G_i 作为合并数据的表示形式。于是引出如下定义。

定义 4.3.1　设 $G=\{G_1, G_2,\cdots, G_k\}$ 是 U 的划分，称 $G=\{G_1, G_2,\cdots, G_k\}$ 为 U 的合并方案集。对于 $G_i\in G$，定义如下：

(1) 如果 $G_i=\{x_{i1}, x_{i2},\cdots, x_{ir}\}\ (r>1)$，则称 G_i 为 $x_{i1}, x_{i2},\cdots, x_{ir}$ 的合并数据；

(2) 如果 $G_i=\{x\}$，则称 G_i 为 x 的保留数据；

(3) 把从数据集 U 出发，求得粒 $G_1, G_2,\cdots, G_k$ 的处理称为数据合并。　□

该定义把划分用于了数据合并概念的描述，目的在于对决策系统实施化简处理。如果有目的构建 U 的合并方案集 $G=\{G_1, G_2,\cdots, G_k\}$，那么粒 $G_1, G_2,\cdots, G_k$ 不仅提供了 U 中数据合并或保留的一种方案，同时又把粒 $G_1, G_2,\cdots, G_k$ 作为合并数据或保留数据的表示形式。当 $G_i=\{x\}$ 时，保留数据 G_i 的形式表明数据 x 不参与数据的合并处理，$G_i\ (=\{x\})$ 与 x 可看作相同的数据。

考查表 4.6 中的决策系统 $\mathbf{DS}_1$，为了讨论的方便，下面把 $\mathbf{DS}_1$ 记作 $\mathbf{DS}$，于是 $\mathbf{DS}=(U, \{c_1, c_2\}\cup\{d_1, d_2\}, V, f)$，其中 $U=\{x_1, x_2, x_3, x_4, x_5, x_6\}$。现给定 U 的一个合并方案集（即划分）$G=\{\{x_1, x_2\}, \{x_3\}, \{x_4\}, \{x_5, x_6\}\}$，同时令 $G_1=\{x_1, x_2\}$，$G_2=\{x_3\}$，$G_3=\{x_4\}$，$G_4=\{x_5, x_6\}$。此时粒 $G_1=\{x_1, x_2\}$ 是数据 x_1, x_2 的合并数据，表示 x_1 和 x_2 合并在了一起。粒 $G_2=\{x_3\}$ 和 $G_3=\{x_4\}$ 分别是 x_3 和 x_4 的保留数据，表明数据 x_3 和 x_4 都不参与合并处理。粒 $G_4=\{x_5, x_6\}$ 表示数据 x_5, x_6 的合并数据。

我们通过划分建立了数据合并的描述方法，目的在于对决策系统实施简化处理。这将涉及决策系统的简化系统的构建，为此我们先进行直观的解释：对于表 4.6 中的决策系统 $\mathbf{DS}=(U, \{c_1, c_2\}\cup\{d_1, d_2\}, V, f)$，把 $U=\{x_1, x_2, x_3, x_4, x_5, x_6\}$ 的

合并方案集 $G=\{\{x_1, x_2\}, \{x_3\}, \{x_4\}, \{x_5, x_6\}\}=\{G_1, G_2, G_3, G_4\}$作为论域，构造另一决策系统 $\mathbf{DS}'=(G, A, V, f')$，并用表 4.7 表示。

表 4.7　决策系统 DS′

G	c_1	c_2	d_1	d_2
G_1	1	2	1	3
G_2	2	3	1	1
G_3	2	2	3	1
G_4	2	2	3	2

其中属性集 $A=\{c_1, c_2\}\cup\{d_1, d_2\}$和属性值域 $V=\{1, 2, 3\}$与表 4.6 决策系统 $\mathbf{DS}=(U, \{c_1, c_2\}\cup\{d_1, d_2\}, V, f)$ 中的对应部分相同；信息函数 f'：$G\times A\to V$ 的取值与信息函数 f 相关，满足这样的条件：对于$\langle G_i, a\rangle\in G\times A$，$f'(G_i, a)=f(x, a)=f(y, a)$，其中 $x, y\in G_i$。这表明 $f'(G_i, a)$ 的定义与 G_i 中数据的选取无关，即对于 $x, y\in G_i$，$f'(G_i, a)=f(x, a)$ 与 $f'(G_i, a)=f(y, a)$ 的定义相同（后面的定理 4.3.2(1) 将给出 $f(x, a)=f(y, a)$ 的证明）。例如，由表 4.6 和表 4.7 可知，$f'(G_1, c_1)=f(x_1, c_1)=f(x_2, c_1)=1$，这里 $x_1, x_2\in G_1(=\{x_1, x_2\})$；$f'(G_3, d_1)=f(x_4, d_1)=3$，其中 $x_4\in G_3(=\{x_4\})$ 等。

从表 4.6 的决策系统 $\mathbf{DS}=(U, A, V, f)$ 到表 4.7 的决策系统 $\mathbf{DS}'=(G, A, V, f')$ 的转换可看作对决策系统 $\mathbf{DS}=(U, A, V, f)$ 的化简处理，之所以称为化简是因为合并方案集 $G=\{G_1, G_2, G_3, G_4\}$中的数据（4 个）少于论域 $U=\{x_1, x_2, x_3, x_4, x_5, x_6\}$中的数据（6 个），此时信息函数 f'定义域 $G\times A$ 中的数据自然也少于 f 定义域 $U\times A$ 中的数据。

一般情况下，对于决策系统 $\mathbf{DS}=(U, A, V, f)$，如果我们构建了 U 的合并方案集 $G=\{G_1, G_2,\cdots, G_k\}$，并以 G 为论域构建另一决策系统 $\mathbf{DS}'=(G, A, V, f')$，满足 $f'(G_i, a)=f(x, a)=f(y, a)$，其中$\langle G_i, a\rangle\in G\times A$ 且 $x, y\in G_i$，那么从决策系统 $\mathbf{DS}=(U, A, V, f)$ 到决策系统 $\mathbf{DS}'=(G, A, V, f')$ 的处理是我们关注的问题，为此引入如下定义。

定义 4.3.2　设 $\mathbf{DS}=(U, A, V, f)$ 是决策系统，$G=\{G_1, G_2,\cdots, G_k\}$是 U 的合并方案集。如果 $\mathbf{DS}'=(G, A, V, f')$ 是以 G 作为论域的另一决策系统，且对于$\langle G_i, a\rangle\in G\times A$，满足 $f'(G_i, a)=f(x, a)=f(y, a)$，其中 $x, y\in G_i$，则：

(1) f' 称为 f 的简化式。

(2) $\mathbf{DS}'=(G, A, V, f')$ 称为 $\mathbf{DS}=(U, A, V, f)$ 的简化系统。　□

当 $x, y\in G_i$ 时，$f'(G_i, a)=f(x, a)=f(y, a)$ 的要求表明 $f'(G_i, a)$ 的定义与 G_i 中数据的选择无关，完全依赖合并方案集 $G=\{G_1, G_2,\cdots, G_k\}$中合并数据或保留数据 $G_1, G_2,\cdots, G_k$ 的构成。这种对信息函数 f'的定义是化简方法形成的重要环节。

从决策系统 $\mathbf{DS}=(U, A, V, f)$ 到简化系统 $\mathbf{DS}'=(G, A, V, f')$ 的处理与 U 的合并方案集 G 密切相关，合并方案集 G 记录了合`并数据的信息，是数据合并的表示方法或描述形式。所以从决策系统 **DS**=(U, A, V, f) 到简化系统 **DS**′=(G, A, V, f') 的转换体现了一类数据合并成一个数据的化简思想。基于数据合并的数据处理，使决策系统得以简化的方法显然不同于消除冗余属性的属性约简。所以自然要提出决策系统 **DS**=(U, A, V, f) 与简化系统 **DS**′=(G, A, V, f') 是否等价的问题，不仅如此，相关的问题将引出后面的讨论。

由于简化系统 **DS**′=(G, A, V, f') 比 **DS**=(U, A, V, f) 更简单，而且构建简化系统的过程显然不同于消除冗余属性的属性约简，所以从决策系统到其简化系统的处理值得进一步考虑，这涉及如下问题：

(1) 如何构建 U 的合并方案集 $G=\{G_1,G_2,\cdots,G_k\}$，使得 **DS**′=(G, A, V, f') 是 **DS**=(U, A, V, f) 的简化系统？

(2) 怎样的合并方案集 $G=\{G_1, G_2,\cdots, G_k\}$能够保证当 $G_i\in G$ 且 $x, y\in G_i$ 时，有 $f'(G_i, a)=f(x, a)=f(y, a)$，即 f'是 f 的简化式？

(3) **DS**′=(G, A, V, f') 和 **DS**=(U, A, V, f) 是否具有相同的功能或它们等价吗？如何理解并证明它们的等价性？

下面的讨论将围绕这些问题展开。为了给出答案，我们的讨论将利用决策系统上的公式和公式对应的粒。在前面的讨论中，定义 4.1.3 和定义 4.1.4 分别给出了公式和粒的定义，它们都关联着我们对决策系统 **DS**=(U, A, V, f) 实施的化简。我们将利用某些公式对应的粒构建论域 U 的合并方案集，由此可构建 **DS**=(U, A, V, f) 的简化系统，从而达到化简决策系统的目的，而这种化简方法与基于属性约简的决策系统化简无任何关系。

4.3.3　属性子集及其合并方案集

在决策系统 **DS**=(U, A, V, f) 中，考虑属性集 A 的一个子集 $B\subseteq A$。设 $B=\{a_1,\cdots, a_k\}$，则按照定义 4.1.3，当 $v_1,\cdots,v_k\in V$时，我们得到 **DS**=(U, A, V, f) 上的公式 $\mathcal{E}=(a_1, v_1)\wedge\cdots\wedge(a_k, v_k)$。再考虑 k 个属性值 $w_1,\cdots, w_k\in V$，如果$\{w_1,\cdots, w_k\}\neq\{v_1,\cdots, v_k\}$，则 $\mathcal{F}=(a_1, w_1)\wedge\cdots\wedge(a_k, w_k)$ 也是 **DS**=(U, A, V, f) 上的公式，且不同于公式 $\mathcal{E}=(a_1, v_1)\wedge\cdots\wedge(a_k, v_k)$。此时公式 $\mathcal{E}$ 和 $\mathcal{F}$ 分别对应粒 $|\mathcal{E}|$ 和 $|\mathcal{F}|$。当 $\mathcal{E}\neq\mathcal{F}$ 时，下述的定理 4.3.1 的证明将表明 $|\mathcal{E}|\cap|\mathcal{F}|=\varnothing$，此时当然 $|\mathcal{E}|\neq|\mathcal{F}|$。于是利用 B 可引出粒的集合。

定义 4.3.3　设 **DS**=(U, A, V, f) 是决策系统，对于 $B=\{a_1,\cdots, a_k\}\subseteq A$，令 $G(B)=\{|\mathcal{E}| \mid \mathcal{E}=(a_1, v_1)\wedge\cdots\wedge(a_k, v_k)$，这里 $v_1,\cdots, v_k\in V$ 且 $|\mathcal{E}|\neq\varnothing\}$。称 $G(B)$ 为 B-集合。　□

该定义表明，B-集合 $G(B)$ 基于属性子集 $B=\{a_1,\cdots, a_k\}$确定产生，与形如 $\mathcal{E}=(a_1, v_1)\wedge\cdots\wedge(a_k, v_k)$ 的公式密切相关，由此类公式对应的非空粒构成。所以当 $v_1,\cdots, v_k\in V$ 且 $w_1,\cdots, w_k\in V$ 时，如果$\{v_1,\cdots, v_k\}\neq\{w_1,\cdots, w_k\}$ 且 $|\mathcal{E}|=|(a_1, v_1)\wedge\cdots\wedge(a_k, v_k)|\neq\varnothing$ 及 $|\mathcal{F}|=|(a_1, w_1)\wedge\cdots\wedge(a_k, w_k)|\neq\varnothing$，则粒 $|\mathcal{E}|$ 和 $|\mathcal{F}|$ 都属于 B-集合 $G(B)$，即 $|\mathcal{E}|\in$

$G(B)$ 且 $|\mathcal{F}|\in G(B)$。

B-集合 $G(B)$ 由属性子集 B 确定产生，所以当 $B_1\subseteq A$ 且 $B_1\neq B$ 时，属性子集 B_1 可确定不同于 $G(B)$ 的 B_1-集合 $G(B_1)$。

我们引入 B-集合 $G(B)$ 的目的是构建决策系统 $\mathbf{DS}=(U, A, V, f)$ 的简化系统，按照定义 4.3.2 的要求，这需要 U 的合并方案集作为前提条件。B-集合 $G(B)$ 的引入就是为了此目的，为此我们先给出与 B-集合 $G(B)$ 相关的定理。

定理 4.3.1　设 $\mathbf{DS}=(U, A, V, f)$ 是决策系统，且 $B=\{a_1,\cdots, a_i,\cdots, a_k\}\subseteq A$，则 B-集合 $G(B)$ 是 U 的合并方案集 (即 $G(B)$ 是 U 的划分)。

证明　如下的 (1)～(3) 将表明 B-集合 $G(B)$ 是论域 U 的划分，即 $G(B)$ 是 U 的合并方案集：

(1) 对于 $|\mathcal{E}|\in G(B)$，由定义 4.3.3 可知 $|\mathcal{E}|\neq\varnothing$。

(2) 对于 $|\mathcal{E}|, |\mathcal{F}|\in G(B)$，若 $|\mathcal{E}|\neq|\mathcal{F}|$，则可以证明 $|\mathcal{E}|\cap|\mathcal{F}|=\varnothing$。事实上，$|\mathcal{E}|\neq|\mathcal{F}|$ 蕴含 $\mathcal{E}\neq\mathcal{F}$，这里 $\mathcal{E}=(a_1, u_1)\wedge\cdots\wedge(a_i, u_i)\wedge\cdots\wedge(a_k, u_k)$，$\mathcal{F}=(a_1, v_1)\wedge\cdots\wedge(a_i, v_i)\wedge\cdots\wedge(a_k, v_k)$，且因为 $\mathcal{E}\neq\mathcal{F}$，所以存在 $i\ (1\leqslant i\leqslant k)$，使得 $u_i\neq v_i$。对于任意 $x\in|\mathcal{E}|$，由于 $|\mathcal{E}|=|(a_1, u_1)\wedge\cdots\wedge(a_i, u_i)\wedge\cdots\wedge(a_k, u_k)|=|(a_1, u_1)|\cap\cdots\cap|(a_i, u_i)|\cap\cdots\cap|(a_k, u_k)|$ (见定理 4.1.1(3))，故 $x\in|(a_j, u_j)|\ (j=1,\cdots,i,\cdots,k)$。由定理 4.1.1(1) 知 $a_j(x)=u_j\,(j=1,\cdots, i,\cdots, k)$。因为 $u_i\neq v_i$，所以 $a_i(x)\neq v_i$。仍由定理 4.1.1(1) 知 $x\notin|(a_i, v_i)|$，于是 $x\notin|(a_1, v_1)|\cap\cdots\cap|(a_i, v_i)|\cap\cdots\cap|(a_k, v_k)|$。因为 $|(a_1, v_1)|\cap\cdots\cap|(a_i, v_i)|\cap\cdots\cap|(a_k, v_k)|=|(a_1, v_1)\wedge\cdots\wedge(a_i, v_i)\wedge\cdots\wedge(a_k, v_k)|=|\mathcal{F}|$，所以 $x\notin|\mathcal{F}|$。以上证明了如果 $x\in|\mathcal{E}|$，则 $x\notin|\mathcal{F}|$，故 $|\mathcal{E}|\cap|\mathcal{F}|=\varnothing$。

(3) 令 $\cup G(B)$ 表示 $G(B)$ 中所有粒的并，如当 $G(B)=\{|\mathcal{E}_1|, |\mathcal{E}_2|, |\mathcal{E}_3|\}$ 时，$\cup G(B)=|\mathcal{E}_1|\cup|\mathcal{E}_2|\cup|\mathcal{E}_3|$。可以证明 $\cup G(B)=U$，这里 U 是决策系统 $\mathbf{DS}=(U, A, V, f)$ 中的论域。事实上，当 $|\mathcal{E}|\in G(B)$ 时，由于 $|\mathcal{E}|\subseteq U$，则 $\cup G(B)\subseteq U$。另外，对于 $x\in U$，令 $a_1(x)=v_1,\cdots$，且 $a_k(x)=v_k$，其中 $v_1,\cdots, v_k\in V$。由定理 4.1.1(1) 有 $x\in|(a_1, v_1)|,\cdots$，且 $x\in|(a_k, v_k)|$。于是 $x\in|(a_1, v_1)|\cap\cdots\cap|(a_k, v_k)|=|(a_1, v_1)\wedge\cdots\wedge(a_k, v_k)|$。令 $\mathcal{E}=(a_1, v_1)\wedge\cdots\wedge(a_k, v_k)$，则 $x\in|\mathcal{E}|$，所以 $|\mathcal{E}|\neq\varnothing$，因此 $|\mathcal{E}|\in G(B)$，由 $x\in|\mathcal{E}|$，知 $x\in\cup G(B)$，故 $U\subseteq\cup G(B)$。这样由 $\cup G(B)\subseteq U$ 和 $U\subseteq\cup G(B)$ 推得 $\cup G(B)=U$。　□

因此，对于决策系统 $\mathbf{DS}=(U, A, V, f)$ 中属性集 A 的属性子集 B，即 $B\subseteq A$，B-集合 $G(B)$ 构成论域 U 的合并方案集 (即划分)。如果 $B=A$，当然 $A\subseteq A$，由定理 4.3.1，A-集合 $G(A)$ 是 U 的合并方案集。对于 $|\mathcal{E}|\in G(A)$，粒 $|\mathcal{E}|$ 对应公式 $\mathcal{E}$。因为公式满足一定的规则，所以即使 U 中包含海量的数据，A 拥有众多的属性，A-集合 $G(A)$ 中粒与公式的联系必然可使 $G(A)$ 通过程序化方法得以产生。

更值得表明的是，作为 U 的合并方案集，A-集合 $G(A)$ 可用于决策系统 $\mathbf{DS}=(U, A, V, f)$ 简化系统的构建。

4.3.4 A-集合及其简化式

对于决策系统 **DS**$=(U,A,V,f)$，由定理 4.3.1，A-集合 $G(A)$ 构成 U 的合并方案集(即划分)。利用 $G(A)$，我们构造另一决策系统 **DS**$'=(G(A),A,V,f')$，它以 A-集合 $G(A)$ 作为论域，其中的信息函数 f'：$G(A)\times A\to V$ 如此定义：

如果 $\langle|\mathcal{E}|,a\rangle\in G(A)\times A$，则令 $f'(|\mathcal{E}|,a)=f(x,a)$，这里 $x\in|\mathcal{E}|$。

对 $f'(|\mathcal{E}|,a)=f(x,a)$ 的定义表明，x 是粒$|\mathcal{E}|$中任意的数据，或由 $f'(|\mathcal{E}|,a)=f(x,a)$ 展示的通过 $f(x,a)$ 对 $f'(|\mathcal{E}|,a)$ 的定义与粒 $|\mathcal{E}|$ 中数据的选取无关，即对于 $y\in|\mathcal{E}|$，当 $y\neq x$ 时，可以采用 $f'(|\mathcal{E}|,a)=f(y,a)$ 对 $f'(|\mathcal{E}|,a)$ 进行定义。

因此只有当 $y\in|\mathcal{E}|$，$y\neq x$ 且 $f(y,a)=f(x,a)$ 时，f'才能成为从 $G(A)\times A$ 到 V 的函数，此时由定义 4.3.2，f'是 f 的简化式，同时 **DS**$'=(G(A),A,V,f')$ 是 **DS**$=(U,A,V,f)$ 的简化系统。下面证明 $f(y,a)=f(x,a)$，其中 $x,y\in|\mathcal{E}|$。

定理 4.3.2　对于$\langle|\mathcal{E}|,a\rangle\in G(A)\times A$，即$|\mathcal{E}|\in G(A)$ 且 $a\in A$，令 $f'(|\mathcal{E}|,a)=f(x,a)$，其中 $x\in|\mathcal{E}|$。则：

(1) 对于任意的 $y\in|\mathcal{E}|$，有 $f(y,a)=f(x,a)$。

(2) 表示式 $f'(|\mathcal{E}|,a)$ 可以记作 $a(|\mathcal{E}|)$，此时对于 $x\in|\mathcal{E}|$，有 $a(|\mathcal{E}|)=a(x)$。

证明　设 $A=\{a_1,\cdots,a_i,\cdots,a_r\}$。由于 $a\in A$，令 $a=a_i\ (1\leqslant i\leqslant r)$，则 $f(x,a)=f(x,a_i)$，$f(y,a)=f(y,a_i)$。

(1) 因为$|\mathcal{E}|\in G(A)$，根据定义 4.3.3，$\mathcal{E}=(a_1,v_1)\wedge\cdots\wedge(a_i,v_i)\wedge\cdots\wedge(a_r,v_r)$，其中 $v_1,\cdots,v_i,\cdots,v_r\in V$。由定理 4.1.1(3)，$|\mathcal{E}|=|(a_1,v_1)|\cap\cdots\cap|(a_i,v_i)|\cap\cdots\cap|(a_r,v_r)|$，所以$|\mathcal{E}|\subseteq|(a_i,v_i)|$。于是如果 $x,y\in|\mathcal{E}|$，则 $x,y\in|(a_i,v_i)|$。由定理 4.1.1(1) 知 $a_i(x)=v_i$ 且 $a_i(y)=v_i$，即 $a_i(x)=a_i(y)$。按照 $a_i(x)=f(x,a_i)$ 及 $a_i(y)=f(y,a_i)$ 的表示约定（见 4.1.1 节的讨论），便得到 $f(x,a_i)=f(y,a_i)$。

(2) 把表示式 $f'(|\mathcal{E}|,a)$ 记作 $a(|\mathcal{E}|)$ 与把 $f(x,a)=v$ 表示为 $a(x)=v=f(x,a)$ 的做法是相同的。由于 $f'(|\mathcal{E}|,a)=f(x,a)$，这里 $x\in|\mathcal{E}|$，所以对于 $x\in|\mathcal{E}|$，有 $a(|\mathcal{E}|)=a(x)$。　□

因此，A-集合 $G(A)$ 不仅构成 U 的合并方案集，同时可以保证 f' 是 f 的简化式，即 $f'(|\mathcal{E}|,a)=f(x,a)=f(y,a)$，其中$\langle|\mathcal{E}|,a\rangle\in G(A)\times A$ 且 $x,y\in|\mathcal{E}|$。于是按照定义 4.3.2 要求的条件，**DS**$'=(G(A),A,V,f')$ 是 **DS**$=(U,A,V,f)$ 的简化系统，从而回答了 4.3.2 节后端 (1) 和 (2) 中的问题。

可以结合表 4.6 的决策系统 **DS**$=(U,A,V,f)$，展示以 A-集合 $G(A)$ 作为其论域 $U=\{x_1,x_2,x_3,x_4,x_5,x_6\}$的合并方案集，构建该决策系统简化系统的过程。注意到 $A=\{c_1,c_2\}\cup\{d_1,d_2\}=\{c_1,c_2,d_1,d_2\}$，所以基于表 4.6，可构造 **DS**$=(U,A,V,f)$ 上的公式 $\mathcal{E}_1=(c_1,1)\wedge(c_2,2)\wedge(d_1,1)\wedge(d_2,3)$，$\mathcal{E}_2=(c_1,2)\wedge(c_2,3)\wedge(d_1,1)\wedge(d_2,1)$，$\mathcal{E}_3=(c_1,2)\wedge(c_2,2)\wedge(d_1,3)\wedge(d_2,1)$ 和 $\mathcal{E}_4=(c_1,2)\wedge(c_2,2)\wedge(d_1,3)\wedge(d_2,2)$。由表 4.6 易知 $|\mathcal{E}_1|=\{x_1,x_2\}=G_1$，$|\mathcal{E}_2|=\{x_3\}=G_2$，$|\mathcal{E}_3|=\{x_4\}=G_3$ 及 $|\mathcal{E}_4|=\{x_5,x_6\}=G_4$。因

此，$G(A)=\{\ |\mathcal{E}|\ |\ \mathcal{E}=(c_1, v_1)\wedge(c_2, v_2)\wedge(d_1, v_3)\wedge(d_2, v_4)$，其中 $v_1, v_2, v_3, v_4\in V$ 且 $|\mathcal{E}|\neq\varnothing\}=\{|\mathcal{E}_1|, |\mathcal{E}_2|, |\mathcal{E}_3|, |\mathcal{E}_4|\}=\{G_1, G_2, G_3, G_4\}$。于是 $G(A)=G$，这里 $G=\{G_1, G_2, G_3, G_4\}$就是表 4.7 决策系统 $\mathbf{DS}'=(G, A, V, f')$ 中的论域，因此由定理 4.3.2 可知，表 4.7 的决策系统 $\mathbf{DS}'=(G, A, V, f')=(G(A), A, V, f')$ 是表 4.6 决策系统 $\mathbf{DS}=(U, A, V, f)$ 的简化系统，同时 f' 是 f 的简化式，表 4.7 下面的讨论已表明了 f' 和 f 之间的联系，如 $f'(G_1, c_1)=f(x_1, c_1)=f(x_2, c_1)=1$，这里 $x_1, x_2\in G_1(=\{x_1, x_2\})$；$f'(G_3, d_1)=f(x_4, d_1)=3$，其中 $x_4\in G_3(=\{x_4\})$ 等，这些都是 f' 作为 f 的简化式需要满足的条件。

作为合并方案集，A-集合 $G(A)=\{G_1, G_2, G_3, G_4\}$指明了 $U=\{x_1, x_2, x_3, x_4, x_5, x_6\}$ 中数据合并或保留的信息。具体地，粒 $G_1=|\mathcal{E}_1|=\{x_1, x_2\}$表明它是数据 x_1 和 x_2 的合并数据，表示把 x_1 和 x_2 合并在了一起；粒 $G_2=|\mathcal{E}_2|=\{x_3\}$是数据 x_3 的保留数据，表示 x_3 不与其他数据合并；粒 $G_3=|\mathcal{E}_3|=\{x_4\}$是数据 x_4 的保留数据；粒 $G_4=|\mathcal{E}_4|=\{x_5, x_6\}$是数据 x_5 和 x_6 的合并数据。数据合并方法支撑了从决策系统 $\mathbf{DS}=(U, A, V, f)$ 到其简化系统 $\mathbf{DS}'=(G(A), A, V, f')$ 的转换，A-集合 $G(A)$ 在转换中起到了关键的作用，它不仅形成了 U 的合并方案集，同时确保了 f' 是 f 简化式的成立。

在上述 A-集合 $G(A)=\{G_1, G_2, G_3, G_4\}=\{\{x_1, x_2\}, \{x_3\}, \{x_4\}, \{x_5, x_6\}\}$中，$\{x_1, x_2\}$, $\{x_3\}$, $\{x_4\}$和$\{x_5, x_6\}$都是某一公式对应的粒，或它们都可以由公式确定产生。如果我们不考虑公式，仅考虑数据集 $U=\{x_1, x_2, x_3, x_4, x_5, x_6\}$的划分或合并方案集，则 $G_1=\{\{x_1\}, \{x_2\}, \{x_3\}, \{x_4\}, \{x_5, x_6\}\}$也是 $U=\{x_1, x_2, x_3, x_4, x_5, x_6\}$的合并方案集（即划分）。现以 G_1 为论域，构造决策系统 $\mathbf{DS}_1=(G_1, A, V, f_1)$，其信息函数仍以 $f_1(G_i, a)=f(x, a)$ 的方式予以定义，其中$\langle G_i, a\rangle\in G_1\times A$ 且 $x\in G_1$。不难知晓 $\mathbf{DS}_1=(G_1, A, V, f_1)$ 也是表 4.6 决策系统 $\mathbf{DS}=(U, A, V, f)$ 的简化系统，此时由于 $G_1=\{\{x_1\}, \{x_2\}, \{x_3\}, \{x_4\}, \{x_5, x_6\}\}$中数据的个数（5 个）比 $U=\{x_1, x_2, x_3, x_4, x_5, x_6\}$中数据的个数（6 个）少，故简化系统 $\mathbf{DS}_1=(G_1, A, V, f_1)$ 比表 4.6 中的决策系统 $\mathbf{DS}=(U, A, V, f)$ 简单。虽然 $\mathbf{DS}'=(G(A), A, V, f')$ 和 $\mathbf{DS}_1=(G_1, A, V, f_1)$ 都是表 4.6 决策系统 $\mathbf{DS}=(U, A, V, f)$ 的简化系统，但由于 A-集合 $G(A)$ 中的每一粒可由公式确定产生，则 A-集合 $G(A)$ 必然可以得到程序化的处理。又因为 $G(A)=\{G_1, G_2, G_3, G_4\}$中数据的个数（4 个）比 $G_1=\{\{x_1\}, \{x_2\}, \{x_3\}, \{x_4\}, \{x_5, x_6\}\}$中数据的个数（5 个）更少，于是我们对以 A-集合 $G(A)$ 为论域的简化系统 $\mathbf{DS}'=(G(A), A, V, f')$ 给予特别的关注，给出如下定义。

定义 4.3.4　设 $\mathbf{DS}=(U, A, V, f)$ 是决策系统，以 A-集合 $G(A)$ 作为论域的简化系统 $\mathbf{DS}'=(G(A), A, V, f')$ 称为决策系统 $\mathbf{DS}=(U, A, V, f)$ 的简化式。□

由于 A-集合 $G(A)$ 是唯一确定的，故决策系统 $\mathbf{DS}=(U, A, V, f)$ 的简化式 $\mathbf{DS}'=(G(A), A, V, f')$ 自然唯一，决策系统及其简化式之间的联系是如下关注的问题。

由于 **DS**′=$(G(A), A, V, f')$ 比 **DS**=(U, A, V, f) 更简单，这预示着我们实现了从 **DS**=(U, A, V, f) 到 **DS**′=$(G(A), A, V, f')$ 的化简。不过只有当 **DS**′=$(G(A), A, V, f')$ 和 **DS**=(U, A, V, f) 的功能相同或两者等价时，从 **DS**=(U, A, V, f) 到 **DS**′=$(G(A), A, V, f')$ 的化简才具有意义。这是 4.3.2 节后端 (3) 中提出的问题，是接下来讨论的内容。

4.3.5 决策系统的等价性讨论

为了讨论决策系统 **DS** =(U, A, V, f) 与其简化式 **DS**′=$(G(A), A, V, f')$ 具有相同的功能，我们将给出两者等价的定义。设 $A=C\cup D=\{c_1,\cdots, c_m\}\cup\{d_1,\cdots, d_n\}$，则 **DS**=$(U, A, V, f)=(U, \{c_1,\cdots, c_m\}\cup\{d_1,\cdots, d_n\} V, f)$ 中的条件属性 $c_1,\cdots, c_m$ 和决策属性 $d_1,\cdots, d_n$ 都得到了明确的展示，此时 $\mathcal{E}\to\mathcal{F}=(c_1, u_1)\wedge\cdots\wedge(c_m, u_m)\to(d_1, v_1)\wedge\cdots\wedge(d_n, v_n)$ 是 **DS**=(U, A, V, f) 上的决策公式。定义 4.1.6 把判定粒包含 $|\mathcal{E}|\subseteq|\mathcal{F}|$ 是否成立的过程称为对应于 $\mathcal{E}\to\mathcal{F}$ 的决策，简称决策。对于决策公式 $\mathcal{E}\to\mathcal{F}=(c_1, u_1)\wedge\cdots\wedge(c_m, u_m)\to(d_1, v_1)\wedge\cdots\wedge(d_n, v_n)$，它涉及 A 中的所有条件属性 $c_1,\cdots, c_m$ 和所有决策属性 $d_1,\cdots, d_n$，并与 V 中的属性值 $u_1,\cdots, u_m$ 和 $v_1,\cdots, v_n$ 相关。因为粒 $|\mathcal{E}|$ 和 $|\mathcal{F}|$ 是由 f 从 U 中分离出的部分，所以粒 $|\mathcal{E}|$ 和 $|\mathcal{F}|$ 与论域 U 和信息函数 f 联系在一起，因此决策公式 $\mathcal{E}\to\mathcal{F}$ 以及粒 $|\mathcal{E}|$ 和 $|\mathcal{F}|$ 关联于决策系统 **DS**=(U, A, V, f) 各组成部分的信息。由于决策系统记录的是数据满足的条件，应对相关结论的因果联系的信息，决策公式是因果对应的公式表示，可看作承担决策的载体或支撑，所以把决策系统 **DS**=(U, A, V, f) 看作由一系列决策公式构成的系统是被大家接受的，这与决策系统是由一系列决策信息汇集而成的通常认识相一致。

因为决策公式是决策的承载或支撑，所以可设想把决策系统 **DS**=(U, A, V, f) 及其简化式 **DS**′=$(G(A), A, V, f')$ 的等价定义与决策在 **DS** 和 **DS**′中同为确定或同为不确定的判定联系在一起。为此我们首先关注决策系统的分类问题。

定义 4.3.5 设 **DS**=(U, A, V, f) 和 **DS**′=(U', A, V, f') 是两个决策系统，它们具有相同的属性集 A 和属性值域 V。在这种情况下，称 **DS**=(U, A, V, f) 和 **DS**′=(U', A, V, f') 是同类的决策系统，或称 **DS**=(U, A, V, f) 和 **DS**′=(U', A, V, f') 是同类的。 □

由于 **DS**=(U, A, V, f) 上的公式由 A 中的属性和 V 中的属性值按照公式的生成规则确定产生（见定义 4.1.3），如果决策系统 **DS**=(U, A, V, f) 和 **DS**′=(U', A, V, f') 是同类的，则 **DS**=(U, A, V, f) 上的公式必然也是 **DS**′=(U', A, V, f') 上的公式，反之亦然，即 **DS**=(U, A, V, f) 上的公式的集合与 **DS**′=(U', A, V, f') 上公式的集合是相同的。令 $\mathcal{E}$ 是 **DS**=(U, A, V, f) 和 **DS**′=(U', A, V, f') 上的公式，当 $\mathcal{E}$ 作为 **DS**=(U, A, V, f) 上的公式时，有 $|\mathcal{E}|\subseteq U$，而当 $\mathcal{E}$ 作为 **DS**′=(U', A, V, f') 上的公式时，有 $|\mathcal{E}|\subseteq U'$。于是为了定义 **DS**=$(U, A, V, f)$ 和 **DS**′=(U', A, V, f') 之间的等价

性，先对 $|\mathcal{E}|\subseteq U$ 和 $|\mathcal{E}|\subseteq U'$ 的情况进行区分，然后给出两个决策系统等价的定义。

定义 4.3.6　设 $\mathbf{DS}=(U, A, V, f)$ 和 $\mathbf{DS}'=(U', A, V, f')$ 是同类的决策系统，如果 $\mathcal{E}$ 是 **DS** 和 **DS**′上的公式，则：

(1) 当 $\mathcal{E}$ 作为决策系统 $\mathbf{DS}=(U, A, V, f)$ 上的公式时，粒 $|\mathcal{E}|$ 记作 $|\mathcal{E}|_U$，即 $|\mathcal{E}|=|\mathcal{E}|_U$ 且 $|\mathcal{E}|_U\subseteq U$。

(2) 当 $\mathcal{E}$ 作为决策系统 $\mathbf{DS}'=(U', A, V, f')$ 上的公式时，粒 $|\mathcal{E}|$ 记作 $|\mathcal{E}|_{U'}$，即 $|\mathcal{E}|=|\mathcal{E}|_{U'}$且 $|\mathcal{E}|_{U'}\subseteq U'$。

(3) 对于 $\mathbf{DS}=(U, A, V, f)$ 和 $\mathbf{DS}'=(U', A, V, f')$ 上的任一决策公式 $\mathcal{E}\to\mathcal{F}$，如果对应于 $\mathcal{E}\to\mathcal{F}$ 的决策在 $\mathbf{DS}=(U, A, V, f)$ 中是确定的当且仅当对应于 $\mathcal{E}\to\mathcal{F}$ 的决策在 $\mathbf{DS}'=(U', A, V, f')$ 中是确定的，则称决策系统 $\mathbf{DS}=(U, A, V, f)$ 和 $\mathbf{DS}'=(U', A, V, f')$ 是等价的。 □

两个同类决策系统 $\mathbf{DS}=(U, A, V, f)$ 和 $\mathbf{DS}'=(U', A, V, f')$ 的等价是由对应于任一决策公式的决策在它们中具有相同的确定性定义的。决策系统记录的内容就是条件对应结果的决策信息，同时对应于决策公式的决策确定与否是对决策信息的推理形式的表示。所以根据对应于决策公式的决策具有相同的确定性，实施对两决策系统等价性的定义正是对两个决策系统具有相同决策功能的反映。因此，定义 4.3.6(3) 给出的两决策系统等价的定义表达了两决策系统的相同决策功能，体现了我们对两决策系统具有相同功能的认识。

当 $\mathcal{E}\to\mathcal{F}$ 作为 $\mathbf{DS}=(U, A, V, f)$ 上的决策公式时，对应于 $\mathcal{E}\to\mathcal{F}$ 的决策在 $\mathbf{DS}=(U, A, V, f)$ 中是确定的意味着 $|\mathcal{E}|_U\subseteq|\mathcal{F}|_U$（见定义 4.1.6(2)）。当 $\mathcal{E}\to\mathcal{F}$ 作为 $\mathbf{DS}'=(U', A, V, f')$ 上的决策公式时，对应于 $\mathcal{E}\to\mathcal{F}$ 的决策在 $\mathbf{DS}'=(U', A, V, f')$ 中是确定的意味着 $|\mathcal{E}|_{U'}\subseteq|\mathcal{F}|_{U'}$。此时 $|\mathcal{E}|_U\subseteq|\mathcal{F}|_U$ 涉及的论域 U 和 $|\mathcal{E}|_{U'}\subseteq|\mathcal{F}|_{U'}$ 中出现的论域 U' 指明了工作的环境是在 $\mathbf{DS}=(U, A, V, f)$ 中进行，还是 $\mathbf{DS}'=(U', A, V, f')$ 中完成。

当对工作环境 $\mathbf{DS}=(U, A, V, f)$ 或 $\mathbf{DS}'=(U', A, V, f')$ 不予关注时，仍采用 $|\mathcal{E}|$ 表示公式 $\mathcal{E}$ 对应的粒。

对 $\mathbf{DS}=(U, A, V, f)$ 和 $\mathbf{DS}'=(U', A, V, f')$ 的等价定义（见定义 4.3.6(3)）意味着对于 $\mathbf{DS}=(U, A, V, f)$ 和 $\mathbf{DS}'=(U', A, V, f')$ 上的任一决策公式 $\mathcal{E}\to\mathcal{F}$，对应于 $\mathcal{E}\to\mathcal{F}$ 的决策在它们中的确定与否是相同的，这表达了两决策系统具有相同的决策功能，并可通过对 $|\mathcal{E}|_U\subseteq|\mathcal{F}|_U$ 和 $|\mathcal{E}|_{U'}\subseteq|\mathcal{F}|_{U'}$ 同时成立或不成立的讨论予以判定。由于针对粒之间包含关系 $|\mathcal{E}|_U\subseteq|\mathcal{F}|_U$ 和 $|\mathcal{E}|_{U'}\subseteq|\mathcal{F}|_{U'}$ 的讨论可认为是粒计算的一种形式，所以对 $\mathbf{DS}=(U, A, V, f)$ 和 $\mathbf{DS}'=(U', A, V, f')$ 等价性的判定与粒计算的数据处理方式密切相关，可看作粒计算数据处理的一种形式。

例 4.1　考虑表 4.6 和表 4.7 的决策系统 $\mathbf{DS}=(U, A, V, f)=(U, \{c_1, c_2\}\cup\{d_1, d_2\}, V, f)$ 和 $\mathbf{DS}'=(G, \{c_1, c_2\}\cup\{d_1, d_2\}, V, f')$，由于它们的属性集 $\{c_1, c_2\}\cup\{d_1, d_2\}$ 和属性值域 V 是相同的，所以决策系统 $\mathbf{DS}=(U, \{c_1, c_2\}\cup\{d_1, d_2\}, V, f)$ 和 $\mathbf{DS}'=(G, \{c_1,$

$c_2\}\cup\{d_1, d_2\}, V, f')$ 是同类的，同时 **DS**$'=(G, \{c_1, c_2\}\cup\{d_1, d_2\}, V, f')$ 是 **DS**$=(U, \{c_1, c_2\}\cup\{d_1, d_2\}, V, f)$ 的简化式，因为它的论域 $G=\{G_1, G_2, G_3, G_4\}$就是 A-集合 $G(A)$，其中 $A=\{c_1, c_2\}\cup\{d_1, d_2\}$，$G_1=\{x_1, x_2\}$，$G_2=\{x_3\}$，$G_3=\{x_4\}$及 $G_4=\{x_5, x_6\}$。令 $\mathcal{E}_1=(c_1, 1)\wedge(c_2, 2)$且 $\mathcal{F}_1=(d_1, 1)\wedge(d_2, 3)$，则 $\mathcal{E}_1\to\mathcal{F}_1=(c_1, 1)\wedge(c_2, 2)\to(d_1, 1)\wedge(d_2, 3)$ 是 **DS**$=(U, \{c_1, c_2\}\cup\{d_1, d_2\}, V, f)$ 和 **DS**$'=(G, \{c_1, c_2\}\cup\{d_1, d_2\}, V, f')$ 上的决策公式，我们可对该决策公式在这两个决策系统中是否为确定的进行讨论。为了参阅的方便，我们把表 4.6 和表 4.7 两决策系统的决策表再列如下，并分别记作表 4.8 和表 4.9。

表 4.8 决策系统 DS

U	c_1	c_2	d_1	d_2
x_1	1	2	1	3
x_2	1	2	1	3
x_3	2	3	1	1
x_4	2	2	3	1
x_5	2	2	3	2
x_6	2	2	3	2

表 4.9 决策系统 DS′

G	c_1	c_2	d_1	d_2
G_1	1	2	1	3
G_2	2	3	1	1
G_3	2	2	3	1
G_4	2	2	3	2

由表 4.8 可求得$|\mathcal{E}_1|_U=\{x_1, x_2\}$且$|\mathcal{F}_1|_U=\{x_1, x_2\}$，所以$|\mathcal{E}_1|_U\subseteq|\mathcal{F}_1|_U$(注意：$|\mathcal{E}_1|_U\subseteq|\mathcal{F}_1|_U$包括$|\mathcal{E}_1|_U=|\mathcal{F}_1|_U$的情况)。同时由表 4.9 可知$|\mathcal{E}_1|_G=\{G_1\}$且$|\mathcal{F}_1|_G=\{G_1\}$，显然$|\mathcal{E}_1|_G\subseteq|\mathcal{F}_1|_G$，因此对应于 $\mathcal{E}_1\to\mathcal{F}_1$ 的决策在 **DS**$=(U, \{c_1, c_2\}\cup\{d_1, d_2\}, V, f)$ 和 **DS**$'=(G, \{c_1, c_2\}\cup\{d_1, d_2\}, V, f')$ 中都是确定的。不妨再考虑 **DS**$=(U, \{c_1, c_2\}\cup\{d_1, d_2\}, V, f)$ 和 **DS**$'=(G, \{c_1, c_2\}\cup\{d_1, d_2\}, V, f')$ 上的另一决策公式 $\mathcal{E}_4\to\mathcal{F}_4=(c_1, 2)\wedge(c_2, 2)\to(d_1, 3)\wedge(d_2, 2)$，这里 $\mathcal{E}_4=(c_1, 2)\wedge(c_2, 2)$且 $\mathcal{F}_4=(d_1, 3)\wedge(d_2, 2)$。由表 4.8 和表 4.9 容易求得$|\mathcal{E}_4|_U=\{x_4, x_5, x_6\}$且$|\mathcal{F}_4|_U=\{x_5, x_6\}$，以及$|\mathcal{E}_4|_G=\{G_3, G_4\}$且$|\mathcal{F}_4|_G=\{G_4\}$。此时$|\mathcal{E}_4|_U\not\subseteq||\mathcal{F}_4|_U$及$|\mathcal{E}_4|_G\not\subseteq|\mathcal{F}_4|_G$，所以对应于 $\mathcal{E}_4\to\mathcal{F}_4$ 的决策在 **DS**$=(U, \{c_1, c_2\}\cup\{d_1, d_2\}, V, f)$ 和 **DS**$'=(G, \{c_1, c_2\}\cup\{d_1, d_2\}, V, f')$ 中都是不确定的。 □

该例的结果不是偶然的，定理 4.3.3 将给予理论上的证明。为此，考虑决策系统 **DS**$=(U, A, V, f)$ 及其简化式 **DS**$'=(G(A), A, V, f')$，这里 $G(A)$ 是 A-集合，两者显然是同类的，因为它们的属性集 A 和属性值域 V 相同。因此，$\mathcal{E}\to\mathcal{F}$ 是 **DS**$=(U,$

A, V, f) 上的决策公式当且仅当 $\mathcal{E}\to\mathcal{F}$ 是 **DS**′=($G(A), A, V, f'$) 上的决策公式。

为了证明 **DS**=(U, A, V, f) 与 **DS**′=($G(A), A, V, f'$) 的等价性，采用符号 G_i (i=1, 2,⋯, k) 表示 A-集合 $G(A)$ 中的数据。当 $A=\{c_1,\cdots, c_m\}\cup\{d_1,\cdots, d_n\}$时，有 $G(A)=\{\ |\mathcal{E}|_U|\ \mathcal{E}=(c_1, u_1)\wedge\cdots\wedge(c_m, u_m)\wedge(d_1, v_1)\wedge\cdots\wedge(d_n, v_n)$，其中 $u_i, v_j\in V(i=1,\cdots, m; j=1,\cdots, n)$ 且 $|\mathcal{E}|_U\neq\varnothing\}$（见定义 4.3.3）。因此，若 $G_i\in G(A)$，则存在 **DS**=(U, A, V, f) 和 **DS**′=($G(A), A, V, f'$) 上的公式 $\mathcal{E}=(c_1, u_1)\wedge\cdots\wedge(c_m, u_m)\wedge(d_1, v_1)\wedge\cdots\wedge(d_n, v_n)$，使得 $G_i=|\mathcal{E}|_U=|(c_1, u_1)\wedge\cdots\wedge(c_m, u_m)\wedge(d_1, v_1)\wedge\cdots\wedge(d_n, v_n)|$。在如下的证明中，我们主要关注 G_i 中的数据(如 $x, y\in G_i$)，并不考虑满足 $G_i=|\mathcal{E}|_U$ 的公式 $\mathcal{E}$，符号 $\mathcal{E}$ 将用于表示条件公式。采用符号 G_i (i=1, 2,⋯, k) 表示 $G(A)$ 中的数据是为了下述证明的可读和清晰。

为了如下的证明，不妨再熟悉或回顾决策是否确定的含义。设 $\mathcal{E}\to\mathcal{F}$ 是 **DS**=(U, A, V, f) 和 **DS**′=($G(A), A, V, f'$) 上的决策公式，对应于 $\mathcal{E}\to\mathcal{F}$ 的决策在 **DS**=(U, A, V, f) 中是确定的意味着粒 $|\mathcal{E}|_U$ 和 $|\mathcal{F}|_U$ 满足 $|\mathcal{E}|_U\subseteq|\mathcal{F}|_U$（见定义 4.1.6(2)）；对应于 $\mathcal{E}\to\mathcal{F}$ 的决策在 **DS**′=($G(A), A, V, f'$) 中是确定的意味着粒 $|\mathcal{E}|_{G(A)}$ 和 $|\mathcal{F}|_{G(A)}$ 满足 $|\mathcal{E}|_{G(A)}\subseteq|\mathcal{F}|_{G(A)}$。在定义 4.1.6(4) 中，我们把判定决策是否确定的过程称为决策推理，决策推理基于决策公式的信息，或由决策公式承担。如下定理将决策推理用于决策系统及其简化式之间等价性的证明，在定理的证明中，我们将使用定理 4.3.2(2) 的结论：若 $\langle G_i, a\rangle\in G(A)\times A$，则 $a(G_i)=a(x)$ ($x\in G_i$)。这里用 G_i 表示 $G(A)$ 中的数据，而在定理 4.3.2(2) 的表述中，A-集合 $G(A)$ 中的数据以粒 $|\mathcal{E}|$ 的形式出现。所以应注意符号的含义，下面定理的证明中我们用 $\mathcal{E}$ 表示条件公式，$|\mathcal{E}|$ 表示该条件公式对应的粒。

定理 4.3.3　设 **DS**=(U, A, V, f) 是决策系统，**DS**′=($G(A), A, V, f'$) 是该决策系统的简化式，则 **DS**=(U, A, V, f) 和 **DS**′=($G(A), A, V, f'$) 是等价的。

证明　令 $A=C\cup D=\{c_1,\cdots,c_m\}\cup\{d_1,\cdots,d_n\}$，且 $\mathcal{E}\to\mathcal{F}$ 是 **DS**=(U, A, V, f) 和 **DS**′=($G(A), A, V, f'$) 上的任一决策公式，其中 $\mathcal{E}=(c_1, u_1)\wedge\cdots\wedge(c_m, u_m)$，$\mathcal{F}=(d_1, v_1)\wedge\cdots\wedge(d_n, v_n)$ 及 $u_i, v_j\in V(i=1, \cdots, m; j=1, \cdots, n)$。为了证明 **DS**=($U, A, V, f$) 与 **DS**′=($G(A), A, V, f'$) 等价，只要证明对应于 $\mathcal{E}\to\mathcal{F}$ 的决策在决策系统 **DS**=(U, A, V, f) 中是确定的当且仅当对应于 $\mathcal{E}\to\mathcal{F}$ 的决策在简化式 **DS**′=($G(A), A, V, f'$) 中是确定的，即证明 $|\mathcal{E}|_U\subseteq|\mathcal{F}|_U$ 当且仅当 $|\mathcal{E}|_{G(A)}\subseteq|\mathcal{F}|_{G(A)}$。

假设 $|\mathcal{E}|_U\subseteq|\mathcal{F}|_U$，这里 $|\mathcal{E}|_U\subseteq U$ 且 $|\mathcal{F}|_U\subseteq U$，此时 $x\in|\mathcal{E}|_U$ 蕴含 $x\in|\mathcal{F}|_U$。由此可证明 $|\mathcal{E}|_{G(A)}\subseteq|\mathcal{F}|_{G(A)}$，这里 $|\mathcal{E}|_{G(A)}\subseteq G(A)$ 及 $|\mathcal{F}|_{G(A)}\subseteq G(A)$。按照上述约定，$G(A)$ 中的数据采用符号 G_i (i=1,2,⋯,k) 表示，因此 $|\mathcal{E}|_{G(A)}$ 和 $|\mathcal{F}|_{G(A)}$ 中的元素也具有 G_i 的形式。下面证明 $|\mathcal{E}|_{G(A)}\subseteq|\mathcal{F}|_{G(A)}$。

对任意 $G_i\in|\mathcal{E}|_{G(A)}$，因为 $\mathcal{E}=(c_1, u_1)\wedge\cdots\wedge(c_m, u_m)$，所以 $G_i\in|\mathcal{E}|_{G(A)}=|(c_1, u_1)\wedge\cdots\wedge(c_m, u_m)|_{G(A)}=|(c_1, u_1)|_{G(A)}\cap\cdots\cap|(c_m, u_m)|_{G(A)}$。于是 $G_i\in|(c_1, u_1)|_{G(A)},\cdots, G_i\in$

$|(c_m, u_m)|_{G(A)}$。由定理 4.1.1(1)，有 $c_1(G_i)=u_1,\cdots, c_m(G_i)=u_m$。由定理 4.3.2(2) 可知，对于 $x\in G_i$，有 $c_1(G_i)=c_1(x),\cdots, c_m(G_i)=c_m(x)$，故 $c_1(x)=u_1,\cdots, c_m(x)=u_m$。再由定理 4.1.1(1) 可知 $x\in|(c_1, u_1)|_U,\cdots, x\in|(c_m, u_m)|_U$，因此 $x\in|(c_1, u_1)|_U\cap\cdots\cap|(c_m, u_m)|_U=|(c_1, u_1)\wedge\cdots\wedge(c_m, u_m)|_U=|\mathcal{E}|_U$，即 $x\in|\mathcal{E}|_U$。由于 $|\mathcal{E}|_U\subseteq|\mathcal{F}|_U$，所以 $x\in|\mathcal{F}|_U=|(d_1, v_1)\wedge\cdots\wedge(d_n, v_n)|_U=|(d_1, v_1)|_U\cap\cdots\cap|(d_n, v_n)|_U$。于是 $x\in|(d_1, v_1)|_U,\cdots, x\in|(d_n, v_n)|_U$，或 $d_1(x)=v_1,\cdots, d_n(x)=v_n$，这里 $x\in G_i$。再利用定理 4.3.2(2)，有 $d_1(G_i)=v_1,\cdots, d_n(G_i)=v_n$。因此，$G_i\in|(d_1, v_1)|_{G(A)},\cdots, G_i\in|(d_n, v_n)|_{G(A)}$，这表明 $G_i\in|(d_1, v_1)|_{G(A)}\cap\cdots\cap|(d_n, v_n)|_{G(A)}=|(d_1, v_1)\wedge\cdots\wedge(d_n, v_n)|_{G(A)}=|\mathcal{F}|_{G(A)}$，即 $G_i\in|\mathcal{F}|_{G(A)}$。上述证明了如果 $G_i\in|\mathcal{E}|_{G(A)}$，则 $G_i\in|\mathcal{F}|_{G(A)}$，故 $|\mathcal{E}|_{G(A)}\subseteq|\mathcal{F}|_{G(A)}$。

反之，假设 $|\mathcal{E}|_{G(A)}\subseteq|\mathcal{F}|_{G(A)}$，下面证明 $|\mathcal{E}|_U\subseteq|\mathcal{F}|_U$。

对任意的 $x\in|\mathcal{E}|_U$，这里 $\mathcal{E}=(c_1, u_1)\wedge\cdots\wedge(c_m, u_m)$，则 $x\in|(c_1, u_1)\wedge\cdots\wedge(c_m, u_m)|_U=|(c_1, u_1)|_U\cap\cdots\cap|(c_m, u_m)|_U$。因此，$x\in|(c_1, u_1)|_U,\cdots, x\in|(c_m, u_m)|_U$，由此可知 $c_1(x)=u_1,\cdots, c_m(x)=u_m$。因为 $x\in|\mathcal{E}|_U$ 且 $|\mathcal{E}|_U\subseteq U$，同时 $G(A)$ 是 U 的划分，所以存在 $G_i\in G(A)$，使得 $x\in G_i$。由定理 4.3.2(2)，有 $c_1(G_i)=u_1,\cdots, c_m(G_i)=u_m$，因此 $G_i\in|(c_1, u_1)|_{G(A)},\cdots, G_i\in|(c_m, u_m)|_{G(A)}$，于是 $G_i\in|(c_1, u_1)|_{G(A)}\cap\cdots\cap|(c_m, u_m)|_{G(A)}=|(c_1, u_1)\wedge\cdots\wedge(c_m, u_m)|_{G(A)}=|\mathcal{E}|_{G(A)}$，即 $G_i\in|\mathcal{E}|_{G(A)}$。由于 $|\mathcal{E}|_{G(A)}\subseteq|\mathcal{F}|_{G(A)}$，所以 $G_i\in|\mathcal{F}|_{G(A)}$，其中 $\mathcal{F}=(d_1, v_1)\wedge\cdots\wedge(d_n, v_n)$。有 $G_i\in|(d_1, v_1)|_{G(A)},\cdots, G_i\in|(d_n, v_n)|_{G(A)}$，于是 $d_1(G_i)=v_1,\cdots, d_n(G_i)=v_n$。因为 $x\in G_i$，再由定理 4.3.2(2) 可得 $d_1(x)=v_1,\cdots, d_n(x)=v_n$。因此，$x\in|(d_1, v_1)|_U,\cdots, x\in|(d_n, v_n)|_U$，这意味着 $x\in|(d_1, v_1)\wedge\cdots\wedge(d_n, v_n)|_U=|\mathcal{F}|_U$，即 $x\in|\mathcal{F}|_U$。上述证明了如果 $x\in|\mathcal{E}|_U$，则 $x\in|\mathcal{F}|_U$，故 $|\mathcal{E}|_U\subseteq|\mathcal{F}|_U$。　□

在该定理证明中，若 $\langle G_i, a\rangle\in G(A)\times A$，则 $a(G_i)=a(x)\ (x\in G_i)$ 的结论（见定理 4.3.2(2)）被多次使用，这表明了 A-集合 $G(A)$ 的重要性，A-集合 $G(A)$ 保证了定理 4.3.3 中结论的成立。

由定义 4.3.6(3)，我们可将定理 4.3.3 表述如下。

推论　设 $\mathbf{DS}'=(G(A), A, V, f')$ 是 $\mathbf{DS}=(U, A, V, f)$ 的简化式。如果 $\mathcal{E}\to\mathcal{F}$ 是 $\mathbf{DS}'=(G(A), A, V, f')$ 和 $\mathbf{DS}=(U, A, V, f)$ 上的决策公式，则：

(1) 对应于 $\mathcal{E}\to\mathcal{F}$ 的决策在 $\mathbf{DS}=(U, A, V, f)$ 中是确定的当且仅当对应于 $\mathcal{E}\to\mathcal{F}$ 的决策在 $\mathbf{DS}'=(G(A), A, V, f')$ 中是确定的。

(2) 对应于 $\mathcal{E}\to\mathcal{F}$ 的决策在 $\mathbf{DS}=(U, A, V, f)$ 中是不确定的当且仅当对应于 $\mathcal{E}\to\mathcal{F}$ 的决策在 $\mathbf{DS}'=(G(A), A, V, f')$ 中是不确定的。　□

决策系统 $\mathbf{DS}=(U, A, V, f)$ 及其简化式 $\mathbf{DS}'=(G(A), A, V, f')$ 的等价，以及 $\mathbf{DS}'=(G(A), A, V, f')$ 比 $\mathbf{DS}=(U, A, V, f)$ 简单的事实意味着在决策系统 $\mathbf{DS}=(U, A, V, f)$ 中实施的决策判定可以等价地转换到其简化式 $\mathbf{DS}'=(G(A), A, V, f')$ 中进行，从而可使问题得到简化处理，或使处理变得更加清晰。

此推论中的结论与决策的确定或不确定的判定相关，这样的判定就是决策推理的过程。因此，决策系统及其简化式的等价与否由决策推理判定确认。同时决策确定与否的判定与粒包含是否成立联系在一起，这展示了粒计算数据处理的一种形式，可看作粒计算数据处理的具体方法。

例 4.2　考虑表 4.6 中的决策系统 **DS**=$(U, \{c_1, c_2\}\cup\{d_1, d_2\}, V, f)$ 和表 4.7 中的决策系统 **DS**′=$(G, \{c_1, c_2\}\cup\{d_1, d_2\}, V, f')$，这里 G 就是 A-集合 $G(A)$，此时 **DS**=$(U, \{c_1, c_2\}\cup\{d_1, d_2\}, V, f)$ 和 **DS**′=$(G, \{c_1, c_2\}\cup\{d_1, d_2\}, V, f')$ 显然是同类的，且 **DS**′=$(G, \{c_1, c_2\}\cup\{d_1, d_2\}, V, f')$ 就是 **DS**=$(U, \{c_1, c_2\}\cup\{d_1, d_2\}, V, f)$ 的简化式。考虑 **DS**=$(U, \{c_1, c_2\}\cup\{d_1, d_2\}, V, f)$ 和 **DS**′=$(G, \{c_1, c_2\}\cup\{d_1, d_2\}, V, f')$ 上的两个决策公式 $\mathcal{E}_1\to\mathcal{F}_1=(c_1, 1)\wedge(c_2, 2)\to(d_1, 1)\wedge(d_2, 3)$ 和 $\mathcal{E}_4\to\mathcal{F}_4=(c_1, 2)\wedge(c_2, 2)\to(d_1, 3)\wedge(d_2, 2)$。例 4.1 的讨论表明：对应于 $\mathcal{E}_1\to\mathcal{F}_1$ 的决策在 **DS**=$(U, \{c_1, c_2\}\cup\{d_1, d_2\}, V, f)$ 和 **DS**′=$(G, \{c_1, c_2\}\cup\{d_1, d_2\}, V, f')$ 中都是确定的，对应于 $\mathcal{E}_4\to\mathcal{F}_4$ 的决策在 **DS**=$(U, \{c_1, c_2\}\cup\{d_1, d_2\}, V, f)$ 和 **DS**′=$(G, \{c_1, c_2\}\cup\{d_1, d_2\}, V, f')$ 都是不确定的。实际上，对应于这两个决策公式的决策在 **DS**=$(U, \{c_1, c_2\}\cup\{d_1, d_2\}, V, f)$ 和 **DS**′=$(G, \{c_1, c_2\}\cup\{d_1, d_2\}, V, f')$ 中的相同情况是由定理 4.3.3 或其推论保证的。　□

至此，在前述准备和相关讨论的基础上，我们证得了定理 4.3.3 的结论，这正是我们期望的结果。从决策系统 **DS**=(U, A, V, f) 到其简化式 **DS**′=$(G(A), A, V, f')$ 的等价转换基于数据合并的处理方法，促成了数据总量的消减，也与决策推理的推演判定密切相关。以数据合并为支撑的决策系统化简，基于决策推理的决策判定，形成了不同于属性约简的针对决策系统的化简方法。由于 **DS**′=$(G(A), A, V, f')$ 比 **DS**=(U, A, V, f) 简单，在简化式 **DS**′=$(G(A), A, V, f')$ 中完成的决策推理判定必然更清晰简明，这正是我们基于数据合并方法对决策系统实施化简的目的。同时利用粒包含定义的决策推理可看作粒计算的一种形式，所以基于数据合并的决策系统化简体现了粒计算的数据处理内涵。

4.3.6　简化式的进一步讨论

在本节的最后，我们进一步讨论关于决策系统的简化式问题。

设 **DS**=(U, A, V, f) 是决策系统，其变换为简化式 **DS**′=$(G(A), A, V, f')$ 处理展示了不同于属性约简的决策系统化简方法，其中 A-集合 $G(A)$ 是 U 的合并方案集(即划分)。设 $A=C\cup D=\{c_1,\cdots, c_m\}\cup\{d_1,\cdots, d_n\}$，并令 $G(A)=\{G_1, G_2,\cdots, G_k\}$。对于 $G_i\in G(A)$ $(i=1,\cdots, k)$，由 G_r 的产生方法(见定义 4.3.3)，存在 **DS**=(U, A, V, f) 上的公式 $\mathcal{E}_i=(c_1,u_{i1})\wedge\cdots\wedge(c_m,u_{im})\wedge(d_1,v_{i1})\wedge\cdots\wedge(d_n,v_{in})$，当然 $\mathcal{E}_i$ 也是 **DS**′上的公式，使得 $G_i=|\mathcal{E}_i|_U(i=1,\cdots, k)$，此时不妨称 $\mathcal{E}_i$ 为粒 G_i 对应的决策系统 **DS**=(U, A,V,f) 上的公式。同时不妨把从决策系统 **DS**=(U,A,V, f) 到其简化式 **DS**′=$(G(A), A, V,f')$ 的化简处理称为数据合并化简法。

由于简化式 $\mathbf{DS}'=(G(A),A,V,f')$ 仍然是一决策系统，所以利用数据合并化简法，我们可以得到决策系统 $\mathbf{DS}'=(G(A),A,V,f')$ 的简化式，不妨记作 $\mathbf{DS}''=(G(A)',A,V,f'')$，其中 $G(A)'$ 是 $G(A)$ 的合并方案集，即 $G(A)'$ 是 $G(A)$ 的划分，f'' 是 f' 的简化式。此时对于 $\langle H,a\rangle\in G(A)'\times A$，由定理 4.3.2(1)，有 $f''(H,a)=f'(G_r,a)$，其中 $G_r\in H$。由于 f' 是 f 的简化式，所以 $f'(G_r,a)=f(x,a)$，其中 $x\in G_r$。因此，$f''(H,a)=f'(G_r,a)=f(x,a)$，这里 $G_r\in H$ 且 $x\in G_r$。同时定理 4.3.2(2) 表明，函数表达式 $f''(H,a)=f'(G_r,a)=f(x,a)$ 还可以表示为 $a(H)=a(G_r)=a(x)$。

对于决策系统 $\mathbf{DS}'=(G(A),A,V,f')$ 和 $\mathbf{DS}''=(G(A)',A,V,f'')$，我们提出这样的问题：这两个决策系统是否相同？我们的回答是它们是相同的，这是因为如果 $G(A)=\{G_1,G_2,\cdots,G_k\}$，则 $G(A)$ 的划分 $G(A)'$ 具有形式 $G(A)'=\{\{G_1\},\{G_2\},\cdots,\{G_k\}\}$，即 $G(A)=\{G_1,G_2,\cdots,G_k\}$ 中的每一粒 G_i $(i=1,2,\cdots,k)$ 构成的集合 $\{G_i\}$ 是 $G(A)'$ 中的一个粒。在这种情况下，$G(A)=\{G_1,G_2,\cdots,G_k\}$ 和 $G(A)'=\{\{G_1\},\{G_2\},\cdots,\{G_k\}\}$ 并无实质区别，这也可以从属性函数 $a\,(\in A)$ 的取值 $a(\{G_i\})=a(G_i)$ $(i=1,\cdots,k)$ 得到反映(见定理 4.3.2(2))。那么当 $G(A)=\{G_1,G_2,\cdots,G_k\}$ 时，是否一定有 $G(A)'=\{\{G_1\},\{G_2\},\cdots,\{G_k\}\}$？回答是肯定的，我们给出如下定理。

定理 4.3.4　对于 $\mathbf{DS}'=(G(A),A,V,f')$ 的论域 $G(A)$，如果 $G(A)=\{G_1,G_2,\cdots,G_k\}$，则对于 $\mathbf{DS}''=(G(A)',A,V,f'')$ 的论域 $G(A)'$，有 $G(A)'=\{\{G_1\},\{G_2\},\cdots,\{G_k\}\}$。

证明　对于任一 $H\in G(A)'$，一定存在 $G_r\in G(A)$ $(=\{G_1,G_2,\cdots,G_k\})$，使得 $H=\{G_r\}$。事实上，由于 $G(A)'$ 是 $G(A)$ 的划分，所以 $H\neq\varnothing$(见定义 1.4.7(1))，则存在 $G_r\in G(A)$，使得 $G_r\in H$。同时还可以证明对于任意的 $G_s\in H$，必有 $G_s=G_r$，于是 $H=\{G_r\}$。下面给出 $G_s=G_r$ 的证明。

设 $\mathcal{E}_r$ 和 $\mathcal{E}_s$ 分别是粒 G_r 和 G_s 对应的决策系统 $\mathbf{DS}=(U,A,V,f)$ 上的公式，这里 $\mathcal{E}_r=(c_1,u_{r1})\wedge\cdots\wedge(c_m,u_{rm})\wedge(d_1,v_{r1})\wedge\cdots\wedge(d_n,v_{rn})$，$\mathcal{E}_s=(c_1,u_{s1})\wedge\cdots\wedge(c_m,u_{sm})\wedge(d_1,v_{s1})\wedge\cdots\wedge(d_n,v_{sn})$，满足 $G_r=|\mathcal{E}_r|_U$ 且 $G_s=|\mathcal{E}_s|_U$。

对于这里的 $H(\in G(A)')$，当 $a\in A$ 时，有 $\langle H,a\rangle\in G(A)'\times A$，注意到 $G_r,G_s\in H$，且 f'' 是 f' 的简化式，所以 $f''(H,a)=f'(G_r,a)=f'(G_s,a)$(见定理 4.3.2(1))。按照函数表示式约定，$f'(G_r,a)=f'(G_s,a)$ 还可以表示为 $a(G_r)=a(G_s)$。由于 a 是属性集 $A=\{c_1,\cdots,c_m\}\cup\{d_1,\cdots,d_n\}$ 中任意的属性，于是有

$$c_1(G_r)=c_1(G_s),\cdots,c_m(G_r)=c_m(G_s),d_1(G_r)=d_1(G_s),\cdots,d_n(G_r)=d_n(G_s)\qquad(+)$$

令 $x\in G_r$ 及 $y\in G_s$，因为 $G_r=|\mathcal{E}_r|_U$，$G_s=|\mathcal{E}_s|_U$，所以 $x\in|\mathcal{E}_r|_U$，$y\in|\mathcal{E}_s|_U$。由定理 4.1.1(3)，$|\mathcal{E}_r|_U=|(c_1,u_{r1})\wedge\cdots\wedge(c_m,u_{rm})\wedge(d_1,v_{r1})\wedge\cdots\wedge(d_n,v_{rn})|_U=|(c_1,u_{r1})|_U\cap\cdots\cap|(c_m,u_{rm})|_U\cap|(d_1,v_{r1})|_U\cap\cdots\cap|(d_n,v_{rn})|_U$，以及 $|\mathcal{E}_s|_U=|(c_1,u_{s1})\wedge\cdots\wedge(c_m,u_{sm})\wedge(d_1,v_{s1})\wedge\cdots\wedge(d_n,v_{sn})|_U=|(c_1,u_{s1})|_U\cap\cdots\cap|(c_m,u_{sm})|_U\cap|(d_1,v_{s1})|_U\cap\cdots\cap|(d_n,v_{sn})|_U$，所以 $x\in|(c_1,u_{r1})|_U,\cdots,x\in|(c_m,u_{rm})|_U,x\in|(d_1,v_{r1})|_U,\cdots,x\in|(d_n,v_{rn})|_U$，同时 $y\in|(c_1,u_{s1})|_U,\cdots,y$

$\in|(c_m, u_{sm})|_U, y\in|(d_1, v_{s1})|_U,\cdots, y\in|(d_n, v_{sn})|_U$。

现考虑上述的 $x\in|(c_1, u_{r1})|_U$ 及 $y\in|(c_1, u_{s1})|_U$，由定理 4.1.1(1)，知 $c_1(x)=u_{r1}$ 且 $c_1(y)=u_{s1}$。因为 $x\in G_r(=|\mathcal{E}_r|_U)$ 且 $y\in G_s(=|\mathcal{E}_s|_U)$，由定理 4.3.2(2) 可知，$c_1(G_r)=c_1(x)$ 同时 $c_1(G_s)=c_1(y)$。注意到在式 (+) 中有 $c_1(G_r)=c_1(G_s)$，因此 $c_1(x)=c_1(y)$，即 $u_{r1}=u_{s1}$。

同样由上述的 $x\in|(c_m, u_{rm})|_U$，$y\in|(c_m, u_{sm})|_U$ 以及 $c_m(G_r)=c_m(G_s)$，可征得 $u_{rm}=u_{sm}$；由 $x\in|(d_1, v_{r1})|_U$，$y\in|(d_1, v_{s1})|_U$ 以及 $d_1(G_r)=d_1(G_s)$，可征得 $v_{r1}=v_{s1}$；…；由 $x\in|(d_n, v_{rn})|_U$，$y\in|(d_n, v_{sn})|_U$ 以及 $d_n(G_r)=d_n(G_s)$，可征得 $v_{rn}=v_{sn}$。

因此公式 $\mathcal{E}_r=(c_1, u_{r1})\wedge\ldots\wedge(c_m, u_{rm})\wedge(d_1, v_{r1})\wedge\ldots\wedge(d_n, v_{rn})$ 与公式 $\mathcal{E}_s=(c_1, u_{s1})\wedge\ldots\wedge(c_m, u_{sm})\wedge(d_1, v_{s1})\wedge\ldots\wedge(d_n, v_{sn})$ 相同，即 $\mathcal{E}_r=\mathcal{E}_s$，于是 $|\mathcal{E}_r|_U=|\mathcal{E}_s|_U$。因为 $G_r=|\mathcal{E}_r|_U$，$G_s=|\mathcal{E}_s|_U$，所以 $G_s=G_r$。

以上证明了 $G_r\in H$，且对于任意的 $G_s\in H$，有 $G_s=G_r$，因此 $H=\{G_r\}$。

由于 $H(=\{G_r\})$ 是 $G(A)'$ 中任意一个粒，且由一个元素构成，又因为 $G(A)'$ 是 $G(A)=\{G_1, G_2,\cdots, G_k\}$ 的划分，所以必有 $G(A)'=\{\{G_1\}, \{G_2\},\cdots, \{G_k\}\}$。 □

由于 G_i 和 $\{G_i\}(i=1,\cdots, k)$ 并无实质区别，所以数据集 $G(A)=\{G_1, G_2,\cdots, G_k\}$ 与数据集 $G(A)'=\{\{G_1\}, \{G_2\},\cdots, \{G_k\}\}$ 也无实质区别，同时由于 $G_i\in\{G_i\}(i=1,\cdots, k)$，且根据 f'' 是 f' 的简化式的定义，有 $f''(\{G_i\}, a)=f'(G_i, a)$，这里 $a\in A$，此时 $\langle\{G_i\}, a\rangle\in G(A)'\times A$,$\langle G_i, a\rangle\in G(A)\times A$。这表明信息函数 f'' 和 f' 也无本质不同。

因此决策系统 **DS'**$=(G(A), A, V, f')$ 和 **DS''**$=(G(A)', A, V, f'')$ 中的论域 $G(A)$ 和 $G(A)'$，以及信息函数 f'' 和 f' 实质是相同的，所以决策系统 **DS'**$=(G(A), A, V, f')$ 和 **DS''**$=(G(A)', A, V, f'')$ 自然也完全相同。因此，决策系统 **DS''**$=(G(A)', A, V, f'')$ 可以仍然用 **DS'**$=(G(A), A, V, f')$ 予以表示。

可以把上述讨论总结为如下定理。

定理 4.3.5　设 **DS**$=(U, A, V, f)$ 是决策系统，**DS'**$=(G(A), A, V, f')$ 是该决策系统的简化式，此时 **DS'**$=(G(A), A, V, f')$ 当然还是决策系统。如果继续构建 **DS'**$=(G(A), A, V, f')$ 的简化式，则 **DS'**$=(G(A), A, V, f')$ 的简化式就是其自身。 □

通过数据合并化简法，我们完成了从决策系统 **DS**$=(U, A, V, f)$ 到其简化式 **DS'**$=(G(A), A, V, f')$ 的化简处理。如果再通过数据合并化简法，对简化式 **DS'**$=(G(A), A, V, f')$ 实施化简处理，那么不能够得到不同于 **DS'**$=(G(A), A, V, f')$ 的决策系统。对于决策系统 **DS**$=(U, A, V, f)$，基于数据合并化简法的化简处理只要实施一次，就得到了期望的简化式，如果继续下去，已不可进一步化简了。

决策系统 **DS**$=(U, A, V, f)$ 及其简化式 **DS'**$=(G(A), A, V, f')$ 之间等价性的证明与粒包含形成的决策推理密切相关，所以数据合并化简法的建立与决策推理融合在了一起。同时决策推理建立的数据蕴含关系与粒之间的包含关系密切相关，所以数据合并化简法为粒计算的数据处理增添了途径。

数据合并化简法是通过数据合并对决策系统实施的化简处理，处理的对象针对论域中的数据，完全不同于属性约简针对属性集中冗余属性的消除。所以数据合并化简法是与属性约简完全不同的，它是针对决策系统化简处理、与粒计算紧密相连的数据处理方法。

本章讨论的问题均与决策系统联系在一起，4.1 节把决策系统依据决策属性分解为一系列子系统的分解处理，4.2 节把条件样本在决策系统中的匹配等价转换到子系统中的简化判定，4.3 节基于数据合并化简法的决策系统到其简化式的转换都把决策系统或决策系统中的数据作为处理的对象。这些讨论都与决策推理产生的数据联系密切相关，所以本章的工作建立在决策推理的数据联系之上。

第 5 章　基于粒化树的数据关联

前面的第 2 章引出了粗糙数据推理的推演形式，产生了数据处理的方法，并进行了理论方面的讨论，也给出了与实际问题相关的例子，从而建立粗糙数据推理的基本理论体系。第 3 章是第 2 章的深入，通过粗糙路径的引入，给出了描述粗糙数据推理内涵精度和连接度的方法，讨论了精度和连接度的性质，产生了相关的结论，扩展了粗糙数据推理的理论系统，使粗糙数据推理对应的方法得到了充实和完善。粗糙数据推理为不明确、非确定、似存在或潜存于数据之间的粗糙数据联系提供了描述方法，是实际问题程序化处理的数学模型。

在第 4 章的讨论中，我们建立了不同于粗糙数据推理的决策推理的数据蕴含判定方法，使数据之间的蕴含推演与粒包含形成的粒计算形式的数据处理相联系，并用于对决策系统的分解化简和对决策系统的数据合并化简等方面的讨论，形成了相应的数据处理方法。

本章将在数据之间建立一种新的推理形式，称为数据关联推理，简称为数据关联。我们将给出数据关联的定义，讨论相关的性质，建立描述方法。同时将结合实际问题，展示数据关联推理在描述实际问题方面的应用。

于是自然会问：什么是数据关联？如何进行形式化的描述？如何进行数据关联的判定？与粒计算的数据处理内涵具有怎样的联系？这些问题将在下面的讨论中得到答案。

5.1　数据关联的直观解释

信息科学的发展，涉及数据处理的各个方面，如数据的存储、数据的调用、数据的拆分、数据的合并、数据的组合、数据的规整等，这些都是数据处理面对的问题。针对这些问题的讨论，推进了研究层次的提升，催生了研究分支或研究方向的形成。例如，数据分类、数据筛选、数据挖掘、数据推演、数据仓储、数据约简，以至于近年来广被关注并成为研究热点的大数据问题等均是针对数据处理的研究课题，其涵盖的方法和取得的成果使它们成为独立的学术分支，并得到了广泛的关注和深入的研究。这使得其方法和内容相互渗透，彼此支撑，推进了相关工作的进展，提升了问题研究的层面，促进了各类问题的解决，支撑了理论成果的转换。不过就数据处理而言，仍有需要面对的课题。例如，不同数据类之间数据关联的描述是数据研究不可回避的问题。这里所说的数据关联是指数据之间通过公共数据产生的联系，或两个数据类之间通过公共数据形成的数据依存现象。所以数据关联也是数据之间某种关系的体现，它可广义地看作数据联系形成的数据推理，如同第 2 章和第 3 章中粗糙数据推理是对粗糙数据联系的推理描述一样。本章将对数据关联问题展开讨论，并与粒计算的数据处理方法密切相关。讨论将涉及数据关联的含义、相关概念的表示、刻画方法的建立、实际问题的描述等。

于是首要的问题就是数据关联具有怎样的含义，或具有怎样的形式，我们先进行直观的解释。

第 2 章和第 3 章中的粗糙数据推理反映的是数据之间的粗糙数据联系，意味着数据之间不明确、非精确、似存在或潜存于数据之间的数据联系。第 4 章的决策推理反映了数据之间通过属性特征形成的蕴含关系，特别是当粒包含不成立时，推理将呈现出不确定的性质特征，不确定可以解释为数据联系或数据性质之间的某种模糊状态，也可认为是不明确的情况。而下面讨论的数据关联反映的数据联系将是明确的，只是存在着联系紧密和松散的差异。之所以关注数据关联，是因为数据关联现象常存在于实际之中，不妨考查周围的实例：

(1) 大学生可使大学同学与家乡人民之间相互关联。

(2) 火车站 M 和 N 之间的 52 次列车可使 M 站与 N 站的列车之间相互关联。

(3) 机场 X 和 Y 之间的某航班可使 X 机场的飞机与 Y 机场之间相互关联。

(4) 家庭中的父亲可使其单位的同事与其家庭成员之间相互关联。

(5) 离散数学课程可使计算机专业的课程与数学专业的课程之间相互关联。

(6) 新娘可使自己家的成员与丈夫家的成员之间相互关联。

(7) 青蛙可使水中动物和陆地动物之间相互关联。

(8) 间谍可使敌方人员和己方人员之间相互关联。

(9) 航天飞机可使飞船与飞机之间相互关联等。

如果把上述各例涉及的对象视为数据，则观察这些数据关联现象后，可得到数据关联的模式：公共数据的存在及公共数据建立起的两类数据之间的联系。若把公共数据称为关联数据，那么上述各例中的大学生、52 次列车，某航班、家庭中的父亲、离散数学、新娘、青蛙、间谍、航天飞机等分别是各例中的关联数据，它们的双重角色架起了两类数据之间的桥梁，使两类数据关联在了一起。

数据关联反映的数据联系可广义地视为某类数据与另一类数据联系在一起的关联推理，所以数据关联可认为是数据推理的一种形式。

在很多情况下，需要对实际中的数据关联现象实施程序化的管理，以实现智能化处理、自动化控制的目的。因此，给出数据关联的描述方法，对数据关联问题展开理论上的研究是算法产生的依据，是问题程序化的前提，是关联信息自动查询的支撑，是具体问题智能管理的根基。

数据关联的描述是数据处理面对的问题，与信息科学的许多分支密切相关。

下面的工作将围绕数据关联问题展开讨论，并把数据关联描述方法的构建作为本章讨论的目的。由于各类研究很少涉及这方面的讨论，所以数据关联的讨论具有理论和应用方面的意义。下面的工作将建立数据关联的描述方法，相关工作不仅面对理论方面的探讨，也将把理论方法用于实际当中数据关联问题的描述。

如果进一步观察实际中的一些数据关联现象，此时可以看到数据关联不仅是关联数据连接两类数据的结果，而且与数据集的分类以及细分密切相关，数据集的分类方法，以及分类的粗与细将影响数据关联程度的疏与密，这显然与粒计算课题涉及的粒和粒度的概念密切相关，从而提供了粒计算数据处理的素材。例如，考虑上述例 (1) 中 数据之间的关联情况，如果把大学生家乡所在县的居民 (包括在外读书的大学生) 看作一个数据集，把该大学生所在大学的学生看作另一数据集，则大学生可使全县的居民与全校的大学生之间相互关联，这种关联显然较为松散。当县分为乡镇，大学分为院系时，该大学生可使他的家乡乡镇的居民与他所在院系的大学生之间相互关联，此时乡镇与院系的联系比全县与全校的关联更紧密。如果把乡镇分为村庄，院系分为班级，那么来自某村的大学生又把村庄的乡亲与班中的同学关联在了一起，显然村庄与班级比乡镇与院系的关联更紧密。所以数据集的分类和细分决定着数据关联的紧密程度，这与定义 1.4.7 中划分产生的粒，以及定义 1.5.1 中细分对粒的细化的概念相一致，由此展开的讨论可看作粒计算数据处理的一种形式。

在 1.2 节中，我们对粒以及粒度的概念进行了直观的讨论。直观上讲，粒被认为是满足某一性质的数据集的数据子类，或是通过某种性质从整体中分离出的部分。性质的改变将决定粒中数据的变化或数据的多少，影响着粒中数据的聚集或分离，这在 1.2.3 节的讨论中直观地视为粒度或粒度变化的问题。下面将利用粒、粒度和粒度变化的概念对数据关联和关联程度展开讨论，定义 1.4.7 划分包含的粒，以及定义 1.5.1 通过细分对粒的细化等概念将支撑方法的建立。划分和细分确定的粒以及粒度的变化将体现在粒化树的构建与形成过程之中，这里提到的粒化树将是数据关联讨论的环境支撑，是数据集分层粒化的结果，将展示粒计算数据处理和粒度变化的具体途径或形式化方法。作为结构模型，粒化树将支撑数据关联的定义和方法的产生，使数据关联的讨论与粒化树模型中的粒以及粒度变化紧密联系在一起。所以针对数据关联的讨论将提供粒计算研究的方法或途径。

如果对本章的工作进行预示性的步骤设定，我们可把相关的工作归纳总结为如下几个层次：

(1) 构造粒化树，它是一数学结构，由分层形式的粒构成。粒化树将是本章讨论的基础，是数据关联得以刻画描述的支撑环境。

(2) 基于两个数据集，引出两棵粒化树。以这两棵粒化树为依托，给出数据关联的定义，该定义将把关联数据作为连接两个数据集的桥梁。

(3) 针对数据关联展开讨论，将集中于数据集的分层数据处理、数据关联与否的条件设立、数据关联性质的讨论、数据关联与数值信息的联系、粒度变化对关联程度的影响、理论方法的应用等问题。

(4) 基于一个数据集，引出两棵不同的粒化树，形成数据关联讨论的另一环境，给出数据关联的另一定义方法。相关的讨论将涉及粒和相关集、划分和相关集类的概念，以及与相关集密切相关的数据关联问题。

(5) 利用建立的理论方法，对实际问题进行描述，展示理论方法用于刻画实际数据关联的过程，展现所做工作的意义。

为了对这些问题展开讨论，需要我们把数据集实施分类处理。因此，数据集自然是讨论工作的重要前提，我们将特别关注数据集的划分和细分，借助划分和细分的粒化和分层，我们将构建粒化树这种数学结构，形成数据关联讨论的环境。在前面几章的工作中，我们已对划分和细分有了充分的认识。划分和细分与粒的产生和粒度的变化联系在一起，是粒计算课题涉及的问题。粒化树的形成将与划分和细分密切相关，所以下面的讨论可看作粒计算数据处理的一种形式。

5.2　粒化树的构建

上述讨论表明，数据关联的描述将以粒化树作为支撑的环境。粒化树是要构建的数学结构，与数据集的分层粒化和逐步细分密切相关。于是构造粒化树，展示粒化树的结构是首先需要完成的工作。本节通过两种方式构建粒化树，这将涉及数据集的划分和细分，划分和细分将展示粒化树的分层特点。因此，为了讨论的可读性和连贯性，我们不妨对数据集的划分和细分稍作回忆。

设 U 是一数据集，定义 1.4.7 给出了 U 的划分的定义，同时定义 1.5.1 中给出了一个划分是另一划分的细分的概念。粒化树的构建与划分和细分密切相关，因此为了讨论的清晰和系统，我们先进行构造前的准备。

5.2.1　预备工作

设 U 是一数据集，U 的划分（见定义 1.4.7）是另一数据集 $G=\{G_1, G_2,\cdots, G_k\}$ $(k\geqslant 1)$，其中 $G_i\subseteq U(i=1, 2,\cdots, k)$ 且满足如下三个条件：

(1) $G_i\neq\varnothing(i=1, 2,\cdots, k)$。

(2) $G_i\cap G_j=\varnothing(i\neq j)$。

(3) $G_1\cup G_2\cup\cdots\cup G_k=U$。

在定义 1.4.7 中，当 $G_i\in G$ $(i=1, 2,\cdots, k)$ 时，G_i 称为粒。此时的粒由数据集 U 的划分引出。若对划分中的 $G=\{G_1, G_2,\cdots, G_k\}$ 的某些或全部的粒进一步进行分解，则可得到细分的概念，这在定义 1.5.1 中给出了描述，表述如下。

如果 $G=\{G_1, G_2,\cdots, G_k\}$ 和 $H=\{H_1, H_2,\cdots, H_m\}$ 都是数据集 U 的划分，且对于任意的粒 $H_j\in H(=\{H_1, H_2,\cdots, H_m\})$，存在粒 $G_i\in G$，使得 $H_j\subseteq G_i$，则称 $H=\{H_1, H_2,\cdots, H_m\}$ 是 $G=\{G_1, G_2,\cdots, G_k\}$ 的细分，此时称粒 H_j 比粒 G_i 更精细。

当 $H=\{H_1, H_2,\cdots, H_m\}$ 是 $G=\{G_1, G_2,\cdots, G_k\}$ 的细分时，对于 $G_i\in G$，有 $G_i=H_{j1}\cup H_{j2}\cup\cdots\cup H_{jt}\ (t\geqslant 1)$，即 $G=\{G_1, G_2,\cdots, G_k\}$ 中的粒 G_i 被进一步细分为 $H=\{H_1, H_2,\cdots, H_m\}$ 中的粒 $H_{j1}, H_{j2},\cdots, H_{jt}$，所以细分就是把数据集 U 中的数据更精细分类的划分。划分和细分之间的联系将在后面讨论时常涉及，这里我们先给出一结论，为粒化树的构建提供理论上的支撑，为了严谨，我们也给出该结论的证明。

结论 5.2.1　设 $G=\{G_1, G_2,\cdots, G_k\}$，$H=\{H_1, H_2,\cdots, H_m\}$ 和 $S=\{S_1, S_2,\cdots, S_n\}$ 都是数据集 U 的划分，如果 $S=\{S_1, S_2,\cdots, S_n\}$ 是 $H=\{H_1, H_2,\cdots, H_m\}$ 的细分，且 $H=\{H_1, H_2,\cdots, H_m\}$ 是 $G=\{G_1, G_2,\cdots, G_k\}$ 的细分，则 $S=\{S_1, S_2,\cdots, S_n\}$ 是 $G=\{G_1, G_2,\cdots, G_k\}$ 的细分。

证明　对于任意的粒 $S_r\in S(=\{S_1, S_2,\cdots, S_n\})$，由于 $S=\{S_1, S_2,\cdots, S_n\}$ 是 $H=\{H_1, H_2,\cdots, H_m\}$ 的细分，所以存在粒 $H_j\in H(=\{H_1, H_2,\cdots, H_m\})$，使得 $S_r\subseteq H_j$。对于此 $H_j(\in\{H_1, H_2,\cdots, H_m\})$，由于 $H=\{H_1, H_2,\cdots, H_m\}$ 是 $G=\{G_1, G_2,\cdots, G_k\}$ 的细分，所以存在粒 $G_i\in G(=\{G_1, G_2,\cdots, G_k\})$，使得 $H_j\subseteq G_i$。由 $S_r\subseteq H_j$ 且 $H_j\subseteq G_i$，可知 $S_r\subseteq G_i$。该证明表明：任意的粒 $S_r\in S(=\{S_1, S_2,\cdots, S_n\})$，存在粒 $G_i\in G(=\{G_1, G_2,\cdots, G_k\})$，使得 $S_r\subseteq G_i$，故 $S=\{S_1, S_2,\cdots, S_n\}$ 是 $G=\{G_1, G_2,\cdots, G_k\}$ 的细分。　□

数据集的划分和细分，以及该结论都将与粒化树的构建联系在一起。这是本节列出熟悉它们的原因。细分当然是划分，划分中的粒将被用作粒化树的构建，粒化树名称中的“粒化”体现了与粒密切相关的含义，同时粒化树名称中的“树”意味着它具有树的结构形式，当然也与层次相关。粒化树是一种数学结构，下面开始粒化树的构建。

5.2.2　粒化树构建的直观方法

在 5.1 节的讨论中，我们给出了数据关联的一些例子，直观讨论了数据关联的含义，表明了数据关联与粒和粒度的变化之间的联系。实际上，粒将涉及数据关联的定义，粒度变化将与关联的紧密程度联系在一起。这些都将通过形式化的方法予以定义，因此需要从结构化的角度出发，对粒化树的构成展开讨论。为了便于理解，我们首先给出粒化树的一种构建方法。由于这种方法没有明确地表明数学表达式或公式的形式，我们把这种方法产生的粒化树称为直观构建方法。这种直观构建方法并不是采用自然语言的解释，而是给出了实实在在的数学结构。

设 U 是数据集，为了构建粒化树，我们需要考虑 U 的划分和划分的细分。显然 $P_0=\{U\}$ 是 U 的划分，它是仅把 U 作为粒的 U 的最粗的划分。

由划分 $P_0=\{U\}$ 出发，考虑 U 的一系列划分 $P_0, P_1, P_2,\cdots, P_n$，其中 P_{k+1} 是 P_k

的细分 (k=0,1,⋯, n−1)。由结论 5.2.1 可知，当 $j>i$ 时，P_j 是 P_i 的细分，如 P_6 是 P_3 的细分。定义 1.4.7 把划分中每一 U 的子集称为 U 的粒，于是如果令 $K=P_0\cup P_1\cup P_2\cup\cdots\cup P_n$，则 K 是粒构成的集合。对于粒 $A_k\in K$，存在划分 P_j，使得 $A_k\in P_j$，此时当然也有 $A_k\subseteq U$。

因此，如果 $A_k, A_r\in K(=P_0\cup P_1\cup P_2\cup\cdots\cup P_n)$，则由于 $A_k\subseteq U$ 且 $A_h\subseteq U$，所以存在 $A_k\subseteq A_h$ 或 $A_h\subseteq A_k$ 的情况。实际上，包含关系“⊆”是 K 上的偏序关系，即“⊆”是笛卡儿积 $K\times K$ 的子集 (关系的概念在 1.4.1 节进行了明确)，且具有自反性、反对称性和传递性。一般地，对于数据集 U 上的关系 R，如果 R 是自反的、反对称的 (注：反对称性如此定义：如果 $\langle x, y\rangle\in R$ 且 $\langle y, x\rangle\in R$，则 $x=y$，此时称 R 具有反对称性) 和传递的，则称 R 是 U 上的偏序关系。

对于包含关系“⊆”，我们可较为详细地讨论其满足的自反性、反对称性和传递性的事实。从严格意义上讲，如果 K 是粒集合，则包含关系“⊆”应如下定义：

$$\subseteq\ =\{\langle A_k, A_h\rangle \mid \langle A_k, A_h\rangle\in K\times K \text{ 且 } A_k \text{ 是 } A_h \text{ 的子集}\}$$

因此 $\langle A_k, A_h\rangle\in\ \subseteq$ 当且仅当 A_k 是 A_h 的子集。按照习惯的表示方法，A_k 是 A_h 的子集采用 $A_k\subseteq A_h$ 进行表示，所以 $A_k\subseteq A_h$ 实际是 $\langle A_k, A_h\rangle\in\ \subseteq$ 的习惯表示形式。下述的讨论采用 $A_k\subseteq A_h$ 的表示方法。包含关系⊆满足如下性质，此时⊆是 K 上的偏序关系。

(1) 自反性：对任意的 $A_k\in K$，有 $A_k\subseteq A_k$ 成立，所以⊆是自反的。

(2) 反对称性：如果 $A_k\subseteq A_h$ 且 $A_h\subseteq A_k$，则 $A_k=A_h$，所以⊆是反对称的。

(3) 传递性：如果 $A_k\subseteq A_h$ 且 $A_h\subseteq A_s$，则 $A_k\subseteq A_s$，所以⊆是传递的。

对于粒的集合 $K=P_0\cup P_1\cup P_2\cup\cdots\cup P_n$，其中 $P_0(=\{U\}), P_1, P_2,\cdots, P_n$ 都是 U 的划分，P_{k+1} 是 P_k 的细分 (k=0, 1,⋯, n−1)。由 $K=P_0\cup P_1\cup P_2\cup\cdots\cup P_n$，以及 K 上的偏序关系⊆，我们构建一数学结构，记作 $T(U)=(K, \subseteq)$，这里 $T(U)$ 中的 U 表明数学结构 $T(U)=(K, \subseteq)$ 与数据集 U 相关。对于该数学结构，我们给出如下定义。

定义 5.2.1　结构 $T(U)=(K, \subseteq)$ 称为基于数据集 U 的 n 层粒化树，简称粒化树，涉及如下概念：

(1) 在 $K=P_0\cup P_1\cup P_2\cup\cdots\cup P_n$ 中，划分 P_j (j=0, 1, 2,⋯, n) 称为 $T(U)=(K, \subseteq)$ 的第 j 层划分。

(2) 对于 $A_k\in K$，如果 $A_k\in P_j$，则称 A_k 为 $T(U)=(K, \subseteq)$ 的第 j 层粒，简称为粒。

(3) 对于 $x, y\in U$ 且 $A_k\in K$，如果 $x, y\in A_k$，则称在 $T(U)=(K, \subseteq)$ 中，x 和 y 是 A_k-等同的，或称 x 和 y 的 A_k-等同。同时对于 $A_h\in K$，如果 $x, y\in A_h$，即 x 和 y 是 A_h-等同的，并且 $A_h\subseteq A_k$，则称 x 和 y 的 A_h-等同比 x 和 y 的 A_k-等同更接近。 □

因此，当 $T(U)=(K, \subseteq)$ 是基于数据集 U 的 n 层粒化树时，其中 $K=P_0\cup P_1\cup P_2\cup\cdots\cup P_n$，划分 $P_0, P_1, P_2,\cdots, P_n$ 展示了对数据集 U 的分层粒化处理。

对于 $A_k \in K$ 及 $A_h \in K$，考虑数据 $x, y \in U$，设在 $T(U)=(K, \subseteq)$ 中，x 和 y 是 A_k-等同的，并且也是 A_h-等同的，即 $x, y \in A_k$ 且 $x, y \in A_h$。如果 $A_h \subseteq A_k$，即 A_h 比 A_k 更精细，则 x 和 y 的 A_h-等同比 x 和 y 的 A_k-等同更接近（见定义 5.2.1(3)）。此时存在划分 P_i 和 P_j，且 P_j 一定是 P_i 的细分，使得 $A_h \in P_j$ 及 $A_k \in P_i$。由于细分需要满足更多或更强的条件，所以 x 和 y 的 A_h-等同比 x 和 y 的 A_k-等同在 $T(U)=(K, \subseteq)$ 中更接近意味着数据 x 和 y 被更强的性质聚集在了一起。

在我们不关注粒 A_k，也不强调数据 x 和 y 时，x 和 y 的 A_k-等同往往简单称为数据等同。

之所以称为粒化树，是因为粒化树的图示表示将呈现为树型的结构。例如，给定数据集 $U=\{a_1, a_2, a_3, a_4, a_5, a_6, a_7, a_8, a_9\}$，图 5.1 展示了一棵基于 U 的 3 层粒化树 $T(U)=(K, \subseteq)$。其中 $K=P_0 \cup P_1 \cup P_2 \cup P_3$，这里 $P_0=\{U\}$，$P_1=\{\{a_1, a_2, a_3, a_4, a_5\}, \{a_6, a_7, a_8, a_9\}\}$，$P_2=\{\{a_1, a_2, a_3\}, \{a_4, a_5\}, \{a_6, a_7, a_8, a_9\}\}$，$P_3=\{\{a_1, a_2\}, \{a_3\}, \{a_4, a_5\}, \{a_6, a_7\}, \{a_8, a_9\}\}$。该图的形状就是一棵树。

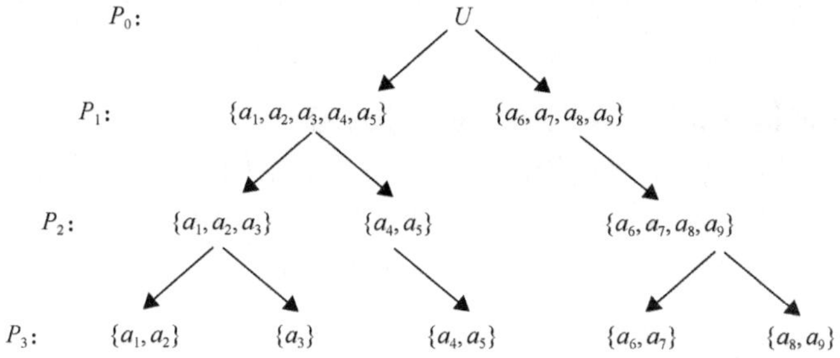

图 5.1　3 层粒化树 $T(U)=(K, \subseteq)$

图 5.1 中，U 是树根，对于粒 $A_h, A_k \in K$，从 A_h 到 A_k 存在有向线段（即箭头）当且仅当 $A_h \in P_i$ 且 $A_k \in P_{i+1}$ (i=0, 1, 2)，满足 $A_k \subseteq A_h$。P_j (j=0, 1, 2, 3) 是 $T(U)=(K, \subseteq)$ 的第 j 层划分。P_3 中的粒 $\{a_1, a_2\}, \{a_3\}, \{a_4, a_5\}, \{a_6, a_7\}, \{a_8, a_9\}$ 是树叶。注意同一粒可位于不同的层，如 $\{a_4, a_5\} \in P_2$ 且 $\{a_4, a_5\} \in P_3$。

上述我们给出了粒化树的定义，如果考查粒化树的构建过程，则可以看到组成粒化树的划分和划分的细分是我们直接给出的，划分和细分中的粒没有通过具体的公式进行刻画，与定义 1.3.1 中粒的形式化框架的要求存在差距，因为在粒的形式化框架中，包含通过公式或数学表达式对粒中数据刻画描述的条件。在这种情况下，我们称上述粒化树的构建方法为直观方法。

5.2.3　粒化树构建的形式化方法

直观构建方法意味着粒化树 $T(U)=(K, \subseteq)$ 的构建过程未涉及描述数据的数学表达式或公式，或构成粒化树 $T(U)=(K, \subseteq)$ 的划分或细分中的粒与公式无关。

此时构成 $K=P_0\cup P_1\cup P_2\cup\cdots\cup P_n$ 的划分 $P_0, P_1, P_2,\cdots, P_n$ 由我们直接给定，未涉及公式或数学表达式对粒中数据的刻画描述。

不涉及公式的构建方法，即直观构建方法难以通过程序化的方法对粒化树进行处理。当数据集 U 包含较少的数据，同时粒化树 $T(U)=(K, \subseteq)$ 的层次也较少时，直观构建方法或许可行。然而，当数据集 U 中包含海量的数据，而且粒化树的层次很多时，直接给出数据集的划分，并一步一步给出细分的做法往往是行不通的。因此，如果把划分和细分与数学公式联系在一起，那么数学表达式支撑下的方法将可通过程序化的方法描述处理。在这种情况下，即便数据集 U 包含海量的数据，且粒化树的层次众多，程序化的方法也可以使粒化树的构建成为可能。下面的讨论可以把划分和细分基于公式，从而可使粒化树的构建得到编程处理，我们把这种方法称为粒化树的形式化构建方法。

形式化的方法与各类数据的集合以及这些集合之间的组合方式存在密切的联系，特别当应对的问题涉及大量的数据时，那些无任何规律、杂乱无章堆积的情况对于程序化而言是无能为力的。所以当各类数据量众多时，我们考虑那些具有相应的结构，可通过结构化的形式予以表示的数据整体。因此，在下面的讨论中，我们把各类数据集形成的整体与信息系统联系在一起。

在 1.4.3 节的讨论中，我们给出了信息系统的结构化形式，用 $\mathbf{IS}=(U, A, V, f)$ 进行了表示。信息系统 $\mathbf{IS}=(U, A, V, f)$ 是由 U, A, V 和 f 构成的数学结构，其中 U 是论域，$A=\{a_1, a_2,\cdots, a_n\}$是属性集，$V$ 是属性值域，$f: U\times A\to V$ 是从 $U\times A$ 到 V 的信息函数。实际上，第 4 章中分解或化简的决策系统就是信息系统的一种情况，只不过决策系统把属性集 $A=\{a_1, a_2,\cdots, a_n\}$中的属性进行了条件属性和决策属性的区分，而信息系统不明确区分而已。所以决策系统就是信息系统，是信息系统的一种特殊形式，具有结构化的特性。

在 1.4.3 节或第 4 章的讨论中，我们均表明了这样的事实：对于属性 $a\in A$，a 是从论域 U 到属性值域 V 的函数，使对于 $x\in U$，$a(x)=v=f(x, a)\ (\in V)$。所以属性 a 也称为属性函数，这也是把 V 取名为“属性值域”的原因，因为它就是属性函数的值域。信息系统可以用信息表进行表示，表 5.1 就是一信息系统。

表 5.1　信息系统 IS

U	a_1	a_2	a_3	a_4
x_1	1	2	1	3
x_2	1	2	1	3
x_3	2	3	2	3
x_4	2	3	3	2

由该信息表可知 $U=\{x_1, x_2, x_3, x_4\}$，$A=\{a_1, a_2, a_3, a_4\}$，$V=\{1, 2, 3\}$，信息函数

$f: U\times A\to V$ 把 $U\times A$ 中的序偶 $\langle x, a\rangle(\in U\times A)$ 映射为 V 中的某一属性值 $v(\in V)$，或属性函数 a 把论域 U 中的数据 x 映射为属性值域 V 的属性值 v。例如，由表 5.1，我们可以知道 $f(x_1, a_1)=1$ 或 $a_1(x_1)=1$，$f(x_2, a_2)=2$ 或 $a_2(x_2)=2$，$f(x_4, a_3)=3$ 或 $a_3(x_4)=3$，$f(x_2, a_4)=3$ 或 $a_4(x_2)=3$ 等。所以表 5.1 表明了信息系统 **IS**$=(U, A, V, f)$ 各个部分记录的信息，是信息系统的表格形式的结构化表示。

对于信息系统 **IS**$=(U, A, V, f)$，其中 $A=\{a_1, a_2,\cdots, a_n\}$，由于每一属性 $a(\in A)$ 是一函数，并称为属性函数，所以全部的属性函数 $a_1, a_2,\cdots, a_n$ 与信息函数 f 记录的信息是相同的，因此信息系统 **IS**$=(U, A, V, f)$ 一般简单表示为 **IS**$=(U, A)$。在如下的讨论中，我们常常采用这种简单的表示形式，但需要时我们也采用 **IS**$=(U, A, V, f)$ 这种完整的数学结构。

考虑信息系统 **IS**$=(U, A)$ 是为了采用形式化的方法对粒化树进行构建，与 5.2.2 节的直观构建方法不同，我们将通过信息系统上的公式完成粒化树的构建。由于形式化的方法与描述数据性质的公式密切相关，所以需要考虑信息系统上的公式。

在定义 1.4.2 中，我们定义了信息系统 **IS**$=(U, A)$ 上的公式，利用这样的公式对粒化树进行构建是下面介绍的方法。公式将是我们通过形式化方法构建粒化树所采用的数学工具，当然公式将使构建过程的程序化成为可能。在下面的讨论中，我们仅用到定义 1.4.2 中的一部分公式，包括原子公式和由合取联结符号∧联结原子公式形成的公式。为了讨论的连贯性和可读性，我们熟悉一下这些公式的形式。

由于公式定义时涉及属性值，所以在这里我们考虑信息系统 **IS**$=(U, A)$ 完整的表示形式 **IS**$=(U, A, V, f)$。下面讨论将涉及如下形式的公式：

(1) **IS**$=(U, A, V, f)$ 上的原子公式 (a, v)，其中 $a\in A$ 且 $v\in V$。

(2) **IS**$=(U, A, V, f)$ 上的合取公式 $(a_{j1}, u_1)\wedge(a_{j2}, u_2)\wedge\cdots\wedge(a_{jt}, u_t)$ $(t\geqslant 1)$，其中 (a_{jt}, u_t) $(i=1, 2,\cdots, t)$ 是 **IS**$=(U, A, V, f)$ 上的原子公式。这里的合取公式就是由合取联结符号∧联结若干原子公式得到的信息系统 **IS**$=(U, A, V, f)$ 上的公式。

实际上信息系统上的公式与定义 4.1.3 给出的决策系统上的公式并无区别，因为决策系统是信息系统的一种情况。

为了通过信息系统上的公式构建粒化树，我们需要考虑原子公式以及合取公式对应的粒。这种形式的粒在定义 4.1.4(6) 中进行了定义，定理 4.1.1 给出了粒的相关性质。同时对于属性集 A 的子集 $B=\{a_1,\cdots, a_k\}\subseteq A$，定义 4.3.3 引入了 B-集合 $G(B)$ 的概念，定理 4.3.1 给出了 $G(B)$ 是论域 U 的划分的结论。为了下面讨论的清晰可读，我们列出与之相关的一些性质：

(1) 对于信息系统 **IS**$=(U, A, V, f)$ 上的原子公式 (a, v)，粒 $|(a, v)|$ 如此定义：$|(a, v)|=\{x\,|\,x\in U$ 且 $a(x)=v\}$。

(2) 对于信息系统 **IS**$=(U, A, V, f)$ 上的合取公式 $(a_{j1}, u_1)\wedge(a_{j2}, u_2)\wedge\cdots\wedge$

(a_{jt}, u_t)，它对应粒为$|(a_{j1}, u_1) \wedge (a_{j2}, u_2) \wedge \cdots \wedge (a_{jt}, u_t)|=|(a_{j1}, u_1)|\cap|(a_{j2}, u_2)|\cap\cdots\cap|(a_{jt}, u_t)|$。

(3) 对于信息系统 $\mathbf{IS}=(U, A, V, f)$，属性集 $A=\{a_1, a_2,\cdots, a_n\}$中属性的排列顺序依据 $a_1, a_2,\cdots, a_n$ 的次序排定。设 $B_k=\{a_1, a_2,\cdots, a_k\}$表示属性 $a_1, a_2,\cdots, a_n$ 的中前 k $(1\leqslant k\leqslant n)$ 个属性构成的属性子集，于是 $B_1=\{a_1\}$，$B_2=\{a_1, a_2\},\cdots, B_n=\{a_1, a_2,\cdots, a_n\}=A$。由定理 4.3.1，$B_k$-集合 $G(B_k)$ $(k=1, 2,\cdots, n)$ 是论域 U 的划分。不仅如此，我们可以得到如下的结论。

定理 5.2.1 B_{k+1}-集合 $G(B_{k+1})$ 是 B_k-集合 $G(B_k)$ 的细分 $(k=1, 2,\cdots, n-1)$。

证明 对于任意的粒$|\mathcal{E}|\in G(B_{k+1})$，这里 $B_{k+1}=\{a_1, a_2,\cdots, a_k, a_{k+1}\}$，由定义 4.3.3，$B_{k+1}$-集合 $G(B_{k+1})$ 中的粒$|\mathcal{E}|$对应的公式 $\mathcal{E}$ 具有形式 $\mathcal{E}=(a_1, u_1) \wedge (a_2, u_2) \wedge\cdots\wedge (a_k, u_k) \wedge (a_{k+1}, u_{k+1})$，其中 $u_1, u_2,\cdots, u_k, u_{k+1}\in V$。令 $\mathcal{F}=(a_1, u_1) \wedge (a_2, u_2) \wedge\cdots\wedge (a_k, u_k)$，则 $\mathcal{E}=\mathcal{F}\wedge(a_{k+1}, u_{k+1})$，且$|\mathcal{E}|=|\mathcal{F}|\cap|(a_{k+1}, u_{k+1})|$，此时显然$|\mathcal{E}|\subseteq|\mathcal{F}|$。注意到 $B_k=\{a_1, a_2,\cdots, a_k\}$包含的属性，$B_k$-集合 $G(B_k)$ 的构成(见定义 4.3.3)，以及公式 $\mathcal{F}=(a_1, u_1) \wedge (a_2, u_2) \wedge\cdots\wedge (a_k, u_k)$ 的形式，立刻推得粒$|\mathcal{F}|\in G(B_k)$。

以上证明了对于划分 $G(B_{k+1})$ 中任意的粒$|\mathcal{E}|\in G(B_{k+1})$，存在划分 $G(B_k)$ 中的粒$|\mathcal{F}|\in G(B_k)$，使得$|\mathcal{E}|\subseteq|\mathcal{F}|$。因此 $G(B_{k+1})$ 是 $G(B_k)$ 的细分 (见定义 1.5.1)。 □

例如，考查表 5.1 的信息系统 $\mathbf{IS}=(U, A, V, f)$，其中 $U=\{x_1, x_2, x_3, x_4\}$，$A=\{a_1, a_2, a_3, a_4\}$，$V=\{1, 2, 3\}$，信息函数 $f: U\times A\to V$ 的取值已在表 5.1 中展示。对于属性子集 $B_2=\{a_1, a_2\}$，按照定义 4.3.3 对 B_2-集合的定义，再由表 5.1 可得 $G(B_2)=\{|\mathcal{E}|\,|\mathcal{E}=(a_1, v_1) \wedge (a_2, v_2)$，这里 $v_1, v_2\in V$ 且$|\mathcal{E}|\neq\varnothing\}=\{|(a_1, 1) \wedge (a_2, 2)|, |(a_1, 2) \wedge (a_2, 3)|\}=\{\{x_1, x_2\}, \{x_3, x_4\}\}$，显然 $G(B_2)=\{\{x_1, x_2\}, \{x_3, x_4\}\}$是 $U=\{x_1, x_2, x_3, x_4\}$的划分。同样按照定义 4.3.3 对 B_3-集合的定义，再由表 5.1 可得 $G(B_3)=\{|(a_1, 1) \wedge (a_2, 2) \wedge (a_3, 1)|, |(a_1, 2) \wedge (a_2, 3) \wedge (a_3, 2)|, |(a_1, 2) \wedge (a_2, 3) \wedge (a_3, 3)|\}=\{\{x_1, x_2\}, \{x_3\}, \{x_4\}\}$，当然 $G(B_3)=\{\{x_1, x_2\}, \{x_3\}, \{x_4\}\}$也是 $U=\{x_1, x_2, x_3, x_4\}$的划分，而且 $G(B_3)=\{\{x_1, x_2\}, \{x_3\}, \{x_4\}\}$是 $G(B_2)=\{\{x_1, x_2\}, \{x_3, x_4\}\}$的细分。这些讨论是对定理 5.2.1 的验证。

现在基于信息系统 $\mathbf{IS}=(U, A, V, f)$，我们可以构造一棵粒化树。为了方便，不妨考虑信息系统 $\mathbf{IS}=(U, A, V, f)$ 的简单表示形式 $\mathbf{IS}=(U, A)$。令属性集 $A=\{a_1, a_2,\cdots, a_n\}$中的属性按顺序 $a_1, a_2,\cdots, a_n$ 排定，于是我们有属性子集 $B_1=\{a_1\}$，$B_2=\{a_1, a_2\},\cdots, B_n=\{a_1, a_2,\cdots, a_n\}$。由这些属性子集可得到论域 U 的一系列划分 $G(B_1), G(B_2),\cdots,G(B_n)$，且 $G(B_{k+1})$ 是 $G(B_k)$ 的细分 $(k=1,2,\cdots,n-1)$。令 $K=G(B_0)\cup G(B_1)\cup G(B_2)\cup\cdots\cup G(B_n)$ $(G(B_0)=\{U\})$，则 $T(U)=(K, \subseteq)$ 是一棵 n 层粒化树(见定义 5.2.1)。

定义 5.2.2 当 $K=G(B_0)\cup G(B_1)\cup G(B_2)\cup\cdots\cup G(B_n)$ $(G(B_0)=\{U\})$ 时，n 层粒化树 $T(U)=(K, \subseteq)$ 称为是由信息系统 $\mathbf{IS}=(U, A)$ 诱导出的粒化树。 □

在由信息系统 **IS** = (U, A) 诱导出的粒化树 $T(U) = (K, \subseteq)$ 中，$K=G(B_0)\cup G(B_1)\cup G(B_2)\cup\cdots\cup G(B_n)$ 由划分 $G(B_k)$ $(k=0, 1, 2,\cdots, n)$ 构成。由于划分 $G(B_k)$ 中的粒 $|\mathcal{E}|=|(a_1, u_1)\wedge(a_2, u_2)\wedge\cdots\wedge(a_k, u_k)|$ 由公式 $\mathcal{E}=(a_1, u_1)\wedge(a_2, u_2)\wedge\cdots\wedge(a_k, u_k)$ 确定产生，且公式可以通过程序化的方法描述处理。因此，即使论域 U 包含大量的数据，属性集 A 拥有众多的属性，与公式联系在一起的划分 $G(B_k)$ $(k=0, 1, 2,\cdots, n)$ 必可通过程序化的方法得到智能化处理。在这种意义上，我们把由信息系统 **IS** = (U, A) 诱导出粒化树 $T(U) = (K, \subseteq)$ 的方法称为形式化构建方法。

粒化树的形式化构建方法是可行的，因为在实际中，各类信息的整体往往用一信息系统进行表示。我们采用的表示形式 **IS** = (U, A, V, f) 就是对具体问题的结构化表示或系统性的刻画描述，具有普遍的适用性。

形式化的构建方法意味着我们可以通过程序设计完成对粒化树的构建，不过为了讨论上的方便，我们一般还是采用直接给出粒化树的做法，这在 5.2.2 节称为粒化树构建的直观方法。在 5.3 节的讨论中，我们首先通过直观的方法给出两棵粒化树，在后面 5.4 节的讨论中，我们将看到直观方法给出的粒化树是可以利用形式化的方法进行构建的。

5.3　两个数据集之间的数据关联

在 5.1 节的讨论中，我们通过例子 (1)～(9) 抽象出了数据关联的模式：公共数据建立起的两数据集之间的联系。这预示着我们的讨论需要涉及两个数据集。

5.3.1　数据关联的定义

设 U_1 和 U_2 是两个数据集，基于这两个数据集，我们可以构建两棵粒化树：

令 $T(U_1) = (K_1, \subseteq)$ 是基于 U_1 的 m 层粒化树，其中 $K_1=P_0\cup P_1\cup P_2\cup\cdots\cup P_m$ $(P_0=\{U_1\})$，P_i $(i=0, 1,\cdots, m)$ 是 U_1 的划分，且 P_{k+1} 是 P_k 的细分 $(k=0, 1,\cdots, m-1)$。

令 $T(U_2) = (K_2, \subseteq)$ 是基于 U_2 的 n 层粒化树，其中 $K_2=Q_0\cup Q_1\cup Q_2\cup\cdots\cup Q_n$ $(Q_0=\{U_2\})$，Q_j $(j=0, 1,\cdots, m)$ 是 U_2 的划分，且 Q_{k+1} 是 Q_k 的细分 $(k=0, 1,\cdots, n-1)$。

对于 $K_1=P_0\cup P_1\cup P_2\cup\cdots\cup P_m$ 和 $K_2=Q_0\cup Q_1\cup Q_2\cup\cdots\cup Q_n$ 中的自然数 m 和 n，可以 $m=n$，也可以 $m\neq n$。

设 $U_1\cap U_2\neq\varnothing$，则存在数据 $z\in U_1\cap U_2$，即 z 是公共数据，此时 z 不仅与 U_1 中的数据相关联，又与 U_2 中的数据存在联系。于是我们给出如下定义。

定义 5.3.1　给定两个数据集 U_1 和 U_2，满足 $U_1\cap U_2\neq\varnothing$。令 $T(U_1)=(K_1, \subseteq)$ 是基于 U_1 的 m 层粒化树，$T(U_2)=(K_2, \subseteq)$ 是基于 U_2 的 n 层粒化树，其中 $K_1=P_0\cup P_1\cup P_2\cup\cdots\cup P_m$ $(P_0=\{U_1\})$，$K_2=Q_0\cup Q_1\cup Q_2\cup\cdots\cup Q_n$ $(Q_0=\{U_2\})$。定义如下：

(1) 如果 $z\in U_1\cap U_2$，则称 z 为关联数据。

(2) 设 A_k 是 $T(U_1)=(K_1, \subseteq)$ 的第 i 层粒，即 $A_k \in P_i$，B_h 是 $T(U_2)=(K_2, \subseteq)$ 的第 j 层粒，即 $B_h \in Q_j$。对于 $z \in U_1 \cap U_2$，$x \in U_1$ 且 $y \in U_2$，如果在 $T(U_1)=(K_1, \subseteq)$ 中，x 和 z 是 A_k-等同的，在 $T(U_2)=(K_2, \subseteq)$ 中，y 和 z 是 B_h-等同的，则称 x 和 y 是 (z, i, j)-关联的，也称为 x 和 y 的 (z, i, j)-关联。□

数据 x 和 y 的 (z, i, j)-关联通过在 $T(U_1)=(K_1, \subseteq)$ 中 x 和 z 的 A_k-等同，以及在 $T(U_2)=(K_2, \subseteq)$ 中 y 和 z 的 B_h-等同进行了定义。在这样的情况下，我们有 $x, z \in A_k$ 且 $y, z \in B_h$(见定义 5.2.1(3))，所以 $x \in A_k$，$y \in B_h$ 且 $z \in A_k \cap B_h$。这表明关联数据 z 起到了联结 A_k 中数据和 B_h 中数据的作用。这种由公共数据引出的两个数据集之间的关联与 5.1 节中由例 (1)～(9) 抽象出的数据关联的模式是一致的，因此定义 5.3.1(2) 给出的 x 和 y 的 (z, i, j)-关联是对实际例子中数据关联的形式化描述。

三元组 (z, i, j) 不仅表明了作为桥梁且把 x 和 y 联系在一起的关联数据 z，同时通过数值 i 和 j 分别表明了粒 A_k 在 $T(U_1)=(K_1, \subseteq)$ 中的层次，以及粒 B_h 在 $T(U_2)=(K_2, \subseteq)$ 中的层次，数值 i 和 j 必然与粒 A_k 和 B_h 中的数据存在联系。具体而言，数值 i 可视为 A_k 中数据的数字标识，数值 j 可视为 B_h 中数据的数字标识，或 i 和 j 可分别看作 A_k 和 B_h 中数据的数值信息。

当无须强调数据 x, y 和 z，且也不关注数值信息 i 和 j 时，我们可以把数据 x 和 y 的 (z, i, j)-关联简称为数据关联。

上述给出了数据关联的定义，引出了讨论的主题，如下我们将对数据关联展开讨论，给出相关的性质。

5.3.2　数据关联的性质

为了分析讨论数据关联的性质，我们以定理的形式给出数据 x 和 y 是否是 (z, i, j)-关联的判定方法，该定理将支撑着其他结论的产生。

为此我们考虑数据集 U 的划分 $G=\{G_1, G_2, \cdots, G_k\}$。对于 $w \in U$，由划分的定义 (见定义 1.4.7)，存在唯一的粒 $G_i \in G\,(=\{G_1, G_2, \cdots, G_k\})$，使得 $w \in G_i$。这种由数据 w 到粒 G_i 的对应可以确定一从数据集 U 到划分 $G=\{G_1, G_2, \cdots, G_k\}$ 的函数 $\boldsymbol{\mu}_G$: $U \to G$，满足 $\boldsymbol{\mu}_G(w)=G_i$ 当且仅当 $w \in G_i$，这里 $w \in U$，$G_i \in G\,(=\{G_1, G_2, \cdots, G_k\})$。

$\boldsymbol{\mu}_G(w)=G_i$ 与 $w \in G_i$ 等价地联系在一起体现了函数 $\boldsymbol{\mu}_G$ 与划分 $G=\{G_1, G_2, \cdots, G_k\}$ 密切相关的特点，为了讨论的需要，我们可给出针对该函数的定义。

定义 5.3.2　如果 $G=\{G_1, G_2, \cdots, G_k\}$ 是数据集 U 的划分，则函数 $\boldsymbol{\mu}_G$: $U \to G$ 称为 G-函数，满足 $\boldsymbol{\mu}_G(w)=G_i$ 当且仅当 $w \in G_i$，即 $w \in \boldsymbol{\mu}_G(w)$，其中 $w \in U$，$G_i \in G$。□

G-函数 $\boldsymbol{\mu}_G$: $U \to G$ 是基于划分 $G=\{G_1, G_2, \cdots, G_k\}$ 确定产生的函数，$\boldsymbol{\mu}_G$ 中的下标 G 表明了 $\boldsymbol{\mu}_G$ 与划分 $G=\{G_1, G_2, \cdots, G_k\}$ 的联系。当 $H=\{H_1, H_2, \cdots, H_m\}$ 是数据集 U 的另一划分时，$H=\{H_1, H_2, \cdots, H_m\}$ 可确定产生 H-函数 $\boldsymbol{\mu}_H$: $U \to H$，满足 $\boldsymbol{\mu}_H(w)=H_j$ 当且仅当 $w \in H_j$，其中 $w \in U$，$H_j \in H$。

G-函数 $\boldsymbol{\mu}_G$: $U\to G$ 具有一个重要的特性，这就是对于 $w\in U$，有 $w\in\boldsymbol{\mu}_G(w)$。下面的讨论将利用该特性。

考虑上述基于 U_1 的 m 层粒化树 $T(U_1)=(K_1, \subseteq)$ 以及基于 U_2 的 n 层粒化树 $T(U_2)=(K_2, \subseteq)$，其中 $U_1\cap U_2\neq\varnothing$，$K_1=P_0\cup P_1\cup P_2\cup\cdots\cup P_m(P_0=\{U_1\})$，$K_2=Q_0\cup Q_1\cup Q_2\cup\cdots\cup Q_n(Q_0=\{U_2\})$。对于 $T(U_1)=(K_1, \subseteq)$ 的第 i 层划分 P_i，划分 P_i 可确定 P_i-函数 $\boldsymbol{\mu}_{P_i}$: $U_1\to P_i$。同样对于 $T(U_2)=(K_2, \subseteq)$ 的第 j 层划分 Q_j，该划分 Q_j 可确定 Q_j-函数 $\boldsymbol{\mu}_{Q_j}$: $U_2\to Q_j$。P_i-函数 $\boldsymbol{\mu}_{P_i}$ 和 Q_j-函数 $\boldsymbol{\mu}_{Q_j}$ 与数据 x 和 y 的 (z, i, j)-关联密切相关，我们给出如下的定理。

定理 5.3.1　设 P_i 是 $T(U_1)=(K_1, \subseteq)$ 的第 i 层划分，Q_j 是 $T(U_2)=(K_2, \subseteq)$ 的第 j 层划分。对于 $z\in U_1\cap U_2$，$x\in U_1$ 且 $y\in U_2$，则数据 x 和 y 是 (z, i, j)-关联的当且仅当 $z\in\boldsymbol{\mu}_{P_i}(x)\cap\boldsymbol{\mu}_{Q_j}(y)$。

证明　设数据 x 和 y 是 (z, i, j)-关联的。则由定义 5.3.1(2)，存在粒 A_k 和 B_h，其中 A_k 是 $T(U_1)=(K_1, \subseteq)$ 的第 i 层粒，即 $A_k\in P_i$，B_h 是 $T(U_2)=(K_2, \subseteq)$ 的第 j 层粒，即 $B_h\in Q_j$，满足在 $T(U_1)=(K_1, \subseteq)$ 中，x 和 z 是 A_k-等同的，在 $T(U_2)=(K_2, \subseteq)$ 中，y 和 z 是 B_h-等同的。因此，$x, z\in A_k$ 且 $y, z\in B_h$（见定义 5.2.1(3)），此时 $x\in A_k$，$y\in B_h$ 且 $z\in A_k\cap B_h$。由 P_i-函数 $\boldsymbol{\mu}_{P_i}$ 和 Q_j-函数 $\boldsymbol{\mu}_{Q_j}$ 的取值定义有 $\boldsymbol{\mu}_{P_i}(x)=A_k$ 且 $\boldsymbol{\mu}_{Q_j}(y)=B_h$。再注意到 $z\in A_k\cap B_h$，故 $z\in\boldsymbol{\mu}_{P_i}(x)\cap\boldsymbol{\mu}_{Q_j}(y)$。

反之，设 $z\in\boldsymbol{\mu}_{P_i}(x)\cap\boldsymbol{\mu}_{Q_j}(y)$，则 $z\in\boldsymbol{\mu}_{P_i}(x)$ 且 $z\in\boldsymbol{\mu}_{Q_j}(y)$。令 $\boldsymbol{\mu}_{P_i}(x)=A_k$ 且 $\boldsymbol{\mu}_{Q_j}(y)=B_h$，其中 $A_k\in P_i$ 且 $B_h\in Q_j$，因此 $z\in A_k$，并且 $z\in B_h$。由于 $x\in\boldsymbol{\mu}_{P_i}(x)$ 以及 $y\in\boldsymbol{\mu}_{Q_j}(y)$，所以 $x, z\in A_k$ 且 $y, z\in B_h$。这表明在 $T(U_1)=(K_1, \subseteq)$ 中，x 和 z 是 A_k-等同的，在 $T(U_2)=(K_2, \subseteq)$ 中，y 和 z 是 B_h-等同的，故 x 和 y 是 (z, i, j)-关联的（见定义 5.3.1(2)）。　□

这表明 $z\in\boldsymbol{\mu}_{P_i}(x)\cap\boldsymbol{\mu}_{Q_j}(y)$ 是判定数据 x 和 y 是否为 (z, i, j)-关联的充分必要条件，P_i-函数 $\boldsymbol{\mu}_{P_i}$ 和 Q_j-函数 $\boldsymbol{\mu}_{Q_j}$ 融入该判定条件之中。同时该充分必要条件与数值 i 和 j 联系在了一起，因为它们分别在 P_i-函数 $\boldsymbol{\mu}_{P_i}$ 和 Q_j-函数 $\boldsymbol{\mu}_{Q_j}$ 中得到了体现。另外，i 和 j 可分别看作数据 x 和 y 的数值信息。

利用定理 5.3.1，我们可以证明其他结论，通过将要证明的结论，可展示数据等同与数据关联之间的联系。

令 $x, x'\in U_1$ 且 $y, y'\in U_2$，以及 $z, z'\in U_1\cap U_2$。如下定理把数据等同与数据关联之间的内在联系展示了出来。

定理 5.3.2　(1) 如果 x 和 y 是 (z, i, j)-关联的，同时 x' 和 y' 也是 (z, i, j)-关联的，则在 $T(U_1)=(K_1, \subseteq)$ 中，x 和 x' 是 A_k-等同的，在 $T(U_2)=(K_2, \subseteq)$ 中，y 和 y' 是 B_h-等同的，其中 $A_k\in P_i$ 且 $B_h\in Q_j$。

(2) 如果 x 和 y 是 (z, i, j)-关联的，同时 x 和 y 也是 (z', i, j)-关联的，则在 $T(U_1)=(K_1, \subseteq)$ 中，z 和 z' 是 A_k-等同的，同时在 $T(U_2)=(K_2, \subseteq)$ 中，z 和 z' 是

B_h-等同的，其中 $A_k \in P_i$ 且 $B_h \in Q_j$。

证明　(1) 由定理 5.3.1，x 和 y 的 (z, i, j)-关联意味着 $z \in \boldsymbol{\mu}_{P_i}(x) \cap \boldsymbol{\mu}_{Q_j}(y)$，且 x'和 y'的 (z, i, j)-关联意味着 $z \in \boldsymbol{\mu}_{P_i}(x') \cap \boldsymbol{\mu}_{Q_j}(y')$。于是 $z \in \boldsymbol{\mu}_{P_i}(x) \cap \boldsymbol{\mu}_{P_i}(x')$，并且 $z \in \boldsymbol{\mu}_{Q_j}(y) \cap \boldsymbol{\mu}_{Q_j}(y')$。由此可推得 $\boldsymbol{\mu}_{P_i}(x) = \boldsymbol{\mu}_{P_i}(x') = A_k$ 且 $\boldsymbol{\mu}_{Q_j}(y) = \boldsymbol{\mu}_{Q_j}(y') = B_h$，其中 $A_k \in P_i$ 且 $B_h \in Q_j$。由于 $x \in \boldsymbol{\mu}_{P_i}(x)$ 且 $x' \in \boldsymbol{\mu}_{P_i}(x')$，以及 $y \in \boldsymbol{\mu}_{Q_j}(y)$ 且 $y' \in \boldsymbol{\mu}_{Q_j}(y')$，所以 $x, x' \in A_k$，并且 $y, y' \in B_h$。故在 $T(U_1) = (K_1, \subseteq)$ 中，x 和 x'是 A_k-等同的，在 $T(U_2) = (K_2, \subseteq)$ 中，y 和 y'是 B_h-等同的。

(2) 由定理 5.3.1，x 和 y 的 (z, i, j)-关联意味着 $z \in \boldsymbol{\mu}_{P_i}(x) \cap \boldsymbol{\mu}_{Q_j}(y)$，同时 x 和 y 的 (z', i, j)-关联意味着 $z' \in \boldsymbol{\mu}_{P_i}(x) \cap \boldsymbol{\mu}_{Q_j}(y)$。因此 $z, z' \in \boldsymbol{\mu}_{P_i}(x)$ 并且 $z, z' \in \boldsymbol{\mu}_{Q_j}(y)$。令 $\boldsymbol{\mu}_{P_i}(x) = A_k$ 且 $\boldsymbol{\mu}_{Q_j}(y) = B_h$，其中 $A_k \in P_i$ 且 $B_h \in Q_j$，则 $z, z' \in A_k$ 且 $z, z' \in B_h$。故在 $T(U_1) = (K_1, \subseteq)$ 中，z 和 z'是 A_k-等同的，在 $T(U_2) = (K_2, \subseteq)$ 中，z 和 z'是 B_h-等同的。 □

因此，一些数据之间的数据关联与这些数据在粒化树 $T(U_1) = (K_1, \subseteq)$ 以及 $T(U_2) = (K_2, \subseteq)$ 中的数据等同密切相关。

5.3.3　数据关联之间的联系

在下面的讨论中，基于 U_1 的 m 层粒化树 $T(U_1) = (K_1, \subseteq)$，以及基于 U_2 的 n 层粒化树 $T(U_2) = (K_2, \subseteq)$ 仍然作为问题讨论的支撑环境，其中 $K_1 = P_0 \cup P_1 \cup P_2 \cup \cdots \cup P_m$ $(P_0 = \{U_1\})$，$K_2 = Q_0 \cup Q_1 \cup Q_2 \cup \cdots \cup Q_n$ $(Q_0 = \{U_2\})$。

考虑粒的集合 $K_1 = P_0 \cup P_1 \cup P_2 \cup \cdots \cup P_m$ 和 $K_2 = Q_0 \cup Q_1 \cup Q_2 \cup \cdots \cup Q_n$，由它们的构成可知，如果 $i' \geqslant i$ 或 $j' \geqslant j$，则 $P_{i'}$是 P_i 的细分（包括 $i'=i$ 的情况，因为此时 $P_{i'} = P_i$，$P_{i'}$当然是其自身的细分），或 $Q_{j'}$是 Q_j 的细分（包括 $j'=j$ 的情况，此时 $Q_{j'}$当然是其自身的细分）。通过比较 i'和 i，或者比较 j'和 j，我们可以讨论数据关联之间的联系。为此我们给出数对之间比较大小的约定：

$(i', j') \geqslant (i, j)$ 当且仅当 $i' \geqslant i$ 并且 $j' \geqslant j$。

$(i', j') > (i, j)$ 当且仅当 $i' > i$ 并且 $j' \geqslant j$，或者 $i' \geqslant i$ 并且 $j' > j$。

这里的 i 和 j 以及 i'和 j'都是自然数。

为了讨论数据关联之间的联系，我们考虑数据集 U 的两个划分 $G = \{G_1, G_2, \cdots, G_k\}$ 和 $H = \{H_1, H_2, \cdots, H_m\}$，且 $G = \{G_1, G_2, \cdots, G_k\}$ 是 $H = \{H_1, H_2, \cdots, H_m\}$ 的细分。对于 $w \in U$，存在 $G_i \in G\,(= \{G_1, G_2, \cdots, G_k\})$ 及 $H_j \in H\,(= \{H_1, H_2, \cdots, H_m\})$，使得 $w \in G_i$ 且 $w \in H_j$。此时由 G-函数 $\boldsymbol{\mu}_G$ 和 H-函数 $\boldsymbol{\mu}_H$ 的定义（见定义 5.3.2），可得 $\boldsymbol{\mu}_G(w) = G_i$ 且 $\boldsymbol{\mu}_H(w) = H_j$，同时也有 $w \in \boldsymbol{\mu}_G(w)$ 且 $w \in \boldsymbol{\mu}_H(w)$。我们再进一步分析如下。

由于 $G = \{G_1, G_2, \cdots, G_k\}$ 是 $H = \{H_1, H_2, \cdots, H_m\}$ 的细分，以及 $G_i \in G\,(= \{G_1, G_2, \cdots, G_k\})$，所以存在 $H_s \in H\,(= \{H_1, H_2, \cdots, H_m\})$，使得 $G_i \subseteq H_s$。这样由 $w \in G_i$，可得 $w \in H_s$。注意到已有 $w \in H_j$，所以 $H_s \cap H_j \neq \varnothing$。根据划分的定义（见定义 1.4.7），可知

$H_s=H_j$，因此 $G_i\subseteq H_j$。由于 $\boldsymbol{\mu}_G(w)=G_i$ 且 $\boldsymbol{\mu}_H(w)=H_j$，故 $\boldsymbol{\mu}_G(w)\subseteq\boldsymbol{\mu}_H(w)$。

为了引用上的方便，我们把上述分析总结为如下结论。

结论 5.3.1　设 $G=\{G_1, G_2,\cdots, G_k\}$ 和 $H=\{H_1, H_2,\cdots, H_m\}$ 是数据集 U 的划分，且 $G=\{G_1, G_2,\cdots, G_k\}$ 是 $H=\{H_1, H_2,\cdots, H_m\}$ 的细分。如果 $w\in U$，则 $\boldsymbol{\mu}_G(w)\subseteq\boldsymbol{\mu}_H(w)$。□

在上述准备工作的基础上，我们可以展开相关性质的讨论。设 $x\in U_1$，$y\in U_2$ 且 $z\in U_1\cap U_2$，此时可得到如下结论。

定理 5.3.3　当 $(i', j')\geqslant(i, j)$ 时，如果数据 x 和 y 是 (z, i', j')-关联的，则 x 和 y 必是 (z, i, j)-关联的。

证明　由定理 5.3.1，x 和 y 的 (z, i', j')-关联意味着 $z\in\boldsymbol{\mu}_{P_{i'}}(x)\cap\boldsymbol{\mu}_{Q_{j'}}(y)$。当 $(i', j')\geqslant(i, j)$，即 $i'\geqslant i$ 且 $j'\geqslant j$ 时，$P_{i'}$ 是 P_i 的细分，$Q_{j'}$ 是 Q_j 的细分。由结论 5.3.1 得 $\boldsymbol{\mu}_{P_{i'}}(x)\subseteq\boldsymbol{\mu}_{P_i}(x)$ 且 $\boldsymbol{\mu}_{Q_{j'}}(y)\subseteq\boldsymbol{\mu}_{Q_j}(y)$，因此 $\boldsymbol{\mu}_{P_{i'}}(x)\cap\boldsymbol{\mu}_{Q_{j'}}(y)\subseteq\boldsymbol{\mu}_{P_i}(x)\cap\boldsymbol{\mu}_{Q_j}(y)$，于是再由 $z\in\boldsymbol{\mu}_{P_{i'}}(x)\cap\boldsymbol{\mu}_{Q_{j'}}(y)$，得知 $z\in\boldsymbol{\mu}_{P_i}(x)\cap\boldsymbol{\mu}_{Q_j}(y)$，再利用定理 5.3.1 可推得 x 和 y 是 (z, i, j)-关联的。□

设 $x\in U_1$，$y\in U_2$ 且 $z\in U_1\cap U_2$，如果 x 和 y 是 (z, i, j)-关联的，且 x 和 y 也是 (z, i', j')-关联的，那么这些数据关联之间的联系是我们如下讨论的问题，为此引入相关的概念。

定义 5.3.3　(1) 设数据 x 和 y 是 (z, i, j)-关联的，也是 (z, i', j')-关联的。如果 $(i', j')\geqslant(i, j)$，则称 x 和 y 的 (z, i', j')-关联比 x 和 y 的 (z, i, j)-关联更紧密。

(2) 设数据 x 和 y 是 (z, i, j)-关联的，且当 $(i', j')>(i, j)$ 时，x 和 y 便不再是 (z, i', j')-关联的，此时称 x 和 y 的 (z, i, j)-关联是最紧的。□

数据关联的更紧密性和最紧性是对数据 x 和 y 一些关联情况相互比较后的结果，这可通过数值的比较体现出来，对此我们有如下的定理。

定理 5.3.4　数据 x 和 y 的 (z, i', j')-关联比 x 和 y 的 (z, i, j)-关联更紧密等价于如下的条件 (1) 和 (2)：

(1) 在 $T(U_1)=(K_1, \subseteq)$ 中，数据 x 和 z 的 $A_{k'}$-等同比 x 和 z 的 A_k-等同更接近，其中 $A_{k'}\in P_{i'}$ 且 $A_k\in P_i$。

(2) 在 $T(U_2)=(K_2, \subseteq)$ 中，数据 y 和 z 的 $B_{h'}$-等同比 y 和 z 的 B_h-等同更接近，其中 $B_{h'}\in Q_{j'}$ 且 $B_h\in Q_j$。

证明　假设 x 和 y 的 (z, i', j')-关联比 x 和 y 的 (z, i, j)-关联更紧密，则由定义 5.3.3(1) 可知 $(i', j')\geqslant(i, j)$，即 $i'\geqslant i$ 且 $j'\geqslant j$，因此 $P_{i'}$ 是 P_i 的细分，且 $Q_{j'}$ 是 Q_j 的细分。由定理 5.3.1，x 和 y 的 (z, i', j')-关联等价于 $z\in\boldsymbol{\mu}_{P_{i'}}(x)\cap\boldsymbol{\mu}_{Q_{j'}}(y)$，同时 x 和 y 的 (z, i, j)-关联意味着 $z\in\boldsymbol{\mu}_{P_i}(x)\cap\boldsymbol{\mu}_{Q_j}(y)$。由定义 5.3.2，有 $x\in\boldsymbol{\mu}_{P_{i'}}(x)$，$x\in\boldsymbol{\mu}_{P_i}(x)$，$y\in\boldsymbol{\mu}_{Q_{j'}}(y)$ 且 $y\in\boldsymbol{\mu}_{Q_j}(y)$。再由结论 5.3.1 有 $\boldsymbol{\mu}_{P_{i'}}(x)\subseteq\boldsymbol{\mu}_{P_i}(x)$ 且 $\boldsymbol{\mu}_{Q_{j'}}(y)\subseteq\boldsymbol{\mu}_{Q_j}(y)$。

现令 $\boldsymbol{\mu}_{P_{i'}}(x)=A_{k'}$ 且 $\boldsymbol{\mu}_{P_i}(x)=A_k$，其中 $A_{k'}\in \mathrm{P}_{i'}$ 且 $A_k\in P_i$。

再令 $\boldsymbol{\mu}_{Q_{j'}}(y)=B_{h'}$ 且 $\boldsymbol{\mu}_{Q_j}(y)=B_h$，其中 $B_{h'}\in Q_{j'}$ 且 $B_h\in Q_j$。

此时 $A_{k'} \subseteq A_k$ 且 $B_{h'} \subseteq B_h$，同时我们有 $x, z \in A_{k'}$ 且 $x, z \in A_k$，以及 $y, z \in B_{h'}$ 且 $y, z \in B_h$。因此，在 $T(U_1)=(K_1, \subseteq)$ 中，x 和 z 是 $A_{k'}$-等同的，同时又是 A_k-等同的；在 $T(U_2)=(K_2, \subseteq)$ 中，y 和 z 是 $B_{h'}$-等同的，同时又是 B_h-等同的。由于 $A_{k'} \subseteq A_k$ 并且 $B_{h'} \subseteq B_h$，所以 x 和 z 的 $A_{k'}$-等同比 x 和 z 的 A_k-等同更接近，这是(1)中表述的结论；并且 y 和 z 的 $B_{h'}$-等同比 y 和 z 的 B_h-等同更接近，这是(2)中表述的结论。

反之，假设我们有如下的 (1) 和 (2)：

(1) 在 $T(U_1)=(K_1, \subseteq)$ 中，数据 x 和 z 的 $A_{k'}$-等同比 x 和 z 的 A_k-等同更接近，其中 $A_{k'} \in P_{i'}$ 且 $A_k \in P_i$；

(2) 在 $T(U_2)=(K_2, \subseteq)$ 中，数据 y 和 z 的 $B_{h'}$-等同比 y 和 z 的 B_h-等同更接近，其中 $B_{h'} \in Q_{j'}$ 且 $B_h \in Q_j$。

由(1)可推得 $A_{k'} \subseteq A_k$，同时 $x, z \in A_{k'}$ 且 $x, z \in A_k$；由(2)可推得 $B_{h'} \subseteq B_h$，同时 $y, z \in B_{h'}$ 且 $y, z \in B_h$。因此 $x \in A_{k'}$，$y \in B_{h'}$ 且 $z \in A_{k'} \cap B_{h'}$；同时 $x \in A_k$，$y \in B_h$ 且 $z \in A_k \cap B_h$。这表明 x 和 y 既是 (z, i', j')-关联的，也是 (z, i, j)-关联的。我们考虑 $A_{k'} \subseteq A_k$ 的情况，如果 $A_{k'}=A_k$(此时当然有 $A_{k'} \subseteq A_k$)，则因为 $A_{k'} \in P_{i'}$ 且 $A_k \in P_i$，所以 $P_{i'}=P_i$，此时有 $i'=i$；如果 $A_{k'} \neq A_k$，则由 $A_{k'} \subseteq A_k$，$A_{k'} \in P_{i'}$ 且 $A_k \in P_i$ 可知 $P_{i'}$ 是 P_i 的细分，此时必有 $i' > i$。总之，当 $A_{k'} \subseteq A_k$ 时，有 $i' \geqslant i$。同理由 $B_{h'} \subseteq B_h$ 可推得 $j' \geqslant j$。因此 $(i', j') \geqslant (i, j)$，故 x 和 y 的 (z, i', j')-关联比 x 和 y 的 (z, i, j)-关联更紧密。 □

该定理的结论表明数据关联的更紧密性等价于数据的更接近性，这符合我们的思维方式，是对实际当中数据关联紧密程度形式化描述后得到的结论。

定理 5.3.5　设 $z \in U_1 \cap U_2$，$x \in U_1$ 且 $y \in U_2$。如果 x 和 y 是 (z, i, j)-关联的，则存在数对 (i', j')，使得 $(i', j') \geqslant (i, j)$，且数据 x 和 y 的 (z, i', j')-关联是最紧的。

证明　由定理 5.3.1，数据 x 和 y 的 (z, i, j)-关联意味着 $z \in \boldsymbol{\mu}_{P_i}(x) \cap \boldsymbol{\mu}_{Q_j}(y)$。令 i' 和 j' 分别是 $\boldsymbol{\mu}_{P_i'}(x)$ 和 $\boldsymbol{\mu}_{Q_j'}(y)$ 中的最大下标，且满足 $z \in \boldsymbol{\mu}_{P_i'}(x) \cap \boldsymbol{\mu}_{Q_j'}(y)$。此时由于 $z \in \boldsymbol{\mu}_{P_i}(x) \cap \boldsymbol{\mu}_{Q_j}(y)$，所以 $i' \geqslant i$ 且 $j' \geqslant j$，即 $(i', j') \geqslant (i, j)$。再由定理 5.3.1，可推得 x 和 y 是 (z, i', j')-关联的。同时由 i' 和 j' 的选取可知，数据 x 和 y 的 (z, i', j')-关联是最紧的。 □

通过对数对 (i', j') 和 (i, j) 的比较，可以判定 x 和 y 的 (z, i', j')-关联与 x 和 y 的 (z, i, j)-关联之间哪一关联更为紧密，数据等同的接近程度也可通过对 (i', j') 和 (i, j) 之间的比较进行判定。由于数对之间的比较是由数值之间的比较定义的，所以我们把数据关联和数据等同的紧密程度与数值之间的比较联系起来，使数据关联紧密程度的判定转换为数值之间的比较处理。

序偶 (i, j) 中的数值 i 或 j 是粒化树的层次信息，也是某层数据的数值信息，因此三元组中 (z, i, j) 的数值 i 或 j 展示了数据处理的数值刻画方法。

数据 x 和 y 的 (z, i, j)-关联反映了数据 x, y 和 z 之间的相互联系，这种联系可以广义地认为是数据之间的蕴含推理，不妨称为数据关联推理，所以数据关联的定义和性质的讨论展示了数据关联推理的推演方法。数据关联推理与粒和粒度变化密切相关，因此其形成了粒计算数据处理的一种方法。这种方法可用于实际问题的描述，5.4 节的讨论将展示数据关联推理的描述功能。

5.4　实际问题描述

上述针对数据关联的讨论提供了问题描述的数学基础，是算法设计和问题程序化处理的前提。要想实现对实际数据关联问题的智能化处理，当然需要理论方法的支撑，基于粒化树的数据关联讨论就是理论方面的工作，从而使实际关联问题的计算机处理成为可能。下面通过实例展示粒化树方法在问题描述方面的应用。

例 5.1　设 U_1 和 U_2 是两个数据集，基于这两个数据集，我们可以构造两棵粒化树，形成数据关联讨论依托的环境。下面我们把数据集 U_1 和 U_2 与具体问题联系起来，粒化树的形成将基于实际当中的分类信息。我们先考虑 U_1 和 U_2 的构成。

U_1 是某县居民的数据集，包括因求学离开的人员，此时我们认为 U_1 表示该县 (即该县的所有居民)。

U_2 是某高校所有大学生的数据集，此时我们认为 U_2 表示该高校 (即该高校的所有大学生)。

基于 U_1 和 U_2，可以构造两棵粒化树，从而建立数据关联依托的环境，由此可对实际中的数据关联现象进行描述。具体的工作展示如下。

(1) 对于数据集 U_1，可以得到基于 U_1 的 4 层粒化树 $T(U_1)=(K_1, \subseteq)$，即 $K_1=P_0 \cup P_1 \cup P_2 \cup P_3 \cup P_4$ $(P_0=\{U_1\})$。划分 P_i $(i=1, 2, 3, 4)$ 可直观地构造如下：

P_1 是通过乡镇对该县 U_1 中数据 (居民) 的划分，此时 P_1 中的一个粒由某一乡镇的人员构成，划分 P_1 是通过把 U_1 分成乡镇而产生的。

P_2 是通过村庄对 P_1 的细分，此时 P_2 中的粒由村庄 (的人员) 构成，P_2 是把 P_1 中每一乡镇分解成村庄的结果。显然 P_2 是 U_1 的划分，且 P_2 是 P_1 的细分。

P_3 是通过生产小组对 P_2 的细分，此时 P_3 中的粒由生产小组 (的人员) 构成，P_3 是把 P_2 中每一村庄分解成生产小组的结果。显然 P_3 是 U_1 的划分，同时 P_3 是 P_2 的细分。

P_4 是通过性别对 P_3 的细分，此时 P_4 中的粒由相同性别的人员构成，P_4 是把 P_3 中每一生产小组分解成男女两个部分的结果。显然 P_4 是 U_1 的划分，同时 P_4 是 P_3 的细分。

由划分 P_i $(i=1, 2, 3, 4)$ 的构造过程可知，U_1 的划分以及划分的细分均通过对应的性质确定产生，如“同乡镇人员”、“同村人员”、“同组人员”和“同性别人员”等都反映了某类人员具有的性质。通过这些性质确定的划分，使 4 层粒化树 $T(U_1)=(K_1, \subseteq)$ 得以形成，这里 $K_1=P_0\cup P_1\cup P_2\cup P_3\cup P_4(P_0=\{U_1\})$。

(2) 对于数据集 U_2，可以得到基于 U_2 的 5 层粒化树 $T(U_2)=(K_2, \subseteq)$，即 $K_2=Q_0\cup Q_1\cup Q_2\cup Q_3\cup Q_4\cup Q_5\,(Q_0=\{U_2\})$。划分 $Q_j\,(j=1, 2, 3, 4, 5)$ 可直观地构造如下：

Q_1 是通过院系对高校 U_2 实施划分的结果，Q_1 中的每一粒由高校 U_2 的某一院系的大学生构成，可简称 Q_1 中的每一粒由院系构成，或 Q_1 中的粒是一院系，此时划分 Q_1 是通过把高校 U_2 分解成院系产生的。

Q_2 是以专业为依据对 Q_1 的细分，Q_2 中的每一粒由院系中相同专业的学生构成，是通过把 Q_1 中每一院系再按专业分类产生的。此时 Q_2 是 U_2 的划分，同时 Q_2 是 Q_1 的细分。

Q_3 是把 Q_2 中的每一专业再以年级进行分解的结果，Q_3 中的每一粒由同专业以及同年级的学生构成，此时 Q_3 是 U_2 的划分，同时 Q_3 是 Q_2 的细分。

Q_4 是把 Q_3 中的每一年级分解成班级的结果，Q_4 中的每一粒表示一个班级，此时 Q_4 是 U_2 的划分，且 Q_4 是 Q_3 的细分。

Q_5 是把 Q_4 中的每一班级分解成男同学和女同学的结果，Q_5 中的每一粒表示一个班级中所有男同学的集合或所有女同学的集合。此时 Q_5 是 U_2 的划分，且 Q_5 是 Q_4 的细分。

划分 $Q_j\,(j=1, 2, 3, 4, 5)$ 的形成产生与高校 U_2 学生的特性密切相关，如同院系、同专业、同年级、同班级、同性别等都是学生具有的性质。利用这些性质引出的划分和细分，确定产生了 5 层粒化树 $T(U_2)=(K_2, \subseteq)$，其中 $K_2=Q_0\cup Q_1\cup Q_2\cup Q_3\cup Q_4\cup Q_5\,(Q_0=\{U_2\})$。

(3) 我们可以基于 4 层粒化树 $T(U_1)=(K_1, \subseteq)$ 和 5 层粒化树 $T(U_2)=(K_2, \subseteq)$ 确定的工作环境，展开数据关联问题的讨论。对于 $x\in U_1$，$y\in U_2$ 且 $z\in U_1\cap U_2$，如果 $z\in \boldsymbol{\mu}_{P_i}(x)\cap \boldsymbol{\mu}_{Q_j}(y)\,(1\leqslant i\leqslant 4;\ 1\leqslant j\leqslant 5)$，则由定理 5.3.1，数据 x 和 y 是 (z, i, j)-关联的。因此 $x, z\in A_k$ 且 $y, z\in B_h$，其中 $A_k\in P_i$ 且 $B_h\in Q_j$，即 A_k 是 $T(U_1)=(K_1, \subseteq)$ 的第 i 层粒，B_h 是 $T(U_2)=(K_2, \subseteq)$ 的第 j 层粒。三元组 (z, i, j) 不仅表明了关联数据 z 建立起的 x 和 y 之间的关联，同时通过 i 和 j 分别展示了粒 A_k 和 B_h 中数据的数值信息。

(4) 在上述 x 和 y 的 (z, i, j)-关联中，考虑 $i=2$ 及 $j=4$ 的情况。x 和 y 的 $(z, 2, 4)$-关联意味着 $x, z\in A_k$ 且 $A_k\in P_2$，同时 $y, z\in B_h$ 且 $B_h\in Q_4$。由于 P_2 中的粒由村庄构成，Q_4 中的粒由班级构成，关联数据 z 架起了村庄 A_k 与班级 B_h 之间的桥梁。三元组 $(z, 2, 4)$ 中的关联数据 z 代表着来自于村庄 A_k，并在 B_h 班读书的大学生，数值 2 和 4 分别是村庄 A_k 中村民和班级 B_h 中学生的数值信息。

(5) 除数据 x 和 y 的 $(z, 2, 4)$-关联外，如果 x' 和 y' 也是 $(z, 2, 4)$-关联的，则

由定理 5.3.2(1)，在 $T(U_1)=(K_1, \subseteq)$ 中，x 和 x' 是 A_k-等同的，即 $x, x'\in A_k$，这里 $A_k\in P_2$；在 $T(U_2)=(K_2, \subseteq)$ 中，y 和 y' 是 B_h-等同的，即 $y, y'\in B_h$，其中 $B_h\in Q_4$。这意味着 x 和 x' 出生在同一村庄，y 和 y' 是同班同学。另外，如果 x 和 y 也是 $(z', 2, 4)$-关联的，则由定理 5.3.2(2) 可知，在 $T(U_1)=(K_1, \subseteq)$ 中，z 和 z' 是 A_k-等同的，在 $T(U_2)=(K_2, \subseteq)$ 中，z 和 z' 是 B_h-等同的，即 z 和 z' 来自同一村庄，且在同一个班级读书。

(6) 当 x 和 y 是 $(z, 2, 4)$-关联时，由定理 5.3.5 可知，存在序偶 (i', j')，满足 $(i', j')\geqslant(2, 4)$，即 $i'\geqslant 2$ 且 $j'\geqslant 4$，使得数据 x 和 y 的 (z, i', j')-关联是最紧的。此时 $x, z\in A_{k'}$ 且 $y, z\in B_{h'}$，即在 $T(U_1)=(K_1, \subseteq)$ 中，数据 x 和 z 是 $A_{k'}$-等同的，在 $T(U_2)=(K_2, \subseteq)$ 中，数据 y 和 z 的 $B_{h'}$-等同的，其中 $A_{k'}\in P_{i'}$ 且 $P_{i'}$ 是 P_2 的细分；$B_{h'}\in Q_{j'}$ 且 $Q_{j'}$ 是 Q_4 的细分。从 $(i', j')\geqslant(2, 4)$ 可知 x 和 y 的 (z, i', j')-关联比 x 和 y 的 $(z, 2, 4)$-关联更紧密。由定理 5.3.4 可知，在 $T(U_1)=(K_1, \subseteq)$ 中，数据 x 和 z 的 $A_{k'}$-等同比 x 和 z 的 A_k-等同更接近；在 $T(U_2)=(K_2, \subseteq)$ 中，数据 y 和 z 的 $B_{h'}$-等同比 y 和 z 的 B_h-等同更接近。此时 $x, z\in A_{k'}$ 表明 x 和 z 不仅出生在同一村庄，而且来自同一生产小组或 x 和 z 的性别相同。同时 $y, z\in B_{h'}$ 表明 y 和 z 不仅是同班同学，而且具有其他共同特性，即他们都是男同学或都是女同学。这些通过数值 i' 和 j' 得到了反映，它们分别是粒 $A_{k'}$ 和 $B_{h'}$ 中数据的数值信息。 □

上述讨论表明，实际中数据关联现象可以采用我们建立的粒化树方法得到刻画描述，使基于粒化树的数据关联方法得到了应用。我们还可以针对例 5.1 中的粒化树展开进一步的分析，具体如下。

(7) 考查粒化树 $T(U_1)=(K_1, \subseteq)$ 和 $T(U_2)=(K_2, \subseteq)$，显然它们是通过直观方法构建的，因为构成粒集合 K_1 和 K_2 的划分是我们直观选定的，未涉及数学表达式或公式。实际上，可以通过 5.2.3 节形式化的方法对它们重新进行构造。下面针对粒化树 $T(U_1)=(K_1, \subseteq)$ 展开讨论。

设 $\mathbf{IS}_1=(U_1, A_1)$ 是一信息系统，其中 $A_1=\{a_1, a_2, a_3, a_4\}$。按照 1.4.3 节或 4.1.1 节的讨论，属性 a_1, a_2, a_3, a_4 是函数，称为属性函数，它们的定义域是 U_1，下面给出这些属性函数的具体定义。为此对论域 U_1 进行一些说明：

U_1 表示一个县(即该县全体居民的集合)，由乡镇 1, 乡镇 2, …, 乡镇 n 构成。

乡镇 i $(i=1,2,\cdots,n)$ 由村庄 1, 村庄 2, …, 村庄 n 构成。

村庄 j $(j=1,2,\cdots)$ 被分为生产小组 1，生产小组 2，…。

基于上述信息，对于 $x\in U_1$，属性函数 a_1, a_2, a_3, a_4 可如下定义：

$a_1(x)=k$ 当且仅当 x 属于乡镇 k，即 x 是乡镇 k 的居民。

$a_2(x)=k$ 当且仅当 x 出生在村庄 k。

$a_3(x)=k$ 当且仅当 x 被分在第 k 生产小组。

$a_4(x)=1$ 当且仅当 x 是男性；$a_4(x)=2$ 当且仅当 x 是女性。

于是我们通过 U_1 中数据（即人员）具有的特性，对属性函数 a_1, a_2, a_3, a_4 进行了定义。由此我们就得到了信息系统 $\mathbf{IS}_1=(U_1, A_1)$。设 $B_1=\{a_1\}$，$B_2=\{a_1, a_2\}$，$B_3=\{a_1, a_2, a_3\}$，$B_4=\{a_1, a_2, a_3, a_4\}$。则由定理 4.3.1 可知，$B_k$-集合 $G(B_k)$ $(k=1, 2, 3, 4)$ 是论域 U_1 的划分。同时由定理 5.2.1 可知，B_{k+1}-集合 $G(B_{k+1})$ 是 B_k-集合 $G(B_k)$ $(k=1, 2, 3)$ 的细分。

由于属性函数 a_1 的定义为 $a_1(x)=k$ 当且仅当 x 是乡镇 k 的居民，所以当 k 分别为 $1, 2,\cdots, n$ 时，由属性函数 a_1 可分离出 n 个乡镇，如若把乡镇 k 的人员构成的粒记作 G_k，则该粒可这样产生 $G_k=\{x \mid x\in U_1$ 且 $a_1(x)=k\}$ $(k=1, 2,\cdots, n)$，这里的函数表达式 $a_1(x)=k$ 意味着 x 满足公式 (a_1, k)。当 $B_1=\{a_1\}$时，B_1-集合 $G(B_1)$ 由这 n 个乡镇 $G_1, G_2,\cdots, G_n$ 构成，由定理 4.3.1 可得，$G(B_1)$ 是 U_1 的划分。

B_2-集合 $G(B_2)$ 在 $G(B_1)$ 的基础上产生，是把 $G(B_1)$ 中每一乡镇分解为村庄的结果，因为按照定义 4.3.3 对 B_2-集合 $G(B_2)$ 的定义，$G(B_2)$ 中的粒由形如 $\mathcal{E}=(a_1, k_1)\wedge(a_2, k_2)$ 的公式确定产生，当 $x\in|\mathcal{E}|$ 时，有 $a_1(x)=k_1$ 且 $a_2(x)=k_2$，这表明 x 属于乡镇 k_1 的同时，又出生在村庄 k_2。所以当 x 是乡镇 k_1 的居民时，通过属性函数 a_2 的定义"$a_2(x)=k_2$ 当且仅当 x 出生在村庄 k_2"可把 x 归为某一村庄。B_2-集合 $G(B_2)$ 是在 B_1-集合 $G(B_1)$ 的基础上，利用属性函数 a_2 继续分类所得到的结果。

B_3-集合 $G(B_3)$ 是在 B_2-集合 $G(B_2)$ 的基础上，利用属性函数 a_3 把 $G(B_2)$ 中的村庄分为生产小组的结果。

B_4-集合 $G(B_4)$ 是在 B_3-集合 $G(B_3)$ 的基础上，利用属性函数 a_4 把 $G(B_3)$ 中的生产小组进一步分为男性成员和女性成员集合的结果。

现考虑上述 (1) 中的粒化树 $T(U_1)=(K_1, \subseteq)$，其中 $K_1=P_0\cup P_1\cup P_2\cup P_3\cup P_4$ $(P_0=\{U_1\})$。由上述 (1) 中针对划分 P_i $(i=1, 2, 3, 4)$ 的直观构造可知 $P_1=G(B_1)$，$P_2=G(B_2)$，$P_3=G(B_3)$，$P_4=G(B_4)$。因此我们有 $K_1=G(B_0)\cup G(B_1)\cup G(B_2)\cup G(B_3)\cup G(B_4)$ $(G(B_0)=\{U_1\})$。这表明 $T(U_1)=(K_1, \subseteq)$ 是由信息系统 $\mathbf{IS}_1=(U_1, A_1)$ 诱导出的粒化树（见定义 5.2.2）。

同样，我们可以构造另一信息系统 $\mathbf{IS}_2=(U_2, A_2)$，使上述 (2) 中的粒化树 $T(U_2)=(K_2, \subseteq)$ 是由信息系统 $\mathbf{IS}_2=(U_2, A_2)$ 诱导出的粒化树。

(8) 由信息系统 $\mathbf{IS}_1=(U_1, A_1)$ 和 $\mathbf{IS}_2=(U_2, A_2)$ 诱导出的粒化树 $T(U_1)=(K_1, \subseteq)$ 和 $T(U_2)=(K_2, \subseteq)$ 中的每一个粒可由信息系统上公式确定产生。因此，对于 $x\in U_1$，$y\in U_2$ 且 $z\in U_1\cap U_2$，如果 x 和 y 是 (z, i, j)-关联的，则存在粒$|\mathcal{E}|\in P_i$ $(=G(B_i))$ 以及$|\mathcal{F}|\in Q_j$，使得 $x, z\in|\mathcal{E}|$ 且 $y, z\in|\mathcal{F}|$。由于 $P_i=G(B_i)$，有 $\mathcal{E}=(a_1, k_1)\wedge(a_2, k_2)\wedge\cdots\wedge(a_i, k_i)$。此时 $x, z\in|\mathcal{E}|$ 意味着 $a_1(x)=a_1(z)=k_1, \cdots, a_i(x)=a_i(z)=k_i$，这些函数表达式显然是可被程序化的。因此，通过形式化方法刻画描述的数据关联可以通过编程设计予以智能化的处理，包括论域中含有海量的数据，属性的数量也众多的情况。

(9) 在例 5.1 中，包含了判定数据关联的讨论，也涉及了确定关联紧密程度的分析。这涉及了不同方面的问题，对于这些讨论分析，哪一方面作为考虑的重点依赖我们关注的角度，不妨分析如下。

①对于数值 i 和 j，设 $z\in U_1\cap U_2$。如果希望了解哪些数据是 (z, i, j)-关联的，那么我们应当把重点集中于 U_1 中的数据 x 和 U_2 中的数据 y。

②对于 $x\in U_1, y\in U_2$ 且 $z\in U_1\cap U_2$，如果希望 x 和 y 的 (z, i, j)-关联是最紧的，那么我们需要把关注的重点集中于数值 i 和 j，并关注数值 i 和 j 的变化。

③因此我们把关注的重点集中在哪个方面依赖于具体的问题。当然无论我们对①中的处理感兴趣，还是关注②中涉及的问题，这均与寻求信息系统 $\mathbf{IS}_1=(U_1, A_1)$ 上的公式 $\mathcal{E}$，以及信息系统 $\mathbf{IS}_2=(U_2, A_2)$ 上的公式 $\mathcal{F}$，使得 x 和 z 满足 $\mathcal{E}$，以及 y 和 z 满足 $\mathcal{F}$ 的判定密切相关。这些工作均可得到形式化的描述，从而得到程序化的处理，这一点是值得强调的。

(10) 考查上述 4 层粒化树 $T(U_1)=(K_1, \subseteq)$ 和 5 层粒化树 $T(U_2)=(K_2, \subseteq)$，其中 $K_1=P_0\cup P_1\cup P_2\cup P_3\cup P_4$ $(P_0=\{U_1\})$，$K_2=Q_0\cup Q_1\cup Q_2\cup Q_3\cup Q_4\cup Q_5$ $(Q_0=\{U_2\})$。对于 $x\in U_1$，$y\in U_2$ 且 $z\in U_1\cap U_2$，如果 x 和 y 是 (z, i, j)-关联的，则存在粒 A_k $(\in P_i)$ 且 B_h $(\in Q_j)$，满足 $x, z\in A_k$ 且 $y, z\in B_h$。此时关联数据 z 建立起了 A_k 中数据和 B_h 中数据之间的关联，简言之，z 使 A_k 和 B_h 产生了联系。由于 A_k 表示一类居民的集合，B_h 表示某专业大学生的集合，所以 A_k 和 B_h 之间的关联意味着一类居民和某些大学生的联系。如果这类居民中的一些人员在某企业工作，且该企业的生产与这些大学生具有所学专业方面的联系，那么 A_k 和 B_h 之间的关联对于人才引进和技术应用具有产学结合的实际意义。由此可能会促进产业的升级和效能的改进，同时也可能会对知识转换、基地建设、人员就业、经济发展等产生影响，这些与经济发展和大学生的就业密切相关。

(11) 值得强调的是，上述的讨论给予了数据关联形式化的刻画描述，这提供了算法设计和编程处理的基础，使实际问题的智能化管理成为可能。智能化系统必然会给管理者提供参考信息，对社会的科学、健康、和谐、持续发展具有积极的意义，无形地推动着事业的发展。

如果观察上述工作，可以看到针对数据关联的讨论与粒以及粒度变化密切相关。数据 x 和 y 的 (z, i, j)-关联与 $T(U_1)$ 中确定 x 与 z 等同的粒联系紧密，也和 $T(U_2)$ 中确定 y 与 z 等同的粒不无关系。同时数据关联的紧密程度随着粒的层次变化而疏松或紧密，这是粒度概念在数据关联描述方面的应用展示。另外，支撑数据关联描述方法的粒化树使数据集的层层粒化与粒的层次变化融为一体。因此上述工作可看作粒计算研究的一种方法，体现了我们对粒和粒之间运算的认识。

5.5　基于一个数据集的数据关联

5.3 节的标题为“两个数据集之间的数据关联”，这意味着针对数据关联的讨论涉及两个数据集，前面的几节就是以数据集 U_1 和 U_2 为基础，引出两棵粒化树 $T(U_1)=(K_1, \subseteq)$ 和 $T(U_2)=(K_2, \subseteq)$，并以此作为讨论的环境，针对数据关联问题展开的讨论，产生了相关的研究方法。该方法的主要特点在于两个数据集 U_1 和 U_2 的存在，以及对两个数据集之间数据关联的描述。

实际上，基于一个数据集 U，我们也可以通过粒化树的引入，展开数据关联的讨论，由此也可以描述实际中的问题。

5.5.1　划分与相关集类

设 U 是一数据集，它是一类数据的聚集，且常常需要根据数据的性质对数据集实施分类处理。U 的一个划分（见定义 1.4.7）$G=\{G_1, G_2,\cdots, G_k\}\ (k\geqslant 1)$ 就是对数据集 U 分类的处理，其中的粒 $G_1, G_2,\cdots, G_k$ 是对 U 中数据分类的结果，这种分类往往基于数据的性质，不妨考虑如下例子。

例 5.2　对于数据集 $U=\{1, 2, 3, 4, 5, 6, 7, 8, 9, 10\}$，考虑性质“除以 3 余数相同的数”，利用该性质可以把 U 中的数据予以分类，得到划分 $G=\{\{1, 4, 7, 10\}, \{2, 5, 8\}, \{3, 6, 9\}\}$，其中粒$\{1, 4, 7, 10\}$中每一数除以 3 的余数是 1，粒$\{2, 5, 8\}$中每一数除以 3 的余数是 2，粒$\{3, 6, 9\}$中每一数除以 3 的余数是 0。因此该划分由性质“除以 3 余数相同的数”确定产生。□

例 5.3　对于数据集 $U=\{x\mid x$ 是 79 次列车上的乘客$\}$，性质“同一车站上 79 次列车的旅客”可确定 U 的划分 $G=\{G_1, G_2,\cdots, G_k\}$，其中 $G_i\subseteq U\ (i=1, 2,\cdots, k)$，粒 G_1 表示从车站 1 上 79 次列车旅客的集合，粒 G_2 表示从车站 2 上 79 次列车旅客的集合，…，粒 G_k 表示从车站 k 上 79 次列车旅客的集合。因此性质“同一车站上 79 次列车的旅客”确定了 U 的一种划分。□

为了在同一个数据集 U 的条件下讨论数据关联问题，可以对 U 的划分 $G=\{G_1, G_2,\cdots, G_k\}$中每一粒 $G_i\ (i=1, 2,\cdots, k)$ 指定另一个集合 G_i'，称为 G_i 的相关集，满足 $G_i\subseteq G_i'$，同时 G_i' 与 G_i 中的数据存在着相同的性质。可以通过例 5.2 和例 5.3 中的划分进行解释性的说明：

(1) 考虑例 5.2 中数据集 $U=\{1, 2, 3, 4, 5, 6, 7, 8, 9, 10\}$的划分 $G=\{\{1, 4, 7, 10\}, \{2, 5, 8\}, \{3, 6, 9\}\}$。对于粒$\{1, 4, 7, 10\}$，指定$\{1, 4, 7, 10, 13, 16\}$为其相关集，此时$\{1, 4, 7, 10\}\subseteq\{1, 4, 7, 10, 13, 16\}$，且$\{1, 4, 7, 10, 13, 16\}$中的数除以 3 的余数也都是 1。对于粒$\{2, 5, 8\}$，指定$\{2, 5, 8, 11, 14, 17\}$为其相关集，显然$\{2, 5, 8\}\subseteq\{2, 5, 8, 11, 14, 17\}$，此时$\{2, 5, 8, 11, 14, 17\}$中的数除以 3 的余数都是 2。对于粒$\{3, 6, 9\}$，

指定{3, 6, 9, 12, 15}作为相关集，显然{3, 6, 9}⊆{3, 6, 9, 12, 15}，且{3, 6, 9, 12, 15}中的数除以 3 的余数都是 0。于是粒中数据与其相关集中数据具有相同的性质。

(2) 考虑例 5.3 中数据集 $U=\{x \mid x$ 是 79 次列车上的乘客$\}$的划分 $G=\{G_1, G_2,\cdots, G_k\}$，粒 $G_i\ (i=1, 2,\cdots, k)$ 表示从车站 i 上 79 次列车旅客的集合。G_i 的相关集 G_i' 可指定为从车站 i 上车（不仅 79 次列车）的所有旅客的集合，此时 $G_i\subseteq G_i'$，且 G_i 与 G_i' 中的数据都具有“从车站 i 上车”的性质。

实际上，当指定 G_i' 为 G_i 的相关集时，G_i' 中数据的多少与指定密切相关。例如，(1) 中指定{1, 4, 7, 10, 13, 16}为{1, 4, 7, 10}的相关集，实际上{1, 4, 7, 10, 13, 16, 19, 22, 25}也可指定为{1, 4, 7, 10}的相关集，此时{1, 4, 7, 10, 13, 16, 19, 22, 25}的每一个数除以 3 的余数都为 1。又如，(2) 中指定 $G_i'=\{x \mid x$ 是从车站 i 上车的旅客$\}$为 G_i 的相关集，由于 G_i' 涉及了更多的乘客，所以 $G_i\subseteq G_i'$。也可以指定 $G_i''=\{x \mid x$ 是从车站 i 上 79 次和 80 次列车的旅客$\}$，此时有 $G_i\subseteq G_i''\subseteq G_i'$。

所以指定粒的相关集将涉及数据的选定范围，这由讨论者根据情况确定。特别是当涉及具体问题时，粒的相关集将与问题联系在一起，在 5.5.5 节实例的讨论中，我们将给予具体的展示。现在我们不妨给出粒的相关集的定义。

定义 5.5.1　设 $G=\{G_1,G_2,\cdots, G_k\}$是数据集 U 的划分，如果对于每一粒 $G_i\in G\ (i=1, 2,\cdots, k)$，均存在数据的集合 G_i'，满足 $G_i\subseteq G_i'$，且当 $G_i, G_j\in G$ 以及 $G_i\neq G_j$ 时，有 $G_i'\cap G_j'=\varnothing$，则称集合 $G'=\{G_1', G_2',\cdots, G_k'\}$为划分 $G=\{G_1, G_2,\cdots, G_k\}$的相关集类，此时 G'中的 G_i'称为粒 $G_i\ (i=1, 2,\cdots, k)$ 的相关集。　□

当 $G'=\{G_1', G_2',\cdots, G_k'\}$是划分 $G=\{G_1, G_2,\cdots, G_k\}$的相关集类时，对于粒 $G_i, G_j\in G$，若 G_i 与 G_j 不同，即 $G_i\neq G_j$，则由定义 1.4.7(2) 有 $G_i\cap G_j=\varnothing$，此时 G_i 和 G_j 的相关集 $G_i'\ (\in G')$ 和 $G_j'\ (\in G')$ 也满足 $G_i'\cap G_j'=\varnothing$。当 $G_i\cap G_j=\varnothing$ 时，对于 $G_i'\cap G_j'=\varnothing$ 的要求是如下讨论的需要，上述针对相关集解释说明的 (1) 和 (2) 表明该要求易于满足。例如，对于例 5.2 中划分 $G=\{\{1, 4, 7, 10\}, \{2, 5, 8\}, \{3, 6, 9\}\}$的粒{2, 5, 8}和{3, 6, 9}以及上述 (1) 给出的它们的相关集{2, 5, 8, 11, 14, 17}和{3, 6, 9, 12, 15}，显然{2, 5, 8}∩{3, 6, 9}=∅，同时{2, 5, 8, 11, 14, 17}∩{3, 6, 9, 12, 15}=∅。

当 $G'=\{G_1', G_2',\cdots, G_k'\}$是划分 $G=\{G_1, G_2,\cdots, G_k\}$的相关集类时，对于粒 $G_i\in G$ 及其相关集 $G_i'\in G'$，G_i 和 G_i'之间满足 $G_i\subseteq G_i'$，即 G_i 的相关集 G_i'是 G_i 的扩展。上述的 (1) 和 (2) 展示了粒 G_i 扩展成相关集 G_i'的具体例子，并且可看出由 G_i 得到 G_i'往往依据情况而定。

另外，从划分 $G=\{G_1, G_2,\cdots, G_k\}$及其相关集类 $G'=\{G_1', G_2',\cdots, G_k'\}$的定义可知，$G$ 中的粒 G_i 与 G'中的相关集 G_i'之间相互一一对应。

当 $G=\{G_1, G_2,\cdots, G_k\}$是数据集 U 的划分，$G'=\{G_1', G_2',\cdots, G_k'\}$是 $G=\{G_1, G_2,\cdots, G_k\}$的相关集类时，因为 $G_1\cup G_2\cup\cdots\cup G_k=U$（见定义 1.4.7(3)）且 $G_i\subseteq G_i'\ (i=1, 2,\cdots, k)$，所以 $U\subseteq G_1'\cup G_2'\cup\cdots\cup G_k'$。因此，各相关集涉及数据的整体是数据集 U 的扩

展，或相关集类 G'是划分 G 的扩展，这由条件 $G_i \subseteq G_i'$所决定，由此也可以看到 G 的相关集类并非唯一。当针对实际问题时，相关集类的确定往往与数据的特性紧密地联系在一起，这方面的讨论将在 5.5.4 节进行展示。

在定义 1.5.1 中，我们引入了划分的细分，细分就是对划分中每一粒进一步分解细化的结果，此时往往称细分比划分更精细。现可以把细分的概念与数据集 U 的划分 $G=\{G_1, G_2,\cdots, G_k\}$及其相关集类 $G'=\{G_1', G_2',\cdots, G_k'\}$联系在一起。

定义 5.5.2 设 $G=\{G_1, G_2,\cdots, G_k\}$和 $H=\{H_1, H_2,\cdots, H_m\}$是数据集 U 的两个划分，$G'=\{G_1', G_2',\cdots, G_k'\}$和 $H'=\{H_1', H_2',\cdots, H_m'\}$分别是它们的相关集类。如果 $H=\{H_1, H_2,\cdots, H_m\}$是 $G=\{G_1, G_2,\cdots, G_k\}$的细分，且对于任意的 $H_j'\in H'$，存在 $G_i'\in G'$，使得 $H_j'\subseteq G_i'$，则称 $H=\{H_1, H_2,\cdots, H_m\}$是 $G=\{G_1, G_2,\cdots, G_k\}$的伴随细分。 □

因此，当 $H=\{H_1, H_2,\cdots, H_m\}$是 $G=\{G_1, G_2,\cdots, G_k\}$的伴随细分时，$H=\{H_1, H_2,\cdots, H_m\}$不仅是 $G=\{G_1, G_2,\cdots, G_k\}$的细分，同时它们的相关集类之间也存在相关集之间的包含关系。后面的讨论将涉及伴随细分的性质，现在我们先给出如下结论，以应对后面讨论的需要。

定理 5.5.1 $G=\{G_1, G_2,\cdots, G_k\}$，$H=\{H_1, H_2,\cdots, H_m\}$和 $S=\{S_1, S_2,\cdots, S_n\}$都是数据集 U 的划分，$G'=\{G_1', G_2',\cdots, G_k'\}$，$H'=\{H_1', H_2',\cdots, H_m'\}$和 $S'=\{S_1', S_2',\cdots, S_n'\}$分别是它们的相关集类。如果 $S=\{S_1, S_2,\cdots, S_n\}$是 $H=\{H_1, H_2,\cdots, H_m\}$的伴随细分，$H=\{H_1, H_2,\cdots, H_m\}$是 $G=\{G_1, G_2,\cdots, G_k\}$的伴随细分，则 $S=\{S_1, S_2,\cdots, S_n\}$是 $G=\{G_1, G_2,\cdots, G_k\}$的伴随细分。

证明 因为 $S=\{S_1, S_2, \cdots, S_n\}$是 $H=\{H_1, H_2, \cdots, H_m\}$的伴随细分，且 $H=\{H_1, H_2,\cdots, H_m\}$是 $G=\{G_1, G_2,\cdots, G_k\}$的伴随细分，所以 $S=\{S_1, S_2,\cdots, S_n\}$是 $H=\{H_1, H_2,\cdots, H_m\}$的细分，$H=\{H_1, H_2,\cdots, H_m\}$是 $G=\{G_1, G_2,\cdots, G_k\}$的细分，由结论 5.2.1 可知，$S=\{S_1, S_2,\cdots, S_n\}$是 $G=\{G_1, G_2,\cdots, G_k\}$的细分。

对于任意的 $S_r'\in S'$，由于 $S=\{S_1, S_2,\cdots, S_n\}$是 $H=\{H_1, H_2,\cdots, H_m\}$的伴随细分，所以存在 $H_j'\in H'$，使得 $S_r'\subseteq H_j'$。对于 $H_j'\in H'$，由于 $H=\{H_1, H_2,\cdots, H_m\}$是 $G=\{G_1, G_2,\cdots, G_k\}$的伴随细分，所以存在 $G_i'\in G'$，使得 $H_j'\subseteq G_i'$。由 $S_r'\subseteq H_j'$ 以及 $H_j'\subseteq G_i'$可以得到 $S_r'\subseteq G_i'$。

上述证明了 $S=\{S_1, S_2,\cdots, S_n\}$是 $G=\{G_1, G_2,\cdots, G_k\}$的细分，同时对于它们的相关集类 $S'=\{S_1', S_2',\cdots, S_n'\}$和 $G'=\{G_1', G_2',\cdots, G_k'\}$，当 $S_r'\in S'$时，存在 $G_i'\in G'$，使得 $S_r'\subseteq G_i'$。故 $S=\{S_1, S_2,\cdots, S_n\}$是 $G=\{G_1, G_2,\cdots, G_k\}$的伴随细分。 □

设 $H=\{H_1, H_2,\cdots, H_m\}$是 $G=\{G_1, G_2,\cdots, G_k\}$的伴随细分，此时 $H=\{H_1, H_2,\cdots, H_m\}$是 $G=\{G_1, G_2,\cdots, G_k\}$的细分。于是对于 $G_i\in G$，有 $G_i=H_{j1}\cup H_{j2}\cup\cdots\cup H_{jt}\,(t\geqslant 1)$，即 $G=\{G_1, G_2,\cdots, G_k\}$中的粒 G_i 被进一步细分为 $H=\{H_1, H_2,\cdots, H_m\}$的粒 $H_{j1}, H_{j2},\cdots, H_{jt}$，所以 $H=\{H_1, H_2,\cdots, H_m\}$比 $G=\{G_1, G_2,\cdots, G_k\}$更精细。

当 $H'=\{H_1', H_2',\cdots, H_m'\}$和 $G'=\{G_1', G_2',\cdots, G_k'\}$分别是 $H=\{H_1, H_2,\cdots, H_m\}$和 $G=\{G_1,$

$G_2,\cdots,G_k\}$的相关集类时，由于$H=\{H_1,H_2,\cdots,H_m\}$是$G=\{G_1,G_2,\cdots,G_k\}$的伴随细分，所以对于$H_j'\in H'$，存在$G_i'\in G'$，使得$H_j'\subseteq G_i'$。这表明$H'=\{H_1',H_2',\cdots,H_m'\}$比$G'=\{G_1',G_1',\cdots,G_k'\}$更精细。

因此，划分及其划分的伴随细分不仅是粒化和进一步细化的过程，也体现了对相关集类中相关集逐步分解细化的处理。

对于数据集U的划分$G=\{G_1,G_2,\cdots,G_k\}$，因为$G_i\subseteq G_i\,(i=1,2,\cdots,k)$，所以$G=\{G_1,G_2,\cdots,G_k\}$是其自身的细分。同时$G_i\subseteq G_i$说明$G=\{G_1,G_2,\cdots,G_k\}$是其自身的相关集类，所以$G=\{G_1,G_2,\cdots,G_k\}$也是其自身的伴随细分。

5.5.2　相关集类与粒化树

在 5.3 节和 5.4 节的讨论中，数据关联的讨论基于两个数据集U_1和U_2引出的两棵粒化树$T(U_1)=(K_1,\ \subseteq)$和$T(U_2)=(K_2,\ \subseteq)$。现在基于同一个数据集U，讨论数据关联的问题。此时需要把不同的划分、伴随细分以及相关集类组合在一起，形成由粒构成并涉及相关集类的粒化树。

除U的划分$P_0=\{U\}$之外，设$P_1,P_2,\cdots,P_n$是U的n个划分，$P_1',P_2',\cdots,P_n'$分别是它们的相关集类，其中P_1是P_0的细分，P_{i+1}是$P_i\,(i=1,2,\cdots,n-1)$的伴随细分。由定理 5.5.1 可知，当$j>i\geqslant 1$时，P_j是P_i的伴随细分，当然P_j也是P_i的细分。此时P_j比P_i更精细，同时P_j'比P_i'更精细。

令$K=P_0\cup P_1\cup P_2\cup\cdots\cup P_n$，则由定义 5.2.1 可知，$T(U)=(K,\ \subseteq)$是一棵$n$层粒化树。同时$T(U)=(K,\ \subseteq)$与相关集类$P_1',P_2',\cdots,P_n'$存在着联系，相关集类在定义 5.2.1 中没有出现，是本节涉及的概念。

这里我们构造的n层粒化树$T(U)=(K,\ \subseteq)$是采用直观方法构建的，即划分$P_1,P_2,\cdots,P_n$由我们直接给定，没有涉及使粒确定产生的公式或数学表达式，同时n个相关集类$P_1',P_2',\cdots,P_n'$也是给定的，也与公式无关。因此，提出这样的问题：粒化树$T(U)=(K,\ \subseteq)$以及与之联系的相关集类$P_1',P_2',\cdots,P_n'$都可以采用形式化的方法构建完成吗？我们的答案是肯定的，这里仅进行解释性的讨论。

在上述例 5.2 和例 5.3 中，对数据集U的划分构建都基于相应的性质，这样的性质是可以通过数学表达式或公式描述刻画的。因此，粒化树$T(U)=(K,\ \subseteq)$涉及的划分$P_1,P_2,\cdots,P_n$可以采用公式对性质的描述得以产生，这自然是形式化的方法。同时，例 5.2 和例 5.3 下面(1)和(2)的讨论表明，相关集的产生与划分产生基于的性质是相同的，因此通过数学表达式或公式对该性质的描述，相关集以及相关集类必然可以采用形式化方法构建完成。

不过在下面的讨论中，出于直观和方便的考虑，我们都采用直观方法给定划分及其相关集类，这种直观的方法一般是可以得到形式化处理的。

设U是数据集且$P_0=\{U\}$，$P_1,P_2,\cdots,P_n$是U的n个划分，$P_1',P_2',\cdots,P_n'$分别是

它们的相关集类。当 P_1 是 P_0 的细分，且 P_{i+1} 是 $P_i(i=1, 2,\cdots, n-1)$ 的伴随细分时，令 $K=P_0\cup P_1\cup P_2\cup\cdots\cup P_n$，则 $T(U)=(K, \subseteq)$ 是基于 U 的 n 层粒化树。不仅如此，$T(U)=(K, \subseteq)$ 还与相关集类 $P_1', P_2',\cdots, P_n'$ 存在联系，于是我们给出如下定义。

定义 5.5.3 结构 $T(U)=(K, \subseteq)$ 称为基于数据集 U，与相关集类 $P_1', P_2',\cdots, P_n'$ 关联的 n 层粒化树，简称粒化树。对于 $K=P_0\cup P_1\cup P_2\cup\cdots\cup P_n$ 中的划分 $P_i(i=0, 1, 2,\cdots, n)$，P_i 称为 $T(U)=(K, \subseteq)$ 的第 i 层划分，相关集类 P_i' $(i=1,2,\cdots,n)$ 称为 $T(U)=(K, \subseteq)$ 的第 i 层相关集类。 □

关联 n 个相关集类 $P_1', P_2',\cdots, P_n'$ 是定义 5.5.3 中的粒化树与定义 5.2.1 中粒化树之间的区别。如果不考虑相关集类 $P_1', P_2',\cdots, P_n'$，那么 $T(U)=(K, \subseteq)$ 是定义 5.2.1 给出的粒化树。

粒化树 $T(U)=(K, \subseteq)$ 以及相关集类 $P_1', P_2',\cdots, P_n'$ 与如下数据关联的讨论密切相关，数据关联的讨论也涉及两棵粒化树。不过与定义 5.3.1 基于两个数据集不同，如下的讨论仅涉及一个数据集，将依托同一个数据集 U 上的两棵与相关集类关联的粒化树，引出数据关联的定义。

5.5.3 相关集类与数据关联

设 U 是数据集，$T_1(U)=(K_1, \subseteq)$ 是基于数据集 U，并与 m 个相关集类 $P_1', P_2',\cdots, P_m'$ 关联的 m 层粒化树，这里 $K_1=P_0\cup P_1\cup P_2\cup\cdots\cup P_m(P_0=\{U\})$，其中 P_1 是 P_0 的细分，P_{i+1} 是 $P_i(i=1, 2,\cdots, m-1)$ 的伴随细分；$T_2(U)=(K_2, \subseteq)$ 是基于数据集 U，与 n 个相关集类 $Q_1', Q_2',\cdots, Q_n'$ 关联的 n 层粒化树，这里 $K_2=Q_0\cup Q_1\cup Q_2\cup\cdots\cup Q_n(Q_0=\{U\})$，其中 Q_1 是 Q_0 的细分，Q_{i+1} 是 $Q_i(i=1, 2,\cdots, n-1)$ 的伴随细分。$T_1(U)=(K_1, \subseteq)$ 和 $T_2(U)=(K_2, \subseteq)$，以及相关集类 $P_1', P_2',\cdots, P_m'$ 和 $Q_1', Q_2',\cdots, Q_n'$ 是如下数据关联定义和讨论的支撑环境。

对于数据 $z\in U$，考虑粒化树 $T_1(U)=(K_1, \subseteq)$ 的第 i 层划分 $P_i(0\leqslant i\leqslant m)$，由于 P_i 是 U 的划分，所以一定存在粒 $A_k\in P_i$，使得 $z\in A_k$。再考虑 $T_2(U)=(K_2, \subseteq)$ 的第 j 层划分 $Q_j(0\leqslant j\leqslant n)$，此时存在 $B_h\in Q_j$，使得 $z\in B_h$，因此 $z\in A_k\cap B_h$。

定义 5.5.4 (1) 对于数据 $z\in U$，如果 $z\in A_k\cap B_h$，则称 z 是 (A_k, B_h)-关联数据，其中 $A_k\in P_i$，$B_h\in Q_j$，这里 P_i 是 $T_1(U)=(K_1, \subseteq)$ 的第 i 层划分，Q_j 是 $T_2(U)=(K_2, \subseteq)$ 的第 j 层划分。

(2) 设 $z\in U$ 且 z 是 (A_k, B_h)-关联数据，其中 $A_k\in P_i$ 及 $B_h\in Q_j$，对于 A_k 的相关集 $A_k'\in P_i'$ 及 B_h 的相关集 $B_h'\in Q_j'$，当 $x\in A_k'$ 及 $y\in B_h'$ 时，称数据 x 和 y 是 (z, i, j)-关联的，或称 x 和 y 的 (z, i, j)-关联。 □

这里的 (A_k, B_h)-关联数据 z 是数据集 U 中的数据，仅涉及一个数据集 U，与定义 5.3.1 (1) 中的关联数据是两个数据集的公共数据存在较大的区别。这里 x 和 y 的 (z, i, j)-关联基于数据集 U，并涉及相关集中的数据。而在定义 5.3.1 中，数据 x

和 y 的 (z, i, j)-关联依托两个数据集 U_1 和 U_2，且不涉及相关集和相关集中的数据。这些体现了定义 5.3.1 与定义 5.5.4 中数据关联的不同。

这里 x 和 y 的 (z, i, j)-关联由 (A_k, B_h)-关联数据 z 架起的联结 x 和 y 之间的渠道所确定，此时 $z\in U$，即 z 是同一数据集中的数据。而在定义 5.3.1 中，x 和 y 的 (z, i, j)-关联由关联数据 z 联结产生，此时 $z\in U_1\cap U_2$，公共数据 z 建立了两个数据集之间的关联。这些体现了两种数据关联形式的差异。

由定义 5.5.4(2)，若 x 和 y 是 (z, i, j)-关联的，则 $z\in U$，x 和 y 分别属于相应的相关集，此时 x 或 y 可以是 U 中的数据，因为划分中的粒包含在相关集中，当然 x 或 y 也可以不是 U 中的数据。

至此通过与相关集类关联的粒化树 $T_1(U)=(K_1, \subseteq)$ 和 $T_2(U)=(K_2, \subseteq)$，又对数据 x 和 y 的 (z, i, j)-关联进行了定义。此时 U 中的 (A_k, B_h)-关联数据 z 把 A_k 相关集 A_k' 中的数据 x 与 B_h 相关集 B_h' 中的数据 y 关联在一起。

三元组 (z, i, j) 中的数值 i 和 j 分别表示 $T_1(U)=(K_1, \subseteq)$ 和 $T_2(U)=(K_2, \subseteq)$ 中划分 P_i 和 Q_j 以及相关集类 P_i' 和 Q_j' 的层次，也可认为是粒 $A_k\,(\in P_i)$ 和 $B_h\,(\in Q_j)$ 以及相关集 A_k' $(\in P_i')$ 和 B_h' $(\in Q_j')$ 的层次。由于粒和相关集均由数据构成，所以 i 可以看作 A_k 和 A_k' 中数据的数值信息，j 是 B_h 和 B_h' 中数据的数值信息。数值 i 或 j 的变化将影响 x 和 y 的 (z, i, j)-关联的程度，是关联紧密性的数字化体现。5.5.4 节将讨论数值 i 和 j 与 x 和 y 的 (z, i, j)-关联之间的联系。

当讨论不强调数据 x, y 和 z，也不关注划分和相关集类的层次时，我们往往把 x 和 y 的 (z, i, j)-关联简称为数据关联。数据关联的判定方法以及相关的性质是如下讨论的内容。同时在下面的讨论中，如果不具体说明，如下涉及的 x 和 y 的 (z, i, j)-关联，或简称数据关联均指基于同一个数据集 U 确定产生的关联形式。

5.5.4　数据关联的性质

当数据 x 和 y 是 (z, i, j)-关联时，分析数据 x, y, z 之间的关系，讨论数值 i 或 j 的变化对关联程度的影响以及数据关联的性质是如下关注的内容。本节仅提出相关的问题，针对这些问题的解答将在 5.5.5 节通过实例讨论说明。

设 $T_1(U)=(K_1, \subseteq)$ 是基于数据集 U，并与 m 个相关集类 $P_1', P_2', \cdots, P_m'$ 关联的 m 层粒化树，其中 $K_1=P_0\cup P_1\cup P_2\cup\cdots\cup P_m\,(P_0=\{U\})$，$P_1$ 是 P_0 的细分，P_{i+1} 是 $P_i\,(i=1, 2, \cdots, m-1)$ 的伴随细分。同时设 $T_2(U)=(K_2, \subseteq)$ 是基于数据集 U，与 n 个相关集类 $Q_1', Q_2', \cdots, Q_n'$ 关联的 n 层粒化树，其中 $K_2=Q_0\cup Q_1\cup Q_2\cup\cdots\cup Q_n\,(Q_0=\{U\})$，$Q_1$ 是 Q_0 的细分，Q_{i+1} 是 $Q_i\,(i=1, 2, \cdots, n-1)$ 的伴随细分。在如下的讨论中，我们将在这样的粒化树 $T_1(U)=(K_1, \subseteq)$ 和 $T_2(U)=(K_2, \subseteq)$ 环境中展开工作。

考虑 $T_1(U)=(K_1, \subseteq)$ 的第 i 层划分 P_i 和相关集类 $P_i'\,(1\leqslant i\leqslant m)$，以及

$T_2(U)=(K_2, \subseteq)$ 的第 j 层划分 Q_j 和相关集类 $Q_j'(1 \leqslant j \leqslant n)$，设 $A \in P_i$ 且 $C \in P_i'$，以及 $B \in Q_j$ 且 $D \in Q_j'$，则如下结论成立。

定理 5.5.2　对于 $x \in U$，如果 $x \in A$ 且 $x \in C$，则 A 的相关集是 C。如果 $x \in B$ 且 $x \in D$，则 B 的相关集是 D。

证明　设 A 的相关集为 $A' \in P_i'$，则由粒及其相关集的关系（见定义 5.5.1）可知 $A \subseteq A'$。因为 $x \in A$，所以 $x \in A'$。又因为 $x \in C$，所以 $A' \cap C \neq \varnothing$。由于相关集类中不同相关集的交为空（见定义 5.5.1），所以 $A'=C$，即 A 的相关集是 C。同理可证 B 的相关集是 D。□

给出定理 5.5.2 是为了证明如下的定理 5.5.3，从而确定数据 x 和 y 是 (z, i, j)-关联的充分必要条件。

定理 5.5.3　对于 $z \in U$，数据 x 和 y 是 (z, i, j)-关联的充分必要条件是 $x, z \in A_k'$ 且 $y, z \in B_h'$，这里 $A_k' \in P_i'$ 且 $B_h' \in Q_j'$。

证明　设数据 x 和 y 是 (z, i, j)-关联的，则由定义 5.5.4(2) 可知，z 是 (A_k, B_h)-关联数据，即 $z \in A_k \cap B_h$，其中 $A_k \in P_i$ 且 $B_h \in Q_j$。同时 $x \in A_k'$ 及 $y \in B_h'$，这里 $A_k' \in P_i'$ 且 A_k' 是 A_k 的相关集，$B_h' \in Q_j'$ 并且 B_h' 是 B_h 的相关集。由粒及其相关集之间的关系可知 $A_k \subseteq A_k'$ 且 $B_h \subseteq B_h'$（见定义 5.5.1），所以由 $z \in A_k \cap B_h$，有 $z \in A_k'$ 及 $z \in B_h'$。故推得 $x, z \in A_k'$ 且 $y, z \in B_h'$。

反之，设 $x, z \in A_k'$ 且 $y, z \in B_h'$，其中 $A_k' \in P_i'$ 且 $B_h' \in Q_j'$。因为 $z \in U$，以及 P_i 和 Q_j 都是 U 的划分，所以存在粒 $A_k \in P_i$ 及粒 $B_h \in Q_j$，使得 $z \in A_k$ 且 $z \in B_h$，即 $z \in A_k \cap B_h$，所以 z 是 (A_k, B_h)-关联数据。由此也得到这样的事实：$z \in A_k$ 且 $z \in A_k'$，以及 $z \in B_h$ 且 $z \in B_h'$。由定理 5.5.2 可知，A_k 的相关集是 A_k'，B_h 的相关集是 B_h'。由于 $x \in A_k'$ 及 $y \in B_h'$，由定义 5.5.4(2)，数据 x 和 y 是 (z, i, j)-关联的。□

因此，条件 $x, z \in A_k'$ 且 $y, z \in B_h'$ 刻画了基于同一数据集 U，数据 x 和 y 是 (z, i, j)-关联的含义。由此可知数据集 U 中的数据 z 作为相关集 A_k' 和 B_h' 中的公共数据，把 A_k' 的数据 x 和 B_h' 的数据 y 关联在一起。这种基于同一个数据集 U 形成的数据关联与定义 5.3.1 基于两个数据集 U_1 和 U_2 产生的数据关联显然具有不同的形式，刻画的方法也存在差异。实际上，5.1 节 (1)～(9) 中某些数据关联的例子可以归结为基于同一个数据集 U 形成的数据关联的形式，在下面的 5.5.5 节，我们将展开相关的讨论。所以定义 5.5.4(2) 给出了实际中某种数据关联模式的描述方法，i 和 j 是相关信息的数值标识。

在 5.3.3 节中，我们通过 $(i', j') \geqslant (i, j)$ 或 $(i', j') > (i, j)$ 形成的数值比较，建立了数据关联紧密程度判定的数值描述方法。5.3.3 节涉及的数据关联基于两个数据集，这里的数据关联仅涉及一个数据集。实际上，我们也可以通过 $(i', j') \geqslant (i, j)$ 或 $(i', j') > (i, j)$ 形成的数值比较，处理基于同一个数据集确定产生的数据关联方面的问题。因此我们不妨回忆 $(i', j') \geqslant (i, j)$ 或 $(i', j') > (i, j)$ 的比对约定：

$(i',j') \geqslant (i,j)$ 当且仅当 $i' \geqslant i$ 并且 $j' \geqslant j$。

$(i',j') > (i,j)$ 当且仅当 $i' > i$ 并且 $j' \geqslant j$，或者 $i' \geqslant i$ 并且 $j' > j$。

这里的 i 和 j 以及 i' 和 j' 都是自然数。基于数值的比较，且针对同一数据集上的数据关联问题，我们提出如下讨论：

(1) 如果 x 和 y 既是 (z_1, i, j)-关联的，又是 (z_2, i, j)-关联的，那么 z_1 和 z_2 具有怎样的联系？

(2) 如果 x_1 和 y_1 是 (z, i, j)-关联的，并且 x_2 和 y_2 也是 (z, i, j)-关联的，那么 x_1 和 x_2 以及 y_1 和 y_2 具有怎样的联系？

(3) 如果 x 和 y 是 (z, q, r)-关联的，那么当 $(q, r) > (i, j)$ 时，x 和 y 是否一定是 (z, i, j)-关联的？

(4) 如果 x 和 y 既是 (z, q, r)-关联的，又是 (z, i, j)-关联的，那么 (q, r) 和 (i, j) 的比较是否可体现数据的接近程度？

这些问题为如下的讨论提供了内容，由于理论上的讨论与 5.3 节的论述类似，所以我们不打算再进行理论上的讨论或证明，而是通过实例给出解释性的结论。

5.5.5 实际数据关联的讨论

下面给出一实例，涉及的讨论将围绕上述几个问题。由于基于同一个数据集的粒化树是问题讨论的环境支撑，所以如下讨论从同一数据集上不同粒化树的构造开始，并使每一粒对应一明确的相关集。

例 5.4 设数据集 U 表示某大学计算机学院全体学生的集合，即 $U=\{x \mid x$ 是某大学计算机学院的学生$\}$。基于数据集 U，可以构造两棵粒化树 $T_1(U)=(K_1, \subseteq)$ 和 $T_2(U)=(K_2, \subseteq)$，它们的形成与 U 中数据（即大学生）的性质密切相关，数据关联反映的数据联系也将建立起数据性质间的关联。具体的讨论如下。

(1) 基于数据集 U，可构造 4 层粒化树 $T_1(U)=(K_1, \subseteq)$ 如下：

令 $P_1=\{A \mid A \subseteq U$ 且 A 中的学生来自同一县市$\}$，则 P_1 是 U 的划分，由来自同县市的学生确定产生，或基于家乡对学生的分类。当 $A \in P_1$ 时，A 中的学生来自同一地方（县市）。令 A' 由 A 中学生涉及县市的所有人员构成，即 A' 包含该县市的全体人员，也包括在该计算机学院读书的学生，于是 $A \subseteq A'$。指定 A' 为 A 的相关集，令 $P_1'=\{A' \mid A \in P_1\}$。由于当 $A_i, A_j \in P_1$ 且 $A_i \neq A_j$ 时，有 $A_i' \cap A_j' = \varnothing$（即不同县市人员集合的交为空），所以 P_1' 是 P_1 的相关集类（见定义 5.5.1）。

令 $P_2=\{A \mid A \subseteq U$ 且 A 中的学生来自同一乡镇$\}$，这意味着 P_2 是将 P_1 中每一县市学生构成的粒分解为若干乡镇学生构成的粒的结果，显然 P_2 是 P_1 的细分。同时对于 $A \in P_2$，令 A' 由 A 中学生涉及乡镇的所有人员（包括就读于该计算机学院的学生）构成，则 $A \subseteq A'$。指定 A' 为 A 的相关集。令 $P_2'=\{A' \mid A \in P_2\}$，显然当 $A_i, A_j \in P_2$ 且 $A_i \neq A_j$ 时，有 $A_i' \cap A_j' = \varnothing$（因为不存在一个人属于不同的乡镇的情况），

于是 P_2' 构成 P_2 的相关集类。注意到当 $A_s \in P_2$，$A_t \in P_1$ 且 $A_s \subseteq A_t$ 时，必有 $A_s' \subseteq A_t'$，这里 $A_s' \in P_2'$ 且 $A_t' \in P_1'$，同时 A_s' 和 A_t' 分别是 A_s 和 A_t 的相关集。所以 P_2 是 P_1 的伴随细分（见定义 5.5.2）。

令 $P_3=\{A \mid A \subseteq U$ 且 A 中的学生来自同一村庄$\}$，即 P_3 是 P_2 中每一乡镇分解为村庄的结果，此时 P_3 是 P_2 的细分。对于 $A \in P_3$，令 A' 由 A 涉及村庄的所有人员构成，指定 A' 为 A 的相关集，显然 $A \subseteq A'$。令 $P_3'=\{A' \mid A \in P_3\}$，则 P_3' 构成 P_3 的相关集类，并且 P_3 是 P_2 的伴随细分。

令 $P_4=\{A \mid A \subseteq U$ 且 A 中的学生来自同一村庄并且性别相同$\}$，即 P_4 是将 P_3 中的每一粒按性别细分的结果。对于 $A \in P_4$，令 A' 由 A 涉及村庄的所有男性或女性人员构成，此时 $A \subseteq A'$。指定 A' 为 A 的相关集，于是 $P_4'=\{A' \mid A \in P_4\}$ 形成 P_4 的相关集类，并且 P_4 是 P_3 的伴随细分。

上述构造过程表明，对于划分 P_i 和 P_j 以及相关集类 P_i' 和 P_j'（$1 \leqslant i, j \leqslant 4$），当 $j>i$ 时，如果 $A_s \in P_j$，则存在 $A_t \in P_i$，使得 $A_s \subseteq A_t$。此时粒 A_s 和 A_t 的相关集 A_s'（$\in P_j'$）及 A_t'（$\in P_i'$）也满足 $A_s' \subseteq A_t'$。同时对于 P_i'（$i=1, 2, 3, 4$）中的相关集 $A_h', A_k' \in P_i'$，若 A_h' 与 A_k' 不同，则 $A_h' \cap A_k' = \varnothing$。因此，当 $j > i \geqslant 1$ 时，P_j 是 P_i 的伴随细分，如 P_4 是 P_2 的伴随细分（见定理 5.5.1）。

令 $K_1=P_0 \cup P_1 \cup P_2 \cup P_3 \cup P_4$（$P_0=\{U\}$），则得到结构 $T_1(U)=(K_1, \subseteq)$，上述构造表明 P_1 是 P_0 的细分，P_{i+1} 是 P_i（$i=1, 2, 3$）的伴随细分，因此 $T_1(U)=(K_1, \subseteq)$ 是基于数据集 U，并与 4 个相关集类 P_1', P_2', P_3', P_4' 关联的 4 层粒化树，

值得进一步说明的是，对于上述构造的 U 的划分 P_i（$i=1, 2, 3, 4$），由于 P_i 由某种性质（如同一县市的学生、同一乡镇的学生、同一村庄的学生等）确定产生，所以可以引入公式描述这些性质。通过对性质的公式描述，划分 P_i 将以形式化的方法确定产生。对于 P_i 的相关集类 P_i'，当 $A_k' \in P_i'$ 时，相关集 A_k' 是 P_i 中某粒 A_k 的扩充，即 $A_k \subseteq A_k'$，而且 A_k' 中数据与 A_k 中数据满足的性质相同，只是 A_k' 涉及的数据范围有所扩展，这在 5.5.1 节例 5.2 和例 5.3 下面 (1) 和 (2) 的讨论中进行了强调。所以相关集 A_k' 必然可以通过对性质的公式表示，也得到形式化的描述，这表明相关集类 P_i' 是可以采用形式化方法确定产生的。对于 A_k' 针对 A_k 的扩充范围，需根据情况确定，在实际问题中，这是容易处理的问题。

(2) 基于数据集 U，可构造 5 层粒化树 $T_2(U)=(K_2, \subseteq)$ 如下：

令 $Q_1=\{B_1, B_2, B_3\}$，其中子集 B_1 由该计算机学院的理科生构成，B_2 由工科生构成，B_3 由教育类学生构成，显然 $B_i \subseteq U(i=1, 2, 3)$。同时 U 就包含理科、工科和教育这三类学生，于是 Q_1 构成 U 的划分。令 B_1' 由该大学（包含该计算机学院）的理科生构成，B_2' 由该大学的工科生构成，B_3' 由该大学的教育类学生构成，显然 $B_i \subseteq B_i'$（$i=1, 2, 3$）。指定 B_i' 为 B_i（$i=1, 2, 3$）的相关集，令 $Q_1'=\{B_1', B_2', B_3'\}$，显

然 B_1', B_2' 和 B_3' 之间互不相交，所以 Q_1' 构成 Q_1 的相关集类。

Q_2 是 $Q_1=\{B_1, B_2, B_3\}$ 的伴随细分，是通过年级对 Q_1 中每一粒分解的结果。对于 $B_i\in Q_1$ (i=1, 2, 3)，B_i 被分为一年级、二年级、三年级和四年级四个粒，Q_2 由所有这样细分的粒构成，即若 $B_h\in Q_2$，则 B_h 是计算机学院同学科且同年级学生构成的粒。相应地，$Q_1'=\{B_1', B_2', B_3'\}$ 中的 B_i' (i=1, 2, 3) 被细分为一年级、二年级、三年级和四年级学生的子集，从而得到 Q_2'。对于 $B_h'\in Q_2'$，B_h' 由该大学（包含计算机学院）同学科且同年级的学生构成，指定 B_h' 为 B_h 的相关集，显然 $B_h\subseteq B_h'$。当 B_i', $B_j'\in Q_2'$ 且 B_i' 与 B_j' 不同时，有 $B_i'\cap B_j'=\varnothing$，因此 Q_2' 构成 Q_2 的相关集类，Q_2 是 Q_1 的伴随细分。

Q_3 是 Q_2 的伴随细分，Q_3 中的粒是对 Q_2 中每一粒以"学生英语六级通过与否"细分后的结果。同时对 Q_2 的相关集类 Q_2' 中的每一相关集也以学生英语六级通过与否进行分解，从而得到 Q_3 的相关集类 Q_3'，自然 Q_3 构成 Q_2 的伴随细分。

Q_4 是 Q_3 的伴随细分，通过数学成绩优秀与否对 Q_3 中每一粒细分后得到 Q_4。同时 Q_3 相关集类 Q_3' 中每一相关集也以学生的数学成绩优秀与否进行分解，从而得到 Q_4 的相关集类 Q_4'，于是 Q_4 形成 Q_3 的伴随细分。

Q_5 是 Q_4 的伴随细分，通过学生的性别对 Q_4 中每一粒细分后得到 Q_5。相应地，Q_4 相关集类 Q_4' 中的每一相关集也以学生性别进行分解，从而得到 Q_5 的相关集类 Q_5'，所以 Q_5 构成 Q_4 的伴随细分。

显然划分 Q_1, Q_2, Q_3, Q_4, Q_5 和相关集类 $Q_1', Q_2', Q_3', Q_4', Q_5'$ 与上述 (1) 中的划分 P_1, P_2, P_3, P_4 及相关集类 P_1', P_2', P_3', P_4' 不同，因为 P_1, P_2, P_3, P_4 以及 P_1', P_2', P_3', P_4' 确定产生所采用的性质与划分 Q_1, Q_2, Q_3, Q_4, Q_5 以及相关集类 $Q_1', Q_2', Q_3', Q_4', Q_5'$ 确定产生所采用的性质完全不同。同时由定理 5.5.1 可知，当 $j > i \geqslant 1$ 时，Q_j 是 Q_i 的伴随细分，如 Q_5 是 Q_2 的伴随细分。

令 $K_2=Q_0\cup Q_1\cup Q_2\cup Q_3\cup Q_4\cup Q_5$ ($Q_0=\{U\}$)，则 $T_2(U)=(K_2, \subseteq)$ 是基于数据集 U，并与 5 个相关集类 $Q_1', Q_2', Q_3', Q_4', Q_5'$ 关联的 5 层粒化树，且 Q_1 是 Q_0 的细分，Q_{i+1} 是 Q_i (i=1, 2, 3, 4) 的伴随细分。

这样基于数据集 U，并利用 U 中数据（大学生）满足的性质，我们构造了 4 层和 5 层粒化树 $T_1(U)=(K_1, \subseteq)$ 和 $T_2(U)=(K_2, \subseteq)$，两者分别与相关集类 P_1', P_2', P_3', P_4' 以及相关集类 $Q_1', Q_2', Q_3', Q_4', Q_5'$ 相关联。由此提供了围绕 5.5.4 节后端所提问题展开讨论的环境，下面进行有针对性的讨论。

(3) 对于 $z_1, z_2\in U$，设 x 和 y 是 (z_1, i, j)-关联的，同时又是 (z_2, i, j)-关联的 ($0\leqslant i\leqslant 4$ 且 $0\leqslant j\leqslant 5$)。由定理 5.5.3 知 $x, z_1\in A_k'$ 及 $y, z_1\in B_h'$，其中 $A_k'\in P_i'$ 且 $B_h'\in Q_j'$；同时 $x, z_2\in A_t'$ 及 $y, z_2\in B_s'$，其中 $A_t'\in P_i'$ 且 $B_s'\in Q_j'$。由 $x\in A_k'$ 和 $x\in A_t'$ 及相关集类 P_i' 中不同相关集的交为空可知 $A_k'=A_t'$。同理 $B_h'=B_s'$。因此，$z_1, z_2\in A_k'(=A_t')$ 以及 $z_1, z_2\in B_h'$ $(=B_s')$。这说明数据 z_1 和 z_2 具有粒 A_k' 及粒 B_h' 蕴含的性质，在定义 5.2.1 (3)

中，这种情况称为在 $T_1(U)=(K_1, \subseteq)$ 中，z_1 和 z_2 是 A_k'-等同的，在 $T_2(U)=(K_2, \subseteq)$ 中，z_1 和 z_2 是 B_h'-等同的。因此，由 x 和 y 的 (z_1, i, j)-关联以及 (z_2, i, j)-关联可推得 z_1 和 z_2 在 $T_1(U)=(K_1, \subseteq)$ 中的 A_k'-等同性，以及在 $T_2(U)=(K_2, \subseteq)$ 中的 B_h'-等同性。这是对 5.5.4 节后面问题 (1) 的回答。

(4) 设 x_1 和 y_1 是 (z, i, j)-关联的，同时 x_2 和 y_2 也是 (z, i, j)-关联的 $(0 \leqslant i \leqslant 4$ 且 $0 \leqslant j \leqslant 5)$。则由定理 5.5.3 得 $x_1, z \in A_k'$ 及 $y_1, z \in B_h'$，其中 $A_k' \in P_i'$ 且 $B_h' \in Q_j'$；同时 $x_2, z \in A_t'$ 及 $y_2, z \in B_s'$，其中 $A_t' \in P_i'$ 且 $B_s' \in Q_j'$。由于相关集类 P_i' 或 Q_j' 中不同相关集的交为空，所以由 $z \in A_k'$ 且 $z \in A_t'$，以及 $z \in B_h'$ 且 $z \in B_s'$，得 $A_k'=A_t'$ 并且 $B_h'=B_s'$。因此 $x_1, x_2 \in A_k'(=A_t')$，并且 $y_1, y_2 \in B_h'(=B_s')$，这说明在 $T_1(U)=(K_1, \subseteq)$ 中，x_1 和 x_2 是 A_k'-等同的，在 $T_2(U)=(K_2, \subseteq)$ 中，y_1 和 y_2 是 B_h'-等同的。所以当 x_1 和 y_1 是 (z, i, j)-关联，并且 x_2 和 y_2 也是 (z, i, j)-关联时，可推出 x_1 和 x_2 在 $T_1(U)=(K_1, \subseteq)$ 中是 A_k'-等同的，y_1 和 y_2 在 $T_2(U)=(K_2, \subseteq)$ 中是 B_h'-等同的结论。这是对 5.5.4 节后面问题 (2) 的回答。

(5) 若 x 和 y 是 (z, q, r)-关联的，则当 $(q, r) > (i, j)$ 时，x 和 y 必是 (z, i, j)-关联的 $(0 \leqslant q, i \leqslant 4$ 且 $0 \leqslant r, j \leqslant 5)$。事实上，当 x 和 y 是 (z, q, r)-关联时，由定理 5.5.3 可知，$x, z \in A_k'$ 及 $y, z \in B_h'$，其中 $A_k' \in P_q'$ 且 $B_h' \in Q_r'$。设 $A_k \in P_q$ 且 A_k' 是 A_k 的相关集，$B_h \in Q_r$ 且 B_h' 是 B_h 的相关集。当 $(q, r) > (i, j)$ 时，有 $q > i$ 且 $r \geqslant j$，或 $q \geqslant i$ 且 $r > j$。此时 P_q 是 P_i 的伴随细分，Q_r 是 Q_j 的伴随细分，所以存在粒 $A_t \in P_i$ 及 $B_s \in Q_j$，使得 $A_k \subseteq A_t$ 且 $B_h \subseteq B_s$，同时对于 A_t 的相关集 $A_t' \in P_i'$ 及 B_s 的相关集 $B_s' \in Q_j'$，有 $A_k' \subseteq A_t'$ 并且 $B_h' \subseteq B_s'$（见定义 5.5.2）。因此 $x, z \in A_t'$ 及 $y, z \in B_s'$。仍由定理 5.5.3 有，x 和 y 是 (z, i, j)-关联的。这是对 5.5.4 节后面问题 (3) 的回答。

(6) 如果 x 和 y 是 (z, q, r)-关联的 $(0 \leqslant q \leqslant 4$ 且 $0 \leqslant r \leqslant 5)$，又是 (z, i, j)-关联的 $(0 \leqslant i \leqslant 4$ 且 $0 \leqslant j \leqslant 5)$，那么当 $(q, r) > (i, j)$ 时，可对关联的紧密程度进行分析：由定理 5.5.3 可知，x 和 y 的 (z, q, r)-关联等价于 $x, z \in A_k'$ 以及 $y, z \in B_h'$，其中 $A_k' \in P_q'$ 且 $B_h' \in Q_r'$。同样 x 和 y 的 (z, i, j)-关联等价于 $x, z \in A_t'$ 及 $y, z \in B_s'$，其中 $A_t' \in P_i'$ 且 $B_s' \in Q_j'$。由于 $(q, r) > (i, j)$，所以 P_q 是 P_i 的伴随细分（包括 $P_i=P_q$ 的情况），Q_r 是 Q_j 的伴随细分（包括 $Q_j=Q_r$ 的情况）。由于 x 和 y 是 (z, q, r)-关联的，所以 z 是 (A_k, B_h)-关联数据，即 $z \in A_k \cap B_h$，其中 $A_k \in P_q$ 及 $B_h \in Q_r$，由定理 5.5.2 可知，这里的 A_k' 和 B_h' 分别是 A_k 和 B_h 的相关集。同样因为 x 和 y 是 (z, i, j)-关联的，所以 z 是 (A_t, B_s)-关联数据，此时 $z \in A_t \cap B_s$，这里 $A_t \in P_i$ 及 $B_s \in Q_j$，且 A_t' 和 B_s' 分别是 A_t 和 B_s 的相关集。由 $z \in A_k$ 且 $A_k \in P_q$，$z \in A_t$ 且 $A_t \in P_i$，以及 P_q 是 P_i 的伴随细分，所以 $A_k \subseteq A_t$，于是 $A_k' \subseteq A_t'$。同理可得 $B_h' \subseteq B_s'$。这样按照定义 5.2.1(3)，条件 $x, z \in A_k'$ 且 $x, z \in A_t'$ 以及 $A_k' \subseteq A_t'$ 表明了 x 和 z 的 A_k'-等同比 A_t'-等同更接近。同样 $y, z \in B_h'$ 且 $y, z \in B_s'$ 以及 $B_h' \subseteq B_s'$ 意味着 y 和 z 的 B_h'-等同比 B_s'-等同更接近。由这里的分析可知，在 x 和 y 是 (z, q, r)-关联和 (z, i, j)-关联的前提下，通过 $(q, r) >$

(i,j) 的数值比较，可以判定数据等同的更接近程度，体现了数据关联与数值信息之间的联系，这是对 5.5.4 节后面问题 (4) 的回答。

上述讨论是对 5.5.4 节后面几个问题的回答，由此可以看到定理 5.5.3 所起的支撑作用。现以上述构造的 4 层粒化树 $T_1(U)=(K_1, \subseteq)$ 和 5 层粒化树 $T_2(U)=(K_2, \subseteq)$ 为支撑，更具体地分析讨论数据关联问题。

(7) 设 $z\in U$，考虑 $T_1(U)=(K_1, \subseteq)$ 的第 3 层划分 P_3 和相关集类 P_3'，以及 $T_2(U)=(K_2, \subseteq)$ 的第 4 层划分 Q_4 和相关集类 Q_4'。由于 P_3 和 Q_4 都是 U 的划分，所以存在粒 $A_k\in P_3$ 且 $B_h\in Q_4$，使得 $z\in A_k$ 及 $z\in B_h$，所以 $z\in A_k\cap B_h$，此时 z 是 (A_k, B_h)-关联数据。因此，对于 $x\in A_k'(\in P_3')$ 及 $y\in B_h'(\in Q_4')$，x 和 y 是 $(z, 3, 4)$-关联的 (见定义 5.5.4(2))。由 P_3' 的构造可知，$A_k'(\in P_3')$ 表示某村庄的全体人员，数值 3 是村庄人员的数值信息。同样由 Q_4' 的构造可知，B_h' $(\in Q_4')$ 由同学科、同年级、英语六级通过 (或未通过)、数学成绩优秀 (或不优秀) 的大学生构成，4 是这些特性的数字化信息。数据 x 和 y 的 $(z, 3, 4)$-关联展示了来自村庄的大学生 z 将该村庄的人员 x 与其具有共同特性的大学同学 y 关联在一起的事实。

(8) 因为 $(3, 4) > (2, 3)$，所以如果 x 和 y 是 $(z, 3, 4)$-关联的，则 x 和 y 必是 $(z, 2, 3)$-关联的，这是上述 (5) 中讨论的结果。具体地，如果把某村庄人员的集合记作 A_k'(即 P_3' 中的相关集)，把包含该村庄乡镇人员的集合记作 A_t'(即 P_2' 中的相关集)，则 $A_k'\subseteq A_t'$。同时如果把同学科、同年级、同英语和同数学成绩大学生的集合记作 B_h'(即 Q_4' 中的相关集)，且把同学科、同年级和同英语成绩大学生的集合记作 B_s'(即 Q_3' 中的相关集)，则 $B_h'\subseteq B_s'$。此时 x 和 y 的 $(z, 3, 4)$-关联是 A_k' 与 B_h' 之间的数据关联，由定理 5.5.3 可知，$x, z\in A_k'$ 且 $y, z\in B_h'$。由于 $A_k'\subseteq A_t'$ 且 $B_h'\subseteq B_s'$，所以 $x, z\in A_t'$ 并且 $y, z\in B_s'$，于是 x 和 y 是 $(z, 2, 3)$-关联的。直观的解释就是，若大学生能建立起村庄人员与大学生的关联，则必能建立起乡镇人员与更大范围大学生的关联。由于村庄与大学生的关联显然比乡镇与大学生的关联更紧密，所以自然可认为 x 和 y 的 $(z, 3, 4)$-关联比 $(z, 2, 3)$-关联更紧密，并通过 $(3, 4) > (2, 3)$ 的数值比较得以体现。实际上，$x, z\in A_k'$ 且 $y, z\in A_t'$，以及 $A_k'\subseteq A_t'$ 表明 x 和 z 的 A_k'-等同比 A_t'-等同更接近 (见定义 5.2.1(3))，同时 $y, z\in B_h'$ 且 $y, z\in B_s'$ 以及 $B_h'\subseteq B_s'$ 表明 y 和 z 的 B_h'-等同比 B_s'-等同更接近，这些决定了数据关联的更紧密性。所以关联的更紧密由更接近的数据等同所决定，并可通过数值比较予以判定。

(9) 上述的 4 层粒化树 $T_1(U)=(K_1, \subseteq)$ 和 5 层粒化树 $T_2(U)=(K_2, \subseteq)$ 基于同一数据集 U 构造产生，形成了此种形式数据关联描述的数学模型，为实际问题的算法模拟和程序编制提供了支撑，是关联问题程序化处理的算法基础。 □

基于同一个数据集 U 构造两棵不同的粒化树，利用相关集以及相关集类，通过 (A_k, B_h)-关联数据引出数据关联，以及对此展开的讨论是 5.5 节建立的方法。该方法与 5.3 节和 5.4 节基于两个数据集引出的数据关联讨论存在着明显的区别，形成了数据关联讨论的另一途径。

本章针对数据关联的讨论展示了对数据集分层粒化、层层细分的处理，这当然可看作粒计算探究的一种方法。该方法涉及的逐步细化或粒度变化的处理体现了其自身的特点，涵盖在粒计算数据处理的讨论范围之内。这些拓展了粒计算讨论的渠道，可视为粒计算课题的具体讨论方法。

本章针对数据关联的讨论基于两个数据集 U_1 和 U_2，或基于一个数据集 U，当考虑 n 个数据集 $U_1, U_2,\cdots, U_n$ 时，基于这些数据集，将可得到 n 棵粒化树 $T(U_1)=(K_1, \subseteq), T(U_2)=(K_2, \subseteq),\cdots, T(U_n)=(K_n, \subseteq)$。针对 n 棵粒化树之间数据关联的讨论将与关联路径的概念联系在一起。一条关联路径将涉及 n 个数据集中的数据，并将包含更宽泛的数据关联信息。对关联路径的数学描述也将与具体问题的处理相联系，可作为更多数据之间相互关联描述的数学模型。因此，针对 n 棵粒化树中关联路径的探究仍具有理论和应用方面的意义，是今后研究的课题。

第 6 章　结构化的数据合并与矩阵变换

前几章的讨论涉及粗糙数据推理、决策推理和数据关联形式的数据联系（可广义地视为数据之间的某种推理）等。这些产生在数据之间的推理与粒密切相关，形成的方法可视为粒计算数据处理的具体途径。

如果进一步考查粗糙数据推理、决策推理和数据关联推理等的讨论，则可以看到这些讨论均与结构化的表示联系在一起。具体而言，粗糙数据推理依托的粗糙推理空间 $\boldsymbol{W}=(U, \boldsymbol{K}, S)$、决策推理基于的决策系统 $\mathbf{DS}=(U, C\cup D, V, f)$、数据关联依赖的粒化树 $T(U)=(K, \subseteq)$，这些都是信息的结构化整合或结构化展示。粗糙推理空间 $\boldsymbol{W}=(U, \boldsymbol{K}, S)$、决策系统 $\mathbf{DS}=(U, C\cup D, V, f)$ 以及粒化树 $T(U)=(K, \subseteq)$ 都是数据的结构化整体，它们包含的信息支撑了相关课题的讨论与分析。不过由于前几章涉及的课题（如粗糙数据推理、基于决策推理的决策系统分解与化简、数据关联等）特点突出或主题明确，我们并未重点强调结构化整体的作用。实际上，结构化的支撑是前述讨论得以展开的重要保证，所以各类数据信息的结构化表示是相关讨论的基础环境，保证了工作的展开和方法的建立。

本章的工作也将涉及相关的问题，结构化的表示将是工作的环境保证，所以本章的题目中包含了“结构化”的术语。

6.1　数据合并问题

定义 4.3.1 给出了数据合并的概念，数据合并就是对数据集 U 中的数据进行分类，得到 U 的划分的过程。此时划分称为 U 的合并方案集，合并方案集中的一个粒包含了一类数据，且把该粒定义为这类数据的合并数据，此时把该粒作为了合并数据的表示形式。因此，4.3.2 节利用 U 的合并方案集（即 U 的划分）给出数据合并的描述方法，并将其应用于决策系统的化简处理。

数据合并是对数据的整合处理，可看作从一类数据到另一类数据的推演。由于定义 1.4.7 把划分中的数据子集定义为粒，所以数据合并可广义地看作基于粒化处理的数据推理，这与本书的题目“粒计算与数据推理”的含义相一致。数据合并展示的从数据推得数据的推理形式显然不同于第 2 章和第 3 章中的粗糙数据推理，也不同于第 4 章的决策推理，与第 5 章中数据关联形成的关联推理也存在明显或根本的差异，所以数据合并可看作数据推理的另一形式。

之所以关注数据合并问题，是因为实际当中存在着各类可归结为数据合并的数据组合现象。对数据合并问题展开讨论，给出描述方法，对相关实际问题的模型构建、算法设计和编程处理具有理论及应用意义，这是本章讨论的初衷。

如果对实际当中的问题稍作留意，那么我们可以看到实际中的数据重组或合并归一的现象，并可概括为相应模式，即一类数据联合重组成新的数据，或若干数据合并成同类数据的数据变化模式。为了认识该模式下的数据变化情况，不妨给予如下直观的讨论分析。

在实际问题的建模描述、算法设计以及编程处理的过程中，讨论者常常把村庄、乡镇、成员、家庭、院系、高校、学生、班级等作为数据处理的对象，使它们融入模型构建和算法编程的处理之中，以追求数据变化的程序化处理，以及事务管理的自动化智能系统。如果观察这些数据，则可看到联合重组的事实，如村庄组合成乡镇、成员组合成家庭、院系组合成高校、学生组合成班级等，这些均是数据转换重组的例子。如何描述这种模式的转换是有意义的课题，也是问题得以程序化的前提。实际上，这些数据整合重组的处理与定义 4.3.1 从数据集 U 到合并方案集 $G=\{G_1, G_2,\cdots, G_k\}$ 的数据合并描述方法相一致，这为我们利用合并方案集描述数据的转换重组提供了思路。

在实际当中，我们不仅可以看到数据的转换重组，如果稍加注意，还可以看到同类数据的合并归一现象。合并归一与转换重组的差异在于归一后的数据与之前的数据具有相同的含义，而转换重组后的数据与之前的数据是不同的(如学生组合成的班级与学生是不同的)。我们可以很容易地举出合并归一的实际例子，如若干企业合并成新的企业、不同植物嫁接成新的植物、两个天体吸引成大的天体、多条河流汇合成大的河流等，均展示了合并归一的数据变化形式。与数据联合重组成新数据的转换不同，合并归一后，数据与之前的数据具有相同的含义。还可枚举此种形式的实际例子，如几所高校合并成高校、若干院系归整成院系、几处沙地沙化成沙漠、几块林地连片成整体等。如何描述合并归一的数据变化也是值得考虑的数据处理问题。

无论数据的转换重组，还是数据的合并归一，它们都展示了若干数据归为另一数据的变化，均与定义 4.3.1 给出的数据合并概念相一致。所以按照定义 4.3.1 给出概念，我们把数据转换重组和合并归一的处理称为数据合并，这可通过数据集的合并方案集 (即数据集的划分)进行描述。由于数据的转换重组及合并归一与实际问题密切相关，也源于信息科学一些研究分支中的数据处理问题，所以对数据合并的讨论具有理论和应用方面的意义。

相关研究和实际问题中常常涉及数据合并的处理，定义 4.3.1 利用数据集 U 的划分，引出的数据合并的描述方法为我们提供了数学工具，下面的讨论与该方法密切相关，因此不妨对定义 4.3.1 中的数据合并概念稍作回忆。

设 $G=\{G_1, G_2,\cdots, G_k\}$ 是 U 的划分，这里 $G_i\subseteq U$ $(i=1, 2,\cdots, k)$，且满足 $G_i\neq\varnothing$ $(i=$

$1, 2, \cdots, k$)；$G_i \cap G_j = \varnothing$ ($i \neq j$)；$G_1 \cup G_2 \cup \cdots \cup G_k = U$。此时把 $G=\{G_1, G_2, \cdots, G_k\}$ 称为 U 的合并方案集，进而对于 $G_i \in G$，定义如下：

(1) 如果 $G_i=\{x_{i1}, x_{i2}, \cdots, x_{ir}\}$ ($r>1$)，则称 G_i 为 $x_{i1}, x_{i2}, \cdots, x_{ir}$ 的合并数据。

(2) 如果 $G_i=\{x\}$，则称 G_i 为 x 的保留数据。

(3) 把从数据集 U 出发，求得粒 $G_1, G_2, \cdots, G_k$ 的处理称为数据合并。

合并方案集 (即划分) $G=\{G_1, G_2, \cdots, G_k\}$ 中的子集 $G_i \subseteq U$ ($i=1, 2, \cdots, k$) 在定义 1.4.7 中被定义为粒，这种定义符合研究者对粒的直观认识，也与定义 1.3.1 给出的粒的形式化框架的含义一致，因为在 1.4.6 节给出了划分中的粒可利用公式或数学表达式描述刻画的分析。所以基于划分的数据合并描述方法体现了粒计算的数据处理理念，其主要特点在于粒 $G_1, G_2, \cdots, G_k$ 不仅提供了 U 中数据合并或保留的一种方案，同时把粒 $G_1, G_2, \cdots, G_k$ 作为合并数据或保留数据的表示形式。当 $G_i=\{x\}$ 时，保留数据 G_i 的形式表明数据 x 不参与数据的合并处理，G_i ($=\{x\}$) 与 x 可看作相同的数据。

数据合并意味着数据的重组或归一，是实际当中常出现的数据转换现象。不过如果仅仅关注数据自身的合并，忽略了数据之间存在的联系，那么数据合并的描述就会出现局限或片面性的问题。这也意味着在数据自身合并的基础上，考虑合并前后数据之间的关联信息往往是不可忽略的问题。为了认识数据之间关联信息的重要性，不妨考虑实际中的具体例子。

例 6.1　设数据集 U 表示某城市公交站点的集合。一些情况下，两个较近的站点需要合并在一起，此时涉及数据合并的处理。不过仅考虑公交站点和公交站点的合并是远远不够的，公交车在站点之间的运行是公交系统的重要组成部分，公交车建立了公交站点之间的密切联系，使公交站点之间产生了关联，这就是数据联系的问题。与公交站点相比，站点之间的关联是更重要的信息，公交站点的数据集 U 和站点之间的关联信息构成了城市的公交系统。站点与站点之间的关联是比站点更重要的信息，如果仅有站点，无公交车的运行，公交系统便失去意义。所以，公交站点间的关联信息是必须关注和考虑的问题。 □

例 6.2　设数据集 U 表示某产业链上企业的集合。在实际的生产活动中，一些企业的合并重组在相互竞争中时常发生，此时便涉及数据合并问题。由于企业之间存在着供货依赖关系，所以各个企业并非孤立存在，企业之间伴随有密切的业务往来活动。合并重组后的企业必然会增强或保留与原来企业之间的业务联系。因此，不仅需要考虑数据集 U 中的企业或企业合并的处理，更要关注企业之间业务联系的信息，特别需要关注合并企业与其他企业之间业务联系的处理方法。所以企业之间的关联，特别是合并后形成的企业与原来企业之间的业务联系是需要关注的数据关联问题，此时需要把数据合并与数据关联作为整体进行考虑。智能化的管理系统不可回避数据之间的联系，不考虑企业业务来往的管理系统必然缺

少智能化的意义。 □

因此，数据集中数据合并与数据之间的联系是不可分割的整体，给出涉及数据关联的数据合并描述方法是有价值的探究课题。这样的方法将提供实际问题的描述模型，是算法设计、编程处理、智能管理的数学基础。

不过，如果进一步考查实际当中的数据关联现象，则关联的紧密程度是客观存在的事实。例如，对于两个公交站点，如果这两个站点之间有公交车相连，那么公交车的流量与站点的关联密切相关；对于一个企业向另一企业供货的关联，供货量也是必须考虑的问题等。它们都可用数值表示，即通过数值体现出关联的紧密程度。不妨把表示关联程度的数值称为数据关联的权，因此数据合并、数据关联以及反映关联程度的权在数据处理过程中需要融合在一起，进行整体考虑，这预示了结构化的刻画表示。

如果考查定义 4.3.1 中的数据合并描述，不难看到其对数据合并的描述仅涉及数据自身的合并，未面对数据关联信息的描述或表示，也与数据关联的权无关。因此，建立涉及数据关联的数据合并，且可体现权值信息的描述方法是有意义的研究课题，是下面讨论围绕的问题，为数据处理的探究提供了内容。把数据合并与数据关联以及权作为整体考虑将与结构化的表示形式联系在一起，因此 6.2 节的讨论将以结构化的视角展开工作。

6.2　结构转换与数据合并

数据集一般是同类数据的聚集，数据集中的某些数据常常需要合并重组，这就是上述分析讨论的数据转换重组或合并归一的现象，这种现象展示了一些数据向另一数据转换的事实，并把这样的转换称为数据合并。由于数据集中的数据之间并非孤立，往往存在关联信息，所以如果把数据的聚类与数据关联信息作为整体，并以整体化的角度考虑数据合并问题，则可通过结构化的形式展开数据合并的讨论。因此，采用数学结构表示数据集和数据间的关联信息，并通过结构的转换完成数据合并的描述，同时使合并数据继承或汇集合并前数据之间的关联信息是下面讨论的课题，并将产生相应的方法。为了达到此目的，需从数学结构的讨论开始。

设 U 是数据集，H 是 U 上的关系，即 $H\subseteq U\times U$。如果 $\langle x, y\rangle\in H$，则 x 和 y 之间具有 H 描述的性质，同时序偶 $\langle x, y\rangle$ 也表明了从 x 到 y 之间的有向联系，所以 U 上的关系 H 展示了 U 中从某些数据到某些数据的关联信息。不过序偶 $\langle x, y\rangle$ 的形式并未表明或记录从 x 到 y 之间关联的紧密程度，即未展示出刻画关联程度的权，而上述公交站点之间的公交车流量、企业之间的供货数量等都表明了权的存在。因此，为了使序偶 $\langle x, y\rangle$ 与权联系在一起，给出如下的定义。

定义 6.2.1　设 H 是数据集 U 上的关系，即 $H \subseteq U \times U$，且当 $x \in U$ 时，满足 $\langle x, x \rangle \notin H$，由此可引出如下概念：

(1) 令 $S = \{\langle x, w, y \rangle | \langle x, y \rangle \in H$ 且 w 是一正数$\}$，此时称 S 为数据集 U 上的关联关系。当 $\langle x, w, y \rangle \in S$ 时，称 $\langle x, w, y \rangle$ 为加权边，x 称为 $\langle x, w, y \rangle$ 的始数据，y 称为 $\langle x, w, y \rangle$ 的终数据，w 称为 $\langle x, w, y \rangle$ 的权。

(2) 把 U 和关联关系 S 组成的结构记作 $\boldsymbol{W} = (U, S)$，称为关联结构。　□

关联结构 $\boldsymbol{W} = (U, S)$ 是一类数据、数据之间的关联及关联程度等信息整合在一起的结构化表示。当 $\langle x, w, y \rangle \in S$ 时，加权边 $\langle x, w, y \rangle$ 不仅记录了从 x 到 y 的有向关联，且通过权 w 反映了关联的紧密程度。定义 6.2.1 中要求 $\langle x, x \rangle \notin H$，是因为下面的讨论不涉及数据自身的关联问题。

之所以把数据集 U 和关联关系 S 组合在一起，产生关联结构 $\boldsymbol{W} = (U, S)$，是因为仅考虑 U 中的数据不能反映各类信息的全部。例如，例 6.1 中的公交系统可用关联结构 $\boldsymbol{W} = (U, S)$ 表示，其中 U 表示公交站点的数据集，S 是 U 上的关联关系，对于 $\langle x, w, y \rangle \in S$，加权边 $\langle x, w, y \rangle$ 表示站点 x 和 y 相邻，且车流量为 w。此时的加权边 $\langle x, w, y \rangle$ 反映了站点 x 和 y 的关联及关联的程度为 w，关联结构 $\boldsymbol{W} = (U, S)$ 记录了公交系统的站点和站点之间公交车流量的信息。如果仅有 U，不存在 S，即仅有站点，无车辆运行，那么公交系统将失去意义。所以把关联关系 S 融入关联结构 $\boldsymbol{W} = (U, S)$，可描述整体化或系统化的信息。

对于例 6.2，如果 U 表示产业链上所有企业的数据集，关联关系 S 表示企业之间的供货联系和供货量的信息，即当 $\langle x, w, y \rangle \in S$ 时，加权边 $\langle x, w, y \rangle$ 表示企业 x 给企业 y 供货，且供货量为 w，则产业链上的企业以及企业之间的供货联系和供货量信息的组合整体可以用关联结构 $\boldsymbol{W} = (U, S)$ 表示。又如，城市群和城市之间的某些联系、科研团队与各团队之间的业务交流、科研团队内部以及内部科研人员的联系等都可以采用关联结构刻画描述，所以关联结构 $\boldsymbol{W} = (U, S)$ 记录的信息整体可以刻画实际当中的相关问题。

采用关联结构 $\boldsymbol{W} = (U, S)$ 刻画数据的聚类和数据关联信息的组合整体后，数据集 U 中的数据时常需要合并处理。就实际问题而言，实际中也常常出现数据合并的现象，如公交站点的合并、企业的合并重组、城市的联合组群等，都涉及数据合并的问题。同时合并后的数据与原来数据之间关联的程度将保留或增强，如合并的公交站点与其他站点之间仍保留或增强了关联的程度，合并企业向其他企业供货量将扩大，城市群与其他城市的经贸联系将会增强等。

作为表示数据聚类以及数据关联和关联程度的系统，关联结构 $\boldsymbol{W} = (U, S)$ 形成了各类信息的结构化表示。当 U 中的一些数据合并后，定义 4.3.1 给出了合并数据的表示方法，但此方法没有涉及关联关系 S 记录的关联信息和表示关联程度的权，以及这些信息与合并数据的联系。因此，这方面的工作是需要探究的问题，也是实际当中数据合并和数据关联现象，具有理论和实际的研究意义。下面的工作表明，我们将通过结构转换的处理刻画描述关联结构 $\boldsymbol{W}=(U, S)$ 中某些数据的合并，并使关联和关联的程度得到继承或汇集。

对于关联结构 $\boldsymbol{W}=(U, S)$，该结构记录了一类数据和这类数据之间的关联及关联程度的信息。设 $E=\{E_1, E_2,\cdots, E_k\}$ 是 U 的合并方案集，即 $E=\{E_1, E_2,\cdots, E_k\}$ 是 U 的划分（见定义 4.3.1）。如果按照 E 中粒 $E_1, E_2,\cdots, E_k$ 确定的数据分类方案实施数据合并，合并数据的关联情况必然与合并前的数据关联信息密切相关。为了给出数据合并后关联信息的描述方法，需对关联关系 S 进行粒化处理，为此我们引出粒关联对的概念。

设 $E_i, E_j\in E$ 且 $E_i\neq E_j$，此时可能存在加权边 $\langle x, w, y\rangle\in S$，使得 $x\in E_i$ 且 $y\in E_j$，我们把这样的粒 E_i 和 E_j 记作序偶 $\langle E_i, E_j\rangle$ 的形式。同时可能存在不同于 $\langle x, w, y\rangle$ 的另一加权边 $\langle x', w', y'\rangle\in S$，且也满足 $x'\in E_i$ 且 $y'\in E_j$。这样的序偶 $\langle E_i, E_j\rangle$ 是如下关注的对象，于是给出如下定义。

定义 6.2.2 设 $\boldsymbol{W}=(U, S)$ 是关联结构，$E=\{E_1, E_2,\cdots, E_k\}$ 是 U 的合并方案集，对于粒 $E_i, E_j\in E$ 且 $E_i\neq E_j$，定义如下：

(1) 如果存在加权边 $\langle x, w, y\rangle\in S$，使得 $x\in E_i$ 且 $y\in E_j$，则称 $\langle E_i, E_j\rangle$ 为粒关联对，并称加权边 $\langle x, w, y\rangle$ 为粒关联对 $\langle E_i, E_j\rangle$ 的支撑。

(2) 如果存在 t 条加权边 $\langle x_1, w_1, y_1\rangle\in S, \langle x_2, w_2, y_2\rangle\in S,\cdots, \langle x_t, w_t, y_t\rangle\in S\ (t\geqslant 1)$，使得序列 $\langle x_1, w_1, y_1\rangle, \langle x_2, w_2, y_2\rangle,\cdots, \langle x_t, w_t, y_t\rangle$ 包含了粒关联对 $\langle E_i, E_j\rangle$ 的所有支撑，则称 $\langle x_1, w_1, y_1\rangle, \langle x_2, w_2, y_2\rangle,\cdots, \langle x_t, w_t, y_t\rangle$ 是粒关联对 $\langle E_i, E_j\rangle$ 的支撑组。

(3) 如果序列 $\langle x_1, w_1, y_1\rangle, \langle x_2, w_2, y_2\rangle,\cdots, \langle x_t, w_t, y_t\rangle$ 是粒关联对 $\langle E_i, E_j\rangle$ 的支撑组，令 $w^*=w_1+w_2+\cdots+w_t$，称 w^* 为粒关联对 $\langle E_i, E_j\rangle$ 的权。 □

因此，粒关联对 $\langle E_i, E_j\rangle$ 至少存在一个支撑，同时还要求 $E_i\neq E_j$。对 $E_i\neq E_j$ 的要求是因为讨论不需要考虑粒与自身的关联，如同我们定义关联关系时，不考虑数据自身的关联一样（见定义 6.2.1）。另外，从定义 6.2.2(3) 可知，粒关联对 $\langle E_i, E_j\rangle$ 的权 $w^*=w_1+w_2+\cdots+w_t$ 是其支撑组 $\langle x_1, w_1, y_1\rangle, \langle x_2, w_2, y_2\rangle,\cdots, \langle x_t, w_t, y_t\rangle$ 中各加权边的权之和，体现了对 $\langle x_1, w_1, y_1\rangle, \langle x_2, w_2, y_2\rangle,\cdots, \langle x_t, w_t, y_t\rangle$ 记录的数据之间关联程度的汇集处理。

上述讨论表明，如果 $\langle E_i, E_j\rangle$ 是粒关联对，则 $\langle E_i, E_j\rangle$ 的支撑组 $\langle x_1, w_1, y_1\rangle, \langle x_2, w_2, y_2\rangle,\cdots, \langle x_t, w_t, y_t\rangle$ 以及权 $w^*=w_1+w_2+\cdots+w_t$ 都是唯一确定的。

定义 6.2.3 设 $\boldsymbol{W}=(U, S)$ 是关联结构，$E=\{E_1, E_2,\cdots, E_k\}$ 是数据集 U 的合并方案集，定义如下：

(1) 令 $H^*=\{\langle E_i, E_j\rangle \mid E_i, E_j\in E$ 且 $\langle E_i, E_j\rangle$ 构成粒关联对$\}$，同时令 $S^*=\{\langle E_i, w^*, E_j\rangle \mid \langle E_i, E_j\rangle\in H^*$ 且 w^* 是 $\langle E_i, E_j\rangle$ 的权$\}$。称 S^* 为 S 的粒化关系，$\langle E_i, w^*, E_j\rangle$ 称为粒化边，粒 E_i 称为该粒化边的始数据，粒 E_j 称为该粒化边的终数据，w^* 称为该粒

化边的权。

(2) 令 $\boldsymbol{W}^*=(E, S^*)$，称 $\boldsymbol{W}^*=(E, S^*)$ 为关联结构 $\boldsymbol{W}=(U, S)$ 的粒化结构。 □

对于粒化关系 S^*，当粒化边 $\langle E_i, w^*, E_j\rangle\in S^*$ 时，其权 w^* 是支撑组 $\langle x_1, w_1, y_1\rangle$, $\langle x_2, w_2, y_2\rangle,\cdots$, $\langle x_t, w_t, y_t\rangle$的各权之和。由于支撑组 $\langle x_1, w_1, y_1\rangle$, $\langle x_2, w_2, y_2\rangle,\cdots$, $\langle x_t, w_t, y_t\rangle$中的每一加权边都属于关联关系 S，因此粒化关系 S^*与关联关系 S 之间存在着密切的联系，这通过粒化边 $\langle E_i, w^*, E_j\rangle$及其 支撑组 $\langle x_1, w_1, y_1\rangle$, $\langle x_2, w_2, y_2\rangle,\cdots$, $\langle x_t, w_t, y_t\rangle$之间满足 $x_k\in E_i$ 同时 $y_k\in E_j$ $(k=1, 2,\cdots, t)$ 以及 $w^*=w_1+w_2+\cdots+w_t$ 的事实得到了展示。又因为合并方案集 $E=\{E_1, E_2,\cdots, E_k\}$是对数据集 U 的粒化处理，所以粒化关系 S^*可看作是对关联关系 S 的粒化表示，体现了粒计算的数据处理内涵。

关联关系 S 的粒化关系 S^*，以及关联结构 $\boldsymbol{W}=(U, S)$ 的粒化结构 $\boldsymbol{W}^*=(E, S^*)$ 都基于合并方案集 $E=\{E_1, E_2,\cdots, E_k\}$中粒 $E_1, E_2,\cdots, E_k$ 对数据集 U 中数据的分类或粒化的处理，所以粒化关系 S^* 和粒化结构 $\boldsymbol{W}^*=(E, S^*)$ 都呈现为粒计算数据处理的形式，是粒计算数据处理的具体方法。

实际上，合并方案集 $E=\{E_1, E_2,\cdots, E_k\}$是以粒为数据的数据集，因此由定义 6.2.1 (1)，粒化关系 S^* 就是 E 上的关联关系，粒化结构 $\boldsymbol{W}^*=(E, S^*)$ 就是定义 6.2.1 (2) 引入的由数据集 E 和关联关系 S^* 构成的关联结构。不过由于 S^* 和 $\boldsymbol{W}^*=(E, S^*)$ 均基于 $E=\{E_1, E_2,\cdots, E_k\}$通过关联结构 $\boldsymbol{W}=(U, S)$ 转换而来，且在如下数据合并讨论中是重点关注的对象，所以分别把它们称为粒化关系和粒化结构。

因此，对于给定的关联结构 $\boldsymbol{W}=(U, S)$，如果有目的地构造 U 的合并方案集 $E=\{E_1, E_2,\cdots, E_k\}$，那么粒 $E_1, E_2,\cdots, E_k$ 确定了哪些数据合并、哪些数据保留的方案。此时基于合并方案集 $E=\{E_1, E_2,\cdots, E_k\}$完成从关联结构 $\boldsymbol{W}=(U, S)$ 到粒化结构 $\boldsymbol{W}^*=(E, S^*)$ 的转换正是我们希望的结果。

定义 6.2.4　把从关联结构 $\boldsymbol{W}=(U, S)$ 到粒化结构 $\boldsymbol{W}^*=(E, S^*)$ 的转换称为基于结构粒化的数据合并。 □

基于结构粒化的数据合并是依托 U 的合并方案集 $E=\{E_1, E_2,\cdots, E_k\}$实现的结构之间的转换，它把关联关系转换为粒化关系，把关联结构转换成粒化结构。这种转换不仅按 $E=\{E_1, E_2,\cdots, E_k\}$的方案完成了数据的合并，而且转换后的粒化结构还记录了粒之间关联的信息，同时粒之间的关联程度保持或汇集了转换之前数据之间由权表示的关联程度。为阐明这些事实，不妨进行如下分析。

(1) 合并数据的分析：粒化结构 $\boldsymbol{W}^*=(E, S^*)$ 的数据集 $E=\{E_1, E_2,\cdots, E_k\}$是关联结构 $\boldsymbol{W}=(U, S)$ 中数据集 U 的合并方案集，粒 $E_1, E_2,\cdots, E_k$ 是 U 中哪些数据合并、哪些数据保留的方案，所以从 $\boldsymbol{W}=(U, S)$ 到 $\boldsymbol{W}^*=(E, S^*)$ 的转换实现了 U 中数据的合并或保留，粒 $E_1, E_2,\cdots, E_k$ 作为合并数据或保留数据的表示形式，并在粒化结构 $\boldsymbol{W}^*=(E, S^*)$ 的数据集 $E=\{E_1, E_2,\cdots, E_k\}$中得到了记录或展示。所以转换后，粒化结构 $\boldsymbol{W}^*=(E, S^*)$ 中的数据集 $E=\{E_1, E_2,\cdots, E_k\}$记录了数据合并之后的合并数据信息。

(2) 关联程度保持或汇集的分析：对于关联结构 $\boldsymbol{W}=(U, S)$ 和粒化结构 $\boldsymbol{W}^*=(E, S^*)$，考虑它们中的关联关系 S 和粒化关系 S^*。设 $\langle E_i, w^*, E_j\rangle\in S^*$，则存在 $\langle x_1, w_1, y_1\rangle\in S$, $\langle x_2, w_2, y_2\rangle\in S,\cdots,\langle x_t, w_t, y_t\rangle\in S$，使得 $\langle x_1, w_1, y_1\rangle, \langle x_2, w_2, y_2\rangle,\cdots,\langle x_t, w_t, y_t\rangle$ 是粒关联对 $\langle E_i, E_j\rangle$ 的支撑组，此时 $x_k\in E_i$ 且 $y_k\in E_j$ $(k=1, 2,\cdots, t)$。加权边 $\langle x_k, w_k, y_k\rangle$ $(k=1, 2,\cdots, t)$ 与粒化边 $\langle E_i, w^*, E_j\rangle$ 通过 $x_k\in E_i$ 且 $y_k\in E_j$ 联系在一起，粒化边 $\langle E_i, w^*, E_j\rangle$ 记录的从 E_i 到 E_j 的联系是对其支撑组记录的从 x_1 到 y_1，从 x_2 到 $y_2,\cdots$，从 x_t 到 y_t 所有联系的保持或汇集，因为加权边 $\langle x_k, w_k, y_k\rangle$ $(k=1, 2,\cdots, t)$ 记录的从 x_k 到 y_k 的联系通过 $x_k\in E_i$ 且 $y_k\in E_j$ 传递给了粒化边 $\langle E_i, w^*, E_j\rangle$。具体而言，当 $t=1$ 时，序列 $\langle x_1, w_1, y_1\rangle, \langle x_2, w_2, y_2\rangle,\cdots,\langle x_t, w_t, y_t\rangle$ 就是 $\langle x_1, w_1, y_1\rangle$，此时粒化边 $\langle E_i, w^*, E_j\rangle$ 记录的 E_i 和 E_j 之间的数据联系是对加权边 $\langle x_1, w_1, y_1\rangle$ 记录的 x_1 到 y_1 之间联系的保持，因为此时 $w^*= w_1$；当 $t>1$ 时，粒化边 $\langle E_i, w^*, E_j\rangle$ 记录的 E_i 和 E_j 之间的数据联系是其支撑组 $\langle x_1, w_1, y_1\rangle, \langle x_2, w_2, y_2\rangle,\cdots,\langle x_t, w_t, y_t\rangle$ 记录的 x_1 到 y_1，x_2 到 $y_2,\cdots, x_t$ 到 y_t 数据联系的汇集，并通过 $w^*=w_1+w_2+\cdots+w_t$ 得到了展示。实际上，表达式 $w^*=w_1+w_2+\cdots+w_t$ 确定的权值运算方式源于实际中的问题，例如，设 A, B 和 C 表示三个企业，且企业 A 给企业 C 供货 30%，以及企业 B 给企业 C 供货 40%，这些信息可以分别用加权边 $\langle A, 0.3, C\rangle$ 和 $\langle B, 0.4, C\rangle$ 表示。于是 A 和 B 合并后给 C 的供货量是 70%=30%+ 40%，并可表示为粒化边 $\langle\{A, B\}, 0.7, \{C\}\rangle$。

(3) 定义 6.2.4 和定义 4.3.1 均是针对数据合并的定义，对于定义 6.2.4 中基于结构粒化的数据合并，其含义不仅涉及数据集 U 中数据自身的合并，而且涵盖数据之间合并前后的关联信息和表示关联程度的权。而定义 4.3.1 中的数据合并仅给出了 U 中数据合并的表示方法，与数据关联无关。定义 6.2.4 中的数据合并与各类信息的结构化整体相关，并基于定义 4.3.1，定义 6.2.4 中的数据合并是对定义 4.3.1 中数据合并定义的扩展。

基于结构粒化的数据合并通过结构的转换完成了合并方案集 $E=\{E_1, E_2,\cdots, E_k\}$ 确定的数据合并的方案，并保持或汇集了数据关联和关联程度的信息，形成了数据合并的结构粒化方法。尽管该方法着重理论上的分析，但为程序化方法的建立提供了基础，从而可引出如下的工作。

6.3　矩阵表示和矩阵变换

基于结构粒化的数据合并意味着从关联结构 $\boldsymbol{W}=(U, S)$ 到粒化结构 $\boldsymbol{W}^*=(E, S^*)$ 的转换，如果直接针对转换进行编程处理，那么我们似乎找不到程序化的思路。如果把结构的转换用矩阵变换等价描述，则对矩阵变换实施程序化处理是容易实现的。本节的工作就是把关联结构 $\boldsymbol{W}=(U, S)$ 和粒化结构 $\boldsymbol{W}^*=(E, S^*)$ 分别等价地表示成矩阵的形式，再采用矩阵变换的方法描述结构之间的转换。

6.3.1　关联结构和关联矩阵

设 $\boldsymbol{W}=(U,S)$ 是关联结构，其中 $U=\{d_1,d_2,\cdots,d_m\}$且 $S=\{e_1,e_2,\cdots,e_n\}$，即数据集 U 包含有 m 个数据，关联关系 S 含有 n 条加权边且 $e_k=\langle d_{k1},w_k,d_{k2}\rangle(k=1,2,\cdots,n)$。此时可通过矩阵的形式表示关联结构 $\boldsymbol{W}=(U,S)$ 记录的信息，即利用 $\boldsymbol{W}=(U,S)$ 汇集的信息可构造 $m+1$ 行 n 列的矩阵 $\boldsymbol{M}(\boldsymbol{W})$ 如下：

$$\boldsymbol{M}(\boldsymbol{W})=(r_{ij})_{(m+1)\times n}$$

其中，$r_{ij}\ (i=1,2,\cdots,m+1;\ j=1,2,\cdots,n)$ 的取值定义为：

(1) 当 $i=1$ 时，$r_{ij}=w_j\,(j=1,2,\cdots,n)$，即矩阵的第一行是由 n 条加权边 $e_1=\langle d_{11},w_1,d_{12}\rangle,e_2=\langle d_{21},w_2,d_{22}\rangle,\cdots,e_n=\langle d_{n1},w_n,d_{n2}\rangle$的权构成的行向量$(w_1,w_2,\cdots,w_n)$。

(2) 当 $2\leqslant i\leqslant m+1$ 且 $1\leqslant j\leqslant n$ 时，若 d_{i-1} 是 e_j 的始数据，则 $r_{ij}=1$；若 d_{i-1} 是 e_j 的终数据，则 $r_{ij}=-1$；若 d_{i-1} 既不是 e_j 的始数据，也不是 e_j 的终数据，则 $r_{ij}=0$。

我们可以通过具体例子，表明关联结构 $\boldsymbol{W}=(U,S)$确定矩阵 $\boldsymbol{M}(\boldsymbol{W})=(r_{ij})_{(m+1)\times n}$ 的过程，并展示矩阵的具体形式。

例 6.3　设 $\boldsymbol{W}=(U,S)$ 是关联结构，其中 $U=\{d_1,d_2,d_3,d_4,d_5\}$，$S=\{e_1,e_2,e_3,e_4,e_5,e_6\}$，这里 $e_1=\langle d_1,0.2,d_2\rangle$, $e_2=\langle d_1,0.5,d_5\rangle$, $e_3=\langle d_1,0.3,d_3\rangle$, $e_4=\langle d_2,0.1,d_4\rangle$, $e_5=\langle d_3,0.4,d_5\rangle$, $e_6=\langle d_4,0.1,d_5\rangle$。则 $\boldsymbol{W}=(U,S)$ 确定的矩阵 $\boldsymbol{M}(\boldsymbol{W})=(r_{ij})_{6\times 6}$ 为

$$\begin{array}{c} \\ \\ d_1\\ d_2\\ d_3\\ d_4\\ d_5\end{array}\begin{array}{c}\begin{matrix} e_1 & e_2 & e_3 & e_4 & e_5 & e_6\end{matrix}\\ \begin{bmatrix} 0.2 & 0.5 & 0.3 & 0.1 & 0.4 & 0.1\\ 1 & 1 & 1 & 0 & 0 & 0\\ -1 & 0 & 0 & 1 & 0 & 0\\ 0 & 0 & -1 & 0 & 1 & 0\\ 0 & 0 & 0 & -1 & 0 & 1\\ 0 & -1 & 0 & 0 & -1 & -1\end{bmatrix}\end{array} \tag{I}$$

其中，第一行 (0.2, 0.5, 0.3, 0.1, 0.4, 0.1) 的向量由数值 0.2, 0.5, 0.3, 0.1, 0.4 和 0.1 构成，它们分别是加权边 $e_1=\langle d_1,0.2,d_2\rangle$, $e_2=\langle d_1,0.5,d_5\rangle$, $e_3=\langle d_1,0.3,d_3\rangle$, $e_4=\langle d_2,0.1,d_4\rangle$, $e_5=\langle d_3,0.4,d_5\rangle$和 $e_6=\langle d_4,0.1,d_5\rangle$的权。数据 $d_i\,(i=1,2,3,4,5)$ 对应的行向量由 1, −1 或 0 构成，加权边 $e_k\,(k=1,2,3,4,5,6)$ 对应列向量的第一分量是权值，其余分量中有一个 1 和一个 −1，其他都是 0。具体而言：

(1) 数据 d_2 对应的行向量是 (−1, 0, 0, 1, 0, 0)，其中第一个分量 −1 是因为 d_2 是第一条加权边 $e_1=\langle d_1,0.2,d_2\rangle$的终数据；第四个分量 1 是因为 d_2 是第四条加权边 $e_4=\langle d_2,0.1,d_4\rangle$的始数据；第二、第三、第五、第六个分量 0 是因为数据 d_2 既

不是第二、第三、第五、第六条加权边 $e_2=\langle d_1, 0.5, d_5\rangle$, $e_3=\langle d_1, 0.3, d_3\rangle$, $e_5=\langle d_3, 0.4, d_5\rangle$, $e_6=\langle d_4, 0.1, d_5\rangle$的始数据，也不是它们的终数据。

(2) 加权边 $e_3=\langle d_1, 0.3, d_3\rangle$对应的列向量是 $(0.3, 1, 0, -1, 0, 0)^{\mathrm{T}}$(这里的上标 T 表示向量的转置)，其中第一个分量 0.3 是 $e_3=\langle d_1, 0.3, d_3\rangle$的权，第二个分量 1 是因为数据 d_1 是 $e_3=\langle d_1, 0.3, d_3\rangle$的始数据；第四个分量−1 是因为数据 d_3 是 $e_3=\langle d_1, 0.3, d_3\rangle$的终数据；第三、第五、第六个分量 0 是因为数据 d_2, d_4, d_5 既不是 $e_3=\langle d_1, 0.3, d_3\rangle$的始数据，也不是 $e_3=\langle d_1, 0.3, d_3\rangle$的终数据。

(3) 除第一行 (0.2, 0.5, 0.3, 0.1, 0.4, 0.1) 由权构成的行向量外，其他数据对应的行向量由 1, −1 或 0 构成，且可包含多个 1、多个 −1 或多个 0。对于每一加权边对应的列向量，除第一分量是权外，其他分量中包含一个 1 和一个 −1，其他是 0。 □

因此，对于关联结构 $\boldsymbol{W}=(U, S)$，如果 $U=\{d_1, d_2,\cdots, d_m\}$包含 m 个数据，$S=\{e_1, e_2,\cdots, e_n\}$包含 n 条加权边，则 $\boldsymbol{W}=(U, S)$可确定 $m+1$ 行 n 列的矩阵 $\boldsymbol{M}(\boldsymbol{W})=(r_{ij})_{(m+1)\times n}$。

定义 6.3.1 矩阵 $\boldsymbol{M}(\boldsymbol{W})=(r_{ij})_{(m+1)\times n}$称为 $\boldsymbol{W}=(U, S)$ 确定的关联矩阵，并明确如下概念：

(1) 矩阵 $\boldsymbol{M}(\boldsymbol{W})$ 第一行是由 n 条加权边 $e_1, e_2,\cdots, e_n$ 的权构成的行向量 $(w_1, w_2,\cdots, w_n)$，称 $(w_1, w_2,\cdots, w_n)$ 为权值行向量。

(2) 除第一行权值行向量外，矩阵 $\boldsymbol{M}(\boldsymbol{W})$ 的每一行称为行向量，并对应一数据 $d_i\,(1\leqslant i\leqslant m)$，此时该行向量用 d_i 标记，称为 d_i-行向量。

(3) 矩阵 $\boldsymbol{M}(\boldsymbol{W})$ 的每一列称为列向量，并对应一加权边 $e_j\,(1\leqslant j\leqslant n)$，此时该列向量用 e_j 标记，称为 e_j-列向量。

(4) 对于 d_i-行向量，用 $d_i(j)$ 表示 d_i-行向量的第 j 个分量，且 $d_i(j)$ 也是 e_j-列向量的分量。此时如果 $e_j\in S$ 且 $e_j=\langle d_s, w_j, d_t\rangle$，则 $d_s(j)=1$ 且 $d_t(j)=-1$。 □

例如，考虑式（Ⅰ）中的关联矩阵 $\boldsymbol{M}(\boldsymbol{W})$，它由关联结构 $\boldsymbol{W}=(U, S)$ 确定产生，其中 $U=\{d_1, d_2, d_3, d_4, d_5\}$，$S=\{e_1, e_2, e_3, e_4, e_5, e_6\}$，这里 $e_1=\langle d_1, 0.2, d_2\rangle$, $e_2=\langle d_1, 0.5, d_5\rangle$, $e_3=\langle d_1, 0.3, d_3\rangle$, $e_4=\langle d_2, 0.1, d_4\rangle$, $e_5=\langle d_3, 0.4, d_5\rangle$, $e_6=\langle d_4, 0.1, d_5\rangle$。此时 $\boldsymbol{M}(\boldsymbol{W})$ 的第一行 (0.2, 0.5, 0.3, 0.1, 0.4, 0.1) 是权值行向量。d_2-行向量是 (−1, 0, 0, 1, 0, 0)，且 $d_2(1)=-1$，$d_2(2)=0$，$d_2(4)=1$，$d_2(6)=0$ 等。e_3-列向量是 $(0.3, 1, 0, -1, 0, 0)^{\mathrm{T}}$，其中第一个分量 0.3 是 $e_3=\langle d_1, 0.3, d_3\rangle$的权。

关联结构 $\boldsymbol{W}=(U, S)$ 可以确定关联矩阵 $\boldsymbol{M}(\boldsymbol{W})$。另外，当关联矩阵 $\boldsymbol{M}(\boldsymbol{W})$ 给定后，利用 $\boldsymbol{M}(\boldsymbol{W})$ 提供的信息完全可以确定关联结构 $\boldsymbol{W}=(U, S)$，例如，利用式（Ⅰ）的关联矩阵 $\boldsymbol{M}(\boldsymbol{W})$，很容易确定数据集 U 和关联关系 S，从而得到关联结构 $\boldsymbol{W}=(U, S)$。因此，关联结构 $\boldsymbol{W}=(U, S)$ 和关联矩阵 $\boldsymbol{M}(\boldsymbol{W})$ 相互唯一确定。

由于矩阵是计算机可以处理的数据形式，所以关联矩阵 $\boldsymbol{M}(\boldsymbol{W})$ 为关联结构 $\boldsymbol{W}=(U, S)$ 的程序化处理提供了可行的方法。

6.3.2　粒化结构和粒化矩阵

设 $\boldsymbol{W}=(U, S)$ 是一关联结构，如果给定数据集 U 的合并方案集 $E=\{E_1, E_2,\cdots, E_k\}$，则通过 E 可以实现从关联结构 $\boldsymbol{W}=(U, S)$ 到粒化结构 $\boldsymbol{W}^*=(E, S^*)$ 的转换，并称为基于结构粒化的数据合并（见定义 6.2.4）。此时合并方案集 $E=\{E_1, E_2,\cdots, E_k\}$ 是对数据集 U 的粒化处理，粒化关系 S^* 是对关联关系 S 的粒化处理，所以粒化结构 $\boldsymbol{W}^*=(E, S^*)$ 可看作对关联结构 $\boldsymbol{W}=(U, S)$ 的粒化处理。

如果不考虑粒化的结果，仅就结构 $\boldsymbol{W}^*=(E, S^*)$ 自身而言，按照定义 6.2.1(1)，S^* 是 E 上的关联关系，因此根据定义 6.2.1(2)，$\boldsymbol{W}^*=(E, S^*)$ 是由数据集 E 和关联关系 S^* 构成的关联结构。由定义 6.3.1，$\boldsymbol{W}^*=(E, S^*)$ 可确定关联矩阵 $\boldsymbol{M}(\boldsymbol{W}^*)$。不过由于粒化结构 $\boldsymbol{W}^*=(E, S^*)$ 包含了数据合并后的信息，而且粒化结构 $\boldsymbol{W}^*=(E, S^*)$ 在数据合并方法中非常重要，因此对粒化结构 $\boldsymbol{W}^*=(E, S^*)$ 确定的矩阵给予专门的考虑是必要的，下面的讨论与该矩阵的构成密切相关。

对于粒化结构 $\boldsymbol{W}^*=(E, S^*)$，设 $E=\{E_1, E_2,\cdots, E_k\}$包含 k 个粒，$S^*=\{e_1^*, e_2^*,\cdots,e_q^*\}$ 包含 q 条粒化边且 $e_j^*=\langle E_{j1}, w_j^*, E_{j2}\rangle\,(j=1, 2,\cdots, q)$。此时粒化结构 $\boldsymbol{W}^*=(E, S^*)$ 可以确定 $k+1$ 行 q 列的矩阵 $\boldsymbol{M}(\boldsymbol{W}^*)$ 如下：

$$\boldsymbol{M}(\boldsymbol{W}^*)=(r_{ij}^*)_{(k+1)\times q}$$

其中，r_{ij}^* $(i=1, 2,\cdots, k+1;\ j=1, 2,\cdots, q)$ 的取值如下：

(1) 当 $i=1$ 时，$r_{ij}^*=w_j^*\,(j=1, 2,\cdots, q)$，即矩阵 $\boldsymbol{M}(\boldsymbol{W}^*)$ 的第一行是由 q 条粒化边 $e_1^*=\langle E_{11}, w_1^*, E_{12}\rangle$, $e_2^*=\langle E_{21}, w_2^*, E_{22}\rangle,\cdots,e_q^*=\langle E_{q2}, w_q^*, E_{q2}\rangle$的权构成的行向量 $(w_1^*, w_2^*,\cdots, w_q^*)$。

(2) 当 $2\leqslant i\leqslant k+1$ 且 $1\leqslant j\leqslant q$ 时，如果 E_{i-1} 是 e_j^*的始数据，则令 $r_{ij}^*=1$；如果 E_{i-1} 是 e_j^*的终数据，则令 $r_{ij}^*=-1$；若 E_{i-1} 既不是 e_j^*的始数据，也不是 e_j^*的终数据，则令 $r_{ij}^*=0$。

我们可以通过具体的粒化结构 $\boldsymbol{W}^*=(E, S^*)$讨论矩阵 $\boldsymbol{M}(\boldsymbol{W}^*)=(r_{ij}^*)_{(k+1)\times q}$ 的构建过程，并给出矩阵的具体形式。

例 6.4　考虑例 6.3 中的关联结构 $\boldsymbol{W}=(U, S)$，其中 $U=\{d_1, d_2, d_3, d_4, d_5\}$，$S=\{e_1, e_2, e_3, e_4, e_5, e_6\}$，这里 $e_1=\langle d_1, 0.2, d_2\rangle$, $e_2=\langle d_1, 0.5, d_5\rangle$, $e_3=\langle d_1, 0.3, d_3\rangle$, $e_4=\langle d_2, 0.1, d_4\rangle$, $e_5=\langle d_3, 0.4, d_5\rangle$, $e_6=\langle d_4, 0.1, d_5\rangle$。现给定 U 的合并方案集 $E=\{\{d_1, d_2\}, \{d_3, d_4\}, \{d_5\}\}$，则通过 E 可得到 $\boldsymbol{W}=(U, S)$ 的粒化结构 $\boldsymbol{W}^*=(E, S^*)$，其中的数据集就是合并方案集 $E=\{\{d_1, d_2\}, \{d_3, d_4\}, \{d_5\}\}$，此时可得到粒化关系 $S^*=\{e_1^*, e_2^*, e_3^*\}$，即 S^* 是 S 的粒化关系，其中 $e_1^*=\langle\{d_1, d_2\}, 0.5, \{d_5\}\rangle$, $e_2^*=\langle\{d_1, d_2\}, 0.4, \{d_3, d_4\}\rangle$, $e_3^*=\langle\{d_3, d_4\}, 0.5, \{d_5\}\rangle$，将在下面讨论分析粒化边 e_1^*, e_2^*和 e_3^*的产生过程。就目前而言，粒化结构 $\boldsymbol{W}^*=(E, S^*)$ 可确定 4 行 3 列的矩阵 $\boldsymbol{M}(\boldsymbol{W}^*)=(r_{ij}^*)_{4\times 3}$：

$$\begin{array}{c} \\ \{d_1,d_2\} \\ \{d_3,d_4\} \\ \{d_5\} \end{array}\begin{array}{c} \begin{array}{ccc} e_1^* & e_2^* & e_3^* \end{array} \\ \begin{bmatrix} 0.5 & 0.4 & 0.5 \\ 1 & 1 & 0 \\ 0 & -1 & 1 \\ -1 & 0 & -1 \end{bmatrix} \end{array} \qquad (\mathrm{II})$$

接下来我们对粒化边 e_1^*, e_2^* 和 e_3^* 的形成分析如下。

(1) $e_1^*=\langle\{d_1, d_2\}, 0.5, \{d_5\}\rangle$：在关联关系 S 的加权边 $e_1, e_2, e_3, e_4, e_5, e_6$ 中，只有 $e_2=\langle d_1, 0.5, d_5\rangle$ 是粒关联对 $\langle\{d_1, d_2\}, \{d_5\}\rangle$ 的支撑，满足 $d_1\in\{d_1, d_2\}$ 且 $d_5\in\{d_5\}$。此时 $\langle\{d_1, d_2\}, \{d_5\}\rangle$ 的支撑组是 $e_2=\langle d_1, 0.5, d_5\rangle$，且 $\langle\{d_1, d_2\}, \{5\}\rangle$ 的权就是加权边 $e_2=\langle d_1, 0.5, d_5\rangle$ 的权 0.5（见定义 6.2.2(3)），由此形成粒化边 $e_1^*=\langle\{d_1, d_2\}, 0.5, \{d_5\}\rangle$。

(2) $e_2^*=\langle\{d_1, d_2\}, 0.4, \{d_3, d_4\}\rangle$：在关联关系 S 的加权边 $e_1, e_2, e_3, e_4, e_5, e_6$ 中，$e_3=\langle d_1, 0.3, d_3\rangle$, $e_4=\langle d_2, 0.1, d_4\rangle$ 构成粒关联对 $\langle\{d_1, d_2\}, \{d_3, d_4\}\rangle$ 的支撑组，满足 $d_1\in\{d_1, d_2\}$ 且 $d_3\in\{d_3, d_4\}$，以及 $d_2\in\{d_1, d_2\}$ 且 $d_4\in\{d_3, d_4\}$，此时 $\langle\{d_1, d_2\}, \{d_3, d_4\}\rangle$ 的权等于 0.3+0.1=0.4（见定义 6.2.2(3)），因此确定产生了粒化边 $e_2^*=\langle\{d_1, d_2\}, 0.4, \{d_3, d_4\}\rangle$。

(3) $e_3^*=\langle\{d_3, d_4\}, 0.5, \{d_5\}\rangle$：在关联关系 S 的加权边 $e_1, e_2, e_3, e_4, e_5, e_6$ 中，$e_5=\langle d_3, 0.4, d_5\rangle$, $e_6=\langle d_4, 0.1, d_5\rangle$ 构成粒关联对 $\langle\{d_3, d_4\}, \{d_5\}\rangle$ 的支撑组，满足 $d_3\in\{d_3, d_4\}$ 且 $d_5\in\{d_5\}$，以及 $d_4\in\{d_3, d_4\}$ 且 $d_5\in\{d_5\}$，此时 $\langle\{d_3, d_4\}, \{d_5\}\rangle$ 的权等于 0.4+0.1=0.5（见定义 6.2.2(3)），由此可确定产生粒化边 $e_3^*=\langle\{d_3, d_4\}, 0.5, \{d_5\}\rangle$。

(4) 不妨再对矩阵（II）的构成进行讨论。矩阵（II）第一行的行向量为 (0.5, 0.4, 0.5)，由粒化边 $e_1^*=\langle\{d_1, d_2\}, 0.5, \{d_5\}\rangle$, $e_2^*=\langle\{d_1, d_2\}, 0.4, \{d_3, d_4\}\rangle$, $e_3^*=\langle\{d_3, d_4\}, 0.5, \{d_5\}\rangle$ 的权构成。对于矩阵（II）中的其他行向量，我们用合并方案集 $E=\{\{d_1, d_2\}, \{d_3, d_4\}, \{d_5\}\}$ 中的粒 $\{d_1, d_2\}$, $\{d_3, d_4\}$ 和 $\{d_5\}$ 分别进行了标记。对于矩阵（II）中的列向量，我们用粒化边 e_1^*, e_2^* 和 e_3^* 分别进行了标记。考虑粒 $\{d_1, d_2\}$ 标记的行向量 (1, 1, 0)，其中第一个分量 1 是因为粒 $\{d_1, d_2\}$ 是粒化边 $e_1^*=\langle\{d_1, d_2\}, 0.5, \{d_5\}\rangle$ 的始数据；第二个分量 1 是因为粒 $\{d_1, d_2\}$ 是粒化边 $e_2^*=\langle\{d_1, d_2\}$ 0.4, $\{d_3, d_4\}\rangle$ 的始数据；第三个分量 0 是因为粒 $\{d_1, d_2\}$ 既不是粒化边 $e_3^*=\langle\{d_3, d_4\}, 0.5, \{d_5\}\rangle$ 的始数据，也不是 $e_3^*=\langle\{d_3, d_4\}, 0.5, \{d_5\}\rangle$ 的终数据。再考虑 e_1^* 标记列向量 $(0.5, 1, 0, -1)^{\mathrm{T}}$，其中第一个分量 0.5 是粒化边 $e_1^*=\langle\{d_1, d_2\}, 0.5, \{d_5\}\rangle$ 的权；第二个分量 1 的确定是因为粒 $\{d_1, d_2\}$ 是粒化边 $e_1^*=\langle\{d_1, d_2\}, 0.5, \{d_5\}\rangle$ 的始数据；第三个分量 0 的确定是因为粒 $\{d_3, d_4\}$ 既不是粒化边 $e_1^*=\langle\{d_1, d_2\}, 0.5, \{d_5\}\rangle$ 的始数据，也不是 $e_1^*=\langle\{d_1, d_2\}, 0.5, \{d_5\}\rangle$ 的终数据；第四个分量 −1 的确定是因为粒 $\{d_5\}$ 是粒

化边 e_1^*=<{d_1, d_2}, 0.5, {d_5}>的终数据。对于其他行向量和列向量可做类似的讨论分析。□

注释说明：对于例 6.3 中的加权边 e_1=<d_1, 0.2, d_2>和例 6.4 中的合并方案集 E={{d_1, d_2}, {d_3, d_4}, {d_5}}，虽然 $d_1\in\{d_1, d_2\}$且 $d_2\in\{d_1, d_2\}$，但<{d_1, d_2}, {d_1, d_2}>不是粒关联对，因为对粒关联对 <E_i, E_j>定义时，有 $E_i\neq E_j$ 的要求（见定义 6.2.2）。所以加权边 e_1=<d_1, 0.2, d_2>与任何粒化边均无联系。一般地，设 $\boldsymbol{W}=(U, S)$ 是关联结构，$E=\{E_1, E_2,\cdots, E_k\}$是 U 的合并方案集。对于加权边<x, w, y>$\in S$，如果存在粒 $E_i\in E\,(1\leqslant i\leqslant k)$，使得 $x\in E_i$ 及 $y\in E_i$，即数据 x 和 y 属于同一粒，则称加权边<x, w, y>关于合并方案集 $E=\{E_1, E_2,\cdots, E_k\}$是冗余的。当加权边<$x, w, y$>关于合并方案集 $E=\{E_1, E_2,\cdots, E_k\}$冗余时，$x$ 和 y 同属于粒 E_i 的事实使得加权边<x, w, y>不能确定粒关联对，在这种情况下，从关联结构 $\boldsymbol{W}=(U, S)$ 到粒化结构 $\boldsymbol{W}^*=(E, S^*)$ 转换后，<x, w, y>与粒化关系 S^*中每一条粒化边均无关系。这意味着基于合并方案集 $E=\{E_1, E_2,\cdots, E_k\}$的从 $\boldsymbol{W}=(U, S)$ 到 $\boldsymbol{W}^*=(E, S^*)$ 的转换已把加权边<x, w, y>予以了删除。

上述的讨论表明，对于粒化结构 $\boldsymbol{W}^*=(E, S^*)$，当其中的 $E=\{E_1, E_2,\cdots, E_k\}$包含 k 个粒，$S^*=\{e_1^*, e_2^*,\cdots,e_q^*\}$包含 q 条粒化边时，粒化结构 $\boldsymbol{W}^*=(E, S^*)$ 可以确定 k+1 行 q 列的矩阵 $\boldsymbol{M}(\boldsymbol{W}^*)=(r_{ij}^*)_{(k+1)\times q}$。现给出如下的定义，以便对该矩阵和相应的概念进行必要的明确。

定义 6.3.2　矩阵 $\boldsymbol{M}(\boldsymbol{W}^*)=(r_{ij}^*)_{(k+1)\times q}$ 称为 $\boldsymbol{W}^*=(E, S^*)$ 确定的粒化矩阵，并涉及如下一些概念：

(1) 矩阵 $\boldsymbol{M}(\boldsymbol{W}^*)$ 的第一行是由 q 条粒化边 $e_1^*, e_2^*,\cdots,e_q^*$ 的权构成的行向量 $(w_1^*, w_2^*,\cdots, w_q^*)$，称 $(w_1^*, w_2^*,\cdots, w_q^*)$ 为权值行向量。

(2) 除权值行向量外，矩阵 $\boldsymbol{M}(\boldsymbol{W}^*)$ 的每一行称为行向量，并对应一粒 $E_i\in E\,(=\{E_1, E_2,\cdots, E_k\})$，此时该行向量用 E_i 标记，称为 E_i-行向量。

(3) 矩阵 $\boldsymbol{M}(\boldsymbol{W}^*)$ 的每一列称为列向量，并对应一粒化边 $e_j^*\,(\in S^*=\{e_1^*, e_2^*,\cdots, e_q^*\})$，此时该列向量用 e_j^*标记，称为 e_j^*-列向量。

(4) 对于 E_i-行向量，用 $E_i(j)$ 表示该 E_i-行向量的第 j 个分量，且 $E_i(j)$ 也是 e_j^*-列向量的分量。此时如果 $e_j^*\in S^*$且 e_j^*=<E_s, w^*, E_t>，则 $E_s(j)=1$ 且 $E_t(j)=-1$。□

例如，对于矩阵（II）中由粒化结构 $\boldsymbol{W}^*=(E, S^*)$ 确定的粒化矩阵 $\boldsymbol{M}(\boldsymbol{W}^*)$，其第一行的权值行向量为 (0.5, 0.4, 0.5)，e_2^*-列向量为 $(0.4, 1, -1, 0)^{\mathrm{T}}$ 等，这些信息都展示在矩阵（II）的粒化矩阵 $\boldsymbol{M}(\boldsymbol{W}^*)$ 中。

由粒化矩阵的构建过程可知，粒化结构 $\boldsymbol{W}^*=(E, S^*)$ 和粒化矩阵 $\boldsymbol{M}(\boldsymbol{W}^*)$ 相互唯一确定。不过因为矩阵是计算机可以处理的数据形式，所以粒化矩阵为粒化结构的编程处理提供了方法。

设 $\boldsymbol{W}=(U,S)$ 是关联结构，$E=\{E_1,E_2,\cdots,E_k\}$ 是 U 的合并方案集，则通过 E 可实现从关联结构 $\boldsymbol{W}=(U,S)$ 到粒化结构 $\boldsymbol{W}^*=(E,S^*)$ 的转换，并称为基于结构粒化的数据合并（见定义 6.2.4）。同时上面的讨论表明，关联结构 $\boldsymbol{W}=(U,S)$ 与关联矩阵 $\boldsymbol{M}(\boldsymbol{W})$ 相互确定，粒化结构 $\boldsymbol{W}^*=(E,S^*)$ 与粒化矩阵 $\boldsymbol{M}(\boldsymbol{W}^*)$ 也相互确定。因此，从 $\boldsymbol{W}=(U,S)$ 到 $\boldsymbol{W}^*=(E,S^*)$ 的转换必然对应从 $\boldsymbol{M}(\boldsymbol{W})$ 到 $\boldsymbol{M}(\boldsymbol{W}^*)$ 的转换，或可以通过从 $\boldsymbol{M}(\boldsymbol{W})$ 到 $\boldsymbol{M}(\boldsymbol{W}^*)$ 的变换，刻画从 $\boldsymbol{W}=(U,S)$ 到 $\boldsymbol{W}^*=(E,S^*)$ 的转换。因此，如何完成从关联矩阵 $\boldsymbol{M}(\boldsymbol{W})$ 到粒化矩阵 $\boldsymbol{M}(\boldsymbol{W}^*)$ 的变换是下面讨论的问题。

6.3.3 矩阵的行相加处理

设 $\boldsymbol{W}=(U,S)$ 是关联结构，其中 $U=\{d_1,d_2,\cdots,d_m\}$ 且 $S=\{e_1,e_2,\cdots,e_n\}$。同时该关联结构 $\boldsymbol{W}=(U,S)$ 可确定关联矩阵 $\boldsymbol{M}(\boldsymbol{W})$。现给定 U 的合并方案集 $E=\{E_1,E_2,\cdots,E_k\}$，对于 $E_i\in E$，令 $E_i=\{d_k,d_r,\cdots,d_t\}$，则数据 $d_k,d_r,\cdots,d_t$ 分别标记了 $\boldsymbol{M}(\boldsymbol{W})$ 中的 d_k-行向量, d_r-行向量, $\cdots$, d_t-行向量。在定义 6.3.1(4) 中，我们用 $d_k(j)$ 表示 d_k-行向量的第 j 个分量。于是 d_k-行向量可以表示为 $(d_k(1),d_k(2),\cdots,d_k(n))$。同理 d_r-行向量可以表示为 $(d_r(1),d_r(2),\cdots,d_r(n))$, $\cdots$, d_t-行向量可以表示为 $(d_t(1),d_t(2),\cdots,d_t(n))$。我们定义 d_k-行向量, d_r-行向量, $\cdots$, d_t-行向量的相加如下。

定义 6.3.3 $(d_k(1),d_k(2),\cdots,d_k(n))+(d_r(1),d_r(2),\cdots,d_r(n))+\cdots+(d_t(1),d_t(2),\cdots,d_t(n))=(d_k(1)+d_r(1)+\cdots+d_t(1),d_k(2)+d_r(2)+\cdots+d_t(2),\cdots,d_k(n)+d_r(n)+\cdots+d_t(n))$。

相加后的结果 $(d_k(1)+d_r(1)+\cdots+d_t(1),\ d_k(2)+d_r(2)+\cdots+d_t(2),\cdots,\ d_k(n)+d_r(n)+\cdots+d_t(n))$ 仍是一向量，称为 E_i-行向量，这里 $E_i=\{d_k,d_r,\cdots,d_t\}$。同时用 $E_i(j)$ 表示 E_i-行向量的第 j 个分量，即 $E_i(j)=d_k(j)+d_r(j)+\cdots+d_t(j)$ $(1\leqslant j\leqslant n)$。 □

因为我们采用粒 E_i 对粒化矩阵 $\boldsymbol{M}(\boldsymbol{W}^*)$ 中相应的行向量进行了标记，所以在定义 6.3.2(2) 中，我们已经引入了 E_i-行向量的概念。这里当粒 $E_i=\{d_k,d_r,\cdots,d_t\}$ 时，定义 6.3.3 又以 E_i-行向量的取名表示 d_k-行向量, d_r-行向量, $\cdots$, d_t-行向量相加后得到的行向量。这两处 E_i-行向量中的粒 E_i 是相同的，不过两处名称的含义存在差异，容易从上下文中对它们进行区分。在 6.3.4 节我们将看到，定义 6.3.2(2) 中的 E_i-行向量可以利用引入的针对列向量的列合并处理由定义 6.3.3 中的 E_i-行向量变换得到，这说明两处的 E_i-行向量具有内在联系。

因此，如果 $E_i\in E\ (=\{E_1,E_2,\cdots,E_k\})$ 且 $E_i=\{d_k,d_r,\cdots,d_t\}$，那么根据定义 6.3.3，粒 E_i 可对应产生 E_i-行向量，其中的第 j 个分量 $E_i(j)$ 可以这样计算得到：$E_i(j)=d_k(j)+d_r(j)+\cdots+d_t(j)$，这里 $d_k(j)$, $d_r(j)$, $\cdots$, $d_t(j)$ 分别是 d_k-行向量，d_r-行向量, $\cdots$, d_t-行向量的第 j 个分量。这表明 d_k-行向量, d_r-行向量, $\cdots$, d_t-行向量的相加是由它们对应分量的相加定义的。注意到 $d_k(j)$, $d_r(j)$, $\cdots$, $d_t(j)$ 都是关联矩阵 $\boldsymbol{M}(\boldsymbol{W})$ 中 e_j-列向量的分量，且它们都不是 e_j-列向量的权值，所以 $d_k(j)$,

$d_r(j)$,…, $d_t(j)$ 中最多包含一个 1 或一个−1,其他全是 0。因此,$d_k(j)$, $d_r(j)$,…, $d_t(j)$ 相加的结果 $E_i(j)=d_k(j)+d_r(j)+\cdots+d_t(j)$ 是 1, −1 或 0，这表明 E_i-行向量由数值 1, −1 或 0 构成。特别地，当 $E_i=\{d_k\}$，即 E_i 是 d_k 的保留数据时，E_i-行向量就是关联矩阵 $\boldsymbol{M}(\boldsymbol{W})$ 中的 d_k-行向量。

所以如果 $\boldsymbol{M}(\boldsymbol{W})$ 是由关联结构 $\boldsymbol{W}=(U, S)$ 确定的关联矩阵,其中 $U=\{d_1, d_2,\cdots, d_m\}$包含 m 个数据，$S=\{e_1, e_2,\cdots, e_n\}$包含 n 条加权边，则当 $E=\{E_1, E_2,\cdots, E_k\}$是 U 的合并方案集且包含 k 个粒时，基于该合并方案集 $E=\{E_1, E_2,\cdots, E_k\}$，由关联矩阵 $\boldsymbol{M}(\boldsymbol{W})$ 可得到另一 $k+1$ 行 n 列的矩阵 $\boldsymbol{M}_E(\boldsymbol{W})$，构成如下：

(1) $\boldsymbol{M}_E(\boldsymbol{W})$ 中第一行的行向量就是关联矩阵 $\boldsymbol{M}(\boldsymbol{W})$ 第一行的权值行向量。

(2) $\boldsymbol{M}_E(\boldsymbol{W})$ 中第 $i+1$ 行的行向量是 E_i-行向量，其中 $E_i\in E\,(=\{E_1, E_2,\cdots, E_k\})$。

(3) $\boldsymbol{M}_E(\boldsymbol{W})$ 中的 E_i-行向量用 E_i 标记，$\boldsymbol{M}_E(\boldsymbol{W})$ 中第 j 列对应的列向量用 e_j'表示 $(j=1, 2,\cdots, n)$,同时也用 e_j'对该列向量进行标记。我们把这样得到的矩阵 $\boldsymbol{M}_E(\boldsymbol{W})$ 称为 E-矩阵，这里 $E=\{E_1, E_2,\cdots, E_k\}$。

行相加处理：把从关联矩阵 $\boldsymbol{M}(\boldsymbol{W})$ 到 E-矩阵 $\boldsymbol{M}_E(\boldsymbol{W})$ 的变换称为对 $\boldsymbol{M}(\boldsymbol{W})$ 实施基于 E 的行相加处理。

因此，除关联矩阵 $\boldsymbol{M}(\boldsymbol{W})$ 第一行的权值行向量外，对 $\boldsymbol{M}(\boldsymbol{W})$ 实施基于 E 的行相加处理就是把 $\boldsymbol{M}(\boldsymbol{W})$ 中的 d_k-行向量, d_r-行向量, …, d_t-行向量相加后得到 $\boldsymbol{M}_E(\boldsymbol{W})$ 中 E_i-行向量的过程，这里 $E_i=\{d_k, d_r,\cdots, d_t\}$。特别当粒 $E_i=\{d\}$时，$\boldsymbol{M}(\boldsymbol{W})$ 中对应的 d-行向量与 $\boldsymbol{M}_E(\boldsymbol{W})$ 中的 E_i-行向量相同。

例 6.5　考虑例 6.3 中式（Ⅰ）中的关联矩阵 $\boldsymbol{M}(\boldsymbol{W})$,该矩阵由关联结构 $\boldsymbol{W}=(U, S)$ 所确定,其中 $U=\{d_1, d_2, d_3, d_4, d_5\}$, $S=\{e_1, e_2, e_3, e_4, e_5, e_6\}$。给定 $U=\{d_1, d_2, d_3, d_4, d_5\}$合并方案集 (即划分) $E=\{\{d_1, d_2\}, \{d_3, d_4\}, \{d_5\}\}$，并令 $E_1=\{d_1, d_2\}$，$E_2=\{d_3, d_4\}$ 及 $E_3=\{d_5\}$。现对 $\boldsymbol{M}(\boldsymbol{W})$ 实施基于 $E=\{\{d_1, d_2\}, \{d_3, d_4\}, \{d_5\}\}$的行相加处理，则可把关联矩阵 $\boldsymbol{M}(\boldsymbol{W})$ 变换为 E-矩阵 $\boldsymbol{M}_E(\boldsymbol{W})$，我们把 E-矩阵 $\boldsymbol{M}_E(\boldsymbol{W})$ 用式 (III) 进行了表示，其中粒$\{d_1, d_2\}\,(=E_1)$，$\{d_3, d_4\}\,(=E_2)$ 和$\{d_5\}\,(=E_3)$ 分别标记了相应的行向量，$e_1', e_2', e_3', e_4', e_5', e_6'$ 分别表示 E-矩阵 $\boldsymbol{M}_E(\boldsymbol{W})$ 的列向量，同时 E-矩阵 $\boldsymbol{M}_E(\boldsymbol{W})$ 的列向量也分别用 $e_1', e_2', e_3', e_4', e_5', e_6'$ 进行了标记。

$$
\begin{array}{r}
\\
\\
\{d_1,d_2\}\\
\{d_3,d_4\}\\
\{d_5\}
\end{array}
\begin{array}{c}
\begin{array}{cccccc} e_1' & e_2' & e_3' & e_4' & e_5' & e_6' \end{array}\\
\begin{bmatrix}
0.2 & 0.5 & 0.3 & 0.1 & 0.4 & 0.1\\
0 & 1 & 1 & 1 & 0 & 0\\
0 & 0 & -1 & -1 & 1 & 1\\
0 & -1 & 0 & 0 & -1 & -1
\end{bmatrix}
\end{array}
\qquad \text{(III)}
$$

矩阵 (III) 中的第一行就是矩阵（Ⅰ）的关联矩阵 $\boldsymbol{M}(\boldsymbol{W})$ 中第一行的权值行向量 (0.2, 0.5, 0.3, 0.1, 0.4, 0.1)。

对于粒 $E_1=\{d_1, d_2\}$，则矩 阵 (III) 中 E-矩阵 $\boldsymbol{M}_E(\boldsymbol{W})$ 的 E_1-行向量是 (0, 1, 1, 1, 0, 0)，它是矩 阵（Ⅰ）的关联矩阵 $\boldsymbol{M}(\boldsymbol{W})$ 中的 d_1-行向量 (1, 1, 1, 0, 0, 0) 和 d_2-行向量 (−1, 0, 0, 1, 0, 0) 相加的结果，即 (1, 1, 1, 0, 0, 0) + (−1, 0, 0, 1, 0, 0) = (0, 1, 1, 1, 0, 0)。

对于粒 $E_2=\{d_3, d_4\}$，则矩 阵 (III) 中 E-矩阵 $\boldsymbol{M}_E(\boldsymbol{W})$ 的 E_2-行向量是 (0, 0, −1, −1, 1, 1)，它是矩 阵（Ⅰ）的关联矩阵 $\boldsymbol{M}(\boldsymbol{W})$ 中的 d_3-行向量 (0, 0, −1, 0, 1, 0) 和 d_4-行向量 (0, 0, 0, −1, 0, 1) 相加的结果，即 (0, 0, −1, 0, 1, 0) + (0, 0, 0, −1, 0, 1) = (0, 0, −1, −1, 1, 1)。

对于粒 $E_3=\{d_5\}$，则矩 阵 (III) 中 E-矩阵 $\boldsymbol{M}_E(\boldsymbol{W})$ 的 E_3-行向量是 (0, −1, 0, 0, −1, −1)，它与矩 阵（Ⅰ）的关联矩阵 $\boldsymbol{M}(\boldsymbol{W})$ 中的 d_5-行向量 (0, −1, 0, 0, −1, −1) 相同。

在矩 阵 (III) 的 E-矩阵 $\boldsymbol{M}_E(\boldsymbol{W})$ 中，我们用 $\{d_1, d_2\}(=E_1)$，$\{d_3, d_4\}(=E_2)$ 和 $\{d_5\}(=E_3)$ 分别对 E_1-行向量，E_2-行向量和 E_3-行向量进行了标记，用 $e_1', e_2', e_3', e_4', e_5'$ 和 e_6' 分别对列向量进行了标记。另外我们已表明，还用 $e_1', e_2', e_3', e_4', e_5'$ 和 e_6' 分别表示 $\boldsymbol{M}_E(\boldsymbol{W})$ 的列向量，此时 $e_1'=(0.2, 0, 0, 0)^{\mathrm{T}}$，$e_2'=(0.5, 1, 0, -1)^{\mathrm{T}}$，$e_3'=(0.3, 1, -1, 0)^{\mathrm{T}}$，$e_4'=(0.1, 1, -1, 0)^{\mathrm{T}}$，$e_5'=(0.4, 0, 1, -1)^{\mathrm{T}}$，$e_6'=(0.1, 0, 1, -1)^{\mathrm{T}}$。

如果令 $E_1=\{d_3, d_4\}$，$E_2=\{d_1, d_2\}$ 及 $E_3=\{d_5\}$，则 E-矩阵 $\boldsymbol{M}_E(\boldsymbol{W})$ 将展示为式(III′)中矩阵的形式：

$$\begin{array}{c} \\ \\ \{d_3,d_4\} \\ \{d_1,d_1\} \\ \{d_5\} \end{array}\begin{array}{c} \begin{array}{cccccc} e_1' & e_2' & e_3' & e_4' & e_5' & e_6' \end{array} \\ \begin{bmatrix} 0.2 & 0.5 & 0.3 & 0.1 & 0.4 & 0.1 \\ 0 & 0 & -1 & -1 & 1 & 1 \\ 0 & 1 & 1 & 1 & 0 & 0 \\ 0 & -1 & 0 & 0 & -1 & -1 \end{bmatrix} \end{array} \tag{III′}$$

此时可以认为矩阵(III′)与矩阵(III)是相同的，因为在矩阵(III′)中，只要把 E_1-行向量(此时 $E_1=\{d_3, d_4\}$)和 E_2-行向量(此时 $E_2=\{d_1, d_2\}$)两行的位置交换，则矩阵(III′)就变换为矩阵(III)。交换两行或两列位置的操作称为初等变换，初等变换不改变矩阵的性质，所以矩阵(III′)和矩阵(III)往往被看作相同的矩阵。 □

因此，通过对关联矩阵 $\boldsymbol{M}(\boldsymbol{W})$ 实施基于 E 的行相加处理，我们实现了从关联矩阵 $\boldsymbol{M}(\boldsymbol{W})$ 到 E-矩阵 $\boldsymbol{M}_E(\boldsymbol{W})$ 的变换。一般情况下，E-矩阵 $\boldsymbol{M}_E(\boldsymbol{W})$ 并不是粒化结构 $\boldsymbol{W}^*=(E, S^*)$ 确定的粒化矩阵 $\boldsymbol{M}(\boldsymbol{W}^*)$。例如，比较矩 阵 (III) 中的 E-矩阵 $\boldsymbol{M}_E(\boldsymbol{W})$ 和矩 阵 (II) 中粒化矩阵 $\boldsymbol{M}(\boldsymbol{W}^*)$ 后，显然可以看到 $\boldsymbol{M}_E(\boldsymbol{W})$ 与 $\boldsymbol{M}(\boldsymbol{W}^*)$ 是不同的。为了使矩阵最终变换成粒化矩阵 $\boldsymbol{M}(\boldsymbol{W}^*)$，我们需要对 E-矩阵 $\boldsymbol{M}_E(\boldsymbol{W})$ 实施进一步的变换。

6.3.4 矩阵的列合并处理

为了进一步对 E-矩阵 $\boldsymbol{M}_E(\boldsymbol{W})$ 进行变换，我们先通过矩 阵 (III) 中的 E-矩阵

$\boldsymbol{M}_E(\boldsymbol{W})$ 对其列向量进行讨论分析。从矩阵 (III) 中的 E-矩阵 $\boldsymbol{M}_E(\boldsymbol{W})$ 可知其列向量为 $e_1'=(0.2, 0, 0, 0)^{\mathrm{T}}$，$e_2'=(0.5, 1, 0, -1)^{\mathrm{T}}$，$e_3'=(0.3, 1, -1, 0)^{\mathrm{T}}$，$e_4'=(0.1, 1, -1, 0)^{\mathrm{T}}$，$e_5'=(0.4, 0, 1, -1)^{\mathrm{T}}$，$e_6'=(0.1, 0, 1, -1)^{\mathrm{T}}$。我们分析这些列向量如下：

(1) 对于列向量 $e_1'=(0.2, 0, 0, 0)^{\mathrm{T}}$，除权值 0.2 外，其他分量都是 0，我们可以采用 $e_1'\approx 0$ 表示这样的列向量。

(2) 对于列向量 $e_3'=(0.3, 1, -1, 0)^{\mathrm{T}}$ 和 $e_4'=(0.1, 1, -1, 0)^{\mathrm{T}}$，除权值 0.3 和 0.1 不同外，其他对应分量相同，我们采用 $e_3'\approx e_4'$ 表示 e_3' 和 e_4' 之间的关系，并可把 e_3' 和 e_4' 视为近似相等。同样，列向量 $e_5'=(0.4, 0, 1, -1)^{\mathrm{T}}$ 和 $e_6'=(0.1, 0, 1, -1)^{\mathrm{T}}$ 也近似相等，即 $e_5'\approx e_6'$。

(3) 对于列向量 $e_2'=(0.5, 1, 0, -1)^{\mathrm{T}}$，在矩阵 (III) 的 E-矩阵 $\boldsymbol{M}_E(\boldsymbol{W})$ 中，不存在与 e_2' 近似相等的列向量。

上述 (1)～(3) 中的讨论仅针对式 (III) 中 E-矩阵 $\boldsymbol{M}_E(\boldsymbol{W})$ 涉及的列向量。一般情况下，对于任意的 E-矩阵 $\boldsymbol{M}_E(\boldsymbol{W})$，设 $e_1', e_2', \cdots, e_n'$ 是 $\boldsymbol{M}_E(\boldsymbol{W})$ 的所有列向量，如果 $e_i'=(w, 0, 0, \cdots, 0)^{\mathrm{T}}$，则用 $e_i'\approx 0\ (1\leqslant i\leqslant n)$ 表示该列向量近似等于 0。另外，用 $e_j'\approx e_t'$ 表示 e_j' 和 e_t' 近似相等，此时 $e_j'=(w_j, r_{j1}, r_{j2}, \cdots, r_{jk})^{\mathrm{T}}$，$e_t'=(w_t, r_{t1}, r_{t2}, \cdots, r_{tk})^{\mathrm{T}}$ 且 $r_{jr}=r_{tr}(r=1, 2, \cdots, k)$。

定义 6.3.4　设 $\boldsymbol{M}_E(\boldsymbol{W})$ 是一 E-矩阵，且 $e_1', e_2', \cdots, e_n'$ 是 $\boldsymbol{M}_E(\boldsymbol{W})$ 的所有列向量，针对列向量的情况定义如下：

(1) 对于列向量 $e_i'(1\leqslant i\leqslant n)$，如果 $e_i'\approx 0$，则称 e_i' 为 $\boldsymbol{M}_E(\boldsymbol{W})$ 中的 0-列向量。

(2) 对于列向量 $e_{j1}', e_{j2}', \cdots, e_{js}'\ (1\leqslant j_1, j_2, \cdots, j_s\leqslant n$ 且 $s\geqslant 1)$，如果 $e_{j1}'\approx e_{j2}'\approx\cdots\approx e_{js}'$，且无其他列向量 e_t'，使得 $e_t'\approx e_{j1}'\ (\approx e_{j2}'\approx\cdots\approx e_{js}')$，则称 $e_{j1}', e_{j2}', \cdots, e_{js}'$ 构成 $\boldsymbol{M}_E(\boldsymbol{W})$ 的平行列组。 □

当 $e_{j1}', e_{j2}', \cdots, e_{js}'$ 构成 $\boldsymbol{M}_E(\boldsymbol{W})$ 的平行列组时，则有 $e_{j1}'=(w_1, r_1, r_2, \cdots, r_k)^{\mathrm{T}}$，$e_{j2}'=(w_2, r_1, r_2, \cdots, r_k)^{\mathrm{T}}$，$\cdots$，$e_{js}'=(w_s, r_1, r_2, \cdots, r_k)^{\mathrm{T}}$。此时它们的权 $w_1, w_2, \cdots, w_s$ 可以不完全相同，但分量 $r_1, r_2, \cdots, r_k$ 是相同的。现构造一个列向量，记作$\{e_{j1}, e_{j2}, \cdots, e_{js}\}$，且$\{e_{j1}, e_{j2}, \cdots, e_{js}\}=(w^*, r_1, r_2, \cdots, r_k)^{\mathrm{T}}$，其中 $w^*=w_1+w_2+\cdots+w_s$。特别地，当 $s=1$ 时，$\{e_{j1}, e_{j2}, \cdots, e_{js}\}$变为$\{e_{j1}\}$，此时列向量$\{e_{j1}\}$就是列向量 $e_{j1}'=(w_1, r_1, r_2, \cdots, r_n)^{\mathrm{T}}$。于是对于 $\boldsymbol{M}_E(\boldsymbol{W})$ 的任一平行列组 $e_{j1}', e_{j2}', \cdots, e_{js}'$，我们可以得到另一列向量$\{e_{j1}, e_{j2}, \cdots, e_{js}\}=(w^*, r_1, r_2, \cdots, r_n)^{\mathrm{T}}$。我们把利用平行列组 $e_{j1}', e_{j2}', \cdots, e_{js}'$ 得到列向量$\{e_{j1}, e_{j2}, \cdots, e_{js}\}$的处理称为对平行列组 $e_{j1}', e_{j2}', \cdots, e_{js}'$ 进行的合并。

设 $\boldsymbol{M}_E(\boldsymbol{W})$ 是 E-矩阵，且 $e_1', e_2', \cdots, e_n'$ 是 $\boldsymbol{M}_E(\boldsymbol{W})$ 的所有列向量，我们对 E-矩阵 $\boldsymbol{M}_E(\boldsymbol{W})$ 实施如下的操作：

(1) 删除 $\boldsymbol{M}_E(\boldsymbol{W})$ 中的每一 0-列向量；

(2) 对 $\boldsymbol{M}_E(\boldsymbol{W})$ 中的每一平行列组进行合并。

列合并处理：对 E-矩阵 $\boldsymbol{M}_E(\boldsymbol{W})$ 实施上述 (1) 和 (2) 的操作处理后可得到另一

矩阵，我们把得到的矩阵记作 $\boldsymbol{M}(\boldsymbol{W})'$，称为 T-矩阵。T-矩阵 $\boldsymbol{M}(\boldsymbol{W})'$中行向量的标记与 E-矩阵 $\boldsymbol{M}_E(\boldsymbol{W})$ 中行向量的标记相同，即 $\boldsymbol{M}_E(\boldsymbol{W})$ 中用 E_i 标记的 E_i-行向量变换到 $\boldsymbol{M}(\boldsymbol{W})'$的行向量后仍称为 E_i-行向量，并仍用 E_i 标记。如果$\{e_{j1}, e_{j2},\cdots, e_{js}\}=(w^*, r_1, r_2,\cdots, r_n)^{\mathrm{T}}$ 是 $\boldsymbol{M}(\boldsymbol{W})'$的列向量，则用$\{e_{j1}, e_{j2},\cdots, e_{js}\}$进行标记。把从 $\boldsymbol{M}_E(\boldsymbol{W})$ 得到 $\boldsymbol{M}(\boldsymbol{W})'$的处理称为针对 E-矩阵 $\boldsymbol{M}_E(\boldsymbol{W})$ 的列合并处理。

所以，针对 E-矩阵 $\boldsymbol{M}_E(\boldsymbol{W})$ 的列合并处理实现了从 $\boldsymbol{M}_E(\boldsymbol{W})$ 到 $\boldsymbol{M}(\boldsymbol{W})'$的转换，此时 T-矩阵 $\boldsymbol{M}(\boldsymbol{W})'$中的 E_i-行向量是由 E-矩阵 $\boldsymbol{M}_E(\boldsymbol{W})$ 中的 E_i-行向量经列合并处理得到的，这回应了定义 6.3.3 下面的解释，因为在 6.5 节我们将证明 T-矩阵 $\boldsymbol{M}(\boldsymbol{W})'$就是粒化矩阵 $\boldsymbol{M}(\boldsymbol{W}^*)$，即 $\boldsymbol{M}(\boldsymbol{W}^*)=\boldsymbol{M}(\boldsymbol{W})'$，所以粒化矩阵 $\boldsymbol{M}(\boldsymbol{W}^*)$ 中的 E_i-行向量就是 T-矩阵 $\boldsymbol{M}(\boldsymbol{W})'$中的 E_i-行向量，这说明 $\boldsymbol{M}(\boldsymbol{W}^*)$ 中的 E_i-行向量是由 E-矩阵 $\boldsymbol{M}_E(\boldsymbol{W})$ 中的 E_i-行向量经列合并处理得到的。

例 6.6　考虑矩 阵 (Ⅲ) 中的 E-矩阵 $\boldsymbol{M}_E(\boldsymbol{W})$，由此可知：

(1) $e_1'=(0.2, 0, 0, 0)^{\mathrm{T}}\approx 0$。

(2) $e_2'=(0.5, 1, 0, -1)^{\mathrm{T}}$ 自身构成 $\boldsymbol{M}_E(\boldsymbol{W})$ 的平行列组，此时有$\{e_2\}=e_2'=(0.5, 1, 0, -1)^{\mathrm{T}}$。

(3) $e_3'=(0.3, 1, -1, 0)^{\mathrm{T}}$和 $e_4'=(0.1, 1, -1, 0)^{\mathrm{T}}$ 构成 $\boldsymbol{M}_E(\boldsymbol{W})$ 的平行列组，此时有$\{e_3, e_4\}=(0.4, 1, -1, 0)^{\mathrm{T}}$，其中的权 0.4 是 $e_3'=(0.3, 1, -1, 0)^{\mathrm{T}}$和 $e_4'=(0.1, 1, -1, 0)^{\mathrm{T}}$中权 0.3 和 0.1 的和，即 $0.4=0.3+0.1$。

(4) $e_5'=(0.4, 0, 1, -1)^{\mathrm{T}}$和 $e_6'=(0.1, 0, 1, -1)^{\mathrm{T}}$ 构成 $\boldsymbol{M}_E(\boldsymbol{W})$ 的平行列组，此时有$\{e_5, e_6\}=(0.5, 0, 1, -1)^{\mathrm{T}}$，其中的权 0.5 是 $e_5'=(0.4, 0, 1, -1)^{\mathrm{T}}$和 $e_6'=(0.1, 0, 1, -1)^{\mathrm{T}}$中权 0.4 和 0.1 的和，即 $0.5=0.4+0.1$。

现对该 E-矩阵 $\boldsymbol{M}_E(\boldsymbol{W})$ 实施列合并处理，得到 T-矩阵 $\boldsymbol{M}(\boldsymbol{W})'$，见矩 阵 (Ⅳ)。在该 T-矩阵 $\boldsymbol{M}(\boldsymbol{W})'$中，行向量分别用粒$\{d_1, d_2\}$，$\{d_3, d_4\}$和$\{d_5\}$进行标记，这与矩 阵 (Ⅲ) 中 E-矩阵 $\boldsymbol{M}_E(\boldsymbol{W})$ 的标记相同。$\boldsymbol{M}(\boldsymbol{W})'$中的列向量分别用$\{e_2\}$，$\{e_3, e_4\}$和$\{e_5, e_6\}$进行标记，同时也用$\{e_2\}$，$\{e_3, e_4\}$和$\{e_5, e_6\}$分别对 $\boldsymbol{M}(\boldsymbol{W})'$中的列向量进行表示，由矩 阵 (Ⅳ) 的 T-矩阵 $\boldsymbol{M}(\boldsymbol{W})'$可以得到下列列向量：$\{e_2\}=(0.5, 1, 0, -1)^{\mathrm{T}}$，$\{e_3, e_4\}=(0.4, 1, -1, 0)^{\mathrm{T}}$，$\{e_5, e_6\}=(0.5, 0, 1, -1)^{\mathrm{T}}$：

$$\begin{array}{c} \\ \\ \{d_1,d_2\} \\ \{d_3,d_4\} \\ \{d_5\} \end{array}\begin{array}{c} \begin{array}{ccc}\{e_2\} & \{e_3,e_4\} & \{e_5,e_6\}\end{array} \\ \begin{bmatrix} 0.5 & 0.4 & 0.5 \\ 1 & 1 & 0 \\ 0 & -1 & 1 \\ -1 & 0 & -1 \end{bmatrix} \end{array} \tag{Ⅳ}$$

当然 T-矩阵 $\boldsymbol{M}(\boldsymbol{W})'$也可以具有矩 阵 (Ⅳ′) 的形式：

$$\begin{array}{c} \\ \{d_1,d_2\} \\ \{d_3,d_4\} \\ \{d_5\} \end{array}\begin{array}{c} \begin{array}{ccc} \{e_2\} & \{e_5,e_6\} & \{e_3,e_4\} \end{array} \\ \begin{bmatrix} 0.5 & 0.5 & 0.4 \\ 1 & 0 & 1 \\ 0 & 1 & -1 \\ -1 & -1 & 0 \end{bmatrix} \end{array} \qquad (\text{IV}')$$

矩阵 (Ⅳ′) 与矩阵 (Ⅳ) 被认为是相同的，因为在矩阵 (Ⅳ′) 中，实施列向量$\{e_5, e_6\}$和$\{e_3, e_4\}$两列位置交换的初等变换，矩阵 (Ⅳ′) 将变换为矩阵 (Ⅳ)，因为初等变换不改变矩阵的性质。 □

比较矩阵 (Ⅱ) 中的粒化矩阵 $\boldsymbol{M}(\boldsymbol{W}^*)$ 和矩阵 (Ⅳ) 中的 T-矩阵 $\boldsymbol{M}(\boldsymbol{W})'$，可以看出它们完全相同，即 $\boldsymbol{M}(\boldsymbol{W}^*)=\boldsymbol{M}(\boldsymbol{W})'$。虽然这只是对例 6.3 中式 (Ⅰ) 表示的关联矩阵实施行相加处理和列合并处理后的结果，但这并非偶然，任何情况下 T-矩阵 $\boldsymbol{M}(\boldsymbol{W})'$就是粒化矩阵 $\boldsymbol{M}(\boldsymbol{W}^*)$，这正是下面要证明的结论。

不过为了表明上述讨论与实际问题之间的联系，在 6.4 节的讨论中，先利用上述理论方法描述实际中的具体问题。

6.4　实际问题描述

在证明 $\boldsymbol{M}(\boldsymbol{W}^*)=\boldsymbol{M}(\boldsymbol{W})'$之前，我们先给出实际的例子，以表明上述工作在描述实际问题方面的应用。

例 6.7　现构造一关联结构 $\boldsymbol{W}=(U, S)$，以此作为实际问题的描述模型。于是我们需要给出数据集 U 和关联关系 S，具体如下：

$U=\{d_1, d_2,\cdots, d_m\}$是汽车制造产业链上一些企业的集合，可以是产业链上的所有企业，也可以是产业链上的一部分企业，视问题处理而定。汽车制造产业链上涉及众多制造企业，如钢铁企业、橡胶企业、轮胎企业、石油企业、汽车制造企业、化工企业、机械企业、玻璃企业、塑料企业、电器企业等。

S 是 U 上的关联关系，使得$\langle d_i, w, d_j\rangle\in S$ 当且仅当企业 $d_i(\in U)$ 给企业 $d_j(\in U)$ 供货，数值 w 表示 d_i 提供的货物占 d_j 接受此类货物的百分比，不妨称为供货率。

于是我们得到了关联结构 $\boldsymbol{W}=(U, S)$，该结构不仅汇集了汽车制造产业链上的相关企业，而且记录了企业之间供货的需求关系以及货物供应的供货率。基于该关联结构 $\boldsymbol{W}=(U, S)$，我们进一步讨论如下相关问题：

(1) 为了简明起见，我们考虑数据集 U 包含较少数据 (企业) 的情况，令 $U=\{d_1, d_2, d_3, d_4, d_5\}$。具体而言，$d_1$ 表示一石油企业，d_2 表示一化工企业，d_3 表示一橡胶企业，d_4 表示一轮胎企业，d_5 表示一汽车制造企业。显然这些都是汽车制造产业链上涉及的企业。

(2) 关联关系 S 由六条加权边构成，即 $S=\{e_1, e_2, e_3, e_4, e_5, e_6\}$，这里 $e_1=\langle d_1, 0.2, d_2\rangle$, $e_2=\langle d_1, 0.5, d_5\rangle$, $e_3=\langle d_1, 0.3, d_3\rangle$, $e_4=\langle d_2, 0.1, d_4\rangle$, $e_5=\langle d_3, 0.4, d_5\rangle$, $e_6=\langle d_4, 0.1, d_5\rangle$。这些加权边记录了如下信息：

$e_1=\langle d_1, 0.2, d_2\rangle$表示企业 d_1 (石油企业) 向 企业 d_2 (化工企业) 提供货物，供货率为 20% (=0.2)。石油企业向 化工企业提供货物是正常的业务往来。

$e_2=\langle d_1, 0.5, d_5\rangle$表示企业 d_1 (石油企业) 向 企业 d_5 (汽车制造企业) 提供货物，且供货率为 50% (=0.5)。石油企业向 汽车制造企业提供货物是正常的业务往来。

$e_3=\langle d_1, 0.3, d_3\rangle$表示企业 d_1 (石油企业) 向 企业 d_3 (橡胶企业) 提供货物，供货率为 30% (=0.3)。石油企业的某些化工产品是橡胶企业需要的货物。

$e_4=\langle d_2, 0.1, d_4\rangle$表示企业 d_2 (化工企业) 向 企业 d_4 (轮胎企业) 提供货物，供货率为 10% (=0.1)。化工企业的产品是轮胎企业必需的货物。

$e_5=\langle d_3, 0.4, d_5\rangle$表示企业 d_3 (橡胶企业) 向 企业 d_5 (汽车制造企业) 提供货物，供货率为 40% (=0.4)。橡胶企业与汽车制造企业具有不可分割的联系。

$e_6=\langle d_4, 0.1, d_5\rangle$表示企业 d_4 (轮胎企业) 向 企业 d_5 (汽车制造企业) 提供货物，供货率为 10% (=0.1)。10%的供货率意味着肯定存在其他轮胎企业也向该汽车制造企业提供轮胎产品。

(3) 于是我们得到一具体的关联结构 $\boldsymbol{W}=(U, S)$，其中数据集 $U=\{d_1, d_2, d_3, d_4, d_5\}$中的数据表示具体的企业，关联关系 $S=\{e_1, e_2, e_3, e_4, e_5, e_6\}$的加权边表示 U 中企业的供货联系，并包含了供货率的信息。此时由关联结构 $\boldsymbol{W}=(U, S)$ 可确定产生关联矩阵 $\boldsymbol{M}(\boldsymbol{W})$，该关联矩阵就是例 6.3 中矩阵（Ⅰ）。

(4) 现给定数据集 $U=\{d_1, d_2, d_3, d_4, d_5\}$的一合并方案集 $E=\{\{d_1, d_2\}, \{d_3, d_4\}, \{d_5\}\}$，此时粒$\{d_1, d_2\}$表示数据 d_1 (石油企业) 与数据 d_2 (化工企业) 合并在了一起，粒$\{d_3, d_4\}$表示数据 d_3 (橡胶企业) 与数据 d_4 (轮胎企业) 合并在了一起。这种业务存在密切关系的企业合并是实际中常发生的事情。

(5) 对关联矩阵 $\boldsymbol{M}(\boldsymbol{W})$ 实施基于 $E=\{\{d_1, d_2\}, \{d_3, d_4\}, \{d_5\}\}$的行相加处理，由此可实现从关联矩阵 $\boldsymbol{M}(\boldsymbol{W})$ 到 E-矩阵 $\boldsymbol{M}_E(\boldsymbol{W})$ 的变换。此时的 E-矩阵 $\boldsymbol{M}_E(\boldsymbol{W})$ 就是例 6.5 中矩阵 (Ⅲ)。

(6) 再针对该 E-矩阵 $\boldsymbol{M}_E(\boldsymbol{W})$ 实施列合并处理，则得到 T-矩阵 $\boldsymbol{M}(\boldsymbol{W})'$，$\boldsymbol{M}(\boldsymbol{W})'$ 就是例 6.6 中矩阵(Ⅳ)。现令 $e_1^*=\{e_2\}$，$e_2^*=\{e_3, e_4\}$，$e_3^*=\{e_4, e_5\}$，则由矩阵 (Ⅳ) 中列向量的标记可知 $e_1^*=\langle\{d_1, d_2\}, 0.5, \{d_5\}\rangle$, $e_2^*=\langle\{d_1, d_2\}, 0.4, \{d_3, d_4\}\rangle$, $e_3^*=\langle\{d_3, d_4\}, 0.5, \{d_5\}\rangle$。进而令 $S^*=\{e_1^*, e_2^*, e_3^*\}$，则 S^* 是 $E=\{\{d_1, d_2\}, \{d_3, d_4\}, \{d_5\}\}$上的关联关系，实际上，由 6.3.2 节的例 6.4 可知，S^* 是 S 的粒化关系 (见定义 6.2.3(1))。此时 $\boldsymbol{W}^*=(E, S^*)$ 是关联结构 $\boldsymbol{W}=(U, S)$ 的粒化结构，这里 $U=\{d_1, d_2, d_3, d_4, d_5\}$且 $S=\{e_1, e_2, e_3, e_4, e_5, e_6\}$。

(7) 粒化结构 $\boldsymbol{W}^*=(E, S^*)$ 记录了 d_1 (石油企业) 与 d_2 (化工企业) 合并在一起，

以及 d_3（橡胶企业）与 d_4（轮胎企业）合并在一起的信息，还表明了 d_5（汽车制造企业）不与其他企业合并的事实。这些信息在合并方案集 $E=\{\{d_1, d_2\}, \{d_3, d_4\}, \{d_5\}\}$ 得到了反映。同时该结构也包含了合并后企业之间的供货需求联系，以及对供货率的保持或汇集的信息，这在粒化关系 S^* 中的粒化边中得到了展示。对此不妨进一步进行一些讨论，例如，由 (6) 可知 $e_1^*=\langle\{d_1, d_2\}, 0.5, \{d_5\}\rangle$ 且 $e_1^*=\{e_2\}$，其中 $e_2=\langle d_1, 0.5, d_5\rangle$。$S^*$ 中的粒化边粒化边 $e_1^*=\langle\{d_1, d_2\}, 0.5, \{d_5\}\rangle$ 反映的粒 $\{d_1, d_2\}$ 对粒 $\{d_5\}$ 的供货率保持了 S 的加权边 $e_2=\langle d_1, 0.5, d_5\rangle$ 记录的 d_1 对 d_5 的供货率，这是因为 $e_1^*=\langle\{d_1, d_2\}, 0.5, \{d_5\}\rangle$ 和 $e_2=\langle d_1, 0.5, d_5\rangle$ 的权都是 0.5，同时还因为不存在以 d_2 为始数据，d_5 为终数据的加权边，尽管 d_1 和 d_2 合并在了一起。再考虑 S^* 中的粒化边 $e_2^*=\langle\{d_1, d_2\}, 0.4, \{d_3, d_4\}\rangle$，且由 (6) 可知 $e_2^*=\{e_3, e_4\}$，其中 $e_3=\langle d_1, 0.3, d_3\rangle$ 及 $e_4=\langle d_2, 0.1, d_4\rangle$。此时粒化边 $e_2^*=\langle\{d_1, d_2\}, 0.4, \{d_3, d_4\}\rangle$ 反映的粒 $\{d_1, d_2\}$ 对粒 $\{d_3, d_4\}$ 的供货率是对加权边 $e_3=\langle d_1, 0.3, d_3\rangle$ 和 $e_4=\langle d_2, 0.1, d_4\rangle$ 记录的 d_1 对 d_3 供货率以及 d_2 对 d_4 供货率的汇集，这是因为 $0.4=0.3+0.1$。

(8) 上述讨论表明，从关联结构 $\boldsymbol{W}=(U, S)$ 到粒化结构 $\boldsymbol{W}^*=(E, S^*)$ 的转换是通过从关联矩阵 $\boldsymbol{M}(\boldsymbol{W})$ 经 E-矩阵 $\boldsymbol{M}_E(\boldsymbol{W})$ 到 T-矩阵 $\boldsymbol{M}(\boldsymbol{W})'$ 的变换确定产生的。由于矩阵变换可利用程序化的方法计算处理，这为基于结构粒化的数据合并提供了可以编程处理的数学方法。

(9) 在 6.3.2 节的例 6.4 中，粒化结构 $\boldsymbol{W}^*=(E, S^*)$ 与该例矩阵（Ⅱ）中的粒化矩阵 $\boldsymbol{M}(\boldsymbol{W}^*)$ 相互确定。如果考查矩阵（Ⅳ）中的 T-矩阵 $\boldsymbol{M}(\boldsymbol{W})'$，则显然有 $\boldsymbol{M}(\boldsymbol{W}^*)=\boldsymbol{M}(\boldsymbol{W})'$。所以粒化结构 $\boldsymbol{W}^*=(E, S^*)$ 与 T-矩阵 $\boldsymbol{M}(\boldsymbol{W})'$ 紧密联系了起来，上述 (8) 中也表明了粒化结构 $\boldsymbol{W}^*=(E, S^*)$ 基于 T-矩阵 $\boldsymbol{M}(\boldsymbol{W})'$ 确定产生的事实，所以 $\boldsymbol{M}(\boldsymbol{W}^*)=\boldsymbol{M}(\boldsymbol{W})'$ 正是本例希望的结果或追求的目标。由此可知从关联结构 $\boldsymbol{W}=(U, S)$ 到粒化结构 $\boldsymbol{W}^*=(E, S^*)$ 的转换可以通过从关联矩阵 $\boldsymbol{M}(\boldsymbol{W})$ 到 T-矩阵 $\boldsymbol{M}(\boldsymbol{W})'$ $(=\boldsymbol{M}(\boldsymbol{W}^*))$ 的变换完成，结构转换和矩阵变换形成了涉及数据关联的数据合并的描述方法。 □

在此例中，由于关联结构 $\boldsymbol{W}=(U, S)$ 中的数据集 $U=\{d_1, d_2, d_3, d_4, d_5\}$ 和关联关系 $S=\{e_1, e_2, e_3, e_4, e_5, e_6\}$ 仅涉及较少的数据和加权边，从而我们较容易地讨论了粒化矩阵 $\boldsymbol{M}(\boldsymbol{W}^*)$ 和 T-矩阵 $\boldsymbol{M}(\boldsymbol{W})'$ 相等，即 $\boldsymbol{M}(\boldsymbol{W}^*)=\boldsymbol{M}(\boldsymbol{W})'$ 的结论。一般地，对于任意的关联结构 $\boldsymbol{W}=(U, S)$，当数据集 U 包含众多数据，关联关系 S 也包含大量加权边时，是否仍然具有 $\boldsymbol{M}(\boldsymbol{W}^*)=\boldsymbol{M}(\boldsymbol{W})'$ 的结论？回答是肯定的，该例的讨论是为了确立直观上的认识，6.5 节将给出一般性的证明。

6.5　结论的证明

设 $\boldsymbol{W}=(U, S)$ 是一关联结构，其中 $U=\{d_1, d_2, \cdots, d_m\}$ 包含 m 个数据，$S=\{e_1, e_2, \cdots,$

$e_n\}$包含 n 条加权边，当然 m 或者 n 可以是很大的数值。如果 $E=\{E_1, E_2,\cdots, E_k\}$ 是 U 的合并方案集，则关联结构 $\boldsymbol{W}=(U, S)$ 可转换为粒化结构 $\boldsymbol{W}^*=(E, S^*)$。同时关联结构 $\boldsymbol{W}=(U, S)$ 对应关联矩阵 $\boldsymbol{M}(\boldsymbol{W})$，粒化结构 $\boldsymbol{W}^*=(E, S^*)$ 对应粒化矩阵 $\boldsymbol{M}(\boldsymbol{W}^*)$。

现对 $\boldsymbol{M}(\boldsymbol{W})$ 实施基于 E 的行相加处理，得到 E-矩阵 $\boldsymbol{M}_E(\boldsymbol{W})$。再对 E-矩阵 $\boldsymbol{M}_E(\boldsymbol{W})$ 实施列合并处理，得到 T-矩阵 $\boldsymbol{M}(\boldsymbol{W})'$。下面的工作将要证明 $\boldsymbol{M}(\boldsymbol{W}^*)=\boldsymbol{M}(\boldsymbol{W})'$。

我们将给出几个定理，以展示对 $\boldsymbol{M}(\boldsymbol{W}^*)=\boldsymbol{M}(\boldsymbol{W})'$的证明过程。为了证明第一个定理的结论，不妨回顾熟悉将要涉及的矩阵的行向量和列向量的表示形式。

对于关联矩阵 $\boldsymbol{M}(\boldsymbol{W})$，除第一行的权值行向量外，以数据 d_i 标记的行向量称为 d_i-行向量 (i=1, 2,⋯, m)，并用 $d_i(j)$ 表示 d_i-行向量的第 j 个分量。同时以加权边 e_j 标记的列向量称为 e_j-列向量 (j=1, 2,⋯, n)，e_j-列向量是 $\boldsymbol{M}(\boldsymbol{W})$ 中各列从左到右排列的第 j 个列向量，此时 $d_i(j)$ 也是 e_j-列向量中的分量。例如，对于例 6.3 中矩阵（Ⅰ）给出的关联矩阵 $\boldsymbol{M}(\boldsymbol{W})$，其中的 d_2-行向量是 (−1, 0, 0, 1, 0, 0)，此时 $d_2(1)=-1$，$d_2(2)=0$，$d_2(4)=1$，$d_2(6)=0$ 等，当然 $d_2(1)$ $(=-1)$ 也是 e_1-列向量 $(0.2, 1, -1, 0, 0, 0)^{\mathrm{T}}$ 中的分量，$d_2(2)$ $(=0)$ 是 e_2-列向量 $(0.5, 1, 0, 0, 0, -1)^{\mathrm{T}}$ 中的分量，$d_2(4)$ $(=1)$ 是 e_4-列向量 $(0.1, 0, 1, 0, -1, 0)^{\mathrm{T}}$ 中的分量，$d_2(6)$ $(=0)$ 是 e_6-列向量 $(0.1, 0, 0, 0, 1, -1)^{\mathrm{T}}$ 中的分量等。

对于 E-矩阵 $\boldsymbol{M}_E(\boldsymbol{W})$，除第一行的权值行向量外，$\boldsymbol{M}_E(\boldsymbol{W})$ 的一个行向量用粒 E_i $(\in E=\{E_1, E_2,\cdots, E_k\})$ 标记，且称为 E_i-行向量。当 $E_i=\{d_k, d_r,\cdots, d_t\}$时，$E_i$-行向量是 $\boldsymbol{M}(\boldsymbol{W})$ 中 d_k-行向量，d_r-行向量，⋯，d_t-行向量之和，且 $E_i(j)=d_k(j)+d_r(j)+\cdots+d_t(j)$。例如，对于例 6.5 中矩阵 (Ⅲ) 给出的 E-矩阵 $\boldsymbol{M}_E(\boldsymbol{W})$，令 $E_1=\{d_1, d_2\}$，则 E_1-行向量为 (0, 1, 1, 1, 0, 0) = (1, 1, 1, 0, 0, 0) + (−1, 0, 0, 1, 0, 0)，这里 (1, 1, 1, 0, 0, 0) 和 (−1, 0, 0, 1, 0, 0) 分别是例 6.3 矩阵（Ⅰ）中关联矩阵 $\boldsymbol{M}(\boldsymbol{W})$ 的 d_1-行向量和 d_2-行向量。此时 $E_1(1)=d_1(1)+d_2(1)=1+(-1)=0$，$E_1(4)=d_1(4)+d_2(4)=0+1=1$ 等。

对上述行向量和列向量表示方法的回顾，是出于对如下定理证明的考虑，是为了证明过程的可读性。

定理 6.5.1 设 $E_s, E_t\in E$ 且 $E_s\neq E_t$。对于 E-矩阵 $\boldsymbol{M}_E(\boldsymbol{W})$ 的 E_s-行向量和 E_t-行向量，$E_s(j)=1$ 且 $E_t(j)=-1$ 当且仅当对于加权边 $e_j=\langle d_s, w_j, d_t\rangle\in S$ $(=\{e_1, e_2,\cdots, e_n\})$，有 $d_s\in E_s$ 及 $d_t\in E_t$。

证明 假设对于加权边 $e_j=\langle d_s, w_j, d_t\rangle\in S$ $(=\{e_1, e_2,\cdots, e_n\})$，有 $d_s\in E_s$ 及 $d_t\in E_t$。此时 e_j 对应且标记关联矩阵 $\boldsymbol{M}(\boldsymbol{W})$ 的 e_j-列向量。由于 d_s 是 $e_j=\langle d_s, w_j, d_t\rangle$的始数据，$d_t$ 是 $e_j=\langle d_s, w_j, d_t\rangle$的终数据，所以由定义 6.3.1 (4)，在 $\boldsymbol{M}(\boldsymbol{W})$ 中有 $d_s(j)=1$ 且 $d_t(j)=-1$。当然 $d_s(j)$ $(=1)$ 且 $d_t(j)$ $(=-1)$ 也是 e_j-列向量的分量，同时除权值外，e_j-列向量的其他分量均是 0。考虑 $\boldsymbol{M}_E(\boldsymbol{W})$ 的 E_s-行向量，由于 $d_s\in E_s$，所以 $E_s=\{d_s,$

$d_{s1},\cdots, d_{sr}\}$，此时有 $E_s(j)=d_s(j)+d_{s1}(j)+\cdots+d_{sr}(j)$（见定义 6.3.3），其中 $d_s(j)$, $d_{s1}(j),\cdots, d_{sr}(j)$ 都是 e_j-列向量的分量。由于 $d_s(j)=1$ 及 $d_t\notin E_s$（因 $d_t\in E_t$ 及 $E_s\neq E_t$），所以 $d_{si}(j)=0\,(i=1,\cdots, r)$，这是因为 e_j-列向量的分量中恰有一个 1，一个 −1，其他（除权外）全是 0。于是 $E_s(j)=d_s(j)+ d_{s1}(j)+\cdots+d_{sr}(j)=1+0+\cdots+0=1$。同理可证 $E_t(j)=-1$。

反之，设 $E_s(j)=1$ 且 $E_t(j)=-1$。令 $E_s=\{d_{s1},\cdots, d_{sr}\}$ 且 $E_t=\{d_{t1},\cdots, d_{tq}\}$，则 $E_s(j)=d_{s1}(j)+\cdots+d_{sr}(j)=1$ 且 $E_t(j)=d_{t1}(j)+\cdots+d_{tq}(j)=-1$。此时 $d_{s1}(j),\cdots, d_{sr}(j)$ 以及 $d_{t1}(j),\cdots, d_{tq}(j)$ 都是 e_j-列向量的分量。在 e_j-列向量的分量中，包含一个 1，一个 −1，其他（除权外）全为 0，因此由 $E_s(j)= d_{s1}(j)+\cdots+d_{sr}(j)=1$ 且 $E_t(j)=d_{t1}(j)+\cdots+d_{tq}(j)= -1$ 可知存在 $d_{su}\in E_s\ (1\leqslant u\leqslant r)$ 及 $d_{tv}\in E_t\ (1\leqslant v\leqslant q)$，使得 $d_{su}(j)=1$ 且 $d_{tv}(j)=-1$，这里 $d_{su}(j)$ 是 $d_{s1}(j),\cdots, d_{sr}(j)$ 中之一，$d_{tv}(j)$ 是 $d_{t1}(j),\cdots, d_{tq}(j)$ 中之一。令 $d_s=d_{su}$ 且 $d_t= d_{tv}$，则 $d_s\in E_s$ 及 $d_t\in E_t$，并且 $d_s(j)= d_{su}(j)=1$ 及 $d_t(j)= d_{tv}(j)=-1$。此时 $d_s(j)=1$ 表明 d_s 是加权边 $e_j=\langle d_s, w_j, d_t\rangle$ 的始数据，$d_t(j)=-1$ 表明 d_t 是加权边 $e_j=\langle d_s, w_j, d_t\rangle$ 的终数据。故对于加权边 $e_j=\langle d_s, w_j, d_t\rangle\in S(=\{e_1, e_2,\cdots, e_n\})$，有 $d_s\in E_s$ 及 $d_t\in E_t$。 □

通过行相加处理，关联矩阵 $\boldsymbol{M}(\boldsymbol{W})$ 变换到了 E-矩阵 $\boldsymbol{M}_E(\boldsymbol{W})$，同时关联矩阵 $\boldsymbol{M}(\boldsymbol{W})$ 中的 e_1-列向量, e_2-列向量,…, e_n-列向量分别变换成了 E-矩阵 $\boldsymbol{M}_E(\boldsymbol{W})$ 的列向量 $e_1', e_2',\cdots, e_n'$，且 $\boldsymbol{M}_E(\boldsymbol{W})$ 中的列向量 $e_1', e_2',\cdots, e_n'$ 也分别用 $e_1', e_2',\cdots, e_n'$ 进行标记。于是关联矩阵 $\boldsymbol{M}(\boldsymbol{W})$ 的 e_1-列向量, e_2-列向量,…, e_n-列向量与 E-矩阵 $\boldsymbol{M}_E(\boldsymbol{W})$ 的列向量 $e_1', e_2',\cdots, e_n'$ 相互对应。由于关联矩阵 $\boldsymbol{M}(\boldsymbol{W})$ 的 e_1-列向量, e_2-列向量,…, e_n-列向量分别采用加权边 $e_1, e_2,\cdots, e_n$ 进行了标记，所以 E-矩阵 $\boldsymbol{M}_E(\boldsymbol{W})$ 的列向量 e_1', $e_2',\cdots, e_n'$ 与加权边 $e_1, e_2,\cdots, e_n$ 之间分别相互对应。

对于 E-矩阵 $\boldsymbol{M}_E(\boldsymbol{W})$ 的一组列向量 $e_{j1}', e_{j2}',\cdots, e_{jr}'$，该组列向量 $e_{j1}', e_{j2}',\cdots, e_{jr}'$ 与加权边 $e_{j1}, e_{j2},\cdots, e_{jr}$ 之间分别相互对应。此时我们有如下定理。

定理 6.5.2　列向量 $e_{j1}', e_{j2}',\cdots, e_{jr}'$ 构成 E-矩阵 $\boldsymbol{M}_E(\boldsymbol{W})$ 的平行列组当且仅当加权边的序列 $e_{j1}, e_{j2},\cdots, e_{jr}$ 是某粒关联对 $\langle E_s, E_t\rangle$ 的支撑组。

证明　设列向量 $e_{j1}', e_{j2}',\cdots, e_{jr}'$ 构成 E-矩阵 $\boldsymbol{M}_E(\boldsymbol{W})$ 的平行列组，则 $e_{j1}'\approx e_{j2}'\approx\cdots\approx e_{jr}'$。即 $e_{j1}', e_{j2}',\cdots, e_{jr}'$ 具有如下形式：

$$e_{j1}'=(w_{j1}, 0, \cdots, 0, 1, 0, \cdots, 0, -1, 0, \cdots, 0)^{\mathrm{T}}$$

$$e_{j2}'=(w_{j2}, 0, \cdots, 0, 1, 0, \cdots, 0, -1, 0, \cdots, 0)^{\mathrm{T}}$$

$$\vdots$$

$$e_{jr}'=(w_{jr}, 0, \cdots, 0, 1, 0, \cdots, 0, -1, 0, \cdots, 0)^{\mathrm{T}}$$

即列向量 $e_{j1}', e_{j2}',\cdots, e_{jr}'$ 中分量 1 或 −1 在 $\boldsymbol{M}_E(\boldsymbol{W})$ 中位于的行是相同的。设 $e_{ji}'(i=1,$

$2,\cdots,r$)取 1 和 -1 的分量分别位于 $\boldsymbol{M}_E(\boldsymbol{W})$ 中的 E_s 和 E_t 标记的 E_s-行向量和 E_t-行向量中，此时 $E_s(j_i)=1$ 且 $E_t(j_i)=-1$ $(i=1,2,\cdots,r)$。对于列向量 $e'_{j1},e'_{j2},\cdots,e'_{jr}$ 分别对应的加权边 $e_{j1}=\langle d_{s1},w_{j1},d_{t1}\rangle(\in S)$，$e_{j2}=\langle d_{s2},w_{j2},d_{t2}\rangle(\in S)$，$\cdots$，$e_{jr}=\langle d_{sr},w_{jr},d_{tr}\rangle(\in S)$，可以证明 $d_{si}\in E_s$ 及 $d_{ti}\in E_t$ $(i=1,2,\cdots,r)$。事实上，对于加权边 $e_{ji}=\langle d_{si},w_{ji},d_{ti}\rangle$ $(i=1,2,\cdots,r)$，由定义 6.3.1(4)可知 $d_{si}(j)=1$ 且 $d_{ti}(j)=-1$。注意到 $\boldsymbol{M}(\boldsymbol{W})$ 的 e_{ji}-列向量中恰包含一个 1 和一个 -1，因此必有 $d_{si}\in E_s$ 及 $d_{ti}\in E_t$，这样才能保证 $E_s(j_i)=1$ 且 $E_t(j_i)=-1$ $(i=1,2,\cdots,r)$。于是 $e_{j1},e_{j2},\cdots,e_{jr}$ 都是粒关联对 $\langle E_s,E_t\rangle$ 的支撑。如果加权边 $e_j=\langle d_s,w_j,d_t\rangle(\in S)$ 也是粒关联对 $\langle E_s,E_t\rangle$ 的支撑，则 $d_s\in E_s$ 及 $d_t\in E_t$。由定理 6.5.1 有 $E_s(j)=1$ 且 $E_t(j)=-1$。此时对于加权边 $e_j=\langle d_s,w_j,d_t\rangle$ 对应的 $\boldsymbol{M}_E(\boldsymbol{W})$ 中的列向量 e'_j，由 $E_s(j)=1$ 且 $E_t(j)=-1$ 可知列向量 e'_j 的分量 1 和 -1 位于 $\boldsymbol{M}_E(\boldsymbol{W})$ 中 E_s 和 E_t 标记的 E_s-行向量和 E_t-行向量中，这与列向量 e'_{ji} $(i=1,2,\cdots,r)$ 的情况相同，所以 $e'_j\approx e'_{j1}(\approx e'_{j2}\approx\cdots\approx e'_{jr})$。由于列向量 $e'_{j1},e'_{j2},\cdots,e'_{jr}$ 构成 $\boldsymbol{M}_E(\boldsymbol{W})$ 的平行列组，所以列向量 e'_j 就是 $e'_{j1},e'_{j2},\cdots,e'_{jr}$ 之中的某一 $e'_{ji}(1\leqslant i\leqslant r)$，于是加权边 e_j 就是 $e_{ji}(1\leqslant i\leqslant r)$。故加权边的序列 $e_{j1},e_{j2},\cdots,e_{jr}$ 是粒关联对 $\langle E_s,E_t\rangle$ 的支撑组。

反之，设 $e_{j1}=\langle d_{s1},w_{j1},d_{t1}\rangle,e_{j2}=\langle d_{s2},w_{j2},d_{t2}\rangle,\cdots,e_{jr}=\langle d_{sr},w_{jr},d_{tr}\rangle$ 是粒关联对 $\langle E_s,E_t\rangle$ 的支撑组，则 $d_{si}\in E_s$ 及 $d_{ti}\in E_t(i=1,2,\cdots,r)$，由定理 6.5.1 有 $E_s(j_i)=1$ 且 $E_t(j_i)=-1$ $(i=1,2,\cdots,r)$。令 $e'_{j1},e'_{j2},\cdots,e'_{jr}$ 分别是 $\boldsymbol{M}_E(\boldsymbol{W})$ 中的对应于加权边 $e_{j1},e_{j2},\cdots,e_{jr}$ 的列向量。由于 $E_s(j_i)=1$ 且 $E_t(j_i)=-1$ $(i=1,2,\cdots,r)$，所以 $e'_{j1}\approx e'_{j2}\approx\cdots\approx e'_{jr}$。如果 e'_j 是 $\boldsymbol{M}_E(\boldsymbol{W})$ 中的列向量，对应加权边 $e_j=\langle d_s,w_j,d_t\rangle(\in S)$，且满足 $e'_j\approx e'_{j1}(\approx e'_{j2}\approx\cdots\approx e'_{jr})$。由于 $E_s(j_i)=1$ 且 $E_t(j_i)=-1$，所以 $E_s(j)=1$ 且 $E_t(j)=-1$。同时由定义 6.3.1(4)可知 $d_s(j)=1$ 且 $d_t(j)=-1$。条件 $E_s(j)=1$ 且 $E_t(j)=-1$，以及 $d_s(j)=1$ 且 $d_t(j)=-1$ 可推得 $d_s\in E_s$ 及 $d_t\in E_t$。因此，加权边 $e_j=\langle d_s,w_j,d_t\rangle$ 是粒关联对 $\langle E_s,E_t\rangle$ 的支撑，所以加权边 e_j 就是 $e_{j1},e_{j2},\cdots,e_{jr}$ 之中的某一 $e_{ji}(1\leqslant i\leqslant r)$，于是 e'_j 就是 $e'_{ji}(1\leqslant i\leqslant r)$，故列向量 $e'_{j1},e'_{j2},\cdots,e'_{jr}$ 构成 E-矩阵 $\boldsymbol{M}_E(\boldsymbol{W})$ 的平行列组。 □

当加权边 $e_{j1}=\langle d_{s1},w_{j1},d_{t1}\rangle,e_{j2}=\langle d_{s2},w_{j2},d_{t2}\rangle,\cdots,e_{jr}=\langle d_{sr},w_{jr},d_{tr}\rangle$ 构成粒关联对 $\langle E_s,E_t\rangle$ 的支撑组时，该支撑组可确定粒化边 $e^*_j=\langle E_s,w^*,E_t\rangle$，满足 $d_{si}\in E_s$ 及 $d_{tr}\in E_t$ $(i=1,2,\cdots,r)$，其中 $w^*=w_{j1}+w_{j2}+\cdots+w_{jr}$(见定义 6.2.2 和定义 6.2.3)。反之，当 $e^*_j=\langle E_s,w^*,E_t\rangle$ 是粒化边时，该粒化边涉及的粒关联对 $\langle E_s,E_t\rangle$ 对应唯一的支撑组。因此，粒化边 $e^*_j=\langle E_s,w^*,E_t\rangle$ 与粒关联对 $\langle E_s,E_t\rangle$ 的支撑组 $e_{j1}=\langle d_{s1},w_{j1},d_{t1}\rangle$，$e_{j2}=\langle d_{s2},w_{j2},d_{t2}\rangle,\cdots,e_{jr}=\langle d_{sr},w_{jr},d_{tr}\rangle$ 之间一一对应，因此由定理 6.5.2 立刻得到如下结论。

定理 6.5.3　$e^*_j=\langle E_s,w^*,E_t\rangle$ 是 S^* 中的粒化边当且仅当粒关联对 $\langle E_s,E_t\rangle$ 的支撑组 $e_{j1},e_{j2},\cdots,e_{jr}$ 对应的列向量 $e'_{j1},e'_{j2},\cdots,e'_{jr}$ 构成 E-矩阵 $\boldsymbol{M}_E(\boldsymbol{W})$ 的平行列组。 □

显然，定理 6.5.3 可由定理 6.5.2 直接推得，定理 6.5.3 是定理 6.5.2 的推论。

下面的讨论与冗余的加权边相关，为此不妨回顾 6.3.2 节中例 6.4 下面的注释说明：设 $\boldsymbol{W}=(U, S)$ 是关联结构，$E=\{E_1, E_2,\cdots, E_k\}$ 是 U 的合并方案集。对于加权边 $e_j=\langle d_s, w, d_t\rangle\in S$，若存在粒 $E_i\in E\,(=\{E_1, E_2,\cdots, E_k\})$ $(1\leqslant i\leqslant k)$，使得 $d_s\in E_i$ 及 $d_t\in E_i$，即数据 d_s 和 d_t 属于同一粒，则称加权边 $e_j=\langle d_s, w, d_t\rangle$ 关于合并方案集 $E=\{E_1, E_2,\cdots, E_k\}$ 是冗余的。考虑 e_j 对应 E-矩阵 $\boldsymbol{M}_E(\boldsymbol{W})$ 的列向量 e_j'，如下结论把冗余的加权边 $e_j=\langle d_s, w, d\rangle$ 与 e_j' 是 $\boldsymbol{M}_E(\boldsymbol{W})$ 的 0-列向量（见定义 6.3.4(1)）联系在一起。

定理 6.5.4　设 $e_j\in S$ 且 $e_j=\langle d_s, w, d_t\rangle$。加权边 $e_j=\langle d_s, w, d_t\rangle$ 关于合并方案集 $E=\{E_1, E_2,\cdots, E_k\}$ 是冗余的当且仅当列向量 e_j' 是 E-矩阵 $\boldsymbol{M}_E(\boldsymbol{W})$ 的 0-列向量。

证明　设 $e_j=\langle d_s, w, d_t\rangle$ 关于 $E=\{E_1, E_2,\cdots, E_k\}$ 是冗余的，则在粒 $E_i\in E\,(=\{E_1, E_2,\cdots, E_k\})$ $(1\leqslant i\leqslant k)$，使得 $d_s\in E_i$ 且 $d_t\in E_i$。因为 d_s 是 e_j 的始数据，d_t 是 e_j 的终数据，于是由定义 6.3.1(4) 有 $d_s(j)=1$ 及 $d_t(j)=-1$。令 $E_i=\{d_s, d_t, d_{i1},\cdots, d_{ir}\}$，则 $E_i(j)=d_s(j)+d_t(j)+d_{i1}(j)+\cdots+d_{ir}(j)$。由于 $d_s(j), d_t(j), d_{i1}(j),\cdots, d_{ir}(j)$ 都是 $\boldsymbol{M}(\boldsymbol{W})$ 中 e_j-列向量的分量且 e_j-列向量的分量包含一个 1 和一个-1，其他（除权值外）的全为 0，又因为 $d_s(j)=1$ 及 $d_t(j)=-1$，所以 $d_{i1}(j)=0,\cdots, d_{ir}(j)=0$。这样 $E_i(j)=d_s(j)+d_t(j)+d_{i1}(j)+\cdots+d_{ir}(j)=1+(-1)+0+\cdots+0=0$。再考虑 $E=\{E_1, E_2,\cdots, E_k\}$ 中不同于 E_i 的粒，具体地，设 $E_p\in E$ 并且 $E_p\neq E_i$。令 $E_p=\{d_{p1},\cdots, d_{pq}\}$，则 $E_p(j)=d_{p1}(j)+\cdots+d_{pq}(j)$，这里 $d_{p1}(j),\cdots, d_{pq}(j)$ 都是 $\boldsymbol{M}(\boldsymbol{W})$ 中 e_j-列向量的分量。已有 $d_s(j)=1$ 及 $d_t(j)=-1$，同时 $d_s\notin E_p$ 且 $d_t\notin E_p$（因为 $d_s\in E_i$，$d_t\in E_i$ 以及 $E_p\neq E_i$），所以 $d_{p1}(j)=0,\cdots, d_{pq}(j)=0$，因此 $E_p(j)=d_{p1}(j)+\cdots+d_{pq}(j)=0$。于是对于任意的粒 $E_r\in E$，$\boldsymbol{M}_E(\boldsymbol{W})$ 的 E_r-行向量的第 j 个分量为 0，即 $E_r(j)=0\ (r=1, 2,\cdots, k)$。这说明在 E-矩阵 $\boldsymbol{M}_E(\boldsymbol{W})$ 中，对应于 e_j 的列向量 e_j' 的分量（除权外）都为 0，即 $e_j'=(w_j, 0,\cdots, 0)^{\mathrm{T}}$。故列向量 e_j' 是 E-矩阵 $\boldsymbol{M}_E(\boldsymbol{W})$ 的 0-列向量。

反之，设列向量 e_j' 是 E-矩阵 $\boldsymbol{M}_E(\boldsymbol{W})$ 的 0-列向量，即 $e_j'=(w_j, 0,\cdots, 0)^{\mathrm{T}}$。则在 $\boldsymbol{M}_E(\boldsymbol{W})$ 中，对任意 $E_r\in E\,(=\{E_1, E_2, \cdots, E_k\})$，$E_r$-行向量的第 j 个分量是 0，即 $E_r(j)=0\ (r=1, 2, \cdots, k)$。考虑列向量 e_j' 对应的加权边 $e_j=\langle d_s, w, d_t\rangle$，此时 d_s 是 e_j 的始数据，d_t 是 e_j 的终数据，于是在关联矩阵 $\boldsymbol{M}(\boldsymbol{W})$ 中 $d_s(j)=1$ 及 $d_t(j)=-1$（见定义 6.3.1(4)），其中 $d_s(j)$ 和 $d_t(j)$ 都是 $\boldsymbol{M}(\boldsymbol{W})$ 中的 e_j-列向量的分量。由于对任意 $E_r\in E$，都有 $E_r(j)=0\ (r=1, 2,\cdots, k)$，令 $E_r=\{d_{r1},\cdots, d_{rq}\}$，则 $E_r(j)=d_{r1}(j)+\cdots+d_{rq}(j)=0$。因为 $d_{r1}(j),\cdots, d_{rq}(j)$ 都是 $\boldsymbol{M}(\boldsymbol{W})$ 中 e_j-列向量的分量，同时 $d_s(j)$ $(=1)$ 及 $d_t(j)$ $(=-1)$ 也都是 e_j-列向量的分量，又因为当 $E_r\in E$ 时，有 $E_r(j)=d_{r1}(j)+\cdots+d_{rq}(j)=0$，因此存在 $E_i\in E$，使得 $d_s\in E_i$ 及 $d_t\in E_i$，即数据 d_s 和 d_t 属于同一粒 E_i，此时才能使 $E_i(j)=d_s(j)+d_t(j)+0+\cdots+0=1+(-1)=0$。所以 $e_j=\langle d_s, w, d_t\rangle$ 关于合并方案集 $E=\{E_1, E_2, \cdots, E_k\}$ 是冗余的。□

有了上述定理 6.5.1～定理 6.5.4 的准备，我们可以对最终的结论 $\boldsymbol{M}(\boldsymbol{W}^*)=$

$\boldsymbol{M}(\boldsymbol{W})'$进行证明。为了阅读上的顺畅，不妨回顾熟悉粒化矩阵$\boldsymbol{M}(\boldsymbol{W}^*)$与$T$-矩阵$\boldsymbol{M}(\boldsymbol{W})'$的列向量和行向量的表示形式。

对于粒化矩阵$\boldsymbol{M}(\boldsymbol{W}^*)$，它的第$j$个列向量用粒化边$e_j^*$标记，称为$e_j^*$-列向量。$\boldsymbol{M}(\boldsymbol{W}^*)$的行向量(除权值行向量)用粒$E_i(\in E=\{E_1, E_2,\cdots, E_k\})$标记，称为$E_i$-行向量，此时$E_i(j)$表示$E_i$-行向量的第$j$个分量，$E_i(j)$也是$e_j^*$-列向量的分量。

对于T-矩阵$\boldsymbol{M}(\boldsymbol{W})'$，它的一个列向量用$\{e_{j1}, e_{j2}, \cdots, e_{jr}\}$表示并用此标记，与加权边$e_{j1}, e_{j2},\cdots, e_{jr}$对应的$e'_{j1}, e'_{j2}, \cdots, e'_{jr}$都是$E$-矩阵$\boldsymbol{M}_E(\boldsymbol{W})$的列向量，且构成$E$-矩阵$\boldsymbol{M}_E(\boldsymbol{W})$的平行列组。$\boldsymbol{M}(\boldsymbol{W})'$的行向量(除权值行向量)用粒$E_i(\in E=\{E_1, E_2,\cdots, E_k\})$标记，称为$E_i$-行向量。显然$\boldsymbol{M}(\boldsymbol{W})'$的行向量标记和表示与粒化矩阵$\boldsymbol{M}(\boldsymbol{W}^*)$行向量的标记和表示形式是相同的，可通过上下文进行区分。不过证明$\boldsymbol{M}(\boldsymbol{W}^*)=\boldsymbol{M}(\boldsymbol{W})'$以后，自然就肯定了$\boldsymbol{M}(\boldsymbol{W}^*)$和$\boldsymbol{M}(\boldsymbol{W})'$中用$E_i$标记的$E_i$-行向量是同一向量。

定理 6.5.5 $\boldsymbol{M}(\boldsymbol{W}^*)=\boldsymbol{M}(\boldsymbol{W})'$。

证明 通过如下(1)～(3)中的证明，可推得$\boldsymbol{M}(\boldsymbol{W}^*)=\boldsymbol{M}(\boldsymbol{W})'$成立。

(1)粒化矩阵$\boldsymbol{M}(\boldsymbol{W}^*)$的列向量与$T$-矩阵$\boldsymbol{M}(\boldsymbol{W})'$的列向量之间存在一一对应的关系。

对于T-矩阵$\boldsymbol{M}(\boldsymbol{W})'$的列向量$\{e_{j1}, e_{j2},\cdots, e_{jr}\}$，其涉及的加权边$e_{j1}, e_{j2},\cdots, e_{jr}$分别对应$E$-矩阵$\boldsymbol{M}_E(\boldsymbol{W})$的列向量$e'_{j1}, e'_{j2},\cdots, e'_{jr}$。由针对$E$-矩阵$\boldsymbol{M}_E(\boldsymbol{W})$的列合并处理可知，$\{e_{j1}, e_{j2},\cdots, e_{jr}\}$是$\boldsymbol{M}(\boldsymbol{W})'$的列向量当且仅当$e'_{j1}, e'_{j2},\cdots, e'_{jr}$构成$E$-矩阵$\boldsymbol{M}_E(\boldsymbol{W})$的平行列组，当且仅当存在粒化边$e_j^*=\langle E_s, w^*, E_t\rangle$，使得加权边$e_{j1}=\langle d_{s1}, w_{j1}, d_{t1}\rangle$, $e_{j2}=\langle d_{s2}, w_{j2}, d_{t2}\rangle,\cdots, e_{jr}=\langle d_{sr}, w_{jr}, d_{tr}\rangle$构成粒关联对$\langle E_s, E_t\rangle$的支撑组(见定理6.5.3)，此时$d_{si}\in E_s$且$d_{ti}\in E_t$ $(i=1, 2,\cdots, r)$，且$w^*=w_{j1}+w_{j2}+\cdots+w_{jr}$。由于粒化边$e_j^*=\langle E_s, w^*, E_t\rangle$与粒化矩阵$\boldsymbol{M}(\boldsymbol{W}^*)$的$e_j^*$-列向量一一对应，所以$T$-矩阵$\boldsymbol{M}(\boldsymbol{W})'$的列向量$\{e_{j1}, e_{j2},\cdots, e_{jr}\}$与粒化矩阵$\boldsymbol{M}(\boldsymbol{W}^*)$的$e_j^*$-列向量之间相互对应。故粒化矩阵$\boldsymbol{M}(\boldsymbol{W}^*)$的列向量与$T$-矩阵$\boldsymbol{M}(\boldsymbol{W})'$的列向量之间存在一一对应的关系。

(2)粒化矩阵$\boldsymbol{M}(\boldsymbol{W}^*)$的$e_j^*$-列向量与$T$-矩阵$\boldsymbol{M}(\boldsymbol{W})'$的列向量$\{e_{j1}, e_{j2},\cdots, e_{jr}\}$完全相同。

对于粒化矩阵$\boldsymbol{M}(\boldsymbol{W}^*)$的$e_j^*$-列向量，它在$\boldsymbol{M}(\boldsymbol{W}^*)$中用$e_j^*$标记。对于该粒化边$e_j^*$，设$e_j^*=\langle E_s, w^*, E_t\rangle$，则$E_s$是$e_j^*$的始数据，$E_t$是$e_j^*$的终数据。由定义6.3.2(4)可知$E_s(j)=1$且$E_t(j)=-1$，此时$E_s(j)$ $(=1)$和$E_t(j)$ $(=-1)$都是e_j^*-列向量的分量。这表明e_j^*-列向量的分量1和-1分别出现在$\boldsymbol{M}(\boldsymbol{W}^*)$中用$E_s$标记和用$E_t$标记的$E_s$-行向量和$E_t$-行向量中，或分别出现在$\boldsymbol{M}(\boldsymbol{W}^*)$中用$E_s$标记和用$E_t$标记的行中。另外，权$w^*$是$e_j^*$-列向量的第一个分量。

对于T-矩阵$\boldsymbol{M}(\boldsymbol{W})'$的列向量$\{e_{j1}, e_{j2},\cdots, e_{jr}\}$，由对$E$-矩阵$\boldsymbol{M}_E(\boldsymbol{W})$的列合并处理可知，列向量$\{e_{j1}, e_{j2},\cdots, e_{jr}\}$的第一个分量也是权$w^*$。利用加权边$e_{j1}, e_{j2},\cdots, e_{jr}$

对应的 $\boldsymbol{M}_E(\boldsymbol{W})$ 的列向量 $e_{j1}', e_{j2}', \cdots, e_{jr}'$，可讨论 $\boldsymbol{M}(\boldsymbol{W})'$ 的列向量$\{e_{j1}, e_{j2}, \cdots, e_{jr}\}$的分量为 1 和 −1 的位置，这样的位置与 $\boldsymbol{M}_E(\boldsymbol{W})$ 的第 j_i 个列向量 $e_{ji}'(i=1, 2, \cdots, r)$ 的分量 1 和 −1 的位置相同，这是因为$\{e_{j1}, e_{j2}, \cdots, e_{jr}\}$是由对 $\boldsymbol{M}_E(\boldsymbol{W})$ 的平行列组 $e_{j1}', e_{j2}', \cdots, e_{jr}'$ 进行合并得到 的（见对 $\boldsymbol{M}_E(\boldsymbol{W})$ 的列合并处理的约定）。由于 e_{ji}' 与加权边 $e_{ji}=\langle d_{si}, w_i, d_{ti}\rangle$ 相互对应，且上述的 (1) 中表明 $d_{si}\in E_s$ 以及 $d_{ti}\in E_t$，因此由定理 6.5.1 得 $E_s(j_i)=1$ 且 $E_t(j_i)=-1$，这里 $E_s(j_i)$ $(=1)$ 和 $E_t(j_i)$ $(=-1)$ 都是 $\boldsymbol{M}_E(\boldsymbol{W})$ 的列向量 e_{ji}' 的分量。由于$\{e_{j1}, e_{j2}, \cdots, e_{jr}\}$的分量为 1 和−1 的位置与 e_{ji}' 相同，所以列向量$\{e_{j1}, e_{j2}, \cdots, e_{jr}\}$的分量 1 和 −1 分别出现在 $\boldsymbol{M}(\boldsymbol{W})'$ 的用 E_s 标记和用 E_t 标记的行中，或 E_s-行向量和 E_t-行向量中。

上述讨论表明 e_j^*-列向量与列向量$\{e_{j1}, e_{j2}, \cdots, e_{jr}\}$的第一个分量都是权 w^*，同时它们为 1 和 −1 的分量都分别出现在用 E_s 标记和用 E_t 标记的 E_s-行向量和 E_t-行向量中，因此粒化矩阵 $\boldsymbol{M}(\boldsymbol{W}^*)$ 的 e_j^*-列向量与 T-矩阵 $\boldsymbol{M}(\boldsymbol{W})'$ 的列向量$\{e_{j1}, e_{j2}, \cdots, e_{jr}\}$完全相同。

(3) 粒化矩阵 $\boldsymbol{M}(\boldsymbol{W}^*)$ 和 T-矩阵 $\boldsymbol{M}(\boldsymbol{W})'$ 都与关于合并方案集 $E=\{E_1, E_2, \cdots, E_k\}$ 冗余加权边 e_j 无关。

如果加权边 e_j 关于合并方案集 $E=\{E_1, E_2, \cdots, E_k\}$是冗余的，则 e_j 不能确定粒关联对，e_j 与粒化关系 S^* 中每一条粒化边均无关系，这意味着从 $\boldsymbol{W}=(U, S)$ 到 $\boldsymbol{W}^*=(E, S^*)$ 的转换过程中，e_j 被删除，于是粒化矩阵 $\boldsymbol{M}(\boldsymbol{W}^*)$ 与 e_j 无关。另外，当 e_j 关于合并方案集 $E=\{E_1, E_2, \cdots, E_k\}$冗余时，由定理 6.5.4 可知 e_j 在 $\boldsymbol{M}_E(\boldsymbol{W})$ 中对应的列向量 e_j' 是 0-列向量，在对 E-矩阵 $\boldsymbol{M}_E(\boldsymbol{W})$ 的列合并处理，使 $\boldsymbol{M}_E(\boldsymbol{W})$ 变换到 $\boldsymbol{M}(\boldsymbol{W})'$ 的过程中已把 e_j' 删除，所以 $\boldsymbol{M}(\boldsymbol{W})'$ 与加权边 e_j 无关。因此，粒化矩阵 $\boldsymbol{M}(\boldsymbol{W}^*)$ 和 T-矩阵 $\boldsymbol{M}(\boldsymbol{W})'$ 都与关于合并方案集 $E=\{E_1, E_2, \cdots, E_k\}$ 冗余加权边 e_j 无关。

由上述 (1)～(3) 可知 $\boldsymbol{M}(\boldsymbol{W}^*)=\boldsymbol{M}(\boldsymbol{W})'$。 □

当关联结构 $\boldsymbol{W}=(U, S)$ 确定后，可对应产生关联矩阵 $\boldsymbol{M}(\boldsymbol{W})$。如果 $E=\{E_1, E_2, \cdots, E_k\}$是 U 的合并方案集，则基于 $E=\{E_1, E_2, \cdots, E_k\}$的行相加处理可使 $\boldsymbol{M}(\boldsymbol{W})$ 变换成 E-矩阵 $\boldsymbol{M}_E(\boldsymbol{W})$，再经对 E-矩阵 $\boldsymbol{M}_E(\boldsymbol{W})$ 的列合并处理，使其变换到 T-矩阵 $\boldsymbol{M}(\boldsymbol{W})'$，由我们证得的结论 $\boldsymbol{M}(\boldsymbol{W}^*)=\boldsymbol{M}(\boldsymbol{W})'$ 可知 T-矩阵 $\boldsymbol{M}(\boldsymbol{W})'$ 就是粒化矩阵 $\boldsymbol{M}(\boldsymbol{W}^*)$，此时由 $\boldsymbol{M}(\boldsymbol{W}^*)$ 可确定粒化结构 $\boldsymbol{W}^*=(E, S^*)$。于是实现了从关联结构 $\boldsymbol{W}=(U, S)$ 到粒化结构 $\boldsymbol{W}^*=(E, S^*)$ 的转换，使基于结构粒化的数据合并通过矩阵变换的方法得以刻画。

尽管基于结构粒化的数据合并由结构转换予以定义，但结构之间的转换可通过矩阵变换替代完成，定理 6.5.5 对这种替代给予了理论上的肯定。如果观察从关联矩阵 $\boldsymbol{M}(\boldsymbol{W})$ 经 E-矩阵 $\boldsymbol{M}_E(\boldsymbol{W})$ 到 T-矩阵 $\boldsymbol{M}(\boldsymbol{W})'$，即到粒化矩阵 $\boldsymbol{M}(\boldsymbol{W}^*)$ 的变换，则可看到矩阵的变换是对行向量和列向量的处理，是数值的简单计算，可通过程序化的方法得到处理。因此，基于结构粒化的数据合并存在着等价的可编程处理的矩阵变换方法，从而为数据合并问题的智能处理提供了数学模型。

回视上述的讨论，可看到前述的工作与关联结构和粒化结构的结构化表示密切相关，这为粒的引入和粒的应用提供了支撑。实际上，合并方案集 $E=\{E_1, E_2,\cdots, E_k\}$依托关联结构到粒化结构的转换而存在，粒 $E_1, E_2,\cdots, E_k$ 与基于结构粒化的数据合并紧密地联系在一起。同时粒 $E_1, E_2,\cdots, E_k$ 中包含的数据分别指明了行向量相加运算时行向量选取的范围。所以，上述基于合并方案集的结构转换和矩阵变换建立了一种研究粒计算课的方法。

6.6　无关权的数据合并说明

前述 6.1 节～6.5 节的工作经过对结构的粒化完成了数据合并的描述刻画，展示了与结构表示密切相关的数据处理方法，并给出了矩阵变换的等价描述途径。尽管矩阵变换是数值的代数运算，但观察矩阵的行相加处理可知，粒中包含的数据决定了哪些行向量需参与合并相加的运算，这意味着合并方案集中的粒融入矩阵变换的过程之中。所以前面各节的讨论展示了粒与结构转换的数据合并相融合，依托结构的粒化处理，体现粒计算理念的数据处理方法。

在前面几节的讨论中，关联结构 $\boldsymbol{W}=(U, S)$ 中的 S 是 U 上的关联关系，对于 $\langle x, w, y\rangle \in S$，加权边 $\langle x, w, y\rangle$显示了权 w 的存在。如果不考虑权，我们仍然可以讨论无关权的数据合并问题。实际上，无关权的数据合并与前面几节的讨论基本是相同的，并且更为简单，只要把前面几节涉及的权去掉即可。所以无需对无关权的数据合并问题给予详尽的讨论，我们可以给出如下一些说明，以表明讨论的具体步骤和处理环节：

(1) 给定数据集 U，以 U 为论域可构造数学结构 $\boldsymbol{W}=(U, S)$，其中 S 是 U 上的关系，即 $S\subseteq U\times U$。于是当 $\langle x, y\rangle \in S$ 时，序偶 $\langle x, y\rangle$仅记录 x 与 y 之间的关联信息，不涉及反映关联程度的权，不妨把 $\langle x, y\rangle$称为 S 的边，且把 x 称为 $\langle x, y\rangle$的始数据，把 y 称为 $\langle x, y\rangle$的终数据。边 $\langle x, y\rangle$与定义 6.2.1 中关联关系采用权 w 反映关联程度的加权边 $\langle x, w, y\rangle$存在着差异。为了与定义 6.2.1 的关联结构进行区别，当 $S\subseteq U\times U$，即 S 是 U 上不涉及权的关系时，我们把数学结构 $\boldsymbol{W}=(U, S)$ 称为无权关联结构，此时的无权关联结构 $\boldsymbol{W}=(U, S)$ 汇集了 U 中的数据和 U 中某些数据之间的关联信息。如果需要对 U 中的相关数据实施合并处理，且又要保持原有的关联信息，则可以仿照 6.1 节～6.5 节的讨论，进行结构的转换处理。

(2) 对于无权关联结构 $\boldsymbol{W}=(U, S)$，设 $E=\{E_1, E_2,\cdots, E_k\}$是 U 的划分，称为 U 的合并方案集，其中的粒 E_1, $E_2,\cdots$, E_k 是一种对 U 中数据合并处理的方案。当

$E_i, E_j \in E$ 并且 $E_i \neq E_j$ 时，如果存在边 $\langle x, y\rangle \in S$，使得 $x \in E_i$ 且 $y \in E_j$，则称 $\langle E_i, E_j\rangle$ 为粒关联对，并把边 $\langle x, y\rangle$ 称为 $\langle E_i, E_j\rangle$ 的支撑，此时 E_i 称为 $\langle E_i, E_j\rangle$ 的始数据，E_j 称为 $\langle E_i, E_j\rangle$ 的终数据。如果存在 t 条边 $\langle x_1, y_1\rangle \in S, \langle x_2, y_2\rangle \in S, \cdots, \langle x_t, y_t\rangle \in S(\geqslant 1)$，使得序列 $\langle x_1, y_1\rangle, \langle x_2, y_2\rangle, \cdots, \langle x_t, y_t\rangle$ 包含了粒关联对 $\langle E_i, E_j\rangle$ 的所有支撑，则称 $\langle x_1, y_1\rangle, \langle x_2, y_2\rangle, \cdots, \langle x_t, y_t\rangle$ 是粒关联对 $\langle E_i, E_j\rangle$ 的支撑组。

(3) 设 $\boldsymbol{W}=(U, S)$ 是无权关联结构，$E=\{E_1, E_2, \cdots, E_k\}$ 是数据集 U 的合并方案集。令 $S^*=\{\langle E_i, E_j\rangle \mid E_i, E_j \in E$ 且 $\langle E_i, E_j\rangle$ 构成粒关联对$\}$，则把 S^* 称为 S 的无权粒化关系。无权粒化关系 S^* 记录了粒之间的关联信息，对于 $\langle E_i, E_j\rangle \in S^*$，粒 E_i 和 E_j 之间的关联汇集了其支撑组 $\langle x_1, y_1\rangle$ $(\in S)$, $\langle x_2, y_2\rangle$ $(\in S)$, $\cdots$, $\langle x_t, y_t\rangle$ $(\in S)$ 记录的从 x_1 到 y_1，从 x_2 到 $y_2, \cdots$, 从 x_t 到 y_t 的关联信息，并通过 $x_1 \in E_i$ 且 $y_1 \in E_j$，$x_2 \in E_i$ 且 $y_2 \in E_j, \cdots, x_t \in E_i$ 且 $y_t \in E_j$ 展示出无权粒化关系 S^* 和无权关联关系 S 之间的联系。令 $\boldsymbol{W}^*=(E, S^*)$，则称 $\boldsymbol{W}^*=(E, S^*)$ 为无权关联结构 $\boldsymbol{W}=(U, S)$ 的无权粒化结构。

(4) 上述 (1)～(3) 的讨论表明，对于无权关联结构 $\boldsymbol{W}=(U, S)$，通过 U 的合并方案集 $E=\{E_1, E_2, \cdots, E_k\}$，可实现从无权关联结构 $\boldsymbol{W}=(U, S)$ 到无权粒化结构 $\boldsymbol{W}^*=(E, S^*)$ 的转换。经过转换以后，合并方案集中的粒 $E_1, E_2, \cdots, E_k$ 可作为合并以后数据的表示形式，所以无权粒化结构 $\boldsymbol{W}^*=(E, S^*)$ 中的数据集 E 记录了合并后的数据，并可作为合并数据的表示形式。无权粒化关系 S^* 提供了合并数据之间的关联信息，此时的数据关联没有涉及权值的信息，这表明我们仅关注数据之间的关联，不考虑关联程度的紧密，所以从 $\boldsymbol{W}=(U, S)$ 到 $\boldsymbol{W}^*=(E, S^*)$ 的转换完成了数据合并，同时记录了数据关联的信息。

(5) 结构转换完成的数据合并可看作理论层面的讨论，或视为理论层面上的分析处理。不过要想达到程序化的目的，需要建立可替代的且数据形式可被计算机接受的等价描述方法。与 6.3 节的讨论类似，对于无权关联结构 $\boldsymbol{W}=(U, S)$ 和无权粒化结构 $\boldsymbol{W}^*=(E, S^*)$，我们可以构造与它们相对应的矩阵，再通过矩阵的变化，完成对结构转换的等价描述。矩阵是计算机可以接受处理的数据形式，矩阵转换由代数运算完成，当然可以编程处理。由于与 6.3 节的讨论类似，所以下面简要给出矩阵的构造及矩阵变换的过程。

①对于无权关联结构 $\boldsymbol{W}=(U, S)$，设 $U=\{d_1, d_2, \cdots, d_m\}$ 且 $S=\{e_1, e_2, \cdots, e_n\}$，即数据集 U 包含 m 个数据，关联关系 S 含有 n 条边且 $e_k=\langle d_{k1}, d_{k2}\rangle (k=1, 2, \cdots, n)$。则可以构造一个 m 行 n 列的矩阵 $\boldsymbol{M}(\boldsymbol{W})=(r_{ij})_{m\times n}$，其中 r_{ij} 的取值如此约定：当 $1 \leqslant i \leqslant m$ 且 $1 \leqslant j \leqslant n$ 时，若 d_i 是 e_j 的始数据，则 $r_{ij}=1$；若 d_i 是 e_j 的终数据，则 $r_{ij}=-1$；若 d_i 既不是 e_j 的始数据，也不是 e_j 的终数据，则 $r_{ij}=0$。此时称 $\boldsymbol{M}(\boldsymbol{W})$ 为 $\boldsymbol{W}=(U, S)$ 的无权关联矩阵。实际上，这里的无权关联矩阵与定义 6.3.1 中关联矩阵的区别在于无权关联矩阵不涉及权值行向量，而定义 6.3.1 中关联矩阵的第 1 行是权值行向量。由这样的构造，或按照 6.3.1 节的讨论可知，无权关联结构 $\boldsymbol{W}=(U,$

S) 与无权关联矩阵 $\boldsymbol{M}(\boldsymbol{W})$ 之间是相互唯一确定的。

②对于无权粒化结构 $\boldsymbol{W}^*=(E,S^*)$，设合并方案集 $E=\{E_1,E_2,\cdots,E_k\}$ 中包含 k 个粒，无权粒化关系 $S^*=\{e_1^*,e_2^*,\cdots,e_q^*\}$ 包含 q 对粒关联对且 $e_j^*=\langle E_{j1},E_{j2}\rangle\ (j=1,2,\cdots,q)$。此时无权粒化结构 $\boldsymbol{W}^*=(E,S^*)$ 可以确定 k 行 q 列的矩阵 $\boldsymbol{M}(\boldsymbol{W}^*)=(r_{ij}^*)_{k\times q}$，其中 r_{ij}^* 的取值这样约定：当 $1\leqslant i\leqslant k$ 且 $1\leqslant j\leqslant q$ 时，如果 E_i 是 e_j^* 的始数据，则令 $r_{ij}^*=1$；如果 E_i 是 e_j^* 的终数据，则令 $r_{ij}^*=-1$；如果粒 E_i 既不是 e_j^* 的始数据，也不是 e_j^* 的终数据，则令 $r_{ij}^*=0$。称 $\boldsymbol{M}(\boldsymbol{W}^*)$ 为 $\boldsymbol{W}^*=(E,S^*)$ 的无权粒化矩阵。实际上，无权粒化矩阵与定义 6.3.2 中粒化矩阵的区别在于无权粒化矩阵不涉及权值行向量，而定义 6.3.2 中粒化矩阵的第 1 行是权值行向量。无权粒化结构 $\boldsymbol{W}^*=(E,S^*)$ 与无权粒化矩阵 $\boldsymbol{M}(\boldsymbol{W}^*)$ 之间也是相互唯一确定的。

(6) 对于无权关联矩阵 $\boldsymbol{M}(\boldsymbol{W})$，仿照 6.3.3 节矩阵的行相加处理和 6.3.4 节矩阵的列合并处理，可以把 $\boldsymbol{M}(\boldsymbol{W})$ 变换为无权粒化矩阵 $\boldsymbol{M}(\boldsymbol{W}^*)$，从而实现 $\boldsymbol{M}(\boldsymbol{W})$ 到 $\boldsymbol{M}(\boldsymbol{W}^*)$ 的变换。仿照 6.5 节的证明方法，可以证明从矩阵 $\boldsymbol{M}(\boldsymbol{W})$ 到矩阵 $\boldsymbol{M}(\boldsymbol{W}^*)$ 的变换是从结构 $\boldsymbol{W}=(U,S)$ 到结构 $\boldsymbol{W}^*=(E,S^*)$ 转换的等价形式。由于矩阵和矩阵变换是计算机可接受的数据形式，这为结构转换的智能处理提供了编程依据。

上述 (1)～(6) 的讨论仅是对不涉及权值的数据合并方法的介绍性说明，没有进行详尽的讨论，因为 6.1 节～6.5 节已经给出了讨论的细节，无权的数据合并的系统讨论可仿照完成。

本章与粒计算数据处理内涵密切相关的做法体现在对数据集 U 的合并方案集 $E=\{E_1,E_2,\cdots,E_k\}$，或对 U 的划分的利用，其特点是把合并方案集融入结构转换的处理之中，由此使整体结构也得到了粒化处理。因此，本章涉及的粒计算方法展示了相应的处理技巧，形成了粒计算数据处理的一种途径。

第 7 章　基于关系结构的三支决策

在第 6 章的讨论中，我们利用引入的数学结构——关联结构中的信息，建立了基于结构转换的数据合并方法，给出了矩阵变换的等价描述途径。该讨论的重要特点在于对数据的合并处理基于信息组合的数学结构，使结构中的各类信息得到了整体化的处理。数据合并的讨论把划分中的粒用于合并数据的表示，使得粒计算的数据处理方法与结构化的表示融合在了一起。尽管矩阵变换的运作是数值的代数运算，但从第 6 章矩阵的行相加处理可知，粒中包含的数据对哪些行向量参与相加运算具有决定作用，相加的结果与粒中的数据密切相关，粒中的数据融入矩阵变换的处理之中，所以结构化的数据合并展示了粒计算研究的一种途径。

本章的讨论仍与结构化的数据表示联系在一起，结构包含的整体信息将是如下数据处理依托的环境。不过本章构建的结构与第 6 章的关联结构或粒化结构存在区别，这是因为本章的讨论将针对不同的问题。

本章的问题是近年来粒计算研究关注的一个方面，称为三支决策。三支决策与数据的分类处理密切相关，由于粒计算包含的粒是数据分类的结果，所以三支决策的数据分类很自然地与粒计算课题联系在一起。在第 1 章的讨论中，我们不止一次表明粒计算的核心是粒的产生和定义，粒是实施粒之间计算或运算的前提。在第 1 章中我们也反复表明，粒是整体的部分，是从数据集中分离出的子类，涉及对数据集粒化处理的方法。这与三支决策涉及的分类思想一致，因此把三支决策作为粒计算的研究课题是研究者普遍的认识。

针对三支决策的讨论，不同的研究者自然采用不同的方法，但各种处理存在着共同的交汇或共识，这就是对数据集的三分处理，即把数据集分成三个互不相交的数据子集。下面的讨论也与数据集的三分处理密切相关，但与其他讨论不同，我们的三分处理将依托数学结构的融合信息，将展示我们方法的特点。

7.1　三支决策的解释

本节以及后面各节的讨论将针对三支决策课题，现根据我们的理解，对三支决策课题进行相关的解释，包括如下方面：

(1) 三支决策的讨论需要依托相应的环境，创建研究环境是展开讨论的基础。三支决策的决策判定是针对数据性质的分类处理，所以讨论将涉及一类数据，以及数据具有的特性。如果把全部数据和数据的特性视为一个整体，那么这样的整体也可以看作一个系统，与 1.4.3 节中的信息系统一致，并可把这样的整体表示成标准的信息系统。不过这里我们并不特意把数据和数据各类特性的整体进行信息系统的形式化处理，只是把它们看作信息整体，后面的讨论将对这样的信息整体给予结构化的表示。因此，支撑三支决策讨论的环境是一类数据和数据特性形成的整体。

(2) 三支决策的主要任务是针对数据的三分处理，该处理的特点在于根据数据具有的特性或满足的性质，对数据实施三类数据的分类。三分处理或三类分类体现了分类的思想，与粒计算课题涵盖的数据处理内涵相吻合，所以三支决策可看作粒计算研究涉及的问题，这也是粒计算研究者关注该问题的原因。

(3) 三支决策分类的重要特点是对数据的三分处理，即根据数据的特性把数据分为互不相交的三个部分，这可看作包含三个粒的划分，不妨称为三支划分。三支划分支撑着对数据三种情况的判定，从而引出针对数据三种特性的讨论与分析。

(4) 在三支划分包含的三个粒中，不一定要求每一部分非空，所以三支划分可能不是真正意义上数据集的划分。尽管如此，我们仍然可以基于划分的角度理解三支划分的含义。

(5) 基于三支划分的数据分类将提供对每一类数据进一步的处理的信息，这是对数据集实施三分处理，得到三支划分的目的。三支决策的重要任务就是建立对数据判定分析的基础环境，三支划分是环境构建的关键步骤。

(6) 三支决策课题与实际问题密切相关，实际当中常常可以看到与三支划分相一致的分类实例。具体地，医生问诊的结果是把就诊者分为有病、无病和待观察三个部分；国家的经济发展区域规划分为东部、中部和西部三个部分；整数的全体可分为正数、负数和零三个部分；按收入的等级可以把国家分为高收入国家、低收入国家和中等收入国家三个层次；大学生的课程学分可分为必修学分课程、选修学分课程和其他学分课程三种；自然界中的动物可分为陆地动物、海洋动物和两栖动物三个类别；数据类型可分为大数据、非大数据和其他数据三种形式；算法问题可分为可判定问题、不可判定问题和半可判定问题三种情况；人按身高往往分为高个、低个和中等个三个层次等。这些都展示实际当中的三支分类问题，因此根据自身的理解，建立三支决策的研究方法，对于理论体系和实际应用的意义是显而易见的。

(7) 也许会提出这样的问题：三支划分仅对数据集实施三部分的分类，显得过于粗糙。这是事实，不过三支决策的主要任务就是对数据集进行三分处理，得到三个粒。对每个粒中数据差异的讨论属于另外的课题，提供了对粒计算继续探究的空间。

(8) 总结上述解释性的讨论，我们可以明确这样的事实：三支决策的核心或面对的主要任务是如何构建三支划分的问题，三支划分是三支决策课题的关键。不同的背景往往支撑不同三支划分的构建，从而应对不同的决策方法，但对数据集的三分处理使它们包含了共同的主题。

上述解释性的说明体现了我们对三支决策的认识。实际上，许多工作已给出了三支划分的分类方法如基于粗糙集上近似和下近似描述的数据三分处理、利用区间集合排序产生的整体三分方法、通过评价函数使数据分为三类的思想、以模糊集方法支撑的三支划分的获取、图论中以数据关联信息形成的三支划分等，这些都为我们寻求新的三分方法或三支划分提供了参阅的内容和比对的依据。

在下面的讨论中，首先基于结构化的数据整体，建立数据的三分分类处理方法，得到三支划分。然后根据数据的分类结果，对数据进行特性的判定，形成以结构化信息为支撑的三支决策的探究途径。如果对工作给予前瞻性的说明，则本章将依据如下的步骤展开工作：

(1) 利用论域和论域上的两个关系，构造一数学结构，它是各类数据信息的汇集，是其他讨论不曾涉及的形式，将支撑相应三支决策方法的建立。

(2) 基于该结构中的信息，将构造一系列三支划分，而不仅仅只涉及三支划分的一种情况，这里的一系列意味着数据信息将被分为不同的层次。每一三支划分与数据的层次联系在一起，其构成将基于两个关系的信息融合，将体现 1.4.5 节利用融合信息确定粒的数据处理思想。

(3) 将利用每一三支划分，给出针对数据决策判定的定义，这与三支划分中的粒密切相关，也与三支划分包含的层次信息相关联。这样的定义以三支划分为基础，将体现三支分类或粒化处理的意义。

(4) 在上述工作的基础上，进一步的工作将集中于针对数据决策判定的讨论，包括决策结果的讨论、数据的分析、层次的作用、路径的关联、三支划分之间的联系等，这些将构成本章的重要内容。

(5) 基于理论方面的结论，将展开应用方面的讨论，将把实际问题抽象为结构化的表示形式，利用得到的理论结果，分析针对数据决策判定的含义。这将提供实际问题编程处理的基础，以达到智能化数据处理的目的。

这些讨论步骤将形成相互关联的整体，将对应方法的产生。下面的讨论将围绕这些方面展开，讨论步骤将是方法的建立过程。

7.2　三 支 划 分

7.1 节表明，我们将基于论域和论域上的两个关系，构造一数学结构，由此引出一系列的三支划分，形成进一步讨论的环境。论域上的关系依托论域而存在，因此论域是最基本的信息。论域就是数据集，在前面的讨论中无处不在，这里也从数据集或论域开始，逐步推进我们的讨论。

设 U 是一有限的数据集，下面的讨论我们把 U 称为论域，其中的元素仍然称为数据。基于论域 U 展开针对三支决策的讨论，建立相关的方法。在 7.1 节的讨论中，我们频繁提及了三支划分，它意味着对论域三分分类的处理，为了使其明确清晰，我们给出如下定义。

定义 7.2.1　设 U 是论域，$P=\{G_1, G_2, G_3\}$是由 G_1, G_2 和 G_3 构成的集合，且 $G_i \subseteq U(i=1, 2, 3)$。如果满足 $G_i \cap G_j=\varnothing\ (i\neq j)$ 且 $G_1 \cup G_2 \cup G_3=U$，则称 $P=\{G_1, G_2, G_3\}$ 是论域 U 的三支划分，其中 $G_i\,(i=1, 2, 3)$ 称为决策粒。 □

论域 U 的三支划分 $P=\{G_1, G_2, G_3\}$ 由三个决策粒 G_1, G_2 和 G_3 构成，它的定义并没有要求每一个决策粒一定是非空的，即可以存在某一决策粒 $G_i\,(1\leqslant i\leqslant 3)$，且 $G_i=\varnothing$。这是三支划分 $P=\{G_1, G_2, G_3\}$与定义 1.4.7 中划分的区别，因为划分中的每一粒一定要求是非空的。当然对于三支划分 $P=\{G_1, G_2, G_3\}$，如果 $G_1\neq\varnothing$，$G_2\neq\varnothing$ 以及 $G_3\neq\varnothing$，那么 $P=\{G_1, G_2, G_3\}$就是通常意义下 U 的划分。

对于 U 的三支划分 $P=\{G_1, G_2, G_3\}$，如果某一决策粒为空，如 $G_3=\varnothing$，则该三支划分实际是由 G_1 和 G_2 对论域 U 的二分处理，不过我们仍然把 $P=\{G_1, G_2, G_3\}$ 视为某一决策粒为空的三支划分，只是针对数据决策时仅涉及决策粒 G_1 或 G_2 确定的分类信息，G_3 对决策不起作用而已。一般情况下，论域 U 的三支划分 $P=\{G_1, G_2, G_3\}$中的三个决策粒 G_1, G_2 和 G_3 都是非空的。

三支划分 $P=\{G_1, G_2, G_3\}$中的决策粒 G_1, G_2 和 G_3 支撑着针对论域 U 中数据的决策判定，使判定结果呈现为三个方向的走向。三支划分的确定是三支决策研究的核心，不同的三支划分将提供不同的三支分类信息，决定相应的判定结果，形成各自的研究方法。因此，各种研究均把三支划分的构建作为研究的重点，当然我们的讨论也把三支划分作为讨论的核心。

与其他方法不同，我们的讨论将涉及一系列相互关联的三支划分，并非仅仅一种三支划分的情况。这些三支划分的产生依托将要构建的数学结构，该结构由论域 U 和论域上的两个关系组合而成，所以论域 U 上的关系将是我们采用的数学工具，所以对关系的熟悉并不多余。

在前面章节的讨论中，我们多次涉及了关系以及与关系相关的一些概念，为了讨论的连贯性，我们这里再强调一下这些概念。论域 U 上的关系 S 是笛卡儿积 $U\times U$ 的子集，即当 $S\subseteq U\times U$ 时，S 称为 U 上的关系。对于$\langle x, y\rangle\in S$，相关的概念如下：

(1) 当$\langle x, y\rangle\in S$ 时，序偶$\langle x, y\rangle$称为 S 有向边，并把 x 称为$\langle x, y\rangle$的始数据，y 称为$\langle x, y\rangle$的终数据。

(2) 对于一系列 S 有向边$\langle x_0, x_1\rangle\in S$, $\langle x_1, x_2\rangle\in S,\cdots$, $\langle x_{i-1}, x_i\rangle\in S$, $\langle x_i, x_{i+1}\rangle\in S,\cdots$, $\langle x_{n-1}, x_n\rangle\in S\,(n\geqslant 1)$，其中$\langle x_{i-1}, x_i\rangle$的终数据 x_i 与$\langle x_i, x_{i+1}\rangle$的始数据 x_i 相同$(i=1, 2,\cdots, n-1)$，此时称 S 有向边的序列$\langle x_0, x_1\rangle$, $\langle x_1, x_2\rangle,\cdots$, $\langle x_{i-1}, x_i\rangle$, $\langle x_i, x_{i+1}\rangle,\cdots$, $\langle x_{n-1},$

$x_n\rangle$为从 x_0 到 x_n 的 S 路径，称 x_0 为该 S 路径的始数据，称 x_n 为该 S 路径的终数据，特别地，当 n=1 时，该 S 路径变为 S 有向边$\langle x_0, x_1\rangle$，所以 S 有向边是 S 路径的特殊情况。

(3) 当 S 路径$\langle x_0, x_1\rangle, \langle x_1, x_2\rangle,\cdots, \langle x_{i-1}, x_i\rangle, \langle x_i, x_{i+1}\rangle,\cdots, \langle x_{n-1}, x_n\rangle$包含 n 条 S 有向边时，称 n 为该 S 路径的长度，在下面的讨论中，我们把该 S 路径记作“S 路径(x_0, x_n, n)”，这样的表示明确了该 S 路径的始数据 x_0、终数据 x_n 和长度 n，即“S 路径(x_0, x_n, n)”肯定了存在一条从 x_0 到 x_n 长度为 n 的 S 路径。在不强调始数据、终数据和长度时，我们还采用“S 路径”的名称。

(4) 对于一条 S 路径$\langle x_0, x_1\rangle, \langle x_1, x_2\rangle,\cdots, \langle x_{i-1}, x_i\rangle, \langle x_i, x_{i+1}\rangle,\cdots, \langle x_{j-1}, x_j\rangle,\cdots, \langle x_{n-1}, x_n\rangle$，其子序列$\langle x_{i-1}, x_i\rangle, \langle x_i, x_{i+1}\rangle,\cdots, \langle x_{j-1}, x_j\rangle$是一条从 x_{i-1} 到 x_j 的 S 路径，称为原 S 路径的子 S 路径。

(5) 一条 S 有向边$\langle x, y\rangle$记录了从数据 x 到数据 y 的关联信息，因此一条 S 路径$\langle x_0, x_1\rangle, \langle x_1, x_2\rangle,\cdots, \langle x_{i-1}, x_i\rangle, \langle x_i, x_{i+1}\rangle,\cdots, \langle x_{n-1}, x_n\rangle$表明了从数据 x_0，经数据 $x_1, x_2,\cdots, x_{n-1}$，到数据 x_n 的关联信息。

(6) 在 1.4.2 节和前面某些章节的讨论中，我们把等价关系与所讨论的问题联系在了一起。下面的讨论也与等价关系密切相关，所以可对等价关系再给予概念上的熟悉：设 R 是论域 U 上的关系，即 $R\subseteq U\times U$。如果 R 是自反的(对任意 $x\in U$，均有$\langle x, x\rangle\in R$)、对称的(如果$\langle x, y\rangle\in R$，则$\langle y, x\rangle\in R$)，以及传递的(如果$\langle x, y\rangle\in R\wedge\langle y, z\rangle\in R$，则$\langle x, z\rangle\in R$)，则称 R 是 U 上的等价关系。

(7) 下面的讨论也与等价类相关，前面已多次涉及对等价类的利用，现不妨再给予熟悉：设 R 是 U 上的等价关系，对于 $x\in U$，令$[x]_R=\{y\mid (y\in U)\wedge(\langle x, y\rangle\in R)\}$，称$[x]_R$为关于 x 的 R 等价类，简称 R 等价类或等价类。在定义 1.4.1 中，称$[x]_R$为论域 U 的粒，所以等价类是粒的一种形式。由于$\langle x, x\rangle\in R$，所以 $x\in[x]_R$，即关于 x 的 R 等价类中一定包含 x 自身。

本节的讨论主要针对三支划分，定义 7.2.1 明确了三支划分的含义。上述我们又熟悉了涉及关系和等价关系的一些概念，其目的是引入三支划分的考虑。三支划分是三支决策研究中的核心问题，下面的方法将涉及一系列三支划分，它们将依托一数学结构确定产生。该数学结构将是论域 U 和 U 上的关系 S，以及等价关系 R 组合成的整体，上述对关系和等价关系的熟悉就是出于构建数学结构和确定三支划分的目的，这是 7.3 节讨论的内容。

7.3　关系结构和三支划分

讨论所涉及的一系列三支划分将依托相关的信息，这些信息将构成一数学结构。所以构造一数学结构，基于此结构引出与决策问题密切相关的一系列三支划分是下面的首要任务，因此我们从结构的构建开始。

7.3.1 关系结构的构建

给定一论域 U，设 S 是 U 上的关系，R 是 U 上的等价关系。利用 U 上的这两个关系，可确定产生一数学结构。在该结构中，关系 S 和等价关系 R 包含的信息将融合在一起。此时关系 S 需要满足相应的条件，特别需要存在与关系 S 联系在一起的某一特殊数据，该数据在 S 路径形成方面具有重要的作用，为此我们给出如下定义。

定义 7.3.1 设 U 是论域，S 是 U 上的关系，且对任意 $x\in U$，有 $\langle x, x\rangle\notin S$。如果存在唯一的数据 $r\in U$，满足如下条件：

(1) 数据 r 不是任何 S 有向边的终数据，即对任意的 $u\in U$，有 $\langle u, r\rangle\notin S$。

(2) 至少存在一 S 路径 $\langle r, x_1\rangle, \langle x_1, x_2\rangle,\cdots, \langle x_{n-1}, x_n\rangle$ $(n\geqslant 1)$，该 S 路径以 r 为始数据。

此时把满足上述条件的具有唯一性的数据 r 称为 S 的根，并称 S 为 U 上具有根 r 的关系，记作 $S(r)$，当然 $S(r)$ 与 S 是相同的，即 $S(r)=S$。 □

表示式 $S(r)$ 中的 r 是为了强调根 r 在关系 S 中的存在，一般地，U 上的关系是不存在根的。另外，该定义要求 $\langle x, x\rangle\notin S$ 或 $\langle x, x\rangle\notin S(r)$ $(x\in U)$ 是因为下面的讨论不关注数据与其自身的关联。

由于该定义要求根 r 是唯一的，于是我们有如下结论。

定理 7.3.1 设 $S(r)$ 为 U 上具有根 r 的关系，如果 $\langle x, y_1\rangle, \langle y_1, y_2\rangle,\cdots, \langle y_n, y\rangle$ 是一条从 x 到 y 的 S 路径，且 $x\neq r$，则该 S 路径可以扩展为以根 r 为始数据的 S 路径 $\langle r, x_1\rangle, \langle x_1, x_2\rangle,\cdots, \langle x_m, x\rangle, \langle x, y_1\rangle, \langle y_1, y_2\rangle,\cdots, \langle y_n, y\rangle$。

证明 由于 S 路径 $\langle x, y_1\rangle, \langle y_1, y_2\rangle,\cdots, \langle y_n, y\rangle$ 的始数据 $x\neq r$，则必然存在数据 $x_m\in U$，使得 $\langle x_m, x\rangle\in S(r)$ $(=S)$。否则如果对任意的 $x_m\in U$，均有 $\langle x_m, x\rangle\notin S(r)$，则由定义 7.3.1 可知 x 是 $S(r)$ 的根，与 $x\neq r$ 矛盾。同样，当 $x_m\neq r$ 时，必然存在数据 $x_{m-1}\in U$，使得 $\langle x_{m-1}, x_m\rangle\in S(r)$ $(=S)$。由于论域 U 是有限集，所以通过有限步，可以得到从根 r 到 x 的 S 路径 $\langle r, x_1\rangle, \langle x_1, x_2\rangle,\cdots, \langle x_{m-1}, x_m\rangle, \langle x_m, x\rangle$。于是 S 路径 $\langle r, x_1\rangle, \langle x_1, x_2\rangle,\cdots, \langle x_{m-1}, x_m\rangle, \langle x_m, x\rangle$ 与 S 路径 $\langle x, y_1\rangle, \langle y_1, y_2\rangle,\cdots, \langle y_n, y\rangle$ 可连接成以根 r 为始数据的 S 路径 $\langle r, x_1\rangle, \langle x_1, x_2\rangle,\cdots, \langle x_m, x\rangle, \langle x, y_1\rangle, \langle y_1, y_2\rangle,\cdots, \langle y_n, y\rangle$。故 S 路径 $\langle x, y_1\rangle, \langle y_1, y_2\rangle,\cdots, \langle y_n, y\rangle$ 扩展成为以根 r 为始数据的 S 路径 $\langle r, x_1\rangle, \langle x_1, x_2\rangle,\cdots, \langle x_m, x\rangle, \langle x, y_1\rangle, \langle y_1, y_2\rangle,\cdots, \langle y_n, y\rangle$。 □

因此，当 $S(r)$ 是 U 上具有根 r 的关系时，由定理 7.3.1，我们可重点考虑以根 r 为始数据的 S 路径。利用这样的 S 路径，如下的讨论将引出一系列三支划分。这些划分将产生于由论域 U、关系 $S(r)$，以及一等价关系 R 形成的数学结构之中，该结构的定义如下。

定义 7.3.2　设 U 是数据集，$S(r)$ 是 U 上具有根 r 的关系，R 是 U 上的一个等价关系。把论域 U、关系 $S(r)$ 和等价关系 R 组合在一起构成的结构记作 $\boldsymbol{M}=(U, S(r), R)$，称该结构为关系结构。□

之所以把 $\boldsymbol{M}=(U, S(r), R)$ 称为关系结构，是因为该结构的主要组成部分是 U 上的两个关系 $S(r)$ 和 R，一个是具有根 r 的关系，另一个是等价关系。这两个关系包含的信息可以融合在一起，利用它们的融合信息，可引出一系列三支划分，使得三支划分的构建基于关系结构 $\boldsymbol{M}=(U, S(r), R)$ 的环境之中。

在第 6 章关于结构化的数据合并和矩阵变换的讨论中，我们采用关联结构 $\boldsymbol{W}=(U, S)$ 对一类数据和数据的关联及关联程度的信息进行了结构化的表示，通过结构转换，建立了数据合并的描述方法。关联结构 $\boldsymbol{W}=(U, S)$ 中的 S 是论域 U 上的关联关系，S 由形如 $\langle x, w, y\rangle$ 的加权边构成。所以从构成上讲，这里的关系结构 $\boldsymbol{M}=(U, S(r), R)$ 与第 6 章的关联结构 $\boldsymbol{W}=(U, S)$ 显然不同。不过各类数据的结构化表示体现了关系结构和关联结构把各类数据组合为整体的特点，展示了它们结构化的共性。

7.3.2　三支划分的构建

关系结构 $\boldsymbol{M}=(U, S(r), R)$ 汇集了论域 U 中的数据，以及 U 上的关系 $S(r)$ 和等价关系 R 的信息，这为具有根的关系 $S(r)$ 和等价关系 R 的信息融合提供了环境，融合信息将支撑三支划分的构成。

为了构建一系列三支划分，确定三支决策问题讨论的基础，下面采用 m 和 n 表示自然数，且总假设 $m\geqslant 1$ 及 $n\geqslant 1$。同时我们回顾和熟悉前述对 S 路径的表示约定："S 路径 (x_0, x_n, m)" 表示一条从 x_0 到 x_n 长度 m 的 S 路径。当其中的 x_0，x_n 或 m 改变后，就得到另一条 S 路径，如 S 路径 (r, u, n) 表示一条从根 r 到 u 长度为 n 的 S 路径。于是 S 路径 (r, u, n) 和 S 路径 (r, x, n) 都以根 r 作为它们的始数据，终数据分别是 u 和 x，长度都是 n。这里的终数据 u 和 x 是不同的，我们将关注 S 路径 (r, u, n) 或 S 路径 (r, x, n) 的终数据 u 或 x，它们与三支划分的构成密切相关。

定义 7.3.3　给定一关系结构 $\boldsymbol{M}=(U, S(r), R)$，设 n 是一自然数。用 $G(n)_1$, $G(n)_2$ 和 $G(n)_3$ 分别表示 U 的三个子集，定义如下：

(1) $G(n)_1=\{u \mid u\in U$ 且存在以 u 为终数据的 S 路径 $(r, u, n)\}$。

(2) $G(n)_2=\{u \mid u\in U$ 且存在以 x 为终数据的 S 路径 (r, x, n)，满足 $\langle x, u\rangle\in R$，同时对于任意的 S 路径 (r, y, n)，有 $u\neq y\}$。

(3) $G(n)_3=\{u \mid u\in U$ 且对于任意的 S 路径 (r, x, n)，均有 $\langle x, u\rangle\notin R\}$。

令 $P(n)=\{G(n)_1, G(n)_2, G(n)_3\}$，称 $P(n)$ 为对应于 n 的三支划分，$G(n)_1, G(n)_2$ 和 $G(n)_3$ 分别称为正决策粒、中决策粒和负决策粒。□

对于如此定义的对应于 n 的三支划分 $P(n)=\{G(n)_1, G(n)_2, G(n)_3\}$，它显然与

自然数 n 密切相关。同时我们必然提出这样的问题：对应于 n 的三支划分 $P(n)=\{G(n)_1, G(n)_2, G(n)_3\}$是否就是定义 7.2.1 引入的三支划分？回答是肯定的，如下我们将给出证明。不过在证明 $P(n)=\{G(n)_1, G(n)_2, G(n)_3\}$就是论域 U 的一个三支划分之前，我们先对正决策粒 $G(n)_1$、中决策粒 $G(n)_2$ 和负决策粒 $G(n)_3$ 的特性进行解释分析。

首先这三个粒 $G(n)_1$, $G(n)_2$ 和 $G(n)_3$ 的确定产生均依托于关系结构 $\boldsymbol{M}=(U, S(r), R)$的信息环境，并且都与以根 r 为始数据，长度为 n 的 S 路径(r, u, n)的终数据 u 存在一定的联系，具体分析如下：

(1) 正决策粒 $G(n)_1$ 的定义非常清晰，由所有形如 S 路径(r, u, n)的终数据 u 构成。所以当 $u_1\in G(n)_1$ 且 $u_2\in G(n)_1$ 时，必然存在以根 r 为始数据，长度为 n 的 S 路径(r, u_1, n)和 S 路径(r, u_2, n)，并且数据 u_1 和 u_2 分别是这两条 S 路径(r, u_1, n)和 S 路径(r, u_2, n)的终数据。由于 S 路径完全由关系 $S(r)$ 中的 S 有向边构成，所以正决策粒 $G(n)_1$ 的形成依托关系 $S(r)$ 的信息，与等价关系 R 不存在联系。

(2) 中决策粒 $G(n)_2$ 的定义基于关系 $S(r)$ 与等价关系 R 的融合信息，不妨给予进一步解释分析：当 $u\in G(n)_2$ 时，存在以根 r 为始数据，长度为 n 的 S 路径(r, x, n)，其终数据 x 和数据 u 组成的序偶满足$\langle x, u\rangle\in R$。由于 S 路径(r, x, n)由关系 $S(r)$ 的信息确定产生，同时$\langle x, u\rangle\in R$ 表明 x 和 u 满足等价关系 R 确定的数据联系，所以 S 路径(r, x, n)的存在和$\langle x, u\rangle\in R$ 的事实表明 $G(n)_2$ 中的数据 u 与关系 $S(r)$ 和等价关系 R 的信息均存在联系，$G(n)_2$ 中的数据由 $S(r)$ 和 R 的信息融合所确定。实际上，这种融合与定义 1.4.6 中两个关系的融合信息确定粒的做法是类似的。

(3) 负决策粒 $G(n)_3$ 的定义蕴含着它与关系 $S(r)$ 以及等价关系 R 包含的信息均无关联的事实。具体而言，当 $u\in G(n)_3$ 时，则对于任意的 S 路径(r, x, n)，均有$\langle x, u\rangle\notin R$。此时对于任何一条 S 路径(r, x, n)，其终数据 x 与 u 组成的序偶均不属于 R，即$\langle x, u\rangle\notin R$。这说明 u 与任何一条以根 r 为始数据，长度为 n 的 S 路径(r, x, n)的终数据 x 无关，这可认为 u 与关系 $S(r)$ 无关，同时$\langle x, u\rangle\notin R$ 表明 u 也不具有等价关系 R 记录的性质。所以负决策粒 $G(n)_3$ 与关系 $S(r)$ 以及等价关系 R 均无联系，所以负决策粒 $G(n)_3$ 中的数据应在 $S(r)$ 和 R 以外的范围内寻找。$S(r)$ 和 R 以外的范围可认作是 $G(n)_3$ 与两个关系 $S(r)$ 和 R 的反向联系。

由于中决策粒 $G(n)_2$ 中的数据由关系 $S(r)$ 与等价关系 R 的融合信息所确定，所以对应于 n 的三支划分 $P(n)=\{G(n)_1, G(n)_2, G(n)_3\}$当然也与 $S(r)$ 和 R 的融合信息联系在一起。因此给定的自然数 n，依托关系结构 $\boldsymbol{M}=(U, S(r), R)$的信息环境，通过具有根 r 的关系 $S(r)$ 与等价关系 R 的信息融合，我们构造了对应于 n 的三支划分 $P(n)=\{G(n)_1, G(n)_2, G(n)_3\}$。于是当 m 是不同于 n 的自然数时，我们可以得到对应于 m 的三支划分 $P(m)=\{G(m)_1, G(m)_2, G(m)_3\}$。因此依托关系结构 $\boldsymbol{M}=(U, S(r), R)$，可以得到一系列对应于自然数 n 的三支划分，它们将随 n 的变化而改变。

为了证明对应于自然数 n 的三支划分 $P(n)=\{G(n)_1, G(n)_2, G(n)_3\}$ 就是定义 7.2.1 引入的三支划分，我们对正决策粒 $G(n)_1$、中决策粒 $G(n)_2$ 和负决策粒 $G(n)_3$ 之间的联系给出解释性的分析。

对于中决策粒 $G(n)_2$，它与正决策粒 $G(n)_1$ 之间存在密切的联系。具体地，我们用 $\cup\{[x]_R \mid x\in G(n)_1\}$ 表示等价类集合 $\{[x]_R \mid x\in G(n)_1\}$ 中所有等价类的并，例如，当 $G(n)_1=\{x_1, x_2, x_3\}$ 时，$\{[x]_R \mid x\in G(n)_1\}=\{[x_1]_R, [x_2]_R, [x_3]_R\}$，此时 $\cup\{[x]_R \mid x\in G(n)_1\}=\cup\{[x_1]_R, [x_2]_R, [x_3]_R\}=[x_1]_R\cup[x_2]_R\cup[x_3]_R$。定理 7.3.2 将证明 $G(n)_2=\cup\{[x]_R \mid x\in G(n)_1\}-G(n)_1$，该式展示了 $G(n)_2$ 与 $G(n)_1$ 之间的联系。

对于负决策粒 $G(n)_3$，它与正决策粒 $G(n)_1$ 和中决策粒 $G(n)_2$ 的构成相关，定理 7.3.2 将证明 $G(n)_3=U-(G(n)_1\cup G(n)_2)$，此式表明负决策粒 $G(n)_3$ 中的数据构成是清晰的，由 U 中不属于正决策粒 $G(n)_1$，以及不属于中决策粒 $G(n)_2$ 的数据组成，这也说明 $G(n)_3$ 中的数据可利用 $G(n)_1$ 和 $G(n)_2$ 中的数据进行刻画。

上述的分析解释表明正决策粒 $G(n)_1$、中决策粒 $G(n)_2$ 和负决策粒 $G(n)_3$ 之间存在着密切的联系。由于正决策粒 $G(n)_1$ 中的数据是明确的，由定义 7.3.3(1)予以了确定，所以不必再对正决策粒 $G(n)_1$ 的构成进行分析。对于中决策粒 $G(n)_2$ 的构成与正决策粒 $G(n)_1$ 相关，负决策粒 $G(n)_3$ 的构成可由正决策粒 $G(n)_1$ 和中决策粒 $G(n)_2$ 进行刻画的事实，如下定理给予了明确的表述和证明，使之得到了理论上的确认。

定理 7.3.2　中决策粒 $G(n)_2$ 和负决策粒 $G(n)_3$ 的构成如下：

(1) $G(n)_2=\cup\{[x]_R \mid x\in G(n)_1\}-G(n)_1$。

(2) $G(n)_3=U-(G(n)_1\cup G(n)_2)$。

证明　(1) $u\in G(n)_2$ 等价于存在一 S 路径 (r, x, n)，且 $\langle x, u\rangle\in R$，同时对于任意的 S 路径 (r, y, n)，有 $u\neq y$（见定义 7.3.3(2)），这等价于存在 $x\in G(n)_1$ 且 $u\in[x]_R$，同时 $u\notin G(n)_1$，这等价于 $u\in\cup\{[x]_R \mid x\in G(n)_1\}$ 且 $u\notin G(n)_1$，这等价于 $u\in\cup\{[x]_R \mid x\in G(n)_1\}-G(n)_1$。故 $G(n)_2=\cup\{[x]_R \mid x\in G(n)_1\}-G(n)_1$。

(2) 为了证明 $G(n)_3=U-(G(n)_1\cup G(n)_2)$，我们先证明如下的结论(*)。

结论(*)：$u\notin G(n)_1$ 且对于任意的 $x\in G(n)_1$，有 $u\notin[x]_R$ 当且仅当对于任意的以 x 为终数据的 S 路径 (r, x, n)，有 $\langle x, u\rangle\notin R$。

假设 $u\notin G(n)_1$ 且对于任意的 $x\in G(n)_1$，有 $u\notin[x]_R$。此时只要利用条件“对于任意的 $x\in G(n)_1$，有 $u\notin[x]_R$”就可以证明所要证的结论。事实上，该条件即表明了对任意以 x 为终数据的 S 路径 (r, x, n)，有 $\langle x, u\rangle\notin R$。

反之，假设对于任意以 x 为终数据的 S 路径 (r, x, n)，有 $\langle x, u\rangle\notin R$。则可以证明 $u\notin G(n)_1$。事实上，如果 $u\in G(n)_1$，则存在以 u 为终数据的 S 路径 (r, u, n)。由于等价关系 R 是自反的，所以 $\langle u, u\rangle\in R$。这表明存在以 u 为终数据的 S 路径 (r, u, n)，满足 $\langle u, u\rangle\in R$，这与对于任意的 S 路径 (r, x, n)，有 $\langle x, u\rangle\notin R$ 的假设矛盾，所

以 $u\notin G(n)_1$。总结这些讨论，得到结论 $u\notin G(n)_1$，且对于任意以 x 为终数据的 S 路径 (r, x, n)，有 $\langle x, u\rangle\notin R$。因此 $u\notin G(n)_1$ 且对于任意的 $x\in G(n)_1$，有 $u\notin[x]_R$。

下面证明 $G(n)_3=U-(G(n)_1\cup G(n)_2)$。

$u\in G(n)_3$ 当且仅当对于任意的以 x 为终数据的 S 路径 (r, x, n)，均有 $\langle x, u\rangle\notin R$（见定义 7.3.3(3)），当且仅当 $u\notin G(n)_1$ 且对于任意 $x\in G(n)_1$，有 $u\notin[x]_R$（见上述结论(*)），当且仅当 $u\notin G(n)_1$ 且 $u\notin\cup\{[x]_R\mid x\in G(n)_1\}$，当且仅当 $u\notin G(n)_1$ 且 $u\notin\cup\{[x]_R\mid x\in G(n)_1\}-G(n)_1$，当且仅当 $u\notin G(n)_1$ 且 $u\notin G(n)_2$（利用定理 7.3.2(1)中的结论），当且仅当 $u\in U-(G(n)_1\cup G(n)_2)$。故 $G(n)_3=U-(G(n)_1\cup G(n)_2)$。 □

由此定理以及定义 7.3.3，我们可以对正决策粒 $G(n)_1$、中决策粒 $G(n)_2$ 和负决策粒 $G(n)_3$ 的数据构成做如下的总结：

$G(n)_1=\{u\mid u\in U$ 且存在以 u 为终数据的 S 路径 $(r, u, n)\}$。

$G(n)_2=\cup\{[x]_R\mid x\in G(n)_1\}-G(n)_1$。

$G(n)_3=U-(G(n)_1\cup G(n)_2)$。

中决策粒 $G(n)_2$ 的表示式 $G(n)_2=\cup\{[x]_R\mid x\in G(n)_1\}-G(n)_1$ 表明 $G(n)_2$ 中的数据由关系 $S(r)$ 和等价关系 R 的信息共同确定产生，这是因为 $G(n)_1$ 中的数据由具有根 r 的关系 $S(r)$ 的信息所确定，等价类 $[x]_R$ 中的数据源于等价关系 R 的信息。所以中决策粒 $G(n)_2=\cup\{[x]_R\mid x\in G(n)_1\}-G(n)_1$ 的表示形式表明了关系 $S(r)$ 和等价关系 R 信息融合的事实，这展示了与第 3 章中粗糙数据推理基于等价关系和推理关系信息融合的相同处理方式。

通过上述的准备，我们可以回答定义 7.3.3 下面的问题，给出相应的证明，请看如下的结论。

定理 7.3.3　给定关系结构 $M=(U, S(r), R)$，对于自然数 n，对应于 n 的三支划分 $P(n)=\{G(n)_1, G(n)_2, G(n)_3\}$ 是论域 U 的三支划分。

证明　由于 $G(n)_2=\cup\{[x]_R|x\in G(n)_1\}-G(n)_1$（见定理 7.3.2(1)），所以 $G(n)_1\cap G(n)_2=\varnothing$。又由于 $G(n)_3=U-(G(n)_1\cup G(n)_2)$（见定理 7.3.2(2)），所以 $G(n)_1\cap G(n)_3=\varnothing$ 同时 $G(n)_2\cap G(n)_3=\varnothing$。

由于 $G(n)_3=U-(G(n)_1\cup G(n)_2)$，所以 $G(n)_1\cup G(n)_2\cup G(n)_3=G(n)_1\cup G(n)_2\cup(U-(G(n)_1\cup G(n)_2))=U$。

因此 $P(n)=\{G(n)_1, G(n)_2, G(n)_3\}$ 满足定义 7.2.1 中的条件，所以 $P(n)=\{G(n)_1, G(n)_2, G(n)_3\}$ 是 U 的三支划分。 □

按照定义 7.2.1 中的概念，正决策粒 $G(n)_1$、中决策粒 $G(n)_2$ 和负决策粒 $G(n)_3$ 都称为决策粒，我们可以对这些决策粒进行以下分析：

(1) 如果不存在任何长度为 n 的 S 路径 (r, u, n)，则 $G(n)_1=\{u\mid u\in U$ 且存在以 u 为终数据的 S 路径 $(r, u, n)\}=\varnothing$，即 $G(n)_1=\varnothing$。

(2) 当 $G(n)_1\neq\varnothing$ 且对于任意的 $x\in G(n)_1$，有 $[x]_R=\{x\}$ 时，$G(n)_2=\cup\{[x]_R|x\in$

$G(n)_1\}-G(n)_1=\varnothing$，即 $G(n)_2=\varnothing$。

所以对于三支划分 $P(n)=\{G(n)_1, G(n)_2, G(n)_3\}$而言，其中的某一决策粒为空集的情况是可能的，即可能存在 $G(n)_i\in P(n)$，且 $G(n)_i=\varnothing(1\leqslant i\leqslant 3)$。

因此，通过构造以关系为主要组成部分的关系结构 $\boldsymbol{M}=(U, S(r), R)$，并依托关系结构中的信息，我们引入了随自然数 n 变化的一系列的三支划分 $P(n)=\{G(n)_1, G(n)_2, G(n)_3\}(n=1, 2, 3,\cdots)$，从而为三支决策问题的讨论提供了环境的支撑。

为了依据对应于 $n(n=1, 2, 3,\cdots)$ 的三支划分 $P(n)=\{G(n)_1, G(n)_2, G(n)_3\}$对数据的特性进行三支决策的判定，需要对 $P(n)=\{G(n)_1, G(n)_2, G(n)_3\}$包含决策粒 $G(n)_1, G(n)_2$ 和 $G(n)_3$ 的特性进一步进行分析，以使针对数据的决策结果更为清晰明确。

7.3.3 三支划分的性质

由三支划分 $P(n)=\{G(n)_1, G(n)_2, G(n)_3\}$的分类构成可知，对于数据 $u\in U$，存在唯一的 $G(n)_i\in P(n)(1\leqslant i\leqslant 3)$，使得 $u\in G(n)_i$。这体现了三支划分的分类特性，也为展开数据的特性分析进行了铺垫。

对于自然数 n，考虑对应于 n 的三支划分 $P(n)=\{G(n)_1, G(n)_2, G(n)_3\}$，它的正决策粒 $G(n)_1$ 中的数据可认为具有所要判定的特性，负决策粒 $G(n)_3$ 中的数据可认为不具有所要判定的特性，中决策粒 $G(n)_2$ 的数据介于两者之间，一时难以判定具有还是不具有所要判定的特性。对于三支划分 $P(n)=\{G(n)_1, G(n)_2, G(n)_3\}$，它的中决策粒 $G(n)_2$ 中的数据对于三支决策的数据分析是需要关注的方面，因此对于 $G(n)_2$ 中数据的分析就很有必要，可看作数据分析的重点。实际上，定理 7.3.2(1) 已表明 $G(n)_2=\cup\{[x]_R \mid x\in G(n)_1\}-G(n)_1$，所以 $G(n)_2$ 中的数据与 $G(n)_1$ 中每一数据 x 的 R 等价类$[x]_R$联系在一起。不仅如此，我们还可以把 $G(n)_2$ 与其他数据类联系起来。为此，我们把等价类$[x]_R$ 中的数据 x 删除，不妨给出如下定义。

定义 7.3.4 设 R 是论域 U 上的等价关系，对于数据 $x\in U$，$[x]_R$ 是关于 x 的 R 等价类。令$[-x]_R=[x]_R-\{x\}$，称数据类$[-x]_R$ 为消除 x 的等价类。当 $y\in[-x]_R$ 时，称 y 类同于 x。 □

显然$[x]_R=[-x]_R\cup\{x\}$，特别是当$[x]_R=\{x\}$时，有$[-x]_R=\varnothing$。同时当 $y\in[-x]_R$ 时，y 和 x 同属于等价类$[x]_R$，且 $y\neq x$，这是对 y 类同于 x 的解释。

中决策粒 $G(n)_2$ 的数据与消除 x 的等价类$[-x]_R$ 的数据具有密切的联系，如下定理展示了具体的性质。

定理 7.3.4 给定关系结构 $\boldsymbol{M}=(U, S(r), R)$，设 $P(n)=\{G(n)_1, G(n)_2, G(n)_3\}$是 U 的对应于 n 的三支划分，则中决策粒 $G(n)_2$ 可刻画如下：

(1) $G(n)_2\subseteq\cup\{[-x]_R \mid x\in G(n)_1\}$。

(2) 如果当 $x, y\in G(n)_1$ 时，有$\langle x, y\rangle\notin R$，则 $G(n)_2=\cup\{[-x]_R \mid x\in G(n)_1\}$。

证明　(1) 对于任意的 $y\in G(n)_2$，因为 $G(n)_2=\cup\{[x]_R \mid x\in G(n)_1\}-G(n)_1$（见定理 7.3.2(1)），所以 $y\in \cup\{[x]_R \mid x\in G(n)_1\}-G(n)_1$。于是 $y\in \cup\{[x]_R \mid x\in G(n)_1\}$ 且 $y\notin G(n)_1$。由 $y\in \cup\{[x]_R \mid x\in G(n)_1\}$ 可知存在 $x\in G(n)_1$，使得 $y\in [x]_R$。由于 $y\notin G(n)_1$，且 $x\in G(n)_1$，所以 $y\neq x$。因此推得 $y\in [x]_R$ 且 $y\neq x$，故 $y\in [-x]_R(=[x]_R-\{x\})$，此时当然有 $y\in \cup\{[-x]_R \mid x\in G(n)_1\}$。故 $G(n)_2\subseteq \cup\{[-x]_R \mid x\in G(n)_1\}$。

(2) 由于 (1) 已证明 $G(n)_2\subseteq \cup\{[-x]_R|x\in G(n)_1\}$，所以只要利用前提当 $x, y\in G(n)_1$ 时，有 $\langle x, y\rangle\notin R$，证明 $\cup\{[-x]_R|x\in G(n)_1\}\subseteq G(n)_2$ 即可。

对于任意的 $z\in \cup\{[-x]_R \mid x\in G(n)_1\}$，则存在 $x\in G(n)_1$，使得 $z\in [-x]_R$。因此，必有 $z\in [x]_R$，当然 $z\in \cup\{[x]_R \mid x\in G(n)_1\}$。由 $z\in [x]_R$ 可知 $\langle x, z\rangle\in R$。现考虑前提：当 $x, y\in G(n)_1$ 时，有 $\langle x, y\rangle\notin R$。利用此前提，并由 $x\in G(n)_1$ 和 $\langle x, z\rangle\in R$ 可知 $z\notin G(n)_1$，所以 $z\in \cup\{[x]_R|x\in G(n)_1\}-G(n)_1$。由于 $G(n)_2=\cup\{[x]_R|x\in G(n)_1\}-G(n)_1$（见定理 7.3.2(1)），所以 $z\in G(n)_2$。故 $\cup\{[-x]_R|x\in G(n)_1\}\subseteq G(n)_2$。

由于 $G(n)_2\subseteq \cup\{[-x]_R|x\in G(n)_1\}$ 以及 $\cup\{[-x]_R|x\in G(n)_1\}\subseteq G(n)_2$，故 $G(n)_2=\cup\{[-x]_R|x\in G(n)_1\}$。　□

注意到 $G(n)_2=\cup\{[-x]_R \mid x\in G(n)_1\}$ 蕴含 $G(n)_2\subseteq \cup\{[-x]_R \mid x\in G(n)_1\}$，所以定理 7.3.4 的结论明确了 $G(n)_2\subseteq \cup\{[-x]_R \mid x\in G(n)_1\}$ 的事实。因此，如果 $y\in G(n)_2$，则存在 $x\in G(n)_1$，使得 $y\in [-x]_R$，即 y 类同于 x。这表明中决策粒 $G(n)_2$ 的任意一数据 y 类同于正决策粒 $G(n)_1$ 的某一数据 x，这是对中决策粒 $G(n)_2$ 中数据特性的描述。

上述的定理 7.3.4 肯定了结论 $G(n)_2\subseteq \cup\{[-x]_R|x\in G(n)_1\}$ 的成立，现提出这样的问题：$G(n)_2$ 和 $\cup\{[-x]_R|x\in G(n)_1\}$ 是否可以不同呢？在一些情况下，可以有 $G(n)_2\neq \cup\{[-x]_R \mid x\in G(n)_1\}$，我们给出如下定理。

定理 7.3.5　如果存在 $u, v\in G(n)_1$ 且 $u\neq v$，使得 $\langle u, v\rangle\in R$，则 $G(n)_2\neq \cup\{[-x]_R| x\in G(n)_1\}$。

证明　设 $u, v\in G(n)_1$ 且 $u\neq v$，满足 $\langle u, v\rangle\in R$。由 $\langle u, v\rangle\in R$ 可知 $v\in [u]_R$，由此以及 $u\neq v$，则有 $v\in [-u]_R$。注意到 $u\in G(n)_1$，因此 $[-u]_R\in \{[-x]_R \mid x\in G(n)_1\}$，于是 $v\in \cup\{[-x]_R \mid x\in G(n)_1\}$。

同时，由于 $v\in G(n)_1$ 且 $G(n)_2=\cup\{[x]_R \mid x\in G(n)_1\}-G(n)_1$（见定理 7.3.2(1)），所以 $v\notin G(n)_2$。

上述证明表明 $v\in \cup\{[-x]_R \mid x\in G(n)_1\}$ 且 $v\notin G(n)_2$，所以 $G(n)_2\neq \cup\{[-x]_R|x\in G(n)_1\}$。　□

定理 7.3.4 和定理 7.3.5 主要针对中决策粒 $G(n)_2$ 中的数据特性进行了分析，这对于认识 $G(n)_2$ 中的数据是有益的。在对应于 n 的三支划分 $P(n)=\{G(n)_1, G(n)_2, G(n)_3\}$ 中，正决策粒 $G(n)_1$ 和负决策粒 $G(n)_3$ 中的数据较为清晰，前者的数据完全

由关系结构 $\boldsymbol{M}=(U, S(r), R)$ 中关系 $S(r)$ 包含的数据关联信息所确定，或更明确地，正决策粒 $G(n)_1$ 由所有以根 r 为始数据，长度为 n 的 S 路径的终数据构成；后者的数据与关系 $S(r)$ 和等价关系 R 的信息均无关联，或者说，负决策粒 $G(n)_3$ 与 $S(r)$ 以及 R 存在着反向的联系。中决策粒 $G(n)_2$ 中的数据包含在 $\cup\{[-x]_R|x\in G(n)_1\}$ 中，所以当 $y\in G(n)_2$ 时，存在 $x\in G(n)_1$，使得 $y\in[-x]_R$，即 y 类同于 x，这里条件 $x\in G(n)_1$ 表明 x 的确定基于关系 $S(r)$ 的信息，类 $[-x]_R$ 由 R 的信息确定产生，所以 $y\in[-x]_R$ 的事实表明 y 由 $S(r)$ 和 R 的融合信息所确定。如此的分析表明，中决策粒 $G(n)_2$ 中的数据与定义 1.4.6 中由两个关系的融合信息确定粒的处理相一致。

实际上，正决策粒 $G(n)_1$、中决策粒 $G(n)_2$ 和负决策粒 $G(n)_3$ 中的数据特性已在定义 7.3.3 下面的讨论中给予了分析，定理 7.3.4 和定理 7.3.5 又进一步描述了中决策粒 $G(n)_2$ 中数据的性质，这为针对论域 U 中数据的三支判定提供了基础。

在 7.4 节的讨论中，我们将利用对应于 n 的三支划分 $P(n)=\{G(n)_1, G(n)_2, G(n)_3\}$ 对数据的决策结果进行定义，进而对决策结果进行分析，讨论决策结果与关系 $S(r)$ 包含的层次信息之间的联系。

7.4　基于三支划分的决策结果

设 $\boldsymbol{M}=(U, S(r), R)$ 是一关系结构，n 是一自然数，$P(n)=\{G(n)_1, G(n)_2, G(n)_3\}$ 是对应于 n 的三支划分。利用决策粒 $G(n)_1$, $G(n)_2$ 和 $G(n)_3$ 包含的信息，我们可以针对数据进行特性分析的决策，不同决策粒中的数据将与不同的决策结果联系在一起。

7.4.1　决策结果的层次信息

对应于 n 的三支划分 $P(n)=\{G(n)_1, G(n)_2, G(n)_3\}$ 由正决策粒 $G(n)_1$、中决策粒 $G(n)_2$ 和负决策粒 $G(n)_3$ 三个决策粒构成，每一决策粒中的数据具有其自身的性质，由此可引出对数据决策判定的定义，这与 $P(n)=\{G(n)_1, G(n)_2, G(n)_3\}$ 对数据的分类密切相关，也与粒中的数据特性联系在一起。

定义 7.4.1　设 $\boldsymbol{M}=(U, S(r), R)$ 是一关系结构，n 是一自然数，$P(n)=\{G(n)_1, G(n)_2, G(n)_3\}$ 是对应于 n 的三支划分，此时称该三支划分 $P(n)=\{G(n)_1, G(n)_2, G(n)_3\}$ 包含的信息为关系结构 $\boldsymbol{M}=(U, S(r), R)$ 的 n 层信息。对于数据 $u\in U$，对 u 所具特性的判定称为针对 u 的决策，包含如下的判定情况：

(1) 如果 $u\in G(n)_1$，则称针对 u 的决策在 $P(n)$ 中是正向的。

(2) 如果 $u\in G(n)_2$，则称针对 u 的决策在 $P(n)$ 中是中性的。

(3) 如果 $u\in G(n)_3$，则称针对 u 的决策在 $P(n)$ 中是负向的。

上述(1)～(3)中的每一种情况都称为针对 u 在 $P(n)$ 中的决策结果，简称决策结果。 □

由三支划分 $P(n)=\{G(n)_1, G(n)_2, G(n)_3\}$ 的构成可知，对于 $u\in U$，存在唯一的 $G(n)_i\in P(n)$ $(1\leqslant i\leqslant 3)$，使得 $u\in G(n)_i$，所以针对 u 在 $P(n)$ 中的决策结果唯一确定。

对应于 n 的三支划分 $P(n)=\{G(n)_1, G(n)_2, G(n)_3\}$ 与自然数 n 密切相关，因此关系结构 $\boldsymbol{M}=(U, S(r), R)$ 的 n 层信息将随 n 的变化而改变。此时我们称 $G(n)_1$ ($G(n)_2$ 或 $G(n)_3$) 中的数据为 n 层正向数据 (n 层中性数据或 n 层负向数据)，简称 n 层数据。因此，对于自然数 m，对应于 m 的三支划分 $P(m)=\{G(m)_1, G(m)_2, G(m)_3\}$ 包含了 $\boldsymbol{M}=(U, S(r), R)$ 的 m 层信息，$G(m)_1, G(m)_2$ 或 $G(m)_3$ 中的数据是 m 层数据。

对于数据 $u\in U$，针对 u 在 $P(n)$ 中的决策结果显然具有如下结论：

(1) 如果针对 u 的决策在 $P(n)$ 中是正向的，即 $u\in G(n)_1$，则 u 为 n 层正向数据，这样的决策结果与关系结构 $\boldsymbol{M}=(U, S(r), R)$ 的 n 层信息相关。u 为 n 层正向数据的决策结果可认为 u 被 n 层信息所接受。同时 u 为 n 层正向数据意味着存在 S 路径 (r, u, n)，S 路径 (r, u, n) 存在是 u 被判定为 n 层正向数据的条件。

(2) 如果针对 u 的决策在 $P(n)$ 中是中性的，即 $u\in G(n)_2$，则 u 为 n 层中性数据。由定理 7.3.4，存在 $x\in G(n)_1$，使得 $u\in[-x]_R$，即 u 类同于 n 层正向数据 x。这样的决策结果不仅与关系结构 $\boldsymbol{M}=(U, S(r), R)$ 的 n 层信息相关，同时也表明了与 n 层正向数据相关联的事实。u 为 n 层中性数据的决策结果可认为存在着 u 被 n 层信息接受的可能，或 u 是 n 层信息的潜在可接受数据。具体而言，u 为 n 层中性数据的结果等价于 S 路径 (r, x, n) 的存在，以及 $\langle x, u\rangle\in R$ 的成立，而 $\langle x, u\rangle\in R$ 等价于 $u\in[x]_R$，又因为 $x\in[x]_R$ (见结论 2.2.1(1))，所以 u 和 x 是同一等价类中的数据，u 和 x 是等价的或不可区分的，此时 S 路径 (r, x, n) 中的终数据 x 很可能被等价的数据 u 取代，得到 S 路径 (r, u, n)，所以可把 n 层中性数据 u 看作 n 层信息的潜在可接受数据。

(3) 如果针对 u 的决策在 $P(n)$ 中是负向的，即 $u\in G(n)_3$，则 u 为 n 层负向数据。此时 u 无关于 n 层正向数据，也无关于 n 层中性数据。u 为 n 层负向数据的决策结果可认为 u 被关系结构 $\boldsymbol{M}=(U, S(r), R)$ 的 n 层信息所拒绝。此时对于任意的 S 路径 (r, x, n)，均有 $\langle x, u\rangle\notin R$，这可认为 n 层负向数据 u 与 $S(r)$ 和 R 均无关系。

针对数据在 $P(n)=\{G(n)_1, G(n)_2, G(n)_3\}$ 中的决策结果，上述的讨论是基于关系结构 $\boldsymbol{M}=(U, S(r), R)$ 的 n 层信息对其进行的解释，也是基于 n 层信息对三支划分 $P(n)=\{G(n)_1, G(n)_2, G(n)_3\}$ 包含的正决策粒 $G(n)_1$、中决策粒 $G(n)_2$ 和负决策粒 $G(n)_3$ 的数据特性进行的分析，体现了信息分层处理的特点。

7.4.2 决策结果之间的联系

设 $\boldsymbol{M}=(U, S(r), R)$ 是一关系结构，且 n 是一自然数。利用 $\boldsymbol{M}=(U, S(r), R)$ 包含的信息，我们可以得到对应于 n 的三支划分 $P(n)=\{G(n)_1, G(n)_2, G(n)_3\}$。上述针对数据的决策结果主要依托 $P(n)=\{G(n)_1, G(n)_2, G(n)_3\}$ 包含的 n 层信息。如果 m 是另一自然数，则利用关系结构 $\boldsymbol{M}=(U, S(r), R)$ 包含的信息，可以确定对应于 m 的三支划分 $P(m)=\{G(m)_1, G(m)_2, G(m)_3\}$。对于数据 $u, v\in U$，如果把针对 u 在 $P(n)$ 中的决策结果与针对 v 在 $P(m)$ 中的决策结果联系起来考虑，则可以反映出关系结构 $\boldsymbol{M}=(U, S(r), R)$ 的某些信息特性，这是如下讨论的问题。

给定关系结构 $\boldsymbol{M}=(U, S(r), R)$，设 m 和 n 是自然数。则基于结构 $\boldsymbol{M}=(U, S(r), R)$ 的信息，可得到对应于 m 和 n 的三支划分 $P(m)=\{G(m)_1, G(m)_2, G(m)_3\}$ 和 $P(n)=\{G(n)_1, G(n)_2, G(n)_3\}$。

定理 7.4.1 设 $P(m)=\{G(m)_1, G(m)_2, G(m)_3\}$ 和 $P(n)=\{G(n)_1, G(n)_2, G(n)_3\}$ 分别是对应于 m 和 n 的三支划分，当 $m<n$ 时，对于 $v\in U$，如果针对 v 的决策在 $P(n)$ 中是正向的，则必存在 $u\in U$，使得针对 u 的决策在 $P(m)$ 中是正向的。

证明 由于针对 v 的决策在 $P(n)$ 中是正向的，所以 $v\in G(n)_1$，此时存在以根 r 为始数据，长度为 n，并以 v 为终数据的 S 路径 (r, v, n)：$\langle r, x_1\rangle, \langle x_1, x_2\rangle, \cdots, \langle x_{m-1}, x_m\rangle, \langle x_m, x_{m+1}\rangle, \cdots, \langle x_{n-1}, v\rangle$。因为 $m<n$，其子 S 路径 $\langle r, x_1\rangle, \langle x_1, x_2\rangle, \cdots, \langle x_{m-1}, x_m\rangle$ 是以根 r 为始数据，长度为 m，并以 x_m 为终数据的 S 路径 (r, x_m, m)，令 $u=x_m$，则 $u\in G(m)_1$。故针对 u 的决策在 $P(m)$ 中是正向的。 □

此定理表明，当 $m<n$ 时，n 层正向数据与 m 层正向数据之间存在着联系，或 n 层正向数据需要 m 层正向数据的支撑。

定理 7.4.2 设 $P(m)=\{G(m)_1, G(m)_2, G(m)_3\}$ 和 $P(n)=\{G(n)_1, G(n)_2, G(n)_3\}$ 分别是对应于 m 和 n 的三支划分，且 $m<n$。对于 $u, v\in U$，如果针对 u 的决策在 $P(m)$ 中是正向的，且针对 v 的决策在 $P(n)$ 中是中性的或负向的，则不存在从 u 到 v 长度为 $n-m$ 的 S 路径。

证明 假设存在从 u 到 v 长度为 $n-m$ 的 S 路径：$\langle u, x_{m+1}\rangle, \langle x_{m+1}, x_{m+2}\rangle, \cdots, \langle x_{n-1}, v\rangle$。由于针对 u 的决策在 $P(m)$ 中是正向的，有 $u\in G(m)_1$，于是存在以根 r 为始数据，长度为 m，并且以 u 为终数据的 S 路径 (r, u, m)：$\langle r, x_1\rangle, \langle x_1, x_2\rangle, \cdots, \langle x_{m-1}, u\rangle$。此时 S 路径 $\langle r, x_1\rangle, \langle x_1, x_2\rangle, \cdots, \langle x_{m-1}, u\rangle$ 和 S 路径 $\langle u, x_{m+1}\rangle, \langle x_{m+1}, x_{m+2}\rangle, \cdots, \langle x_{n-1}, v\rangle$ 可连接成以根 r 为始数据，长度为 n，并以 v 为终数据的 S 路径 (r, v, n)：$\langle r, x_1\rangle, \langle x_1, x_2\rangle, \cdots, \langle x_{m-1}, u\rangle, \langle u, x_{m+1}\rangle, \langle x_{m+1}, x_{m+2}\rangle, \cdots, \langle x_{n-1}, v\rangle$，因此 $v\in G(n)_1$。由于 $G(n)_1\cap G(n)_2=\varnothing$ 且 $G(n)_1\cap G(n)_3=\varnothing$，所以 $v\notin G(n)_2$ 且 $v\notin G(n)_3$。这表明针对 v 的决策在 $P(n)$ 中既不是中性的，也不是负向的，与已知矛盾。故不存在从 u 到 v 长度为 $n-m$ 的 S 路径。 □

这两个定理针对数据在 $P(m)=\{G(m)_1, G(m)_2, G(m)_3\}$中和在 $P(n)=\{G(n)_1, G(n)_2, G(n)_3\}$中的决策结果，其结论提供了认识关系结构 $\boldsymbol{M}=(U, S(r), R)$层次之间异同的渠道，可以帮助我们理解关系结构 $\boldsymbol{M}=(U, S(r), R)$的分层信息。除了这两个定理的结论外，针对数据在 $P(m)=\{G(m)_1, G(m)_2, G(m)_3\}$和在 $P(n)=\{G(n)_1, G(n)_2, G(n)_3\}$中的决策结果还存在着其他一些性质，在 7.5 节，我们将结合实际例子，讨论这些性质的具体含义，现在我们先把这些性质总结如下：

(1) 设 $\boldsymbol{M}=(U, S(r), R)$是一关系结构，$n$ 是一自然数，$P(n)=\{G(n)_1, G(n)_2, G(n)_3\}$是对应于 n 的三支划分。决策粒 $G(n)_1$，$G(n)_2$ 或 $G(n)_3$ 中的数据称为 n 层数据，由以根 r 为始数据，长度为 n 的 S 路径所确定，或与这样的 S 路径相关，或被这样的 S 路径拒之门外（见定义 7.3.3）。此时的自然数 n 是 n 层数据的数值标识，该数值标识必然与针对数据在 $P(n)=\{G(n)_1, G(n)_2, G(n)_3\}$中的决策结果联系在一起。当 $u\in G(n)_i\,(i=1, 2, 3)$时，数值 n 可认为是从根 r 到 u 的距离，或 u 与 r 之间的距离，距离可体现针对 u 的决策结果的重要性。

(2) 对于 $u\in U$，如果针对 u 在 $P(n)=\{G(n)_1, G(n)_2, G(n)_3\}$中的决策是正向的（中性的，或负向的），我们可以称 u 与根 r 具有正向的（中性的，或负向的）联系。这把针对 u 的决策结果以 u 与 r 相关联的形式进行了刻画。

(3) 对于 $u\in U$，如果针对 u 在 $P(n)=\{G(n)_1, G(n)_2, G(n)_3\}$中的决策是正向的，但当 $m<n$ 时，针对 u 在 $P(m)=\{G(m)_1, G(m)_2, G(m)_3\}$中的决策不再是正向的，则 n 是使 u 与根 r 具有正向联系的从根 r 到 u 的最近距离。因此，通过考查针对数据 u 在 $P(m)$和 $P(n)$中的决策结果，我们可以确定最小的距离 n，使得 u 成为 n 层正向数据，这样的正向数据与其能够成为正向数据的最小层次信息联系在一起。

(4) 对于 $u, v\in U$，如果针对 u 在 $P(m)=\{G(m)_1, G(m)_2, G(m)_3\}$中的决策是正向的，针对 v 在 $P(n)=\{G(n)_1, G(n)_2, G(n)_3\}$中的决策是正向的，则当 $m<n$ 时，从根 r 到 u 的距离 m 小于从根 r 到 v 的距离 n。这表明与 v 与根 r 的正向联系相比，u 与根 r 的正向联系更紧密。实际上，因为 $m<n$，所以决策粒 $G(m)_i\,(i=1, 2, 3)$中的 m 层数据与根 r 的距离的确比决策粒 $G(n)_i\,(i=1, 2, 3)$中的 n 层数据与根 r 的距离更近。数值 $n-m$ 可看作正向的 n 层数据与正向的 m 层数据之间的差距。

(5) 对于 $u, v\in U$，如果针对 u 在 $P(m)=\{G(m)_1, G(m)_2, G(m)_3\}$中的决策是中性的，针对 v 在 $P(n)=\{G(n)_1, G(n)_2, G(n)_3\}$中的决策是中性的，则当 $m<n$ 时，可以认为 u 与根 r 的中性联系比 v 与根 r 的中性联系更紧密。不妨进一步进行分析：针对 u 在 $P(m)=\{G(m)_1, G(m)_2, G(m)_3\}$中的决策是中性的决策结果表明 $u\in G(m)_2$。由于 $G(m)_2\subseteq\bigcup\{[-x]_R \mid x\in G(m)_1\}$（见定理 7.3.4），所以存在 $x\in G(m)_1$，使得 $u\in[-x]_R$。同样由针对 v 在 $P(n)$中的决策是中性的决策结果可知，存在 $y\in G(n)_1$，使得 $v\in[-y]_R$。条件 $y\in G(n)_1$ 意味着存在以根 r 为始数据，长度为 n，以 y 为终数据的 S 路径 (r, y, n)：$\langle r, x_1\rangle, \langle x_1, x_2\rangle,\cdots, \langle x_{m-1}, x_m\rangle, \langle x_m, x_{m+1}\rangle,\cdots, \langle x_{n-1}, y\rangle$。

条件 $x\in G(m)_1$ 表明存在以根 r 为始数据，长度为 m，以 x 为终数据的 S 路径 (r, x, m)，设 $\langle r, x_1\rangle, \langle x_1, x_2\rangle,\cdots, \langle x_{m-1}, x\rangle$ 是一条这样的 S 路径 (r, x, m)，同时假设也是 S 路径 (r, y, n)：$\langle r, x_1\rangle, \langle x_1, x_2\rangle,\cdots, \langle x_{m-1}, x_m\rangle, \langle x_m, x_{m+1}\rangle,\cdots, \langle x_{n-1}, y\rangle$ 的子 S 路径，此时 $x=x_m$。在这种情况下，数据 x 和 y 出现在同一条 S 路径 (r, y, n)：$\langle r, x_1\rangle, \langle x_1, x_2\rangle,\cdots, \langle x_{m-1}, x\rangle, \langle x, x_{m+1}\rangle,\cdots, \langle x_{n-1}, y\rangle$ 之上。而条件 $u\in[-x]_R$ 和 $v\in[-y]_R$ 表明数据 u 和 v 与该 S 路径 (r, y, n) 具有一定的关联，这意味着在 m 层中性数据 u 和 n 层中性数据 v 之间存在着潜在的关联，这种潜在的关联提供了 u 和 v 之间可能会发展成为实实在在联系的信息。

(6) 对于 $u\in U$，如果针对 u 在 $P(n)=\{G(n)_1, G(n)_2, G(n)_3\}$ 中的决策是负向的，则我们可以考查针对 u 在 $P(m)=\{G(m)_1, G(m)_2, G(m)_3\}$ 中的决策是否为负向的，这里 $m<n$ 或 $m>n$。如果针对 u 在 $P(m)$ 中的决策不是负向的，则针对 u 在 $P(m)$ 中的决策是正向的或中性的。这些决策结果可使我们把针对 u 的决策结果与关系结构 $\boldsymbol{M}=(U, S(r), R)$ 不同层次的信息联系在一起。

(7) 对于 $u\in U$，如果针对 u 在 $P(n)=\{G(n)_1, G(n)_2, G(n)_3\}$ 中的决策是正向的(中性的，或负向的)，但对于 $k=1, 2,\cdots, n-1$，针对 u 在 $P(k)=\{G(k)_1, G(k)_2, G(k)_3\}$ 中的决策均不是正向的(中性的，或负向的)，则 n 是使得 u 与根 r 具有正向(中性，或负向)联系的从根 r 到 u 的最小距离。如果与实际问题相联系，作为 n 层正向数据(n 层中性数据或 n 层负向数据)的 u 可展示出实际的意义，这将在 7.5 节通过具体例子进行讨论，将展示我们建立的三支决策方法的描述功能。

(8) 对于对应于 m 的三支划分 $P(m)=\{G(m)_1, G(m)_2, G(m)_3\}$，以及对应于 n 的三支划分 $P(n)=\{G(n)_1, G(n)_2, G(n)_3\}$，我们可以采用 $|G(m)_i|$ $(i=1, 2, 3)$ 表示决策粒 $G(m)_i$ 中 m 层数据的个数，$|G(n)_i|$ $(i=1, 2, 3)$ 表示决策粒 $G(n)_i$ 中 n 层数据的个数。如果 $|G(m)_i|<|G(n)_i|$，则决策粒 $G(m)_i$ 中的数据少于决策粒 $G(n)_i$ 中的数据，这样的比较可使我们了解层次的变化对数据性质的影响，了解 m 层数据与 n 层数据之间的关系，以达到对决策结果评估分析的目的。

关系结构 $\boldsymbol{M}=(U, S(r), R)$ 支撑着对应于 n 的三支划分 $P(n)=\{G(n)_1, G(n)_2, G(n)_3\}$ $(n=1, 2,\cdots)$ 的确定产生，关系 $S(r)$ 的信息提供了 S 路径形成的条件，等价关系 R 记录的数据联系决定了等价类 $[x]_R$ 和消除 x 的等价类 $[-x]_R$ 中数据的取舍范围。这些信息都可以采用公式或数学表达式的形式刻画描述，这当然可以得到程序化的处理。因此，三支划分 $P(n)=\{G(n)_1, G(n)_2, G(n)_3\}$，以及针对数据 u 在 $P(n)$ 中的决策和决策结果必然可以通过程序化的方法进行判定和分析。另外，关系结构 $\boldsymbol{M}=(U, S(r), R)$ 所蕴含的层次信息与具有根 r 的关系 $S(r)$ 的 S 路径密切相关，S 路径是由序偶序列构成的数学表达式，存在着程序化处理的方法，因此我们的讨论提供了可编程处理的算法基础。

同时三支划分 $P(n)=\{G(n)_1, G(n)_2, G(n)_3\}$ 中的决策粒 $G(n)_i$ $(i=1, 2, 3)$，等价

类$[x]_R$和消除 x 的等价类$[-x]_R$都是数据集 U 的子集，它们的产生均与关系 $S(r)$或 R 包含的信息联系在一起，其数据当然都可以通过公式或数学表达式予以刻画描述。这表明 $G(n)_i$，$[x]_R$和$[-x]_R$中的数据构成都与定义 1.3.1 中粒的形式化框架的要求相一致，它们都是具体形式的粒。针对数据决策判定的信息都包含在这些粒之中，所以上述三支决策方法可看作粒计算课题的一种探究途径。

上述讨论的目的是描述实际中的数据决策问题，7.5 节将给出所建方法用于刻画具体问题的例子。

7.5　实际问题描述

本节将构建一关系结构 $\boldsymbol{M}=(U, S(r), R)$，在该结构中，论域 U、具有根 r 的关系 $S(r)$及等价关系 R 都与实际问题联系在一起。由此可确定对应于自然数 m 的三支划分 $P(m)=\{G(m)_1, G(m)_2, G(m)_3\}$，以及对应于自然数 n 的三支划分 $P(n)=\{G(n)_1, G(n)_2, G(n)_3\}$。通过针对数据 u 在 $P(m)=\{G(m)_1, G(m)_2, G(m)_3\}$或在 $P(n)=\{G(n)_1, G(n)_2, G(n)_3\}$中的决策结果，可使我们了解数据的相关信息，从而使利用智能方法对实际问题进行处理成为可能。

一个与实际问题相关、由论域 U、具有根 r 的关系 $S(r)$以及等价关系 R 构成的关系结构 $\boldsymbol{M}=(U, S(r), R)$构建如下：

(1) 论域 U 是由某一品牌的汽车制造产业链上的企业构成的数据集。具体而言，存在 $r\in U$，且 r 是产业链上的最高端企业，即 r 是该品牌的汽车完成制造组装，最终下线的企业；对于任意的企业 $u\in U$，如果 $u\neq r$，则 u 是该产业链上的企业，同时存在从 u 到 r 的供货渠道，此时我们把 r 称为根。我们关注的仅是一个品牌的汽车制造企业，因此产业链上的最高端的企业 r 是唯一的，即根 r 是唯一的。

(2) 可以构造 U 上的关系 $S(r)\subseteq U\times U$，如此定义 $S(r)=\{\langle x, y\rangle \mid x, y\in U$ 且企业 y 给企业 x 供货$\}$。于是一条 S 有向边$\langle x, y\rangle$表示了从企业 y 到企业 x 的直接供货联系，一条 S 路径$\langle x_0, x_1\rangle, \langle x_1, x_2\rangle, \cdots, \langle x_{n-1}, x_n\rangle$表示了由 x_i 给 x_{i-1} $(i=1, 2, \cdots, n)$直接供货所确定的从企业 x_n 到企业 x_0 的供货渠道。对于根 $r\in U$，由于 r 是最高端的企业，所以对于任意的企业 $u\in U$，不存在 r 到 u 的供货渠道，即对于任意的 $u\in U$，均有$\langle u, r\rangle\notin S(r)$。同时作为最高端的企业 r，U 中的任意企业 u 到根 r 都存在着供货渠道，即如果 $u\in U$，则存在 u 到 r 的供货渠道$\langle r, x_1\rangle, \langle x_1, x_2\rangle, \cdots, \langle x_{n-1}, u\rangle$，该供货渠道就是从 r 到 u 的 S 路径。由于一个品牌的汽车制造产业链上的最高端企业 r 是唯一的，所以 $S(r)$是 U 上具有根 r 的关系。

(3) $R\subseteq U\times U$，定义为 $R=\{\langle x, y\rangle \mid x, y\in U$ 且 x 和 y 是同类企业$\}$。显然 R 具有自反性(对于任意的 $x\in U$，x 和 x 是同类企业)、对称性(对于 $x, y\in U$，如果 x 和

y 是同类企业，则 y 和 x 当然也是同类企业）和传递性（对于 $x, y, z \in U$，如果 x 和 y 是同类企业，且 y 和 z 是同类企业，则 x 和 z 显然是同类企业），因此 R 是 U 上的等价关系。对于 $x \in U$，如果 $[x]_R$ 是关于 x 的 R 等价类，则粒 $[x]_R$ 由与 x 是同类的企业构成，因此利用等价关系 R，我们可以把论域 U 分成不同的粒。由粒 $[x]_R$，我们可以得到消除 x 的等价类 $[-x]_R$，当 $y \in [-x]_R$ 时，y 类同于 x（见定义 7.3.4），这意味着 x 和 y 是同类企业，但两者是不同的，即 $y \neq x$。

把上述的论域 U、具有根 r 的关系 $S(r)$ 以及等价关系 R 组合成整体，则形成关系结构 $\boldsymbol{M}=(U, S(r), R)$。它聚集了某一品牌汽车制造产业链上的企业，记录了这些企业之间的供货信息，以及以同类企业为标准的分类信息。基于该关系结构 $\boldsymbol{M}=(U, S(r), R)$ 并对于自然数 n，可以得到对应于 n 的三支划分 $P(n)=\{G(n)_1, G(n)_2, G(n)_3\}$ $(n=1, 2, 3,\cdots)$。这提供了针对数据特性分析的环境，由此产生的针对数据的决策结果可反映供货渠道的相关信息，可判断企业在产业链中的层次或位置，对企业生产具有参阅价值。如下我们展开具体的分析。

(4) 对于自然数 m 和 n，基于关系结构 $\boldsymbol{M}=(U, S(r), R)$ 包含的信息，我们可以得到对应于 m 的三支划分 $P(m)=\{G(m)_1, G(m)_2, G(m)_3\}$，以及对应于 n 的三支划分 $P(n)=\{G(n)_1, G(n)_2, G(n)_3\}$。决策粒 $G(m)_i$ 和 $G(n)_i$ $(i=1, 2, 3)$ 中包含的数据与根 r 具有正向的、中性的或负向的联系。这些联系提供了供货渠道的相关信息，对企业的自动化管理具有借鉴意义。

(5) 对于企业 $u \in U$，如果针对 u 的决策在 $P(n)=\{G(n)_1, G(n)_2, G(n)_3\}$ 中是正向的，则 u 是 n 层正向数据，此时存在以根 r 为始数据、长度为 n，并以 u 为终数据的 S 路径 (r, u, n)，该 S 路径 (r, u, n) 表示存在从企业 u 到最高端企业 r 的供货渠道，自然数 n 表明了从根 r 到 u 的距离，反映了 u 与 r 正向联系的紧密程度。此时企业 u 不仅与 r 具有供货上的关联，同时通过自然数 n 表明了 u 位于产业链上的层次或位置。当 $v \in U$ 且针对 v 的决策在 $P(m)=\{G(m)_1, G(m)_2, G(m)_3\}$ 中是正向的时，如果 $m<n$，则从 r 到 v 的距离 m 小于从 r 到 u 的距离 n，这说明企业 v 生产的产品相对重要，因为 v 与 r 的距离更近，或相对于 u 而言，v 位于产业链的较高端。

(6) 对于 $u \in U$，如果针对 u 的决策在 $P(n)=\{G(n)_1, G(n)_2, G(n)_3\}$ 中是中性的，即 $u \in G(n)_2$。则由定理 7.3.4，$G(n)_2 \subseteq \cup\{[-x]_R \mid x \in G(n)_1\}$。所以存在 $x \in G(n)_1$，使得 $u \in [-x]_R$。条件 $u \in [-x]_R$ 意味着 $\langle x, u\rangle \in R$ 且 $u \neq x$，即尽管 x 和 u 是不同的企业，但是它们是同类企业，即生产的产品具有可替代性。对于这种情况，我们可以进一步分析该情况提供的供货信息：

①条件 $x \in G(n)_1$ 表明存在以根 r 为始数据、长度为 n，并以 x 为终数据的 S 路径 (r, x, n)：$\langle r, x_1\rangle, \langle x_1, x_2\rangle, \cdots, \langle x_{n-1}, x\rangle$。该 S 路径意味着存在从 x 到 r 的供货渠道。由于 x 和 u 是同类企业，即 $\langle x, u\rangle \in R$，在今后的生产竞争中，$u$ 很可能替代 x，

形成从 r 到 u 的 S 路径 (r, u, n)：$\langle r, x_1\rangle, \langle x_1, x_2\rangle, \cdots, \langle x_{n-1}, u\rangle$，即潜存着从 u 到 r 的供货渠道。这样的信息对于生产、竞争、转型、升级等均具有参阅的价值。

②在生产竞争过程中，企业 u 取代企业 x 的情况时常出现。具体而言，由于 x 和 u 是同类企业，它们生产的产品可能相同，u 替代 x 后，S 路径 (r, x, n) 变为 S 路径 (r, u, n)。此时，由 S 路径 (r, x, n) 记录的从 x 到 r 的供货渠道与 S 路径 (r, u, n) 表示的从 u 到 r 的供货渠道是一致的，因为 x 和 u 生产相同的产品。所以企业 u 取代企业 x 的结果不仅能使生产活动正常进行，同时由于优胜劣汰的竞争，会促进企业的转型升级，从而推动整个产业的发展。针对 u 的决策结果提供了此方面的信息。

③因此，针对 u 的决策在 $P(n)=\{G(n)_1, G(n)_2, G(n)_3\}$ 中是中性的判定结果表明了从 u 到 r 长度为 n 的潜在供货渠道的存在，距离 n 代表了 u 与 r 之间中性联系的紧密程度，或是对 u 的产品重要性的度量。

④除针对 u 的决策在 $P(n)=\{G(n)_1, G(n)_2, G(n)_3\}$ 中是中性的判定结果以外，对于 $v\in U$，如果针对 v 的决策在 $P(m)=\{G(m)_1, G(m)_2, G(m)_3\}$ 中是中性的，这里 $m<n$，考虑上述的 S 路径 (r, x, n)：$\langle r, x_1\rangle, \langle x_1, x_2\rangle, \cdots, \langle x_{m-1}, x_m\rangle, \langle x_m, x_{m+1}\rangle, \cdots, \langle x_{n-1}, x\rangle$。如果 $v\in[-x_m]_R$ 且 $u\in[-x]_R$，则 m 层中性数据(企业) v 和 n 层中性数据(企业) u 均与 S 路径 (r, x, n) 相关联。这种关联意味着 v 取代 x_m，u 取代 x 的可能性，或预示了包含企业 u 和 v 的潜在供货渠道的存在，这些可作为管理者的参阅信息。

(7) 对于 $u\in U$，如果针对 u 的决策在 $P(n)=\{G(n)_1, G(n)_2, G(n)_3\}$ 中是负向的，即 $u\in G(n)_3$，则由于 $G(n)_3=U-(G(n)_1\cup G(n)_2)$（见定理 7.3.2(2)），于是 $u\notin G(n)_1$ 且 $u\notin G(n)_2$。这表明不存在以根 r 为始数据、长度为 n，并以 u 为终数据的 S 路径，同时今后也不可能出现这种 S 路径，即这种 S 路径不存在潜在的情况。此时我们可以把关注点集中于针对 u 的决策在 $P(m)=\{G(m)_1, G(m)_2, G(m)_3\}$ 中的判定结果，这里 $m<n$ 或 $m>n$。如果针对 u 的决策在 $P(m)=\{G(m)_1, G(m)_2, G(m)_3\}$ 中是正向的(或中性的)，则 u 是 m 层正向(或中性)数据(企业)，这表明存在(或潜存)着从 u 到 r 的供货渠道。m 层或距离 m 反映了 u 生产的产品位于产业链上的位置，或展示了 u 生产的产品的重要性。

(8) 对于自然数 $1, 2, \cdots, n$，可对应产生三支划分 $P(1), P(2), \cdots, P(n)$。对于 $u\in U$，如果针对 u 的决策在 $P(n)$ 中是正向的，但当 $k=1, 2, \cdots, n-1$ 时，针对 u 的决策在 $P(k)$ 中不再是正向的，此时我们称企业 u 位于产业链的第 n 层。因此，针对 u 在 $P(1), P(2), \cdots$,以及 $P(n)$ 中的决策结果可以提供企业 u 在产业链中的层次信息。

(9) 考虑三支划分 $P(1), P(2), \cdots, P(n)$。对于 $u\in U$，如果针对 u 的决策在 $P(n)$ 中是中性的，但当 $k=1, 2, \cdots, n-1$ 时，针对 u 的决策在 $P(k)$ 中不再是中性的，此时我们称企业 u 潜存于产业链的第 n 层。这提供了这样的信息：从 u 到 r 的供货渠道今后有可能出现。

(10) 对于企业 $u, v\in U$，如果针对 u 的决策在 $P(m)=\{G(m)_1, G(m)_2, G(m)_3\}$ 中是正向的，且 u 位于产业链的第 m 层，同时针对 v 的决策在 $P(n)=\{G(n)_1, G(n)_2, G(n)_3\}$ 中是正向的，且 v 位于产业链的第 n 层，那么当 $m<n$ 时，我们认为与 v 相比，u 位于产业链的更高层，$n-m$ 可认为是产业链上第 n 层与第 m 层之间的差距。当 u 位于产业链的更高层时，与 v 相比，u 的产品具有更高技术含量。当 $m=n$ 时，u 和 v 位于产业链的同一层次，此时可以认为它们的产品具有同样的技术含量，且处于竞争的环境之中。

(11) 对于三支划分 $P(m)=\{G(m)_1, G(m)_2, G(m)_3\}$ 以及 $P(n)=\{G(n)_1, G(n)_2, G(n)_3\}$，如果 $|G(m)_1|<|G(n)_1|$，则在产业链中，m 层正向数据（企业）少于 n 层正向数据（企业）。相同的讨论可针对 $|G(m)_2|<|G(n)_2|$ 以及 $|G(m)_3|<|G(n)_3|$ 的情况进行，由此可使我们了解企业在产业链中的分布情况。

(12) 本节中的关系结构 $\boldsymbol{M}=(U, S(r), R)$ 是由 $U, S(r)$ 和 R 组合形成的描述实际问题的数学模型，基于该模型确定产生的三支划分 $P(k)=\{G(k)_1, G(k)_2, G(k)_3\}$ $(k=1, 2,\cdots, n)$ 展示了对 U 中数据按层次的分类信息，同时可把这些信息实施程序化的处理。因此，本节的讨论提供了实际问题的程序化基础，为智能处理构建了数学模型，使自动化判定成为可能。

7.6　三支决策方法的总结

基于关系结构 $\boldsymbol{M}=(U, S(r), R)$ 的一系列三支划分 $P(1), P(2),\cdots, P(n)$ 为三支决策的讨论提供了基础环境，形成了三支决策讨论的一种方法。该方法不同于基于粗糙集上近似和下近似的数据三分处理、有别于利用区间集合的排序三分方法、相异于通过评价函数对数据实施的三支分类、无关于基于模糊方法的三支划分、不涉及图论中以数据关联形成的三种区域的分割等。所以基于关系结构确定产生的一系列三支划分具有其自身的特点，形成了与其他研究不同的三支决策的讨论方法。

对于自然数 n，对应于 n 的三支划分 $P(n)=\{G(n)_1, G(n)_2, G(n)_3\}$ 由三个决策粒 $G(n)_1, G(n)_2$ 和 $G(n)_3$ 构成，这些粒的产生基于关系结构 $\boldsymbol{M}=(U, S(r), R)$ 汇集的信息，所以本章的粒以及粒计算的数据处理方法与结构化的数据表示形式密切相关，基于数据信息的结构化处理是本章三支决策讨论的支撑，是方法形成的核心所在。实际上，第 6 章中结构化的数据合并与矩阵计算也与各类数据的结构化表示联系在一起，形成了以数学结构为支撑，与粒和粒计算的数据处理相一致，针对数据合并描述的研究方法。因此，如果从数据信息的结构化角度考虑，本章和第 6 章的方法均展示了基于结构化的数据整体实施数据处理的思想或做法，数学结构的表示使这两章的内容得到了统一。

对于关系结构 $\boldsymbol{M}=(U, S(r), R)$ 中的关系 $S(r)$，如果 $S(r)$ 改变为模糊关系，那么如何定义 S 路径，以及如何由 S 路径确定决策粒 $G(n)_i$ (i=1, 2, 3)，从而得到三支划分 $P(n)=\{G(n)_1, G(n)_2, G(n)_3\}$，并对应三支决策的讨论是值得考虑的问题，这为今后的讨论提供了课题。另外，如果等价关系 R 替换为一等价关系的集合$\{R_1, R_2,\cdots, R_k\}$ ($k\geqslant 1$)，其中 $R_1, R_2,\cdots, R_k$ 都是 U 上的等价关系，则可得到数学结构 $\boldsymbol{M}=(U, S(r), \{R_1, R_2,\cdots, R_k\})$，此时三支决策的决策结果与每一等价关系的联系、不同等价关系下决策结果的共同性质，以及方法的应用等都是今后探究的问题。

本章基于关系结构 $\boldsymbol{M}=(U, S(r), R)$ 的三支划分 $P(n)=\{G(n)_1, G(n)_2, G(n)_3\}$ (n=1, 2, 3,$\cdots$) 涉及了决策粒 $G(n)_1$, $G(n)_2$ 和 $G(n)_3$ 的构建分析和确定产生，这为粒和粒计算的数据处理增添了内容，扩展了粒计算课题的讨论途径。

本章的方法与 S 路径确定的数据联系、等价关系 R 记录的不可区分数据关系等数据关联的信息密切相关。在前面几章的讨论中，我们不止一次表明，数据之间的关联可广义地视为数据之间的推理，所以本章基于关系结构 $\boldsymbol{M}=(U, S(r), R)$ 的三支决策讨论与数据推理密切相关。同时针对数据的决策结果展示了数据特性的判定方法，这种方法也可以看作针对数据的某种推理。因此，本章通过各类信息的结构化表示，建立了不同于前述讨论、针对数据的决策推理方法。

参 考 文 献

陈德刚. 2013. 模糊粗糙集理论与方法. 北京: 科学出版社

董威. 2009. 粗糙集理论及其数据挖掘应用. 沈阳: 东北大学出版社

高洪深. 2009. 决策支持系统(DSS)理论与方法. 北京: 清华大学出版社

李华雄, 周献中, 李天瑞, 等. 2011. 决策粗糙集理论及其研究进展. 北京: 科学出版社

李天瑞, 罗川, 陈红梅, 等. 2018. 大数据挖掘的原理与方法——基于粒计算与粗糙集的视角. 北京: 科学出版社

李未. 2014. 数理逻辑: 基本原理与形式推演. 北京: 科学出版社

李卓文, 闫林, 宋金鹏, 等. 2013. 粗糙评估系统与路径优化. 计算机科学, 40(5): 253-256

刘盾, 李天瑞, 苗夺谦, 等. 2013. 三支决策与粒计算. 北京: 科学出版社

苗夺谦, 李道国. 2008. 粗糙集理论、算法与应用. 北京: 清华大学出版社

苗夺谦, 王国胤, 刘清. 2007. 粒计算: 过去、现在与展望. 北京: 科学出版社

苗夺谦, 李德毅, 姚一豫. 2011. 不确定性与粒计算. 北京: 科学出版社

石纯一. 2000. 数理逻辑与集合论. 北京: 清华大学出版社

王国俊. 2000. 非经典数理逻辑与近似推理. 北京: 科学出版社

王国胤, 李德毅, 姚一豫, 等. 2012. 云模型与粒计算. 北京: 科学出版社

徐伟华. 2013. 序信息系统与粗糙集. 北京: 科学出版社

闫林. 2007. 数理逻辑基础与粒计算. 北京: 科学出版社

闫林, 宋金鹏. 2014. 数据集的粒化树及其建模应用. 计算机科学, 41(3): 258-262

闫林, 高伟, 闫硕. 2017a. 数据合并的结构粒化方法与矩阵计算. 计算机科学, 44(9): 261-265

闫林, 阮宁, 闫硕, 等. 2017b. 相关集的数据关联描述及实例讨论. 计算机科学, 44(1): 283-288

闫硕, 闫林. 2015. 数据关联的粒化树描述方法. 模式识别与人工智能, 28(12): 1057-1066

杨明, 王宏. 2001. 数理逻辑与集合论. 北京: 北京希望电子出版社

杨习贝, 杨静宇. 2011. 不完全信息系统及粗糙集理论(英文版). 北京: 科学出版社

张燕平, 等. 2010. 商空间与粒计算——结构化问题求解理论与方法. 北京: 科学出版社

周炜, 周创明, 史朝辉, 等. 2015. 粗糙集理论及应用. 北京: 清华大学出版社

Aguirre F, Sallak M, Vanderhaegen F, et al. 2013. An evidential network approach to support uncertain multiviewpoint abductive reasoning. Information Sciences, 253: 110-125

Baralis E, Garza P. 2012. I-prune: Item selection for associative classification. International Journal of Intelligent Systems, 27(3): 279-299

Bodenhofer U, Krone M, Klawonn F. 2013. Testing noisy numerical data for monotonic association. Information Sciences, 245: 21-37

Boolos G S, Burgess J P, Jeffrey R C. 2005. 可计算性与数理逻辑. 何自强, 等译. 北京: 电子工业出版社

Cimino M G C A, Lazzerini B, Marcelloni F. 2014. Genetic interval neural networks for granular data regression. Information Sciences, 257: 313-330

Durand G, Belacel N, LaPlante F. 2013. Graph theory based model for learning path recommendation. Information Sciences, 251: 10-21

Fan T F. 2013. Rough set analysis of relational structures. Information Sciences, 221: 230-244

Fang G, Wang J L, Ying H. 2018. A novel model for mining frequent patterns based on embedded granular computing. International Journal of Uncertainty, Fuzziness and Knowledge-Based System, 26(5): 741-769

Ferrarotti F, Hartmann S, Link S. 2013. Reasoning about functional and full hierarchical dependencies over partial relations. Information Sciences, 235: 150-173

Honko P. 2013. Association discovery from relational data via granular computing. Information Sciences, 234: 136-149

Jung J J. 2012. Evolutionary approach for semantic-based query sampling in large-scale information sources. Information Sciences, 182: 30-39

Kolman B, Busby R C, Ross S C. 2001. Discrete Mathematical Structures. 4th ed. New Jersey: Prentice-Hall

Li H, Mei C L, Lv Y J. 2013. Incomplete decision contexts: Approximate concept construction, rule acquisition and knowledge reduction. International Journal of Approximate Reasoning, 54(1): 149-165

Li M, Shang C X, Feng S Z. 2014. Quick attribute reduction in inconsistent decision tables. Information Sciences, 254: 155-180

Lin G P, Liang J Y, Qian Y H. 2013. Multigranulation rough sets: From partition to covering. Information Sciences, 241: 101-118

Lingras P, Chen M, Miao D Q. 2014. Qualitative and quantitative combinations of crisp and rough clustering schemes using dominance relations. International Journal of Approximate Reasoning, 55(1): 238-258

McAllister R A, Angryk R A. 2013. Abstracting for dimensionality reduction in text classification. International Journal of Intelligent Systems, 28(2): 115-138

Merigo J M. 2012. The probabilistic weighted average and its application in multiperson decision making. International Journal of Intelligent Systems, 27(5): 457-476

Pawlak Z. 1987. Rough logic. Bulletin of Polish Academy of Sciences Technical Sciences, 35(5-6): 253-258

Pawlak Z. 2002. Rough sets and intelligent data analysis. Information Sciences, 147(1-4): 1-12

Pedrycz W. 2013. Granular Computing: Analysis and Design of Intelligent Systems. Boca Raton: CRC Press

Pei D, Yang R. 2013. Hierarchical structure and applications of fuzzy logical systems. International Journal of Approximate Reasoning, 54(9): 1483-1495

Peters G, Crespo F, Lingras P. 2013. Soft clustering—Fuzzy and rough approaches and their extensions and derivatives. International Journal of Approximate Reasoning, 54(2): 307-322

Sakai H, Wu M, Nakata M. 2013. Division charts as granules and their merging algorithm for rule generation in nondeterministic data. International Journal of Intelligent Systems, 28(9): 865-882

She Y H. 2014. On the rough consistency measures of logic theories and approximate reasoning in rough logic. International Journal of Approximate Reasoning, 55(1): 486-499

Skowron A, Stepaniuk J, Swiniarski R. 2012. Modeling rough granular computing based on approximation spaces. Information Sciences, 184: 20-43

Tsumoto S, Hirano S. 2013. Combinatorics of information granule in contingency table. International Journal of Intelligent Systems, 28(9): 892-906

Yan L, Yan S. 2014. Researches on rough truth of rough axioms based on granular reasoning. Journal of Software, 9(2): 265-273

Yan L, Yan S. 2016. Granular computing and attribute reduction based on a new discernibility function. International Journal of Simulation: Systems, Science and Technology, 17(33): 24.1-24.10

Yan S, Yan L. 2015. A method of description on the data association based on granulation trees. International Journal of Database Theory and Application, 8(2): 171-183

Yan S, Yan L, Wu J Z, 2016. Rough data-deduction based on the upper approximation. Information Sciences, 373: 308-320

Yan S, Zhang Y Y, Yan B F, et al. 2018. Data associations between two hierarchy trees. International Journal of Foundations of Computer Science, 29 (7): 1181-1201

Yang T, Li Q G, Zhou B L. 2013. Related family: A new method for attribute reduction of covering information systems. Information Sciences, 228: 175-191

Yao Y Y. 2011. The superiority of three-way decisions in probabilistic rough set models. Information Sciences, 181: 1080-1096

Yao Y Y. 2016. Three-way decisions and cognitive computing. Cognitive Computation, 8: 543-554

Yu Z M, Bai X L, Yun Z Q. 2013. A study of rough sets based on 1-neighborhood systems. Information Sciences, 248: 103-113

Ziarko W. 2008. Probabilistic approach to rough set. International Journal of Approximate Reasoning, 49 (2): 272-284

后　记

本书各章的内容以数据推理作为讨论的主题，以粒计算的内涵理念贯穿了讨论的始末，从而使不同形式的数据推理在粒计算的数据处理架构下形成了整体。各种数据推理方法蕴含的数据联系不仅与信息科学分支中的数据问题相关，也源于实际对象的关联现象。因此，希望本书内容不仅能在理论方面有所推进，更希望能用于实际问题的模型构建，为程序设计提供方法上的支撑。

把数据间的各种联系以数据推理的形式刻画描述是我们撰写想法或讨论特色的体现，与我们学习工作的积累密切相关。之所以采用推理的形式讨论数据联系，是因为我们长期对数理逻辑知识的接触和学习。数理逻辑基础部分涉及的各种推理方法是我们展开数据推演的知识源泉，不同之处在于，逻辑推理的蕴含推演在公式之间进行，而数据推理把推演置入数据之间，遵循改变传统、追求创新的研究理念。另外，把粒计算的数据处理内涵融于各数据推理的做法与我们对粒计算课题的关注、学习、探究和积累密切相关。粒的形式化框架的设立、粒中数据的公式描述，也源于我们对数理逻辑基础知识之上的研究分支——公理集合论的学习研读，以及由此赋予我们的研究技能。公理集合论中的公理系统深刻影响了我们对问题的认识以及针对问题的描述方式，刻画描述粒中数据的公式与公理系统中每一公理的功能相同，是为了表明对象满足的性质，与数据的选取紧密相连。公理为我们利用数学表达式刻画描述粒中的数据给予了想法，进行了铺垫。所以把粒计算的数据处理内涵融入数据推理的方法之中，是我们追踪问题、专注探究、知识结构、工作积累等方面工作和积淀的结果。

因此我们希望把完成的工作作为沟通的渠道，与研究者交流共勉，希望数据推理方法能为实际数据处理提供算法设计的支撑。在粒计算研究方面，希望通过我们的工作和方法，推进粒计算课题深入和系统的研究，促进理论体系的形成。最后谨向致力于学术研究、阅读本书的读者表示敬意。